采煤机多源耦合力学特性理论与实验研究

毛　君　陈洪月　著

应急管理出版社

·北　京·

内 容 提 要

本书主要研究综采工作面采煤机系统静、动力学问题的基础理论和方法，重点论述采煤机整机静、动力学理论，采煤机多尺度协同仿真与优化技术，以及采煤机力学性能测试方法与技术。

本书可作为从事采煤机系统设计与优化、综采成套装备设计与选型，以及从事煤矿机械化和智能化工作的工程技术人员的参考用书，也可作为煤矿院校机械类专业研究生的教材和参考书。

前　　言

　　我们国家是煤炭生产大国，煤炭作为我国目前最重要的一次能源，在未来相当长的一段时间内不会改变，到 2050 年，煤炭在一次能源消费需求占比仍不低于 50%。煤炭开采的关键是需要高档采掘装备，将来要向高可靠性、智能化、实现无人开采方向发展。

　　采煤机作为重要的煤炭开采装备，其可靠性、稳定性直接决定了煤炭的开采效率，在国家能源局"煤矿采掘机械装备研发（实验）中心"、国家自然基金－综采面输送机刮板链条体系扭摆与纵向振动共生机制研究（编号：51774162）和多因素影响下采煤机滑靴与导轨间粘滑－碰撞行为机理研究（编号：51874157）共同资助下，辽宁工程技术大学与中国煤矿机械装备有限责任公司等单位合作，建造了国际首个 1∶1 模拟煤矿井下实际工况的综采成套装备力学性能测试平台，该平台能够模拟煤矿井下工作环境，可以完成综采成套装备机械、力学、控制等实验研究，并为提高综采装备工作性能提供理论依据、设计制造检验规范。

　　本书系统地构建了采煤机的整机非线性静力学模型，研究了采煤机与刮板输送间的关联力学变化规律；构建了采煤机整机多自由度非线性动力学模型，研究了工况载荷下采煤机的振动行为机理；构建了采煤机摇臂传动系统、行走驱动系统的高精度动力学模型，研究了摇臂传动系统、行走驱动系统的动力学特性和可靠性；构建了采煤机滚筒破煤过程的仿真模型，研究了滚筒参数对破煤效果的影响规律；研究了采煤机整机力学性能测试方法与技术。

　　本书由辽宁工程技术大学毛君教授统稿，第 1 章由毛君教授、王鑫讲师执笔，第 2 章由毛君教授、陈洪月教授、杨辛未讲师执笔，第 3 章由毛君教授、陈洪月教授、朱煜硕士执笔，第 4 章由毛君教授、陈洪月教授、刘歆研硕士执笔，第 5 章由陈洪月教授、谢苗教授、卢进南副教授、王鑫讲师执笔，第 6 章由袁志高工、宋振铎工程师执笔，第 7 章由毛君教授、陈洪月教授、杨辛未讲师执笔，第 8 章由陈洪月教授、刘治翔讲师、白杨溪讲师执笔，第 9 章由袁志高工、胡登高工程师、宋振铎工程师执笔，第 10 章由陈洪月教授、杨辛未讲师执笔，第 11 章由毛君教授、王鑫讲师执笔，第 12 章由陈洪月教授、王鑫讲师执笔，第 13 章由毛君教授、谢春雪讲师执笔，第 14 章由袁志高工、胡登高工程师执笔，第15章由袁志高工、陈洪月教授执笔编写。

此外，本书在编著过程中，还得到了张强教授、朴明波副教授，张瑜、张坤、白杨溪博士，魏玉峰、胡雪兵硕士等同志的帮助，在此表示衷心的感谢。

目　　　　录

1　截齿截割煤岩机理研究

截齿是采煤机截煤作业过程中的重要执行机构，截齿截割煤岩机理的研究是采煤机重点研究问题，因此本章将基于弹性力学、塑性力学以及断裂力学来研究截齿截割煤岩的机理，并依据截齿轴线与煤壁的夹角，将截割模型分为垂直截割和倾斜截割两类，分别在1.1节和1.2节做了详尽介绍。

1.1　截齿垂直截割煤壁理论模型

镐型截齿一般由合金头、截齿齿身和截齿齿柄三部分组成，镐型截齿外观示意图如图1-1所示。镐型截齿广泛应用于井下采掘设备的工作机构上，其机械性能直接影响着采煤机、掘进机等采掘设备的截割性能、生产效率及工作的稳定性和可靠性，为研究截齿截割煤岩特性，建立截齿截割煤壁理论模型，需要将截齿几何模型做适当简化，由于截齿在截割煤岩时，主要是合金头和截齿齿身参与截割，截齿齿柄与齿座相连接不参与截割，因此本书仅对合金头和截齿齿身进行简化。

截齿的简化模型可以视为圆柱体、圆台和圆锥体的组合体，依据图1-2可得到截齿齿身的几何体表面的公式如下：

$$\begin{cases} x^2 + y^2 = \dfrac{z^2 r_{c1}^2}{h_{c1}^2} & (0 \leqslant z \leqslant h_{c1}) \\[3mm] x^2 + y^2 = \dfrac{\left[(z - h_{c1})(r_{c2} - r_{c1}) + r_{c1} h_{c2} \right]^2}{h_{c2}^2} & (h_{c1} < z < h_{c1} + h_{c2}) \\[3mm] x^2 + y^2 = r_{c2}^2 & (h_{c1} + h_{c2} \leqslant z \leqslant h_{c1} + h_{c2} + h_{c3}) \end{cases} \tag{1-1}$$

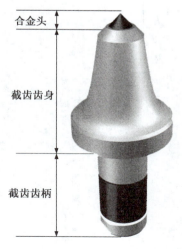

图1-1　镐型截齿外观示意图

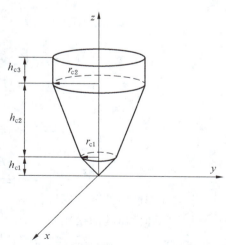

图1-2　截齿齿身数学模型

1.1.1　煤岩体弹性变形时截齿截割力学模型

采煤机截割煤壁时，截齿与煤壁刚接触且垂直接触时，如图 1 - 3 所示，将截齿视为刚性体，煤壁视为无限大弹性半平面，当截齿沿着 z 轴方向截割 h_t 厚度，可以将这段过程看作刚性圆锥面与弹性半平面接触的问题。

为解决上述接触问题，可以借助于半空间体在边界上受法向集中力求解方法，设有弹性半空间体，体力不计，并在其边界面中施加法向集中力 F，示意图如图 1 - 4 所示，对于这样轴对称问题可以选用极坐标，利用 Boussinesq 势函数对此类问题进行求解，可以得到平面内任意一点位移量和应力的表达式，即式（1 - 2）、式（1 - 3）。

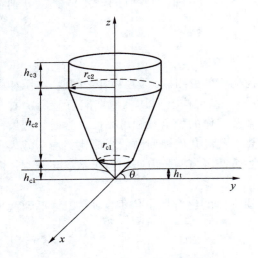

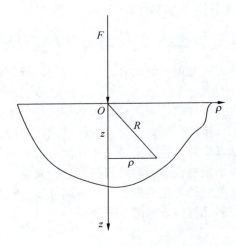

图 1 - 3　齿尖与煤壁接触示意图　　　　图 1 - 4　半空间体受法向集中力示意图

$$\begin{cases} u_\rho = \dfrac{(1+\mu)F}{2\pi ER}\left[\dfrac{\rho z}{R^2} - \dfrac{(1-2\mu)\rho}{R+z}\right] \\[3mm] u_z = \dfrac{(1+\mu)F}{2\pi ER}\left[2(1-\mu) + \dfrac{z^2}{R^2}\right] \end{cases} \tag{1-2}$$

$$\begin{cases} \sigma_\rho = \dfrac{F}{2\pi R^2}\left[\dfrac{(1-2\mu)R}{R+z} - \dfrac{3\rho^2 z}{R^3}\right] \\[3mm] \sigma_\varphi = \dfrac{(1-2\mu)F}{2\pi R^2}\left(\dfrac{z}{R} - \dfrac{R}{R+z}\right) \\[3mm] \sigma_z = -\dfrac{3Fz^3}{2\pi R^5} \\[3mm] \tau_{z\rho} = \tau_{\rho z} = -\dfrac{3F\rho z^2}{2\pi R^5} \end{cases} \tag{1-3}$$

式中　E——半空间弹性体的弹性模量；

　　　μ——半空间弹性体的泊松比；

　　　R——转动半径，$R = \sqrt{x^2 + y^2 + z^2}$。

在图 1 - 5 中，截齿沿着 z 轴方向截割 h_t 厚度，则齿尖与煤壁接触在平面 xOy 上的投

影为面积为 S_1 的圆形区域，设作用于截齿的上法向分布力在 S_1 上的压力分布为 $p(x,y)$，如图 1–5a 所示。

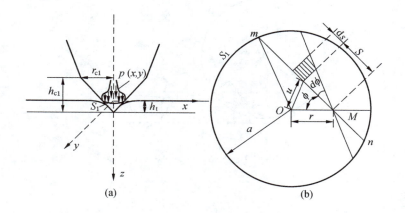

图 1–5 截齿齿尖截割煤岩受力示意图

结合图 1–5 及式（1–2），可以推导出截齿与煤壁接触时，煤壁接触面上（即 $z=0$）任意一点沿 z 轴的沉陷量 w 的表达式为

$$w = \frac{1-\mu^2}{\pi E}\int_{S_1}\frac{p(u)}{s}\mathrm{d}A = \frac{2(1-\mu^2)}{\pi E}\int_0^{\frac{\pi}{2}}\int_{\phi_1}^{\phi_2}p(u)\,\mathrm{d}s\mathrm{d}\phi \qquad (1-4)$$

式中 E——煤壁的弹性模量；

μ——煤壁的泊松比；$u=\sqrt{r^2+s^2-2rs\cos\phi}$；$\phi_{1,2}=r\cos\phi\mp\sqrt{a^2-r^2\sin^2\phi}$。

由于将截齿视为刚性体，将煤壁视为弹性体，因此煤壁接触表面的法向位移（即沿图 1–5a 中 z 轴方向）与截齿接触外形有如下关系：

$$u_z = h_t - \frac{h_t}{a}r \qquad (0\leqslant a\leqslant r_{c1}, 0\leqslant h_t\leqslant h_{c1}) \qquad (1-5)$$

将式（1–4）和式（1–5）联立可得：

$$\begin{cases} w = u_z \\ \dfrac{2(1-\mu^2)}{\pi E}\int_0^{\frac{\pi}{2}}\int_{\varphi_1}^{\varphi_2}p(u)\,\mathrm{d}s\mathrm{d}\varphi = h_t - \dfrac{h_t}{a}r \end{cases} \qquad (1-6)$$

依据 Sneddon 所给出锥形压头压力的求解方法可求得：

$$p(r) = \frac{Eh_t}{4(1-\mu^2)a}\ln\frac{1+\sqrt{1-r^2/a^2}}{1-\sqrt{1-r^2/a^2}} \qquad (1-7)$$

对作用于 S_1 区域上的压力分布 $p(r)$ 求积分，即可求得其合力 P 为

$$P = \frac{Eh_t}{4(1-\mu^2)a}\int_0^a\ln\frac{1+\sqrt{1-r^2/a^2}}{1-\sqrt{1-r^2/a^2}}2\pi r\mathrm{d}r = \frac{ah_tE\pi}{2(1-\mu^2)} \qquad (1-8)$$

依据式（1–4）～式（1–8）可知，截齿垂直揳入煤壁可以等效为在煤壁表面施加一个非均布载荷 $p(r)$，将式（1–7）、式（1–8）代入式（1–2）中，并求积分得到煤壁的任意一点 $M(x,y,z)$ 的位移及应力。

当 $x^2 + y^2 > a^2$ 时，受力面积分区域如图 1−6 所示。

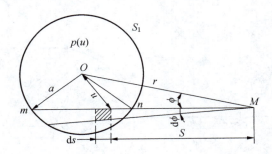

图 1−6　受力面积分区域

位移关系式：

$$u_\rho = \frac{1+u}{2\pi E} \iint_{s_1} p(u) \frac{1}{\sqrt{s^2+z^2}} \left[\frac{sz}{s^2+z^2} - \frac{(1-2\mu)s}{\sqrt{s^2+z^2}} \right] dA$$

$$= \frac{1+u}{\pi E} \int_0^{\arcsin\frac{a}{r}} \int_{\phi_1}^{\phi_2} p(u) \frac{1}{\sqrt{s^2+z^2}} \left[\frac{sz}{s^2+z^2} - \frac{(1-2\mu)s}{\sqrt{s^2+z^2}} \right] sdsd\phi \qquad (1-9a)$$

$$u_z = \frac{1+u}{2\pi E} \iint_{s_1} p(u) \frac{1}{\sqrt{s^2+z^2}} \left[2(1-\mu) + \frac{z^2}{s^2+z^2} \right] dA$$

$$= \frac{1+u}{\pi E} \int_0^{\arcsin\frac{a}{r}} \int_{\phi_1}^{\phi_2} p(u) \frac{1}{\sqrt{s^2+z^2}} \left[2(1-\mu) + \frac{z^2}{s^2+z^2} \right] sdsd\phi \qquad (1-9b)$$

应力关系式：

$$\sigma_\rho = \frac{1}{2\pi} \iint_{s_1} p(u) \frac{1}{s^2+z^2} \left[\frac{(1-2\mu)\sqrt{s^2+z^2}}{\sqrt{s^2+z^2}+z} - \frac{3s^2 z}{(s^2+z^2)^{\frac{3}{2}}} \right] dA$$

$$= \frac{1}{\pi} \int_0^{\arctan\frac{a}{r}} \int_{\phi_1}^{\phi_2} p(u) \frac{1}{s^2+z^2} \left[\frac{(1-2\mu)\sqrt{s^2+z^2}}{\sqrt{s^2+z^2}+z} - \frac{3s^2 z}{(s^2+z^2)^{\frac{3}{2}}} \right] sdsd\phi \qquad (1-10a)$$

$$\sigma_\phi = \frac{1-2\mu}{2\pi} \iint_{s_1} p(u) \frac{1}{s^2+z^2} \left(\frac{z}{\sqrt{s^2+z^2}} - \frac{\sqrt{s^2+z^2}}{\sqrt{s^2+z^2}+z} \right) dA$$

$$= \frac{1-2\mu}{\pi} \int_0^{\arcsin\frac{a}{r}} \int_{\phi_1}^{\phi_2} p(u) \frac{1}{s^2+z^2} \left(\frac{z}{\sqrt{s^2+z^2}} - \frac{\sqrt{s^2+z^2}}{\sqrt{s^2+z^2}+z} \right) sdsd\phi \qquad (1-10b)$$

$$\sigma_z = -\frac{3z^3}{2\pi} \iint_{s_1} p(u) \cdot (s^2+z^2)^{-\frac{5}{2}} dA$$

$$= -\frac{3z^3}{\pi} \int_0^{\arcsin\frac{a}{r}} \int_{\phi_1}^{\phi_2} p(u) \cdot (s^2+z^2)^{-\frac{5}{2}} sdsd\phi \qquad (1-10c)$$

$$\tau_{z\rho} = \tau_{\rho z} = -\frac{3z^2}{2\pi} \iint_{s_1} p(u) \frac{s}{(s^2+z^2)^{\frac{5}{2}}} dA$$

$$= -\frac{3z^2}{\pi} \int_0^{\arcsin\frac{a}{r}} \int_{\phi_1}^{\phi_2} p(u) \frac{s}{(s^2+z^2)^{\frac{5}{2}}} sdsd\phi \qquad (1-10d)$$

式 (1-9)、式 (1-10) 中，$r = \sqrt{x^2 + y^2}$，$p(u) = \dfrac{Eh_t}{4(1-\mu^2)}\dfrac{1}{a}\ln\dfrac{1+\sqrt{1-u^2/a^2}}{1-\sqrt{1-u^2/a^2}}$，

$u = \sqrt{r^2 + s^2 - 2rs\cos\phi}$；$\phi_{1,2} = r\cos\phi \mp \sqrt{a^2 - r^2\sin^2\phi}$。

当 $x^2 + y^2 \leqslant a^2$ 时，受力面积分区域如图 1-7 所示。

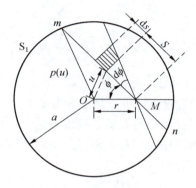

图 1-7　受力面积分区域

位移关系式：

$$u_\rho = \frac{1+u}{2\pi E}\iint_{s_1} p(u)\,\frac{1}{\sqrt{s^2+z^2}}\left[\frac{sz}{s^2+z^2} - \frac{(1-2\mu)s}{\sqrt{s^2+z^2}}\right]\mathrm{d}A$$

$$= \frac{1+u}{\pi E}\int_0^{\frac{\pi}{2}}\int_{\phi_1}^{\phi_2} p(u)\,\frac{1}{\sqrt{s^2+z^2}}\left[\frac{sz}{s^2+z^2} - \frac{(1-2\mu)s}{\sqrt{s^2+z^2}}\right]s\,\mathrm{d}s\,\mathrm{d}\phi \qquad (1-11\text{a})$$

$$u_z = \frac{1+u}{2\pi E}\iint_{s_1} p(u)\,\frac{1}{\sqrt{s^2+z^2}}\left[2(1-\mu) + \frac{z^2}{s^2+z^2}\right]\mathrm{d}A$$

$$= \frac{1+u}{\pi E}\int_0^{\frac{\pi}{2}}\int_{\phi_1}^{\phi_2} p(u)\,\frac{1}{\sqrt{s^2+z^2}}\left[2(1-\mu) + \frac{z^2}{s^2+z^2}\right]s\,\mathrm{d}s\,\mathrm{d}\phi \qquad (1-11\text{b})$$

应力关系式：

$$\sigma_\rho = \frac{1}{2\pi}\iint_{s_1} p(u)\,\frac{1}{s^2+z^2}\left[\frac{(1-2\mu)\sqrt{s^2+z^2}}{\sqrt{s^2+z^2}+z} - \frac{3s^2 z}{(s^2+z^2)^{\frac{3}{2}}}\right]\mathrm{d}A$$

$$= \frac{1}{\pi}\int_0^{\frac{\pi}{2}}\int_{\phi_1}^{\phi_2} p(u)\,\frac{1}{s^2+z^2}\left[\frac{(1-2\mu)\sqrt{s^2+z^2}}{\sqrt{s^2+z^2}+z} - \frac{3s^2 z}{(s^2+z^2)^{\frac{3}{2}}}\right]s\,\mathrm{d}s\,\mathrm{d}\phi \qquad (1-12\text{a})$$

$$\sigma_\phi = \frac{1-2\mu}{2\pi}\iint_{s_1} p(u)\,\frac{1}{s^2+z^2}\left(\frac{z}{\sqrt{s^2+z^2}} - \frac{\sqrt{s^2+z^2}}{\sqrt{s^2+z^2}+z}\right)\mathrm{d}A$$

$$= \frac{1-2\mu}{\pi}\int_0^{\frac{\pi}{2}}\int_{\phi_1}^{\phi_2} p(u)\,\frac{1}{s^2+z^2}\left(\frac{z}{\sqrt{s^2+z^2}} - \frac{\sqrt{s^2+z^2}}{\sqrt{s^2+z^2}+z}\right)s\,\mathrm{d}s\,\mathrm{d}\phi \qquad (1-12\text{b})$$

$$\sigma_z = -\frac{3z^3}{2\pi}\iint_{s_1} p(u)\cdot(s^2+z^2)^{-\frac{5}{2}}\mathrm{d}A$$

$$= -\frac{3z^3}{\pi} \int_0^{\frac{\pi}{2}} \int_{\phi_1}^{\phi_2} p(u) \cdot (s^2 + z^2)^{-\frac{5}{2}} s \, ds \, d\phi \quad (1-12c)$$

$$\tau_{z\rho} = \tau_{\rho z} = -\frac{3z^2}{2\pi} \iint_{s_1} p(u) \frac{s}{(s^2 + z^2)^{\frac{5}{2}}} s \, ds \, d\phi$$

$$= -\frac{3z^2}{\pi} \int_0^{\frac{\pi}{2}} \int_{\phi_1}^{\phi_2} p(u) \frac{s}{(s^2 + z^2)^{\frac{5}{2}}} s \, ds \, d\phi \quad (1-12d)$$

式（1-11）、式（1-12）中，$r = \sqrt{x^2 + y^2}$，$p(u) = \frac{Eh_t}{4(1-\mu^2)a} \ln \frac{1 + \sqrt{1 - u^2/a^2}}{1 - \sqrt{1 - u^2/a^2}}$，$u = \sqrt{r^2 + s^2 - 2rs\cos\phi}$；$\phi_{1,2} = r\cos\phi \mp \sqrt{a^2 - r^2 \sin^2\phi}$。

式（1-9）~式（1-12）为通过解析方法求解煤壁下任意一点 $M(x, y, z)$ 的位移及应力状态，但从中很难得到积分函数的原函数解析表达式，因此我们可以采用数值方法对积分函数进行求解，本书采用复化辛普森方法对上述问题进行求解。

设一般区域域上的二重积分为

$$I = \int_a^b \int_{c(x)}^{d(x)} f(x,y) \, dx \, dy \quad (1-13)$$

式（1-13）中，$f(x,y)$ 是积分域上的连续函数，而 $c(x)$、$d(x)$ 是 $[a,b]$ 上的连续函数，将二重积分化成两层积分，即：

$$\int_a^b \int_{c(x)}^{d(x)} f(x,y) \, dx \, dy = \int_a^b \left[\int_{c(x)}^{d(x)} f(x,y) \, dy \right] dx \quad (1-14)$$

记 $g(x) = \int_{c(x)}^{d(x)} f(x,y) \, dy$，则 $I = \int_a^b g(x) \, dx$。

对式（1-14）采用定步长辛普森公式，而对 $g(x)$ 采用变步长的辛普森公式，则得到复化辛普森求积方法。取 $h = \frac{b-a}{2n}$，$x_i = a + ih, i = 0, 1, \cdots, 2n$，因此有

$$I \approx \frac{h}{3} \left\{ g(a) + g(b) + 2 \sum_{i=1}^{n-1} g(a + 2ih) + 4 \sum_{i=1}^{n} g[a + (2i-1)h] \right\} \quad (1-15)$$

其中，$g(a + ih) = \int_{c(a+ih)}^{d(a+ih)} f(a+ih, y) \, dy$，$i = 0, 1, \cdots, 2n$。

对 $g(a+ih)$ 采用变步长为 $k(a+ih) = \frac{d(a+ih) - c(a+ih)}{2m}$ 的辛普森求积分方法计算，得到（对 $i = 0, 1, \cdots, 2n$）

$$g(a+ih) \approx \frac{k(a+ih)}{3} \Big\{ f[a+ih, c(a+ih)] + f[a+ih, d(a+ih)] +$$

$$2 \sum_{j=1}^{m-1} f[a+ih, c(a+ih) + 2jk(a+ih)] +$$

$$4 \sum_{j=1}^{m} f[a+ih, c(a+ih) + (2j-1)k(a+ih)] \Big\} \quad (1-16)$$

对式（1-9）~式（1-12）采用复化辛普森求解得：

当 $x^2 + y^2 > a^2$ 时，设 $U = [u_\rho, u_z, \sigma_\rho, \sigma_\phi, \sigma_z, \tau_{z\rho}]$，即 $U_1 = u_\rho, \cdots, U_6 = \tau_{z\rho}$

$$U_k = A_k \cdot \frac{h}{3} \left\{ g_k(0) + g_k(\psi) + 2 \sum_{i=1}^{n-1} g_k(2ih) + 4 \sum_{i=1}^{n-1} g_k[(2i-1)h] \right\} \quad (1-17)$$

其中，$\psi = \arcsin\left(\dfrac{r}{a}\right)$，$h = \dfrac{\psi}{2n}$；

$A_1 = A_2 = \dfrac{1+\mu}{\pi E}$，$A_3 = \dfrac{1}{\pi}$，$A_4 = \dfrac{1-2\mu}{\pi}$，$A_5 = -\dfrac{3z^3}{\pi}$，$A_6 = -\dfrac{3z^2}{\pi}$；

$$g_k(ih) = \dfrac{\phi_2(ih) - \phi_1(ih)}{6m}\Big\{ f_k\big[ih, \phi_1(ih)\big] + f_k\big[ih, \phi_2(ih)\big] +$$

$$2\sum_{j=1}^{m-1} f_k\Big[ih, \phi_1(ih) + j\dfrac{\phi_2(ih) - \phi_1(ih)}{m}\Big] +$$

$$4\sum_{j=1}^{m} f_k\Big[ih, \phi_1(ih) + (2j-1)\dfrac{\phi_2(ih) - \phi_1(ih)}{2m}\Big]\Big\};$$

$$\phi_{1,2} = r\cos\phi \mp \sqrt{a^2 - r^2\sin^2\phi};$$

$$f_1(\phi, s) = p(u)\dfrac{s}{\sqrt{s^2 + z^2}}\Big[\dfrac{sz}{s^2 + z^2} - \dfrac{(1-2\mu)s}{\sqrt{s^2 + z^2}}\Big];$$

$$f_2(\phi, s) = p(u)\dfrac{s}{\sqrt{s^2 + z^2}}\Big[2(1-\mu) + \dfrac{z^2}{s^2 + z^2}\Big];$$

$$f_3(\phi, s) = p(u)\dfrac{s}{s^2 + z^2}\Big[\dfrac{(1-2\mu)\sqrt{s^2 + z^2}}{\sqrt{s^2 + z^2} + z} - \dfrac{3s^2 z}{(s^2 + z^2)^{\frac{3}{2}}}\Big];$$

$$f_4(\phi, s) = p(u)\dfrac{s}{s^2 + z^2}\Big(\dfrac{z}{\sqrt{s^2 + z^2}} - \dfrac{\sqrt{s^2 + z^2}}{\sqrt{s^2 + z^2} + z}\Big);$$

$$f_5(\phi, s) = p(u)s(s^2 + z^2)^{-\frac{5}{2}}, \quad f_6(\phi, s) = p(u)\dfrac{s^2}{(s^2 + z^2)^{\frac{5}{2}}};$$

$$p(u) = \dfrac{E h_t}{4(1-\mu^2)a}\ln\dfrac{1 + \sqrt{1 - u^2/a^2}}{1 - \sqrt{1 - u^2/a^2}}, u = \sqrt{r^2 + s^2 - 2rs\cos\phi}。$$

当 $x^2 + y^2 \leqslant a^2$ 时，与 $x^2 + y^2 > a^2$ 时表达式仅在 ϕ 的积分区间有区别，即

$$U_k = A_k \cdot \dfrac{h}{3}\Big\{ g_k(0) + g_k(\psi) + 2\sum_{i=1}^{n-1} g_k(2ih) + 4\sum_{i=1}^{n-1} g_k\big[(2i-1)h\big]\Big\} \qquad (1-18)$$

其中，$\psi = \dfrac{\pi}{2}$，$h = \dfrac{\pi}{4n}$，其他参数同 $x^2 + y^2 > a^2$ 时。

1.1.2　煤岩体塑性变形时截齿截割力学模型

在 1.1.1 节中介绍了煤岩体弹性变形时的截齿截割力学模型，适用于截齿揳入煤壁较浅，煤岩体仅发生弹性变形的情况下，随着截齿揳入煤岩体的深度不断增加，则煤岩体内部发生屈服产生塑性变形，本节主要研究截齿垂直揳入煤壁，煤岩体发生塑性变形时的力学模型。

1. 塑性阶段简述

图 1-8 所示为煤岩体的应力-应变曲线，在 OA 段为煤岩体弹性变形阶段，应力和应变呈线性变化，A 点对应的 σ_s 为煤岩体屈服强度；

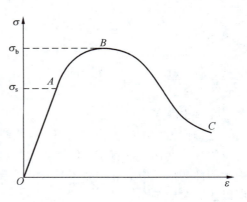

图 1-8　煤岩体的应力-应变曲线

在 AB 段随着载荷的施加煤岩体发生非线性塑性变形，引起这一现象主要是由煤岩体内部微裂隙的发生以及结晶颗粒的滑移，B 点对应的 σ_b 为煤岩体的强度极限；在 BC 段为煤岩体软化阶段，煤岩体开始解体，强度从峰值强度下降到残余强度。

2. 主应力

在弹性力学中求解主应力的一元三次应力状态特征方程见式（1-19），它的 3 个实根 σ_1、σ_2、σ_3 即为所求的 3 个主应力。

$$\sigma^3 - I_1\sigma^2 + I_2\sigma - I_3 = 0 \tag{1-19}$$

其中，I_1、I_2、I_3 在直角坐标系下为

$$\begin{cases} I_1 = \sigma_x + \sigma_y + \sigma_z \\ I_2 = \sigma_x\sigma_y + \sigma_y\sigma_z + \sigma_z\sigma_x - \tau_{xy}^2 - \tau_{yz}^2 - \tau_{zx}^2 \\ I_3 = \sigma_x\sigma_y\sigma_z + 2\tau_{xy}\tau_{yz}\tau_{zx} - \sigma_x\tau_{yz}^2 - \sigma_y\tau_{zx}^2 - \sigma_z\tau_{xy}^2 \end{cases} \tag{1-20}$$

I_1、I_2、I_3 在圆柱坐标系下为

$$\begin{cases} I_1 = \sigma_\rho + \sigma_\varphi + \sigma_z \\ I_2 = \sigma_\rho\sigma_\varphi + \sigma_\rho\sigma_z + \sigma_\varphi\sigma_z - \tau_{\rho z}^2 \\ I_3 = \sigma_\rho\sigma_\varphi\sigma_z - \sigma_\varphi\tau_{pz}^2 \end{cases} \tag{1-21}$$

通过对式（1-19）的一元三次方程组求解得：

$$\begin{cases} \sigma_1 = \dfrac{I_1}{3} + 2\sqrt{-\dfrac{\alpha}{3}}\cos\dfrac{\beta}{3} \\ \sigma_2 = \dfrac{I_1}{3} - \sqrt{-\dfrac{\alpha}{3}}\left(\cos\dfrac{\beta}{3} - \sqrt{3}\sin\dfrac{\beta}{3}\right) \\ \sigma_3 = \dfrac{I_1}{3} - \sqrt{-\dfrac{\alpha}{3}}\left(\cos\dfrac{\beta}{3} + \sqrt{3}\sin\dfrac{\beta}{3}\right) \end{cases} \tag{1-22}$$

其中，$\beta = \arccos\left[-\dfrac{\gamma}{2}\left(-\dfrac{\alpha^3}{27}\right)^{-\frac{1}{2}}\right]$（$0 < \beta < \pi$）；$\alpha = \dfrac{3I_2 - I_1^2}{3}$，$\gamma = \dfrac{9I_1I_2 - 2I_1^3 - 27I_3}{27}$。

3. 屈服条件

煤岩体的屈服条件不同于金属材料，它需要考虑煤岩体的黏聚力和内摩擦力，针对煤岩体这类材料屈服条件一般采用广义米塞斯条件，其公式如下：

$$\alpha_\varphi I_1 + \sqrt{J_2} - k = 0 \tag{1-23}$$

其中，$\alpha_\varphi = \dfrac{2\sqrt{3}\sin\varphi}{\sqrt{2}\sqrt{3}\pi(9 - \sin^2\varphi)}$；$J_2 = \dfrac{1}{6}\left[(\sigma_1 - \sigma_2)^2 + (\sigma_2 - \sigma_3)^2 + (\sigma_3 - \sigma_1)^2\right]$；$k = \dfrac{6\sqrt{3}c\cos\varphi}{\sqrt{2}\sqrt{3}\pi(9 - \sin^2\varphi)}$；$c$ 为黏聚力，φ 为内摩擦角。

4. 本构关系

在塑性力学中的本构关系与弹性力学有一定区别，在弹性状态下应力 - 应变具有一一对应关系，而在塑性状态下应变不仅与应力有关，还与加载路径、加载历史等因素有关，因此塑性变形中应力和应变不具有一一映射关系，但在塑性状态下，应力增量与应变增量可以建立对应关系。

弹性状态的本构关系：

$$\begin{cases} \varepsilon_x = \dfrac{1}{E}[\sigma_x - \mu(\sigma_y + \sigma_z)], \gamma_{yz} = \dfrac{\tau_{yz}}{G} \\[2mm] \varepsilon_y = \dfrac{1}{E}[\sigma_y - \mu(\sigma_z + \sigma_x)], \gamma_{zx} = \dfrac{\tau_{zx}}{G} \\[2mm] \varepsilon_z = \dfrac{1}{E}[\sigma_z - \mu(\sigma_x + \sigma_y)], \gamma_{xy} = \dfrac{\tau_{xy}}{G} \end{cases} \qquad (1-24)$$

其中，$G = \dfrac{E}{2(1+\mu)}$。

将式（1-24）采用张量的形式表示：

$$\varepsilon_{ij} = \frac{\sigma_{ij}}{2G} - \frac{3\mu}{E}\sigma_m\delta_{ij} \qquad (1-25)$$

其中，$\sigma_m = \dfrac{1}{3}(\sigma_x + \sigma_y + \sigma_z)$。

满足广义米塞斯条件时，塑性状态的本构关系：

$$\mathrm{d}\varepsilon_{ij} = \frac{1}{2G}\mathrm{d}S_{ij} + \mathrm{d}\lambda\left[\alpha\delta_{ij} + \frac{S_{ij}}{2\sqrt{J_2}}\right] \qquad (1-26)$$

式中 S_{ij}——偏应力；

　　$\mathrm{d}\lambda$——比例系数，其值由应力保持在屈服面上来确定。

在研究截齿垂直揳入煤壁，煤岩体发生塑性变形之前，我们需要模型进行简化，假设截齿截入煤壁深度为 h_t，并且截齿作用在煤壁上的接触压力等效为作用在半径为 a 的半球形核心里，核心边缘呈均布压力 p，可以视为空腔半球内部受均压，厚壁球壳的弹塑性分析，其示意图如图 1-9 所示。

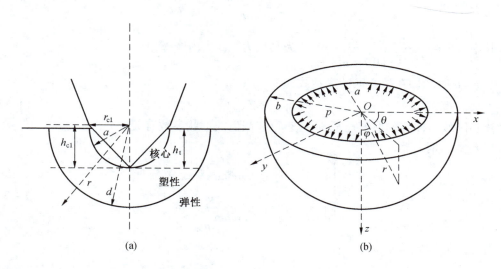

图 1-9　截齿垂直截入煤壁发生弹塑性变形示意图

假设图 1-9b 中空腔球壳受均布内压 p，且球壳内部仅发生弹性变形，通过弹性力学知识，容易得到球壳能内部任意一点的应力及位移关系式为

$$\begin{cases} \sigma_r = -p\left(\dfrac{b^3}{r^3}-1\right)\Big/\left(\dfrac{b^3}{a^3}-1\right) \\[3mm] \sigma_\theta = \sigma_\varphi = p\left(\dfrac{b^3}{2r^3}+1\right)\Big/\left(\dfrac{b^3}{a^3}-1\right) \\[3mm] u_r = \dfrac{p}{E}\left[(1-2\mu)r+\dfrac{(1+\mu)b^3}{2r^2}\right]\Big/\left(\dfrac{b^3}{a^3}-1\right) \end{cases} \quad (1-27)$$

式中　E——弹性模量；

　　　μ——泊松比。

当式（1-27）中 $b\to\infty$ 时，即可得到内部受均压时的无限大半空间的应力和位移表达式为

$$\begin{cases} \sigma_r = -\dfrac{pa^3}{r^3} \\[3mm] \sigma_\theta = \sigma_\varphi = \dfrac{pa^3}{2r^3} \\[3mm] u_r = p\dfrac{a^3(\mu+1)}{2Er^2} \end{cases} \quad (1-28)$$

当截齿截入煤壁一定深度时，煤岩体发生弹塑性变形，如图1-9a 所示，弹塑性分界面的球面半径为 b。屈服条件满足式（1-28）煤岩体广义米塞斯准则，且 $\sigma_\theta=\sigma_\varphi$、$\sigma_r$ 为主应力。

通过 Tresca 准则与 J_2 的关系则有：

$$\sigma_\theta - \sigma_r = \sqrt{3J_2} \quad (1-29)$$

将式（1-28）、式（1-29）代入式（1-23）中，可求得压力 p 关系式为

$$p = \frac{2\sqrt{3}kr^3}{a^3} \quad (1-30)$$

其中，$k = \dfrac{6\sqrt{3}c\cos\varphi}{\sqrt{2\sqrt{3}\pi(9-\sin^2\varphi)}}$，$c$ 为黏聚力，φ 为内摩擦角。

当 $r=a$ 时，即在核心区的表达式为

$$p_0 = 2\sqrt{3}k \quad (1-31)$$

核心区域半径 a 的取值与截割深度 h_t 和截齿的形状参数有关。

当 $h_t \leqslant h_{c1}$ 时：

$$\begin{cases} a = h_t & \arctan\dfrac{r_{c1}}{h_{c1}} \leqslant \dfrac{\pi}{4} \\[3mm] a = h_t\tan\dfrac{r_{c1}}{h_{c1}} & \arctan\dfrac{r_{c1}}{h_{c1}} > \dfrac{\pi}{4} \end{cases} \quad (1-32a)$$

当 $h_{c1} < h_t \leqslant h_{c1}+h_{c2}$ 时：

$$\begin{cases} a = h_t & \arctan\dfrac{r_{c2}}{h_{c1}+h_{c2}} \leqslant \dfrac{\pi}{4} \\[3mm] a = h_t\arctan\dfrac{r_{c2}}{h_{c1}+h_{c2}} & \arctan\dfrac{r_{c2}}{h_{c1}+h_{c2}} > \dfrac{\pi}{4} \end{cases} \quad (1-32b)$$

当 $h_{c1}+h_{c2} < h_t \leqslant h_{c1}+h_{c2}+h_{c3}$ 时：

$$\begin{cases} a = h_t & \arctan \dfrac{r_{c2}}{h_{c1} + h_{c2} + h_{c3}} \leqslant \dfrac{\pi}{4} \\[3mm] a = h_t \arctan \dfrac{r_{c2}}{h_{c1} + h_{c2}} & \arctan \dfrac{r_{c2}}{h_{c1} + h_{c2} + h_{c3}} > \dfrac{\pi}{4} \end{cases} \qquad (1-32c)$$

将式（1-31）代入式（1-28）当中，得到弹性区域中应力及位移表达式为

$$\begin{cases} \sigma_r = -2\sqrt{3}k \cdot \dfrac{a^3}{r^3} \\[2mm] \sigma_\theta = \sqrt{3}k \cdot \dfrac{a^3}{r^3} & r \geqslant d \\[2mm] u_r = \sqrt{3}k \cdot \dfrac{a^3(\mu+1)}{Er^2} \end{cases} \qquad (1-33)$$

由于 $\sigma_\theta = \sigma_\varphi$，则应力平衡关系式为

$$\frac{\partial \sigma_r}{\partial r} = \frac{2(\sigma_\theta - \sigma_r)}{r} \qquad (1-34)$$

由此可得：

$$\sigma_r = 2\sqrt{3}k\ln r + C_1 \qquad (1-35)$$

式（1-35）中待定系数 C_1，可以通过式（1-35）与式（1-33）联立求得：

$$C_1 = -2\sqrt{3}k\left(\ln d + \frac{a^3}{d^3}\right) \qquad (1-36)$$

进而可求得在塑性区应力表达式为

$$\begin{cases} \sigma_r = 2\sqrt{3}k\ln\left(\dfrac{r}{d}\right) - 2\sqrt{3}k\dfrac{a^3}{d^3} \\[2mm] \sigma_\theta = \sqrt{3}k + 2\sqrt{3}k\ln\left(\dfrac{r}{d}\right) - 2\sqrt{3}k\dfrac{a^3}{d^3} & a \leqslant r \leqslant d \end{cases} \qquad (1-37)$$

令式（1-37）径向应力 σ_r 中 $r = a$，求得核心区域内压为

$$p = 2\sqrt{3}k\ln\left(\frac{a}{d}\right) - 2\sqrt{3}k\frac{a^3}{d^3} \qquad (1-38)$$

将核心区所受的内压视为截齿所受的力，则通过积分可求得：

$$P = \iint_\Sigma p\,\mathrm{d}S = \int_0^{2\pi}\int_0^{\frac{\pi}{4}}\left[2\sqrt{3}k\ln\left(\frac{a}{d}\right) - 2\sqrt{3}k\frac{a^3}{d^3}\right]a^2\sin\varphi\,\mathrm{d}\varphi\,\mathrm{d}\theta$$

$$= 2\sqrt{3}(2-\sqrt{2})\pi k\left(\ln\frac{a}{d} - \frac{a^3}{d^3}\right) \qquad (1-39)$$

1.1.3　煤岩体断裂失稳时截齿截割力学模型

在本章前两节中，分别介绍了截齿截割煤岩过程中，煤岩发生弹性变形和塑性变形时，截齿的受力状态。本节将继续向下研究，截齿继续截割煤岩体发生断裂失稳时，截齿的受力状态。依据断裂力学相关理论，可以将固体介质的断裂破碎划分为 3 种形式，分别为：Ⅰ张开型、Ⅱ滑移型和Ⅲ撕裂型，其断裂形式示意图如图 1-10 所示。

在截齿的作用下，煤岩体发生断裂破碎的过程分为两大类，第一类为煤岩体内部含有一定的微小裂隙，在截齿挤压煤壁作用下，一部分裂隙逐步缩小直至闭合，还有一部分裂

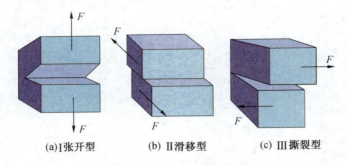

(a) I 张开型　　　　(b) II 滑移型　　　　(c) III 撕裂型

图 1 - 10　断裂形式示意图

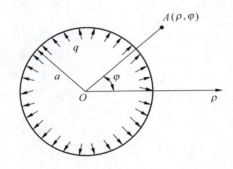

图 1 - 11　裂隙四周压力分布示意图

隙逐步扩大，形成断裂面直至煤岩体崩落，完成一次截齿截割煤岩体的作业；第二类为在截齿的作用下，煤岩体与截齿接触的周边区域，当其所受的应力大于抗拉、抗压或抗剪强度时，该区域会产生裂缝，随着截齿继续运动，产生的裂缝会逐渐增大，最终形成大块煤岩的崩落。

当截齿垂直截入煤壁时，煤壁产生裂隙的区域由最开始齿尖顶点处，沿截齿的外轮廓扩大并呈圆形，其圆形裂隙半径 a（$0 < a \leqslant r_{c2}$），裂隙的圆周上受到截齿对其均匀内压为 q，其裂隙四周压力分布示意图如图 1 - 11 所示。

边界条件：

$$\rho \to \infty : \sigma_\rho = 0, \sigma_\varphi = 0, \tau_{\rho\varphi} = 0 \tag{1-40}$$

$$\rho = a : \sigma_\rho = -q, \tau_{\rho\varphi} = 0 \tag{1-41}$$

依据轴对称平面弹性力学相关知识可知：

$$\sigma_\rho = \frac{1}{\rho} \frac{\mathrm{d}\Phi}{\mathrm{d}\rho} \qquad \sigma_\varphi = \frac{\mathrm{d}^2\Phi}{\mathrm{d}\rho^2} \qquad \tau_{\rho\varphi} = 0 \tag{1-42}$$

式中　Φ——应力函数。

由相容方程可得：

$$\left(\frac{\mathrm{d}^2}{\mathrm{d}\rho^2} + \frac{1}{\rho} \frac{\mathrm{d}}{\mathrm{d}\rho} \right)^2 \Phi = 0 \tag{1-43}$$

由式（1 - 43）得到 Φ 的通解为

$$\Phi = C_1 \ln\rho + C_2 \rho^2 \ln\rho + C_3 \rho + C_4 \tag{1-44}$$

其中，C_1、C_2、C_3 和 C_4 为任意常数。

将式（1 - 44）代入式（1 - 42）得到应力分量为

$$\begin{cases} \sigma_\rho = \dfrac{C_1}{\rho^2} + C_2 (1 + 2\ln\rho) + 2C_3 \\[3mm] \sigma_\varphi = -\dfrac{C_1}{\rho^2} + C_2 (1 + 2\ln\rho) + 2C_3 \\[3mm] \tau_{\rho\varphi} = 0 \end{cases} \tag{1-45}$$

通过平面弹性力学的几何方程，得到轴对称应力状态下的位移分量为

$$
\begin{cases}
u_\rho = \dfrac{1}{E}\Big[-(1+\mu)\dfrac{C_1}{\rho} + 2(1-\mu)C_2\rho(\ln\rho - 1) + (1-3\mu)C_2\rho + 2(1-\mu)C_3\rho \Big] + \\
\qquad C_6\cos\varphi + C_7\sin\varphi \\[2mm]
u_\varphi = \dfrac{4C_2\rho\varphi}{E} + C_5\rho - C_6\sin\varphi + C_7\cos\varphi
\end{cases}
$$

$$(1-46)$$

式中 $C_1 \sim C_7$——任意常数；

E——材料弹性模量；

μ——材料泊松比。

由于圆形裂隙周围区域无刚性平动位移，也没有惯性转动，则式（1−45）及式（1−46）中的 $C_2 = C_5 = C_6 = C_7 = 0$，并将式（1−40）和式（1−41）代入式（1−45）中，则解出 $C_1 = -qa^2$，$C_3 = 0$。

则裂隙外应力分量表达式为

$$
\begin{cases}
\sigma_\rho = -\dfrac{a^2}{\rho^2}q \\[2mm]
\sigma_\varphi = \dfrac{a^2}{\rho^2}q \\[2mm]
\tau_{\rho\varphi} = 0
\end{cases}
$$

$$(1-47)$$

位移分量表达式为

$$
\begin{cases}
u_\rho = \dfrac{1+\mu}{E\rho}qa^2 \\[2mm]
u_\varphi = 0
\end{cases}
$$

$$(1-48)$$

当我们设裂隙内压 $q = \sigma_c = 0.032$ MPa（σ_c 为煤的极限抗拉强度），煤的弹性模量 $E = 1$ GPa，煤的泊松比 $\mu = 0.36$，圆形裂隙半径 $a = r_{c2} = 24$ mm，通过上述公式可以求解得到裂隙区域的应力云图如图 1−12 所示。

通过对图 1−12 分析可知，越靠近裂隙的区域其应力值越大，裂隙周围区域的 σ_x、

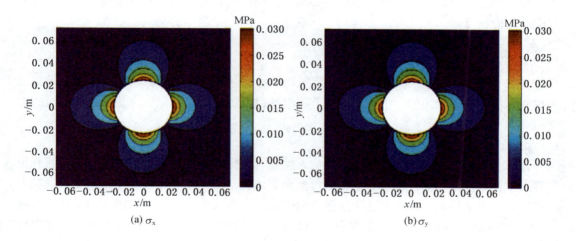

(a) σ_x (b) σ_y

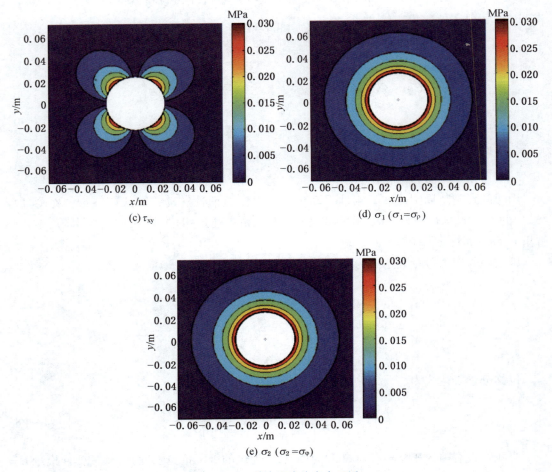

图 1-12　裂隙区域的应力云图

σ_y 和 τ_{xy} 呈花瓣状，应力值向远离裂隙区域递减；裂隙周围的主应力 σ_1、σ_2 同 σ_ρ、σ_φ 相等，其应力分布以裂隙中心为原点呈同心圆状，同样越靠近裂隙中心应力值越大，越远离裂隙应力值越小。

1.2　截齿倾斜截割煤壁理论模型

在1.1节我们介绍了截齿垂直截入煤壁时，截齿截割煤岩体的力学模型。截齿垂直截入煤岩体仅是截入形式的一个特例，本节将继续讨论更加广泛的截齿倾斜截入煤壁时的力学模型。

1.2.1　煤岩体弹性变形时截齿截割力学模型

在1.1.1节中我们介绍了截齿垂直截入煤壁时，煤岩体仅发生弹性变形情况下的截齿截割力学模型，本节继续深入介绍，截齿倾斜截入煤壁时，煤岩体仅发生弹性变形情况下的截齿截割力学模型。在研究这个问题之前先引入，在无限大弹性半空间表面受任意方向力作用的情况，空间上任意方向的力 F 可以拆分成沿 x、y、z 三个坐标方向分力的矢量

和，即

$$F = F_x + F_y + F_z \qquad (1-49)$$

那么可以将空间上任意方向的力施加在弹性半空间表面，示意图如图 1-13 所示，拆分成半空间体在边界上受法向集中力和径向集中力两种情况，Boussinesq 和 Cerutti 分别给出了法向集中力和径向集中力的求解方法，在此基础上进行叠加可以得到空间上任意方向的力施加在弹性半空间表面时，弹性半空间内任意一点的应力表达式为

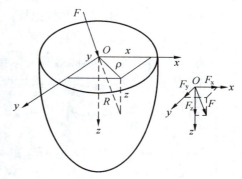

图 1-13　弹性半空间受集中力示意图

$$
\begin{cases}
u_x = \dfrac{(1+\mu)F_x}{2\pi E}\left\{1 + \dfrac{x^2}{R^2} + (1-2\mu)\left[\dfrac{R}{R+z} - \dfrac{x^2}{(R+z)^2}\right]\right\} + \dfrac{(1+\mu)F_y}{2\pi E}\left[\dfrac{xy}{R^2} - \dfrac{(1-2\mu)xy}{(R+z)^2}\right] + \\[3mm]
\qquad \dfrac{(1+\mu)F_z}{2\pi E}\left[\dfrac{xz}{R^3} - (1-2\mu)\dfrac{x}{R(R+z)}\right] \\[3mm]
u_y = \dfrac{(1+\mu)F_x}{2\pi E}\left[\dfrac{xy}{R^2} - \dfrac{(1-2\mu)xy}{(R+z)^2}\right] + \dfrac{(1+\mu)F_y}{2\pi E}\left\{1 + \dfrac{y^2}{R^2} + (1-2\mu)\left[\dfrac{R}{R+z} - \dfrac{y^2}{(R+z)^2}\right]\right\} + \\[3mm]
\qquad \dfrac{(1+\mu)F_z}{2\pi E}\left[\dfrac{yz}{R^3} - (1-2\mu)\dfrac{y}{R(R+z)}\right] \\[3mm]
u_z = \dfrac{(1+\mu)F_x}{2\pi E}\left[\dfrac{xz}{R^3} + \dfrac{(1-2\mu)x}{R+z}\right] + \dfrac{(1+\mu)F_y}{2\pi E}\left[\dfrac{xz}{R^3} + \dfrac{(1-2\mu)y}{R+z}\right] + \dfrac{(1+\mu)F_z}{2\pi E}\left[\dfrac{z^2}{R^3} + \dfrac{2(1-\mu)}{R}\right]
\end{cases} \qquad (1-50)
$$

$$
\begin{cases}
\sigma_x = \dfrac{F_x x}{2\pi R^3}\left[\dfrac{(1-2\mu)}{(R+z)^2}\left(x^2 + z^2 - \dfrac{2Ry^2}{R+z}\right) - \dfrac{3x^2}{R^2}\right] + \dfrac{F_y y}{2\pi R^3}\left[\dfrac{(1-2\mu)}{(R+z)^2}\left(3R^2 - y^2 - \dfrac{2Ry^2}{R+z}\right) - \dfrac{3x^2}{R^2}\right] + \\[3mm]
\qquad \dfrac{3F_z}{2\pi}\left\{\dfrac{x^2 z}{R^5} + \dfrac{1-2\mu}{3}\left[\dfrac{R^2 - Rz - z^2}{R^3(R+z)} - \dfrac{x^2(2R+z)}{R^3(R+z)^2}\right]\right\} \\[3mm]
\sigma_y = \dfrac{F_x x}{2\pi R^3}\left[\dfrac{(1-2\mu)}{(R+z)^2}\left(3R^2 - x^2 - \dfrac{2Rx^2}{R+z}\right) - \dfrac{3y^2}{R^2}\right] + \dfrac{F_y y}{2\pi R^3}\left[\dfrac{(1-2\mu)}{(R+z)^2}\left(R^2 - x^2 - \dfrac{2Ry^2}{R+z}\right) - \dfrac{3y^2}{R^2}\right] + \\[3mm]
\qquad \dfrac{3F_z}{2\pi}\left\{\dfrac{y^2 z}{R^5} + \dfrac{1-2\mu}{3}\left[\dfrac{R^2 - Rz - z^2}{R^3(R+z)} - \dfrac{y^2(2R+z)}{R^3(R+z)^2}\right]\right\} \\[3mm]
\sigma_z = -\dfrac{3z^2(F_x x + F_y y + F_z z)}{2\pi R^5} \\[3mm]
\tau_{yz} = -\dfrac{3yz(F_x x + F_y y + F_z z)}{2\pi R^5} \\[3mm]
\tau_{zx} = -\dfrac{3xz(F_x x + F_y y + F_z z)}{2\pi R^5} \\[3mm]
\tau_{xy} = \dfrac{F_x y}{2\pi R^3}\left[\dfrac{(1-2\mu)}{(R+z)^2}\left(y^2 + z^2 - \dfrac{2Rx^2}{R+z}\right) - \dfrac{3x^2}{R^2}\right] + \dfrac{F_y x}{2\pi R^3}\left[\dfrac{(1-2\mu)}{(R+z)^2}\left(z^2 + x^2 - \dfrac{2Ry^2}{R+z}\right) - \dfrac{3y^2}{R^2}\right] + \\[3mm]
\qquad \dfrac{3F_z}{2\pi}\left\{\dfrac{1-2\mu}{3}\left[\dfrac{xy(2R+z)}{R^3(R+z)^2}\right] - \dfrac{xyz}{R^5}\right\}
\end{cases}
$$

$$(1-51)$$

式中　E——半空间弹性体的弹性模量；

　　　μ——半空间弹性体的泊松比，$R = \sqrt{x^2 + y^2 + z^2}$。

在弹性半空间内，截齿倾斜截入煤壁时，假设截齿的轴向线与平面 yOz 呈 α 角，如图 1-14 所示，则可以得到截齿的参数方程为

$$\begin{cases} x = h\left(\sin\alpha + \dfrac{r_{c1}}{h_{c1}}\cos\alpha\cos\theta\right) \\[2mm] y = h\dfrac{r_{c1}}{h_{c1}}\sin\theta \qquad\qquad (-h_{c1} < h \leqslant 0) \\[2mm] z = h\left(\cos\alpha - \dfrac{r_{c1}}{h_{c1}}\sin\alpha\cos\theta\right) \end{cases} \tag{1-52a}$$

$$\begin{cases} x = h\sin\alpha - \dfrac{[(h+h_{c1})(r_{c1}+r_{c2})+h_{c2}r_{c1}]}{h_{c2}}\cos\alpha\cos\theta \\[2mm] y = -\dfrac{[(h+h_{c1})(r_{c1}-r_{c2})+h_{c2}r_{c1}]}{h_{c2}}\sin\theta \qquad (-h_{c1}-h_{c2} \leqslant h < -h_{c1}) \\[2mm] z = h\cos\alpha + \dfrac{[(h+h_{c1})(r_{c1}-r_{c2})+h_{c2}r_{c1}]}{h_{c2}}\sin\alpha\cos\theta \end{cases} \tag{1-52b}$$

$$\begin{cases} x = h\sin\alpha - r_{c2}\cos\alpha\cos\theta \\[2mm] y = -r_{c2}\sin\theta \qquad\qquad (-h_{c1}-h_{c2}-h_{c3} \leqslant h \leqslant -h_{c1}-h_{c2}) \\[2mm] z = h\cos\alpha + r_{c2}\sin\alpha\cos\theta \end{cases} \tag{1-52c}$$

其中，$\theta \in [0, 2\pi]$。

截齿沿倾斜方向向下截割 h_t 厚度时，其煤壁平面与截齿相交的截面为 S_1，如图 1-15 所示。

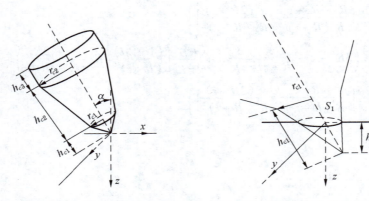

图 1-14　截齿倾斜截入煤壁示意图　　图 1-15　煤壁平面与截齿相交的截面示意图

当截齿倾斜揳入煤壁深度较小时，即 $\alpha + \theta_1 < 90°$ 且 $h_t \leqslant \sqrt{r_{c1}^2 + h_{c1}^2}\cos(\alpha + \theta_1)$，其中 θ_1 为齿尖半角 $\left[\theta_1 = \arctan\left(\dfrac{r_{c1}}{h_{c1}}\right)\right]$，则截齿与煤壁平面相交的截面 S_1 呈椭圆形状，其表达式为

$$\frac{(x+c_1)^2}{a_1^2} + \frac{y^2}{b_1^2} = 1 \tag{1-53}$$

其中，$a_1 = \dfrac{h_t r_{c1} h_{c1}}{h_{c1}^2 \cos^2\alpha - r_{c1}^2 \sin^2\alpha}$；$b_1 = \dfrac{h_t r_{c1}}{\sqrt{h_{c1}^2 \cos^2\alpha - r_{c1}^2 \sin^2\alpha}}$；$c_1 = \dfrac{h_t(h_{c1}^2 + r_{c1}^2)\sin\alpha\cos\alpha}{h_{c1}^2 \cos^2\alpha - r_{c1}^2 \sin^2\alpha}$。

同截齿垂直截入煤壁求解方法类似，假设作用在截齿截面 S_1 上沿 z 向的压力分布为 $p(x,y)$，沿 x 的压力分布为 $q_x(x,y)$，为了方便计算，将截面 S_1 中心作为坐标原点，其示意图如图 1-16 所示，其参数方程如下：

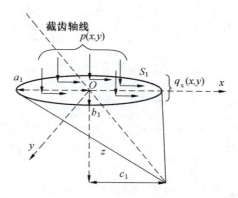

图 1-16　截齿截面压力分布示意图

$$\begin{cases} x = ha_2\cos\theta - (h_t - h)c_2 \\ y = hb_2\sin\theta \\ z = ht - h \end{cases} \quad h \in [0, ht] \qquad (1-54)$$

其中，$a_2 = \dfrac{r_{c1} h_{c1}}{h_{c1}^2 \cos^2\alpha - r_{c1}^2 \sin^2\alpha}$；$b_2 = \dfrac{h_t r_{c1}}{\sqrt{h_{c1}^2 \cos^2\alpha - r_{c1}^2 \sin^2\alpha}}$；$c_2 = \dfrac{h_t(h_{c1}^2 + r_{c1}^2)\sin\alpha\cos\alpha}{h_{c1}^2 \cos^2\alpha - r_{c1}^2 \sin^2\alpha}$。

$$\begin{cases} \dfrac{(1+\mu)(1-2\mu)}{2\pi E} \iint_{S_1} q_x(x,y)\dfrac{x}{\sqrt{x^2+y^2}}\mathrm{d}A = c_1\left(1 - \sqrt{\dfrac{x^2}{a_1^2}+\dfrac{y^2}{b_1^2}}\right) \\ \dfrac{1-\mu^2}{\pi E}\iint_{S_1} p(x,y)\mathrm{d}A = h_t\left(1 - \sqrt{\dfrac{x^2}{a_1^2}+\dfrac{y^2}{b_1^2}}\right) \end{cases} \qquad (1-55)$$

式（1-55）的求解与式（1-6）求解方法类似，通过类比的方法可以得到：

$$\begin{cases} q_x(x,y) = \dfrac{Ec_1}{2(1+\mu)(1-2\mu)\sqrt{a_1 b_1}}\dfrac{\sqrt{x^2+y^2}}{x}\ln\dfrac{1+\sqrt{1-\dfrac{x^2}{a_1^2}-\dfrac{y^2}{b_1^2}}}{1-\sqrt{1-\dfrac{x^2}{a_1^2}-\dfrac{y^2}{b_1^2}}} \\ p(x,y) = \dfrac{Eh_t}{4(1-\mu^2)\sqrt{a_1 b_1}}\ln\dfrac{1+\sqrt{1-\dfrac{x^2}{a_1^2}-\dfrac{y^2}{b_1^2}}}{1-\sqrt{1-\dfrac{x^2}{a_1^2}-\dfrac{y^2}{b_1^2}}} \end{cases} \qquad (1-56)$$

对作用于 S_1 区域上的压力分布 $p(x,y)$ 及 $q_x(x,y)$ 求积分可得到 P_x、P_z，即可求得截齿所受合力 P：

$$P_x = \frac{Ec_1}{4(1-\mu^2)\sqrt{a_1 b_1}}\int_{-b_1}^{b_1}\int_{\gamma_1}^{\gamma_2}\frac{\sqrt{x^2+y^2}}{x}\ln\frac{1+\sqrt{1-\frac{x^2}{a_1^2}-\frac{y^2}{b_1^2}}}{1-\sqrt{1-\frac{x^2}{a_1^2}-\frac{y^2}{b_1^2}}}\mathrm{d}x\mathrm{d}y = 0 \tag{1-57a}$$

$$P_z = \frac{Eh_t}{4(1-\mu^2)\sqrt{a_1 b_1}}\int_{-b_1}^{b_1}\int_{\gamma_1}^{\gamma_2}\ln\frac{1+\sqrt{1-\frac{x^2}{a_1^2}-\frac{y^2}{b_1^2}}}{1-\sqrt{1-\frac{x^2}{a_1^2}-\frac{y^2}{b_1^2}}}\mathrm{d}x\mathrm{d}y = \frac{\pi Eh_t\sqrt{a_1 b_1}}{2(1-\mu^2)} \tag{1-57b}$$

$$P = \sqrt{P_x^2 + P_z^2} = \frac{\pi Eh_t\sqrt{a_1 b_1}}{2(1-\mu^2)} \tag{1-57c}$$

其中，$\gamma_1 = -a_1\sqrt{1-\frac{y^2}{b_1^2}}$；$\gamma_2 = a\sqrt{1-\frac{y^2}{b^2}}$；$a_1 = \frac{h_t r_{c1} h_{c1}}{h_{c1}^2\cos^2\alpha - r_{c1}^2\sin^2\alpha}$；$b_1 = \frac{h_t r_{c1}}{\sqrt{h_{c1}^2\cos^2\alpha - r_{c1}^2\sin^2\alpha}}$；

$c_1 = \frac{h_t(h_{c1}^2 + r_{c1}^2)\sin\alpha\cos\alpha}{h_{c1}^2\cos^2\alpha - r_{c1}^2\sin^2\alpha}$。

依据式（1-52）~式（1-57）可知，截齿倾斜揳入煤壁可以等效为在煤壁表面施加 z 向非均布载荷 $p(u,v)$ 和 x 向非均布载荷 $q_x(u,v)$，将式（1-52）代入式（1-50）和式（1-51）中，并求积分得到煤壁的任意一点 $M(x,y,z)$ 的位移及应力。

位移关系式：

$$u_x = \frac{1+u}{2\pi E}\iint_{s_1}q_x(u,v)\left\{1 + \frac{(x-u)^2}{R^2} + (1-2\mu)\left[\frac{R}{R+z} - \frac{(x-u)^2}{(R+z)^2}\right]\right\}+$$

$$p(u,v)\left[\frac{(x-u)z}{R^3} - (1-2\mu)\frac{x-u}{R(R+z)}\right]\mathrm{d}A$$

$$= \frac{1+u}{2\pi E}\int_{y-b_1}^{y+b_1}\int_{\phi_1}^{\phi_2}q_x(u,v)\left\{1 + \frac{(x-u)^2}{R^2} + (1-2\mu)\left[\frac{R}{R+z} - \frac{(x-u)^2}{(R+z)^2}\right]\right\}+$$

$$p(u,v)\left[\frac{(x-u)z}{R^3} - (1-2\mu)\frac{x-u}{R(R+z)}\right]\mathrm{d}u\mathrm{d}v \tag{1-58a}$$

$$u_y = \frac{1+u}{2\pi E}\iint_{S_1}q_x(u,v)\left[\frac{(x-u)(y-v)}{R^2} - \frac{(1-2\mu)(x-u)(y-v)}{(R+z)^2}\right]+$$

$$p(u,v)\left[\frac{(y-v)z}{R^3} - (1-2\mu)\frac{y-v}{R(R+z)}\right]\mathrm{d}A$$

$$= \frac{1+u}{2\pi E}\int_{y-b_1}^{y+b_1}\int_{\phi_1}^{\phi_2}q_x(u,v)\left[\frac{(x-u)(y-v)}{R^2} - \frac{(1-2\mu)(x-u)(y-v)}{(R+z)^2}\right]\mathrm{d}u\mathrm{d}v +$$

$$p(u,v)\left[\frac{(y-v)z}{R^3} - (1-2\mu)\frac{y-v}{R(R+z)}\right]\mathrm{d}u\mathrm{d}v \tag{1-58b}$$

$$u_z = \frac{1+u}{2\pi E}\iint_{S_1}q_x(u,v)\left[\frac{(x-u)z}{R^3} + \frac{(1-2\mu)(x-u)}{R+z}\right] + p(u,v)\left[\frac{z^2}{R^3} + \frac{2(1-\mu)}{R}\right]\mathrm{d}A$$

$$= \frac{1+u}{2\pi E}\int_{y-b_1}^{y+b_1}\int_{\phi_1}^{\phi_2}q_x(u,v)\left[\frac{(x-u)z}{R^3} + \frac{(1-2\mu)(x-u)}{R+z}\right] + p(u,v)\left[\frac{z^2}{R^3} + \frac{2(1-\mu)}{R}\right]\mathrm{d}u\mathrm{d}v$$

$$\tag{1-58c}$$

应力关系式：

$$\sigma_x = \frac{3}{2\pi}\iint_{S_1} q_x(u,v)\frac{x-u}{R^3}\left\{\frac{(1-2\mu)}{(R+z)^2}\Big[(x-u)^2+z^2-\frac{2R(y-v)^2}{R+z}\Big]-\frac{3(x-u)^2}{R^2}\right\}+$$

$$p(u,v)(x-u)\left\{\frac{(x-u)^2z}{R^5}+\frac{1-2\mu}{3}\Big[\frac{R^2-Rz-z^2}{R^3(R+z)}-\frac{(x-u)^2(2R+z)}{R^3(R+z)^2}\Big]\right\}\mathrm{d}A$$

$$=\frac{3}{2\pi}\int_{y-b_1}^{y+b_1}\int_{\phi_1}^{\phi_2} q_x(u,v)\frac{x-u}{R^3}\left\{\frac{(1-2\mu)}{(R+z)^2}\Big[(x-u)^2+z^2-\frac{2R(y-v)^2}{R+z}\Big]-\frac{3(x-u)^2}{R^2}\right\}+$$

$$p(u,v)(x-u)\left\{\frac{(x-u)^2z}{R^5}+\frac{1-2\mu}{3}\Big[\frac{R^2-Rz-z^2}{R^3(R+z)}-\frac{(x-u)^2(2R+z)}{R^3(R+z)^2}\Big]\right\}\mathrm{d}u\mathrm{d}v$$

$$(1-59\mathrm{a})$$

$$\sigma_y = \frac{3}{2\pi}\iint_{S_1} q_x(u,v)\frac{x-u}{R^3}\left\{\frac{(1-2\mu)}{(R+z)^2}\Big[3R^2-(x-u)^2-\frac{2R(x-u)^2}{R+z}\Big]-\frac{3(y-v)^2}{R^2}\right\}+$$

$$p(u,v)(y-v)\left\{\frac{(y-v)^2z}{R^5}+\frac{1-2\mu}{3}\Big[\frac{R^2-Rz-z^2}{R^3(R+z)}-\frac{(y-v)^2(2R+z)}{R^3(R+z)^2}\Big]\right\}\mathrm{d}A$$

$$=\frac{3}{2\pi}\int_{y-b_1}^{y+b_1}\int_{\phi_1}^{\phi_2} q_x(u,v)\frac{x-u}{R^3}\left\{\frac{(1-2\mu)}{(R+z)^2}\Big[3R^2-(x-u)^2-\frac{2R(x-u)^2}{R+z}\Big]-\frac{3(y-v)^2}{R^2}\right\}+$$

$$p(u,v)(y-v)\left\{\frac{(y-v)^2z}{R^5}+\frac{1-2\mu}{3}\Big[\frac{R^2-Rz-z^2}{R^3(R+z)}-\frac{(y-v)^2(2R+z)}{R^3(R+z)^2}\Big]\right\}\mathrm{d}u\mathrm{d}v$$

$$(1-59\mathrm{b})$$

$$\sigma_z = -\frac{3z^2}{2\pi}\iint_{S_1} q_x(u,v)(x-u)R^{-\frac{5}{2}}+p(u,v)zR^{-\frac{5}{2}}\mathrm{d}A$$

$$=-\frac{3z^3}{2\pi}\int_{y-b_1}^{y+b_1}\int_{\phi_1}^{\phi_2} q_x(u,v)(x-u)R^{-\frac{5}{2}}+p(u,v)zR^{-\frac{5}{2}}\mathrm{d}u\mathrm{d}v$$

$$(1-59\mathrm{c})$$

$$\tau_{yz} = -\frac{3z}{2\pi}\iint_{S_1} q_x(u,v)\frac{(x-u)(y-v)}{R^5}+p(u,v)\frac{z(y-v)}{R^5}\mathrm{d}A$$

$$=-\frac{3z}{2\pi}\int_{y-b_1}^{y+b_1}\int_{\phi_1}^{\phi_2} q_x(u,v)\frac{(x-u)(y-v)}{R^5}+p(u,v)\frac{z(y-v)}{R^5}\mathrm{d}u\mathrm{d}v$$

$$(1-59\mathrm{d})$$

$$\tau_{zx} = -\frac{3z}{2\pi}\iint_{S_1} q_x(u,v)\frac{(x-u)^2}{R^5}+p(u,v)\frac{(x-u)z}{R^5}\mathrm{d}A$$

$$=-\frac{3}{2\pi}\int_{y-b_1}^{y+b_1}\int_{\phi_1}^{\phi_2} q_x(u,v)\frac{(x-u)^2}{R^5}+p(u,v)\frac{(x-u)z}{R^5}\mathrm{d}u\mathrm{d}v$$

$$(1-59\mathrm{e})$$

$$\tau_{xy} = \frac{3}{2\pi}\iint_{S_1} q_x(u,v)\frac{y-v}{R^3}\left\{\frac{(1-2\mu)}{(R+z)^2}\Big[(y-v)^2+z^2-\frac{2R(x-u)^2}{R+z}\Big]-\frac{3(x-u)^2}{R^2}\right\}+$$

$$p(u,v)\left[\frac{1-2\mu}{3}\frac{(x-u)(y-v)(2R+z)}{R^3(R+z)^2}-\frac{(x-u)(y-v)z}{R^5}\right]\mathrm{d}A$$

$$=\frac{3}{2\pi}\int_{y-b_1}^{y+b_1}\int_{\phi_1}^{\phi_2} q_x(u,v)\frac{y-v}{R^3}\left\{\frac{(1-2\mu)}{(R+z)^2}\Big[(y-v)^2+z^2-\frac{2R(x-u)^2}{R+z}\Big]-\frac{3(x-u)^2}{R^2}\right\}+$$

$$p(u,v)\left[\frac{1-2\mu}{3}\frac{(x-u)(y-v)(2R+z)}{R^3(R+z)^2}-\frac{(x-u)(y-v)z}{R^5}\right]\mathrm{d}u\mathrm{d}v$$

$$(1-59\mathrm{f})$$

其中,$\phi_1=x+a_1\sqrt{1-\dfrac{(v-y)^2}{b_1^2}}$;$\phi_2=x-a_1\sqrt{1-\dfrac{(v-y)^2}{b_1^2}}$;$R=\sqrt{(x-u)^2+(y-v)^2+z^2}$;

$$q_x(u,v) = \frac{Ec_1}{2(1+\mu)(1-2\mu)\sqrt{a_1 b_1}} \cdot \frac{\sqrt{(x-u)^2 + (y-v)^2}}{x-u} \ln \frac{1 + \sqrt{1 - \frac{(x-u)^2}{a_1^2} - \frac{(y-v)^2}{b_1^2}}}{1 - \sqrt{1 - \frac{(x-u)^2}{a_1^2} - \frac{(y-v)^2}{b_1^2}}};$$

$$p(u,v) = \frac{Eh_t}{4(1-\mu^2)\sqrt{a_1 b_1}} \ln \frac{1 + \sqrt{1 - \frac{(x-u)^2}{a_1^2} - \frac{(y-v)^2}{b_1^2}}}{1 - \sqrt{1 - \frac{(x-u)^2}{a_1^2} - \frac{(y-v)^2}{b_1^2}}}。$$

1.2.2　煤岩体塑性变形时截齿截割力学模型

在1.1.1节中介绍了截齿倾斜揳入煤壁，煤岩体弹性变形时截割力学模型，随着截齿揳入煤岩体的深度不断增加，则煤岩体内部发生屈服产生塑性变形，本节主要研究截齿倾斜揳入煤壁，煤岩体发生塑性变形时的力学模型。

在研究截齿倾斜揳入煤壁，同截齿垂直截入煤壁类似，我们需要模型进行简化，假设截齿截入煤壁深度为h_t，并且截齿作用在煤壁上的接触压力等效为作用在半径为a的半球形核心里，核心边缘呈均布压力p，可以视为空腔半球内部受均压，厚壁球壳的弹塑性分析，其示意图如图1-17所示。

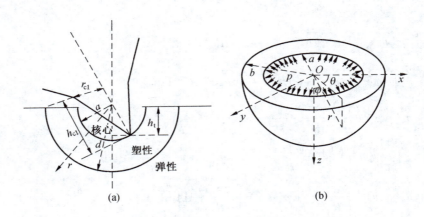

(a)　　　　　　　　　　　(b)

图1-17　截齿倾斜截入煤壁示意图

截齿倾斜截入煤壁求解过程同垂直截入煤壁类似，仅核心区域半径a表达式不同，其关系可表示为

当$h_t \sec\alpha \leq h_{c1}$时：

$$\begin{cases} u_1 = h_t \sec\alpha \\ u_2 = \dfrac{r_{c1}}{h_{c1}} h_t \sec\alpha \\ a = \max(u_1, u_2) \end{cases} \tag{1-60a}$$

当$h_{c1} < h_t \sec\alpha \leq h_{c1} + h_{c2}$时：

$$\begin{cases} u_1 = h_\mathrm{t}\sec\alpha \\ u_2 = r_\mathrm{c1} + \dfrac{h_\mathrm{t}\sec\alpha - h_\mathrm{c1}}{h_\mathrm{c2} - h_\mathrm{c1}}(r_\mathrm{c2} - r_\mathrm{c1}) \\ a = \max(u_1, u_2) \end{cases} \qquad (1-60\mathrm{b})$$

当 $h_\mathrm{c1} + h_\mathrm{c2} < h_\mathrm{t} \leqslant h_\mathrm{c1} + h_\mathrm{c2} + h_\mathrm{c3}$ 时：

$$\begin{cases} u_1 = h_\mathrm{t}\sec\alpha \\ u_2 = h_\mathrm{c2} \\ a = \max(u_1, u_2) \end{cases} \qquad (1-60\mathrm{c})$$

同 1.1.2 节计算相同，得到弹性区域中应力及位移表达式为

$$\begin{cases} \sigma_\mathrm{r} = -2\sqrt{3}k \cdot \dfrac{a^3}{r^3} \\ \sigma_\theta = \sqrt{3}k \cdot \dfrac{a^3}{r^3} \qquad\qquad r \geqslant d \\ u_\mathrm{r} = \sqrt{3}k \cdot \dfrac{a^3(\mu+1)}{Er^2} \end{cases} \qquad (1-61)$$

由于 $\sigma_\theta = \sigma_\varphi$，则应力平衡关系式为

$$\frac{\partial \sigma_\mathrm{r}}{\partial r} = \frac{2(\sigma_\theta - \sigma_\mathrm{r})}{r} \qquad (1-62)$$

求解得到：

$$\sigma_\mathrm{r} = 2\sqrt{3}k\ln r + C_1 \qquad (1-63)$$

式（1-63）中待定系数 C_1，可以通过式（1-63）与式（1-61）联立求得：

$$C_1 = -2\sqrt{3}k\left(\ln d + \frac{a^3}{d^3}\right) \qquad (1-64)$$

进而可求的在塑性区应力表达式为

$$\begin{cases} \sigma_\mathrm{r} = 2\sqrt{3}k\ln\left(\dfrac{r}{d}\right) - 2\sqrt{3}k\dfrac{a^3}{d^3} \\ \sigma_\theta = \sqrt{3}k + 2\sqrt{3}k\ln\left(\dfrac{r}{d}\right) - 2\sqrt{3}k\dfrac{a^3}{d^3} \end{cases} \quad a \leqslant r \leqslant d \qquad (1-65)$$

令式（1-65）径向应力 σ_r 中 $r = a$，求得核心区域内压为

$$p = 2\sqrt{3}k\ln\left(\frac{a}{d}\right) - 2\sqrt{3}k\frac{a^3}{d^3} \qquad (1-66)$$

将核心区所受的内压视为截齿所受的力，则通过积分可求得：

$$P = \iint_\Sigma p\mathrm{d}S = \int_0^{2\pi}\int_0^{\frac{\pi}{4}}\left[2\sqrt{3}k\ln\left(\frac{a}{d}\right) - 2\sqrt{3}k\frac{a^3}{d^3}\right]a^2\sin\varphi\mathrm{d}\varphi\mathrm{d}\theta$$

$$= 2\sqrt{3}(2-\sqrt{2})\pi k\left(\ln\frac{a}{d} - \frac{a^3}{d^3}\right) \qquad (1-67)$$

1.2.3　煤岩体断裂失稳时截齿截割力学模型

在 1.1.3 节中已经介绍了截齿垂直截入煤壁时的截齿截割力学模型，本节将继续研究当截齿倾斜截入煤壁时，截齿的截割力学模型。

在1.1.1 节中介绍了截齿倾斜截入煤壁时，其截入深度 $h_t \leqslant \sqrt{r_{c1}^2 + h_{c1}^2} \cos(\alpha + \theta_1)$ 时 $\left[\text{其中 }\theta_1 \text{ 为齿尖半角，}\theta_1 = \arctan\left(\dfrac{r_{c1}}{h_{c1}}\right)\right]$，其与煤壁相交截面呈椭圆形，因此在截齿截割作用下，煤壁产生裂隙的区域由最开始齿尖顶点处，扩大至整个椭圆形区域。

椭圆形裂隙的长轴和短轴分别为 a_1、b_1，裂隙（椭圆孔边上 L）受到截齿对其均匀内压力为 q，其示意图如图 1 – 18a 所示，图中煤壁截面用复平面 s 表示，即 $s = x + iy$，同时为了计算方便通过保角变换将 s 平面上的区域映射到 ζ 平面上的中心单位圆如图 1 – 18b 所示，其中 $\zeta = \xi + i\eta = \rho e^{i\theta}$。

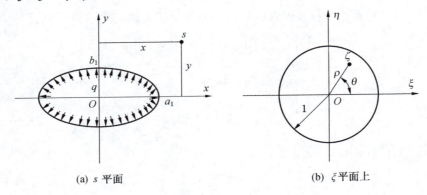

(a) s 平面　　　　　　　　　　　(b) ζ 平面上

图 1 – 18　平面示意图

边界条件：

$$\sqrt{x^2 + y^2} \to \infty : \sigma_x = 0, \sigma_y = 0, \tau_{xy} = 0 \tag{1-68}$$

$$(x,y) \in L: \begin{cases} \sigma_x \cos(n,x) + \tau_{xy}\cos(n,y) = -q\cos(n,x) \\ \tau_{xy}\cos(n,x) + \sigma_y\cos(n,y) = -q\sin(n,y) \end{cases} \tag{1-69}$$

其中，n 为 L 上任意一点外法线方向。

依据弹性力学相关知识可知：

$$\sigma_x = \frac{\partial^2 U}{\partial y^2} \qquad \sigma_y = \frac{\partial^2 U}{\partial x^2} \qquad \tau_{xy} = -\frac{\partial^2 U}{\partial x \partial y} \tag{1-70}$$

其中，U 为 Airy 应力函数，在复平面内 $U(x,y)$ 可以表示为

$$U(x,y) = \frac{1}{2}\left[\bar{s}\varphi_1(s) + s\overline{\varphi_1(s)} + \gamma_1(s) + \overline{\gamma_1(s)}\right] \tag{1-71}$$

其中，$s = x + iy$；$\bar{s} = x - iy$。

由式（1 – 70）和式（1 – 71）可得：

$$\sigma_x + \sigma_y = 2\left[\varphi_1'(s) + \overline{\varphi_1'(s)}\right] \tag{1-72}$$

$$\sigma_y - \sigma_x + 2i\tau_{xy} = 2\left[\bar{s}\varphi_1''(s) + \gamma_1''(s)\right] \tag{1-73}$$

令 $\psi(s) = \gamma_1'(s)$，则式（1 – 73）可改写为：

$$\sigma_y - \sigma_x + 2i\tau_{xy} = 2\left[\bar{s}\varphi_1''(s) + \psi_1'(s)\right] \tag{1-74}$$

依据式（1 – 68）、式（1 – 69）所给出的 s 平面上边界条件，映射到 ζ 平面上，得到应力函数中的两个复势函数分别为

$$\begin{cases} \varphi(\zeta) = -qRm\zeta \\ \psi(\zeta) = -qR(1+m^2)\dfrac{\zeta}{1-m\zeta^2} \end{cases} \tag{1-75}$$

其中，$R = \dfrac{a_1 + b_1}{2}$，$m = \dfrac{a_1 - b_1}{a_1 + b_1}$，$a_1 = \dfrac{h_t r_{c1} h_{c1}}{h_{c1}^2 \cos^2\alpha - r_{c1}^2 \sin^2\alpha}$；$b_1 = \dfrac{h_t r_{c1}}{\sqrt{h_{c1}^2 \cos^2\alpha - r_{c1}^2 \sin^2\alpha}}$。

$$\begin{cases} \Phi(\zeta) = \varphi'(\zeta) = \dfrac{qm\zeta^2}{m\zeta^2 - 1} \\ \Psi(\zeta) = \psi'(\zeta) = -\dfrac{q\zeta^3(m^2+1)}{(m\zeta^2-1)^2} \\ \Phi'(\zeta) = -\dfrac{2qm\zeta}{(m\zeta^2-1)^2} \end{cases} \tag{1-76}$$

ζ 平面上的复势函数与应力关系式为

$$\begin{cases} \sigma_\theta + \sigma_\rho = 2\left[\Phi(\zeta) + \overline{\Phi(\zeta)}\right] \\ \sigma_\theta - \sigma_\rho + 2i\tau_{\rho\theta} = \dfrac{2\zeta^2}{\rho^2}\dfrac{1}{\overline{\omega'(\zeta)}}\left[\overline{\omega(\zeta)}\,\Phi'(\zeta) + \omega'(\zeta)\Psi(\zeta)\right] \end{cases} \tag{1-77}$$

将 $\zeta = \xi + i\eta = \rho e^{i\theta}$ 代入式（1-77）中，可解出应力为

$$\begin{cases} \sigma_\theta = -\dfrac{q\rho^2(2m^4\rho^6 + m^4\rho^4 - 8m^3\rho^4\cos2\theta + m^2\rho^4 + 2m^2\rho^2\cos4\theta + 4m^2\rho^2 - m^2 - 1)}{(m^2\rho^4 - 2m\rho^2\cos2\theta + 1)^2} \\ \sigma_\rho = -\dfrac{q\rho^2[2m^4\rho^6 - m^4\rho^4 - m^2\rho^4 + 2m^2\rho^2\cos4\theta + 4m^2\rho^2 + m^2 + 1 - (4m^3\rho^4 + 4m)\cos2\theta]}{(m^2\rho^4 - 2m\rho^2\cos2\theta + 1)^2} \\ \tau_{\rho\theta} = -\dfrac{2mq\rho^2(\rho^2-1)(m^2\rho^2-1)\sin2\theta}{(m^2\rho^4 - 2m\rho^2\cos2\theta + 1)^2} \end{cases} \tag{1-78}$$

同 1.1.3 节类似，我们设裂隙内压 $q = \sigma_c = 0.032$ MPa（σ_c 为煤的极限抗拉强度），煤的弹性模量 $E = 1$ GPa，煤的泊松比 $\mu = 0.36$，截齿截入深度 $h_t = 3$ mm，截齿轴线与煤壁垂直方向倾角 $\alpha = \dfrac{\pi}{6}$，齿尖半径 $r_{c1} = 9.5$ mm，齿尖高度 $h_{c1} = 10$ mm，通过式（1-78）可以得到在 ζ 平面上极坐标下的应力云图如图 1-19 所示。

通过对图 1-19 分析可知，ζ 平面为单位圆，当 $\rho = 1$ 时为裂隙处的应力状态，$\rho = 0$ 时即为无穷远处的应力状态，图 1-19a 表示 ζ 平面上极坐标下的 σ_ρ，从中可以看出在 $\rho = 1$ 时应力最大为 0.032 MPa，越靠近无穷远处应力值越小。

ζ 平面上不便于对最大应力的位置进行分析，因此下面我们要通过变换将上述应力结果映射到 s 平面上。

取 $\zeta = \dfrac{s - \sqrt{s^2 - 4R^2m}}{2mR}$，代入式（1-75），即从 ζ 平面映射到 s 平面得：

$$\begin{cases} \varphi(s) = -\dfrac{1}{2}qR(s - \sqrt{s^2 - 4Rm}) \\ \psi(s) = \dfrac{2Rq(m^2+1)(s - \sqrt{s^2 - 4Rm})}{(s - \sqrt{s^2 - 4Rm})^2 - 4m} \end{cases} \tag{1-79}$$

其 φ_1'、φ_1'' 和 ψ_1' 分别为

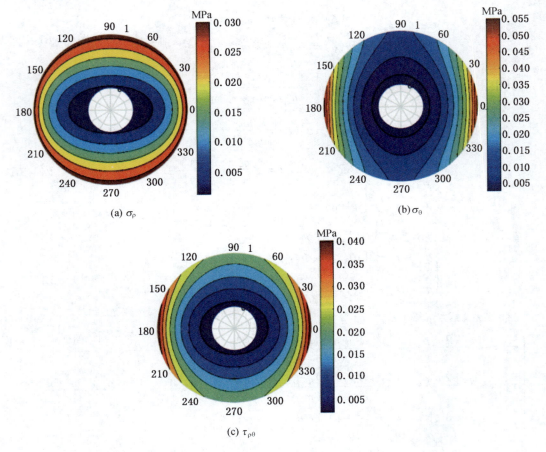

(a) σ_ρ　　　　　(b) σ_θ

(c) $\tau_{\rho\theta}$

图 1 – 19　应力云图

$$\begin{cases} \varphi_1'(s) = \dfrac{1}{2}Rq\left(\dfrac{s}{C_1}-1\right) \\[3mm] \varphi_1''(s) = \dfrac{2Rq(m^2+1)\left(\dfrac{s}{C_1}-1\right)(4m-4Rm-2sC_1+2s^2)}{(4m+4Rm+2sC_1-2s^2)^2} \\[3mm] \psi_1'(s) = -\dfrac{2R^2mq}{C_1^3} \end{cases} \qquad (1-80)$$

其中，$C_1 = \sqrt{s^2-4Rm}$。

令 $f_1 = \sigma_x + \sigma_y$，$f_2 = \sigma_y - \sigma_x + 2i\tau_{xy}$，将式（1 – 80）代入式（1 – 72）、式（1 – 74），并用 $s = x+iy$，$\bar{s} = x-iy$ 替换 s、$\bar{s}$ 得：

$$\begin{cases} f_1 = 2[\varphi_1'(s) + \overline{\varphi_1'(s)}] = 4Rq\left(\dfrac{x+iy}{2mQ_1}-1\right) \\[3mm] f_2 = 2[\bar{s}\varphi_1''(s) + \psi_1'(s)] = 2qR\left[\dfrac{2(1+m^2)\left(-1+\dfrac{x+iy}{2mQ_1}\right)(1+2m(x+iy)-Q_1)}{2-2m(x+iy)+Q_1} - \dfrac{2R(x-iy)}{Q_1^3}\right] \end{cases}$$

$$(1-81)$$

其中，$Q_1 = \sqrt{(x+iy)^2 - 4mR}$。

通过式（1-81）及式（1-72）、式（1-74）可求解出应力解为

$$\begin{cases} \sigma_x = \dfrac{1}{2}\mathrm{Re}(f_1 - f_2) \\[2mm] \sigma_y = \dfrac{1}{2}\mathrm{Re}(f_1 + f_2) \\[2mm] \tau_{xy} = \dfrac{1}{2}\mathrm{Im}f_2 \end{cases} \tag{1-82}$$

通过式（1-82）可以求解得到裂隙区域在 s 平面上的应力云图如图1-20所示。

通过对图1-20分析可知，越靠近裂隙的区域其应力值越大，裂隙周围区域的 σ_x、σ_y 和 τ_{xy} 呈花瓣状，靠近椭圆裂隙长半轴的应力值大，应力值向远离裂隙区域递减；裂隙周围的主应力 σ_1、σ_2 同 σ_ρ、σ_φ 相等，σ_1 呈椭圆环状，同样越靠近裂隙中心应力值越大，越远离裂隙应力值越小；σ_1 在椭圆裂隙长轴方向应力值大，短轴方向应力值很小。

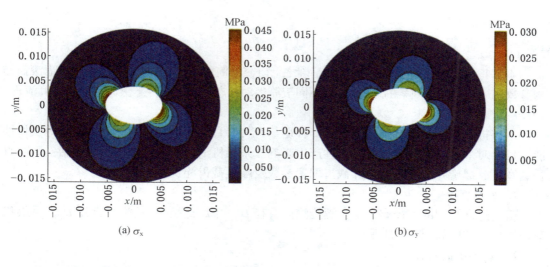

(a) σ_x (b) σ_y

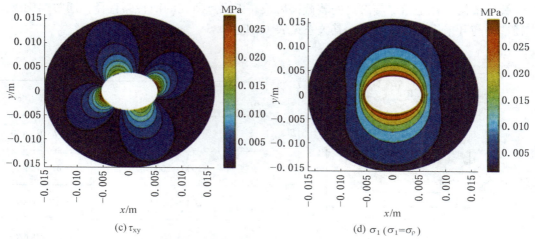

(c) τ_{xy} (d) σ_1（$\sigma_1 = \sigma_\rho$）

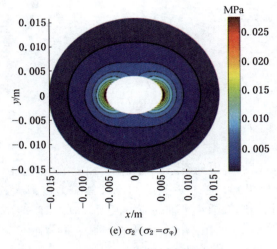

(e) σ_2 $(\sigma_2 = \sigma_\varphi)$

图 1-20　应力云图

1.3　滚筒截割煤岩力学特性研究

本章将在 1.1 节截齿的截割机理基础之上研究滚筒截割煤岩体的力学特性,考虑滚筒结构参数及运动参数等因素的影响,给出不同滚筒运动状态及工况条件下滚筒受力的计算流程。

1.3.1　滚筒结构参数

采煤机滚筒结构参数的选取及设计合适与否将会直接影响到滚筒截煤、装煤等工作性能，也会对采煤机其他零件的可靠性产生影响。采煤机滚筒的主要设计参数包括：滚筒直径、宽度、螺旋叶片参数、叶片截齿配置参数及端盘截齿配置参数。

1. 滚筒直径

滚筒经常用到的直径有 3 个：螺旋滚筒直径 D、叶片直径 D_y 及筒毂直径 D_g，采煤机滚筒结构示意图如图 1-21 所示。

1）螺旋滚筒直径 D

螺旋滚筒直径是指螺旋滚筒安装截齿后最高齿尖点所在的回转圆直径，通常螺旋滚筒直径选择与开采煤层厚度有关，其关系见表 1-1。

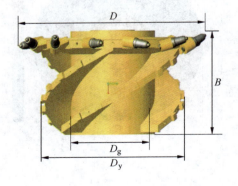

图 1-21　采煤机滚筒结构示意图

表 1-1　滚筒直径的选择

煤层厚度 H/mm	滚筒直径 D/mm
≤1000	$0.8H \sim H - 100$
1000 ~ 2000	$0.8H \sim 0.9H$
2000 ~ 3000	$0.6H \sim 0.8H$
>3000	$0.5H \sim 0.6H$

除了采用开采煤层厚度确定螺旋滚筒直径外，还可以利用采煤机前后螺旋滚筒装煤量相等来确定螺旋滚筒直径，即：

$$D = (1 - \alpha)H + (1 - \eta)\alpha H \qquad (1 - 83)$$

式中　H——采煤机开采煤层厚度，m；

$\quad\alpha$——螺旋滚筒直径 D 与开采煤层厚度 H 的比值，且 $\alpha = \dfrac{1}{1 + \eta}$；

$\quad\eta$——滚筒的装煤效率，当螺旋滚筒直径较小时，$\eta = 60\% \sim 70\%$；当螺旋滚筒直径较大时，$\eta = 70\% \sim 80\%$。

2）螺旋叶片直径 D_y

螺旋叶片最外缘直径即螺旋叶片直径，在截割过程中，为了使螺旋叶片与截槽中的煤不发生干涉，依据经验公式可得：

$$D_y \leqslant D - 1.43(t_{max} - b_p)\cot\varphi_r \qquad (1 - 84)$$

式中　t_{max}——最大截线距，m；

$\quad b_p$——截齿的等效宽度，m；

$\quad\varphi_r$——截槽崩落角，（°）。

3）筒毂直径 D_g

螺旋滚筒的筒毂直径可以由滚筒截割功率和摇臂行星减速器的外径 d_0 确定，其关系见表 1 - 2。

筒毂直径 D_g 的选取应既能形成较大的容煤空间，除了筒毂要满足其内部减速器的安装以及筒毂壁厚的强度要求，选取筒毂直径与螺旋叶片直径时还应满足以下关系：

$$\begin{cases} \dfrac{D_y}{D_g} \geqslant 2 & D > 1\ \text{m} \\[2mm] \dfrac{D_y}{D_g} \geqslant 2.5 & D \leqslant 1\ \text{m} \end{cases} \qquad (1 - 85)$$

表 1 - 2　筒毂直径选择

滚筒截割功率/kW	≤250	250 ~ 400	400 ~ 630	>630
滚筒筒体直径/mm	$d_0 + 65$	$d_0 + 80$	$d_0 + 100$	$d_0 + 110$

2. 滚筒宽度

滚筒宽度 B 一般是依据开采煤层的厚度（即截深）进行选取，其关系见表 1 - 3，除此之外，同时还要综合考虑煤炭开采能力，综采设备间的协调配套关系等因素。当滚筒宽

表 1 - 3　滚筒宽度选择

截深/mm	500	600	630	800	1000	1200
滚筒宽度/mm	600	670	700 720 750	880 930 980	1100	1300

度小，则截深小，截割煤岩时能够有效通过煤层的压张效应，使截割比能耗减小，但与此同时综采工作面的生产能力和效率会有所降低，因此需要权衡截深和开采能力、开采效率的关系，确定最佳的滚筒宽度。

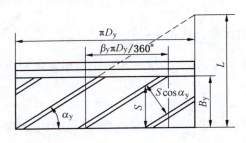

图 1 - 22　螺旋叶片结构示意图

3. 螺旋叶片参数

螺旋叶片主要起到安装、固定截齿齿座和实现装煤、落煤过程的作用，其主要包括螺旋升角 α_y、导程 L、叶片头数 Z_y 及叶片围包角 β_y 等参数，螺旋叶片结构示意图如图 1 - 22 所示。

1）螺旋升角 α_y

螺旋升角 α_y 是指叶片展开后与垂直滚筒轴线平面所夹的锐角，其取值的大小直接影响着叶片的围包角的大小和装煤效果，螺旋升角 α_y 的选取应按以下公式进行计算。

$$\alpha_y \leqslant \frac{90° - \arctan(f_m)}{2} \tag{1 - 86}$$

式中　f_m——煤与叶片的摩擦系数。

2）叶片头数 Z_y

叶片头数 Z_y 是影响滚筒的装载能力的重要因素，也直接影响螺旋滚筒上截齿的布置，叶片头数 Z_y 选取一般与滚筒直径 D 有关，其关系见表 1 - 4，当叶片头数多时，滚筒可以安装布置更多的截齿，有利于开采较硬的煤层及含有夹矸的煤层；但叶片头数过多会减小叶片间的装煤空间，影响螺旋滚筒的装载能力。

表 1 - 4　滚筒螺旋叶片头数

滚筒直径/mm	≤1100	1250	1400 ~ 1600	1800	≥2000
螺旋叶片头数	2		3		4

3）叶片的导程 L

叶片的导程 L 是指滚筒旋转一周过程中，螺旋线沿着滚筒轴线轴向移动的距离,；螺旋叶片主要起到装煤和卸煤的作用，从卸煤条件出发，当螺旋滚筒转一周时，螺旋叶片应能将煤推出一个叶片宽度，因此螺旋叶片导程应满足：

$$L = Z_y S \tag{1 - 87}$$

式中　S——螺距，m；

　　　Z_y——叶片头数。

4）叶片围包角 β_y

叶片围包角 β_y 是指单个螺旋叶片在螺旋滚筒圆周方向上的展开角度，其对采煤机整机工作稳定性有着重要影响，为了保证截煤和装煤效率，叶片围包角应满足：

$$\begin{cases} \beta_y = \dfrac{360° B_y}{\pi D_y \tan\alpha_y} \\ Z_y \beta_y \geqslant 420° \end{cases} \tag{1 - 88}$$

式中 B_y——叶片宽度（叶片占有的螺旋滚筒宽度），m；

α_y——叶片的螺旋升角。

4. 截齿排布

1）截线距 t

截线距 t 是指相邻两条截线间的距离，其大小直接影响到采煤机螺旋滚筒破碎煤岩效果、受力大小以及截割效率的高低。因此，截线距是设计采煤机截割机构、布置截齿排列时要考虑的一个重要参数。截线距的计算以不溜棱槽为依据，截齿截割煤壁形成的截槽示意图如图 1-23 所示，其截线距的表达式如下：

$$t = b + 2h\tan\varphi_r \qquad (1-89)$$

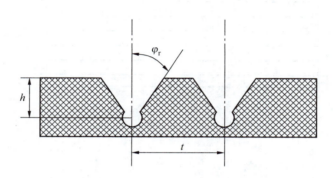

图 1-23 截齿截割煤壁形成的截槽

上述计算截线距 t 的方法是在理想条件给出的，即截槽与截槽之间处于同一平面内，忽视了截齿排列形式对于截槽的影响，螺旋滚筒在实际截煤过程中，截槽是交错形成，这与截齿的排列形式有关。因此，在计算截线距 t 时必须在特定的截齿排列下进行，合理的截线距 t 可以充分利用煤岩体的崩落效应，同时又不留下中间煤脊，即相邻截槽顶点的连线要和崩落面重合。截线距 t 受煤的物理机械性质、截齿排布形式和切削厚度 h 及崩落角 φ_r 的三方面因素影响，硬度大、韧性大的煤，t 取小值，较软和较脆的煤，t 取大值。

2）截齿安装角 β

叶片上截齿的轴线垂直于滚筒中心轴线，故叶片上的截齿安装角为零度，又被称为零度齿，端盘上的截齿有一定度数，一般约为 40°~50°。确定安装角大小与还与煤岩体的崩落角 φ_r 有关，对于煤岩体在力学特性一定的情况下，切削厚度越大则崩落角越小，并且在确定截齿安装角过程当中，要考虑采煤机螺旋滚筒的工作特征参数，对韧性煤而言其崩落角小，易出现干涉现象（即煤岩体包裹住截齿），因此在截割韧性煤时，安装角尽可能小些。

3）截齿圆心角 γ

截齿圆心角指的是同一叶片上相邻两个截齿在滚筒圆周方向上所夹角度，滚筒设计时应保证此角度相同，实现任意时刻参与截割过程的齿数相同、滚筒负荷均匀的目的。

4）截齿排列方式

截齿在螺旋滚筒上的布置形式称为截齿排列形式，截齿排列形式可以依据煤层赋存条件、采煤机截割部的几何参数及运动参数来确定，不同的排列形式对采煤机的截割比能耗、煤岩体块度、截齿磨损、工作面粉尘量以及采煤机机身的振动等影响不同。

截齿排列方式主要分为顺序式、棋盘式、畸变式 3 种形式。截割硬煤大多采用顺序式、截割脆性煤采用棋盘式，图 1 - 24 所示为顺序式截齿排列形式示意图。图中蓝色圆点表示叶片上的截齿，黄色圆点表示端盘上的截齿，横线表示截线，相邻两条截线之间的距离为截线距，斜线表示螺旋叶片。

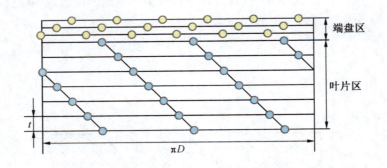

图 1 - 24　截齿排列形式示意图

1.3.2　螺旋滚筒工作机构运动学分析

1. 截齿运动轨迹

螺旋滚筒工作机构的运动学主要是研究螺旋滚筒上截齿齿尖的运动规律，截齿运动过程又分解为采煤机的牵引运动以及螺旋滚筒的自转运动，并以此将截齿的运动形式归纳为以下 4 种运动状态来研究。

1）采煤机只牵引不调高时截齿的运动轨迹

当采煤机以恒定牵引速度 v_q 向前运动，摇臂固定不产生摆动，螺旋滚筒以恒定角速度 ω_g 旋转时，截齿的运动示意图如图 1 - 25 所示，图 1 - 25 中 xOy 为全局坐标系，$x'O'y'$ 是随滚筒轴心移动的局部坐标系。设截齿齿尖 P 在某一时刻与 Oy 轴夹角为 φ_0 的 P_0 点，经过 t 时刻以后滚筒转过 φ 角，滚筒轴心移到 O' 点，截齿齿尖转到 P_1 点，曲线 P_0P_1 即为截齿齿尖运动轨迹。齿尖的运动方程为

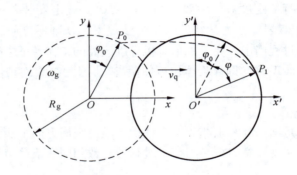

图 1 - 25　采煤机只牵引不调高时截齿的运动示意图

$$\begin{cases} x = \dfrac{v_q \varphi}{\omega_g} + R_g \sin(\varphi + \varphi_0) \\ y = R_g \cos(\varphi + \varphi_0) \end{cases} \qquad (1-90)$$

式中 R_g——螺旋滚筒半径，m。

可将式（1-90）转化为关于时间 t 参数方程：

$$\begin{cases} x = v_q t + R_g \sin(\omega_g t + \varphi_0) \\ y = R_g \cos(\omega_g t + \varphi_0) \end{cases} \qquad (1-91)$$

某型采煤机的牵引速度 $v_q = 3$ m/min，滚筒半径 $R_g = 0.9$ m，滚筒角速度 $\omega_g = 32$ m/min，采煤机进行正常截割时，只进行牵引动作不对滚筒进行调高动作，依照式（1-91），得到采煤机只牵引不调高时截齿的运动轨迹如图1-26所示。

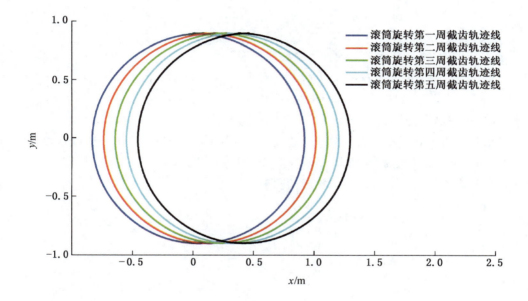

图 1-26   采煤机只牵引不调高时截齿运动轨迹线

2）采煤机不动，摇臂上下摆动时截齿的运动轨迹

当采煤机螺旋滚筒修整底板时，采煤机的机身不动，摇臂以角速度 ω_L 上下摆动，螺旋滚筒以恒定角速度 ω_g 旋转，则螺旋滚筒上的截齿运动示意图如图1-27所示，图中摇臂摆动的回转中心为 O 点，螺旋滚筒上的轴心为 O'，其中 $x'O'y'$ 是位于螺旋滚筒轴心上并随滚筒一起运动的局部坐标系，而 xOy 为固定在摇臂回转中心的全局坐标系。设截齿齿尖 P 在某一时刻与 $O'y'$ 轴夹角为 φ_0 的 P_0 点，摇臂与 Ox 的夹角为 ϕ_0；经过时间 t 后，滚筒转过 φ 角，摇臂转过 ϕ 角，截齿齿尖转到 P_1 点，曲线 $P_0 P_1$ 即为截齿齿尖运动轨迹。齿尖的运动方程为

$$\begin{cases} x = L\cos(\phi + \phi_0) + R_g \sin(\varphi + \varphi_0 - \phi) \\ y = L\sin(\phi + \phi_0) + R_g \cos(\varphi + \varphi_0 - \phi) \end{cases} \qquad (1-92)$$

式中 L——摇臂长度，m。

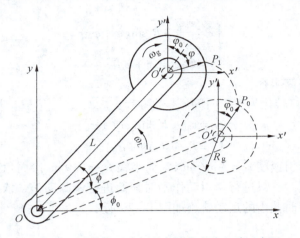

图 1 - 27　采煤机只进行调高时截齿的运动示意图

将式（1 - 92）转化为关于时间 t 参数方程为

$$\begin{cases} x = L\cos(\omega_{\mathrm{L}}t + \phi_0) + R_{\mathrm{g}}\sin[(\omega_{\mathrm{g}} - \omega_{\mathrm{L}})t + \varphi_0] \\ y = L\sin(\omega_{\mathrm{L}}t + \phi_0) + R_{\mathrm{g}}\cos[(\omega_{\mathrm{g}} - \omega_{\mathrm{L}})t + \varphi_0] \end{cases} \qquad (1 - 93)$$

式中　ω_{L}——摇臂摆动角度，rad/s。

　　某型采煤机滚筒调高时摇臂摆动角速度 $\omega_{\mathrm{L}} = 4°/\min$，摇臂长度 $L = 2.5\ \mathrm{m}$，滚筒半径 $R_{\mathrm{g}} = 0.9\ \mathrm{m}$，滚筒角速度 $\omega_{\mathrm{g}} = 32\ \mathrm{m/min}$，采煤机只进行调高动作时，依照式（1 - 93），得到采煤机只进行调高时截齿的运动轨迹如图 1 - 28 所示。

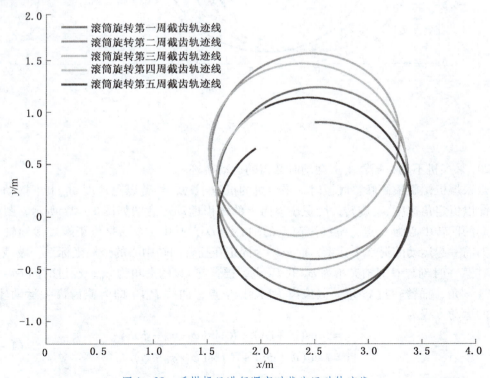

图 1 - 28　采煤机只进行调高时截齿运动轨迹线

3）采煤机边牵引边调高时截齿的运动轨迹

采煤机边牵引边调高，即采煤机的机身以恒定牵引速度 v_q 向前运动，同时摇臂以角速度 ω_L 上下摆动，螺旋滚筒以恒定角速度 ω_g 旋转，则螺旋滚筒上的截齿运动示意图如图 1-29 所示，图中摇臂摆动的回转中心为 O 点，螺旋滚筒上的轴心为 O'，其中 $x'O'y'$ 是位于螺旋滚筒轴心上并随滚筒一起运动的局部坐标系，而 xOy 为全局坐标系。设截齿齿尖 P 在某一时刻与 $O'y'$ 轴夹角为 φ_0 的 P_0 点，摇臂与 Ox 的夹角为 ϕ_0；经过时间 t 后，滚筒转过 φ 角，摇臂转过 ϕ 角，截齿齿尖转到 P_1 点，曲线 P_0P_1 即为截齿齿尖运动轨迹。齿尖的运动方程为

$$\begin{cases} x = \dfrac{v_q \varphi}{\omega_g} + L\cos(\phi + \phi_0) + R_g\sin(\varphi + \varphi_0 - \phi) \\ y = L\sin(\phi + \phi_0) + R_g\cos(\varphi + \varphi_0 - \phi) \end{cases} \tag{1-94}$$

将式（1-94）转化为关于时间 t 参数方程为

$$\begin{cases} x = v_q t + L\cos(\omega_L t + \phi_0) + R_g\sin\left[(\omega_g - \omega_L)t + \varphi_0\right] \\ y = L\sin(\omega_L t + \phi_0) + R_g\cos\left[(\omega_g - \omega_L)t + \varphi_0\right] \end{cases} \tag{1-95}$$

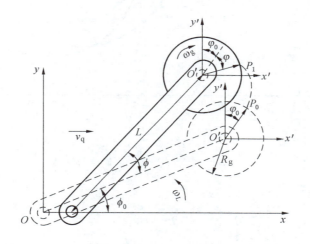

图 1-29　采煤机边牵引边调高时截齿的运动示意图

某型采煤机的牵引速度 $v_q = 3$ m/min，摇臂摆动角速度 $\omega_L = 4°$/min，摇臂长度 $L = 2.5$ m，滚筒半径 $R_g = 0.9$ m，滚筒角速度 $\omega_g = 32$ m/min，采煤机进行正常截割时，边牵引动作边对滚筒进行调高动作，依照式（1-95），得到采煤机边牵引边调高时截齿的运动轨迹如图 1-30 所示。

4）采煤机斜切进刀时截齿的运动轨迹

当采煤机在斜切工况下截割煤壁时，以采煤机恒定速度 v_q 运动，v_q 又可分解为沿前进方向 v_{qx} 和沿煤壁方向 v_{qy}，摇臂固定不产生摆动，而螺旋滚筒以恒定角速度 ω_g 旋转时，截齿的运动示意图如图 1-31 所示，图 1-31 中 $O-xyz$ 为空间全局坐标系，$x'O'z'$ 是随滚筒轴心移动的局部坐标系。设截齿齿尖 P 在某一时刻与 Oy 轴夹角为 φ_0 的 P_0 点，经过 t 时刻以后滚筒转过 φ 角，滚筒轴心移到 O' 点，截齿齿尖转到 P_1 点，曲线 P_0P_1 即为截齿

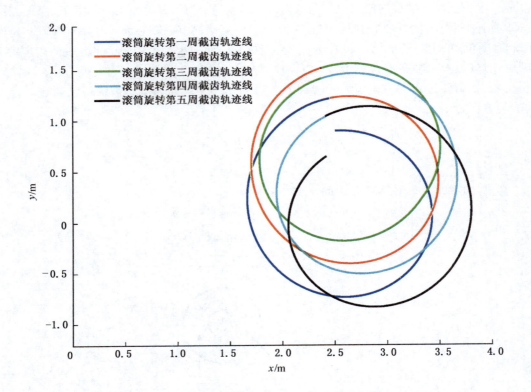

图 1-30　采煤机边牵引边调高时截齿运动轨迹线

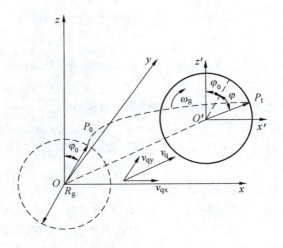

图 1-31　采煤机斜切进刀时截齿的运动示意图

齿尖运动轨迹。齿尖的运动方程为

$$\begin{cases} x = \dfrac{v_{qx}}{\omega_g} + R_g \sin(\varphi + \varphi_0) \\ y = \dfrac{v_{qy}\varphi}{\omega_g} \\ z = R_g \cos(\varphi + \varphi_0) \end{cases} \qquad (1-96)$$

其中，$\sqrt{v_{qx}^2 + v_{qy}^2} = v_q$。

可将式（1－96）转化为关于时间 t 参数方程：

$$\begin{cases} x = v_{qx}t + R_g \sin(\omega_g t + \varphi_0) \\ y = v_{qy}t \\ z = R_g \cos(\omega_g t + \varphi_0) \end{cases} \qquad (1-97)$$

某型采煤机的牵引速度 $v_q = 3$ m/min，筒半径 $R_g = 0.9$ m，滚筒角速度 $\omega_g = 32$ m/min，采煤机进行斜切进刀时，不对滚筒进行调高动作，依照式（1－97），得到采煤机斜切进刀时截齿的运动轨迹如图 1－32 所示。

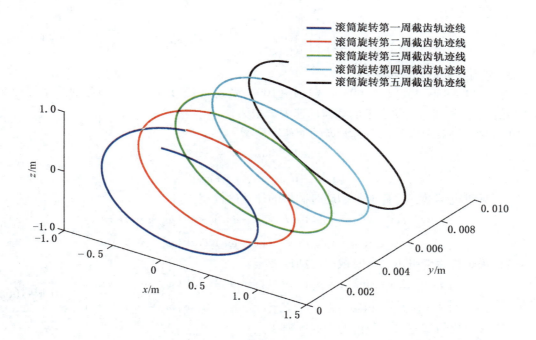

图 1－32　采煤机斜切进刀时截齿运动轨迹线

2. 截齿运动的速度模型

前文已经详细介绍了 4 种工况下截齿的运动状态，并推导出了 4 种截齿运动状态的运动轨迹表达式，在此基础上分别对时间 t 求导，即可得到相应工况下的截齿运动速度模型。

1）采煤机只牵引不调高时截齿的速度模型

$$\begin{cases} v_x = v_q + R_g \omega_g \cos(\omega_g t + \varphi_0) \\ v_y = -R_g \omega_g \sin(\omega_g t + \varphi_0) \end{cases} \qquad (1-98)$$

2）采煤机不动，摇臂上下摆动时截齿的速度模型

$$\begin{cases} v_x = -L\omega_L \sin(\omega_L t + \phi_0) + R_g(\omega_g - \omega_L)\cos[(\omega_g - \omega_L)t + \varphi_0] \\ v_y = L\omega_L \cos(\omega_L t + \phi_0) - R_g(\omega_g - \omega_L)\sin[(\omega_g - \omega_L)t + \varphi_0] \end{cases} \qquad (1-99)$$

3）采煤机边牵引边调高时截齿的速度模型

$$\begin{cases} v_x = v_q - L\omega_L \sin(\omega_L t + \phi_0) + R_g(\omega_g - \omega_L)\cos[(\omega_g - \omega_L)t + \varphi_0] \\ v_y = L\omega_L \cos(\omega_L t + \phi_0) - R_g(\omega_g - \omega_L)\sin[(\omega_g - \omega_L)t + \varphi_0] \end{cases} \qquad (1-100)$$

4）采煤机斜切进刀时截齿的速度模型

$$\begin{cases} v_x = v_{qx} + R_g \omega_g \cos(\omega_g t + \varphi_0) \\ v_y = v_{qy} \\ v_z = -R_g \omega_g \sin(\omega_g t + \varphi_0) \end{cases} \qquad (1-101)$$

4 种工况截齿齿尖运动合速度 v 为其各个速度分量的矢量和，即

$$v = \sqrt{v_x^2 + v_y^2} \quad \text{或} \quad v = \sqrt{v_x^2 + v_y^2 + v_z^2} \qquad (1-102)$$

速度方向为

$$<v, v_x> = \arctan\left(\frac{v_y}{v_x}\right) \quad \text{或} \quad <v, v_x> = \arctan\left(\frac{\sqrt{v_y^2 + v_z^2}}{v_x}\right) \qquad (1-103)$$

3. 截齿运动的加速度模型

将式（1-98）、式（1-99）、式（1-100）及式（1-101）左右两侧的速度方程对时间 t 求导，得到对应状态下的截齿加速度模型为

1）采煤机只牵引不调高时截齿的加速度模型

$$\begin{cases} a_x = -R_g \omega_g^2 \sin(\omega_g t + \varphi_0) \\ a_y = -R_g \omega_g^2 \cos(\omega_g t + \varphi_0) \end{cases} \qquad (1-104)$$

2）采煤机不动，摇臂上下摆动时截齿的加速度模型

$$\begin{cases} a_x = -L\omega_L^2 \cos(\omega_L t + \phi_0) - R_g(\omega_g - \omega_L)^2 \sin[(\omega_g - \omega_L)t + \varphi_0] \\ a_y = -L\omega_L^2 \sin(\omega_L t + \phi_0) - R_g(\omega_g - \omega_L)^2 \cos[(\omega_g - \omega_L)t + \varphi_0] \end{cases} \qquad (1-105)$$

3）采煤机边牵引边调高时截齿的加速度模型

$$\begin{cases} a_x = -L\omega_L^2 \cos(\omega_L t + \varphi_0) - R_g(\omega_g - \omega_L)^2 \sin[(\omega_g - \omega_L)t + \varphi_0] \\ a_y = -L\omega_L^2 \sin(\omega_L t + \varphi_0) - R_g(\omega_g - \omega_L)^2 \cos[(\omega_g - \omega_L)t + \varphi_0] \end{cases} \qquad (1-106)$$

4）采煤机斜切进刀时截齿的加速度模型

$$\begin{cases} a_x = -R_g \omega_g^2 \sin(\omega_g t + \varphi_0) \\ a_y = 0 \\ a_z = -R_g \omega_g^2 \cos(\omega_g t + \varphi_0) \end{cases} \qquad (1-107)$$

4 种工况截齿齿尖运动合加速度 v 为其各个加速度分量的矢量和：

$$a = \sqrt{a_x^2 + a_y^2} \quad \text{或} \quad a = \sqrt{a_x^2 + a_y^2 + a_z^2} \qquad (1-108)$$

加速度的方向为

$$< a, a_x > = \arctan\left(\frac{a_y}{a_x}\right) \quad 或 \quad < a, a_x > = \arctan\left(\frac{\sqrt{a_y^2 + a_z^2}}{a_x}\right) \qquad (1-109)$$

1.3.3 滚筒截割力学模型

在1.2节中已经介绍了截齿截割煤壁时，煤岩体发生弹性变形、塑性变形以及脆性断裂时，截齿截割力学模型。1.3.1节、1.3.2节介绍了滚筒的结构参数、截齿的排布形式以及不同工况条件下的截齿运动轨迹。本节我们结合前文所述内容，研究滚筒截割力学模型。

依据1.2节的内容可知，将截齿截入煤壁的过程分为3个阶段，第一个阶段为煤岩体弹性变形阶段、第二个阶段为煤岩体塑性变形阶段和最后一个阶段煤岩体脆性断裂阶段，并且每个阶段采用不同的力学模型来描述截齿的受力状态。

（1）弹性变形阶段，截齿的截割力 P_e 主要与截齿的形状参数（h_{c1}、h_{c2}、h_{c3}、r_{c1}、r_{c2}）、截割厚度 h_t、煤岩体的弹性模量 E 和煤岩体的泊松比 μ 等因素有关。

（2）塑性变形阶段，截齿的截割力 P_p 主要与截齿的形状参数（h_{c1}、h_{c2}、h_{c3}、r_{c1}、r_{c2}）、截割厚度 h_t、煤岩体的弹性模量 E、煤岩体的泊松比 μ、煤岩体的黏聚力 c 和内摩擦角 φ 等因素有关。

（3）脆性断裂阶段，截齿的截割力 P_b 主要与截齿的形状参数（h_{c1}、h_{c2}、h_{c3}、r_{c1}、r_{c2}）、截割厚度 h_t、煤岩体的弹性模量 E、煤岩体的泊松比 μ、煤岩体的强度（抗压强度 σ_c、抗拉强度 σ_b、抗剪强度 σ_t）等因素有关。

截齿的截割力学模型在1.1节中依据截齿截入煤壁的角度，将其分为垂直截割和倾斜截割两大类，并将截齿截割煤壁整个过程简化为函数参数表达式如下：

① 垂直截割截齿的截割阻力参数表达式为

$$\begin{cases} P_{te} = f(p, h_t, E, \mu) & 弹性 \\ P_{tp} = f(p, h_t, E, \mu, c, \varphi) & 塑性 \\ P_{tf} = f(p, h_t, E, \mu, \sigma) & 断裂 \end{cases} \qquad (1-110)$$

式中　p——截齿形状参数，$p = \{h_{c1}, h_{c2}, h_{c3}, r_{c1}, r_{c2}\}$；

　　　σ——煤岩体的强度，$\sigma = \{\sigma_c, \sigma_b, \sigma_t\}$。

② 倾斜截割截齿的截割阻力参数表达式为

$$\begin{cases} P_{ie} = f(p, h_t, E, \mu, \alpha) & 弹性 \\ P_{ip} = f(p, h_t, E, \mu, c, \varphi, \alpha) & 塑性 \\ P_{if} = f(p, h_t, E, \mu, \sigma, \alpha) & 断裂 \end{cases} \qquad (1-111)$$

式中　p——截齿形状参数，$p = \{h_{c1}, h_{c2}, h_{c3}, r_{c1}, r_{c2}\}$；

　　　σ——煤岩体的强度，$\sigma = \{\sigma_c, \sigma_b, \sigma_t\}$；

　　　α——截齿轴线与煤壁截面外法线的夹角。

滚筒的截割力可以视为参与截割的每个截齿截割力的累加和，滚筒截割力的确定还与截齿的排布形式、滚筒转速、采煤机的牵引速度、摇臂的摆动速度以及采煤机的截割工况等因素有关，并且通过截齿的运动轨迹可以确定截齿的截割深度，构建截齿运动参数与截齿截割力的函数关系。依据采煤机的工况状态将滚筒截割力分为采煤机只牵引不调高，采煤机不动、摇臂上下摆动，煤机边牵引边调高，采煤机斜切进刀这四种形式，并得出滚筒截割力的计算框图如图 1 – 33 所示。

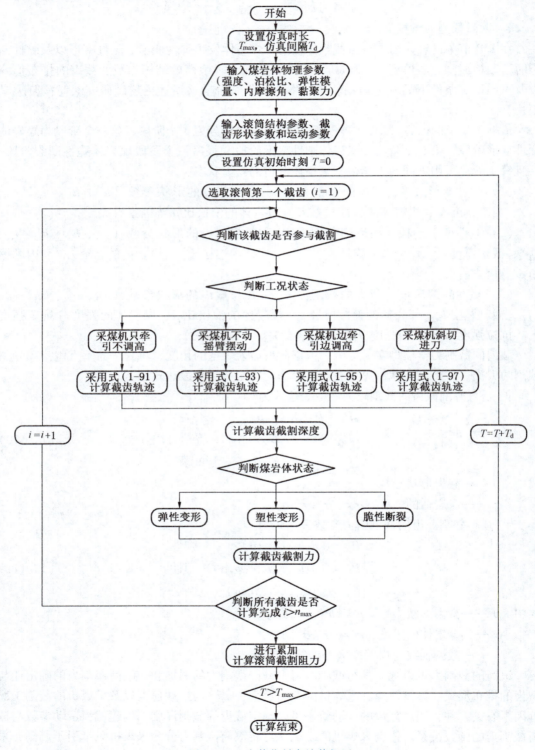

图 1 – 33　滚筒截割力计算框图

1.4　面向环境、工况的滚筒载荷特性研究

本节以 MG500/1130WD 型采煤机为研究对象，依据 1.1 节提出的基于弹塑断裂、突变失稳截齿截割煤岩理论以及 1.2 节中的计算流程为基础，研究不同煤岩条件、不同牵引速度、不同截齿排布形式以及不同滚筒转速等因素对采煤机滚筒载荷的影响。

1.4.1　煤岩条件对滚筒截割载荷影响

本节所研究的煤岩条件主要以煤岩的力学性能为主，煤岩的力学性能主要包括：硬度、强度和截割阻抗等。

1. 煤岩硬度

硬度是指煤岩体抵抗尖锐工具入侵的性能，其反映煤岩体在较小的局部面积上抵抗外力作用而不被破坏的能力，大小取决于煤岩体的结构、组成颗粒的硬度、形状和排列方式等。煤岩体的硬度 f 同抗压强度 σ_{bc} 关系如下：

$$f = \frac{1}{10}\sigma_{bc} \qquad (1-112)$$

依据煤岩硬度可以将煤分为 3 类，即软煤 $f < 1.5$，中硬煤 $f = 1.5 \sim 3$，硬煤 $f > 3$。

2. 煤岩强度

强度是衡量煤岩体抵抗破坏能力的重要力学指标，煤岩体的强度包括：抗压强度 σ_{bc}、抗拉强度 σ_b 和抗剪强度 σ_t；其中煤岩体的抗压强度 σ_{bc} 最大，其次是抗剪强度 σ_t，最小是抗拉强度 σ_b；依据相关文献常用煤岩体抗压强度见表 1-5。

表 1-5　煤岩体材料的抗压强度

煤岩体类型	烟煤	褐煤	无烟煤	泥质岩	粗粒	花岗岩
抗压强度 σ_{bc}/MPa	1.4~13	5~9	10~35	21~77	140~176	180~240

3. 截割阻抗

截割阻抗是指单位截割深度作用于刀具上的截割阻力，其可以反映煤的可截割性能，是采煤机设计与选型的重要技术参数。

截割阻抗的测定是采用标准刀具（刀尖角为 43°，后角为 7°，刃宽为 20 mm，热处理硬度为 56~60HRC，最大截割深度为 40 mm）对煤岩试样进行截割测试，求单位截割深度作用在刀具上的截割阻力值即为截割阻抗，截割阻抗 A 与煤岩硬度关系如下：

$$A = 100 \sim 150f \qquad (1-113)$$

煤岩体的硬度、强度和截割阻抗三者之间存在相互关系，因此本节仅对煤岩体的硬度对滚筒载荷的影响进行研究，以 MG500/1130WD 型采煤机为例，滚筒直径 D 为 1.8 m，滚筒转速 n 为 32 r/min，螺旋叶片为 3 头，每头安装 9 个截齿（零度齿），端盘上安装 18 个截齿（角度齿），截割深度 h 为 0.8 m，牵引速度 v_q 为 1.5 m/min，煤岩体密度 ρ 为 1540 kg/m³，弹性模量 E 为 0.8 GPa，泊松比 $\mu = 0.36$，在不同煤岩硬度条件下，通过公式仿真得到滚筒三向力时间历程图像如图 1-34 所示。

由图 1-34 可以得知，滚筒三向力当中截割阻力 R_a 最大，牵引阻力 R_b 其次，侧向阻力 R_c 最小，随着煤岩体的硬度增大，滚筒三向力都呈上升趋势，为了进一步分析煤岩体

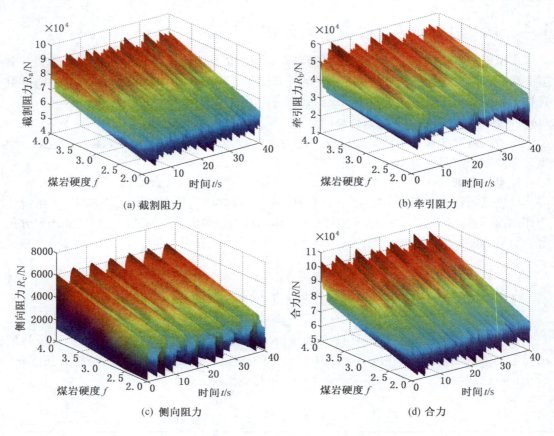

(a) 截割阻力

(b) 牵引阻力

(c) 侧向阻力

(d) 合力

图 1 - 34　不同煤岩硬度下的滚筒三向力时间历程图像

硬度对滚筒三向力的影响，对不同煤岩硬度下的滚筒三向力在仿真时间段内取均值，得到煤岩硬度与滚筒三向力均值关系曲线如图 1 - 35 所示，并对仿真结果进行数理统计，得到的统计表见表 1 - 6。

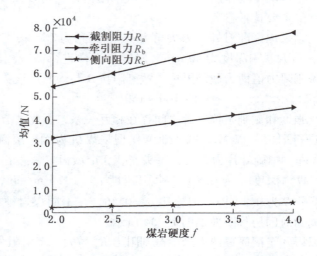

图 1 - 35　煤岩硬度与滚筒三向力均值关系曲线

表1-6　不同煤岩硬度下滚筒三向力仿真结果数理统计表

三 向 力	煤岩硬度	均值/kN	峰值/kN	波动系数
截割阻力 R_a	2	53.44	63.47	0.08754
	3	66.04	78.09	0.0866
	4	77.98	91.05	0.08556
牵引阻力 R_b	2	31.40	41.37	0.1291
	3	38.98	50.89	0.1287
	4	45.56	59.39	0.1285
侧向阻力 R_c	2	1.927	2.559	0.8353
	3	1.950	3.909	0.6547
	4	2.974	6.259	0.5671

　　通过对图1-35分析可知，煤岩体硬度对滚筒三向力呈正相关，可以视为近似线性关系；对表1-6分析可知，煤岩硬度对滚筒三向力的均值、峰值和波动系数均有影响，其中滚筒三向力的均值、峰值随着煤岩硬度的增大而增大，而波动系数随着煤岩的硬度的增大而减小，且滚筒所受的截割阻力和牵引阻力要远大于其侧向阻力，但侧向阻力受煤岩硬度影响其增长幅度要大于截割阻力和牵引阻力的增长幅度；侧向阻力的波动系数要远大于截割阻力和牵引阻力，且煤岩体硬度对侧向阻力影响较大，对截割阻力和牵引阻力影响很小。

1.4.2　牵引速度对滚筒截割载荷影响

　　采煤机的牵引速度由煤层厚度、截深、煤层物理机械性质等因素共同决定，且牵引速度是采煤机的基本参数，一般牵引速度在 1.5～3.5 m/min 范围内，本小节将采用数值仿真方法研究牵引速度对滚筒载荷的影响。

　　MG500/1130WD 型采煤机为研究对象，滚筒直径 D 为 1.8 m，滚筒转速 n 为 32 r/min，螺旋叶片为 3 头，每头安装 7 个截齿（零度齿），端盘上安装 18 个截齿（角度齿），截割深度 h 为 0.8 m，煤岩硬度为 $f=2$，煤岩体密度 ρ 为 1540 kg/m³，弹性模量 E 为 0.8 GPa，泊松比 $\mu=0.36$，在不同牵引速度条件下，通过公式进行仿真得到滚筒三向力时间历程图像如图1-36所示。

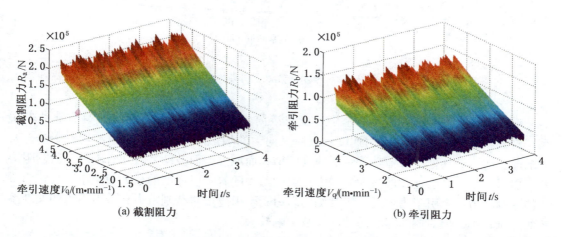

(a) 截割阻力　　　　　　　　　　　　　　(b) 牵引阻力

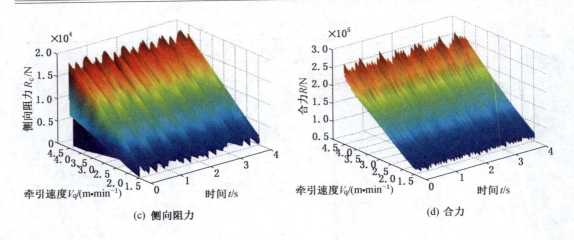

（c）侧向阻力　　　　　　　　　　　　　　（d）合力

图1-36　不同牵引速度下的滚筒三向力时间历程图像

对图1-36进行分析可以得知，牵引速度对滚筒三向力均有影响，随着煤岩体的硬度增大，滚筒三向力都呈上升趋势，为了进一步分析牵引速度对滚筒三向力的影响，对不同牵引速度下的滚筒三向力在仿真时间段内取均值，得到牵引速度与滚筒三向力均值关系曲线如图1-37所示，并对仿真结果进行数理统计，得到的统计表见表1-7。

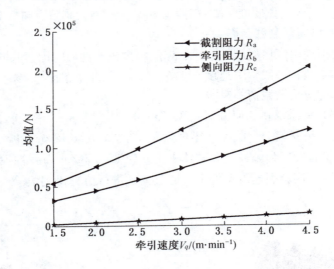

图1-37　牵引速度与滚筒三向力均值关系曲线

对图1-37进行分析可知，牵引速度对滚筒三向力影响呈正相关，且具有非线性关系；对表1-7分析可知，牵引速度对滚筒三向力的均值、峰值和波动系数均有影响，其中滚筒三向力的均值、峰值随着牵引速度的增大而增大，而波动系数却有不同，截割阻力和牵引阻力随着牵引速度的增大而增大，侧向阻力随着牵引速度的增大而减小，且滚筒所受的截割阻力和牵引阻力要远大于其侧向阻力；牵引速度对截割阻力和牵引阻力的波动系数的影响较小，但对侧向阻力的波动系数影响较大。

表1-7　不同牵引速度下滚筒三向力仿真结果数理统计表

三 向 力	牵引速度/(m·min⁻¹)	均值/kN	峰值/kN	波动系数
截割阻力 R_a	1.5	53.44	63.47	0.08754
	1.5	97.48	115.50	0.08888
	2.5	147.10	173.70	0.08981
	3.5	201.90	241.30	0.09054
牵引阻力 R_b	1.5	31.40	41.37	0.1291
	1.5	58.07	75.93	0.1297
	2.5	87.69	113.10	0.1301
	3.5	121	156.90	0.1306
侧向阻力 R_c	1.5	1.927	2.559	0.8353
	1.5	6.451	9.101	0.4526
	2.5	10.94	13.410	0.3832
	3.5	15.29	19.460	0.3543

1.4.3　截齿排布形式对滚筒截割载荷影响

　　截齿的排布形式通常分为顺序式、棋盘式和混合式3种。顺序式是指相邻两截线上的截齿在同一螺旋叶片上，每条截线上有相同的截齿数；棋盘式是指相邻两截线上的截齿不在同一旋叶上，且螺旋叶片头数与每条截线上的截齿数之比为2∶1；其他不同于以上两种排列形式称之为混合式。三种截齿排布形式的示意图如图1-38所示。

　　以 MG500/1130WD 型采煤机为研究对象，滚筒直径 D 为 1.8 m，滚筒转速 n 为 32 r/min，端盘上安装18个截齿（角度齿），截割深度 h 为 0.8 m，牵引速度 v_q 为 1.5 m/min，煤岩体密度 ρ 为 1540 kg/m³，煤岩硬度为 $f=2$，弹性模量 E 为 0.8 GPa，泊松比 $\mu=0.36$，在不同截齿排布条件下，通过公式进行仿真得到滚筒三向力时间历程图像如图1-39所示。

　　由图1-39可以得知，截齿排布形式对滚筒三向力有一定的影响，采用顺序式排布所受滚筒三向力最大，混合式其次，棋盘式最小，为了进一步分析截齿排布对滚筒三向力的影响，对仿真结果进行数理统计，得到的统计表见表1-8。

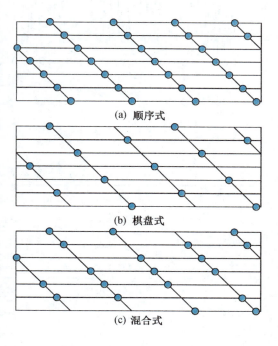

(a) 顺序式

(b) 棋盘式

(c) 混合式

图1-38　截齿排布形式

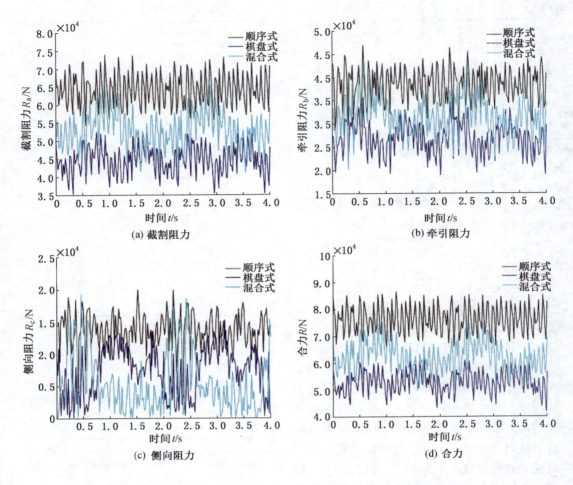

图 1-39 不同截齿排布条件下的滚筒三向力时间历程图像

表 1-8 不同截齿排布条件下滚筒三向力仿真结果数理统计表

三 向 力	截齿排布形式	均值/kN	峰值/kN	波动系数
截割阻力 R_a	顺序式	63.18	72.95	0.07191
	棋盘式	43.51	51.82	0.0882
	混合式	51.92	65.72	0.09833
牵引阻力 R_b	顺序式	38.37	46.87	0.09757
	棋盘式	26.63	35.69	0.1267
	混合式	31.62	41.56	0.1308
侧向阻力 R_c	顺序式	12.64	19.93	0.203
	棋盘式	7.286	15.23	0.5160
	混合式	5.443	19.27	0.8351

对表 1-8 分析可知，截齿排布形式对滚筒三向力的均值、峰值和波动系数均有影响，其中按顺序式排布的滚筒三向力的均值和峰值是 3 种排布形式里最大的，其次是混合式，最小的为棋盘式，但滚筒三向力的波动系数与其不同，混合式排布的波动系数最大，其次是棋盘式，顺序式波动系数最小。

1.4.4 滚筒转速对滚筒截割载荷影响

滚筒转速是采煤机的主要运动参数之一，它对装煤效率和块煤率影响较大，一般认为大直径螺旋滚筒转速在 30~50 r/min 范围内较为合适，本小节将通过数值仿真方法研究滚筒速度对滚筒三向力的影响。

以 MG500/1130WD 型采煤机为研究对象，滚筒直径 D 为 1.8 m，螺旋叶片为 3 头，每头安装 7 个截齿（零度齿），端盘上安装 18 个截齿（角度齿），截割深度 h 为 0.8 m，牵引速度 v_q 为 1.5 m/min，煤岩体密度 ρ 为 1540 kg/m³，煤岩硬度为 $f=2$，弹性模量 E 为 0.8 GPa，泊松比 $\mu=0.36$，在不同滚筒转速条件下，通过公式进行仿真得到滚筒三向力时间历程图像为如图 1-40 所示。

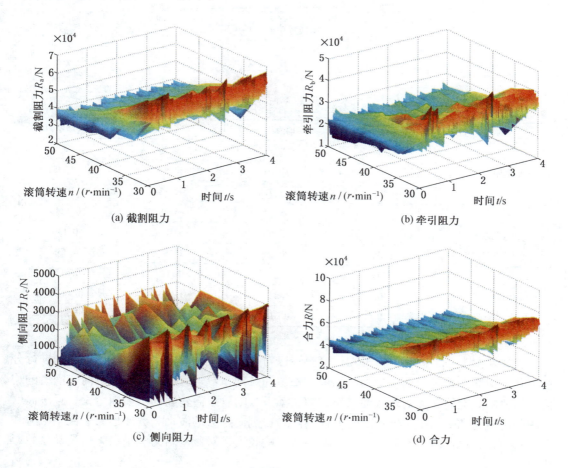

图 1-40　不同滚筒转速下的滚筒载荷时间历程图像

由图 1-40 可以得知，滚筒转速对滚筒三向力均有一定的影响，为了进一步分析滚筒转速对滚筒三向力的影响，对不同滚筒转速下的滚筒三向力在仿真时间段内取均值，得到滚筒转速与滚筒三向力均值关系曲线如图 1-41 所示，并对仿真结果进行数理统计，得到的统计表见表 1-9。

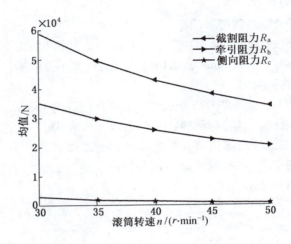

图 1-41　滚筒转速与滚筒三向力均值关系曲线

表 1-9　不同滚筒转速下滚筒三向力仿真结果数理统计表

三向力	滚筒转速/(r·min⁻¹)	均值/kN	峰值/kN	波动系数
截割阻力 R_a	30	58.52	69.20	0.08785
	40	41.76	50.87	0.08751
	50	33.01	40.15	0.09277
牵引阻力 R_b	30	33.98	45.88	0.1248
	40	25.62	32.80	0.136
	50	20.33	26.62	0.133
侧向阻力 R_c	30	1.773	3.12	0.5157
	40	1.227	1.883	0.6666
	50	0.514	0.7184	0.8134

通过对图 1-41 进行分析可知，滚筒转速对滚筒三向力呈负相关；对表 1-9 进行分析可知，滚筒转速对滚筒三向力的均值、峰值和波动系数均有影响，其中滚筒三向力的均值、峰值随着滚筒转速的增大而减小，而波动系数随着滚筒转速的增大而增大，且滚筒所受的截割阻力和牵引阻力要远大于其侧向阻力；侧向阻力的波动系数要远大于截割阻力和牵引阻力，且滚筒转速对侧向阻力波动系数影响较大，对截割阻力和牵引阻力波动系数影响很小。

2 采煤机整机静力学模型建立

2.1 正常截割工况下采煤机整机静力学模型建立

采煤机在工作过程中，受力复杂多变，主要的作用力包括机身本身的重力，采煤机行进的驱动力，截割煤壁时截齿产生的截割阻力和平滑靴、导滑靴的支反力以及滑靴接触面产生的摩擦力等。其中，采煤机自身重力方向竖直向下，驱动力的方向和采煤机行进方向一致，采煤机截齿的截割力本书通过公式可转化为前后滚筒沿轴 xyz 方向的三向截割分力，分别分 F_{gx1}、F_{gy1}、F_{gz1}、F_{gx2}、F_{gy2}、F_{gz2}，滑靴的支反力的方向垂直于接触表面，其接触表面的摩擦力的方向未定。在考虑采煤机工作倾角和俯仰角的影响下，忽略所有传动齿轮的弹性、摇臂的振动、滚筒的轴向位移等因素的影响等，建立了滚筒采煤机整机的空间静力学模型，如图 2-1 所示，通过采煤机外载荷的变化，进而分析采煤机 4 只滑靴的受力状况。

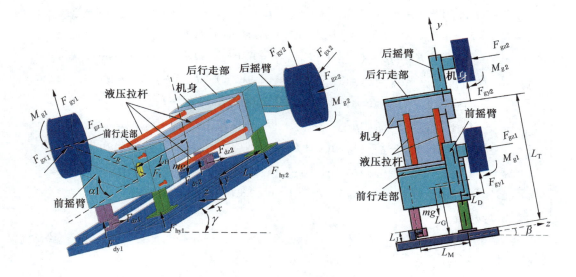

图 2-1 采煤机整机受力示意图

采煤机在工作时，存在倾角和俯仰角，把采煤机在工作过程中看成是匀速前进，是一个理想的力学模型，则从静力学角度来看采煤机整机的受力情况，满足力系和力矩平衡原理，根据采煤机受力平衡，列出力系平衡方程：$\sum x = 0$，$\sum y = 0$，$\sum z = 0$，分别如下：

$$\begin{cases} F_{gx1} + F_{gx2} - F_t - mg\sin\gamma + (\mid F_{dy1} \mid + \mid F_{dy2} \mid + F_{hy1} + F_{hy2} + \mid F_{dz1} \mid + \mid F_{dz2} \mid)\mu = 0 \\ F_{gy1} + F_{gy2} - mg\cos\gamma\cos\beta + F_{dy1} + F_{dy2} + F_{hy1} + F_{hy2} + (\mid F_{dz1} \mid + \mid F_{dz2} \mid)\mu = 0 \\ F_{gz1} + F_{gz2} + F_{dz2} + F_{dz1} + (\mid F_{dy1} \mid + F_{hy1})\mu + (F_{hy2} + F_{dy2})\mu - mg\cos\gamma\sin\beta = 0 \end{cases} \quad (2-1)$$

建立采煤机整机力矩平衡方程：$\sum mx = 0$，$\sum my = 0$，$\sum mz = 0$，分别为

$$\begin{cases} -(F_{gy1} + F_{gy2})(L_D + L_M) - F_{gz1}(L_T + L_R\sin\alpha_1) - F_{gz2}(L_T - L_R\sin\alpha_2) + mg\cos\beta\cos\gamma(L_M - \\ \quad L_W) + mg\cos\gamma\sin\beta(L_G - L_J) - (F_{hy1} + F_{hy2})L_M + (mF_{hy1} + nF_{hy2})L_J\mu = 0 \\ (F_{dz1} - F_{dz2})L_F + (F_{hy1} + \mid F_{dy1} \mid)\mu L_F - (F_{hy2} + \mid F_{dy2} \mid)\mu L_F - (F_{hy1} + F_{hy2})\mu L_M - (F_{gx1} + \\ \quad F_{gx2})(L_D + L_M) + F_{gz1}(L_R\sin\alpha_1 + L_T) - F_{gz2}(L_T - L_R\sin\alpha_2) + mg\sin\gamma(L_M - L_W) = 0 \\ - F_{gx1}(L_T + L_R\sin\alpha_1) - F_{gx2}(L_T - L_R\sin\alpha_2) - F_{gy1}(L_F + L_R\cos\alpha_1) + F_{gy2}(L_F + L_R\cos\alpha_2) + \\ \quad mg\cos\beta\cos\gamma L_K - (F_{hy1} + F_{dy1})L_F + (F_{hy2} + F_{dy2})L_F + (\mid F_{dz2} \mid - \mid F_{dz1} \mid)\mu L_F + \\ \quad (F_{hy1} + F_{hy2})\mu L_J = 0 \end{cases}$$

$$(2-2)$$

采煤机整机静力学方程中，滚筒三向截割力可通过实验测得，最后为求解方程的输入激励。在力系和力矩平衡方程中，将 F_{dy1}、F_{dy2}、F_{hy1}、F_{hy2}、F_{dz1}、F_{dz2} 视为未知量，是方程要求的结果，为了更便于分析观察采煤机整机力学方程的特点，把方程整理成变量 F_{dy1}、F_{dy2}、F_{hy1}、F_{hy2}、F_{dz1}、F_{dz2} 的方程，具体形式如下：

$$\begin{cases} (\mid F_{dy1} \mid + \mid F_{dy2} \mid + F_{hy1} + F_{hy2} + \mid F_{dz1} \mid + \mid F_{dz2} \mid)\mu = - F_{gx1} - F_{gx2} + F_t + mg\sin\gamma \\ F_{dy1} + F_{dy2} + F_{hy1} + F_{hy2} + (\mid F_{dz1} \mid + \mid F_{dz2} \mid)\mu = mg\cos\beta\cos\gamma - (F_{gy1} + F_{gy2}) \\ F_{dz1} + F_{dz2} + (F_{hy1} + \mid F_{dy1} \mid)\mu + (F_{hy2} + \mid F_{dy2} \mid)\mu = - (F_{gz1} + F_{gz2}) + mg\cos\beta\sin\gamma \\ (L_J\mu - L_M)F_{hy1} + (L_J\mu - L_M)F_{hy2} = (F_{gy1} + F_{gy2})(L_D + L_M) + F_{gz1}(L_T + L_R\sin\alpha_1) + \\ \quad F_{gz2}(L_T - L_R\sin\alpha_2) - mg\cos\beta\cos\gamma(L_M - L_W) - mg\cos\gamma\sin\beta(L_G - L_J) \\ (F_{dz1} - F_{dz2})L_F + (F_{hy1} + \mid F_{dy1} \mid)\mu L_F - (F_{hy2} + \mid F_{dy2} \mid)\mu L_F - (F_{hy1} + F_{hy2})\mu L_M = \\ \quad (F_{gx1} + F_{gx2})(L_D + L_M) - F_{gz1}(L_R\sin\alpha_1 + L_T) + F_{gz2}(L_T - L_R\sin\alpha_2) - mg\sin\beta(L_M - L_W) - \\ \quad (F_{hy1} + F_{dy1})L_F + (F_{hy2} + F_{dy2})L_F + (\mid F_{dz2} \mid - \mid F_{dz1} \mid)\mu L_F + (F_{hy1} + F_{hy2})\mu L_J = F_{gx1} \\ (L_R\sin\alpha_1 + L_T) + F_{gx2}(L_T - \sin\alpha_2 L_R) + F_{gy1}(L_R\cos\alpha_1 + L_F) + F_{gy2}(L_R\cos\alpha_2 + L) - \\ \quad mg\cos\beta\cos\gamma L_K \end{cases}$$

$$(2-3)$$

把上述的方程用矩阵形式表达，即：

$$AX = B \quad (2-4)$$

将方程中的绝对值符号去掉，其中

$$A = \begin{bmatrix} i\mu & j\mu & \mu & \mu & m\mu & n\mu \\ 1 & 1 & 1 & 1 & m\mu & n\mu \\ i\mu & j\mu & m\mu & n\mu & 1 & 1 \\ 0 & 0 & mL_J\mu - L_M & nL_J\mu - L_M & 0 & 0 \\ i\mu L_F & j\mu L_F & mu L_F - \mu L_M & nu L_F - \mu L_M & L_F & - L_F \\ - L_F & L_F & \mu L_J - L_F & \mu L_J + L_F & m\mu L_F & n\mu L_F \end{bmatrix}$$

$$X = \left[\, F_{dy1} , F_{dy2} , F_{hy1} , F_{hy2} , F_{dz1} , F_{dz2} \,\right]^{T}$$

$$B = \begin{bmatrix} -F_{gx1} - F_{gx2} + F_t + mg\sin\gamma \\ mg\cos\beta\cos\gamma - (F_{gy1} + F_{gy2}) \\ -(F_{gz1} + F_{gz2}) + mg\cos\beta\sin\gamma \\ (F_{gy1} + F_{gy2})(L_D + L_M) + F_{gz1}(L_T + L_R\sin\alpha_1) + F_{gz2}(L_T - L_R\sin\alpha_2) - mg\cos\beta\cos\gamma \\ (L_M - L_W) - mg\cos\gamma\sin\beta(L_G - L_J) \\ (F_{gx1} + F_{gx2})(L_D + L_M) - F_{gz1}(L_R\sin\alpha_1 + L_T) + F_{gz2}(L_T - L_R\sin\alpha_2) - mg\sin\alpha(L_M - L_W) \\ F_{gx1}(L_R\sin\alpha_1 + L_T) + F_{gx2}(L_T - \sin\alpha_2 L_R) + F_{gy1}(L_R\cos\alpha_1 + L_F) + \\ F_{gy2}(L_R\cos\alpha_2 + L_F) - mg\cos\beta\cos\gamma L_k \end{bmatrix}$$

对于系数矩阵 A 中的变系数 i、j、m、n，具体取值如下：

$$\begin{cases} F_{dy1} > 0, i = 1 \\ F_{dy1} = 0, i = 0 \\ F_{dy1} < 0, i = -1 \end{cases} \tag{2-5}$$

$$\begin{cases} F_{dy2} > 0, j = 1 \\ F_{dy2} = 0, j = 0 \\ F_{dy2} < 0, j = -1 \end{cases} \tag{2-6}$$

$$\begin{cases} F_{dz2} > 0, m = 1 \\ F_{dz2} = 0, m = 0 \\ F_{dz2} < 0, m = -1 \end{cases} \tag{2-7}$$

$$\begin{cases} F_{dz1} > 0, n = 1 \\ F_{dz1} = 0, n = 0 \\ F_{dz1} < 0, n = -1 \end{cases} \tag{2-8}$$

方程的解 x_1、x_2、x_3、x_4、x_5、x_6，即采煤机滑靴所受的各个方向上的支反力 F_{dy1}、F_{dy2}、F_{hy1}、F_{hy2}、F_{dz1}、F_{dz2}。

鉴于在上述的采煤机力学方程中含有绝对值变量，因此方程 $AX = B$ 是属于系数不确定的方程。针对本书的采煤机整机力学方程 $AX = B$，其中变量有 6 个，分别为滑靴支反力 F_{dy1}、F_{dy2}、F_{hy1}、F_{hy2}、F_{dz1}、F_{dz2}，若系数矩阵 A 不满秩，则原方程经简化后，方程的个数会小于变量的个数，引起了采煤机整机的过约束问题。从采煤机整机静力学模型来看（图 2-2），采煤机在支撑平面上形成了四点支撑，造成了采煤机整机的过约束。对于过约束问题，一般无法通过经典静力学原理进行分析和求解，本书采用小变形协调原理来对过约束下的整机力学方程进行分析和求解。

在力学机构研究中，由于有的机构构造比较复杂，有时为了提高机构的稳定性，经常会多加约束，以提高机构整体的稳定性，这就会造成约束过多的现象，这种问题就是静不定。静不定在理论上是方程的个数小于未知个数，无法完全求出所有的未知力。通过增加约束，固然提高了机构稳定性，同时也增加了机构力学分析的难度，为了满足方程的个数与未知力的个数相同，就引进了变形协调方程来补充方程。

针对本书采煤机整机静力学方程 $AX = B$，当方程中的变系数引起系数矩阵 A 不满秩，方程的未知量大于方程的个数，就会出现上述分析中的过约束问题。对于过约束问题状态下的采煤机整机力学方程，则采用小变形协调原理来加以分析。

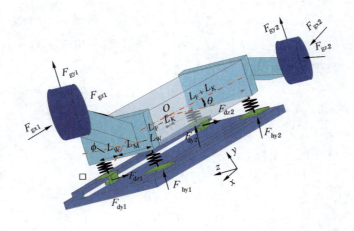

图 2 - 2　采煤机整机静力学模型

首先，给出必要的参数。令采煤机平滑靴与刮板输送机中部槽间的弹性模量为 E_h、接触面积为 A_h，接触刚度为 $k_h = E_h A_h$，导向滑靴与中部槽上的销排弹性模量为 E_d、接触面积为 A_d，接触刚度为 $k_d = E_d A_d$，令采煤机沿重心方向的位移为 y，采煤机的俯角为 θ、侧摆角为 ϕ，则四点支撑处的支撑力为

$$F_{hy1} = \begin{cases} k_h(y - e\theta - c\phi) & y - e\theta - c\phi > 0 \\ 0 & y - e\theta - c\phi \leq 0 \end{cases} \quad (2-9)$$

$$F_{hy2} = \begin{cases} k_h(y + f\theta - c\phi) & y + f\theta - c\phi > 0 \\ 0 & y + f\theta - c\phi \leq 0 \end{cases} \quad (2-10)$$

$$F_{dy1} = k_d(y - a\theta + d\phi) \quad (2-11)$$

$$F_{dy2} = k_d(y + b\theta + d\phi) \quad (2-12)$$

式中 $a = L_F - L_K$、$b = L_F + L_K$、$c = L_W$、$d = L_M - L_W$、$e = L_F - L_K$、$f = L_F + L_K$。

令 5 个未知量为 $\tilde{X} = \begin{bmatrix} y & \theta & \varphi & F_{dz1} & F_{dz2} \end{bmatrix}$，并将式（2 - 9）、式（2 - 10）、式（2 - 11）、式（2 - 12）分别代入式（2 - 4）中，再将其转换为矩阵形式：

$$\tilde{A}\tilde{X} = B \quad (2-13)$$

式中：

$$\tilde{A} = \begin{bmatrix} (w+v)k_h + 2k_d & k_h(vf-we) + k_d(b-a) & 2dk_d - (w+v)ck_h & m\mu & n\mu \\ [(w+v)k_h + (i+j)k_d]\mu & [k_h(vf-we) + k_d(jb-ia)]\mu & [(i+j)dk_d - (w+v)ck_h]\mu & 1 & 1 \\ k_d[2L_M + (i+j)\mu L_J] & k_d[(b-a)L_M + (jb-ia)\mu L_J] & k_d[2L_M + (i+j)\mu L_J] & m\mu L_M + L_J & n\mu L_M + L_J \\ (i-j)k_d\mu L_F + (w-v)k_h\mu L_N & -[k_d(ia+jb)L_F + k_h(we+vf)L_N]\mu & [(i-j)k_d dL_F + (-w+v)k_h cL_N]\mu & L_F & -L_F \\ (w-v)k_h L_N & -k_d(a+b)L_F - k_h(we+vf)L_N & (-w+v)k_h cL_N & m\mu L_F & -n\mu L_F \end{bmatrix}$$

其中，矩阵 $\tilde{A}$ 中的变系数 i、j、w、v 的取值情况如下：

$y - a\theta + d\phi < 0$ 时，$i = -1$；

$y - a\theta + d\phi = 0$ 时，$i = 0$；

$y - a\theta + d\phi > 0$ 时，$i = 1$；

$y + b\theta + d\phi < 0$ 时，$j = -1$；

$y + b\theta + d\phi = 0$ 时，$j = 0$；

$y + b\theta + d\phi > 0$ 时，$j = 1$；

$y - e\theta - c\phi < 0$ 时，$w = 1$；

$y - e\theta - c\phi \geq 0$ 时，$w = 0$；

$y + f\theta - c\phi \geq 0$ 时，$v = 0$。

2.2 斜切截割工况下采煤机整机静力学模型建立

由于在斜切进刀工况下，采煤机受力更为恶劣和复杂，所以本节建立了采煤机在斜切进刀工况下的整机空间力学模型。首先建立了在斜切工况下工作面倾角为零、俯（仰）角也为零的条件下的采煤机整机空间力学模型及其数学模型；然后，由简单到复杂，依次给出了工作面倾角不为零、俯（仰）角为零条件下和工作面倾角不为零、俯（仰）角也不为零条件下的采煤机斜切进刀三维空间模型，最后，在上述模型的基础上，建立了工作面倾角不为零、俯（仰）角也不为零条件下的采煤机整机空间力学模型及其数学模型。

2.2.1 未考虑工作面底板角度下采煤机斜切进刀空间力学模型

当工作面倾角和俯（仰）角为零时，采煤机斜切进刀示意图如图 2-3 所示。

图 2-3　斜切进刀示意图（工作面倾角、俯仰角均为零）

采煤机沿弯曲段溜槽行走截割煤岩，采煤机会受到截割阻力、煤壁对滚筒推力（滚筒轴向力）、牵引阻力、滑靴支反力、破碎阻力（采煤机若装有破碎装置则有该力，否则则无）等，其空间受力如图 2-4 所示。

采煤机由牵引机构牵引沿弯曲段溜槽行走斜切进刀截割煤岩，依据图 2-4 所示的空间受力示意图，可以得到在工作面煤层倾角为零，且俯仰角也为零的条件下，采煤机斜切进刀空间力学模型如图 2 – 5 所示。

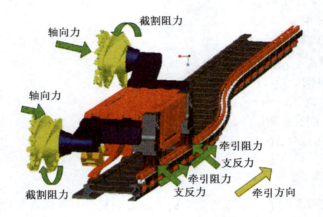

图 2 – 4　采煤机空间受力示意图（斜切进刀）

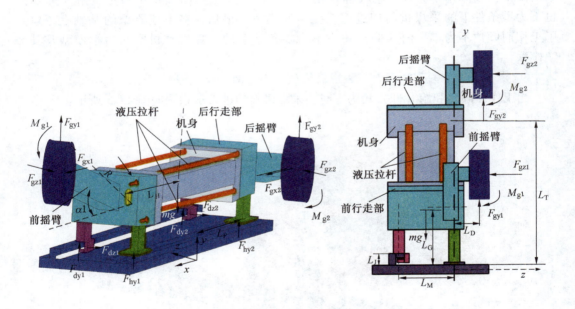

图 2 – 5　采煤机斜切进刀空间力学模型（工作面倾角、俯仰角均为零）

空间力系平衡的充要条件是：所有各力在三个坐标轴中每一个轴上的投影的代数和为零，以及这些力对于每一个坐标轴的力矩的代数和为零，即，该力系的主矢和对于任一点的主矩都等于零。

根据空间力系平衡条件，由力及力矩平衡方程，沿 x、y、z 三个坐标轴方向力平衡，则：$\sum F_x = 0$，$\sum F_y = 0$，$\sum F_z = 0$；在面 xOy、面 yOz、面 xOz 上力矩平衡，则：$\sum M_{xOy} = 0$，$\sum M_{yOz} = 0$，$\sum M_{xOz} = 0$，可以建立斜切进刀工况下采煤机整机数学模型如下：

$$
\begin{cases}
F_{gx1} - F_t + (|F_{dy1}| + F_{dy2} + F_{hy1} + F_{hy2} - F_{dz1} + |F_{dz2}|)\mu = 0 \\
F_{gy1} - mg + F_{dy1} + F_{dy2} + F_{hy1} + F_{hy2} + (|F_{dz2}| - F_{dz1})\mu = 0 \\
F_{gz1} + F_{dz2} + F_{dz1} + (|F_{dy1}| + F_{hy1})\mu + (F_{hy2} + F_{dy2})\mu = 0 \\
-F_{gy1}(L_D + L_M) - F_{gz1}(L_T + L_R\sin\alpha_1) + mg(L_M - L_W) - (F_{hy1} + F_{hy2})L_M + (|F_{hy1}| + |F_{hy2}|)L_J\mu = 0 \\
(F_{dz2} + F_{dz1})L_F + (F_{hy1} + |F_{dy1}|)\mu L_F - (F_{hy2} + F_{dy2})\mu L_F - (F_{hy1} + F_{hy2})\mu L_M - F_{gx1}(L_D + L_M) + \\
\quad F_{gz1}(L_R\sin\alpha_1 + L_T) = 0 \\
-F_{gx1}(L_T + L_R\sin\alpha_1) - F_{gy1}(L_F + L_R\cos\alpha_1) + mgL_K - (F_{hy1} + F_{dy1})L_F + (F_{hy2} + F_{dy2})L_F + \\
\quad (|F_{dz2}| + F_{dz1})\mu L_F + (F_{hy1} + F_{hy2})\mu L_J = 0
\end{cases}
$$

$$(2-14)$$

2.2.2 考虑工作面底板角度下采煤机斜切进刀空间力学模型

当煤层具有一定的倾角时，采煤机工作面就会相应地具有一定的倾角进行开采，此时工作面倾角不为零。采煤机在工作面煤层具有一定的倾角，并向上牵引截割煤岩，斜切进刀示意图如图 2-6 所示。

图 2-6 斜切进刀示意图（工作面倾角不为零、俯仰角为零）

当考虑工作面倾角（即工作面倾角不为零时），采煤机斜切进刀受力与其在工作面倾角为零条件下的受力基本相同，只是由于重力的作用，会在沿采煤机长度方向产生向下滑的分力，其他方向的受力不改变，所以在此不具体给出工作面倾角不为零条件下的采煤机斜切进刀空间力学模型及其数学模型，相关内容可以参照下文所建立的同时考虑工作面倾角和俯（仰）角条件下的空间力学模型及其数学模型。

在工作面倾角为零时，采煤机斜切进刀俯采示意图如图 2-7 所示，仰采示意图如图 2-8 所示。

在工作面倾角不为零时，采煤机斜切进刀俯采示意图如图 2-9 所示，仰采示意图如图 2-10 所示。

在不同开采方式下，考虑工作面倾角和不考虑工作面倾角条件下，采煤机斜切进刀受力情况是有所不同的，导致其空间力学模型是有区别的。尽管各自空间力学模型有区别，研究发现却可以用相同的数学模型来描述。因此，为避免累赘，在此以统一的形式给出了

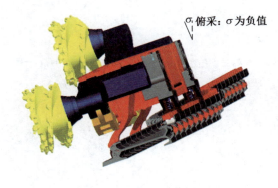

图 2-7　斜切进刀俯采示意图
（工作面倾角为零）

图 2-8　斜切进刀仰采示意图
（工作面倾角为零）

图 2-9　斜切进刀俯采示意图
（倾角不为零）

图 2-10　斜切进刀仰采示意图
（倾角不为零）

工作面倾角不为零且俯（仰）采条件下的采煤机斜切进刀空间力学模型，如图 2-11
所示。

根据空间力学平衡方程和图 2-11，可得该条件下的采煤机斜切进刀数学模型如下：

$$
\left\{
\begin{aligned}
& F_{gx1} - F_t - mg\sin\gamma + (|F_{dy1}| + F_{dy2} + F_{hy1} + F_{hy2} - F_{dz1} + |F_{dz2}|)\mu = 0 \\
& F_{gy1} - mg\cos\gamma\cos\beta + F_{dy1} + F_{dy2} + F_{hy1} + F_{hy2} + (|F_{dz2}| - F_{dz1})\mu = 0 \\
& F_{gz1} + F_{dz2} + F_{dz1} + (|F_{dy1}| + F_{hy1})\mu + (F_{hy2} + F_{dy2})\mu - mg\cos\gamma\sin\beta = 0 \\
& -F_{gy1}(L_D + L_M) - F_{gz1}(L_T + L_R\sin\alpha_1) + mg\cos\gamma\cos\beta(L_M - L_W) + \\
& \quad mg\cos\gamma\sin\beta(L_G - L_J) - (F_{hy1} + F_{hy2})L_M + (|F_{hy1}| + |F_{hy2}|)L_J\mu = 0 \\
& (F_{dz1} + F_{dz2})L_F + (F_{hy1} + |F_{dy1}|)\mu L_F - (F_{hy2} + F_{dy2})\mu L_F - (F_{hy1} + F_{hy2})\mu L_M - \\
& \quad F_{gx1}(L_D + L_M) + F_{gz1}(L_R\sin\alpha_1 + L_T) + mg\sin\gamma(L_M - L_W) = 0 \\
& -F_{gx1}(L_T + L_R\sin\alpha_1) - F_{gy1}(L_F + L_R\cos\alpha_1) + mg\cos\beta\cos\gamma L_K - \\
& \quad (F_{hy1} + F_{dy1})L_F + (F_{hy2} + F_{dy2})L_F + (|F_{dz2}| + F_{dz1})\mu L_F + (F_{hy1} + F_{hy2})\mu L_J = 0
\end{aligned}
\right.
\tag{2-15}
$$

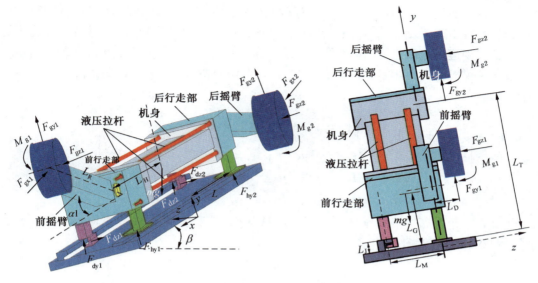

图2-11　采煤机斜切进刀空间力学模型（工作面倾角不为零，俯采或仰采）

2.3　整机模型矩阵的不确定性求解方法研究

本节针对正常截割工况下建立的采煤机整机静力学模型，提出的矩阵不确定性求解方法。

2.3.1　基于传统方法的静力学模型求解

在2.1.1节中提出的采煤机整机静力学方程中，系数矩阵中的变系数取决于滑靴摩擦力的方向，当系数变化时，又会引起系数矩阵 A 秩的变化。当方程系数矩阵 A 不可逆时，结合线性代数相关理论，可以得出方程 $AX = B$ 没有唯一的精确解。但是对于实际问题，采煤机整机力学方程一定会有一个唯一的精确解，因此当矩阵 A 不可逆时，不能通过经典静力学原理进行求解，必须采用其他理论方法来处理过约束问题。

根据采煤机静力学方程，考虑到所有可能的变系数取值情况，通过 MATALAB 可以验证，采煤机整机力学方程的系数矩阵的秩或为6或为5，当系数矩阵的秩为6时，此时系数矩阵是满秩矩阵，可以采用一般求解矩阵的方法得出方程的解；当系数矩阵的秩为5时，方程的个数少于未知量的个数，由上述章节分析可知，采煤机是属于过约束问题，不能通过经典力学的方法求解。

考虑到线性代数相关理论知识，对于 6×6 矩阵 A，当矩阵 A 的秩 $r(A) = 5$ 时，只要给定方程的一个解，就可以确定方程的所有精确解。

结合采煤机实际工作状态来看，在采煤机工作的过程中，滚筒会在竖直方向上产生一个很大的、向上的截割力，前平滑靴很有可能被抬起来。因此当采煤机处于截割煤壁的工作状态时，可以假设前导向滑靴支撑力 $F_{hy1} = 0$。这样的假设从工程实际角度来看是合理的，并且满足工程安全系数。基于以上的分析，传统法求解整机力学方程就是通过给定前导向滑靴的支撑力 $F_{hy1} = 0$，进而来求解出采煤机整机方程的所有精确解。

在计算过程中，为了系数矩阵 A 能够化简成标准的行阶梯形式矩阵，考虑到变量

$F_{hy1} = 0$，将系数矩阵 A 的第二列和第六列调换顺序，即把变量 x_2 和变量 x_6 位置调换，从而就会将系数矩阵 A 化简成标准的行阶梯形式的矩阵，简化了 MATALAB 计算过程迭代的复杂性，减少运行次数，可以更快地得到结果，同时也更加方便对系数矩阵 A 的分析。

对于采煤机整机力学方程系数矩阵 A，经过对调变换后，矩阵 A 变为矩阵 A'。

$$A' = \begin{bmatrix} i\mu & n\mu & \mu & \mu & m\mu & j\mu \\ 1 & n\mu & 1 & 1 & mu & 1 \\ i\mu & 1 & m\mu & n\mu & 1 & j\mu \\ 0 & 0 & mL_J\mu - L_M & nL_J\mu - L_M & 0 & 0 \\ i\mu L_F & -L_F & m\mu L_F - \mu L_M & n\mu L_F - \mu L_M & L_F & j\mu L_F \\ -L_F & n\mu L_F & \mu L_J - L_F & \mu L_J + L_F & m\mu L_F & L_F \end{bmatrix}$$

那么，对于采煤机整机静力学力学方程 $AX = B$，就变为 $A'X = B$。下面给出传统算法的求解流程图（图 2-12）。

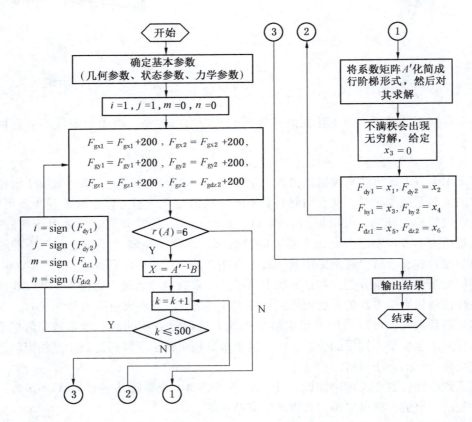

图 2-12 传统算法的求解流程图

对于采煤机整机力学方程系数矩阵 A 不满秩时，传统算法通过给定采煤机前平滑靴支撑力 $F_{hy1} = 0$ 的方法来确定方程的精确解。但是只考虑采煤机前平滑靴所受支撑力为零，是有一定的局限性，不能完全描述采煤机滑靴的受力情况。为了得到采煤机滑靴更贴近实际的受力情况，在下面介绍其他求解方法。

2.3.2 基于最小二乘法的静力学模型求解

对于方程组 $AX = B$，从线性代数的分析来看，当矩阵 A 满秩时，方程有唯一解；当矩阵 A 不满秩时，方程可能出现不唯一解的情况。针对本书的实际问题，当矩阵 A 不满秩时，即 A 不可逆时，无法求出方程的解。所以求解线性方程组 $AX = B$ 的问题，就转化成当矩阵 A 不满秩的时候该如何求解的问题。

对于线性方程 $AX = B$，如果能求出矩阵 A 的逆矩阵，就可以求出方程的解 $X = A^{-1}B$，但是一般来说很难保证矩阵 A 是可逆矩阵，因此本书要借助广义逆矩阵来求解矩阵方程。在《Moore Penrose 广义逆矩阵与线性方程组的解》中，作者采用了广义逆矩阵的原理对在采煤机整机静力学方程系数矩阵不满秩的条件下进行求解。

定义 1 如果矩阵 $A \in R^{m \times n}$，若矩阵 $X \in R^{m \times n}$ 满足如下 4 个方程

$$(\text{i}) \, AXA = A$$
$$(\text{ii}) \, XAX = X$$
$$(\text{iii}) \, (AX)^{\text{H}} = X$$
$$(\text{iv}) \, (XA)^{\text{H}} = XA$$

则称 X 为 A 的 Moore. Penrose 逆，记为 A^{+}。

考虑非齐次线性方程组

$$Ax = b \tag{2-16}$$

其中 $A \in R^{m \times n}$，$b \in R^{m \times n}$ 给定，而 $x \in R^{n}$ 为待定向量。如果存在向量 x 使方程组成立，则称方程组相容，否则称为不相容或矛盾方程。

（1）如果方程组相容，其解可能有无穷多个，求出具有极小范数的解，即：

$$\min_{Ax=b} \|x\| \tag{2-17}$$

其中 $\| \cdot \|$ 是欧式范数。可以证明，满足该条件的解是唯一的，称之为极小范数解。

（2）如果方程不相容，则不存在通常意义下的解。但在许多实际问题中，需要求出极值问题：

$$\min_{x \in R^{n}} \|Ax - b\| \tag{2-18}$$

称这个极值问题为求矛盾方程组的最小二乘问题，相应的 x 称为不相容方程组的最小二乘解。

（3）一般来说，不相容方程组的最小二乘解是不唯一的，但在最小二乘解的集合中，具有极小范数的解：

$$\min_{\min \|Ax - b\|} \|x\| \tag{2-19}$$

是唯一的，称极小范数最小二乘解。

极小范数的最小二乘解可以通过广义逆矩 Moore. Penrose 逆阵 A^{+} 表出。

即 $X = A^{+}b$。

定理 1 设矩阵 A 给定，则

$$A^{+} = A^{(1,4)}AA^{(1,3)} \tag{2-20}$$

定理 2 设方程组（2-16）是相容的，则

$$x = A^{(1,4)}b \tag{2-21}$$

是极小范数解。

定理 3　设 $A \in R^{m \times n}$，$b \in R^m$，$A^{(1,3)} \in A\{1,3\}$，则

$$x = A^{(1,3)} b \tag{2-22}$$

是最小二乘解。

定理 4　设 $A \in R^{m \times n}$，$b \in R^m$ 则 $x = A^+ b$ 是方程组（2-19）的唯一极小范数解。

证明　由定理 1 可知方程组（2-16）的最小二乘解是

$$Ax = AA^{(1,3)} b \tag{2-23}$$

的解。因此方程组（2-16）的极小范数最小二乘解就是方程组（2-23）的极小范数解。由定理 1 和定理 2 得，方程组（2-23）的唯一极小范数二乘解解是

$$x = A^{(1,4)} AA^{(1,3)} b = A^+ b \tag{2-24}$$

需要指出的是，若方程（2-16）相容，则最小二乘解与一般意义下的解一致，而极小二乘解与极小范数解一致。

针对本书采煤机整机力学数学模型，系数矩阵 A 一般来说是不可逆的，当 rank$(A)<$ rank(A,B)，方程间不相容，为不相容奇异线性方程组，此时方程组无解，但是基于最小二乘原理，能够求解出方程 $AX = B$ 的精确解。

$$\|AX' - B\| = \min \|AX - B\| \tag{2-25}$$

即在满足 $\|AX' - B\| \leqslant \|AX - B\|$ 的条件下，称 X' 是方程组 $AX = B$ 的最小范数二乘解。

由文献［56］的结论，可以证明极小范数的最小二乘解是唯一确定的。针对本书的采煤机整机力学模型的解算，需要对线性方程组（2-4）的增广矩阵进行行阶梯简化，考虑到模型的相容性，当矩阵 A 的秩为 $r(A) = 6$ 时，通过正常的牛顿迭代法求出采煤机力学组方程的解；当矩阵 A 的秩 $r(A) = 5$ 时，此时会出现 $r(A) = r(A,B)$ 和 $r(A)<r(A,B)$ 两种情况。如果 $r(A) = r(A,B)$，说明方程组有无穷解；如果 $r(A)<r(A,B)$，方程组无解，此时方程组属于不相容方程组。对于这两种秩的情况，都可以通过极小范数的最小二乘法求出唯一解。对于 $r(A) = r(A,B)$ 时，方程属于相容的，通过极小范数的最小二乘法求出的极小范数二乘法的解即是相容方程的解。

通过以上分析可以知道，将求解方程组 $AX = B$ 的解的问题转化为求解系数矩阵 A 的 Moore. Penrose 逆矩阵 A^+ 的问题。下面本书采用满秩分解法来求解 A^+。

定义 2　设 $A \in C^{m \times n} (r>0)$，如果存在矩阵 $F \in C_r^{m \times r}$ 和 $G \in C_r^{r \times n}$，使得

$$A = FG \tag{2-26}$$

则称式（2-26）为矩阵 A 的满秩分解。

现在已经对系数矩阵 A 进行了满秩分解，分解成 $A = FG$，则矩阵 A 的广义逆矩阵

$$A^+ = G^+ F^+ = G^H (GG^H)^{-1} (F^H F)^{-1} F^H$$
$$= G^H (F^H AG^H)^{-1} F^H \tag{2-27}$$

针对本书的采煤机整机力学方程 $AX = B$，引入系数矩阵 A 的广义逆矩阵 A^+，则采煤机整机力学方程的解可以表示为

$$X = A^+ B \tag{2-28}$$

其中，

$$X = \left[F_{dy1}, F_{dy2}, F_{hy1}, F_{hy2}, F_{dz1}, F_{dz2} \right]^T$$

采煤机整机力学方程系数矩阵

$$
A = \begin{bmatrix}
i\mu & j\mu & \mu & \mu & m\mu & n\mu \\
1 & 1 & 1 & 1 & m\mu & n\mu \\
i\mu & j\mu & m\mu & n\mu & 1 & 1 \\
0 & 0 & mL_J\mu - L_M & nL_J\mu - L_M & 0 & 0 \\
i\mu L_F & j\mu L_F & m\mu L_F - \mu L_M & n\mu L_F - \mu L_M & L_F & -L_F \\
-L_F & L_F & \mu L_J - L_F & \mu L_J + L_F & m\mu L_F & n\mu L_F
\end{bmatrix}
$$

右端项矩阵

$$
B = \begin{bmatrix}
-F_{gx1} - F_{gx2} + F_t + mg\sin\gamma \\
mg\cos\beta\cos\gamma - (F_{gy1} + F_{gy2}) \\
-(F_{gz1} + F_{gz2}) + mg\cos\beta\sin\gamma \\
(F_{gy1} + F_{gy2})(L_D + L_M) + F_{gz1}(L_T + L_R\sin\alpha_1) + F_{gz2}(L_T - L_R\sin\alpha_2) - mg\cos\beta\cos\gamma \\
(L_M - L_W) - mg\cos\gamma\sin\beta(L_G - L_J) \\
(F_{gx1} + F_{gx2})(L_D + L_M) - F_{gz1}(L_R\sin\alpha_1 + L_T) + F_{gz2}(L_T - L_R\sin\alpha_2) - mg\sin\beta(L_M - L_W) \\
F_{gx1}(L_R\sin\alpha_1 + L_T) + F_{gx2}(L_T - \sin\alpha_2 L_R) + F_{gy1}(L_R\cos\alpha_1 + L_F) + F_{gy2}(L_R\cos\alpha_2 + L_F) \\
-mg\cos\beta\cos\gamma L_K
\end{bmatrix}
$$

下面给出最小二乘法的计算流程图（图 2 – 13）。

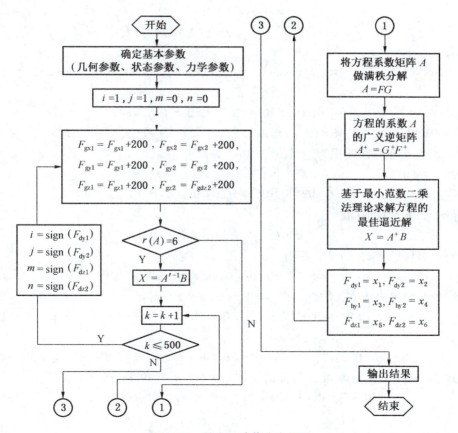

图 2 – 13　最小二乘算法流程图

2.3.3　基于线性互补理论整机静力学模型求解

在上述分析中可以看出，难以解决的是采煤机力学方程 $AX = B$ 的求解，矩阵 A 中含有绝对值系数，所以我们可以考虑从数学的角度，来求解绝对值方程。

互补问题与绝对值之间有非常密切的联系，研究人员可以把难以解决的互补问题，转化为绝对值方程来求解。当绝对值方程比较烦琐时，又可以将绝对值方程转化为互补问题来讨论，无论对于线性互补问题还是非线性互补问题，其理论求解方法都是比较成熟的，因而，二者在研究中会经常转化。下面我们就来介绍二者之间的转化。

1. 绝对值方程与线性互补问题相互转化

（1）绝对值方程转化为线性互补问题。

对于标准绝对值方程 $Ax - |x| = b$，当矩阵 A 的特征值不是 1 的时候，矩阵 $(A - I)^{-1}$ 存在，结合定理

$$Ax - |x| = b \Leftrightarrow [(A + I)x - b] \perp [(A - I)x - b] \geq 0 \qquad (2-29)$$

令

$$z = (A - I)x - b \qquad x = (A - I)^{-1}(z + b) \qquad (2-30)$$

从而得到

$$(A + I)x - b = (A + I)(A - I)^{-1}(z + b) - b = (A + I)(A - I)^{-1}z + [(A + I)(A - I)^{-1} - I]b \qquad (2-31)$$

令

$$M = (A + I)(A - I)^{-1} \qquad q = [(A + I)(A - I)^{-1} - I]b \qquad (2-32)$$

则有

$$Ax - |x| = b \Leftrightarrow [(A + I)x - b] \perp [(A - I)x - b] \geq 0 \Leftrightarrow 0 \leq (Mz + q) \perp z \geq 0 \qquad (2-33)$$

即

$$Ax - |x| = b \Leftrightarrow Mz + q \geq 0, z \geq 0, z^{\mathrm{T}}(Mz + q) = 0 \qquad (2-34)$$

其中 $z = (A - I)x - b, M = (A + I)(A - I)^{-1}, q = [(A + I)(A - I)^{-1} - I]b$

（2）线性互补问题转化为绝对值方程。

线性互补问题

$$Mz + q \geq 0, z \geq 0, z^{\mathrm{T}}(Mz + q) = 0 \qquad (2-35)$$

等价于如下绝对值问题

$$(M + I)z + q = |(M - I)z + q| \qquad (2-36)$$

证明：对任意 $\forall a, b \in R$，都有

$$a \geq 0, b \geq 0, ab = 0 \Leftrightarrow a + b = |a - b| \qquad (2-37)$$

该结论对向量也成立，因此，令 $a = Mz + q, b = z$，则有

$$Mz + q \geq 0, z \geq 0, z^{\mathrm{T}}(Mz + q) = 0 \Leftrightarrow (M + I)z + q = |Mz + q - z| \qquad (2-38)$$

即

$$Mz + q \geq 0, z \geq 0, z^{\mathrm{T}}(Mz + q) = 0 \Leftrightarrow (M + I)z + q = |(M - I)z + q| \qquad (2-39)$$

定理 5　若 1 不是矩阵 M 的特征值，则 $LCP(M, q)$ 等价于绝对值方程：

$$(M + I)(M - I)^{-1}x - |x| = [(M + I)(M - I)^{-1} - I]q \qquad (2-40)$$

这里 $x = (M - I)z + q$。

证明　利用定理 1 可知

$$LCP(M,q) \Leftrightarrow (M+I)z+q = |(M-I)z+q| \tag{2-41}$$

由于 1 不是 M 的一个特征值，故 $(M-I)^{-1}$ 存在，令 $x = (M-I)z+q$，即 $z = (M-I)^{-1}(x-q)$，可得

$$LCP(M,q) \Leftrightarrow (M+I)z+q = |(M-I)z+q| \tag{2-42}$$

定理 6 若 1 不是矩阵 M 的特征值，则 $LCP(M,q)$ 等价于如下方程：

$$(M+I)(M-I)^{-1}x - |x| = [(M+I)(M-I)^{-1} - I]q \tag{2-43}$$

这里 $x = (M-I)z+q$。

证明 令

$$Mz+q = (A+I)x-b, z = (A-I)x-b(\text{这里} A、b \text{待定})$$

结合定理，有

$$LCP(M,q) \Leftrightarrow [(A+I)x-b] \perp [(A-I)x-b] \geqslant 0 \Leftrightarrow Ax - |x| = b \tag{2-44}$$

下面给出 A、b 的表达式

把 $z = (A-I)x-b$ 代入 $Mz+q = (A+I)x-b$，则有

$$M[(A-I)x-b] + q = (A+I)x-b \tag{2-45}$$

由于 1 不是 M 的特征值，故 $(M-I)^{-1}$ 存在，将式（2-45）整理一下得：

$$A = (M-I)^{-1}(M+I)$$
$$b = (M-I)^{-1} \tag{2-46}$$

从而

$$LCP \Leftrightarrow (M-I)^{-1}(M+I)x - |x| = (M-I)^{-1} \tag{2-47}$$

以上过程是在线性互补式（2-35）中矩阵 M 的特征值不为 1 的情况，将线性互补问题转化为绝对值方程的，当矩阵 M 有个特征值为 1 的情况下，对式（2-35）中的矩阵 M 和 q 同时乘以 $\lambda(\lambda > 0)$，再应用定理 2 把线性互补问题转化为绝对值方程，此时保证线性互补问题的解不变。

由此确实可以看到，绝对值方程与线性互补问题之间有紧密的联系，而且在实际问题上，也经常将绝对值方程与线性互补问题联系在一起，来探讨它们之间的性质。

但在实际问题上，我们经常遇见的绝对值方程是非标准形式的，即广义绝对值方程。形如 $Ax+B|x|=b$，$A \in R^{n \times n}$，b、$x \in R^n$ 的绝对值方程，称之为广义绝对值方程。当矩阵 $B = -I$，就变成标准形式的绝对值方程了。

对于广义绝对值方程 $Ax+B|x|=b$，当矩阵 $A+B$ 非奇异时，广义绝对值方程可以等价转化为线性互补问题。转化过程如下：

$$Ax+B|x| = b$$

$$\Leftrightarrow [(A+B) + (A-B)]\frac{x}{2} + [(A+B) - (A-B)]\frac{|x|}{2} = b \tag{2-48}$$

$$\Leftrightarrow \frac{|x|+x}{2} = (A+B)^{-1}(A-B)\frac{|x|-x}{2} + (A+B)^{-1}b \tag{2-49}$$

记：$x^+ = \dfrac{|x|+x}{2}$，$x^- = \dfrac{|x|-x}{2}$

$$M = (A+B)^{-1}(A-B) \qquad q = (A+B)^{-1}b \tag{2-50}$$

显然 $x^+ \geqslant 0$，$x^- \geqslant 0$，于是可以把式（2-48）等价的写成如下的线性互补问题

$$\begin{cases} x^+ = Mx^- + q \\ x^+ \geq 0, x^- \geq 0 \\ (x^+)^T x^- = 0 \end{cases} \qquad (2-51)$$

根据文献 [57]，可知当矩阵 M 属于 P 矩阵时，线性互补问题有唯一解，则对应的绝对值方程有唯一解。

根据对线性互补问题与绝对值问题的讨论，因为采煤机静力学方程 $AX = B$，

$$A = \begin{bmatrix} i\mu & j\mu & \mu & \mu & m\mu & n\mu \\ 1 & 1 & 1 & 1 & m\mu & n\mu \\ i\mu & j\mu & m\mu & n\mu & 1 & 1 \\ 0 & 0 & mL_J\mu - L_M & nL_J\mu - L_M & 0 & 0 \\ i\mu L_F & j\mu L_F & m\mu L_F - uL_M & n\mu L_F - \mu L_M & L_F & -L_F \\ -L_F & L_F & \mu L_J - L_F & \mu L_J + L_F & m\mu L_F & n\mu L_F \end{bmatrix}$$

$$B = \begin{bmatrix} -F_{gx1} - F_{gx2} + F_t + mg\sin\gamma \\ mg\cos\beta\cos\gamma - (F_{gy1} + F_{gy2}) \\ -(F_{gz1} + F_{gz2}) + mg\cos\beta\sin\gamma \\ (F_{gy1} + F_{gy2})(L_D + L_M) + F_{gz1}(L_T + L_R\sin\alpha_1) + F_{gz2}(L_T - L_R\sin\alpha_2) - mg\cos\beta\cos\gamma \\ (L_M - L_W) - mg\cos\gamma\sin\beta(L_G - L_J) \\ (F_{gx1} + F_{gx2})(L_D + L_M) - F_{gz1}(L_R\sin\alpha_1 + L_T) + F_{gz2}(L_T - L_R\sin\alpha_2) - mg\sin\beta(L_M - L_W) \\ F_{gx1}(L_R\sin\alpha_1 + L_T) + F_{gx2}(L_T - \sin\alpha_2 L_R) + F_{gy1}(L_R\cos a_1 + L_F) + F_{gy2}(L_R\cos\alpha_2 + L_F) \\ -mg\cos\beta\cos\gamma L_K \end{bmatrix}$$

转化成广义绝对值方程 $A'X + B'|X| = b$，矩阵 B' 中有很多零元素，很难保证矩阵 B' 是可逆的，所以本书选取式（2-48），将采煤机静力学方程转化成广义绝对值方程。

其中，

$$A' = \begin{bmatrix} 0 & 0 & \mu & \mu & 0 & 0 \\ 1 & 1 & 1 & 1 & 0 & 0 \\ 0 & 0 & \mu & \mu & 1 & 1 \\ 0 & 0 & L_J\mu - L_M & L_J\mu - L_M & 0 & 0 \\ 0 & 0 & \mu(L_F - L_M) & \mu(L_F - L_M) & L_F & -L_F \\ -L_F & L_F & \mu L_J - L_F & \mu L_J + L_F & 0 & 0 \end{bmatrix}$$

$$B' = \begin{bmatrix} \mu & \mu & 0 & 0 & \mu & \mu \\ 0 & 0 & 0 & 0 & \mu & \mu \\ \mu & \mu & 0 & 0 & 0 & 0 \\ 0 & 0 & 0 & 0 & 0 & 0 \\ \mu L_F & \mu L_F & 0 & 0 & 0 & 0 \\ 0 & 0 & 0 & 0 & -\mu L_F & \mu L_F \end{bmatrix}$$

给定采煤机的截割力，将之前给定的采煤机结构参数代入矩阵 A'、B' 和 B 中，矩阵 $M = (A' + B')^{-1}(A' - B')$。

令 $y = x^{+}$，$z = x^{-}$

$$\begin{cases} y = Mx + q \\ y > 0, x > 0 \\ y^{\mathrm{T}}x = 0 \end{cases} \qquad (2-52)$$

最后得到的解是 x^{+}、x^{-} 的值，对于矩阵方程 $AX = B$ 的解 $x = \dfrac{x^{-} + x^{+}}{2}$。这就是求解绝对值方程的原理。

2. 内点法

内点法是求解线性互补问题的十分有效的方法，它具有多项式复杂性。现今，内点法被推广到求解单调或 P、互补问题、凸或非凸规划问题、半定规划等。内点法的基本思想是把互补问题转化为一个与之等价的非负约束方程组，然后用 Newton 类型求解。

定义 3　给定线性互补问题（1.1），称集合

$$S_{+} = \{(x,y) \mid y = F(x), x \geq 0, y \geq 0\} \qquad (2-53)$$

为 $LCP(M,q)$ 的可行集，称集合

$$S_{++} = \{(x,y) \mid y = F(x), x > 0, y > 0\} \qquad (2-54)$$

为 $LCP(M,q)$ 严格可行集或可行内点集。

设集合：

$$C = \{(x,y) \in R^{n \times n} \mid x_i y_i = 0, i = 1, \cdots, n\} \qquad (2-55)$$

并定义 $LCP(M,q)$ 的解集为 S^{*}，则 $S^{*} = S_{+} \cap C$。

定义 4　称集合

$$S_{cen} = \{(x,y) \in S_{++} \mid x_i y_i = u, u > 0, \forall i\} = \{(x,y) \in S_{++} \mid Xy = \mu e, \mu > 0\} \qquad (2-56)$$

为线性互补 $LCP(M,q)$ 的中心路径，其中 $e = (1,1,\cdots,1)^{\mathrm{T}}$，$y = (y_1, y_2, \cdots, y_n)^{\mathrm{T}}$，$X = diag(x_1, x_2, \cdots, x_n)$。

步骤 1：给定 $\varepsilon > 0$，按 $\alpha = \dfrac{1}{2}$，$\beta = 1 - \dfrac{1}{2\sqrt{n}}$，$\theta = \dfrac{1}{5}$ 选取参数及 $\rho = 1 - \dfrac{1}{20\sqrt{n}}$，采用蒙特卡洛算法选取初始迭代点 $(x_0, y_0) \in \eta(\alpha)$。令 $k = 0$。

步骤 2：若 $(x_k)^{\mathrm{T}} y_k \leq \varepsilon$，则停，否则继续。

步骤 3：由下式计算得到搜索方向 $[\Delta x(\beta), \Delta y(\beta)]$，并计算

$$\begin{cases} Y^k \Delta x(\beta) + X^k \Delta y(\beta) = -\beta[X^k y^k - n^{-1}(x^k)^{\mathrm{T}} y^k e] - (1-\beta)X^k y^k \\ -M\Delta x(\beta) + \Delta y(\beta) = 0 \end{cases} \qquad (2-57)$$

步骤 4：$y^{k+1} = y^k + \theta \Delta y(\beta)$，$x^{k+1} = x^k + \theta \Delta y(\beta)$，$k = k+1$ 返回到步骤 2。

利用上面的算法，自然会产生一个迭代点列 $\{(x_k, y_k)\}$。当计算过程停止时，其最后的迭代点便是 $LCP(M,q)$ 的一个 ε^{-} 近似解，且有多项式计算复杂性。

将绝对值方程转化为线性互补模型是有条件的，必须满足矩阵 A 的奇异值大于 1，当矩阵 A 的奇异值小于或等于 1 的时候，方程 $AX = B$ 不具有唯一解，此时方程无解或者无穷解，然而无论对于无解或者无穷解，我们可以从线性代数的知识得到，对应的系数矩阵 A 的秩 $r(A) < 6$，只有这样方程才会出现不唯一解的情况。在之前介绍过，采煤机整机力学方程系数矩阵 A 的秩只可能为 6 或者 5，那么对于没有唯一解的话，采煤机的秩只能为 5，这样就会出现方程的个数少于未知力的个数，属于过约束问题。

对于系数矩阵 A 的秩 $r(A)=5$，说明原方程 $AX=B$ 中，有一个方程是可以用其他方程表示的，是多余的，可以去掉。通过 MATLAB 可以判断出经典力学方程下的采煤机整机力学方程中多余的方程，去掉多余的一个方程，再将式（2-9）~式（2-12）代入方程 $AX=B$ 中，这样就可以得到基于小变形协调原理缩减变量的采煤机整机力学方程，

$$\tilde{A}\tilde{X}=B$$

对于 $\tilde{A}$ 是一个 5×5 的满秩矩阵，求其解，必会得到唯一解，这样就可以通过小变形协调方程求出方程的解。

内点法算法流程图如图 2-14 所示。

2.3.4 基于光滑牛顿法整机静力学模型求解

1. 光滑逼近函数求解基础

由于绝对值方程是属于不可导函数，所以绝对值方程是一个不光滑函数问题，我们可以考虑构造一个光滑函数来拟合绝对值函数的曲线。由于光滑牛顿法具有 3 个优点：①全局收敛性；②子问题是一个线性方程组；③具有二次收敛特性。基于以上的优点，所以本书采用光滑牛顿法来求解绝对值方程问题[64]。

定义 5 给定函数 $H: R^n \to R^n$，我们称光滑函数 $H_u(\cdot): R^n \to R^n (\mu > 0)$ 为 H 的光滑逼近函数，如果对任意 $x \in R^n$ 存在 $\kappa > 0$，使得：

$$\|H_\mu(x) - H(x)\| \leqslant \kappa\mu, \forall \mu > 0 \tag{2-58}$$

如果 κ 不依赖于 x，则称 $H_\kappa(x)$ 为 $H(x)$ 的一致光滑逼近函数。

一致光滑逼近函数可以分为上方一致逼近函数和下方一致逼近函数。若 $H_\mu(x)$ 满足 $H_\mu(x) \geqslant H(x)$ 且 $\lim\limits_{\mu \to 0} H_\mu(x) = H(x)$，则称 $H_\mu(x)$ 为 $H(x)$ 上方一致光滑逼近函数。若 $H_\mu(x)$ 满足 $H_\mu(x) \leqslant H(x)$ 且 $\lim\limits_{\mu \to 0} H_\mu(x) = H(x)$，则称 $H_\mu(x)$ 为 $H(x)$ 下方一致逼近。

记 $\phi(t) = |t| = \max(t, -t)$，下面介绍一下绝对值函数一致上方逼近函数。

对 $\phi(t)$，采用凝聚函数，

$$\phi_\mu(t) = \mu\ln\left[\exp\left(\frac{t}{\mu}\right) + \exp\left(-\frac{t}{\mu}\right)\right] \tag{2-59}$$

易证 $\phi_\mu(t)$ 满足

（1）$0 \leqslant \phi_\mu(t) - \phi(t) \leqslant \mu\ln2$

（2）$\lim\limits_{\mu \to 0}\phi_\mu(t) = \phi(t)$

因此，当 $\mu \to 0^+$，$\phi_\mu(t)$ 从上方一致逼近 $\phi(t)$。

下面就来构造 $H(x)$ 的光滑函数 $H_\mu(x)$。

记 $\varphi(x) = |x| = (|x_1|, |x_2|, \cdots, |x_n|)$，基于凝聚函数理论，绝对值函数 $|x|$ 的每一个分量可以表示为

$$\varphi(x_i) = \mu\ln\left[\exp\left(\frac{x_i}{\mu}\right) + \exp\left(-\frac{x_i}{\mu}\right)\right], i = 1, 2, \cdots, n \tag{2-60}$$

$$\varphi_\mu(x_i) = [\varphi_\mu(x_1), \varphi_\mu(x_2), \cdots, \varphi_\mu(x_n)]^T \tag{2-61}$$

且 $\varphi_\mu(x_i)$ 满足

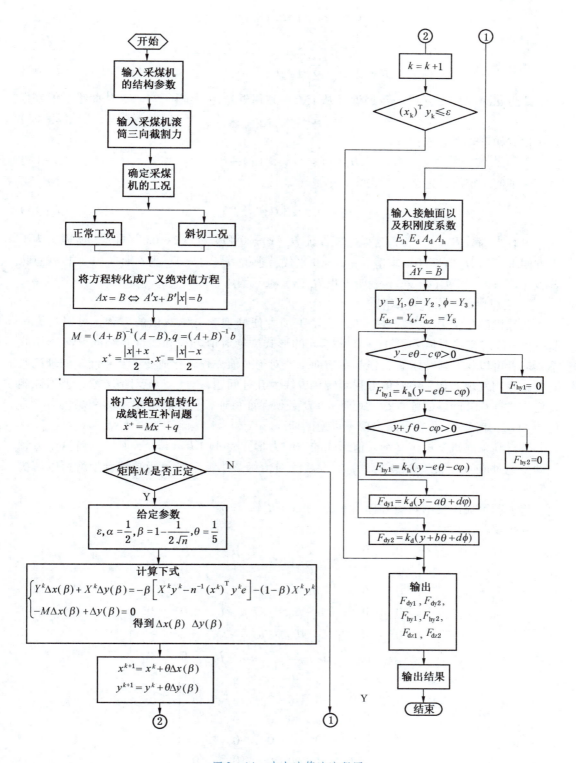

图 2−14 内点法算法流程图

$$0 \leqslant \varphi_\mu(x_i) - \varphi(x_i) \leqslant \mu \ln 2, i = 1, 2, \cdots, n$$

于是有：

$$\|\varphi_\mu(x) - \varphi(x)\| = \sqrt{\sum_{i=1}^{n} |\varphi_\mu(x_i) - \varphi(x_i)|^2} \leqslant \mu \sqrt{n} \ln 2 \qquad (2-62)$$

即当 $\mu \to 0$ 时，$\varphi_\mu(x)$ 一致逼近（从上方一致逼近）绝对值函数 $|x|$，从而绝对值方程

$$Ax + |x| = b \qquad (2-63)$$

就转化成如下光滑方程：

$$H_\mu(x) = Ax - \varphi_u(x) - b \qquad (2-64)$$

为了便于求解，定义表达式

$$\theta_\mu(x) = \frac{1}{2} \|H_\mu(x)\|^2 \qquad (2-65)$$

只有当函数 $H_\mu(x) = 0$，这样才能保证 $H_\mu(x) = 0$ 和方程（2-63）同解。所以，为了更方便求解出 $H_\mu(x) = 0$，求解 $\theta_\mu(x) = 0$ 来代替求解 $H_\mu(x) = 0$。当 $\theta_\mu(x) = 0$，也就意味着 $H_\mu(x) = 0$；当 $\theta_\mu(x) \neq 0$，表明方程 $H_\mu(x) = 0$ 无解。

2. 采煤机无约束优化模型

采煤机的整机力学方程 $Ax = B$，为了更加方便处理含有绝对值的方程，可以将方程 $Ax = B$ 写成广义绝对值方程 $Ax + B|x| = b$ 的形式。绝对值方程和线性互补问题有密切联系，二者可以相互转化求解，但是在前面章节对绝对值方程转化成线性互补问题的理论研究中，我们发现，如果绝对值方程要转化成线性互补问题，对广义绝对值方程，要保证能转化为线性互补问题的前提是，矩阵 $A+B$ 必须保证可逆，但是针对本书的采煤机力学方程 $Ax = B$，矩阵 $A+B$ 有可能出现不可逆的情况。

考虑到采煤机整机广义绝对值形式的空间力学方程 $Ax + B|x| = b$，其实求解这个方程关键是绝对值 $|x|$ 无法解决。为此，只要将绝对值函数用一个光滑函数拟合，就可以解决此问题。

将方程写成广义绝对值方程的形式，$A'x + B'|x| = b$

其中：

$$A' = \begin{bmatrix} 0 & 0 & \mu & \mu & 0 & 0 \\ 1 & 1 & 1 & 1 & 0 & 0 \\ 0 & 0 & \mu & \mu & 1 & 1 \\ 0 & 0 & L_J\mu - L_M & L_J\mu - L_M & 0 & 0 \\ 0 & 0 & \mu(L_F - L_M) & \mu(L - L_M) & L_F & -L_F \\ -L_F & L_F & \mu L_J - L_F & \mu L_J + L_F & 0 & 0 \end{bmatrix}$$

$$B' = \begin{bmatrix} u & u & 0 & 0 & u & u \\ 0 & 0 & 0 & 0 & u & u \\ u & u & 0 & 0 & 0 & 0 \\ 0 & 0 & 0 & 0 & 0 & 0 \\ uL_F & uL_F & 0 & 0 & 0 & 0 \\ 0 & 0 & 0 & 0 & -uL_F & uL_F \end{bmatrix}$$

$$b = \begin{bmatrix} -F_{gx1} - F_{gx2} + F_t + mg\sin\gamma \\ mg\cos\beta\cos\gamma - (F_{gy1} + F_{gy2}) \\ -(F_{gz1} + F_{gz2}) + mg\cos\beta\sin\gamma \\ (F_{gy1} + F_{gy2})(L_D + L_M) + F_{gz1}(L_T + L_R\sin\alpha_1) + F_{gz2}(L_T - L_R\sin\alpha_2) - mg\cos\beta\cos\gamma \\ (L_M - L_W) - mg\cos\gamma\sin\beta(L_G - L_J) \\ (F_{gx1} + F_{gx2})(L_D + L_M) - F_{gz1}(L_R\sin\alpha_1 + L_T) + F_{gz2}(L_T - L_R\sin\alpha_2) - mg\sin\beta(L_M - L_W) \\ F_{gx1}(L_R\sin\alpha_1 + L_T) + F_{gx2}(L_T - \sin\alpha_2 L_R) + F_{gy1}(L_R\cos\alpha_1 + L_F) + F_{gy2}(L_R\cos\alpha_2 + L_F) \\ -mg\cos\beta\cos\gamma L_K \end{bmatrix}$$

从而我们发现，矩阵 A'、B' 确实有很多零元素，并且该方程还是带有绝对值的，限制条件非常多。

因此，针对实际问题的分析，必须找到一种条件更低的、约束条件更少的方法，来转化求解绝对值方程。为此，可以把绝对值方程转化成无约束优化问题来处理，这样就不会受到矩阵 A、B 的限制。

针对广义绝对值方程形式的采煤机整机力学方程 $A'x + B'|x| = b$，将方程转化为函数问题来讨论，设函数 $f(x) = A'x + B'|x| - b$，再令 $g(x) = \|f(x)\|^2$，当函数 $g(x)$ 的最小值为零的时候，对应函数 $f(x) = 0$，此时求出来的解，即为方程 $Ax + B|x| = b$ 的解。当函数 $g(x)$ 的最小值不为零的时候，对应的绝对值方程 $Ax + B|x| = b$ 可能无解。采煤机整机静力学方程无约束优化模型如下：

$$g(x) \triangleq \min f(x) = A'x + B'|x| - b \tag{2-66}$$

其中，

$$A' = \begin{bmatrix} 0 & 0 & \mu & \mu & 0 & 0 \\ 1 & 1 & 1 & 1 & 0 & 0 \\ 0 & 0 & \mu & \mu & 1 & 1 \\ 0 & 0 & L_J\mu - L_M & L_J\mu - L_M & 0 & 0 \\ 0 & 0 & \mu(L_F - L_M) & \mu(L - L_M) & L_F & -L_F \\ -L_F & L_F & \mu L_J - L_F & \mu L_J + L_F & 0 & 0 \end{bmatrix}$$

$$B' = \begin{bmatrix} \mu & \mu & 0 & 0 & \mu & \mu \\ 0 & 0 & 0 & 0 & \mu & \mu \\ \mu & \mu & 0 & 0 & 0 & 0 \\ 0 & 0 & 0 & 0 & 0 & 0 \\ \mu L_F & \mu L_F & 0 & 0 & 0 & 0 \\ 0 & 0 & 0 & 0 & -\mu L_F & \mu L_F \end{bmatrix}$$

$$b = \begin{bmatrix} -F_{gx1} - F_{gx2} + F_t + mg\sin\gamma \\ mg\cos\beta\cos\gamma - (F_{gy1} + F_{gy2}) \\ -(F_{gz1} + F_{gz2}) + mg\cos\beta\sin\gamma \\ (F_{gy1} + F_{gy2})(L_D + L_M) + F_{gz1}(L_T + L_R\sin\alpha_1) + F_{gz2}(L_T - L_R\sin\alpha_2) - mg\cos\beta\cos\gamma \\ (L_M - L_W) - mg\cos\gamma\sin\beta(L_G - L_J) \end{bmatrix}$$

$$\begin{bmatrix} (F_{gx1}+F_{gx2})(L_D+L_M)-F_{gz1}(L_R\sin\alpha_1+L_T)+F_{gz2}(L_T-L_R\sin\alpha_2)-mg\sin\beta(L_M-L_W) \\ F_{gx1}(L_R\sin\alpha_1+L_T)+F_{gx2}(L_T-\sin\alpha_2 L_R)+F_{gy1}(L_R\cos\alpha_1+L_F)+F_{gy2}(L_R\cos\alpha_2+L_F) \\ -mg\cos\beta\cos\gamma L_K \end{bmatrix}$$

由以上分析可知，在将绝对值方程转化成无约束优化问题时，没有矩阵 A、B 特殊的限制，所以用转化后的无约束优化问题求解绝对值方程具有较强的实用性。

3. 采煤机整机力学方程无约束优化模型光滑处理

已经将采煤机力学方程做了数学处理，转化成无约束优化问题

$$g(x)\overset{\Delta}{=}\min f(x)=A'x+B'|x|-b \tag{2-67}$$

这个方程含有绝对函数 $|x|$，令 $\varphi_\mu(x)=|x|$，对于这个函数，由于是不可微的，属于 NP 问题，在这里我们采用之前分析过的用光滑函数从上方一致逼近 $\varphi_\mu(x)=|x|$。

它的凝聚函数为 $\phi_u(t)=\mu\ln\left[\exp\left(\dfrac{t}{\mu}\right)+\exp\left(-\dfrac{t}{\mu}\right)\right]$。

记 $\varphi(x)=|x|=(|x_1|,|x_2|,\cdots,|x_n|)$，则绝对值函数 $|x|$ 的每一个分量可以表示为

$$\varphi(x_i)=\mu\ln\left[\exp\left(\dfrac{x_1}{\mu}\right)+\exp\left(-\dfrac{x_1}{\mu}\right)\right],i=1,2,\cdots,n \tag{2-68}$$

对于 $\varphi(x)=|x|=(|x_1|,|x_2|,\cdots,|x_n|)$，进行光滑处理后，变成光滑函数：

$$\varphi_\mu(x_i)=[\varphi_\mu(x_1),\varphi_\mu(x_2),\cdots,\varphi_\mu(x_n)]^T \tag{2-69}$$

此时的光滑问题也会出现多种解的情况，因为本书讨论的实际问题，所以必存在一解，并且该解唯一。

经过光滑处理后的无约束优化问题如下：

$$g(x)\overset{\Delta}{=}\min f(x)=Ax+B\varphi(x)-b \tag{2-70}$$

其中，

$$\varphi(x)=\begin{bmatrix} \mu\ln\left[\exp\left(\dfrac{x_1}{\mu}\right)+\exp\left(-\dfrac{x_1}{\mu}\right)\right] \\ \mu\ln\left[\exp\left(\dfrac{x_2}{\mu}\right)+\exp\left(-\dfrac{x_2}{\mu}\right)\right] \\ \mu\ln\left[\exp\left(\dfrac{x_3}{\mu}\right)+\exp\left(-\dfrac{x_3}{\mu}\right)\right] \\ \mu\ln\left[\exp\left(\dfrac{x_4}{\mu}\right)+\exp\left(-\dfrac{x_4}{\mu}\right)\right] \\ \mu\ln\left[\exp\left(\dfrac{x_5}{\mu}\right)+\exp\left(-\dfrac{x_5}{\mu}\right)\right] \\ \mu\ln\left[\exp\left(\dfrac{x_6}{\mu}\right)+\exp\left(-\dfrac{x_6}{\mu}\right)\right] \end{bmatrix}$$

$$x=(x_1,x_2,x_3,x_4,x_5,x_6)^T$$

为了方便计算，令 $\theta(x)=\dfrac{1}{2}\|g(x)\|^2$。当 $\min\theta(x)=0$，即对应着光滑逼近方程 $H(x)=0$，将求解 $H(x)$ 的无约束优化问题转化为求解函数 $\theta(x)$ 的优化问题。

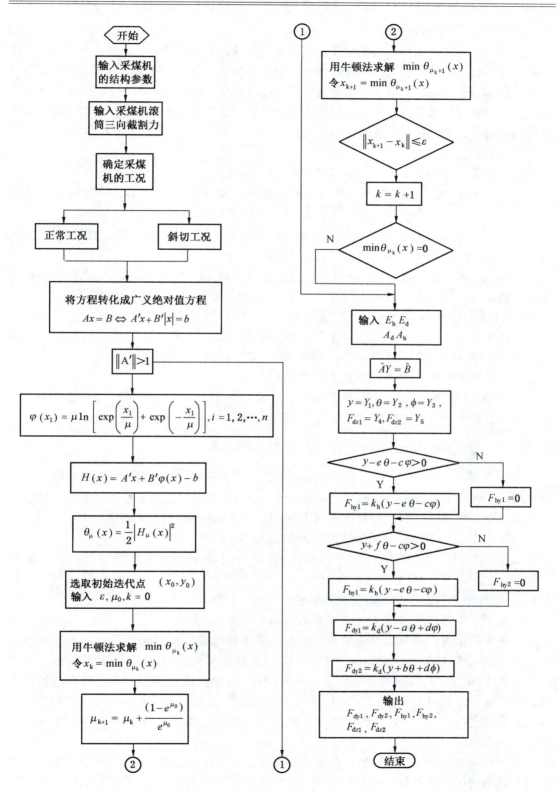

图 2-15　光滑牛顿算法流程图

4. 牛顿法求解力学模型

基本牛顿算法是一种使用倒数算法，它每一步的迭代方向都是沿着当前点函数值下降的方向，因此可以看出，算法的选取的有效性严重依赖于初始点的选取，初始点选得好，能够快速地逼近最小点。由于初始点的选择是比较困难，而且这一种方法只能收敛到离初始迭代点比较近的极值点，局限性比较大。所以，综合以上分析，本书中选择一种更切实际的迭代法，即全局牛顿迭代法。

算法说明：

（1）给定初始值 μ_0，$k = 0$，构造相应的目标函数 $\theta_{\mu_k}(x)$。

（2）无约束优化算法常采用牛顿算法，该算法简单，容易实现。用牛顿算法计算 $\min \theta_{\mu_k}(x)$，令 $x_k = \min \theta_{\mu_k}(x)$。

（3）μ_k 的更新是借助于方程 $e^u - 1 = 0$ 的牛顿迭代公式，所以 μ_k 二次收敛到零。经过整理得，$\mu_{k+1} = \mu_k + (1 - e^{\mu_0})/e^{\mu_0}$。

同样，要保证方程能使用光滑牛顿法求解矩阵方程 $AX = B$，也是有前提条件的，根据数学分析知道要保证光滑牛顿方程有唯一解的话，就是要使广义绝对值方程 $A'x + B'|x| = b$ 有唯一解，则矩阵 A' 的奇异值必须大于 1，当矩阵 A' 奇异值小于 1，说明方程没有精确解，在前面一节已经分析过，方程个数小于未知数个数，此时采煤机整机是属于过约束的。本书继续采用小变形协调方程来求解采煤机整机过约束问题。

光滑牛顿算法求解的流程图如图 2 - 15 所示。

上面的流程图就是基于光滑牛顿迭代法而编列出来的，然后在 MATLAB 软件中编程求解出最后的结果，即采煤机滑靴的受力情况。

2.4 工况参数对采煤机静力学特性的影响

在 2.3 节中，对含有不确定系数的采煤机静力学方程采用了多种方法进行求解，最后对求解结果进行对比分析，得到光滑牛顿算法与实际所测的滑靴载荷拟合度最好，精度最高。基于光滑牛顿法，对采煤机在不同倾角、俯仰角下的整机力学方程进行求解。

对于本书求解方程所需的滚筒三向截割载荷 F_{gx1}、F_{gy1}、F_{gz1}、F_{gx2}、F_{gy2}、F_{gz2}，分别由实验所测的前后滚筒截齿三向力转换得到，作为本节的采煤机整机方程的滚筒截割载荷。

2.4.1 直线截割工况下对滑靴受力的影响

1. 直线截割工况下倾角对滑靴受力的影响

考虑不同采煤机倾角对导向滑靴、平滑靴受力的影响，设置仿真参数：前摇臂摆角 $\alpha_1 = 22°$，后摇臂摆角 $\alpha_2 = 8°$，俯仰角 $\alpha = 10°$，采煤机倾角 β 由 0° 变化到 25°，前后滚筒三向力 F_{gx1}、F_{gx2}、F_{gy1}、F_{gy2}、F_{gz1}、F_{gz2} 分别由实验所测的前后滚筒截齿三向力经转换得到，并代入式（2 - 13）~ 式（2 - 16）中，运用光滑牛顿算法，得到不同采煤机倾角下的导向滑靴支撑力、平滑靴支撑力和导向滑靴侧向力的三维曲面图像分别如图 2 - 16 ~ 图 2 - 18 所示。

为了便于对不同采煤机倾角下滑靴受力进行分析，对上述仿真结果进行数理统计，由于仿真数据的正负号仅表示受力方向，因此在进行数理统计时，先对数据进行取绝对值运算，得到的不同采煤机倾角下的滑靴受力数理统计表见表 2 - 1。

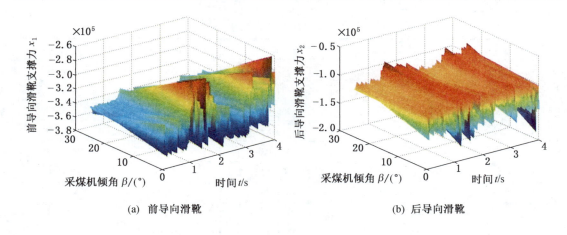

(a) 前导向滑靴

(b) 后导向滑靴

图 2-16 不同采煤机倾角导向滑靴支撑力三维曲面

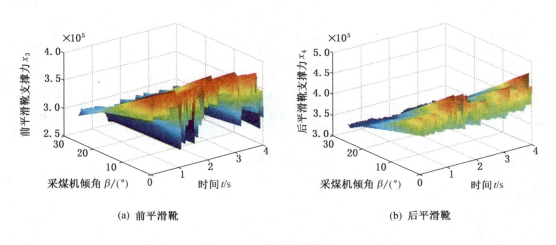

(a) 前平滑靴

(b) 后平滑靴

图 2-17 不同采煤机倾角平滑靴支撑力三维曲面

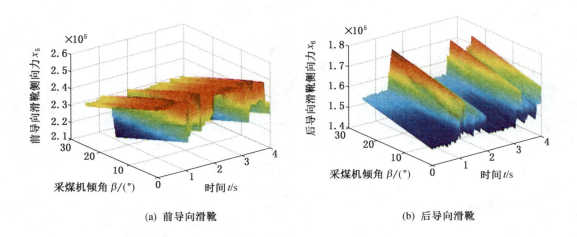

(a) 前导向滑靴

(b) 后导向滑靴

图 2-18 不同采煤机倾角导向滑靴侧向力三维曲面

表 2-1　不同采煤倾角下的滑靴受力数理统计表

名　　称	倾角/(°)	最大值/kN	标准差/kN	均值/kN
前平滑靴支撑力	0	397.15	26.83	359.31
	5	377.04	22.36	346.34
	10	356.93	17.97	333.37
	15	336.82	13.74	320.40
	20	318.03	9.86	307.43
	25	309.42	6.95	294.46
后平滑靴支撑力	0	473.79	19.39	407.40
	5	445.11	14.81	393.14
	10	416.42	10.32	378.89
	15	387.73	6.10	364.63
	20	359.28	3.42	350.37
	25	346.04	5.46	336.11
前导向滑靴支撑力	0	371.35	24.47	336.52
	5	364.27	19.92	336.58
	10	357.18	15.43	336.64
	15	352.49	11.06	336.71
	20	352.07	7.03	336.77
	25	353.84	4.41	336.83
后导向滑靴支撑力	0	183.77	18.22	120.33
	5	166.14	13.83	117.13
	10	148.51	9.72	113.93
	15	130.88	6.46	110.73
	20	116.10	5.75	107.52
	25	118.15	8.27	104.32
前导向滑靴侧向力	0	253.26	6.43	244.73
	5	250.08	6.43	241.55
	10	246.91	6.43	238.37
	15	243.74	6.44	235.19
	20	240.56	6.46	232.01
	25	237.39	6.48	228.84
后导向滑靴侧向力	0	168.05	4.58	151.82
	5	169.92	4.57	153.70
	10	171.79	4.58	155.58
	15	173.67	4.59	157.46
	20	175.54	4.60	159.34
	25	177.41	4.63	161.22

通过对表 2-1 分析可知，采煤机前平滑靴支撑力最大值为 397.15 kN、最大标准差为 26.83 kN、最大均值为 359.31 kN，出现在倾角 0°；后平滑靴支撑力最大值为 473.79 kN、最大标准差为 19.39 kN、最大均值为 407.40 kN，出现在倾角 0°；前导向滑靴支撑力最大值为 371.35 kN、最大标准差为 24.47 kN，出现在倾角 0°、最大均值为 336.83 kN，出现在倾角 25°；后导向滑靴支撑力最大值为 183.77 kN、最大标准差为 18.22 kN、最大均值为 120.33 kN，出现在倾角 0°；前导向滑靴侧向力最大值为 253.26 kN、最大均值为 244.73 kN，出现在倾角 0°、最大标准差为 6.48 kN，出现在倾角 25°；后导向滑靴侧向最大值为 177.41 kN、最大标准差为 4.63 kN、最大均值为 161.22 kN，出现在倾角 25°。

为了揭示采煤机倾角对滑靴受力的影响规律，选取统计中的均值，分别画出不同采煤机倾角下滑靴受力曲线，如图 2-19 ~ 图 2-21 所示。

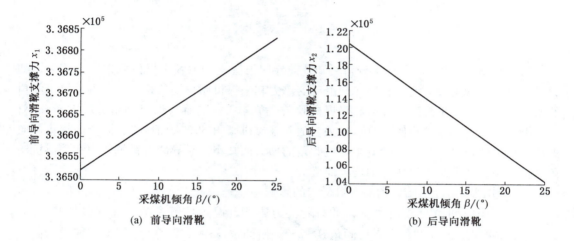

图 2-19　导向滑靴平均支撑力随采煤机倾角变化曲线

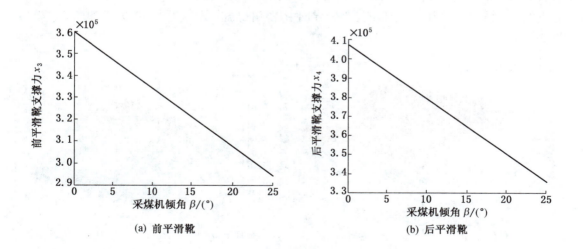

图 2-20　平滑靴平均支撑力随采煤机倾角变化曲线

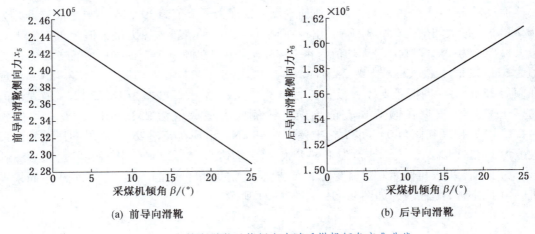

(a) 前导向滑靴　　　　　　　　　　(b) 后导向滑靴

图 2 - 21　导向滑靴平均侧向力随采煤机倾角变化曲线

通过对图 2 - 19 ~ 图 2 - 21 分析可知，前导向滑靴支撑力和采煤机倾角呈正相关，随着采煤机倾角的增大而增大；后导向滑靴支撑力和采煤机倾角呈负相关，随着采煤机倾角的增大而减小；前平滑靴支撑力和采煤机倾角呈负相关，随着采煤机倾角的增大而减小；后平滑靴支撑力和采煤机倾角呈负相关，随着采煤机倾角的增大而减小；前导向滑靴侧向力和采煤机倾角呈负相关，随着采煤机倾角的增大而减小；后导向滑靴侧向力和采煤机倾角呈正相关，随着采煤机倾角的增大而增大。

2. 直线截割工况下俯仰角对滑靴受力的影响

考虑不同俯仰角对导向滑靴、平滑靴受力影响，设置仿真参数：前摇臂摆角 $\alpha_1 = 22°$，后摇臂摆角 $\alpha_2 = 8°$，采煤机倾角 $\beta = 25°$，俯仰角 α 由 $-10°$ 变化到 $10°$，前后滚筒三向力 F_{gx1}、F_{gx2}、F_{gy1}、F_{gy2}、F_{gz1}、F_{gz2} 分别由实验所测的前后滚筒截齿三向力经转换得到，并代入式（2 - 13）~ 式（2 - 16）中，运用果蝇优化的光滑牛顿算法，得到不同采煤机倾角下的导向滑靴支撑力、平滑靴支撑力和导向滑靴侧向力的三维曲面图像分别如图 2 - 22 ~ 图 2 - 24 所示。

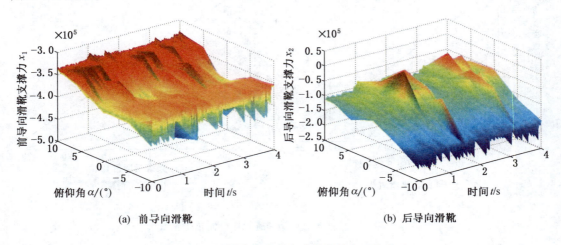

(a) 前导向滑靴　　　　　　　　　　(b) 后导向滑靴

图 2 - 22　不同俯仰角导向滑靴支撑力三维曲面

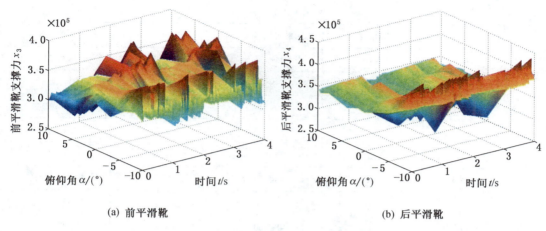

(a) 前平滑靴

(b) 后平滑靴

图 2 - 23 不同俯仰角平滑靴支撑力三维曲面

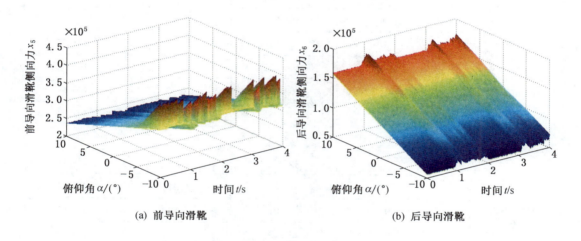

(a) 前导向滑靴

(b) 后导向滑靴

图 2 - 24 不同俯仰角导向滑靴侧向力三维曲面

为了便于对不同俯仰角下滑靴受力进行分析，对上述仿真结果进行数理统计，由于仿真数据的正负号仅表示受力方向，因此在进行数理统计时，先对数据进行取绝对值运算，得到的不同俯仰角下的滑靴受力数理统计表见表 2 - 2。

表 2 - 2 不同俯仰角下的滑靴受力数理统计表

名　　称	俯仰角/(°)	最大值/kN	标准差/kN	均值/kN
前平滑靴支撑力	−10	393.27	20.46	339.88
	−5	392.68	12.72	335.16
	0	390.65	16.08	351.16
	5	389.56	18.88	317.47
	10	309.42	6.95	294.46

表2-2（续）

名　称	俯仰角/(°)	最大值/kN	标准差/kN	均值/kN
后平滑靴支撑力	−10	441.71	14.76	400.21
	−5	388.40	14.63	372.40
	0	399.28	22.41	334.50
	5	385.47	19.98	341.58
	10	346.04	5.46	336.11
前导向滑靴支撑力	−10	434.73	18.69	377.82
	−5	452.50	13.39	371.27
	0	484.60	18.98	387.20
	5	431.18	18.72	355.30
	10	353.84	4.41	336.83
后导向滑靴支撑力	−10	227.82	17.73	175.77
	−5	160.82	16.41	141.77
	0	169.50	26.52	100.68
	5	155.75	21.36	107.97
	10	118.15	8.27	104.32
前导向滑靴侧向力	−10	408.82	27.28	339.14
	−5	311.84	6.44	303.22
	0	287.01	5.82	278.92
	5	262.13	6.48	253.60
	10	237.39	6.48	228.83
后导向滑靴侧向力	−10	75.22	4.51	59.04
	−5	100.81	4.60	84.65
	0	125.34	4.10	110.00
	5	152.10	4.61	135.90
	10	177.41	4.63	161.22

通过对表2-2分析可知，不同俯仰角下前平滑靴支撑力最大值为393.27 kN、最大标准差为20.46 kN、出现在俯仰角−10°，最大均值为351.16 kN，出现在俯仰角0°；后平滑靴支撑力最大值为441.71 kN、最大均值为400.21 kN，出现在俯仰角−10°，最大标准差为22.41 kN，出现在俯仰角0°；前导向滑靴支撑力最大值为484.60 kN、最大标准差为18.98 kN、最大均值为387.20 kN，出现在俯仰角0°；后导向滑靴支撑力最大值为227.82 kN、最大均值为175.77 kN，出现在俯仰角−10°，最大标准差为26.52 N，出现在俯仰角0°；

前导向滑靴侧向力最大值为 408.82 kN、最大标准差为 27.28 kN、最大均值为 339.14 kN，出现在俯仰角 -10°；后导向滑靴侧向最大值为 177.41 N、最大标准差为 4.63 kN、最大均值为 161.22 kN，出现在俯仰角 10°。

为了揭示采煤机俯仰角对滑靴受力的影响规律，选取统计中的均值，分别画出不同采煤机俯仰角下滑靴受力曲线，如图 2-25 ~ 图 2-27 所示。

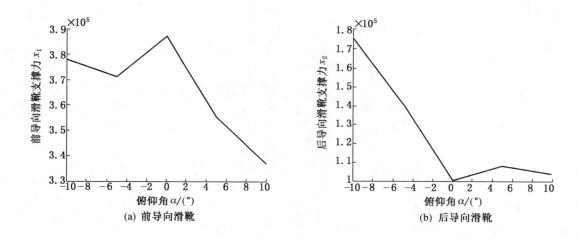

图 2-25 导向滑靴平均支撑力随俯仰角变化曲线

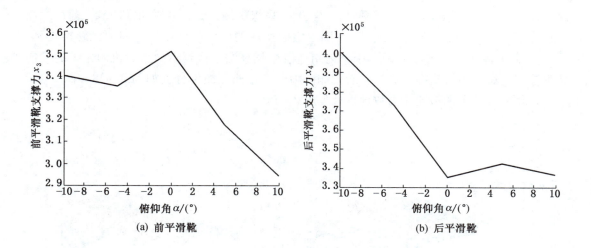

图 2-26 平滑靴平均支撑力随俯仰角变化曲线

通过对图 2-25 ~ 图 2-27 分析可知，前导向滑靴支撑力和采煤机俯仰角呈折线状，在俯仰角为 0°取得最大值；后导向滑靴支撑力和采煤机倾角呈折线状，在俯仰角为 0°取得最小值；前平滑靴支撑力和采煤机倾角呈折线状，在俯仰角为 0°取得最大值；后平滑靴支撑力和采煤机倾角呈折线状，在俯仰角为 0°取得最小值；前导向滑靴侧向力和采煤机倾角呈负相关，随着采煤机倾角的增大而减小；后导向滑靴侧向力和采煤机倾角呈正相

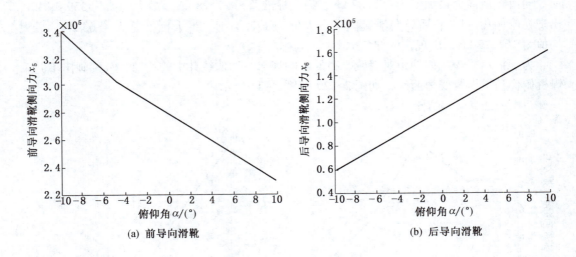

(a) 前导向滑靴　　　　　　　　　　(b) 后导向滑靴

图 2-27　导向滑靴平均侧向力随俯仰角变化曲线

关,随着采煤机倾角的增大而增大。

2.4.2　斜切工况下对滑靴受力的影响

1. 斜切工况下倾角对滑靴受力的影响

考虑对不同采煤机倾角对导向滑靴、平滑靴受力影响,设置仿真参数:前摇臂摆角 $\alpha_1 = 22°$,后摇臂摆角 $\alpha_2 = 8°$,俯仰角 $\alpha = 10°$,采煤机倾角 β 由 0°变化到 25°,前后滚筒三向力 F_{x_1}、F_{x_2}、F_{y_1}、F_{y_2}、F_{z_1}、F_{z_2} 分别由实验所测的前后滚筒截齿三向力经转换得到,并代入式 (2-13)~式 (2-16) 中,运用光滑牛顿算法,得到不同采煤机倾角下的导向滑靴支撑力、平滑靴支撑力和导向滑靴侧向力的三维曲面图像分别如图 2-28~图 2-30 所示。不同倾角下的滑靴受力数理统计见表 2-3。

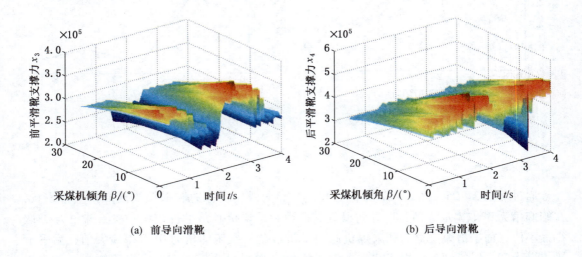

(a) 前导向滑靴　　　　　　　　　　(b) 后导向滑靴

图 2-28　不同采煤机倾角导向滑靴支撑力三维曲面

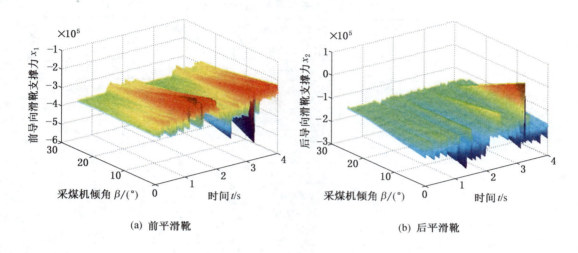

(a) 前平滑靴

(b) 后平滑靴

图 2-29 不同采煤机倾角平滑靴支撑力三维曲面

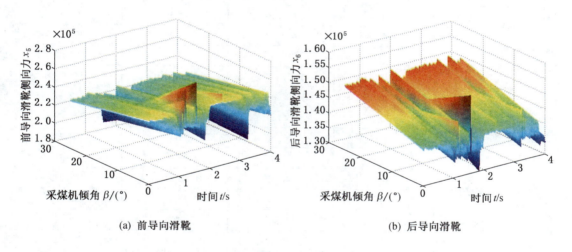

(a) 前导向滑靴

(b) 后导向滑靴

图 2-30 不同采煤机倾角导向滑靴侧向力三维曲面

通过对表 2-3 进行分析可知，采煤机倾角下前平滑靴支撑力最大值为 384.56 kN、标准差为 33.04 kN、均值为 316.56 kN，出现在倾角 0°；后平滑靴支撑力最大值为 553.08 kN、标准差为 40.54 kN、均值为 452.38 kN，出现在倾角 0°；前导向滑靴支撑力最大值为 507.16 kN、标准差为 45.91 kN，均值为 292.85 kN，出现在倾角 0°；后导向滑靴支撑力最大值为 267.36 kN、标准差为 39.09 kN、均值为 168.21 kN，出现在倾角 0°；前导向滑靴侧向力最大值为 277.89 kN、均值为 241.92 kN，标准差为 9.58 kN，出现在倾角 0°；后导向滑靴侧向力最大值为 155.77 kN、标准差为 2.92 kN、均值为 139.91 kN，出现在倾角 0°。

为了揭示采煤机倾角对滑靴受力的影响规律，选取统计中的均值，分别画出不同采煤机倾角下滑靴受力曲线，如图 2-31 ~ 图 2-33 所示。

通过对图 2-31 ~ 图 2-33 进行分析可知，前导向滑靴支撑力和采煤机倾角呈正相关，

表2-3　不同倾角下的滑靴受力数理统计表

名　称	倾角/(°)	最大值/kN	标准差/kN	均值/kN
前平滑靴支撑力	0	384.56	33.04	316.56
	5	366.67	28.40	310.01
	10	348.78	23.99	303.45
	15	330.90	19.93	296.90
	20	313.19	16.50	290.35
	25	299.05	14.16	283.79
后平滑靴支撑力	0	553.08	40.54	452.38
	5	512.55	32.70	431.39
	10	472.03	24.95	410.40
	15	387.73	6.10	364.63
	20	431.50	17.43	389.40
	25	392.07	10.6	368.41
前导向滑靴支撑力	0	507.16	45.91	292.85
	5	462.42	37.80	299.36
	10	299.36	15.43	305.87
	15	352.49	29.95	336.71
	20	382.44	22.65	312.37
	25	345.17	13.6	325.39
后导向滑靴支撑力	0	267.36	39.09	168.21
	5	237.90	31.35	158.21
	10	208.43	23.69	148.21
	15	178.96	16.19	138.21
	20	149.78	9.26	128.21
	25	137.24	5.67	118.21
前导向滑靴侧向力	0	277.89	9.58	241.92
	5	263.71	8.93	238.57
	10	249.53	8.47	235.22
	15	242.68	8.25	231.86
	20	239.51	8.28	228.51
	25	236.34	8.56	225.16
后导向滑靴侧向力	0	155.77	2.92	139.91
	5	153	2.69	141.71
	10	150.22	2.54	143.50
	15	149.11	2.47	145.30
	20	150.98	2.49	147.09
	25	152.85	2.60	148.88

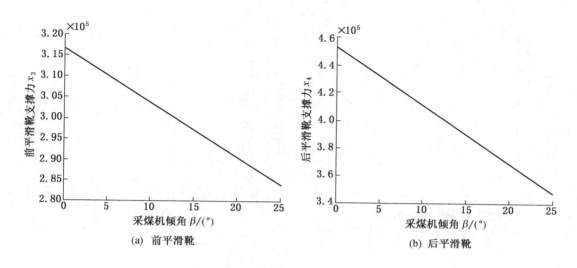

图 2-31 平滑靴平均支撑力随采煤机倾角变化曲线

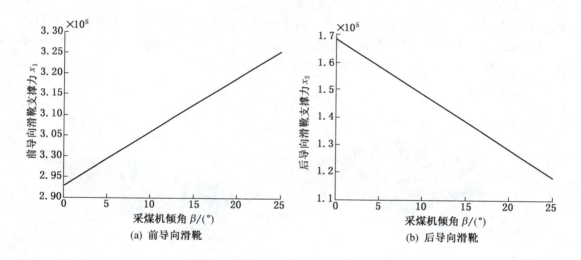

图 2-32 导向滑靴平均支撑力随采煤机倾角变化曲线

随着采煤机倾角的增大而增大；后导向滑靴支撑力和采煤机倾角呈负相关，随着采煤机倾角的增大而减小；前平滑靴支撑力和采煤机倾角呈负相关，随着采煤机倾角的增大而减小；后平滑靴支撑力和采煤机倾角呈负相关，随着采煤机倾角的增大而减小；前导向滑靴侧向力和采煤机倾角呈负相关，随着采煤机倾角的增大而减小；后导向滑靴侧向力和采煤机倾角呈正相关，随着采煤机倾角的增大而增大。

2. 斜切工况下俯仰角对滑靴受力影响

考虑对不同俯仰角对导向滑靴、平滑靴受力影响，设置仿真参数：前摇臂摆角 $\alpha_1 = 22°$，后摇臂摆角 $\alpha_2 = 8°$，采煤机倾角 $\beta = 25°$，俯仰角 α 由 $-10°$ 变化到 $10°$，前后滚筒三

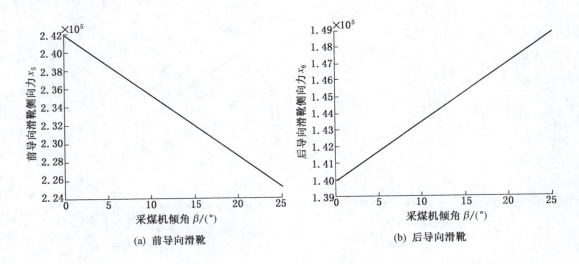

(a) 前导向滑靴　　　　　　　(b) 后导向滑靴

图 2 - 33　导向滑靴平均侧向力随采煤机倾角变化曲线

向力 F_{x_1}、F_{x_2}、F_{y_1}、F_{y_2}、F_{z_1}、F_{z_2} 分别由实验所测的前后滚筒截齿三向力经转换得到，并代入式（2 - 13）～式（2 - 16）中，运用光滑牛顿算法，得到不同采煤机俯仰角下的导向滑靴支撑力、平滑靴支撑力和导向滑靴侧向力的三维曲面图像分别如图 2 - 34 ～ 图 2 - 36 所示。不同俯仰角下的滑靴受力数理统计见表 2 - 4。

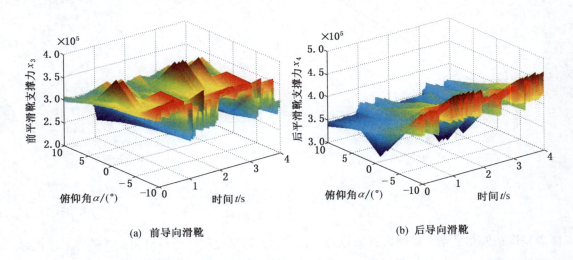

(a) 前导向滑靴　　　　　　　(b) 后导向滑靴

图 2 - 34　不同采煤机俯仰角导向滑靴支撑力三维曲面

　　通过对表 2 - 4 进行分析可知，不同俯仰角下前平滑靴支撑力最大值为 388.73 kN、标准差为 24.62 kN、均值为 313.01 kN，出现在俯仰角 0°；后平滑靴支撑力最大值为 473.70 kN、标准差为 19.70 kN、均值为 441.78 kN，出现在俯仰角 10°；前导向滑靴支撑力最大值为 421.88 kN、标准差为 24.43 kN、均值为 377.53 kN，出现在俯仰角 10°；后导向滑靴支撑力最大值为 259.31 kN、标准差为 24.06 N、均值为 225.23 kN，出现在俯仰角

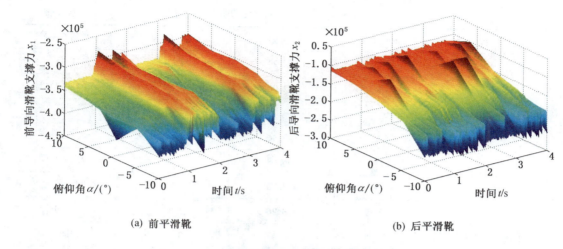

(a) 前平滑靴   (b) 后平滑靴

图 2 - 35   不同采煤机俯仰角平滑靴支撑力三维曲面

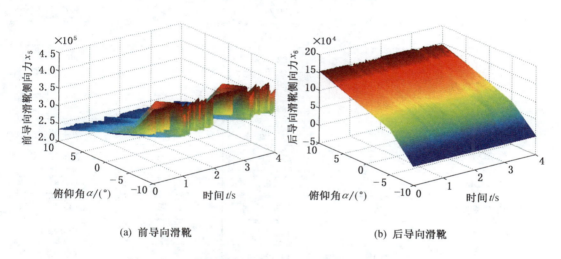

(a) 前导向滑靴   (b) 后导向滑靴

图 2 - 36   不同采煤机俯仰角导向滑靴侧向支撑力三维曲面

0°；前导向滑靴侧向力最大值为 406.82 kN、标准差为 38.05 kN、均值为 375.87 kN，出现在俯仰角 10°；后导向滑靴侧向最大值为 152.82N、标准差为 2.63 kN、均值为 148.87 kN，出现在俯仰角 10°。

  为了揭示采煤机俯仰角对滑靴受力的影响规律，选取统计中的均值，分别画出不同采煤机俯仰角下滑靴受力曲线，如图 2 - 37 ~ 图 2 - 39 所示。

  通过对图 2 - 37 ~ 图 2 - 39 进行分析可知，前导向滑靴支撑力和采煤机俯仰角呈折线状，在俯仰角为 - 10°取得最大值；后导向滑靴支撑力和采煤机俯仰角呈折线状，在俯仰角为 10°取得最小值；前平滑靴支撑力和采煤机俯仰角呈折线状，在俯仰角为 - 10°取得最大值；后平滑靴支撑力和采煤机俯仰角呈折线状，在俯仰角为 10°取得最小值；前导向滑靴侧向力和采煤机俯仰角呈负相关，随着采煤机俯仰角的增大而减小；后导向滑靴侧向力和采煤机俯仰角呈正相关，随着采煤机俯仰角的增大而增大。

表2-4 不同俯仰角下的滑靴受力数理统计表

名 称	俯仰角/(°)	最大值/kN	标准差/kN	均值/kN
前平滑靴支撑力	−10	382.24	27.72	341.34
	−5	372.08	23.58	311.17
	0	388.73	24.62	313.01
	5	349.46	17.06	303.29
	10	306.68	16.41	283.83
后平滑靴支撑力	−10	473.70	19.70	441.78
	−5	428.26	13.87	398.39
	0	402.63	16.09	372.64
	5	381.54	9.31	356.46
	10	370.68	7.11	347.47
前导向滑靴支撑力	−10	421.88	24.43	377.53
	−5	402.11	20.73	346.07
	0	420.36	21.97	347.81
	5	382.91	14.59	340.31
	10	345.17	13.62	325.39
后导向滑靴支撑力	−10	259.31	24.06	225.23
	−5	210.83	12.67	170.44
	0	169.04	11.72	143.18
	5	152.25	8.5	125.42
	10	137.24	5.81	118.26
前导向滑靴侧向力	−10	406.82	38.05	375.87
	−5	384.76	11.91	300.34
	0	285.96	8.61	274.77
	5	261.08	8.62	249.86
	10	236.34	8.51	225.19
后导向滑靴侧向力	−10	58.88	4.51	55.94
	−5	76.25	9.52	71.33
	0	101.94	2.63	97.98
	5	127.54	2.64	123.54
	10	152.82	2.63	148.87

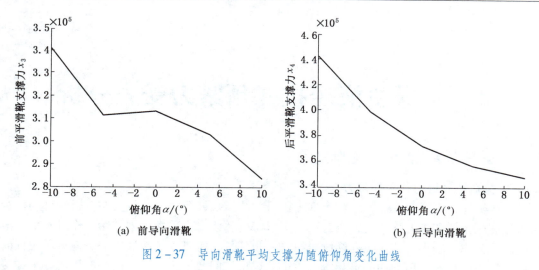

(a) 前导向滑靴　　　　　　　　(b) 后导向滑靴

图 2-37　导向滑靴平均支撑力随俯仰角变化曲线

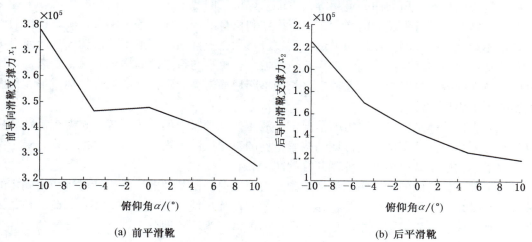

(a) 前平滑靴　　　　　　　　(b) 后平滑靴

图 2-38　平滑靴平均支撑力随俯仰角变化曲线

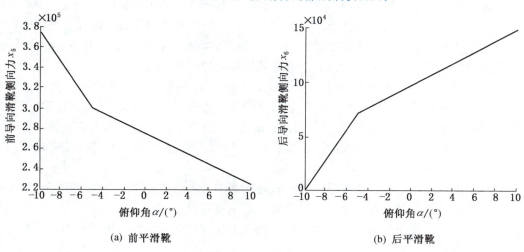

(a) 前平滑靴　　　　　　　　(b) 后平滑靴

图 2-39　导向滑靴平均侧向力随俯仰角变化曲线

3　采煤机液压拉杠预紧力受力分析

3.1　液压拉杠静力学模型建立

3.1.1　采煤机开缝时临界预紧力

　　采煤机通常由滚筒、摇臂、行走部、机身、液压拉杠等部件组成，左右行走部和机身间通过液压拉杠产生的预紧力，组合成一个紧密的整体。当采煤机刚开始工作时，由于滚筒截割载荷作用较小，液压拉杠继续受拉进一步伸长，机身受压而被压缩，但液压拉杠的再伸长量与机身的预压缩回弹量相等，整个采煤机依旧变形协调，所以仍能构成一个连接紧密的整体。但随着外载荷的增大，液压拉杠和机身的弯曲变形程度加大，液压拉杠的再伸长量逐渐大于机身的预压缩回弹量，导致机身和行走部间的变形不再协调，从而使得机身和行走部之间出现局部分离，称为开缝现象。若机身与行走部间出现开缝，采煤机工作时由于波动原因，接触面间相互撞击，长期不断地撞击会导致部件的局部损坏，很大程度上影响了采煤机的使用寿命。

　　在采煤机具体结构参数确定的情况下，液压拉杠预紧力的大小直接影响着行走部和机身间是否开缝与开缝程度，是保证结构紧密性的直接控制因素，合理地选取预紧力对于保证采煤机结构的承载整体性，抑制开缝的产生具有重要意义。

　　行走部与机身间的开缝情况受初始预紧力与滚筒截割载荷的影响。针对每一个确定的截割载荷，采煤机预紧组合结构存在一个预紧载荷临界值，使得施加此预紧载荷的预紧组合结构承载状态下机身端面中心处的轴向应力值恰好为零，即处于即将出现开缝的临界状态，将临界开缝状态下的预紧载荷值称为临界预紧力。

　　临界预紧力是采煤机机身与行走部结合面临界开缝状态的预紧载荷表征量，当施加的预紧力小于临界预紧力时，结合面间因压应力过小而产生弯曲性开缝，保证不了整机的紧密性；当施加的预紧力大于临界预紧力时，结合面间保持一定的压应力而不会出现开缝，但是机身和行走部会因承受过大预紧载荷造成局部应力过高问题。

　　预紧载荷的作用是保证预紧结构在采煤机工作时结合面具有足够的接触应力，以使左、右行走部与机身之间产生的弯曲变形保持协调一致而不产生开缝。临界开缝状态是指行走部端面与机身端面之间的开缝宽度刚好为零，即机身端面中心的轴向应力值近似等于零。根据采煤机工作时机身所受载荷情况和其他部件之间的相互作用状态，建立机身结构力学分析模型，如图 3 - 1 所示。

　　采煤机机身与行走部在临界开缝时，机身端面中心的轴向应力值近似等于零。由于机身与液压拉杠的转角都很小，因此在计算时忽略机身与行走部竖直方向的分力。根据机身受力特点，可认为机身端面处的应力是由弯曲应力与拉伸应力叠加产生的。因此临界状态下可以建立方程：

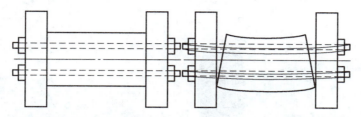

(a) 机身与行走部间紧密性良好　　　　(b) 机身与行走部出现开缝现象

图 3-1　机身结构力学分析模型

$$\frac{M_1}{W_1} - \frac{F_x}{A_1} = \sigma_x = 0 \tag{3-1}$$

式中　σ_x——机身端面中心处的轴向应力；

$\quad\quad M_1$——机身与行走部连接端部所受弯矩；

$\quad\quad W_1$——机身抗弯截面系数；

$\quad\quad F_x$——机身所受残余预紧力；

$\quad\quad A_1$——机身横截面面积。

3.1.2　液压拉杆的工作拉力

采煤机在截割煤壁时，左、右滚筒受到的作用力不同，则左、右行走部对机身的工作拉力也不同，需分开考虑。为保证采煤机在工况载荷下正常工作，安装时需对液压拉杆施加一定的初始预紧力；在初始预紧力的作用下，拉杆会产生拉伸形变。取采煤机的右侧摇臂和右侧行走部为研究对象进行受力分析，如图 3-2 所示，令四根拉杆的初始预紧力分别为 F'_{lu1}、F'_{lu2}、F'_{ld1}、F'_{ld2}，长度分别为 L_{u1}、L_{u2}、L_{d1}、L_{d2}，E_2 为液压拉杆的弹性模量，A_2 为液压拉杆横截面面积，则其初始形变量分别为

$$\begin{cases} \Delta l'_{u1} = \dfrac{F'_{lu1}}{E_2 A_2} L_{u1} \\[2ex] \Delta l'_{u2} = \dfrac{F'_{lu2}}{E_2 A_2} L_{u2} \\[2ex] \Delta l'_{d1} = \dfrac{F'_{ld1}}{E_2 A_2} L_{d1} \\[2ex] \Delta l'_{d2} = \dfrac{F'_{ld2}}{E_2 A_2} L_{d2} \end{cases} \tag{3-2}$$

当采煤机工作时，受滚筒截割载荷和滑靴支撑载荷的影响，4 根拉杆受力发生改变，导致伸长量发生变化，根据小变形协调原理，令右侧行走部相对机身的位移为 x，横向摆角为 δ，纵向摆角为 γ，如图 3-3 所示，因 δ 和 γ 值相对较小，所以外部载荷引起的 4 根拉杆形变量可表示为

$$\begin{cases} \Delta l_{u1} = (x + l_C \delta + l_E \gamma) \\ \Delta l_{u2} = (x + l_C \delta - l_D \gamma) \\ \Delta l_{d1} = (x - l_B \delta + l_E \gamma) \\ \Delta l_{d2} = (x - l_B \delta - l_D \gamma) \end{cases} \tag{3-3}$$

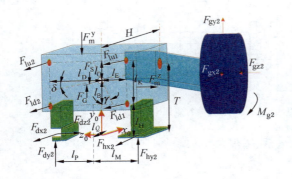
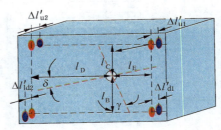

图 3 - 2　液压拉杆受力分析简图　　　　图 3 - 3　液压拉杆受力变形协调原理图

这时 4 根载荷变化量表示为

$$\begin{cases} F_{lu1} = K_{u1} \Delta l_{u1} \\ F_{lu2} = K_{u2} \Delta l_{u2} \\ F_{ld1} = K_{d1} \Delta l_{d1} \\ F_{ld2} = K_{d2} \Delta l_{d2} \end{cases} \tag{3-4}$$

其中，$K_{u1} = \dfrac{E_2 A_2}{L_{u1}}$，$K_{u2} = \dfrac{E_2 A_2}{L_{u2}}$，$K_{d1} = \dfrac{E_2 A_2}{L_{d1}}$，$K_{d2} = \dfrac{E_2 A_2}{L_{d2}}$。

采煤机滚筒在截割煤壁时，会带动机身产生微小波动，则行走部和机身接合面间在 y 和 z 方向分别产生摩擦力 F_m^y、F_m^z。在 x 方向建立力系平衡方程，y 和 z 方向建立力矩平衡方程，即令 $\sum x_0 = 0$、$\sum M_{y0} = 0$、$\sum M_{z0} = 0$，有：

$$(K_{u1} + K_{u2} + K_{d1} + K_{d2})x + [L_C(K_{u1} + K_{u2}) - L_B(K_{d1} + K_{d2})]\delta + [L_E(K_{u1} + K_{d1}) -$$
$$L_D(K_{u2} + K_{d2})]\gamma = F_{gx2} - (|F_{dy2}| + |F_{dz2}| + F_{hy2})\mu$$

$$[L_E(K_{u1} + K_{d1}) - L_D(K_{u2} + K_{d2})]x + [L_E(K_{u1}L_C - K_{d1}L_B) - L_D(K_{u2}L_C + K_{d2}L_B)]\delta +$$
$$[L_E^2(K_{u1} + K_{d1}) + L_D^2(K_{u2} + K_{d2})]\gamma = F_{gx2}L_S + F_{gz2}(L_H + L_R\cos\alpha_2) + |F_{dy2}|\mu L_P -$$
$$F_{hy2}\mu L_M + |F_{dz2}|L_Q + F_m^z L_Q$$

$$[(K_{u1} + K_{u2})(L_K + L_N) + (K_{d1} + K_{d2})L_N]x + [(L_K + L_N)L_C(K_{u1} + K_{u2}) -$$
$$L_N L_B(K_{d1} + K_{d2})]\delta + [(L_K + L_N)(K_{u1}L_E + K_{u2}L_D) - L_N(K_{d1}L_E - K_{d2}L_D)]\gamma$$
$$= F_{gx2}(L_T + L_R\sin\alpha_2) - F_{gy2}(L_N + L_R\cos\alpha_2) + (|F_{dy2}| + F_{hy2})L_Q - F_m^z L_Q \tag{3-5}$$

式（3 - 5）中，平滑靴和导向滑靴的支反力可通过整机静力学方程求得，则 x、δ、γ 为待求量，为了便于求解，把方程整理成矩阵形式，即：

$$\tilde{A}\,\tilde{X} = \tilde{B} \tag{3-6}$$

其中　$\tilde{X} = [x \quad \delta \quad \gamma]^T$

$$\tilde{A} = \begin{bmatrix} A_{11} & A_{12} & A_{13} \\ A_{21} & A_{22} & A_{23} \\ A_{31} & A_{32} & A_{33} \end{bmatrix}$$

$$A_{11} = K_{u1} + K_{u2} + K_{d1} + K_{d2}$$

$$A_{12} = L_C(K_{u1} + K_{u2}) - L_B(K_{d1} + K_{d2})$$

$$A_{13} = L_E(K_{u1} + K_{d1}) - L_D(K_{u2} + K_{d2})$$

$$A_{21} = L_E(K_{u1} + K_{d1}) - L_D(K_{u2} + K_{d2})$$

$$A_{22} = L_E(K_{u1}L_C - K_{d1}L_B) - L_D(K_{u2}L_C + K_{d2}L_B)$$

$$A_{23} = L_E^2(K_{u1} + K_{d1}) + L_D^2(K_{u2} + K_{d2})$$

$$A_{31} = (K_{u1} + K_{u2})(L_K + L_N) + (K_{d1} + K_{d2})L_N$$

$$A_{32} = (L_K + L_N)L_C(K_{u1} + K_{u2}) - L_N L_B(K_{d1} + K_{d2})$$

$$A_{33} = (L_K + L_N)(K_{u1}L_E + K_{u2}L_D) - L_N(K_{d1}L_E - K_{d2}L_N)$$

$$\tilde{B} = \begin{vmatrix} F_{gx2} - (|F_{dy2}| + |F_{dz2}| + F_{hy2})u \\ F_{gx2}L_S + F_{gz2}(L_H + L_R\cos\alpha_2) + |F_{dy2}|uL_P - F_{hy2}uL_M + |F_{dz2}|L_Q + F_m^z L_Q \\ F_{gx2}(L_T + L_R\sin\alpha_2) - F_{gy2}(L_H + L_R\cos\alpha_2) + M_{g2} + (|F_{dy2}| + F_{hy2})L_Q - F_m^y L_Q \end{vmatrix}$$

通过 $\tilde{A}\tilde{X} = \tilde{B}$ 可求得 x、δ、γ，代入式（3-3）可得液压拉杠变形量，再代入式（3-4）中可得到右行走部对液压拉杠作用的载荷变化量 $F_{右}$，同理可得左行走部对液压拉杠作用的载荷变化量 $F_{左}$。

3.1.3　液压拉杠的残余预紧力

由于液压拉杠的作用，整机具有整体性，可知机身和液压拉杠变形协调，其机身的压缩回弹量与液压拉杠的再伸长量相等。机身的截面相对液压拉杠的截面大很多，则取液压拉杠再伸长量的平均值，有：

$$\frac{\Delta l}{4} = \frac{F_x l_1}{E_1 A_1} \tag{3-7}$$

其中，$\Delta l = \Delta l_{u1} + \Delta l_{u2} + \Delta l_{d1} + \Delta l_{d2}$。

采煤机工作时，机身端面受到的拉杠作用力即为残余预紧力，每根拉杠的残余预紧力与其形变量成正比，因此有：

$$\begin{cases} F_{xu1} = \dfrac{\Delta l_{u1}}{\Delta l_{u1} + \Delta l_{u2} + \Delta l_{d1} + \Delta l_{d2}} F_x \\[3mm] F_{xu2} = \dfrac{\Delta l_{u2}}{\Delta l_{u1} + \Delta l_{u2} + \Delta l_{d1} + \Delta l_{d2}} F_x \\[3mm] F_{xd1} = \dfrac{\Delta l_{d1}}{\Delta l_{u1} + \Delta l_{u2} + \Delta l_{d1} + \Delta l_{d2}} F_x \\[3mm] F_{xd2} = \dfrac{\Delta l_{d2}}{\Delta l_{u1} + \Delta l_{u2} + \Delta l_{d1} + \Delta l_{d2}} F_x \end{cases} \tag{3-8}$$

机身通过液压拉杠与行走部紧固在一起，由于自身重力和外载荷对滚筒的作用，在 y 方向和 z 方向会发生微小位移，则产生摩擦力 F_m^y、F_m^z，其合力为 F_m（图3-4），与轴向拉力成正比，可得：

$$F_m^2 = (F_m^y)^2 + (F_m^z)^2 \tag{3-9}$$

$$F_m = u \cdot F_x \tag{3-10}$$

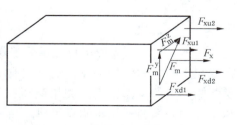

图 3-4　机身端面载荷分布

3.1.4　液压拉杠的总拉力方程建立

　　采煤机预紧组合结构通过贯穿机身，连接行走部之间的液压拉杠实现对整机结构的预紧作用，拉压变形属于组合结构的预紧变形过程。由于相比液压拉杠和机身的拉压变形程度，行走部的拉压变形量很小，因此只讨论液压拉杠和机身的拉压变形协调关系。这种连接在工作时承受轴向拉伸载荷，使机身和液压拉杠发生弹性变形，则预紧力和工作拉力的和不等于螺栓所受到的总拉力。液压拉杠的总拉力不仅受预紧力、工作拉力影响，而且与液压拉杠刚度 C_b 及机身刚度 C_m 等因素有关。因此，考虑连接的受力和变形的关系来求液压拉杠的总拉力。

　　图 3 – 5a 所示为液压拉杠与机身刚好接触，未发生相互作用，则不产生形变。

　　图 3 – 5b 所示为螺栓被拧紧，未承受工作载荷。液压拉杠两端都装有高强度螺栓、螺母，但在预紧时，仅对机身一端的螺栓进行预紧，因此液压拉杠和机身只有一侧发生形变，即液压拉杠被拉伸，其伸长量为 λ_b，机身压缩，其压缩量为 λ_m。

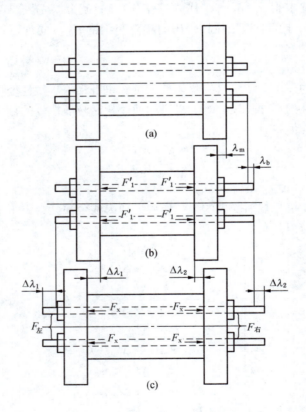

图 3 – 5　液压拉杠在受到拉伸载荷时的受力变形情况

　　图 3 – 5c 所示为液压拉杠承受工作载荷时的情况。由于采煤机工作时，左、右滚筒在截割煤壁时的作用力不一样大，则左、右行走部对机身的作用力也不一样，此即机身两侧受到的工作拉力。如果液压拉杠和机身的材料在其弹性变形范围内，则其受力和变形的关系遵循拉压胡克定律。当液压拉杠承受工作载荷时，所受拉力从 F_1' 分别增至 $F_{左}$、$F_{右}$，则长度也随拉力的增大而伸长，其伸长量分别为 $\Delta\lambda_1$、$\Delta\lambda_2$。同时，机身

会随着液压拉杠的拉伸而恢复变形，则其压缩量减小。根据连接变形协调原理，机身的压缩回伸量应等于液压拉杠的拉伸形变量 $\Delta\lambda_1$、$\Delta\lambda_2$，机身的作用力从 F_1' 减小至残余预紧力 F_x。

液压拉杠与机身的受力和变形情况如图 3-6 所示，图中横坐标表示形变量，纵坐标表示作用力。采煤机在工作时，由于左、右滚筒的受力不同，则左、右行走部对机身的作用力不同，即机身两侧受到两个不同的工作拉力，则在分析时需分开研究。

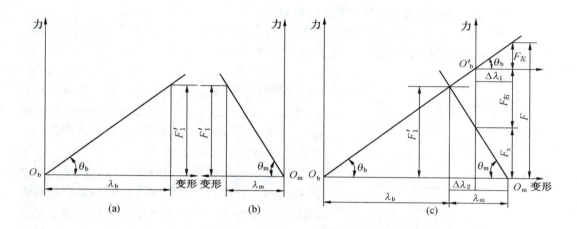

图 3-6　液压拉杠连接受力变形线图

图 3-6a、图 3-6b 所示分别为液压拉杠和机身右侧螺栓被拧紧，未承受工作载荷情况下的受力形变线图；图 3-6c 所示为采煤机在工作时，液压拉杠和机身两侧的受力形变线图，其中以 O_b 为坐标原点的坐标系表示液压拉杠在右行走部作用下的受力形变线图，以 O_b' 为坐标原点的坐标系表示液压拉杠在左行走部作用下的受力形变线图

如图 3-6a、图 3-6b 所示，初始预紧力为 F_1'，液压拉杠、机身受力与形变量成正比，即：

$$\begin{cases} \dfrac{F_1'}{\lambda_b} = \tan\theta_b = C_b \\[2mm] \dfrac{F_1'}{\lambda_m} = \tan\theta_m = C_m \end{cases} \tag{3-11}$$

式中　C_b、C_m——液压拉杠和机身的刚度，均为定值。

如图 3-6c 所示，以 O_b 为坐标原点的受力形变线图中，右行走部作用工作拉力 $F_右$，液压拉杠和机身的伸长形变量为 $\Delta\lambda_2$，则液压拉杠的总伸长量为 $\lambda_b + \Delta\lambda_2$，机身的总压缩量为 $\lambda_m - \Delta\lambda_2$。以 O_b' 为坐标原点的受力形变线图中，左行走部作用工作拉力 $F_左$，相应的液压拉杠伸长形变量为 $\Delta\lambda_1$，此时液压拉杠的总伸长量为 $\lambda_b + \Delta\lambda_1 + \Delta\lambda_2$。由图可见，液压拉杠的总拉力 F 等于左右行走部对液压拉杠作用的载荷变化量 $F_右$、$F_左$ 和残余预紧力 F_x 的和，即：

$$F = F_右 + F_左 + F_x \tag{3-12}$$

4 根液压拉杠的总拉力分别为

$$
\begin{cases}
F_{u1} = F_{右u1} + F_{左u1} + F_{xu1} \\
F_{u2} = F_{右u2} + F_{左u2} + F_{xu2} \\
F_{d1} = F_{右d1} + F_{左d1} + F_{xd1} \\
F_{d2} = F_{右d2} + F_{左d2} + F_{xd2}
\end{cases}
\tag{3 - 13}
$$

3.2　液压拉杠静力学模型求解过程

3.2.1　基于积分法对机身和液压拉杠进行分析

采煤机工作时，因自身重力和外部载荷的作用，机身和液压拉杠发生弯曲变形，通过受力情况，列出两者的弯矩方程、转角方程和挠曲线微分方程。

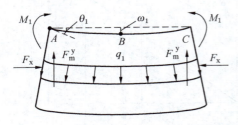

图 3 - 7　机身受力变形示意图

1. 对机身分析

采煤机采用无底托架设计，机身靠液压拉杠连接成一体，通过调整预紧力来控制整体的紧密性，图 3 - 7 所示为机身的受力变形示意图，图中 A 点为示意图的坐标原点。

采煤机在工作时，机身在 y 方向承受的拉杠支撑力和自身重力合力的均布载荷为 q_1、与行走部的摩擦力为 F_m^y，x 方向承受拉杠的残余预紧力 F_x。F_x 是液压拉杠对机身的作用力，为方便研究，对模型进行简化，假定 F_x 作用在机身端面的中心处。

以 A 为原点，根据载荷分布列出机身的力矩平衡方程：

$$
M(x) = M_1 - F_x L_B - \frac{q_1}{2}x^2 + F_m^y x
\tag{3 - 14}
$$

y 方向的力系平衡方程 $\sum Y = 0$，即：

$$
q_1 l_1 = 2F_m^y
\tag{3 - 15}
$$

令 $M_e = M_1 - F_x L_C$，代入式（3 - 14）得

$$
M_1(x) = M_e - \frac{q_1}{2}x^2 + \frac{q_1}{2}l_1 x
\tag{3 - 16}
$$

式中　M_1——机身端面力矩；

　　　l_1——机身长度。

机身无底托架，靠 4 根液压拉杠支撑，则有：

$$
m_1 g - 4F_N = q_1 l_1
\tag{3 - 17}
$$

式中　m_1——机身质量；

　　　F_N——单根液压拉杠对机身的支撑力。

在已知弯矩方程的情况下，针对机身弯曲变形问题，采用积分法对机身弯曲变形的挠曲线近似微分方程进行求解，得到机身弯曲的挠度和转角方程。

机身的挠曲线近似微分方程为

$$
\frac{\mathrm{d}^2 \omega(x)}{\mathrm{d}x^2} = \frac{M(x)}{EI}
\tag{3 - 18}
$$

式中 ω——机身挠度；

EI——抗弯刚度。

由挠曲线近似微分方程可以得到转角方程和挠度方程：

$$EI\theta(x) = \int M(x)\,\mathrm{d}x + C \tag{3-19}$$

$$EI\omega(x) = \int \theta(x)\,\mathrm{d}x + Cx + D \tag{3-20}$$

将机身的弯矩方程代入式（3-19）和式（3-20）可得：

$$\theta_1(x) = \frac{\mathrm{d}\omega(x)}{\mathrm{d}x} = \int \frac{M(x)}{E_1 I_1}\mathrm{d}x + C = \frac{M_e x}{E_1 I_1} - \frac{q_1 x^3}{6E_1 I_1} + \frac{q_1 l x^2}{4E_1 I_1} + C_1 \tag{3-21}$$

$$\omega_1(x) = \iint \frac{M(x)}{E_1 I_1}\mathrm{d}x\mathrm{d}x + Cx + D = \frac{Mx^2}{2E_1 I_1} - \frac{q_1 x^4}{24E_1 I_1} + \frac{q_1 l_1 x^3}{12E_1 I_1} + C_1 x + D_1 \tag{3-22}$$

根据机身的边界条件和光滑连续条件，曲线上任一点的挠度和转角都是唯一确定的，不允许曲线上存在折点和不连续的现象，则有 $\theta_1\left(\dfrac{l_1}{2}\right) = 0$，$\omega_1(0) = 0$，可知：

$$C_1 = -\frac{M_e l_1}{2E_1 I_1} - \frac{q_1 l_1^{\,3}}{24E_1 I_1}$$

$$D_1 = 0$$

把 C_1 和 D_1 代入式（3-21）、式（3-22），得到机身的转角方程和挠度方程分别为

$$\theta_1(x) = \frac{M_e x}{E_1 I_1} - \frac{q_1 x^3}{6E_1 I_1} + \frac{q_1 l_1 x^2}{4E_1 I_1} - \frac{M_e l_1}{2E_1 I_1} - \frac{q_1 l_1^{\,3}}{24E_1 I_1} \tag{3-23}$$

$$\omega_1(x) = \frac{M_e x^2}{2E_1 I_1} - \frac{q_1 x^4}{24E_1 I_1} + \frac{q_1 l_1 x^3}{12E_1 I_1} - \frac{M_e l_1 x}{2E_1 I_1} - \frac{q_1 l_1^3 x}{24E_1 I_1} \tag{3-24}$$

2. 对液压拉杆分析

液压拉杆两端通过高强度螺栓固定在行走部上，用来支撑采煤机机身。图3-8所示为液压拉杆的受力变形示意图，图中 D 为示意图的坐标原点，F_{2x} 为液压拉杆的工作压力。

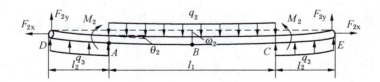

图3-8 液压拉杆受力变形示意图

液压拉杆在 Y 方向受到自身重力和机身对其的作用力，则有：

$$q_2 = \frac{m_3 g}{l_2} + \frac{F_N}{l_1} \tag{3-25}$$

式中 m_3——4 根液压拉杆的总质量。

液压拉杆中间支撑机身，两端分别作用在左、右行走部上，因此在分析时需分段处

理，则可知力矩平衡方程为

$$
\begin{cases}
M(x) = M_2 - F_{2y}x + \dfrac{q_3}{2}x^2, x \in [0, l_2] \\[3mm]
M(x) = M_2 - F_{2y}x + q_3 l_2 \left(x - \dfrac{l_2}{2}\right) - \dfrac{q_2}{2}(x - l_2)^2, x \in [l_2, l_1 + l_2] \\[3mm]
M(x) = M_2 - F_{2y}x + q_3 l_2 \left(x - \dfrac{l_2}{2}\right) - q_2 l_1 \left(x - l_2 - \dfrac{l_1}{2}\right) + \dfrac{q_3}{2}(x - l_1 - l_2), x \in [l_1 + l_2, l_1 + 2l_2]
\end{cases}
$$

$$(3-26)$$

式中　　F_{2y}——螺栓对液压拉杠在 y 方向的约束力；

　　　　q_3——行走部对液压拉杠两端的支撑载荷；

　　　　M_2——液压拉杠在 A 点的力矩；

　　　　$l_1 + 2l_2$——4 根液压拉杠的平均长度。

Y 方向的力系平衡方程 $\sum Y = 0$，即：

$$q_2 l_1 - 2q_3 l_2 = 2F_{2y} \tag{3-27}$$

把式（3-27）变形后代入式（3-26）可得：

$$
\begin{cases}
M(x) = M_2 - \left(q_3 l_2 - q_2 \dfrac{l_1}{2}\right)x + \dfrac{q_3}{2}x^2, x \in [0, l_2] \\[3mm]
M(x) = M_2 - \left(q_3 l_2 - q_2 \dfrac{l_1}{2}\right)x + q_3 l_2 \left(x - \dfrac{l_2}{2}\right) - \dfrac{q_2}{2}(x - l_2)^2, x \in [l_2, l_1 + l_2] \\[3mm]
M(x) = M_2 - \left(q_3 l_2 - q_2 \dfrac{l_1}{2}\right)x + q_3 l_2 \left(x - \dfrac{l_2}{2}\right) - q_2 l_1 \left(x - l_2 - \dfrac{l_1}{2}\right) + \dfrac{q_3}{2}(x - l_1 - l_2), \\[3mm]
\qquad x \in [l_1 + l_2, l_1 + 2l_2]
\end{cases}
$$

$$(3-28)$$

把式（3-28）代入式（3-19）、式（3-20）中可得到液压拉杠的转角方程和挠度方程，即：

$$
E_2 I_2 \theta_2(x) =
\begin{cases}
M_2 x - \dfrac{x^2}{4}(2q_3 l_2 - q_2 l_1) + \dfrac{q_3}{6}x^3 + C_2, x \in [0, l_2] \\[3mm]
M_2 x - \dfrac{x^2}{4}(2q_3 l_2 - q_2 l_1) + \dfrac{l_2 q_3}{2}\left(x - \dfrac{l_2}{2}\right)^2 - \dfrac{q_2}{6}(x - l_2)^3 + C_3, x \in [l_2, l_1 + l_2] \\[3mm]
M_2 x - \dfrac{x^2}{4}(2q_3 l_2 - q_2 l_1) + \dfrac{l_2 q_3}{2}\left(x - \dfrac{l_2}{2}\right)^2 - \dfrac{q_2 l_1}{2}\left(x - l_2 - \dfrac{l_1}{2}\right) + \dfrac{q_3}{6}(x - l_1 - l_2)^3 + C_4, \\[3mm]
\qquad x \in [l_1 + l_2, l_1 + 2l_2]
\end{cases}
$$

$$(3-29)$$

$$
E_2 I_2 \omega_2(x) =
\begin{cases}
\dfrac{1}{2}M_2 x^2 - \dfrac{x^3}{12}(2q_3 l_2 - q_2 l_1) + \dfrac{q_3}{24}x^4 + C_1 x + D_2, x \in [0, l_2] \\[3mm]
\dfrac{1}{2}M_2 x^2 - \dfrac{x^3}{12}(2q_3 l_2 - q_2 l_1) + \dfrac{l_2 q_3}{6}\left(x - \dfrac{l_2}{2}\right)^3 - \dfrac{q_2}{24}(x - l_2)^4 + C_2 x + D_3, \\[3mm]
\qquad x \in [l_2, l_1 + l_2]
\end{cases}
$$

$$(3-30)$$

根据液压拉杠的边界条件和光滑连续条件，可得：

$$C_2 = -M_2\left(l_2 + \frac{l_1}{2}\right) + \frac{1}{3}q_3l_2^3 + \frac{1}{4}q_3l_1l_2^2 - \frac{1}{24}q_2l_1^3 - \frac{1}{4}q_2l_1l_2^2 - \frac{1}{4}q_2l_1^2l_2$$

$$C_3 = C_2 + \frac{1}{24}q_3l_2^3 \qquad C_4 = C_2 - \frac{1}{24}q_2l_1^3 + \frac{1}{24}q_3l_2^3$$

$$D_2 = 0 \qquad D_3 = -\frac{1}{48}q_3l_2^4$$

把 C_2、C_3、C_4、D_2、D_3 分别代入式（3 – 29）、式（3 – 30）中，可得液压拉杠的转角方程和挠度方程为

$$E_2I_2\theta_2(x) = \begin{cases} M_2x - \dfrac{x^2}{4}(2q_3l_2 - q_2l_1) + \dfrac{q_3}{6}x^3 - M_2\left(l_2 + \dfrac{l_1}{2}\right) + \dfrac{1}{3}q_3l_2^3 + \\[2mm] \dfrac{1}{4}q_3l_1l_2^2 - \dfrac{1}{24}q_2l_1^3 - \dfrac{1}{4}q_2l_1l_2^2 - \dfrac{1}{4}q_2l_1^2l_2 \qquad x \in [0, l_2] \\[3mm] M_2x - \dfrac{x^2}{4}(2q_3l_2 - q_2l_1) + \dfrac{l_2q_3}{2}\left(x - \dfrac{l_2}{2}\right)^2 - \dfrac{q_2}{6}(x - l_2)^3 - \\[2mm] M_2\left(l_2 + \dfrac{l_1}{2}\right) + \dfrac{3}{8}q_3l_2^3 + \dfrac{1}{4}q_3l_1l_2^2 - \dfrac{1}{24}q_2l_1^3 - \dfrac{1}{4}q_2l_1l_2^2 - \dfrac{1}{4}q_2l_1^2l_2 \quad x \in [l_2, l_1 + l_2] \\[3mm] M_2x - \dfrac{x^2}{4}(2q_3l_2 - q_2l_1) + \dfrac{l_2q_3}{2}\left(x - \dfrac{l_2}{2}\right)^2 - \dfrac{q_2l_1}{2}\left(x - l_2 - \dfrac{l_1}{2}\right) + \\[2mm] \dfrac{q_3}{6}(x - l_1 - l_2)^3 - M_2\left(l_2 + \dfrac{l_1}{2}\right) + \dfrac{3}{8}q_3l_2^3 + \dfrac{1}{4}q_3l_1l_2^2 - \\[2mm] \dfrac{1}{12}q_2l_1^3 - \dfrac{1}{4}q_2l_1l_2^2 - \dfrac{1}{4}q_2l_1^2l_2 \qquad x \in [l_1 + l_2, l_1 + 2l_2] \end{cases}$$

$$(3 – 31)$$

$$E_2I_2\omega_2(x) = \begin{cases} \dfrac{1}{2}M_2x^2 - \dfrac{x^3}{12}(2q_3l_2 - q_2l_1) + \dfrac{q_3}{24}x^4 - M_2x\left(l_2 + \dfrac{l_1}{2}\right) + \dfrac{3}{8}q_3l_2^3x + \\[2mm] \dfrac{1}{4}q_3l_1l_2^3x - \dfrac{1}{24}q_2l_1^3x - \dfrac{1}{4}q_2l_1l_2^2x - \dfrac{1}{4}q_2l_1^2l_2x \quad x \in [0, l_2] \\[3mm] \dfrac{1}{2}M_2x^2 - \dfrac{x^3}{12}(2q_3l_2 - q_2l_1) + \dfrac{l_2q_3}{6}\left(x - \dfrac{l_2}{2}\right)^3 - \dfrac{q_2}{24}(x - l_2)^4 - \\[2mm] M_2\left(l_2 + \dfrac{l_1}{2}\right)x + \dfrac{5}{12}q_3l_2^3x + \dfrac{1}{4}q_3l_1l_2^2x - \dfrac{1}{24}q_2l_1^3x - \dfrac{1}{4}q_2l_1l_2^2x - \\[2mm] \dfrac{1}{4}q_2l_1^2l_2x - \dfrac{1}{48}q_3l_2^4 \quad x \in [l_2, l_1 + l_2] \end{cases}$$

$$(3 – 32)$$

为简化模型，计算方便，不对 $x \in [l_1 + l_2, l_1 + 2l_2]$ 时的转角方程进行分析。

液压拉杠与机身紧密接触，则根据形变关系可知，两者在 A 点的转角相等，在 B 点的挠度相等，即：

$$\theta_1(A) = \theta_2(A) \tag{3 – 33}$$

$$\omega_1(B) = \omega_2(B) \tag{3 – 34}$$

其中，$\theta_1(A) = \dfrac{1}{E_1 I_1}\left(-\dfrac{1}{2}M_e l_1 - \dfrac{1}{24}q_1 l_1^3\right)$

$\theta_2(A) = \dfrac{1}{E_2 I_2}\left(-\dfrac{1}{2}M_2 l_1 + \dfrac{1}{4}q_3 l_1 l_2^2 - \dfrac{1}{24}q_2 l_1^3 - \dfrac{1}{4}q_2 l_1^2 l_2\right)$

$\omega_1(B) = \dfrac{1}{E_1 I_1}\left(\dfrac{1}{2}M_e l_2^2 - \dfrac{1}{8}M_e l_1^2 - \dfrac{5}{384}q_1 l_1^4 + \dfrac{7}{96}q_1 l_1^2 l_2^2 - \dfrac{1}{24}q_1 l_2^4\right)$

$\omega_2(B) = \dfrac{1}{E_2 I_2}\left(-\dfrac{1}{8}M_2 l_1^2 - \dfrac{1}{2}M_2 l_1 l_2 - \dfrac{1}{2}M_2 l_2^2 - \dfrac{1}{64}q_2 l_1^4 - \dfrac{5}{48}q_2 l_1^3 l_2 - \dfrac{1}{4}q_2 l_1^2 l_2^2 - \dfrac{1}{6}q_2 l_1 l_2^3 + \right.$

$\left. \dfrac{1}{16}q_3 l_1^2 l_2^2 + \dfrac{5}{48}q_3 l_1 l_2^3 + \dfrac{11}{48}q_3 l_2^4\right)$

液压拉杠在预紧和工作过程中，都会发生微小拉伸形变，但相对自身长度而言，该形变影响很小，所以在考虑液压拉杠弯曲对称时，可忽略不计。根据图 3-9 所示对液压拉杠的受力分析示意图中，拉杠两端在 y 向受到的力对称相等，其形变也对称，则有 D 点和 F 点的转角相等，即：

$$\theta(D) = \theta(F) \qquad\qquad (3-35)$$

其中，

$\theta(D) = \theta(0) = \dfrac{1}{E_2 I_2}\left[-M_2\left(l_2 + \dfrac{l_1}{2}\right) + \dfrac{1}{3}q_3 l_2^3 + \dfrac{1}{4}q_3 l_1 l_2^2 - \dfrac{1}{24}q_2 l_1^3 - \dfrac{1}{4}q_2 l_1 l_2^2 - \dfrac{1}{4}q_2 l_1^2 l_2\right]$

$\theta(F) = \theta(l_1 + 2l_2) = \dfrac{1}{E_2 I_2}\left[M_2(l_1 + 2l_2) - \dfrac{(l_1 + 2l_2)^2}{4}(2q_3 l_2 - q_2 l_1) + \dfrac{l_2 q_3}{2}\left(l_1 + \dfrac{3l_2}{2}\right)^2 - \right.$

$\dfrac{q_2 l_1}{2}\left(l_2 + \dfrac{l_1}{2}\right) + \dfrac{q_3}{6}l_2{}^3 - M_2\left(l_2 + \dfrac{l_1}{2}\right) + \dfrac{3}{8}q_3 l_2^3 + \dfrac{1}{4}q_3 l_1 l_2^2 - \dfrac{1}{12}q_2 l_1^3 -$

$\left. \dfrac{1}{4}q_2 l_1 l_2^2 - \dfrac{1}{4}q_2 l_1^2 l_2\right]$

化简得：

$$M_2(l_1 + 2l_2) + \dfrac{1}{12}q_2 l_1^3 + \dfrac{1}{2}q_2 l_1^2 l_2 + \dfrac{1}{2}q_2 l_1 l_2^2 - \dfrac{1}{2}q_3 l_1 l_2^2 + \dfrac{1}{3}q_3 l_2^3 = 0 \qquad (3-36)$$

3.2.2　液压拉杠预紧力的联合求解

前文通过对采煤机液压拉杠预紧结构的受载变形状态分析，结合受力平衡条件，建立了液压拉杠预紧力数学模型。其中 M_1、M_2、F_x、F_{2y}、F_m、F_N、F_m^y、F_m^z、q_1、q_2、q_3 为未知变量，通过式（3-1）、式（3-7）、式（3-9）、式（3-10）、式（3-15）、式（3-17）、式（3-25）、式（3-27）、式（3-33）、式（3-34）、式（3-35），可整理为关于 M_2、F_{2y}、F_N 的 3 个方程式，为方便计算，取

$$a = \dfrac{E_2 I_2}{E_1 I_1},\ b = \dfrac{l_2}{l_1} \qquad\qquad (3-37)$$

式中　a——液压拉杠和机身抗弯刚度之比；

　　　b——液压拉杠和机身长度之比。

对上述公式整理后，可得：

$$\begin{cases} 12M_2 + (6b-6)l_1F_{2y} + (a+4-3b)l_1F_N - \dfrac{3a\Delta lE_1W_1}{A_1} + \dfrac{3a\Delta lL_CE_1A_1}{l_1} + \dfrac{4l_1m_3g}{b} - \\[2mm] (am_1 + 3m_3)l_1g = 0 \\[2mm] (48+192b+192b^2)M_2 + (24+40b+88b^2)bl_1F_{2y} + (6+5a-28ab^2-16ab^4 + \\[2mm] 28b+76b^2+20b^3)l_1F_N + \dfrac{48b^2-12}{A_1}a\Delta lE_1W_1 + \dfrac{12-48b^2}{l_1}aL_C\Delta lE_1A_1 + \dfrac{6l_1m_3g}{b} + \\[2mm] (28b^2-16b^4-5)al_1m_1g + (28+76b+20b^2)l_1m_3g = 0 \\[2mm] (12+24b)l_1M_2 + (6-4b)bl_1^2F_{2y} + (1+3b+8b^2)l_1^2F_N + \left(\dfrac{1}{b}+8b+3\right)m_3gl_1^2 = 0 \end{cases} \quad (3-38)$$

将其整理为矩阵形式，即：

$$\tilde{A}\,\tilde{X} = \tilde{B} \qquad\qquad (3-39)$$

其中
$$\tilde{X} = [\,M_2 \quad F_{2y} \quad F_N\,]^{\mathrm{T}}$$

$$\tilde{A} = \begin{bmatrix} A_{11} & A_{12} & A_{13} \\ A_{21} & A_{22} & A_{23} \\ A_{31} & A_{32} & A_{33} \end{bmatrix} \quad \tilde{B} = \begin{bmatrix} B_1 \\ B_2 \\ B_3 \end{bmatrix}$$

$$A_{11} = 12 \quad A_{12} = (6b-6)l_1 \quad A_{13} = (4a+4-3b)l_1$$

$$A_{21} = 48+192b+192b^2 \quad A_{22} = (24+40b+88b^2)bl_1$$

$$A_{23} = (6+20a-112ab^2-64ab^4+28b+76b^2+20b^3)l_1$$

$$A_{31} = (12+24b)l_1 \quad A_{32} = (6-4b)bl_1^2 \quad A_{33} = (1+3b+8b^2)l_1^2$$

$$B_1 = \frac{3a\Delta lE_1W_1}{A_1} - \frac{3a\Delta lL_BE_1A_1}{l_1} - \frac{4l_1m_3g}{b} + (am_1+3m_3)l_1g$$

$$B_2 = \frac{12-48b^2}{A_1}a\Delta lE_1W_1 - \frac{12-48b^2}{l_1}aL_B\Delta lE_1A_1 - \frac{6l_1m_3g}{b} - (28b^2-16b^4-5)al_1m_1g - $$
$$(28+76b+20b^2)l_1m_3g$$

$$B_3 = -\left(\frac{1}{b}+8b+3\right)m_3gl_1^2$$

求解联合矩阵方程（3-39），可得到 M_2、F_{2y}、F_N，再代入相应方程中，可解得其他未知数。把残余预紧力 F_x 代入式（3-8）中，可得到各液压拉杠的残余预紧力；通过3.1节对采煤机整机模型的求解，可得到平滑靴和导向滑靴各方向的载荷大小，再代入式（3-5）中，得到每根液压拉杠的载荷变化量，加上最初定义的载荷初始量，可得到液压拉杠的工作拉力 $F_左$、$F_右$；最后通过式（3-13）可求出液压拉杠的总拉力。

4　采煤机截割部动力学特性研究

采煤机作为综采工作面采煤作业的最主要的设备，随着煤炭资源开发的力度加大，煤矿开采深度的增加，工作面环境极度恶劣，采煤机在工作过程中经常发生剧烈的振动，尤其在斜切工况下的采煤机，滚筒所受到的轴向载荷冲击对采煤机整体的工作机构产生巨大的影响，并随着斜切截深的增大，采煤机各部位所受到的载荷冲击也随之增大，容易发生采煤机各零部件非正常损耗，严重时会停机，造成经济损失。因此，有必要对采煤机的动态特性进行研究分析。

4.1　截割部竖直方向的振动特性研究

在对采煤机截割部竖直方向进行振动分析时，我们假设采煤机机身不发生振动，即机身与摇臂和调高液压缸链接的铰接点处是固定不动的，摇臂和调高液压缸可以绕各自的铰接点回转。对于采煤机的截割部这样一个复杂的系统，可以根据不同的分析目的及假设，将系统简化为不同的物理模型，从而建立不同的数学模型。本书为了得到在外载荷激励作用下截割部的振动特性，将从简单模型入手，逐步完善截割部的数学模型，从而更加准确且合理地描述截割部的振动特性。

4.1.1　摇臂视为刚体的截割部振动模型

在此种假设条件下，将采煤机摇臂视为绕定点回转的刚体，且将摇臂和滚筒的质量集中于各自质心，将调高液压缸等效为有阻尼的液压弹簧，则采煤机截割部振动的物理模型如图 4 - 1 所示。

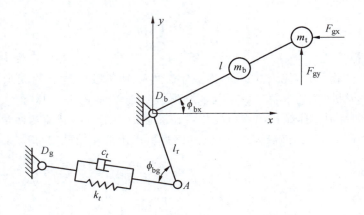

图 4 - 1　摇臂视为刚体的截割部振动模型

根据机械振动的相关知识，以牛顿第二定律可以得到截割部的振动方程为

$$J_{tb}\ddot{\alpha} + k_d x_t l_r \sin\phi_{bg} + c_d \dot{x}_t l_r \sin\phi_{bg} = \sum M \qquad (4-1)$$

式中　J_{tb}——螺旋滚筒及摇臂绕回转点 D_b 的转动惯量，$kg \cdot m^2$；

$\ddot{\alpha}$——摇臂绕回转点回转的角加速度，rad/s^2；

c_d——液压缸的液压黏性阻尼系数，$Pa \cdot s$；

x_t——液压缸的位移，m；

$\dot{x}_t$——液压缸的移动速度，m/s；

ϕ_{bg}——小摇臂与液压缸之间的夹角，(°)；

l_r——小摇臂长度，m；

$\sum M$——对回转点所有外力矩之和，$N \cdot m$；

k_d——液压缸等效液压弹簧的刚度，N/m，可按照下式计算：

$$k_d = \frac{4\beta_e B_m^2}{V} \qquad (4-2)$$

式中　β_e——液压油的有效体积弹性模量，MPa；

B_m——液压缸两腔作用面积的平均值，m^2；

V——液压缸两腔当量总容积的平均值，m^3。

$$V = B_m S_t \qquad (4-3)$$

式中　S_t——液压缸行程，m。

根据图 4 - 1 可知，外力矩是由激振力和作用产生的，所以则有：

$$M_1 = F_{gy} L_R \cos\phi_1 \qquad M_2 = F_{gx} L_R \sin\phi_1 \qquad (4-4)$$

式中　　　L_R——滚筒回转中心到摇臂回转点的距离，m；

F_{gy}、F_{gx}——y 和 x 方向载荷，N，可由式（4 - 4）得到。

由于摇臂的振动摆角 α 较小，可近似地认为 $\sin\alpha = \alpha$，则液压缸的位移 x_t 为

$$x_t = l_r \sin\alpha = l_r \alpha \qquad (4-5)$$

则调高液压缸的运动速度为

$$\dot{x}_t = l_r \dot{\alpha} \qquad (4-6)$$

螺旋滚筒及摇臂对摇臂回转点 D_b 的转动惯量 J_{tb} 为

$$J_{tb} = m_t L_R^2 + m_b \left(\frac{L_R}{2}\right)^2 = \frac{(4m_t + m_b) L_R^2}{4} \qquad (4-7)$$

其中，m_t、m_b 分别为螺旋滚筒和摇臂的集中质量，kg，此时假设摇臂的质心位于滚筒回转中心和摇臂回转中心的中点。

根据上面的分析我们可以得到将摇臂视为绕定点回转刚体时的振动方程为

$$\frac{(4m_t + m_b) L_R^2}{4} \ddot{\alpha} + l_r^2 \sin\phi_{bg} k_h \alpha + l_r^2 \sin\phi_{bg} c_h \dot{a} = L_R \cos\phi_{bx} F_{gy} + L_g \sin\phi_{bx} F_{gx} \qquad (4-8)$$

根据振动方程可知，该振动模型属于一般周期激励作用下的单自由度振动，则可以根据叠加原理得到其稳态响应，其通解可以表示为

$$\alpha_p(t) = \frac{a_{10}}{k} + \frac{a_{20}}{k} + \sum_{j=1}^{3} \frac{a_{1j}/k}{\sqrt{(1 - j^2 r_1^2)^2 + (2\xi j r_1)^2}} \cos(j\omega_{g1} t - \phi_{bxj}) +$$

$$\sum_{j=1}^{3} \frac{a_{2j}/k}{\sqrt{(1 - j^2 r_2^2)^2 + (2\xi j r_2)^2}} \cos(j\omega_{g2} t - \phi_{bgj}) +$$

$$\sum_{j=1}^{3} \frac{b_{1j}/k}{\sqrt{(1-j^2r_1^2)^2 + (2\xi jr_1)^2}} \sin(j\omega_{g1}t - \phi_{bxj}) +$$

$$\sum_{j=1}^{3} \frac{b_{2j}/k}{\sqrt{(1-j^2r_2^2)^2 + (2\xi jr_2)^2}} \sin(j\omega_{g2}t - \phi_{bgj}) \qquad (4-9)$$

式中：

$$a_{1j} = L_R \cos\phi_{bx} a_{yj} \quad (j=0,1,2,3) \qquad (4-10)$$

$$a_{2j} = L_R \sin\phi_{bx} a_{xj} \quad (j=0,1,2,3) \qquad (4-11)$$

其中，a_{yj}、a_{xj} 为载荷 F_{gy}、F_{gx} 的各项系数。

$$\phi_{ij} = \arctan\frac{2\xi jr_i}{1-j^2r_i^2} \quad (i=1,2) \qquad (4-12)$$

$$r_i = \frac{\omega_{gi}}{\omega_n} \quad (i=1,2) \qquad (4-13)$$

$$\zeta = \frac{c}{c_c} = \frac{c}{2m\omega_n} \qquad (4-14)$$

其中，ω_{g1}、ω_{g2} 为载荷 F_{gy}、F_{gx} 的频率。

$$\omega_n = \sqrt{\frac{k}{m}} = \sqrt{\frac{4l_r^2\sin\phi_{bg}k_h}{(4m_t + m_h)L_R^2}} \qquad (4-15)$$

根据单自由度一般周期激励作用下的振动分析容易得到方程的特解为

$$\alpha_h(t) = X_0 e^{-\zeta\omega_n t}\cos(\omega_d t - \phi_0) \qquad (4-16)$$

式中：

$$\omega_d = \sqrt{1-\zeta^2}\omega_n \qquad (4-17)$$

根据叠加原理，可以得到将摇臂视为绕定点回转刚体时的稳态转角响应为

$$\alpha_p(t) = X_g e^{-\zeta\omega_n t}\cos(\omega_d t - \phi_0) + \frac{a_{10}}{k} + \frac{a_{20}}{k} +$$

$$\sum_{j=1}^{3} \frac{a_{1j}/k}{\sqrt{(1-j^2r_1^2)^2 + (2\xi jr_1)^2}} \cos(j\omega_1 t - \phi_{bxj}) +$$

$$\sum_{j=1}^{3} \frac{a_{2j}/k}{\sqrt{(1-j^2r_2^2)^2 + (2\xi jr_2)^2}} \cos(j\omega_2 t - \phi_{bgj}) +$$

$$\sum_{j=1}^{3} \frac{b_{1j}/k}{\sqrt{(1-j^2r_1^2)^2 + (2\xi jr_1)^2}} \sin(j\omega_1 t - \phi_{bxj}) +$$

$$\sum_{j=1}^{3} \frac{b_{2j}/k}{\sqrt{(1-j^2r_2^2)^2 + (2\xi jr_2)^2}} \sin(j\omega_2 t - \phi_{bgj}) \qquad (4-18)$$

其中，X_0 和 ϕ_0 为待定常数，要根据初始条件：$a_0 = \alpha(t=0)$ 和 $\dot{\alpha}_0 = \dot{\alpha}(t=0)$ 来确定。

采煤机在井下工作时，为了适应不同厚度的煤层，需要摇臂有不同的工作角度，由于采煤机摇臂处在不同位置工作时，外力对回转点 D_h 产生的力矩是不同的，调高油缸的刚度和阻尼也会随着活塞杆的伸缩而变化，这些因素都会影响截割部的振动响应，所以本书以采煤机与水平面的夹角分别为 20°、0°、−10° 为例，分析系统的固有频率和摇臂的转角响应。

根据式（4－18）可以计算出，摇臂处于不同工作角度时的响应，利用 MATLAB 可以绘制出截割部处在不同工作状态的响应特性，摇臂与水平面夹角为20°、0°和－10°时的振动响应如图4－2～图4－4所示。

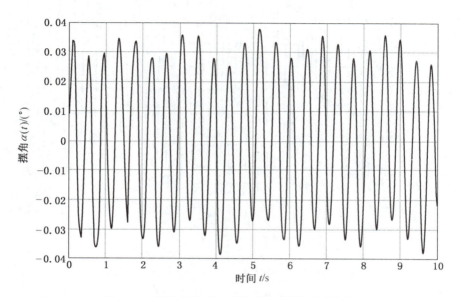

图4－2　摇臂与水平面夹角为20°时的响应特性

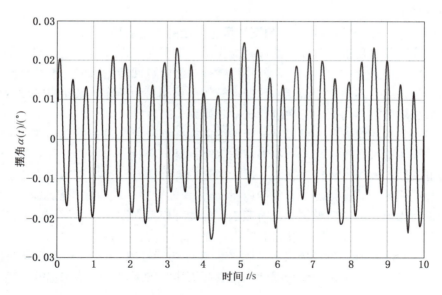

图4－3　摇臂与水平面夹角为0°时的响应特性

通过观察图4－2～图4－4可以直观地看出，当将摇臂视为绕定点回转刚体时，不同工作状态的振动特性，对比三种工作状态的振动响应可以得到以下规律：

（1）摇臂与水平位置夹角为20°时振幅最大，摇臂与水平位置夹角为－10°时振幅最小。

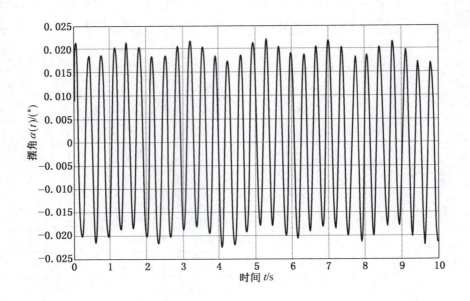

图 4 - 4　摇臂与水平面夹角为 - 10°时的响应特性

（2）摇臂与水平位置夹角为 - 10°时的响应频率最大，摇臂与水平位置夹角为 20°时的响应频率最小。

4.1.2　摇臂视为一段无质量弹性梁和刚性梁的组合的振动模型

采煤机在工作过程中受到较大的外载荷作用，摇臂在工作过程中呈悬臂状态，在外载荷作用下，摇臂势必会发生变形，显然将摇臂视为绕定点回转的刚体是不符合截割部的实际情况的，为了更合理地描述截割部的振动模型，得到更为准确的振动响应，本小节将根据集中参数法对截割部的振动特性进行进一步研究。

根据集中参数建模方法，可以将一个连续体构件划分成几组有质量元件和弹性元件组成的单元，在考虑采煤机截割部时本书首先忽略摇臂的质量分布特征，只从理论层面考虑其建模的可能性。首先，将摇臂视为一段无质量的弹性梁 l_e 和一段很短的无质量刚性梁 l_b 链接在一起组成的，其连接点处有集中质量 m_b，弹性梁另一端有集中质量 m_t，并且将调高液压缸视为有阻尼的液压弹簧，此时截割部的物理模型如图 4 - 5 所示。

根据图 4 - 5 所示，m_t 在 ω 方向上的位移为 w_t，m_b 在 w 方向上的位移为 w_b，则系统的动能为 m_t 的动能和 m_b 的动能之和，系统的势能为弹性梁 l_e 产生的弹性势能和调高液压缸的弹性势能之和，系统的能量损耗来自调高液压缸的阻尼，所以系统的动能、势能和能量损耗的表达式为

$$\begin{cases} T = \dfrac{1}{2} m_t \dot{w}_t^2 + \dfrac{1}{2} m_b \dot{w}_b^2 \\[2mm] V = \dfrac{1}{2} k_e (w_t - w_b)^2 + \dfrac{1}{2} k_t x_t^2 \\[2mm] R = \dfrac{1}{2} c_t \dot{x}_t^2 \end{cases} \qquad (4 - 19)$$

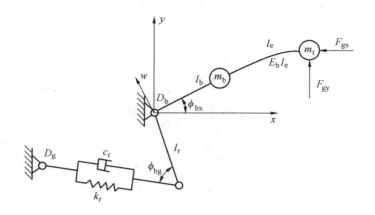

图 4-5 摇臂视为无质量弹性梁和刚性梁组合时的振动模型

式中 k_e——无质量弹性梁的刚度，$N \cdot m^{-1}$，根据弹性力学可得到其计算公式为

$$k_e = \frac{3E_b I_e}{l_e^3} \qquad (4-20)$$

式中 E_b——摇臂材料的弹性模量，MPa；

I_e——无质量弹性梁的截面惯性矩，m^4；

x_t——油缸的伸缩量，m，根据几何关系，其计算公式为

$$x_t = \frac{w_b l_r}{l_b}\sin\phi_{bg} \qquad (4-21)$$

根据拉格朗日方程：

$$\frac{d}{dt}\left(\frac{\partial T}{\partial \dot{w}_i}\right) - \frac{\partial T}{\partial w_i} + \frac{\partial V}{\partial w_i} + \frac{\partial R}{\partial \dot{w}_i} = Q_i \qquad (4-22)$$

可以得到系统的振动方程为

$$\begin{cases} m_t\ddot{w}_t + k_e(w_t - w_b) = Q_t \\ m_b\ddot{w}_b + c_t\dfrac{l_r^2}{l_b^2}\sin^2\phi_{bg}\dot{w}_b + k_t\dfrac{l_r^2}{l_b^2}\sin^2\phi_{bg}w_b - k_e(w_t - w_b) = 0 \end{cases} \qquad (4-23)$$

其中，Q_t 为 m_t 所受合外力，其计算公式为

$$Q_t = F_{gy}\cos\phi_{bx} + F_{gx}\sin\phi_{bx} \qquad (4-24)$$

分析振动方程可知，该方程为二阶非齐次微分方程组，由于 Q_t 较为复杂，所以该微分方程组得不到解析解，但可以采用 MATLAB 内建的龙格库塔函数 ode45 对该方程进行数值求解，由于该模型只是从理论层面分析其建模的可行性，所以本书不对该模型进行求解。

4.1.3 摇臂视为两段无质量弹性梁组合的振动模型

根据 4.1.2 节的分析可以知道将摇臂柔性化更符合实际情况，根据图 4-5，可以进一步对模型进行精确，假设将摇臂回转点到电机安装位置看成一段刚性梁，电机处的质量集中于一点 m_d，摇臂视为两段无质量弹性梁连接而成，摇臂的质量简化为集中质量 m_b，

螺旋滚筒简化为集中质量 m_t，调高液压缸视为有阻尼的液压弹簧，该模型如图 4-6 所示。

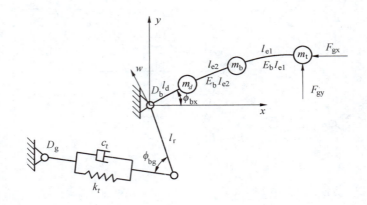

图4-6   摇臂视为两段无质量弹性梁组合时的振动模型

通过对模型分析可以知道：系统的动能由集中质量 m_t、m_b 和 m_d 产生的动能组成；系统的势能来源于无质量弹性梁 l_{e1} 和 l_{e2} 的弹性势能和调高液压油缸的弹性势能；能量损耗来源于液压油缸黏性阻尼。因此系统的动能、势能和能量损耗计算公式如下：

$$\begin{cases} T = \dfrac{1}{2} m_t \dot{w}_t^2 + \dfrac{1}{2} m_b \dot{w}_b^2 + \dfrac{1}{2} m_d \dot{w}_d^2 \\[2mm] V = \dfrac{1}{2} k_{e1} (w_t - w_b)^2 + \dfrac{1}{2} k_{e2} (w_b - w_d)^2 + \dfrac{1}{2} k_t x_t^2 \\[2mm] R = \dfrac{1}{2} c_t \dot{x}_t^2 \end{cases} \quad (4-25)$$

其中，k_{e1}、k_{e2} 为无质量弹性梁的刚度，$N \cdot m^{-1}$，根据弹性力学的知识可得到其计算公式：

$$k_{e1} = \frac{3 E_b I_{e1}}{l_{e1}^3} \quad (4-26)$$

$$k_{e2} = \frac{3 E_b I_{e2}}{l_{e2}^3} \quad (4-27)$$

式中 I_{e1}、I_{e2}——无质量弹性梁 I_{e1} 和 I_{e2} 的截面惯性矩，m^4。

根据拉格朗日方程式（4-22）可得到系统的振动方程为

$$\begin{cases} m_t \ddot{w}_t + k_{e1} (w_t - w_b) = Q_t \\[2mm] m_b \ddot{w}_b + k_{e2} (w_b - w_d) - k_{e1} (w_t - w_b) = 0 \\[2mm] m_d \ddot{w}_d + c_h \dfrac{l_r^2}{l_d^2} \sin^2 \phi_{bg} \dot{w}_d + k_h \dfrac{l_r^2}{l_d^2} \sin^2 \phi_{bg} w_d - k_{e2} (w_b - w_d) = 0 \end{cases} \quad (4-28)$$

分析该振动方程可以知道，该方程组为二阶非线性方程组，由于 Q_t 较为复杂，所以该微分方程组得不到确切的解析解，可以采用 MATLAB 内建的龙格库塔函数 ode45 对该方程进行数值求解。本书选取与 4.1.1 节同样的 3 种情况，试分析截割部的时域响应特性和频域响应特性。采煤机摇臂与水平面夹角分别为 20°、0°和 – 10°时集中质量 m_t、m_b 和 m_d 处的时域响应特性和频域响应特性分别如图 4 – 7 ~ 图 4 – 12 所示。

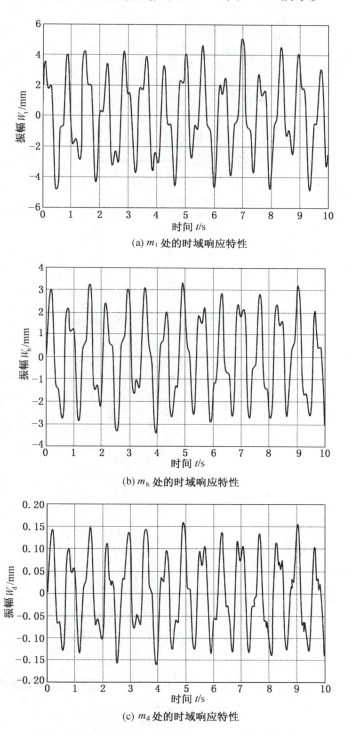

(a) m_t 处的时域响应特性

(b) m_b 处的时域响应特性

(c) m_d 处的时域响应特性

图 4 – 7　摇臂与水平面的夹角为 20°的时域响应特性

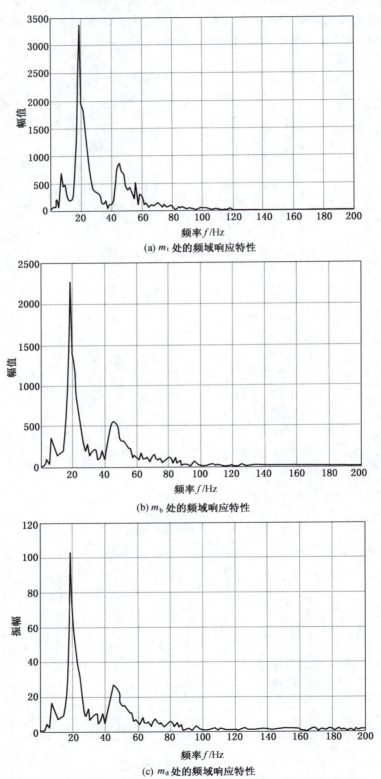

(a) m_t 处的频域响应特性

(b) m_b 处的频域响应特性

(c) m_d 处的频域响应特性

图 4-8　摇臂与水平面的夹角为 20° 的频域响应特性

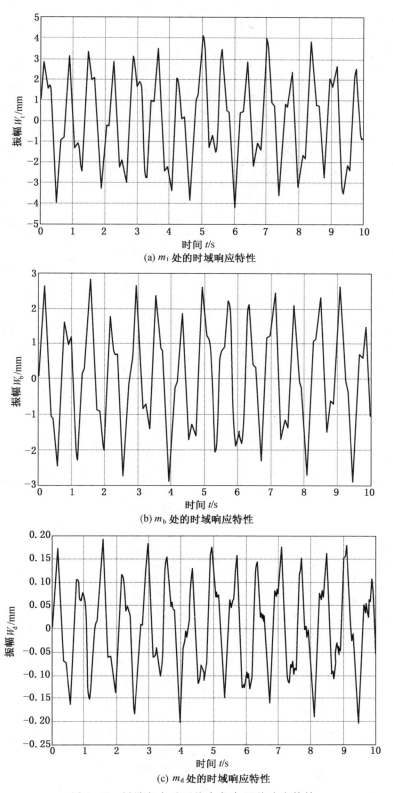

(a) m_t 处的时域响应特性

(b) m_b 处的时域响应特性

(c) m_d 处的时域响应特性

图 4-9　摇臂与水平面的夹角为 0° 的响应特性

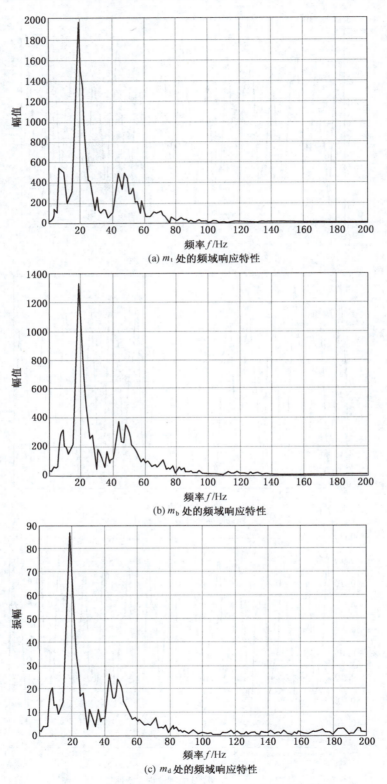

(a) m_t 处的频域响应特性

(b) m_b 处的频域响应特性

(c) m_d 处的频域响应特性

图 4-10　摇臂与水平面的夹角为 0° 的频域响应特性

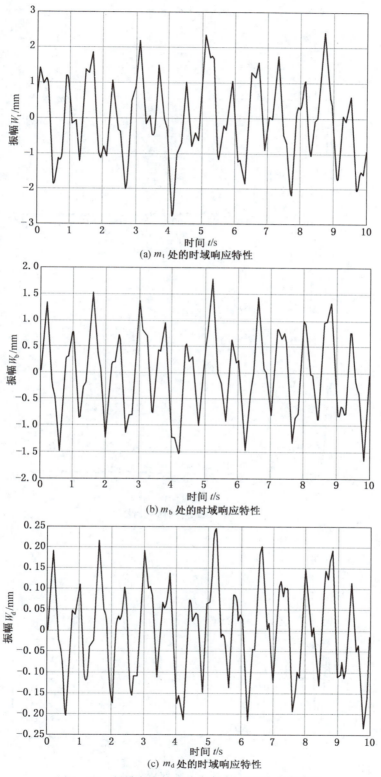

(a) m_t 处的时域响应特性

(b) m_b 处的时域响应特性

(c) m_d 处的时域响应特性

图 4 - 11　摇臂与水平面的夹角为 - 10° 的响应特性

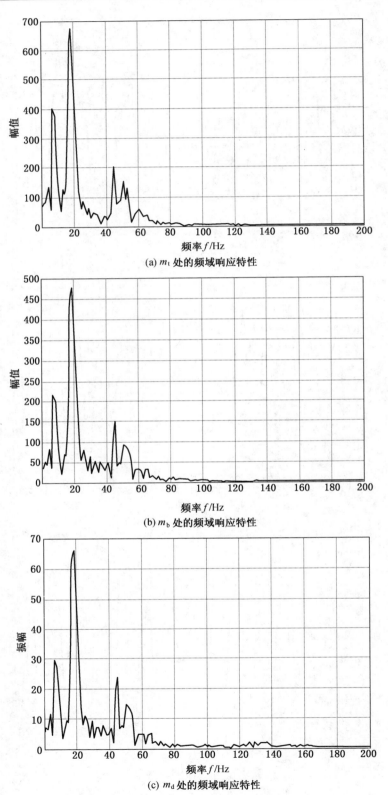

(a) m_t 处的频域响应特性

(b) m_b 处的频域响应特性

(c) m_d 处的频域响应特性

图 4-12　摇臂与水平面的夹角为 -10° 的频域响应特性

通过对图 4 - 7 ~ 图 4 - 12 进行分析可以发现，采煤机截割部在外载荷作用下，处在不同工作角度时的时域和频域振动特性具有如下规律：

（1）通过对 3 种工作状态下的时域振动特性进行分析可知，摇臂与水平面夹角为 20°时，截割部的振动量是 3 种不同工作角度中最大的，摇臂与水平面夹角为 - 10°时，截割部的振动量是 3 种不同工作角度中最小的。

（2）通过对 3 种工作状态下的频域响应特性进行分析可知，截割部的各处振动特性在频域内出现 3 次振动峰值，这 3 处峰值对应的频率分别在 10 Hz、20 Hz 和 45 Hz 附近，这说明截割部在频率为 10 Hz、20 Hz 和 45 Hz 附近处出现共振现象。

4.2 截割部水平方向的振动特性研究

经过 4.1 节的分析过程我们可以知道，用集中参数法建立截割部的振动模型可以较为准确地描述截割部的实际振动特性，因此本节在对截割部水平方向的振动特性进行研究时，可以跳过对模型进行完善的过程，直接采用集中参数法对采煤机截割部水平方向的振动模型进行描述。在对采煤机截割部水平方向进行振动分析时，我们同样假设采煤机机身不发生振动，即机身与摇臂连接的铰接点处是固定不动的，机身和摇臂连接处的两个铰耳简化为一段弹性梁，截割部电机处的质量看成集中质量 m_d，摇臂看成两段

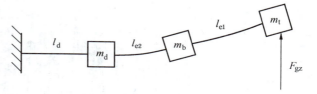

图 4 - 13 截割部水平方向的振动模型

弹性梁连接而成，连接处有集中质量 m_b，螺旋滚筒的集中质量 m_t，m_t 处受到外载荷 F_{gz} 作用，截割部水平方向的振动模型如图 4 - 13 所示。

根据图 4 - 13 所示的受力分析，我们假设在外部激励 F_{gz} 的作用下，m_t 处产生 z_t 的位移，m_b 产生 z_b 的位移，m_d 产生 z_d 的位移，则截割部水平方向的振动系统的运动微分方程组为：

$$\begin{cases} m_t\ddot{z}_t = Q_t - k_{e1}(z_t - z_b) \\ m_b\ddot{z}_b = k_{e1}(z_t - z_b) - k_{e2}(k_b - z_d) \\ m_d\ddot{z}_d = k_{e2}(z_b - z_d) - k_d z_d \end{cases} \tag{4-29}$$

式中 Q_t——广义力，即为外部激励 F_{gz}，N；

k_{e1}、k_{e2}、k_d——弹性梁 l_{e1}、l_{e2}、l_d 的刚度，N/m。

其中：

$$k_{e1} = \frac{3E_b I_t}{l_{e1}^3} \tag{4-30}$$

$$k_{e2} = \frac{3E_b I_b}{l_{e2}^3} \tag{4-31}$$

$$k_{e3} = \frac{3E_b I_d}{l_d^3} \tag{4-32}$$

由于式（4 - 29）的二阶微分方程组较为复杂，很难得到确切的解析解，因此本书试用 MATLAB 对截割部水平方向振动的时域特性和频域特性进行数值分析，截割部水平方向振动的时域和频域内的响应特性如图 4 - 14、图 4 - 15 所示。

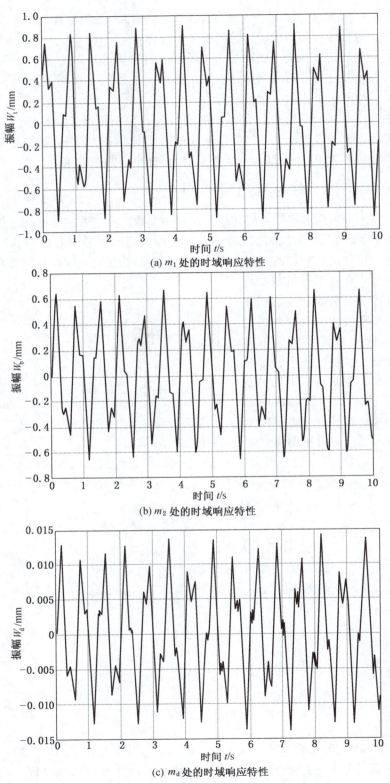

(a) m_1 处的时域响应特性

(b) m_2 处的时域响应特性

(c) m_d 处的时域响应特性

图 4 - 14　截割部水平方向振动的时域响应特性

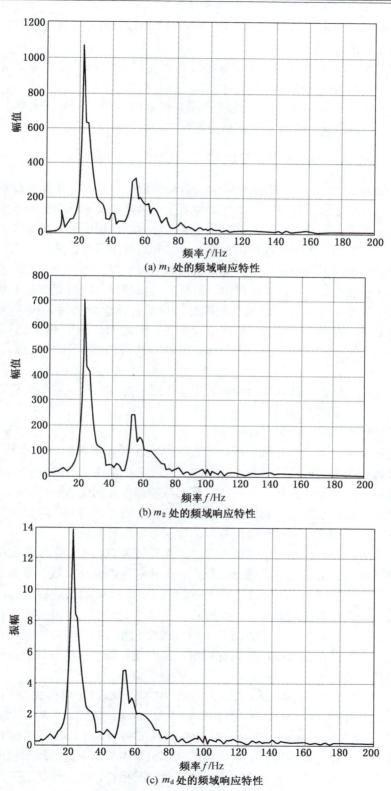

(a) m_1 处的频域响应特性

(b) m_2 处的频域响应特性

(c) m_d 处的频域响应特性

图 4-15　截割部水平方向振动的频域响应特性

通过对图 4 - 14、图 4 - 15 与图 4 - 7 ~ 图 4 - 12 进行分析容易发现截割部水平方向振动特性具有如下特征：

（1）通过截割部水平方向振动的时域特性分析可以发现截割部水平方向的振动量要比截割部竖直方向的振动量要小。

（2）通过截割部水平方向振动的频域特性分析可以发现，截割部水平方向振动出现峰值的频率与截割部竖直方向振动出现峰值的频率较为接近。

4.3 截割部振动特性对采煤机截割性能的影响

通过 4.1 节和 4.2 节对采煤机截割部的动力学分析已经掌握了采煤机截割部的动力学特性，可以发现螺旋滚筒的外载荷的低频特性对采煤机截割部的振动影响较为明显，这种振动会影响到采煤机的平稳运行，严重时甚至会造成传动机构的失效、摇臂壳体出现裂纹甚至连接铰耳发生断裂，为了使采煤机平稳、可靠和高效地运行，这样的低频振动特性需要抑制；但从截齿破煤过程角度来看，由于截齿破落煤岩时，截齿以一定的速度或动能揳入煤岩，并由于螺旋滚筒的持续动能输出，使煤岩出现裂纹，随着裂纹的不断扩大，煤岩才最终破落，从这个角度来看，采煤机截割部的振动特性会增加截齿揳入煤岩的瞬时速度，持续的振动更是有助于煤岩裂纹的产生和扩大，因此对于采煤机平稳运行影响较小的那部分振动特性可以加以利用，以达到对煤岩的高效破碎，进而提高采煤机的工作效率。

本节将研究截割部振动特性对滚筒截齿运动轨迹、速度、加速度和负载等截割性能方面的影响。

4.3.1 截割部振动对截齿运动参数的影响

由于分析截割部振动特性对截齿运动参数的影响需要知道截割部振动特性的解析解，但是由于采煤机截割部的振动模型和外部激励比较复杂，由 4.2 节的分析中并不能求解出采煤机截割部振动特性的解析解，但是通过观察截割部各处的位移响应特性，可以发现其振动特性类似正弦或余弦特性，我们可以利用数值拟合的方法得到采煤机截割部振动特性的近似解析解，并利用该结果对采煤机截齿的运动参数进行分析。

根据 4.1.3 节的分析，知道采煤机摇臂的工作角度为 20°时摇臂的振动量较大，本节对该工作状态下截割部的振动情况进行数值拟合，并对截齿运动参数的影响进行研究。

通过 MATLAB 对 4.1.3 节中摇臂的工作角度为 20°时摇臂的振动特性，以正弦函数和的拟合方式进行拟合，其结果如图 4 - 16 所示。

通过拟合图形可以看出，以正弦函数和的形式对求解的振动响应数据进行拟合，其结果与原有数据点十分接近，可以代替原有数据，运用到对截齿运动参数的分析中，正弦函数和形式的解析解为

$$w(t) = 21.47 \times \sin(9.26t - 0.3657) + 0.01705 \times \sin(10.44t - 3.658) -$$
$$18.34 \times \sin(9.262t - 0.3981) + 1.252 \times \sin(22.71t - 6.337) -$$
$$0.008695 \times \sin(18.18t + 4.049) + 0.7391 \times \sin(3.45t - 3.629) \quad (4 - 33)$$

由于采煤机在工作过程中摇臂一般固定不动，由牵引部以一定的牵引速度进行牵引进行工作，该工作状态与 4.3.1 节讨论的第一种运动情况相符，此工作状态下截齿的运动轨迹为截齿原有运动轨迹与滚筒振动轨迹的叠加，根据式（4 - 33），此种工作状态下截齿

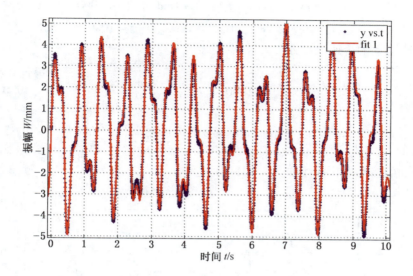

图4－16　振动特性正弦函数和的拟合结果

的运动轨迹方程为

$$\begin{cases} x = v_{q}t + r_{c}\sin(\omega t + \varphi_{i}) + \sin\phi_{bx}w(t)/1000 \\ y = r_{c}\cos(\omega t + \varphi_{i}) + \cos\phi_{bx}w(t)/1000 \end{cases} \tag{4-34}$$

式中　ϕ_{bx}——摇臂与水平面的夹角，（°）。

截齿运动的轨迹曲线如图4－17所示。

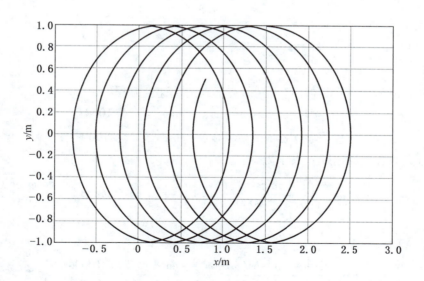

图4－17　截齿运动的轨迹曲线

对式（4－34）进行求导便可得到截齿运动的速度方程：

$$\begin{cases} v_x = v_q + r_c\omega\cos(\omega t + \varphi_i) + \sin\phi_{bx}w'(t)/1000 \\ v_y = -r_c\omega\sin(\omega t + \varphi_i) + \cos\phi_{bx}w'(t)/1000 \end{cases} \quad (4-35)$$

截齿齿尖运动的合速度和方向为

$$v_j = \sqrt{\left[v_q + r_c\omega\cos(\omega t + \varphi_i) + \frac{\sin\phi_{bx}w'(t)}{1000} \right]^2 + \left[-r_c\omega\sin(\omega t + \varphi_i) + \frac{\cos\phi_{bx}w'(t)}{1000} \right]^2}$$

$$(4-36)$$

$$\tan\alpha_{vj} = \frac{|-r_c\omega\sin(\omega t + \varphi_i) + \sin\phi_{bx}w'(t)/1000|}{|v_q + r_c\omega\cos(\omega t + \phi_i) + \cos\phi_{bx}w'(t)/1000|} \quad (4-37)$$

截齿运动的速度变化曲线如图 4 - 18 所示。

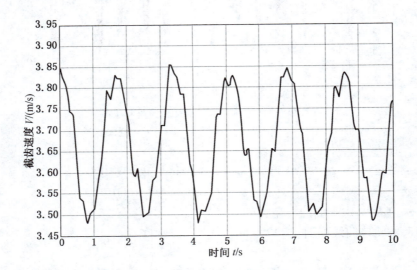

图 4 - 18　截齿运动的速度变化曲线

对式（4 - 35）进行求导便可得到截齿运动的加速度方程：

$$\begin{cases} a_x = -r_c\omega^2\sin(\omega t + \varphi_i) + \sin\phi_{bx}w''(t)/1000 \\ a_y = -r_c\omega^2\cos(\omega t + \varphi_i) + \cos\phi_{bx}w''(t)/1000 \end{cases} \quad (4-38)$$

截齿齿尖的合成加速度 a 大小为

$$a_j = \sqrt{\left[-r_c\omega^2\sin(\omega t + \varphi_i) + \frac{\sin\phi_{bx}w''(t)}{1000} \right]^2 + \left[-r_c\omega^2\cos(\omega t + \varphi_i) + \frac{\cos\phi_{bx}w''(t)}{1000} \right]^2}$$

$$(4-39)$$

加速度方向为

$$\tan\alpha_{aj} = \frac{|-r_c\omega^2\cos(\omega t + \varphi_i) + \cos\phi_{bx}w''(t)/1000|}{|-r_c\omega^2\sin(\omega t + \varphi_i) + \sin\phi_{bx}w''(t)/1000|} \quad (4-40)$$

截齿加速度的变化曲线如图 4 - 19 所示。

通过观察截齿的运动轨迹、速度大小的变化和加速度大小的变化可以发现，截割部的振动对截齿的运动轨迹影响较小，但是对截齿的运动速度和加速度的影响较大，在一定程

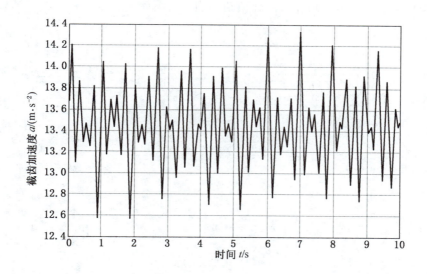

图 4-19 截齿的加速度变化曲线

度上提高了截齿的动能，有助于煤岩的破落。

4.3.2 截割部振动对滚筒负载的影响

根据 4.2.2 节对滚筒负载特性的分析可以知道，除了煤岩自身的物理属性之外，影响螺旋滚筒负载的主要因素包括：截齿齿宽、截距、牵引速度、滚筒转速和参与截割的截齿数，其中牵引速度、滚筒转速和截齿数直接影响采煤机的最大切削厚度，而截割部的振动特性主要影响滚筒的截割厚度，所以截割部的振动特性通过影响采煤机的切削厚度直接影响采煤机滚筒的负载。

根据滚筒截割厚度的计算公式，可以得到考虑截割部振动特性后的截割厚度计算公式为

$$B_i = \sin\phi_i \left[\frac{v_q}{n \cdot m} + w_x(t) \right] \qquad (4-41)$$

所以截齿的截割阻力和牵引阻力的计算公式为

$$F_{xi} = \frac{10K_y A}{\cos\beta_0} \frac{0.35b_p + 0.3}{b_p + Bh_w^{0.5}} h_w t K_m K_a K_f K_p + 100f'K_y'\sigma_y S_d \qquad (4-42)$$

$$F_{yi} = K_q \frac{10K_y A}{\cos\beta_0} \frac{0.35b_p + 0.3}{b_p + Bh_w^{0.5}} h_w t K_m K_a K_f K_p + 100K_y'\sigma_y S_d \qquad (4-43)$$

当截齿顺序式排列时，截齿所受侧向力为

$$F_{zi} = Z_0 \left(\frac{1.4}{0.1h_w + 0.3} + 0.15 \right) \frac{h_w}{t'} \qquad (4-44)$$

当截齿棋盘式排列时，截齿所受侧向力为

$$F_{zi} = Z_0 \left(\frac{1}{0.1h_w + 2.2} + 0.1 \right) \frac{h_w}{t'} \qquad (4-45)$$

将式 (4-42) ~ 式 (4-45) 代入文献 [2] 中的负载计算公式，根据 4.2.3 节的采煤

机滚筒负载特性的模拟方法对在截割部振动影响下的滚筒负载进行模拟，其结果如图4-20所示。

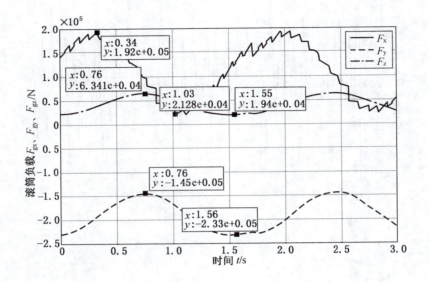

图4-20 截割部振动影响下的滚筒负载特性

通过观察图4-20并分别求出各分力的最大值并统计成表4-1。

表4-1 采煤机滚筒负载的最值 kN

负 载	F_{gx}	F_{gy}	F_{gZ}
Max	192.0	-233.0	63.41
Min	21.28	-145.0	19.4

虽然截割部的振动特性会使滚筒各方向的负载都有所增大，但是变化范围都在几千牛到十几千牛的区间，没有较为明显的变化，所以，截割部的振动特性对采煤机滚筒的负载特性影响较小。

5　采煤机整机动力学特性分析与研究

5.1　采煤机竖直方向6自由度系统动力学特性分析

5.1.1　滚筒竖直方向载荷模型建立

在本节的分析中，采煤机的滚筒载荷只考虑螺旋滚筒截割纯煤的情况；另外，采煤机在采煤工作面工作时，前后滚筒处在不同的工作位置，因此，其受力情况有所不同，只考虑螺旋滚筒一侧与煤壁都接触的情况。因此，滚筒在 t 时刻时，第 i 个截齿上的截割阻力、牵引阻力和侧向阻力如图 5-1 所示。沿着水平方向、垂直方向和轴向分解，再将参与截割的所有截齿 3 个方向的分力逐个叠加即可得到截割滚筒的瞬时三向力。

其中，y 方向为滚筒的竖直方向；x 方向为滚筒的水平方向；O_0 为滚筒中心的初始位置；O_t' 为滚筒中心在 t 时刻的位置；P_0 为第 i 个截齿的初始位置；P_t' 为第 i 个截齿 t 时刻的位置；ω_g 为滚筒旋转的角速度；φ_i 为第 i 个截齿转过的角度；F_{zi} 为第 i 个截齿所受的侧向力，方向垂直于纸面向外；F_{yi} 为第 i 个截齿所受的牵引阻力，方向指向滚筒中心；F_{xi} 为第 i 个截齿所受的截割阻力，方向与牵引阻力垂直；F_{gy} 为滚筒在竖直方向所受的阻力；F_{gx} 为滚筒在水平方向所受的阻力，即滚筒的牵引阻力；v_q 为采煤机的牵引速度。

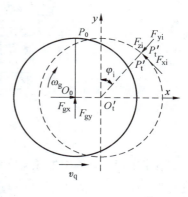

图 5-1　滚筒在竖直方向
受力示意图

由图 5-1 可知，第 i 个截齿在竖直方向所受的阻力为

$$Y_i = -F_{yi}\cos\varphi_i + F_{zi}\sin\varphi_i \qquad (5-1)$$

采煤机滚筒在竖直方向所受的阻力为

$$F_{gy} = \sum_{i=1}^{m} Y_i = \sum_{i=1}^{m} (-F_{yi}\cos\varphi_i + F_{zi}\sin\varphi_i) \qquad (5-2)$$

5.1.2　整机竖直方向动力学模型建立

采煤机在竖直方向（平行于煤岩且垂直于支撑底板方向）的振动可以看成是具有多自由度阻尼的受迫振动。由于采煤机结构复杂，为了形象地表示采煤机在竖直方向的振动情况，并考虑到模型的简化以及计算的方便。因此，在建立采煤机竖直方向的动力学模型的过程中，采用集中质量法，将采煤机整机划分为由左右滚筒、左右摇臂以机身，共五部分组成，并假设①采煤机各部分的质量块忽略其弹性视为刚性并且质量集中于各自的中心，质量分别为 m_1、m_2、m_2、m_4、m_5（分别为前滚筒、前摇臂、机身、后摇臂、后滚筒的质量）；②将调高油缸简化为有阻尼、刚度可变的弹簧；③采煤机各部件之间通过无质量并且具有一定弹性和阻尼的元件连接；④采煤机各部件之间的阻尼为黏性阻尼；⑤采煤

机工作运行正常。由此，采煤机整机在竖直方向可以简化成为 6 个自由度系统的动力学模型，其模型如图 5 - 2 所示。

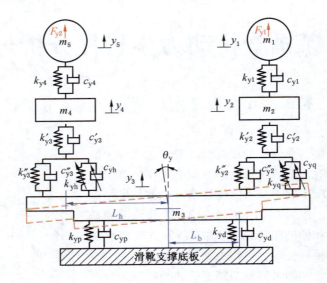

图 5 - 2　采煤机竖直方向动力学模型

依据图 5 - 2 采用牛顿力学法，得出采煤机在竖直方向上的动力学数学模型为

$$
\begin{cases}
m_1 \ddot{y}_1 + c_{y1}(\dot{y}_1 - \dot{y}_2) + k_{y1}(y_1 - y_2) = F_{y1} \\
m_2 \ddot{y}_2 + c_{y1}(\dot{y}_2 - \dot{y}_1) + k_{y1}(y_2 - y_1) + c_q(\dot{y}_2 - \dot{y}_3 - L_h \dot{\theta}_y) + k_q(y_2 - y_3 - L_h \theta_y) = 0 \\
M_3 \ddot{y}_3 + c_q(\dot{y}_3 - \dot{y}_2 - L_h \dot{\theta}_y) + k_q(y_3 - y_2 - L_h \theta_y) + c_h(\dot{y}_3 - \dot{y}_4 + L_h \dot{\theta}_y) + \\
\quad k_h(y_3 - y_4 + L_h \theta_y) + c_{yd}(\dot{y}_3 + L_b \dot{\theta}_y) + k_{yd}(y_3 + L_b \theta_y) + c_{yp}(\dot{y}_3 - L_b \dot{\theta}_y) + k_{yp}(y_3 - L_b \theta_y) = 0 \\
J_3 \ddot{\theta}_y + c_q(\dot{y}_3 - \dot{y}_2 - L_h \dot{\theta}_y) \cdot L_h + k_q(x_3 - x_2 - L_h \theta_y) \cdot L_h - c_h(\dot{y}_3 - \dot{y}_4 + L_h \dot{\theta}_y) \cdot L_h - k_h(y_3 - y_4 + \\
\quad L_h \theta_y) \cdot L_h + c_{yp}(\dot{y}_3 - L_b \dot{\theta}_y) \cdot L_b + k_{yp}(y_3 - L_b \theta_y) \cdot L_b - c_{yd}(\dot{y}_3 + L_b \dot{\theta}_y) \cdot L_b - \\
\quad k_{yd}(y_3 + L_b \theta_y) \cdot L_b = 0 \\
m_4 \ddot{y}_4 + c_h(\dot{y}_4 - \dot{y}_3 + L_h \dot{\theta}_y) + k_h(y_4 - y_3 + L_h \theta_y) + c_{y4}(\dot{y}_4 - \dot{y}_5) + k_{y4}(y_4 - y_5) = 0 \\
m_5 \ddot{y}_5 + c_{y4}(\dot{y}_5 - \dot{y}_4) + k_{y4}(y_5 - y_4) = F_{y2}
\end{cases}
$$

$$(5 - 3)$$

其中，

$$
\begin{cases}
\dfrac{1}{k_q} = \dfrac{1}{k'_{y2}} + \dfrac{1}{k''_{y2} + k_{yq}} \\[2mm]
\dfrac{1}{c_q} = \dfrac{1}{c'_{y2}} + \dfrac{1}{c''_{y2} + c_{yq}} \\[2mm]
\dfrac{1}{k_h} = \dfrac{1}{k'_{y3}} + \dfrac{1}{k''_{y3} + k_{yh}} \\[2mm]
\dfrac{1}{c_h} = \dfrac{1}{c'_{y3}} + \dfrac{1}{c''_{y3} + k_{yh}}
\end{cases}
$$

$$(5 - 4)$$

式（5-4）中 $k_{yq} = k_{yh}$ 为液压缸等效液压弹簧的刚度，N/m，可按照下式计算：

$$k_{yq} = k_{yh} = \frac{4\beta_e B_m}{VS_t}$$ 　　　（5-5）

式中　β_e——液压缸的有效体积弹性模量，MPa；

　　　B_m——液压缸两腔作用面积的平均值，m^2；

　　　V——液压缸两腔当量总容积的平均值，m^3；

　　　S_t——液压缸行程，m。

5.1.3　模型求解与分析

运用 MATLAB 对采煤机整机竖直方向系统动力学进行分析研究，可以节约大量的计算时间。该主体程序结构包括五大模块，它们分别是：程序初始化模块、参数输入模块、主程序模块、程序调试模块、结果输出模块。程序初始化模块包含内存设置、数据最初化设定等；参数输入模块包含系统的相关参数输入；主程序模块主要指调用 ode45 函数求解微分方程以及对采煤机整机系统动力学方程建立；结果输出描述为图像表达的模拟曲线。其中，输入参数有：采煤机各部分的质量、基本几何参数，系统各部分之间的刚度系数、阻尼系数，求解时间，求解步长。该系统算法的程序流程图如图5-3所示。

1. 煤岩硬度对振动特性的影响

由于煤岩组成复杂，因此在采煤机截割煤岩的过程中，滚筒在竖直方向受到的力是瞬时变化的。依据文献［65］～［67］本节主要针对纯煤对采煤机在竖直方向振动的影响进行分析研究，为

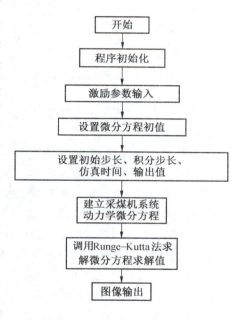

图5-3　系统算法的程序流程图

方便计算与研究煤层硬度对采煤机振动的影响，可按煤岩的脆性程度，将煤岩大致分为3个等级：极脆性煤、脆性煤和韧性煤。

当考虑煤岩脆性程度影响对采煤机振动的影响时，则截齿截割阻力均值 Z_0 为

$$Z_0 = \frac{10K_y A_z}{\cos\beta_0} \frac{0.35 b_p + 0.3}{b_p + Bh^{0.5}} B_q L_m K_m K_a K_f K_p$$ 　　（5-6）

其中，A_z 为存在矿压时煤岩的截割阻抗平均值，$\leqslant 180 \ kN/m$ 的煤称为软煤；$A_z = 180 \sim 240 \ kN/m$ 的煤称为中硬煤；$A_z = 240 \sim 360 \ kN/m$ 的煤称为硬煤；L_m 为平均截距；B_q 为切屑厚度；b_p 为截齿计算宽度，一般可取直径的一半，cm。

式（5-6）中，K_y 为煤岩体压张系数：

$$K_y = K_{y0} + \frac{\dfrac{B_j}{h_m} - c}{\dfrac{B_j}{h_m} + d}$$ 　　　（5-7）

式中　h_m——平均每层厚度，m；

$\quad\quad B_j$——滚筒截割深度，m；

$\quad\quad K_{y0}$——煤岩表层张力系数，取值范围为 0.2 ~ 0.5，其取值与煤岩的性质有关，脆性煤岩取较小值，韧性煤岩取较大值；

$\quad\quad c$、d——与煤岩性质和回采工作条件有关的系数，其对应煤岩表层张力系数的取值可按表 5 - 1 查取。

表 5 - 1　煤岩压张系数计算参数表

相关系数	K_{y0}	c	d
极脆性煤	0.28	0.05	0.3
脆性煤	0.36	0.36	0.1
韧性煤	0.48	0.1	1.0

K_m 为煤岩体裸露系数，取值范围为 0.52 ~ 0.74；K_a 为截角影响系数，即截齿截割角 λ_{jc} 对截割比能耗影响系数。

K_f 为截齿前刃面形状系数，对于镐型截齿，通常取 0.85 ~ 0.9；K_p 为截齿配置系数；β_0 为截齿揳入煤岩体的角度；B_c 为煤岩的脆性程度系数，煤岩属性为韧性时 $B_c < 2.1$，煤岩属性为脆性时 $2.1 \leqslant B_c \leqslant 3.5$，煤岩属性为极脆性时 $B_c > 3$。

以 MG500/1180 型采煤机为研究对象，在 MATLAB 汇编语言中，采用数值求解方法，设置仿真求解时间为 100 s，步长为 0.001 s，采煤机牵引速度 $v_q = 3$ m/min，采煤机前摇臂举升角 $\phi_1 = 27°$，对煤岩的截割阻抗平均值 A_z 分别取 200 kN/m、300 kN/m、400 kN/m，得出煤岩硬度对滚筒竖直方向上载荷 F_{gy} 的影响曲线如图 5 - 4 所示。

由图 5 - 4 可知，当煤岩的截割阻抗平均值 $A_z = 200$ kN/m 时，采煤机滚筒竖直方向的载荷最大达到 5.12×10^4 N，并且在均值为 4.85×10^4 N 附近上下波动，差值为 0.52×10^4 N；当煤岩的截割阻抗平均值 $A_z = 300$ kN/m 时，采煤机滚筒竖直方向的载荷最大达到

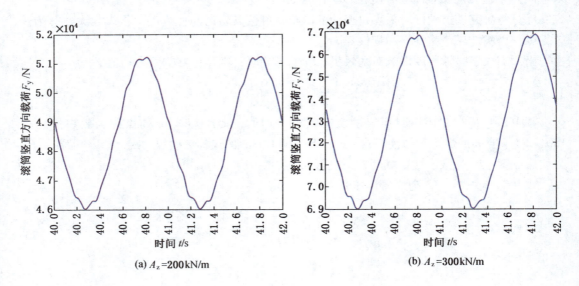

(a) A_z =200kN/m　　　　　　　　(b) A_z =300kN/m

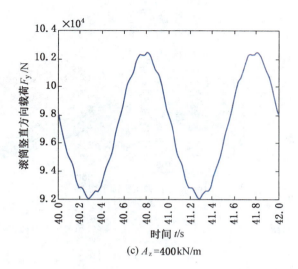

(c) $A_z = 400\,\mathrm{kN/m}$

图 5-4 采煤机滚筒竖直方向载荷

$7.69 \times 10^4\,\mathrm{N}$，并且在均值为 $7.3 \times 10^4\,\mathrm{N}$ 附近上下波动，差值为 $0.8 \times 10^4\,\mathrm{N}$；当煤岩的截割阻抗平均值 $A_z = 400\,\mathrm{kN/m}$ 时，采煤机滚筒竖直方向的载荷最大达到 $10.23 \times 10^4\,\mathrm{N}$，并且在均值为 $9.75 \times 10^4\,\mathrm{N}$ 附近上下波动，差值为 $1.03 \times 10^4\,\mathrm{N}$。

在 MATLAB 中，将以上所得出的采煤机滚筒竖直方向载荷的数据，通过编写程序语句的方法，导入到采煤机整机在竖直方向振动的求解方程中。为保证仿真模拟的一致性，同样采用竖直求解的方法，设置仿真求解时间为 100 s，步长为 0.001 s。图 5-5 所示为在不同煤岩的截割阻抗平均值影响下，采煤机各部分在竖直方向上的振动位移；图 5-6 所示为在不同煤岩的截割阻抗平均值影响下，采煤机各部分在竖直方向上的振动加速度。

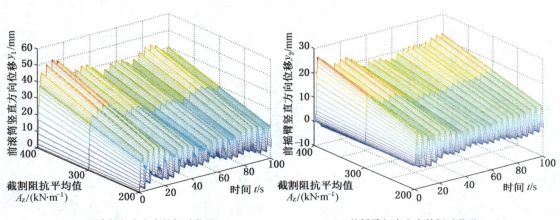

(a) 前滚筒竖直方向的振动位移　　　　　　　　(b) 前摇臂竖直方向的振动位移

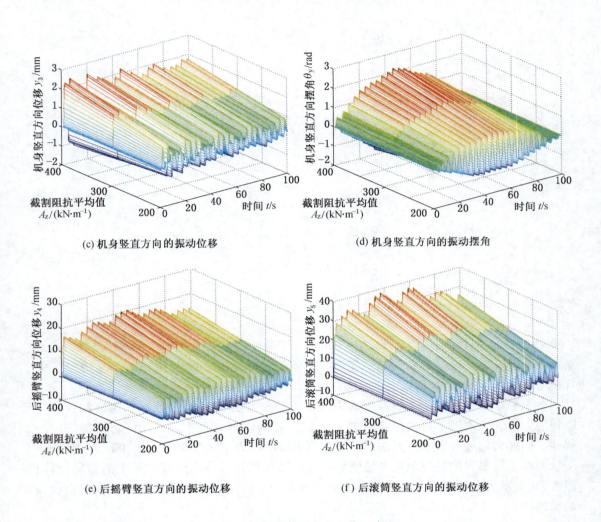

(c) 机身竖直方向的振动位移

(d) 机身竖直方向的振动摆角

(e) 后摇臂竖直方向的振动位移

(f) 后滚筒竖直方向的振动位移

图 5-5　采煤机竖直方向的振动量

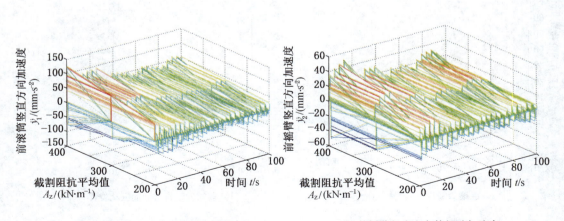

(a) 前滚筒竖直方向的振动加速度

(b) 前摇臂竖直方向的振动加速度

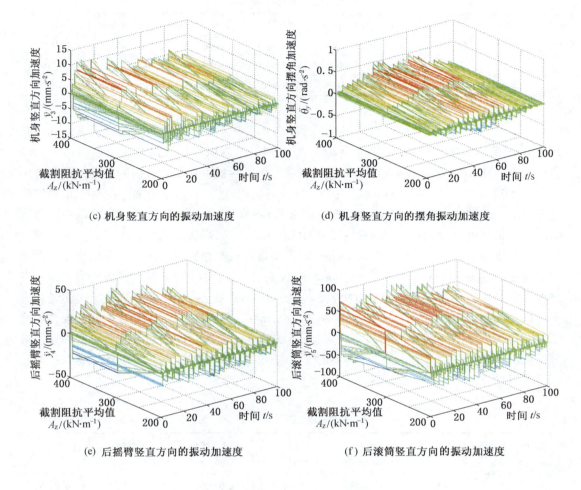

(c) 机身竖直方向的振动加速度

(d) 机身竖直方向的摆角振动加速度

(e) 后摇臂竖直方向的振动加速度

(f) 后滚筒竖直方向的振动加速度

图5-6 采煤机竖直方向的振动加速度

从图5-5和表5-2中可以看出，当煤岩的截割阻抗平均值 $A_z = 200$ kN/m 时，采煤机前后滚筒在竖直方向振动位移分别为 13.4156 mm 和 8.1850 mm；采煤机前后摇臂在竖直方向的振动位移为 5.3115 mm 和 3.3232 mm；采煤机机身在竖直方向的振动位移和振动摆角分别为 0.3354 mm 和 -0.3558 rad。当煤岩的截割阻抗平均值 $A_z = 300$ kN/m 时，采煤机前后滚筒在竖直方向的振动位移分别为 20.1219 mm 和 12.2766 mm；采煤机前后摇臂在竖直方向的振动位移为 7.9665 mm 和 4.9844 mm；采煤机机身在竖直方向的振动位移和振动摆角分别为 0.5030 mm 和 0.6906 rad。当煤岩的截割阻抗平均值 $A_z = 300$ kN/m 时，采煤机前后滚筒在竖直方向的振动位移分别为 26.8300 mm 和 16.3691 mm；采煤机前后摇臂在竖直方向的振动位移为 10.6223 mm 和 6.6458 mm；采煤机机身在竖直方向的最大振动位移和最大振动摆角分别为 0.6707 mm 和 2.8061 rad。煤岩的截割阻抗平均值越大，采煤机整机在竖直方向的振动越大，并且对采煤机前后滚筒在竖直方向的振动影响最大。

表5-2　不同煤岩硬度下的采煤机竖直方向的振动均值

阻抗 A_z/(kN·m⁻¹)	前滚筒/mm	前摇臂/mm	机身/mm	机身摆角/rad	后摇臂/mm	后滚筒/mm
200	13.4156	5.3115	0.3354	-0.3558	3.3232	8.1850
300	20.1219	7.9665	0.5030	0.6906	4.9844	12.2766
400	26.8300	10.6223	0.6707	2.8061	6.6458	16.3691

从图5-6和表5-3中可以看出，采煤机各部分振动加速度都在0附近上下波动，并且最大、最小峰值基本相同。当 $A_z = 200$ kN/m 时，采煤机前后滚筒在竖直方向的振动加速度分别为0.0284 mm/s²、0.0220 mm/s²；采煤机前后摇臂在竖直方向的振动加速度分别为-0.0006 mm/s²、-0.0034 mm/s²；采煤机机身在竖直方向的振动加速度与摆角角加速度分别为-0.0004 mm/s²、0.0011 rad/s²。当 $A_z = 300$ kN/m 时，采煤机前后滚筒在竖直方向的振动加速度分别为0.0542 mm/s²、0.0419 mm/s²；采煤机前后摇臂在竖直方向的振动加速度分别为0.0019 mm/s²、0.0073 mm/s²；采煤机机身在竖直方向的振动加速度与摆角角加速度分别为-0.0007 mm/s²、0.0005 rad/s²。当 $A_z = 400$ kN/m 时，采煤机前后滚筒在竖直方向的振动加速度分别为0.00953 mm/s²、0.0891 mm/s²；采煤机前后摇臂在竖直方向的振动加速度分别为0.0156 mm/s²、0.0118 mm/s²；采煤机机身在竖直方向的振动加速度与摆角角加速度分别为0.0028 mm/s²、0.0013 rad/s²。煤岩的截割阻抗平均值的变化对采煤机前后滚筒在竖直方向的振动加速度的影响较大，煤岩的截割阻抗平均值越大，前后滚筒在竖直方向的振动加速度越大。

表5-3　不同煤岩硬度下的采煤机竖直方向的振动加速度均值

阻抗 A_z/(kN·m⁻¹)	前滚筒/(mm·s⁻²)	前摇臂/(mm·s⁻²)	机身/(mm·s⁻²)	机身摆角/(rad·s⁻²)	后摇臂/(mm·s⁻²)	后滚筒/(mm·s⁻²)
200	0.0284	-0.0006	-0.0004	0.0011	-0.0034	0.0220
300	0.0542	0.0019	-0.0007	0.0005	0.0073	0.0419
400	0.0953	0.0156	0.0028	0.0013	0.0118	0.0891

2. 摇臂举升角对振动特性的影响

采煤机在工作时，通过改变采煤机调高油缸不同的行程来改变采煤机摇臂不同的举升角，进而改变采煤机滚筒不同的高度来适应不同的采高。由文献［68］可知，采煤机摇臂的举升角对采煤机的振动特性会产生影响。

当考虑举升角对采煤机整机振动特性影响时，式（5-5）中调高油缸的行程 S_t 与摇臂的举升角之间的函数关系为

$$S_t' = S_0 + \Delta S \tag{5-8}$$

$$\Delta S = L_R\left(\frac{\Delta H}{l_r} + \sin\phi_0\right)\cos\frac{\phi_0}{2} - 2L_R\sin\frac{\phi_0}{2}\cos\frac{\arcsin\left(\frac{\Delta H}{l_r}\sin\phi_0\right)}{2} \tag{5-9}$$

$$\Delta H = l_r\left[\sin(\phi_0 + \alpha_t') - \sin\phi_0\right] \tag{5-10}$$

图 5-7 所示为采煤机摇臂滚筒调高系统示意图。其中，S_0 为调高油缸的初始行程；S_t' 为调高油缸在 t 时刻的行程；O_0 为滚筒的初始位置；O_t' 为滚筒在 t 时刻的位置；H_0 为滚筒的初始高度；H_t' 为滚筒在 t 时刻的高度；L_R 为大摇臂的长度；l_r 为小摇臂的长度；ϕ_0 为摇臂初始的举升角；α_t' 为经过时间 t 摇臂转过的角度。

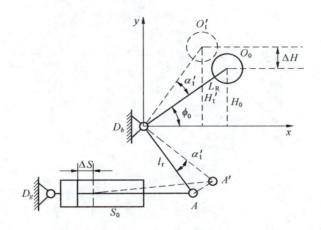

图 5-7 采煤机摇臂滚筒调高系统示意图

由此，结合式（5-5）可以推导出采煤机调高油缸的行程与采煤机摇臂举升角 ϕ 之间的函数关系为

$$k_d = \frac{4\beta_e B_m}{V(S_0 + \Delta S)}$$

$$= \frac{4\beta_e B_m}{V\left\{ S_0 + L_R\sin(\phi_0 + \alpha_t')\cos\dfrac{\phi_0}{2} - 2L_R\sin\dfrac{\phi_0}{2}\cos\dfrac{\arcsin\left[\sin(\phi_0 + a_t')\sin\phi_0 - \sin^2\phi_0\right]}{2} \right\}}$$

$$(5-11)$$

采煤机在工作过程中受到较大的外载荷作用，摇臂在工作过程中呈简支梁状态，在外载荷作用下，摇臂势必会发生变形，进而摇臂自身的刚度会随着摇臂的举升角的变化而变化。因此将采煤机摇臂简化为图 5-8 所示的简支梁模型，依据材料力学中简支梁的挠度 ω_1 计算方法，则简支梁的挠度 ω_1 与举升角 ϕ 之间的函数关系式如下：

$$\omega_1 = \frac{L_R^3(F_{gy}\cos\phi - F_t\sin\phi_{bg})}{3E_b I_e} \tag{5-12}$$

$$F_t = k_d \cdot \Delta S \tag{5-13}$$

由胡克定律可以计算出采煤机摇臂自身在竖直方向的刚度 k_{y2}'、k_{y3}' 与举升角之间的函数关系式：

$$k_{y2}' = k_{y3}' = \frac{F_{gy}}{\omega_1} = \frac{3F_{gy}E_b I_e}{L_R^3(F_{gy}\cos\phi - F_t \cdot \sin\phi_{bg})} \tag{5-14}$$

其中，F_t 为调高油缸对采煤机摇臂的作用力；ϕ_{bg} 为调高油缸与采煤机摇臂之间的夹角，在摇臂举升角变化过程中，其变化量很小，可忽略不计，因此认为 ϕ_{bg} 不变；E_b 为摇

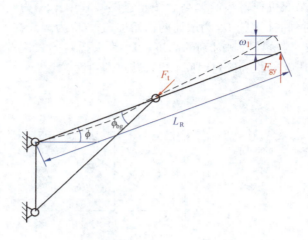

图 5 - 8　采煤机摇臂筒支梁模型

臂材料的弹性模量，MPa；I_e 为无质量弹性梁的截面惯性矩，m^4。

基于以上的分析，根据实际工作采煤机在一次截煤过程中，在面对不同采高时只变换前摇臂的举升角，后摇臂的举升角基本不变，并依据调高油缸实际行程以及调高油缸的规格。在 MATLAB 汇编语言中，采用数值分析方法，计算出采煤机前摇臂举升角 ϕ_1，分别在 $\phi_1 = 17°$、$\phi_1 = 27°$、$\phi_1 = 37°$时，采煤机前摇臂自身的刚度系数 k'_{y2}，以及采煤机前调高油缸的等效刚度 k_{yq}。将所得到的 k'_{y2}、k_{yq} 数据保存，并导入到采煤机整机在竖直方向振动的数值模型中。为保证仿真分析的严谨一致性，在 MATLAB 中，设置采煤机牵引速度 $v_q = 3\ min/s$，煤岩的截割阻抗平均值 $A_z = 300\ kN/m$，仿真求解的时间为 100 s，步长为 0.001 s。由于在本节的分析中，前摇臂自身的刚度系数 k'_{y2} 与调高油缸等效刚度 k_{yq}，只对采煤机整机在竖直方向振动产生影响，对采煤机滚筒在竖直方向上的载荷并不产生影响。因此，根据在 MATLAB 中设置的参数，本节采煤机滚筒在竖直方向载荷数据采用 5.1.3 中"煤岩硬度对振动特性的影响"所得出的，采煤机牵引速度 $v_q = 3\ min/s$、煤岩的截割阻抗平均值 $A_z = 300\ kN/m$ 时，滚筒竖直方向载荷曲线如图 5 - 4b 所示。图 5 - 9、图 5 - 10 所示分别为采煤机各部分在竖直方向振动的位移和加速度。

从图 5 - 9 和表 5 - 4 中可以看出，当采煤机前摇臂举升角 $\phi_1 = 17°$时，前滚筒在竖直方向的振动位移为 21.5521 mm，前摇臂在竖直方向振动位移为 9.4005 mm，机身在竖直方向的振动位移为 0.5006 mm，机身在竖直方向的振动摆角、后摇臂在竖直方向的振动位移以及后滚筒在竖直方向的振动位移分别为 - 0.2897 rad、4.9641 mm、12.2528 mm。当采煤机前摇臂举升角 $\phi_1 = 27°$时，前滚筒在竖直方向的振动位移为 16.7582 mm，前摇臂在竖直方向的振动位移为 4.6061 mm，机身在竖直方向的振动摆角为 0.8505 rad，机身在竖直方向的振动位移为 0.4998 mm，后摇臂在竖直方向的振动位移为 4.9240 mm，后滚筒在竖直方向的振动位移为 12.1853 mm。当采煤机前摇臂举升角 $\phi_1 = 37°$时，前滚筒在竖直方向的振动位移为 15.4240 mm，前摇臂在竖直方向的振动位移为 3.3064 mm，机身在竖直方向的振动摆角为 1.1616 rad，机身在竖直方向的振动最大位移为 0.4968 mm，后摇臂在竖直方向振动位移为 4.9309 mm，后滚筒在竖直方向最大振动位移为 12.1970 mm。采煤机

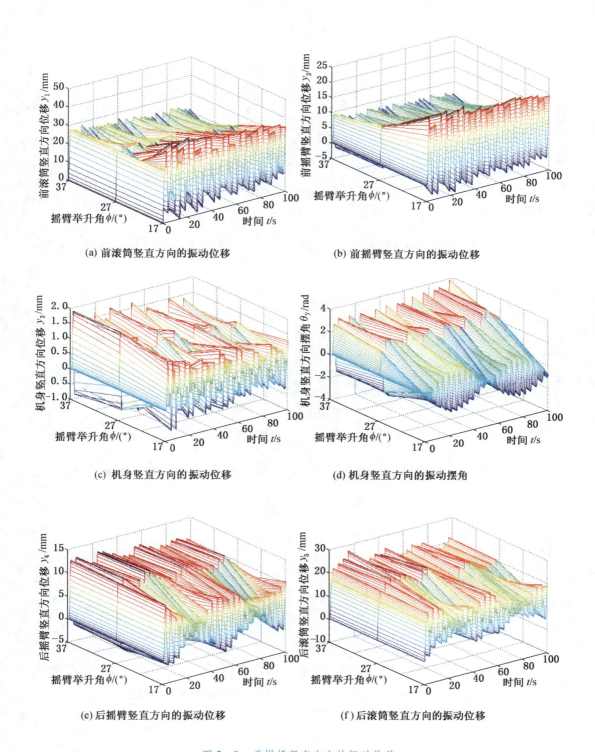

(a) 前滚筒竖直方向的振动位移

(b) 前摇臂竖直方向的振动位移

(c) 机身竖直方向的振动位移

(d) 机身竖直方向的振动摆角

(e) 后摇臂竖直方向的振动位移

(f) 后滚筒竖直方向的振动位移

图 5-9　采煤机竖直方向的振动位移

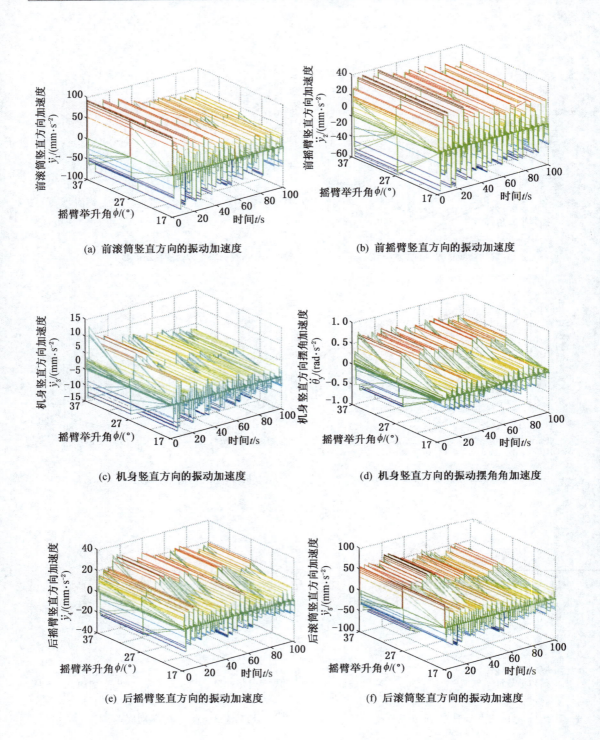

(a) 前滚筒竖直方向的振动加速度　　　　　　(b) 前摇臂竖直方向的振动加速度

(c) 机身竖直方向的振动加速度　　　　　　　(d) 机身竖直方向的振动摆角角加速度

(e) 后摇臂竖直方向的振动加速度　　　　　　(f) 后滚筒竖直方向的振动加速度

图 5-10　采煤机竖直方向的振动加速度

摇臂举升角的变化对前滚筒、前摇臂在竖直方向的振动影响较大，举升角越大，前滚筒、前摇臂在竖直方向的振动越小。

表5-4 不同举升角下的采煤机竖直方向的振动均值

摇臂举升角/(°)	前滚筒/mm	前摇臂/mm	机身/mm	机身摆角/rad	后摇臂/mm	后滚筒/mm
$\phi = 17°$	21.5521	9.4005	0.5006	-0.2897	4.9641	12.2528
$\phi = 27°$	16.7582	4.6061	0.4998	0.8505	4.9240	12.1853
$\phi = 37°$	15.4240	3.3064	0.4968	1.1616	4.9309	12.1970

从图5-10和表5-5中可以看出，当$\phi = 17°$时，采煤机前后滚筒在竖直方向的振动加速度分别为-0.0093 mm/s^2、0.0131 mm/s^2；采煤机前后摇臂在竖直方向的振动加速度分别为-0.0465 mm/s^2、-0.0200 mm/s^2；采煤机机身在竖直方向上的振动加速度与摆角角加速度分别为-0.0056 mm/s^2、0.0015 rad/s^2。当$\phi = 27°$时，采煤机前后滚筒在竖直方向的振动加速度分别为-0.0377 mm/s^2、0.0220 mm/s^2；采煤机前后摇臂在竖直方向的振动加速度分别为-0.0552 mm/s^2、-0.0042 mm/s^2；采煤机机身在竖直方向的振动加速度与摆角角加速度分别为-0.0059 mm/s^2、0.0065 rad/s^2。当$\phi = 37°$时，采煤机前后滚筒在竖直方向的振动加速度分别为-0.0729 mm/s^2、0.0379 mm/s^2；采煤机前后摇臂在竖直方向的振动加速度分别为-0.0411 mm/s^2、0.0095 mm/s^2；采煤机机身在竖直方向的振动加速度与摆角角加速度分别为0.0003 mm/s^2、0.0099 rad/s^2。采煤机摇臂举升角的变化，对采煤机整机在竖直方向振动加速度的影响不大。

表5-5 不同举升角下的采煤机竖直方向的振动加速度均值

摇臂举升角/(°)	前滚筒/(mm·s^{-2})	前摇臂/(mm·s^{-2})	机身/(mm·s^{-2})	机身摆角/(rad·s^{-2})	后摇臂/(mm·s^{-2})	后滚筒/(mm·s^{-2})
$\phi = 17$	-0.0093	-0.0465	-0.0056	0.0015	-0.0200	0.0131
$\phi = 27$	-0.0377	-0.0552	-0.0059	0.0065	-0.0042	0.0220
$\phi = 37$	-0.0729	-0.0411	0.0003	0.0099	0.0095	0.0379

3. 牵引速度对振动特性的影响

采煤机截割煤时的运行速度称为牵引速度。采煤机牵引速度越大，采煤机的振动越剧烈。因此在选择采煤牵引速度时，应考虑采煤机的负荷、生产能力，以及运输设备的运输能力。则采煤机最大牵引速度为

$$v_{\text{qmax}} = \frac{Q_t}{60 H_c H \rho_m} \qquad (5-15)$$

式中　H_c——采煤机工作面采高；

　　　H——采煤机的截深；

ρ_m——实体煤的密度，一般取 $\rho = 1.4 \text{ t/m}^3$；

Q_t——运输设备的运输能力，取 $Q_t = 500 \text{ t/h}$。为不使输送机过载，采煤机的牵引
　　　速度的取值应较小一些。

当考虑采煤机牵引速度对整机振动影响时，切削厚度 h 可以表示为

$$h = \frac{v_q \sin\varphi_{li}}{nN_c} \tag{5-16}$$

则单个截齿截割阻力均值 Z_0 与采煤机行走速度 v_q 之间的函数关系为

$$Z_0 = \frac{10K_y A}{\cos\beta_0} \frac{0.35b_p + 0.3}{b_p + Bh^{0.5}} \frac{v_q \sin\varphi_{li}}{nN_c} K_m K_a K_f K_p \tag{5-17}$$

式中　N_c——同一滚筒上安装截齿的个数；

　　n——滚筒的转速，r/min；

　　v_q——采煤机的牵引速度，m/min；

　　φ_{li}——螺旋滚筒上第 i 个截齿的位置角，(°)。

基于以上分析，并结合采煤机在实际工作下的牵引速度。在 MATLAB 汇编语言中同
样采用数值求解方法，为保证仿真的一致性，设置仿真求解时间为 100 s，步长为 0.001 s，
煤岩的截割阻抗平均值 $A_z = 300 \text{ kN/m}$，采煤机前摇臂举升角 $\phi_1 = 27°$，求解采煤机牵引速
度分别为 $v_q = 2 \text{ m/min}$、$v_q = 3 \text{ m/min}$、$v_q = 5 \text{ m/min}$ 时，采煤机滚筒在竖直方向上的载荷
F_{gy} 曲线。如图 5-11 所示，当采煤机牵引速度 $v_q = 2 \text{ m/min}$ 时，采煤机滚筒竖直方向的载
荷最大达到 $4.7 \times 10^4 \text{ N}$，并且在均值为 $4.5 \times 10^4 \text{ N}$ 附近上下波动，差值为 $0.47 \times 10^4 \text{ N}$；
当采煤机牵引速度 $v_q = 3 \text{ m/min}$ 时，采煤机滚筒竖直方向的载荷最大达到 $7.7 \times 10^4 \text{ N}$，并且
在均值为 $7.3 \times 10^4 \text{ N}$ 附近上下波动，差值为 $0.8 \times 10^4 \text{ N}$；当采煤机牵引速度 $v_q = 5 \text{ m/min}$
时，采煤机滚筒竖直方向的载荷最大达到 $1.49 \times 10^5 \text{ N}$，并且在均值为 $1.41 \times 10^5 \text{ N}$ 附近
上下波动，差值为 $0.15 \times 10^5 \text{ N}$。

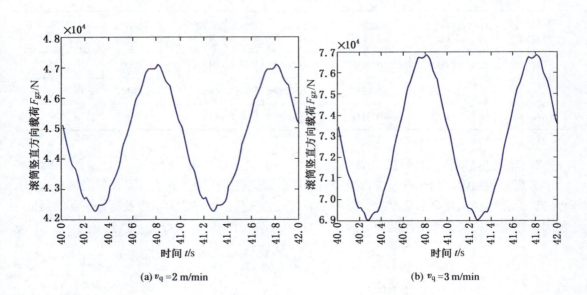

(a) $v_q = 2 \text{ m/min}$　　　　　　　　　　　(b) $v_q = 3 \text{ m/min}$

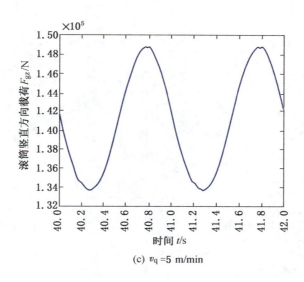

(c) $v_q = 5$ m/min

图 5 – 11　采煤机滚筒竖直方向载荷

　　将以上仿真分析得出的采煤机滚筒在牵引速度下竖直方向的载荷数据，通过编写 MATLAB 程序语句方式，导入采煤机整机在竖直方向振动的 MATLAB 数值模型中，同样为保证仿真的准确严谨性，采用数值分析方法，设置仿真求解时间为 100 s，仿真求解步长为 0.001 s。从图 5 – 12 和表 5 – 6 中可以看出，当采煤机牵引速度 $v_q = 2$ m/min 时，采煤机前滚筒在竖直方向的振动位移为 12.3325 mm，前摇臂在竖直方向的振动动位移为 4.8826 mm，机身在竖直方向的振动动位移为 0.3083 mm，机身在竖直方向的振动动摆角为 0.3749 rad，后摇臂在竖直方向的振动动位移为 3.0548 mm，后滚筒在竖直方向的振动动位移为 7.5240 mm。当采煤机牵引速度 $v_q = 3$ m/min 时，采煤机前滚筒在竖直方向的振动动位移为 20.1219 mm，前摇臂在竖直方向的振动动位移为 7.9665 mm，机身在竖直方向的振动动位移为 0.5030 mm，机身在竖直方向的振动动摆角为 0.6123 rad，后摇臂在竖直方向的振动动位移为 4.9844 mm，后滚筒在竖直方向的振动动位移为 12.2766 mm。当

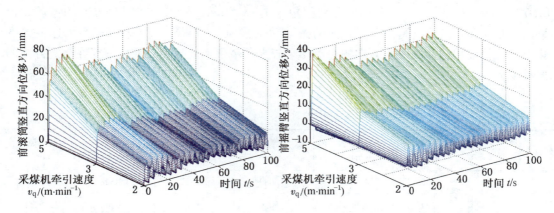

(a) 前滚筒竖直方向的振动位移　　　　　　　　　(b) 前摇臂竖直方向的振动位移

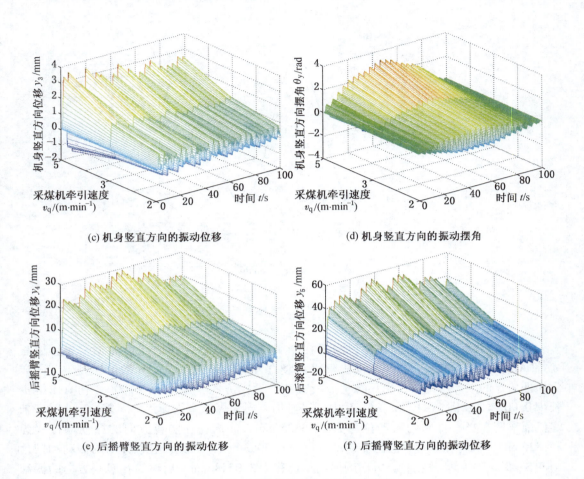

(c) 机身竖直方向的振动位移　　　　　　　　(d) 机身竖直方向的振动摆角

(e) 后摇臂竖直方向的振动位移　　　　　　　(f) 后摇臂竖直方向的振动位移

图 5-12　采煤机竖直方向的振动曲线

采煤机牵引速度 v_q = 5 m/min 时，采煤机前滚筒在竖直方向的振动动位移为 38.9104 mm，前摇臂在竖直方向的振动动位移为 15.4052 mm，机身在竖直方向的最大振动位移为 0.9727 mm，机身在竖直方向的振动动摆角为 1.1835 rad，后摇臂在竖直方向的振动动位移为 9.6384 mm，后滚筒在竖直方向的振动动位移为 13.7396 mm。采煤机牵引速度的变化对采煤机前后滚筒在竖直方向的振动影响较大，牵引速度越大，前后滚筒在竖直方向的振动越大。

表 5-6　不同牵引速度下采煤机竖直方向的振动均值

牵引度 v_q/ (m·min⁻¹)	前滚筒/ mm	前摇臂/ mm	机身/ mm	机身摆角/ rad	后摇臂/ mm	后滚筒/ mm
2	12.3325	4.8826	0.3083	0.3749	3.0548	7.5240
3	20.1219	7.9665	0.5030	0.6123	4.9844	12.2766
5	38.9104	15.4052	0.9727	1.1835	9.6384	23.7396

从图 5 - 13 和表 5 - 7 中可以看出，当采煤机牵引速度 $v_q = 2$ m/min 时，采煤机前滚筒在竖直方向的振动动加速度为 0.0024 mm/s²，前摇臂在竖直方向的振动加速度为 -0.0086 mm/s²，机身在竖直方向的振动加速度为 -0.006 mm/s²，机身在竖直方向的振动摆角角加速度为 0.0011 rad/s²，后摇臂在竖直方向的振动加速度为 -0.0078 mm/s²，后滚筒在竖直方向的振动加速度为 -0.0094 mm/s²。当采煤机牵引速度 $v_q = 3$ m/min 时，采煤机前滚筒在竖直方向的振动加速度为 0.0285 mm/s²，前摇臂在竖直方向的振动加速度为 -0.0054 mm/s²，机身在竖直方向的振动加速度为 -0.0005 mm/s²，机身在竖直方向的振动摆角角加速度为 0.0005 rad/s²，后摇臂在竖直方向的振动加速度为 0.0012 mm/s²，后滚筒在竖直方向的振动加速度为 0.0093 mm/s²。当采煤机牵引速度 $v_q = 5$ m/min 时，采煤机前滚筒在竖直方向的振动加速度为 0.0344 mm/s²，前摇臂在竖直方向的振动加速度为 0.0091 mm/s²，机身在竖直方向的振动加速度为 0.0065 mm/s²，机身在竖直方向的振动摆角角加速度为 0.0013 rad/s²，后摇臂在竖直方向的振动加速度为 0.0150 mm/s²，后滚筒在竖直方向的振动加速度为 -0.0071 mm/s²。采煤机牵引速度对前后滚筒在竖直方向的振动加速度影响较大，牵引速度越大，前后滚筒加速度越大。

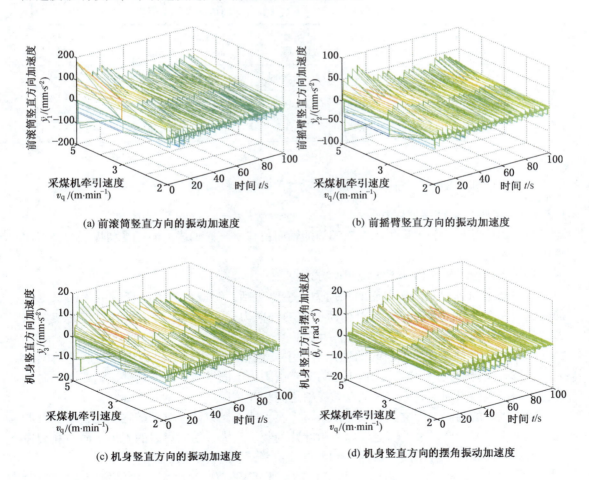

(a) 前滚筒竖直方向的振动加速度　　　　　　　　(b) 前摇臂竖直方向的振动加速度

(c) 机身竖直方向的振动加速度　　　　　　　　(d) 机身竖直方向的摆角振动加速度

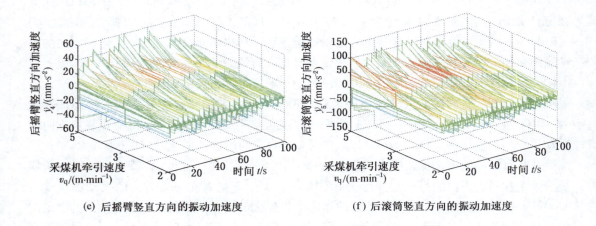

(e) 后摇臂竖直方向的振动加速度   (f) 后滚筒竖直方向的振动加速度

图5-13   采煤机竖直方向振动加速度曲线

表5-7   不同牵引速度下的采煤机竖直方向振动加速度均值

牵引速度 v_q/ (m · min^{-1})	前滚筒/ (mm · s^{-2})	前摇臂/ (mm · s^{-2})	机身/ (mm · s^{-2})	机身摆角/ (rad · s^{-2})	后摇臂/ (mm · s^{-2})	后滚筒/ (mm · s^{-2})
2	0.0024	− 0.0086	− 0.0006	0.0011	− 0.0078	− 0.0094
3	0.0285	− 0.0054	− 0.0005	0.0005	0.0012	0.0093
5	0.0344	0.0091	0.0065	0.0013	0.0150	− 0.0071

5.2   采煤机横向6自由度系统动力学特性分析

5.2.1   滚筒轴向载荷模型建立

由于螺旋叶片的装、堆煤和螺旋滚筒的轴向位移，滚筒轴线方向还受装煤反力和附加轴向力的作用。

螺旋滚筒所受轴向力主要来源于两方面：

（1）螺旋滚筒自身结构引起的轴向力。主要包括：①截齿截煤时产生的指向采空区的侧向力；②叶片上截齿布置不对称而产生的轴向力；③螺旋滚筒装煤时引起的装煤反力，其方向指向煤壁。

（2）螺旋滚筒工作状态引起的轴向力。主要包括：①采煤机斜切进刀时产生的轴向力；②螺旋滚筒切入煤岩时，因推进阻力与牵引阻力不同轴线等因素而使滚筒产生轴向位移，进而产生的附加轴向力；③端盘与煤壁之间相互挤压产生的轴向力等。

螺旋滚筒的轴向力影响因素较为复杂，工况不同，受力情况也会随之变化，本节只考虑一般工作情况，此时滚筒所受轴向力由叶片的装煤反力、切入煤岩的附加轴向力和截齿轴向力的叠加和三部分组成，如图5-14所示。

其中，y 为滚筒的竖直方向；x 为滚筒的水平方向；O_0 为滚筒的初始位置；O_t' 为滚筒在 t 时刻的位置；P_0 为第 i 个截齿的初始位置；P_t' 为第 i 个截齿 t 时刻的位置；ω_g 为滚

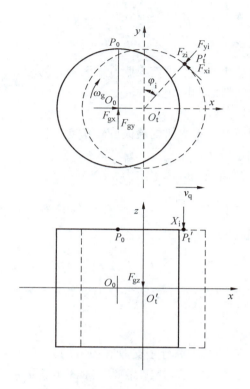

图 5-14 滚筒所受轴向力示意图

筒旋转的角速度；φ_i 为第 i 个截齿转过的角度；F_{zi} 为第 i 个截齿所受的侧向力，方向垂直于纸面向外；F_{yi} 第 i 个截齿所受的牵引阻力，方向指向滚筒中心；F_{xi} 第 i 个截齿所受的截割阻力，方向与牵引阻力垂直；F_{gy} 为滚筒在竖直方向所受的阻力；F_{gx} 为滚筒在水平方向所受的阻力，即滚筒的牵引阻力；F_{gz} 为滚筒的轴向力；v_q 为采煤机的行走速度。

叶片上装煤反力 R_s 为

$$R_s = 1000\,\frac{\pi}{4}(D_{sr}^2 - D_0^2)\left(1 - \delta\,\frac{m}{l}\cos\alpha\right)B_j W\psi\gamma \qquad (5-18)$$

式中　D_{sr}——滚筒的有效直径，$D_{sr} = (D_1 + D_y)/2$，D_y 为滚筒螺旋叶片外缘直径，D_1 为滚筒直径，m；

　　　D_0——滚筒筒毂直径，m；

　　　δ——螺旋叶片的厚度，m；

　　　m——螺旋叶片的头数；

　　　l——螺旋叶片的导程，m；

　　　B_j——滚筒截割深度，m；

　　　W——原煤被推移时的阻力系数；

　　　ψ——煤岩在滚筒上的充满系数；

　　　γ——松散煤岩的密度，t/m^3。

切入煤壁时，滚筒的附加轴向力 F_d 为

$$F_{\text{d}} = \frac{\pi D_1 L_{\text{xg}} \sin\theta_{\text{m}}}{4 L_{\text{dh}} B_{\text{j}}} R_{\text{b}} K_{\text{z}} \tag{5 - 19}$$

式中　D_1——螺旋滚筒直径，m；

　　　L_{xg}——采煤机后滑靴中心到前滚筒煤壁侧端面中心的距离，m；

　　　L_{dh}——采煤机导向滑靴之间的距离，m；

　　　B_{j}——滚筒截割深度，m；

　　　θ_{m}——滚筒切入煤壁时，采煤机的最大旋转角度，（°）；

　　　K_{z}——截割力增加系数；

　　　R_{b}——正常工况下滚筒受到的牵引阻力，kN。

$$F_{\text{gy}} = \sum_{i=1}^{m} \left(- F_{\text{yi}} \sin\varphi_i - F_{\text{xi}} \cos\varphi_i \right) \tag{5 - 20}$$

则，螺旋滚筒所受到的轴向力 F_{gz} 为

$$F_{\text{gz}} = \sum_{i=1}^{m} \left(\pm F_{\text{zi}} \right) - R_{\text{s}} + F_{\text{d}} \tag{5 - 21}$$

当滚筒截齿为顺序式排列时，第 i 个截齿位于端盘上，F_{zi} 取正值，位于螺旋叶片上，F_{zi} 取负值。

5.2.2　整机横向动力学模型建立

采煤机的侧向（垂直于煤岩且平行于支撑底板方向）振动同样可以看成是具有多自由度阻尼的受迫振动。由于采煤机结构复杂，为了形象地表示采煤机的侧向振动情况，并考虑到模型的简化以及计算的方便。因此，在建立采煤机侧向的动力学模型的过程中，依然采用集中质量法，将采煤机整机划分为由左右滚筒、左右摇臂以及机身五部分，并假设①采煤机各部分的质量块忽略其弹性视为刚性并且质量集中于各自的中心，质量分别为 m_1、m_2、m_3、m_4、m_5（分别为前滚筒、前摇臂、机身、后摇臂、后滚筒的质量）；②采煤机各部件之间通过无质量并且具有一定弹性和阻尼元件连接；③采煤机各部件之间的阻尼为黏性阻尼；④采煤机工作运行正常。由此，采煤机整机在侧向可以简化成为 6 个自由度系统的动力学模型，其模型如图 5 - 15 所示。

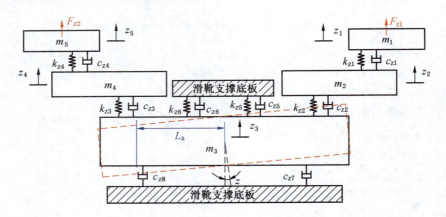

图 5 - 15　采煤机侧向动力学模型

其中，z_1 为前滚筒 m_1 的轴向位移；z_2 为前摇臂 m_2 的侧向位移；z_3 为机身 m_3 的侧向位移；z_4 为后摇臂 m_4 的侧向位移；z_5 为后滚筒 m_5 的侧向位移；k_{z1}、c_{z1} 为前滚筒与前摇臂之间以及摇臂前端的侧向刚度和阻尼系数；k_{z2}、c_{z2} 为前摇臂后端以及摇臂与机身之间连接销轴的侧向刚度和阻尼系数；k_{z3}、c_{z3} 为后摇臂后端以及摇臂与机身之间连接销轴的侧向刚度和阻尼系数；k_{z4}、c_{z4} 为后滚筒与后摇臂之间以及摇臂前端的侧向刚度和阻尼系数；k_{z5}、c_{z5} 为前导向滑靴与刮板输送机之间的刚度和阻尼系数；k_{z6}、c_{z6} 为后导向滑靴与刮板输送机之间的刚度和阻尼系数；c_{z7} 为前平滑靴与刮板输送机之间的摩擦阻尼系数；c_{z8} 为后平滑靴与刮板输送机之间的摩擦阻尼系数；F_{z1} 为前滚筒在轴向上受到的阻力；F_{z2} 为后滚筒在轴向受到的阻力；L_a 为采煤机导向滑靴与平滑靴到机身中心的侧向距离；θ_z 为采煤机在侧向上振动的摆角。

$$
\begin{cases}
m_1\ddot{z}_1 + c_{z1}(\dot{z}_1 - \dot{z}_2) + k_{z1}(z_1 - z_2) = F_{z1} \\
m_2\ddot{z}_2 + c_{z1}(\dot{z}_2 - \dot{z}_1) + k_{z1}(z_2 - z_1) + c_{z2}(\dot{z}_2 - \dot{z}_3 + L_a\dot{\theta}_z) + k_{z2}(z_2 - z_3 + L_a\theta_z) = 0 \\
m_3\ddot{z}_3 + c_{z2}(\dot{z}_3 - \dot{z}_2 - L_a\dot{\theta}_z) + k_{z2}(z_3 - z_2 - L_a\theta_z) + c_{z3}(\dot{z}_3 - \dot{z}_4 + L_a\dot{\theta}_z) + k_{z3}(z_3 - z_4 + L_a\theta_z) + \\
\quad c_{z5}(\dot{z}_3 - L_a\dot{\theta}_z) + k_{z5}(z_3 - L_a\theta_z) + c_{z6}(\dot{z}_3 + L_a\dot{\theta}_z) + k_{z6}(z_3 + L_a\theta_z) + c_{z7}(\dot{z}_3 + L_a\dot{\theta}_z) + \\
\quad c_{z8}(\dot{z}_3 - L_a\dot{\theta}_z) = 0 \\
J_3\ddot{\theta}_z + c_{z2}(\dot{z}_3 - \dot{z}_2 - L_a\dot{\theta}_z) \cdot L_a + k_{z2}(z_3 - z_2 - L_a\theta_z) \cdot L_a + c_{z5}(\dot{z}_3 - L_a\dot{\theta}_z) \cdot L_a + \\
\quad k_{z5}(z_3 - L_a\theta_z) \cdot L_a - c_{z3}(\dot{z}_3 - \dot{z}_4 + L_a\dot{\theta}_z) \cdot L_a - k_{z3}(z_3 - z_4 + L_a\theta_z) \cdot L_a - \\
\quad c_{z6}(\dot{z}_3 + L_a\dot{\theta}_z) \cdot L_a - k_{z6}(z_3 + L_a\theta_z) \cdot L_a + c_{z8}(\dot{z}_3 - L_a\dot{\theta}_z) \cdot L_a - c_{z7}(\dot{z}_3 + L_a\dot{\theta}_z) \cdot L_a = 0 \\
m_4\ddot{z}_4 + c_{z3}(\dot{z}_4 - \dot{z}_3 - L_a\dot{\theta}_z) + k_{z3}(z_4 - z_3 - L_a\theta_z) + c_{z4}(\dot{z}_4 - \dot{z}_5) + k_{z4}(\dot{z}_4 - \dot{z}_5) = 0 \\
m_5\ddot{z}_5 + c_{z4}(\dot{z}_5 - \dot{z}_4) + k_{z4}(z_5 - z_4) = F_{z2}
\end{cases}
$$

$$(5-22)$$

5.2.3 模型求解与分析

1. 煤岩硬度对振动特性的影响

煤岩的组成复杂，本节为方便研究煤岩硬度对采煤机在侧向振动的影响，与上一节对煤岩假设相同。假设所研究的煤岩为纯煤，将煤岩的硬度按其截割阻抗平均值 A_z 划分。基于以上的分析，并结合现阶段国内煤矿的煤岩硬度的实际情况，在 MATLAB 中采用数值解析的方法，设置仿真求解的时间为 100 s，步长为 0.001 s，采煤机牵引速度 $v_q = 3$ m/min，采煤机前摇臂举升角 $\phi_1 = 27°$，对煤岩的截割阻抗平均值 A_z 分别取 200 kN/m、300 kN/m、400 kN/m。由于采煤机滚筒在轴向的载荷为周期性变化，为更好地研究分析煤岩硬度对采煤机滚筒轴向载荷的影响，在此取采煤机滚筒在 40 ~ 42 s 之间的轴向载荷变化曲线进行分析研究。

如图 5 - 16 所示，当煤岩的截割阻抗平均值 $A_z = 200$ kN/m 时，采煤机滚筒轴向的载荷最大达到 1.42×10^4 N，并且在均值为 1.15×10^4 N 附近上下波动，最大值与最小值的差值为 0.3×10^4 N；当煤岩的截割阻抗平均值 $A_z = 300$ kN/m 时，采煤机滚筒轴向的载荷最大达到 2.25×10^4 N，并且在均值为 1.8×10^4 N 附近上下波动，最大值与最小值的差值为 0.85×10^4 N；当煤岩的截割阻抗平均值 $A_z = 400$ kN/m 时，采煤机滚筒轴向的载荷最大达到 3.1×10^4 N，并且在均值为 2.4×10^4 N 附近上下波动，最大值与最小值的差值为

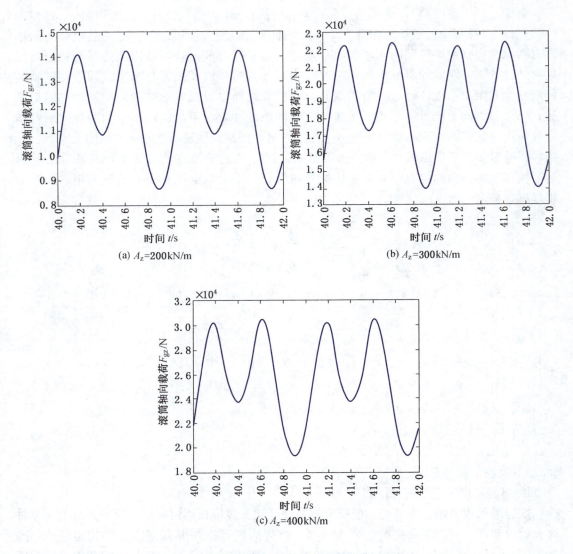

图 5 - 16 采煤机滚筒轴向载荷

1.2×10^4 N。由此可以看出，煤岩的截割阻抗平均值对采煤机滚筒轴向载荷的影响较大，煤岩的截割阻抗平均值越大采煤机滚筒轴向载荷越大，波动越剧烈。

将以上所得出的在不同煤岩硬度下的采煤机滚筒轴向载荷的数据，在 MATLAB 中通过编写程序语句的方法，导入采煤机整机在侧向振动的求解方程中。为保证仿真模拟的一致性，同样采用数值求解的方法，设置仿真求解时间为 100 s，步长为 0.001 s。如图 5 - 17 所示为在不同煤岩的截割阻抗平均值影响下，采煤机各部分在侧向上的振动量；图 5 - 18 所示为在不同煤岩的截割阻抗平均值影响下，采煤机各部分在侧向上的振动加速度。

从图 5 - 17 和表 5 - 8 中可以看出，当煤岩的截割阻抗平均值 $A_z = 200$ kN/m 时，采煤机前后滚筒在侧向上的振动位移分别为 3.2414 mm 和 3.0768 mm；采煤机前后摇臂在侧向上的振动位移为 1.2981 mm 和 1.1328 mm；采煤机机身在侧向上的振动位移和振动摆角分

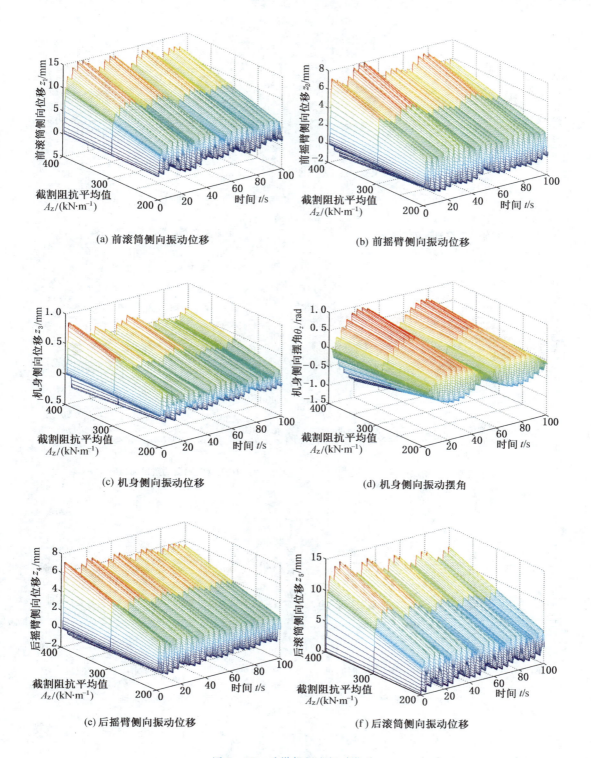

(a) 前滚筒侧向振动位移

(b) 前摇臂侧向振动位移

(c) 机身侧向振动位移

(d) 机身侧向振动摆角

(e) 后摇臂侧向振动位移

(f) 后滚筒侧向振动位移

图 5-17　采煤机侧向振动位移

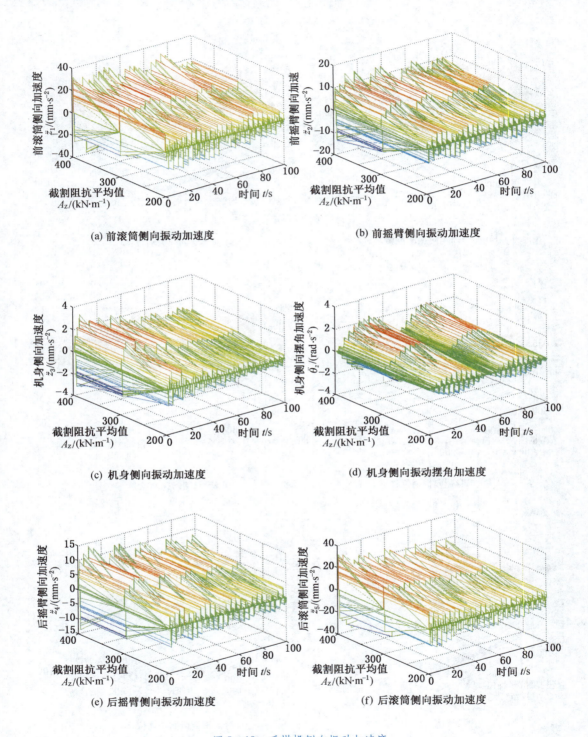

(a) 前滚筒侧向振动加速度

(b) 前摇臂侧向振动加速度

(c) 机身侧向振动加速度

(d) 机身侧向振动摆角加速度

(e) 后摇臂侧向振动加速度

(f) 后滚筒侧向振动加速度

图 5 – 18　采煤机侧向振动加速度

别为 0.1122 mm 和 0.0558 rad。当煤岩的截割阻抗平均值 $A_z = 300$ kN/m 时，采煤机前后滚筒在侧向上的振动位移分别为 5.1517 mm 和 4.8899 mm；采煤机前后摇臂在侧向上的振动位移为 2.0633 mm 和 1.8003 mm；采煤机机身在侧向上的振动位移和振动摆角分别为 0.1783 mm 和 0.0887 rad。当煤岩的截割阻抗平均值 $A_z = 400$ kN/m 时，采煤机前后滚筒在侧向上的振动位移分别为 7.0622 mm 和 6.7031 mm；采煤机前后摇臂在侧向上的振动位移为 2.8285 和 2.4679 mm；采煤机机身在侧向上的振动位移和振动摆角分别为 0.2444 mm 和 0.1216 rad。煤岩的截割阻抗平均值越大，采煤机各部分在侧向上的振动越大，越剧烈。煤岩的截割阻抗平均值对采煤机前后滚筒在侧向上的振动影响最大。

表5-8　不同煤岩硬度下的采煤机侧向振动量均值

$A_z/(\text{kN} \cdot \text{m}^{-1})$	前滚筒/mm	前摇臂/mm	机身/mm	机身摆角/rad	后摇臂/mm	后滚筒/mm
200	3.2414	1.2981	0.1122	0.0558	1.1328	3.0768
300	5.1517	2.0633	0.1783	0.0887	1.8003	4.8899
400	7.0622	2.8285	0.2444	0.1216	2.4679	6.7031

从图 5-18 和表 5-9 中可以看出，采煤机各部分振动加速度都在 0 附近上下波动，并且最大、最小峰值基本相同。当 $A_z = 200$ kN/m 时，采煤机前后滚筒在侧向上的振动加速度分别为 0.0186 mm/s²、0.0012 mm/s²；采煤机前后摇臂在侧向上的振动加速度分别为 0.0001 mm/s²、−0.0085 mm/s²；采煤机机身在侧向上的振动加速度与摆角角加速度分别为 −0.0009 mm/s²、−0.0020 rad/s²。当 $A_z = 300$ kN/m 时，采煤机前后滚筒在侧向上振动加速度分别为 0.0285 mm/s²、0.0111 mm/s²；采煤机前后摇臂在侧向上的振动加速度分别为 −0.0074 mm/s²、−0.0176 mm/s²；采煤机机身在侧向上的振动加速度与摆角角加速度分别为 −0.0026 mm/s²、−0.0023 rad/s²。当 $A_z = 400$ kN/m 时，采煤机前后滚筒在侧向上的振动加速度分别为 0.0860 mm/s²、0.0329 mm/s²；采煤机前后摇臂在侧向上的振动加速度分别为 0.0083 mm/s²、−0.0237 mm/s²；采煤机机身在侧向上的振动加速度与摆角角加速度分别为 0.0034 mm/s²、−0.0070 rad/s²。煤岩的截割阻抗平均值越大，采煤机各部分侧向的加速度越大，波动越大，方向随时间变化而变化。并且煤岩的截割阻抗平均值对采煤机各部分在侧向振动加速度变化趋势影响较小，对采煤机机身在侧向的振动加速度与振动摆角角加速度影响较小，对采煤机前后滚筒、摇臂影响较大。

表5-9　不同煤岩硬度下的采煤机侧向加速度均值

$A_z/$ $(\text{kN} \cdot \text{m}^{-1})$	前滚筒/ $(\text{mm} \cdot \text{s}^{-2})$	前摇臂/ $(\text{mm} \cdot \text{s}^{-2})$	机身/ $(\text{mm} \cdot \text{s}^{-2})$	机身摆角/ $(\text{rad} \cdot \text{s}^{-2})$	后摇臂/ $(\text{mm} \cdot \text{s}^{-2})$	后滚筒/ $(\text{mm} \cdot \text{s}^{-2})$
200	0.0186	0.0001	−0.0009	−0.0020	−0.0085	0.0012
300	0.0285	−0.0074	−0.0026	−0.0023	−0.0176	0.0111
400	0.0860	0.0083	0.0034	−0.0070	−0.0237	0.0329

2. 采煤机牵引速度对振动特性的影响

基于上节研究得出的采煤机滚筒截齿的截割阻力与采煤机牵引速度 v_q 之间的函数关系，以及本章所建立的采煤机滚筒轴向力的数学模型，并结合采煤机实际工作时的牵引速度。在 MATLAB 汇编语言中同样采用数值求解方法，为保证仿真的一致性，设置仿真求解时间为 100 s，步长为 0.001 s，煤岩的截割阻抗平均值 $A_z = 300$ kN/m，采煤机前摇臂举升角 $\phi_1 = 27°$，采煤机牵引速度分别为 $v_q = 2$ m/min、$v_q = 3$ m/min、$v_q = 5$ m/min。由于采煤机滚筒在轴向的载荷为周期性变化，为更好地研究分析采煤机牵引速度对采煤机滚筒轴向载荷的影响，在此取采煤机滚筒在 40~42 s 时的轴向载荷变化曲线进行分析研究。

如图 5 - 19 所示，当采煤机牵引速度 $v_q = 2$ m/min 时，采煤机滚筒轴向的载荷最大达到 1.3×10^4 N，并且在均值为 1.05×10^4 N 附近上下波动，最大值与最小值的差值为

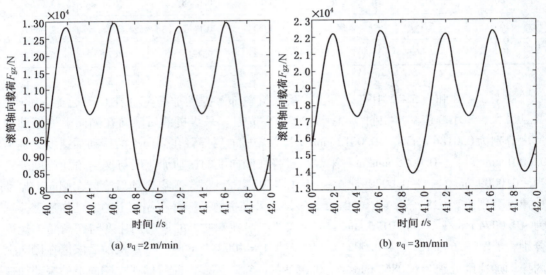

(a) $v_q = 2$ m/min   (b) $v_q = 3$ m/min

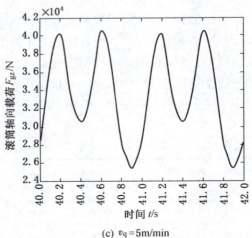

(c) $v_q = 5$ m/min

图 5 - 19 采煤机滚筒轴向载荷

0.5×10^4 N；当采煤机牵引速度 $v_q = 3$ m/min 时，采煤机滚筒轴向的载荷最大达到 2.25×10^4 N，并且在均值为 1.8×10^4 N 附近上下波动，最大值与最小值的差值为 0.85×10^4 N；当采煤机牵引速度 $v_q = 5$ m/min 时，采煤机滚筒轴向的载荷最大达到 4.1×10^4 N，并且在均值为 3.2×10^4 N 附近上下波动，最大值与最小值的差值为 1.6×10^4 N。由此可以看出，采煤机的牵引速度对采煤机滚筒轴向载荷的影响较大，采煤机的牵引速度越大采煤机滚筒轴向载荷越大，波动越剧烈。

将以上所得出的在不同采煤机牵引速度影响下的采煤机滚筒轴向载荷的数据，在 MATLAB 中通过编写程序语句的方法，导入采煤机整机在侧向振动的求解方程中。为保证仿真模拟的一致性，同样采用数值求解的方法，设置仿真求解时间为 100 s，步长为 0.001 s。图 5-20 所示为在不同采煤机牵引速度影响下，采煤机各部分在侧向上的振动量；图 5-21 所示为在不同采煤机牵引速度影响下，采煤机各部分在侧向上的振动加速度。

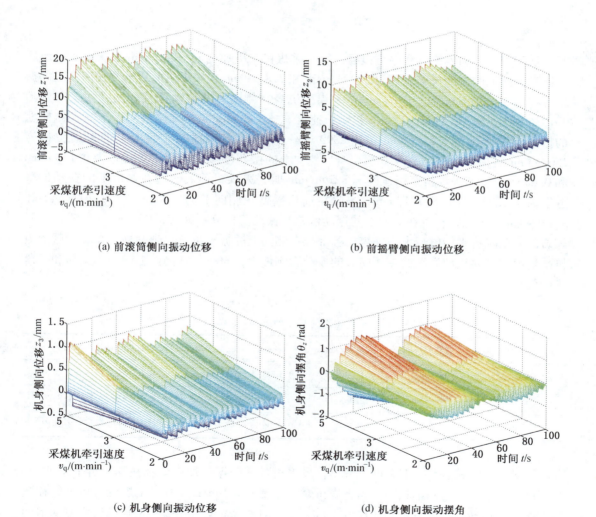

(a) 前滚筒侧向振动位移

(b) 前摇臂侧向振动位移

(c) 机身侧向振动位移

(d) 机身侧向振动摆角

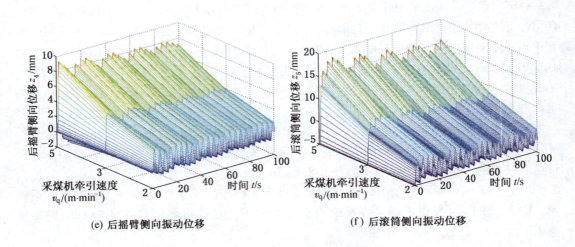

(e) 后摇臂侧向振动位移　　　　　　　　　　(f) 后滚筒侧向振动位移

图 5 – 20　采煤机侧向振动量

从图 5 – 20 和表 5 – 10 中可以看出，当采煤机牵引速度 v_q = 2 m/min 时，采煤机前后滚筒在侧向上的振动位移分别为 2.9941 mm 和 2.8420 mm；采煤机前后摇臂在侧向上的振动位移为 1.1991 mm 和 1.0463 mm；采煤机机身在侧向上的振动位移和振动摆角分别为 0.1036 mm 和 0.5152 rad。当采煤机牵引速度 v_q = 3 m/min 时，采煤机前后滚筒在侧向上的振动位移分别为 5.1517 mm 和 4.8899 mm；采煤机前后摇臂在侧向上的振动位移为 2.0633 mm 和 1.8003 mm；采煤机机身在侧向上的振动位移和振动摆角分别为 0.1783 mm 和 0.8867 rad。当采煤机牵引速度 v_q = 5 m/min 时，采煤机前后滚筒在侧向上的振动位移分别为 9.2623 mm 和 8.7917 mm；采煤机前后摇臂在侧向上的振动位移为 3.7097 mm 和 3.2369 mm；采煤机机身在侧向上的振动位移和振动摆角分别为 0.3206 mm 和 1.5940 rad。煤岩的截割阻抗平均值越大，采煤机各部分在侧向上的振动越大，越剧烈。煤岩的截割阻抗平均值对采煤机前后滚筒在侧向上的振动影响最大，对机身在侧向上的振动位移和摆角影响较小。

表 5 – 10　不同牵引速度下的采煤机侧向振动均值

v_q/(m·min^{-1})	前滚筒/mm	前摇臂/mm	机身/mm	机身摆角/rad	后摇臂/mm	后滚筒/mm
2	2.9941	1.1991	0.1036	0.5152	1.0463	2.8420
3	5.1517	2.0633	0.1783	0.8867	1.8003	4.8899
5	9.2623	3.7097	0.3206	1.5940	3.2369	8.7917

从图 5 – 21 和表 5 – 11 中可以看出，采煤机各部分振动加速度都在 0 附近上下波动，并且最大、最小峰值基本相同。当采煤机牵引速度 v_q = 2 m/min 时，采煤机前后滚筒在竖直方向上的振动加速度分别为 0.0214 mm/s^2、0.0127 mm/s^2；采煤机前后摇臂在侧向上的振动加速度分别为 0.0019 mm/s^2、− 0.0015 mm/s^2；采煤机机身在侧向上的振动加速度与

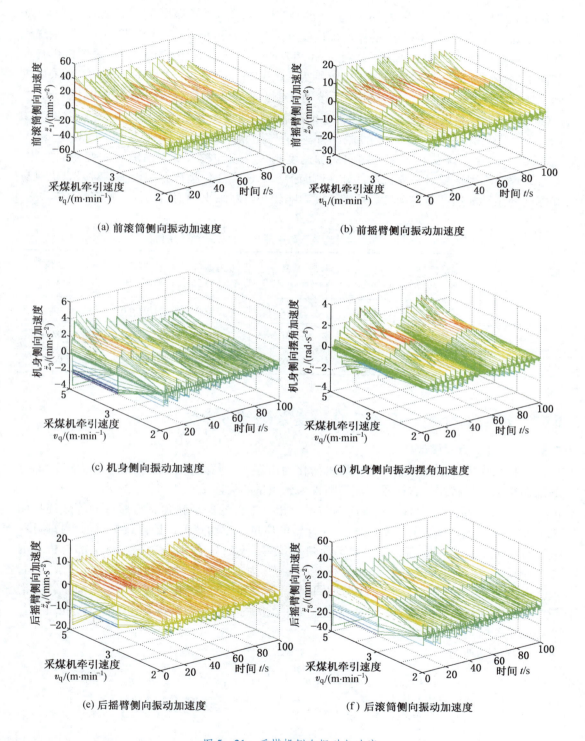

(a) 前滚筒侧向振动加速度　　　　　　　　　(b) 前摇臂侧向振动加速度

(c) 机身侧向振动加速度　　　　　　　　　(d) 机身侧向振动摆角加速度

(e) 后摇臂侧向振动加速度　　　　　　　　　(f) 后滚筒侧向振动加速度

图 5-21　采煤机侧向振动加速度

摆角角加速度分别为 -0.0007 mm/s^2、-0.0009 rad/s^2。当采煤机牵引速度 $v_q = 3$ m/min 时，采煤机前后滚筒在侧向上的振动加速度分别为 0.0298 mm/s^2、0.0233 mm/s^2；采煤机前后摇臂在侧向上的振动加速度分别为 -0.0071 mm/s^2、-0.0112 mm/s^2；采煤机机身在侧向上的振动加速度与摆角角加速度分别为 -0.0026 mm/s^2、-0.0009 rad/s^2。当采煤机牵引速度 $v_q = 5$ m/min 时，采煤机前后滚筒在侧向上的振动加速度分别为 0.0817 mm/s^2、0.0403 mm/s^2；采煤机前后摇臂在侧向上的振动加速度分别为 0.0157 mm/s^2、-0.0120 mm/s^2；采煤机机身在侧向上的振动加速度与摆角角加速度分别为 -0.0013 mm/s^2、-0.0059 rad/s^2。采煤机各部分侧向的加速度越大，波动越大，方向随时间变化而变化。并且采煤机牵引速度对采煤机各部分在侧向振动加速度变化趋势影响较小，对采煤机机身在侧向的振动加速度与振动摆角角加速度影响较小，对采煤机前后滚筒、摇臂影响较大。

表 5 - 11　不同牵引速度下的采煤机侧向振动加速度均值

v_q/ (m·min^{-1})	前滚筒/ (mm·s^{-2})	前摇臂/ (mm·s^{-2})	机身/ (mm·s^{-2})	机身摆角/ (rad·s^{-2})	后摇臂/ (mm·s^{-2})	后滚筒/ (mm·s^{-2})
2	0.0214	0.0019	-0.0007	-0.0009	-0.0015	0.0127
3	0.0298	-0.0071	-0.0026	-0.0009	-0.0112	0.0233
5	0.0817	0.0157	-0.0013	-0.0059	-0.0120	0.0403

5.3　采煤机行走平面内 7 自由度系统动力学特性分析

5.3.1　整机动力学模型建立

根据采煤机的结构特点，将采煤机简化为由左、右行走部，机身及左、右摇臂和左、右滚筒组成，并将左、右摇臂与滚筒间视为无质量的梁连接，如图 5 - 22 所示，其中 m_1、m_4，ϕ_1、ϕ_2，k_{x1}、k_{x4} 为右、左滚筒的质量、相对摇臂的振动转角、与摇臂的等效连接刚度。m_2、m_4，α_1、α_2，k_{x2}、k_{x3} 为右、左摇臂的质量、振动转角、摇臂与机身的支撑刚度。m_6、m_7，x_6、x_7 分别为右、左行走部质量和位移，k_6、k_7 分别为右、左行走部与机身的连接刚度。m_3、x_3 为机身质量和位移。F_{x7}、F_{x6} 为右、左驱动部与销排之间的激振力，F_{gx1}、F_{gx2}，F_{gy1}、F_{gy2} 为右、左滚筒的水平牵引阻力和竖直截割阻力，F_μ 为采煤机 4 个滑靴与刮板输送机间的摩擦力，令初始位置时采煤机的行走轮距销排两边的间隙为 d_{1x}，右、左摇臂工作时的举升角为 ϕ_1、ϕ_2。

系统的动能为

$$T = \frac{1}{2} m_1 (v_{x1}^2 + v_{y1}^2) + \frac{1}{2} m_2 (v_{x2}^2 + v_{y2}^2) + \frac{1}{2} m_4 (v_{x4}^2 + v_{y4}^2) + \frac{1}{2} m_5 (v_{x5}^2 + v_{y5}^2) +$$

$$\frac{1}{2} m_3 \dot{x}_3^2 + \frac{1}{2} m_6 \dot{x}_6^2 + \frac{1}{2} m_7 \dot{x}_7^2 \tag{5-23}$$

v_{x1}、v_{y1}、v_{x5}、v_{y5} 为右、左滚筒的水平和竖直速度，v_{x2}、v_{y2}、v_{x4}、v_{y4} 为右、左摇臂的水平和竖直速度，设 l_e 为摇臂重心回转半径，l_p 为滚筒重心相对摇臂重心距离。

当 Δ 相对 ϕ 很小，有 $\cos(\phi) \approx \cos(\phi + \Delta)$，$\sin(\phi) \approx \sin(\phi + \Delta)$，而工况下右、左摇

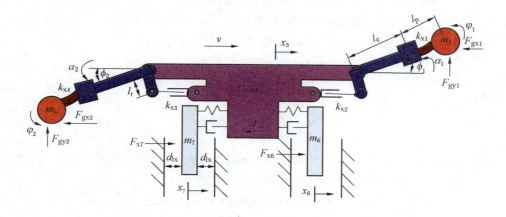

图 5 – 22　采煤机行走平面非线性振动模型

臂和滚筒的振动相对摇臂工作时的举升角 ϕ_1、ϕ_2 也是很小的，所以有：

$$\begin{cases} v_{x2} = \dot{x}_3 - l_e \cos(\phi_1)\dot{\alpha}_1 \\ v_{y2} = l_e \sin(\phi_1)\dot{\alpha}_1 \end{cases} \qquad (5-24)$$

$$\begin{cases} v_{x4} = \dot{x}_3 - l_e \cos(\phi_2)\dot{\alpha}_2 \\ v_{y4} = l_e \sin(\phi_2)\dot{\alpha}_2 \end{cases} \qquad (5-25)$$

$$\begin{cases} v_{x1} = \dot{x}_3 - l_e \cos(\phi_1)\dot{\alpha}_1 - l_p \cos(\phi_1)\dot{\varphi}_1 \\ v_{y1} = l_e \sin(\phi_1)\dot{\alpha}_1 + l_p \sin(\phi_1)\dot{\varphi}_1 \end{cases} \qquad (5-26)$$

$$\begin{cases} v_{x5} = \dot{x}_3 - l_e \cos(\phi_2)\dot{\alpha}_2 - l_p \cos(\phi_2)\dot{\varphi}_2 \\ v_{y5} = l_e \sin(\phi_2)\dot{\alpha}_2 + l_p \sin(\phi_2)\dot{\varphi}_2 \end{cases} \qquad (5-27)$$

将式（5 –24）~式（5 –27）代入式（5 –23）可得

$$T = T_1 + T_2 + T_4 + T_5 + \frac{1}{2}m_3\dot{x}_3^2 + \frac{1}{2}m_6\dot{x}_6^2 + \frac{1}{2}m_7\dot{x}_7^2 \qquad (5-28)$$

其中：

$$T_2 = \frac{1}{2}m_2\dot{x}_3^2 - m_2\dot{x}_3 l_e \cos(\phi_1)\dot{\alpha}_1 + \frac{1}{2}m_2 l_e^2 \dot{\alpha}_1^2$$

$$T_4 = \frac{1}{2}m_4\dot{x}_3^2 - m_4\dot{x}_3 l_e \cos(\phi_2)\dot{\alpha}_2 + \frac{1}{2}m_4 l_e^2 \dot{\alpha}_2^2$$

$$T_1 = \frac{1}{2}m_1\dot{x}_3^2 - m_1\dot{x}_3\cos(\phi_1)(l_e\dot{\alpha}_1 + l_p\dot{\varphi}_1) + \frac{1}{2}m_1 l_e^2\dot{\alpha}_1^2 + m_1 l_e l_p\dot{\alpha}_1\dot{\varphi}_1 + \frac{1}{2}m_1 l_p^2\dot{\varphi}_1^2$$

$$T_5 = \frac{1}{2}m_5\dot{x}_3^2 - m_5\dot{x}_3\cos(\phi_2)(l_e\dot{\alpha}_2 + l_p\dot{\varphi}_2) + \frac{1}{2}m_5 l_e^2\dot{\alpha}_2^2 + m_5 l_e l_p\dot{\alpha}_2\dot{\varphi}_2 + \frac{1}{2}m_5 l_p^2\dot{\varphi}_2^2$$

系统的势能为

$$V = \frac{1}{2}k_{x1}(l_p\varphi_1)^2 + \frac{1}{2}k_{x4}(l_p\varphi_2)^2 + \frac{1}{2}k_{x2}(l_r\alpha_1)^2 + \frac{1}{2}k_{x3}(l_r\alpha_2)^2 +$$

$$\frac{1}{2}k_{x6}(x_6 - x_3)^2 + \frac{1}{2}k_{x7}(x_7 - x_3)^2 \qquad (5-29)$$

　　式中的 l_r 为调高油缸与摇臂铰接点距摇臂旋转销轴间的距离，因右、左摇臂振动摆角很小，所以将两侧调高油缸的振动伸长量简化为 $l_r\alpha_1$、$l_r\alpha_2$。引入 Lagrange 函数 $L = T - V$，并将式（5 - 28）、式（5 - 29）代入拉格朗日动力学方程：

$$\frac{\mathrm{d}}{\mathrm{d}t}\left(\frac{\partial L}{\partial \dot{q}_i}\right) - \frac{\partial L}{\partial q_i} = P_i \quad i = (1 \cdots N) \tag{5 - 30}$$

可得：

$$m_6\ddot{x}_6 + k_6(x_6 - x_3) = P_6$$

$$m_7\ddot{x}_7 + k_7(x_7 - x_3) = P_7$$

$$(m_1 + m_2 + m_3 + m_4 + m_5)\ddot{x}_3 - m_2 l_e\cos(\phi_1)\ddot{\alpha}_1 - m_4 l_e\cos(\phi_2)\ddot{\alpha}_2 - m_1\cos(\phi_1)(l_e\ddot{\alpha}_1 + l_p\ddot{\varphi}_1) -$$

$$m_5\cos(\phi_2)(l_e\dot{\alpha}_2 + l_p\varphi_2) - k_6(x_6 - x_3) - k_7(x_7 - x_3) = P_3$$

$$(m_1 l_e^2 + m_2)\ddot{\alpha}_1 - (m_1 + m_2)l_e\cos(\phi_1)\ddot{x}_3 + m_1 l_e l_p\ddot{\varphi}_1 + k_{x2}l_r^2\alpha_1 = P_2$$

$$(m_4 + m_5 e^2)\ddot{\alpha}_2 - (m_4 + m_5)l_e\cos(\phi_2)\ddot{x}_3 + m_5 l_e l_p\ddot{\varphi}_2 + k_{x3}l_r^2\alpha_2 = P_4$$

$$m_1 l_e l_p\ddot{\varphi}_1 - m_1 l_p\cos(\phi_1)\ddot{x}_3 + m_1 l_e l_p\ddot{\alpha}_1 + k_{x1}l_p^2\varphi_1 = P_1$$

$$m_5 l_e l_p\ddot{\varphi}_2 - m_2 l_p\cos(\phi_2)\ddot{x}_3 + m_2 l_e l_p\ddot{\alpha}_2 + k_{x5}l_p^2\varphi_2 = P_2$$

$$P_6 = F_{x6}、P_7 = F_{x7}、P_3 = F_u、P_2 = 0、P_4 = 0$$

$$P_1 = F_{gx1}l_p\sin(\phi_1 + \alpha_1 + \varphi_1) + F_{gy1}l_p\cos(\phi_1 + \alpha_1 + \varphi_1)$$

$$P_5 = - F_{gx2}l_p\sin(\phi_2 + \alpha_2 + \varphi_2) - F_{gy2}l_p\cos(\phi_2 + \alpha_2 + \varphi_2)$$

整理后得：

$$M\ddot{X} + KX = F \tag{5 - 31}$$

$$M = \begin{bmatrix} M_{11} & 0 & M_{13} & 0 & M_{15} & 0 & 0 \\ 0 & M_{22} & 0 & M_{24} & M_{25} & 0 & 0 \\ M_{31} & 0 & M_{33} & 0 & M_{35} & 0 & 0 \\ 0 & M_{42} & 0 & M_{44} & M_{45} & 0 & 0 \\ M_{51} & M_{52} & M_{53} & M_{54} & M_{55} & 0 & 0 \\ 0 & 0 & 0 & 0 & 0 & m_6 & 0 \\ 0 & 0 & 0 & 0 & 0 & 0 & m_7 \end{bmatrix}$$

　　其中：

$$M_{55} = m_1 + m_2 + m_3 + m_4 + m_5$$

$$M_{53} = - (m_1 + m_2)l_e\cos\phi_1$$

$$M_{54} = - (m_4 + m_5)l_e\cos\phi_2$$

$$M_{51} = - m_1 l_p\cos\phi_1 \qquad M_{52} = - m_2 l_p\cos\phi_2$$

$$M_{35} = - (m_1 + m_2)l_e\cos\phi_1 \qquad M_{33} = m_1 l_e^2 + m_2$$

$$M_{31} = m_1 l_e l_p \qquad M_{45} = - (m_4 + m_5)l_e\cos\phi_2$$

$$M_{44} = m_5 l_e^2 + m_4 \qquad M_{42} = m_5 l_e l_p$$

$$M_{15} = - m_1 l_p\cos\phi_1 \qquad M_{13} = m_1 l_e l_p$$

$$M_{11} = m_1 l_e l_p \qquad M_{25} = - m_5 l_p\cos\phi_2$$

$$M_{24} = m_5 l_e l_p \qquad M_{22} = m_5 l_e l_p$$

$$
K = \begin{bmatrix}
k_{x1}l_p^2 & 0 & 0 & 0 & 0 & 0 & 0 \\
0 & k_{x5}l_p^2 & 0 & 0 & 0 & 0 & 0 \\
0 & 0 & k_{x2}l_r^2 & 0 & 0 & 0 & 0 \\
0 & 0 & 0 & k_{x3}l_r^2 & 0 & 0 & 0 \\
0 & 0 & 0 & 0 & k_6+k_7 & -k_6 & -k_7 \\
0 & 0 & 0 & 0 & -k_6 & k_6 & 0 \\
0 & 0 & 0 & 0 & -k_7 & 0 & k_7
\end{bmatrix}
$$

$$
F = \begin{bmatrix} P_1 & P_2 & P_3 & P_4 & P_5 & P_6 & P_7 \end{bmatrix}^T
$$

由式（5-30）、式（5-31），通过拉格朗日动力学方程计算得到公式的系数见表5-12和表5-13。

表5-12　质量属性　　　　　　　　　　　　　　　　　　t

m_1	m_2	m_3	m_4	m_5	m_6	m_7
2.5	2.5	8.0	8.0	38	1.2	1.2

表5-13　弹性常数估计值　　　　　　　　　　　　kt/m

k_{x1}	k_{x2}	k_{x3}	k_{x5}	k_6	k_7
15	22	22	15	28	28

5.3.2　采煤机行走截割过程的激励描述

1. 采煤机截割激励描述

苏联学者指出单个滚筒的水平方向的牵引阻力 F_{gx} 和竖直方向上的截割阻力 F_{gy} 为

$$
\begin{cases}
F_{gx} = \displaystyle\sum_{i=1}^{N_c} \left[-F_{xi}\sin(\omega_g t + \varphi_{li}) - F_{yi}\cos(\omega_g t + \varphi_{li}) \right] \\
F_{gy} = \displaystyle\sum_{i=1}^{N_c} \left[F_{xi}\sin(\omega_g t + \varphi_{li}) - F_{yi}\cos(\omega_g t + \varphi_{li}) \right]
\end{cases}
\tag{5-32}
$$

式中　F_{xi}——单个截齿瞬时截割阻力；

F_{yi}——单个截齿瞬时牵引阻力；

ω_g——滚筒角速度；

φ_{li}——螺旋滚筒上第 i 个截齿的位置角。

滚筒工作阻力大小取决于滚筒和截齿的结构参数，以及煤岩的物理性质，而综采工作面煤岩硬度不均匀，符合随机分布的特性，所以滚筒的牵引阻力是随机变化的。本书以MG500/1180采煤机为截割3m厚煤层为例，其滚筒直径为1800 mm，当煤的单轴抗压强度 σ_a 为25~32 MPa，并服从随机正态分布时，则可根据式（5-32）计算滚筒的随机牵引阻力和竖直截割阻力，大小如图5-23所示：F_{gx1}、F_{gy1} 为右滚筒的牵引阻力和截割阻力，F_{gx2}、F_{gy2} 为左滚筒的牵引阻力和截割阻力，其有效值 $F_{gx1} = 1.85 \times 10^5$ N、$F_{gx2} = 1.46 \times 10^5$ N、$F_{gy1} = 1.04 \times 10^5$ N、$F_{gy2} = 0.82 \times 10^5$ N。

2. 行走激励描述

如图 5 - 24 所示，Q_{N1}、Q_{N2} 为右、左驱动轮啮合力，其值为

$$\begin{cases} Q_{N1} = B_1 + H_1 \\ Q_{N2} = B_2 + H_2 \end{cases} \tag{5-33}$$

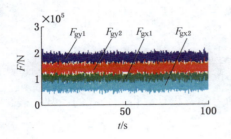

图 5 - 23　滚筒载荷

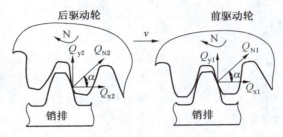

图 5 - 24　行走轮激励

式中的 F_{ki}、F_{ci}，$i = 1$、2 为啮合刚度力和阻尼力，根据含间隙啮合齿轮传动系统的动力学模型可得：

$$\begin{cases} F_{k1} = Kf[x_1 - e_1(t), b] \\ F_{c1} = C[\dot{x}_1 - \dot{e}_1(t)] \end{cases} \tag{5-34}$$

$$\begin{cases} F_{k2} = Kf[x_2 - e_1(t), b] \\ F_{c2} = C[\dot{x}_2 - \dot{e}_2(t)] \end{cases} \tag{5-35}$$

其中，$e_i(t) = e_i \sin(\omega t + \delta_i)$ 为齿频误差，其幅值 $e_{m1} = e_{m2} = 0.1 \text{ mm}$，齿频误差初始相位角：$\delta_{r1} = \delta_{r2} = 0$。

$$f(x,b) = \begin{cases} x - b & x > b \\ 0 & -b \leqslant x \leqslant b \\ x + b & x < -b \end{cases} \tag{5-36}$$

式中　b——齿轮啮合间隙。

啮合刚度 k 等于平均啮合刚度 k_m 与时变啮合刚度之和，为

$$k = k_m + k_a \cos(\omega \tau + \delta_i) \tag{5-37}$$

根据驱动轮和销排啮合特性，啮合力在横向的分力为 $F_{x6} = Q_{N1} \cos\alpha$、$F_{x7} = Q_{N2} \cos\alpha$，$\alpha$ 为驱动轮与销排间的压力角。

3. 摩擦激励

采煤机工作过程中，平滑靴、导向滑靴分别在刮板输送机的中部槽和销排的上端滑行，令采煤机截割过程中，4 个滑靴的总支撑力为 F_P，滑靴与刮板输送机间的摩擦系数为 u，则有 4 个滑靴所受的摩擦力：

$$F_\mu = \begin{cases} F_P u & x_3 > 0 \\ 0 & x_3 = 0 \\ -F_P u & x_3 < 0 \end{cases} \tag{5-38}$$

5.3.3　模型求解

式（5 - 31）中质量矩阵、刚度矩阵均存在耦合，为了求解方便，采用模态坐标法对

其解耦，将质量矩阵 M 和刚度矩阵 K 代入系统频率方程 $\Delta\left(\omega^2\right)=\left|k_{ij}-\omega^2 m_{ij}\right|=0$ 中，可求系统的特征值和自然频率，再将其代入$\left([k]-\omega^2[m]\right)\{u\}=\{0\}$，可得到系统的模态向量矩阵 U，令 $\{x\}=U\{q\}$，$\{\ddot{x}\}=U\{\ddot{q}\}$，进行坐标变换得：

$$U^{\mathrm{T}}MU\{\ddot{q}\}+U^{\mathrm{T}}KU\{q\}=U^{\mathrm{T}}F \tag{5-39}$$

Newmark $-\beta$ 法是一种逐步积分的方法，当控制参数 $\beta=0.5$，$\gamma=0.25$ 时，方程是无条件稳定的。根据 Newmark $-\beta$ 法可知式（5-39）在 $t+\Delta t$ 时刻的振动微分方程为

$$[\widetilde{M}]\{\ddot{q}\}_{t+\Delta t}+[\widetilde{K}]\{a\}_{t+\Delta t}=\{\widetilde{F}\}_{t+\Delta t} \tag{5-40}$$

对方程求解时，首先根据积分步长 Δt，参数 β、γ，计算积分常数，有：

$$\alpha_0=\frac{1}{\gamma\Delta t^2},\ \alpha_1=\frac{\beta}{\gamma\Delta t},\ \alpha_2=\frac{1}{\gamma\Delta t},\ \alpha_3=\frac{1}{2\gamma}-1,\ \alpha_4=\frac{\beta}{\gamma}-1,\ \alpha_5=\frac{\Delta t}{2}\left(\frac{\beta}{\gamma}-2\right),\ \alpha_6=$$

$\Delta t\left(1-\beta\right),\alpha_7=\beta\Delta t$。

然后计算有效刚度矩阵：　　　$[\overline{K}]=[\widetilde{K}]+\alpha_0[\widetilde{M}]$

通过初始条件 $\{q\}_0=0$、$\{\dot{q}\}_0=0$、$\{\ddot{q}\}_0$、$\{F\}_0=0$，可对方程中的每个时间步计算。

$t+\Delta t$ 时刻的有效荷载：

$$\{\overline{F}\}_{t+\Delta t}=\{\widetilde{F}\}_{t+\Delta t}+[\widetilde{M}]\left(\alpha_0\{q\}_t+\alpha_2\{\dot{q}\}_t+\alpha_3\{\ddot{q}\}_t\right)$$

$t+\Delta t$ 时刻的位移：

$$\{q\}_{t+\Delta t}=[\overline{K}]^{-1}\{\overline{F}\}_{t+\Delta t}$$

$t+\Delta t$ 时刻的速度和加速度：

$$\{\dot{q}\}_{t+\Delta t}=\dot{x}_t+\alpha_6\{\ddot{x}\}_t+\alpha_7\{\ddot{x}\}_{t+\Delta t}$$
$$\{\ddot{q}\}_{t+\Delta t}=\alpha_0\left(\{x\}_{t+\Delta t}-\{x\}_t\right)-\alpha_2\{\dot{x}\}_t-\alpha_3\{\ddot{x}\}_t$$

坐标反变换后得：

$$\{x\}=U\{q\},\{\dot{x}\}=U\{\dot{q}\},\{\ddot{x}\}=U\{\ddot{q}\}$$

5.3.4　仿真结果分析

1. 时域振动特性分析

当采煤机的截割行走速度为 4 m/min、驱动轮与销排的啮合间隙为 6 mm 时，时域曲线如图 5-25 所示。

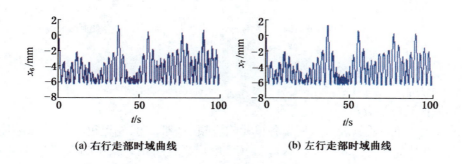

(a) 右行走部时域曲线　　　　　　(b) 左行走部时域曲线

图 5-25　行走部时域曲线

受驱动轮与销排间隙的影响，左、右行走部在滚筒受力的瞬时，产生了 -6 mm（驱动轮与销排的初始间隙）的位移，这时驱动轮齿与销排接触冲击，随着阻力载荷增大，

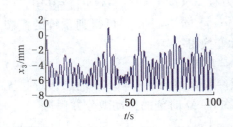

驱动轮齿与销排间开始产生接触变形，当接触力大于阻力载荷时，采煤机被向前（正向）推出；对比左、右行走部的时域曲线可知：两者波动趋势和大小几乎是相同的，右、左行走部的振动有效值分别为 4.6987 mm 和 4.6984 mm。

图 5 - 26　机身时域曲线

由图 5 - 26 可知：采煤机机身的时域特性曲线与行走部的变化趋势相同，但其振动幅值要比行走部稍大些，振动有效值为 4.9309 mm。

由图 5 - 27 可知：因右滚筒在工作过程中牵引力和截割阻力大于左侧滚筒，所以右侧摇臂、滚筒振动量要大于左侧，其中右侧摇臂和右滚筒的有效值为 0.0015 rad 和 0.0072 rad、左侧摇臂和左滚筒的有效值为 0.0011 rad 和 0.0042 rad。

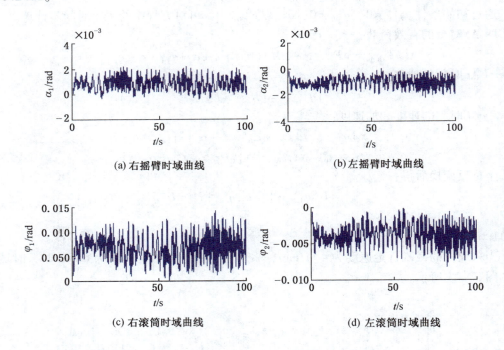

(a) 右摇臂时域曲线　　　(b) 左摇臂时域曲线

(c) 右滚筒时域曲线　　　(d) 左滚筒时域曲线

图 5 - 27　摇臂和滚筒时域曲线

2. 频域振动特性分析

因采煤机各单元质量较大，所以各单元响应频率很低，且相差很小，本书取机身和右滚筒的频域特性如图 5 - 28 所示：采煤机频率响应为连续谱，其中当频率为 0.005 Hz 左右时，机身的振动响应最大，当频率为 0.115 Hz 时，摇臂振动响应最大。

3. 混沌特性分析

为了简单起见，只给出采煤机的机身和右滚筒的相图和庞加莱映射，如图 5 - 29 所示：机身和滚筒的相图轨迹存在交叉和重叠，庞加莱截面均存在多个分散点，由此说明了当采煤机在书中所述条件下截割时存在混沌振动行为。

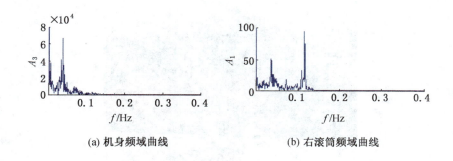

图 5-28　采煤机频域曲线

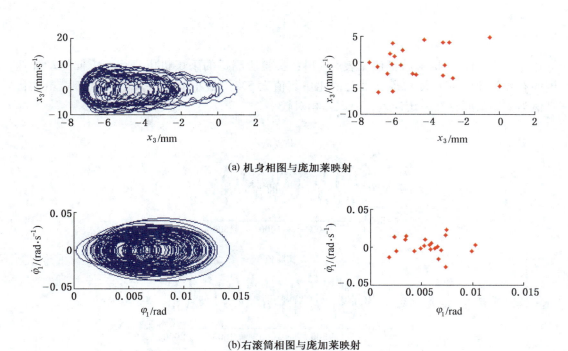

图 5-29　采煤机相图和庞加莱映射

5.3.5　仿真结果分析

为了验证模型的准确性，对采煤机截割状态下的行走方向的振动量进行实验测量，实验地点：国家能源煤矿采掘机械装备研发（实验）中心。实验条件：模拟煤岩单轴抗压强度 $\sigma_a \approx 30$ MPa，煤臂高度 3 m；采煤机型号：MG500/1180；刮板机型号：SGZ1000/1050；测试传感器采用北京必创的无线加速度传感器 A301，采样频率为 100 Hz；测点选取在采煤机机身中间位置处，因为该点接近采煤机的重心，并且该点位于采煤机挡板的下侧，能够保证传感器不受落煤的影响，实验现场如图 5-30 所示。

测试过程中，采煤机行走速度为 4 m/min，分别在仿真值和实验值中截取 2000 个数

图 5 – 30 采煤机振动特性实验

据点（图 5 – 31），时域特征值见表 5 – 14：实验所测得的采煤机机身行走方向振动加速度的有效值比仿真值大 12%、最大值比仿真值大 5%、最小值比仿真值大 20%，虽然仿真值与实验值间存在一定误差，但误差相对较小。

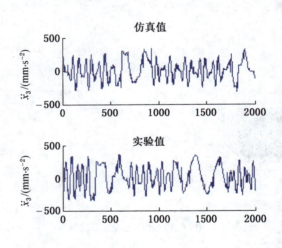

图 5 – 31 机身振动加速度

表 5 – 14 机身振动仿真值与实验值

名 称	有 效 值	最 大 值	最 小 值
仿真值/(mm·s⁻²)	153.06	338.59	-309.28
实验值/(mm·s⁻²)	171.83	356.43	-346.48

引起误差的原因有：①仿真分析中，模拟的滚筒随机载荷与实验时的截割载荷间存在一定的误差；②实验过程中，除了滚筒的截割、行走激励外，还存在液压系统、电机等附加激励；③仿真分析中各零部件间的刚度和阻尼值为近似值，与实际工况间存在一定的偏

差，也会影响计算结果的正确性。

5.4　斜切工况下采煤机6自由度系统动力学特性分析

采煤机的进刀方式主要有斜切式进刀和正切式进刀两种，由这两种进刀方式可以将采煤机斜切进刀工艺分成3种形式：工作面端部斜切法、半工作面斜切法和钻入法。图5-32所示为采煤机工作面端部斜切法进刀的过程。

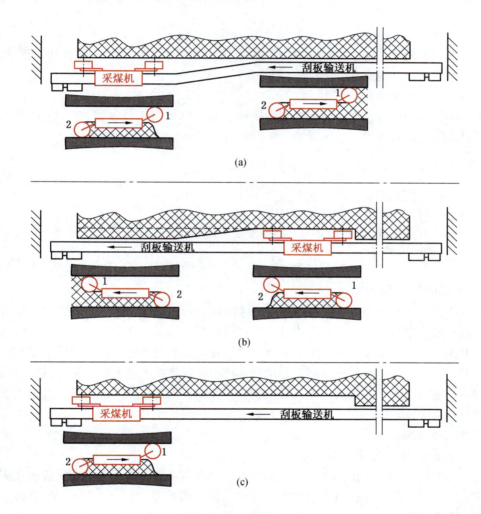

图5-32　采煤机工作面端部斜切法进刀

当采煤机完成对整个工作面的截割工作时，其状态如图5-32a所示。可弯曲的刮板输送机已被推近煤岩。

将采煤机前滚筒升高沿顶板截割，后滚筒沿底板截割，自左向右开始新的一刀截割，采煤机工作一段距离，即停止截割，采煤机此时的状态如图5-32b所示。然后改变采煤机的行走方向，自右至左向工作面端部截割，而且要调整采煤机前后滚筒的高度。把原来沿顶板截割的滚筒降低到沿底板截割。采煤机向左一直截割到工作面端部，此时的状态如

图 5 – 32c 所示。

5.4.1　滚筒斜切载荷模型建立

采煤机在斜切进刀的工况下，滚筒的端盘和截齿都会与煤岩发生挤压。当与煤岩发生挤压时，挤煤的面积可以分为两部分来计算，一部分为参与截煤的截齿与煤岩发生挤压的面积，另一部分为采煤机滚筒的端盘与煤岩挤压的面积。挤煤的面积 S_{jm} 可由式（5 – 41）计算得出。

$$S_{jm} = \sum_{i=1}^{m} b_p h_i(t) + \frac{\pi R_{st}^2}{2\cos(\theta_{sd} - \theta)} \tag{5 – 41}$$

式中　θ_{sd}——滚筒上最高点、最前端点、最低点三点确定的平面与过滚筒最前端点且与 X 轴平行的直线的夹角，（°）；

θ——采煤机机身的摆角，（°）。

煤岩受挤压破裂，依据相关理论，用挤压面积乘以煤岩破裂强度，即可得到破裂力，所以采煤机斜切进刀时滚筒挤压煤岩的轴向力可按式（5 – 42）计算：

$$F_{jz} = S_{jm}\tau = \left[\sum_{i=1}^{m} b_p h_i(t) + \frac{\pi R^2}{2\cos(\theta_{sd} - \theta)} \right]\tau \tag{5 – 42}$$

式中　F_{jz}——采煤机斜切进刀时挤压煤岩的滚筒轴向力，N；

τ——煤岩受挤压破裂强度，MPa。

则在采煤机斜切进刀的过程中，采煤机滚筒受到的轴向力 F'_{gz} 可由式（5 – 43）计算：

$$F'_{gz} = \sum_{i=1}^{m} (\pm)F_{zi} + F_{jz} + R_s \tag{5 – 43}$$

5.4.2　整机横向动力学模型建立

在斜切工况下，采煤机主要在侧向（滚筒轴向）方向上受到的载荷最大，载荷变化最大，振动最为剧烈，进而对采煤机各个零部件的损伤较大。因此在本节所建立的采煤机在斜切工况下的动力学模型与5.4.1节中采煤机在正常工况下侧向的动力学模型相似，在此可以引用5.4.1节建立的整机侧向的动力学模型。基于以上的分析，采煤机在斜切进刀的过程中，只有前滚筒与煤岩发生接触、挤压、截割，因此在此工况下的采煤机后滚筒所受的轴向载荷 $F'_{gz2} = 0$。

5.4.3　模型求解与分析

1. 煤岩硬度对振动特性的影响

基于以上对斜切工况下的采煤机滚筒所受的轴向载荷的分析，并结合采煤机在工作过程中煤岩硬度的实际情况，将煤岩硬度同样按其截割阻抗平均值 A_z 划分。在 MATLAB 中依然采用数值解析的方法，设置仿真求解的时间为 100 s，步长为 0.001 s，采煤机牵引速度 $v_q = 3$ m/min，采煤机前摇臂举升角 $\phi_1 = 27°$，对煤岩的截割阻抗平均值 A_z 分别取 $A_z = 200$ kN/m、$A_z = 300$ kN/m、$A_z = 400$ kN/m。由于采煤机滚筒在轴向的载荷为周期性变化，为更好地研究分析煤岩硬度对采煤机滚筒轴向载荷的影响，在此取采煤机滚筒在 40 ~ 42 s 之间的轴向载荷变化曲线进行分析研究。

如图 5 – 33 所示，斜切工况下的采煤机，当煤岩的截割阻抗平均值 $A_z = 200$ kN/m 时，采煤机滚筒轴向的载荷最大达到 4.06×10^4 N，并且在均值为 3.19×10^4 N 附近上下波动，最大值与最小值的差值为 1.56×10^4 N；当煤岩的截割阻抗平均值 $A_z = 300$ kN/m 时，采煤

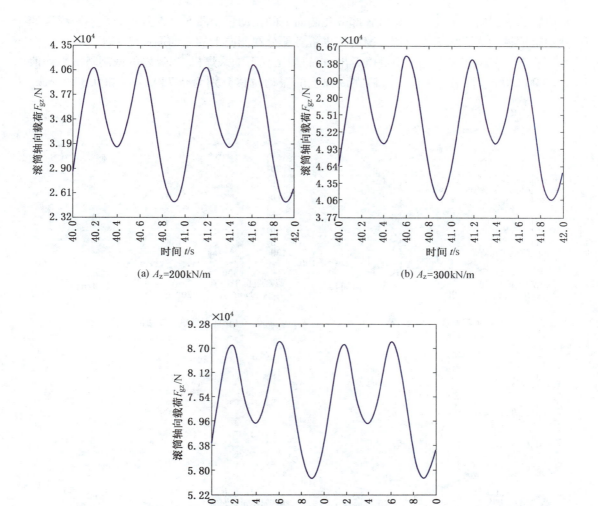

(a) $A_z=200$kN/m (b) $A_z=300$kN/m

(c) $A_z=400$kN/m

图 5-33 斜切工况下的采煤机滚筒轴向载荷

机滚筒轴向的载荷最大达到 6.38×10^4 N，并且在均值为 5.2×10^4 N 附近上下波动，最大值与最小值的差值为 2.32×10^4 N；当煤岩的截割阻抗平均值 $A_z=400$ kN/m 时，采煤机滚筒轴向的载荷最大达到 8.7×10^4 N，并且在均值为 6.96×10^4 N 附近上下波动，最大值与最小值的差值为 3.2×10^4 N。由此可以看出，煤岩的截割阻抗平均值对斜切工况下采煤机滚筒的轴向载荷的影响较大，煤岩的截割阻抗平均值越大采煤机滚筒轴向载荷越大，波动越剧烈。

将以上在 MATLAB 中分析所得到的在不同煤岩硬度下的斜切工况的采煤机滚筒所受到的轴向载荷数据，导入 MATLAB 中的采煤机整机侧向振动求解的方程中。在 MATLAB 中设置仿真求解时间为 100 s，步长为 0.001 s。图 5-34 所示为在不同煤岩的截割阻抗平均值影响下，斜切工况的采煤机各部分在侧向上的振动量；图 5 - 35 所示为在不同煤岩的截割阻抗平均值影响下，斜切工况的采煤机各部分在侧向上的振动加速度。

从图 5 - 34 和表 5 - 15 中可以看出，在斜切工况下的采煤机，当煤岩的截割阻抗平均值 $A_z = 200$ kN/m 时，采煤机前后滚筒在纵向上的振动位移分别为 9.7802 mm 和 0.3388 mm；

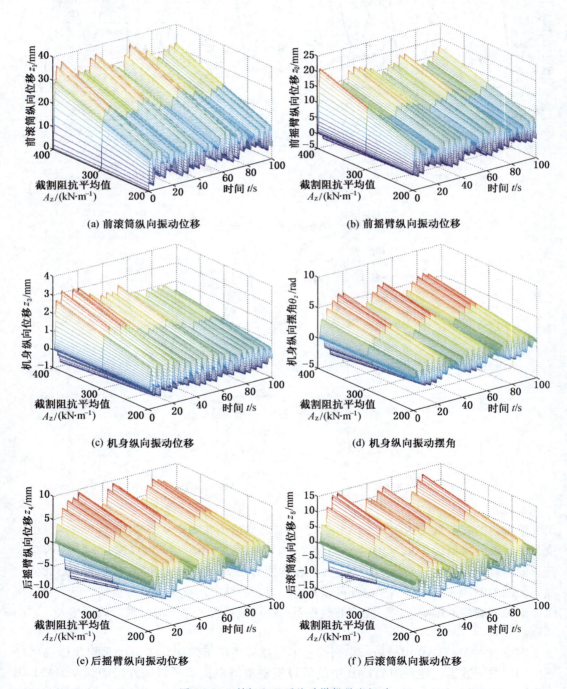

(a) 前滚筒纵向振动位移   (b) 前摇臂纵向振动位移

(c) 机身纵向振动位移   (d) 机身纵向振动摆角

(e) 后摇臂纵向振动位移   (f) 后滚筒纵向振动位移

图 5 - 34　斜切工况下的采煤机纵向振动

采煤机前后摇臂在纵向上的振动位移为 3. 9318 mm 和 0. 3402 mm；采煤机机身在纵向上的振动位移和振动摆角分别为 0. 3407 mm 和 0. 7388 rad。当煤岩的截割阻抗平均值 $A_z =$ 300 kN/m 时，采煤机前后滚筒在纵向上的振动位移分别为 15. 5438 mm 和 0. 5384 mm；采煤机前后摇臂在纵向上的振动位移为 6. 2486 mm 和 0. 5408 mm；采煤机机身在纵向上的振动位移和振动摆角分别为 0. 5414 mm 和 1. 1741 rad。当煤岩的截割阻抗平均值 $A_z =$ 400 kN/m 时，采煤机前后滚筒在纵向上的振动位移分别为 21. 3044 mm 和 0. 7382 mm；采煤机前后摇臂在纵向上的振动位移为 8. 5643 mm 和 0. 7411 mm；采煤机机身在侧向上的振动位移和振动摆角分别为 0. 7421 mm 和 1. 6092 rad。煤岩的截割阻抗平均值越大，采煤机各部分在纵向上的振动越大，越剧烈。煤岩的截割阻抗平均值对斜切工况下的采煤机前滚筒、前摇臂在纵向上的振动影响最大。煤岩的截割阻抗平均值越大，前滚筒、前摇臂在纵向上的振动影响越大。

表 5 - 15　不同煤岩硬度下斜切工况的采煤机纵向振动均值

$A_z/(\mathrm{kN \cdot m^{-1}})$	前滚筒/mm	前摇臂/mm	机身/mm	机身摆角/rad	后摇臂/mm	后滚筒/mm
200	9. 7802	3. 9318	0. 3407	0. 7388	0. 3402	0. 3388
300	15. 5438	6. 2486	0. 5414	1. 1741	0. 5408	0. 5384
400	21. 3044	8. 5643	0. 7421	1. 6092	0. 7411	0. 7382

从图 5 - 35 和表 5 - 16 中可以看出，斜切工况下的采煤机各部分侧向振动加速度都在 0 附近上下波动，并且最大、最小峰值基本相同。当 $A_z = 200$ kN/m 时，采煤机前后滚筒在侧向上的振动加速度分别为 0. 0124 mm/s²、- 0. 0049 mm/s²；采煤机前后摇臂在侧向上的振动加速度分别为 0. 0116 mm/s²、- 0. 0023 mm/s²；采煤机机身在侧向上的振动加速度与摆角角加速度分别为 - 0. 0015 mm/s²、- 0. 0023 rad/s²。当 $A_z = 300$ kN/m 时，采煤机前后滚筒在侧向上的振动加速度分别为 0. 0698 mm/s²、- 0. 0225 mm/s²；采煤机前后摇臂在侧向上振动加速度分别为 0. 0208 mm/s²、0. 0122 mm/s²；采煤机机身在侧向上的振动加速度与摆角角加速度分别为 - 0. 0020 mm/s²、0. 0004 rad/s²。当 $A_z = 400$ kN/m 时，采煤机前后滚筒在侧向上的振动加速度分别为 0. 0546 mm/s²、- 0. 0176 mm/s²；采煤机前后摇臂在

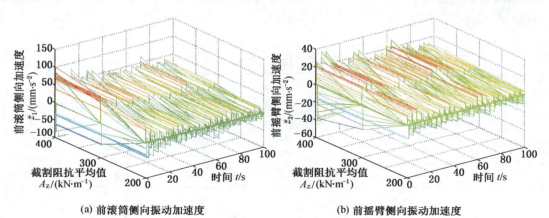

　　　　(a) 前滚筒侧向振动加速度　　　　　　　　　　(b) 前摇臂侧向振动加速度

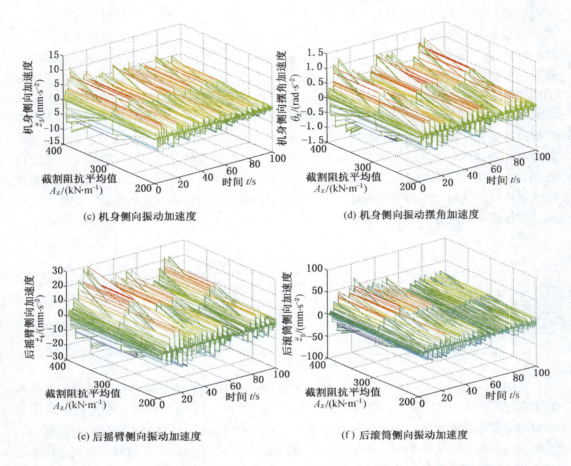

(c) 机身侧向振动加速度　　　　　　　　　(d) 机身侧向振动摆角加速度

(e) 后摇臂侧向振动加速度　　　　　　　　(f) 后滚筒侧向振动加速度

图 5 - 35　斜切工况下的采煤机侧向振动加速度

侧向上的振动加速度分别为 -0.0087 mm/s^2、-0.00043 mm/s^2；采煤机机身在侧向上的振动加速度与摆角角加速度分别为 -0.0096 mm/s^2、-0.0075 rad/s^2。煤岩的截割阻抗平均值越大，斜切工况下的采煤机各部分侧向的加速度越大，波动越大，方向随时间变化而变化。煤岩的截割阻抗平均值对采煤机前滚筒、前摇臂影响较大。

表 5 - 16　不同煤岩硬度下斜切工况的采煤机侧向振动加速度均值

A_z/ （kN·m^{-1}）	前滚筒/ （mm·s^{-2}）	前摇臂/ （mm·s^{-2}）	机身/ （mm·s^{-2}）	机身摆角/ （rad·s^{-2}）	后摇臂/ （mm·s^{-2}）	后滚筒/ （mm·s^{-2}）
200	0.0124	0.0116	-0.0015	-0.0023	-0.0023	-0.0049
300	0.0698	0.0208	-0.0020	0.0004	0.0122	-0.0225
400	0.0546	-0.0087	-0.0096	-0.0075	0.0043	-0.0176

2. 采煤机牵引速度对振动特性的影响

在 MATLAB 汇编语言中同样采用数值求解方法，为保证仿真的一致性，设置仿真求解时间为 100 s，步长为 0.001 s，煤岩的截割阻抗平均值 $A_z = 300$ kN/m，采煤机前摇臂举升角 $\phi_1 = 27°$，采煤机牵引速度分别为 $v_q = 2$ m/min、$v_q = 3$ m/min、$v_q = 5$ m/min。由于采煤机滚筒在轴向的载荷为周期性变化，为更好地研究分析采煤机牵引速度对采煤机滚筒轴向载荷的影响，在此取采煤机滚筒在 40~42 s 之间的轴向载荷变化曲线进行分析研究。

如图 5-36 所示，斜切工况下的采煤机，当采煤机牵引速度 $v_q = 2$ m/min 时，采煤机滚筒轴向的载荷最大达到 3.77×10^4 N，并且在均值为 3×10^4 N 附近上下波动，最大值与最小值的差值为 1.45×10^4 N；当采煤机牵引速度 $v_q = 3$ m/min 时，采煤机滚筒轴向的载荷最大达到 6.38×10^4 N，并且在均值为 5.2×10^4 N 附近上下波动，最大值与最小值的差值为 2.32×10^4 N；当采煤机牵引速度 $v_q = 5$ m/min 时，采煤机滚筒轴向的载荷最大达到 11.6×10^4 N，并且在均值为 9×10^4 N 附近上下波动，最大值与最小值的差值为 4.1×10^4 N。由此可以看出，采煤机的牵引速度对斜切工况下的采煤机滚筒轴向载荷的影响较

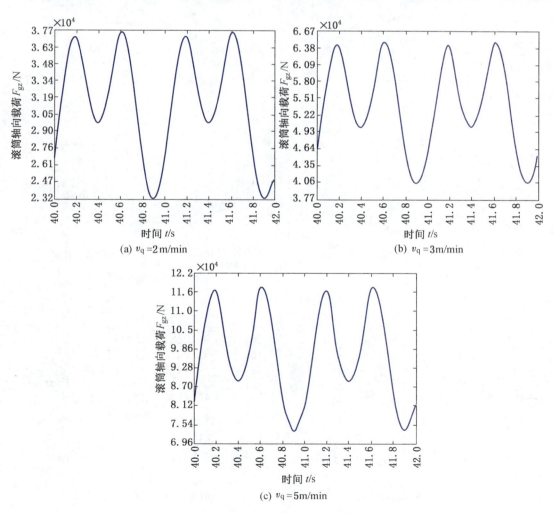

(a) $v_q = 2$ m/min

(b) $v_q = 3$ m/min

(c) $v_q = 5$ m/min

图 5-36　斜切工况下的采煤机滚筒轴向载荷

大，采煤机的牵引速度越大，采煤机滚筒轴向载荷越大，波动越剧烈。

将以上所得出的斜切工况下的采煤机在不同采煤机牵引速度影响下的采煤机滚筒轴向载荷的数据，在 MATLAB 中通过编写程序语句的方法，导入采煤机整机在侧向振动的求解方程中。为保证仿真模拟的一致性，同样采用数值求解的方法，设置仿真求解时间为100 s，步长为 0.001 s。图 5 - 37 所示为斜切工况下的采煤机在不同采煤机牵引速度影响下，采煤机各部分在侧向上的振动量；图 5 - 38 所示为斜切工况下的采煤机在不同采煤机

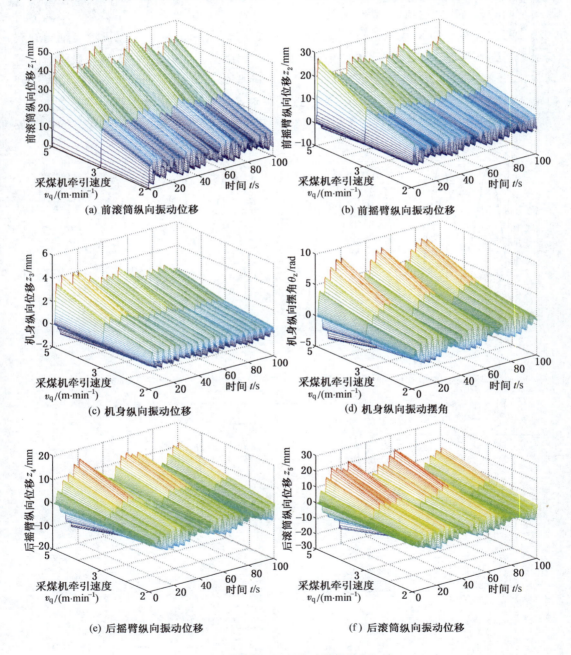

(a) 前滚筒纵向振动位移

(b) 前摇臂纵向振动位移

(c) 机身纵向振动位移

(d) 机身纵向振动摆角

(e) 后摇臂纵向振动位移

(f) 后滚筒纵向振动位移

图 5 - 37　斜切工况下的采煤机纵向振动

牵引速度影响下，采煤机各部分在侧向上的振动加速度。

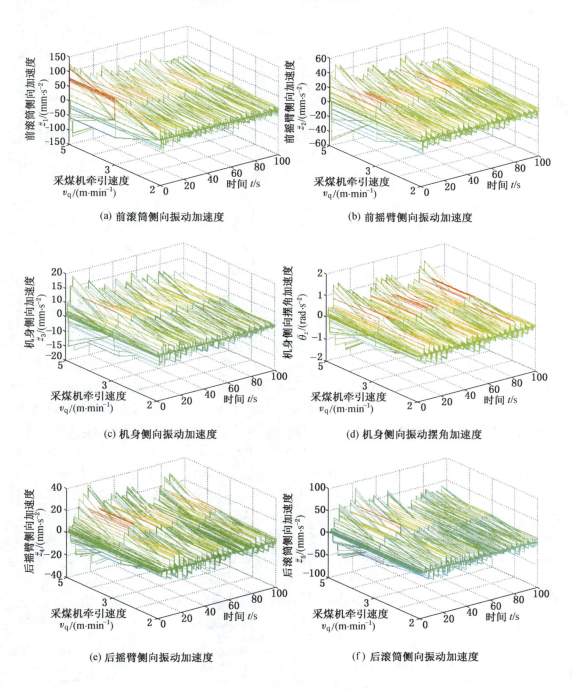

(a) 前滚筒侧向振动加速度

(b) 前摇臂侧向振动加速度

(c) 机身侧向振动加速度

(d) 机身侧向振动摆角加速度

(e) 后摇臂侧向振动加速度

(f) 后滚筒侧向振动加速度

图 5-38 斜切工况下的采煤机侧向振动加速度

从图 5-37 和表 5-17 可以看出，在斜切工况下的采煤机，当采煤机牵引速度 v_q = 2 m/min 时，采煤机前后滚筒在纵向上的振动位移分别为 9.0206 mm 和 0.3033 mm；采煤机前后摇臂在纵向上的振动位移为 3.6207 mm 和 0.3078 mm；采煤机机身在纵向上的振动位移和振动摆角分别为 0.3126 mm 和 0.6779 rad。当采煤机牵引速度 $v_q = 3$ m/min 时，采煤机前后滚筒在纵向上的振动位移分别为 15.5256 mm 和 0.5216 mm；采煤机前后摇臂在纵向上的振动位移为 6.2319 mm 和 0.5295 mm；采煤机机身在纵向上的振动位移和振动摆角分别为 0.5381 mm 和 1.1667 rad。当采煤机牵引速度 $v_q = 5$ m/min 时，采煤机前后滚筒在纵向上的振动位移分别为 27.9147 mm 和 0.9379 mm；采煤机前后摇臂在纵向上的振动位移为 11.2037 mm 和 0.9513 mm；采煤机机身在纵向上的振动位移和振动摆角分别为 0.9674 mm 和 2.0974 rad。采煤机牵引速度越大，采煤机各部分在纵向上的振动越大，越剧烈。采煤机牵引速度对采煤机前滚筒、前摇臂在纵向上的振动影响最大。

表 5-17　不同牵引速度下斜切工况的采煤机纵向振动均值

v_q/($\text{m} \cdot \text{min}^{-1}$)	前滚筒/mm	前摇臂/mm	机身/mm	机身摆角/rad	后摇臂/mm	后滚筒/mm
2	9.0206	3.6207	0.3126	0.6779	0.3078	0.3033
3	15.5256	6.2319	0.5381	1.1667	0.5295	0.5216
5	27.9147	11.2037	0.9674	2.0974	0.9513	0.9379

从图 5-38 和表 5-18 中可以看出，采煤机各部分振动加速度都在 0 附近上下波动，并且最大、最小峰值基本相同。当采煤机牵引速度 $v_q = 2$ m/min 时，采煤机前后滚筒在纵向上的振动加速度分别为 -0.0038 mm/s²、-0.0100 mm/s²；采煤机前后摇臂在侧向上的振动加速度分别为 0.0014 mm/s²、0.0062 mm/s²；采煤机机身在侧向上的振动加速度与摆角角加速度分别为 -0.0007 mm/s²、-0.0015 rad/s²。当采煤机牵引速度 $v_q = 3$ m/min 时，采煤机前后滚筒在侧向上的振动加速度分别为 0.0064 mm/s²、0.0115 mm/s²；采煤机前后摇臂在侧向上的振动加速度分别为 -0.0079 mm/s²、-0.0051 mm/s²；采煤机机身在侧向上的振动加速度与摆角角加速度分别为 -0.0026 mm/s²、-0.0043 rad/s²。当采煤机牵引速度 $v_q = 5$ m/min 时，采煤机前后滚筒在侧向上的振动加速度分别为 0.0341 mm/s²、-0.0363 mm/s²；采煤机前后摇臂在侧向上的振动加速度分别为 0.0083 mm/s²、-0.0082 mm/s²；采煤机机身在侧向上的振动加速度与摆角角加速度分别为 -0.0013 mm/s²、-0.0035 rad/s²。采煤机牵引速度越大，采煤机各部分侧向的加速度越大，波动越大，方向随时间变化而变化。采煤机牵引速度变化对采煤机前滚筒、前摇臂影响较大。

表 5-18　不同牵引速度下斜切工况的采煤机侧向振动加速度均值

v_q/($\text{m} \cdot \text{min}^{-1}$)	前滚筒/($\text{mm} \cdot \text{s}^{-2}$)	前摇臂/($\text{mm} \cdot \text{s}^{-2}$)	机身/($\text{mm} \cdot \text{s}^{-2}$)	机身摆角/($\text{rad} \cdot \text{s}^{-2}$)	后摇臂/($\text{mm} \cdot \text{s}^{-2}$)	后滚筒/($\text{mm} \cdot \text{s}^{-2}$)
2	-0.0038	0.0014	-0.0007	-0.0015	0.0062	-0.0100
3	0.0064	-0.0079	-0.0026	-0.0043	-0.0051	0.0115
5	0.0341	0.0083	-0.0013	-0.0035	-0.0082	-0.0363

5.5　考虑滑靴接触状态斜切工况下采煤机动力学特性分析

5.5.1　采煤机整机动力学模型建立

采煤机在斜切进刀的过程中，滚筒受到的轴向载荷冲击远大于牵引方向的载荷，直接影响采煤机侧向的动态特性。因此，斜切工况下采煤机的侧向（垂直于煤岩且平行于支撑底板方向）振动可以看成是具有多自由度阻尼的受迫振动，采煤机结构示意图如图 5 - 39 所示，其中 L_{ab} 为采煤机前后导向滑靴之间的距离。

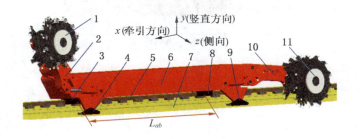

1—前滚筒；2—前摇臂；3—前导向滑靴；4—前平滑靴；5—销排；6—机身；
7—中部槽；8—后导向滑靴；9—后平滑靴；10—后摇臂；11—后滚筒

图 5 - 39　采煤机结构示意图

由于采煤机结构复杂，为了清晰地表示采煤机的侧向振动情况，并考虑到模型的简化以及计算方便，在建立采煤机侧向的动力学模型的过程中，采用集中质量法，将采煤机整机划分为由前、后滚筒，前、后摇臂以及机身 5 个部分。并做如下假设：

（1）采煤机各部分的质量集中在一点，并且将采煤机整机划分为前、后滚筒，前、后摇臂，机身 5 个部分。

（2）忽略采煤机的液压系统、电气系统、传动系统及各部分的连接件对整个采煤机系统的影响。

（3）采煤机系统为刚性系统，并采用刚度、阻尼元件对各部分之间的接触、连接进行描述。

（4）忽略滚筒载荷对采煤机整机系统的惯性影响。

依据斜切工况下采煤机的工作特点，建立斜切工况下采煤机整机在侧向的非线性动力学模型，如图 5 - 40 所示。

其中，m_1 为前滚筒的质量；m_2 为前摇臂的质量；m_3 为机身的质量；m_4 为后摇臂的质量；m_5 为后滚筒的质量；z_1 为前滚筒的振动位移；z_2 为前摇臂的振动位移；z_3 为机身的振动位移；z_4 为后摇臂的振动位移；z_5 为后滚筒的振动位移；k_{z1}、c_{z1} 和 k_{z4}、c_{z4} 分别为采煤机前后滚筒与前后摇臂之间的连接刚度和阻尼系数；k_{z2}、c_{z2} 和 k_{z3}、c_{z3} 分别为采煤机前后摇臂与机身之间的连接刚度和阻尼系数；k_{z7}、c_{z7} 和 k_{z8}、c_{z8} 为采煤机平滑靴与输送机中部槽之间的接触刚度和阻尼系数；k_{z5}、c_{z5} 和 k_{z6}、c_{z6} 为采煤机导向滑靴与输送机销排之间的接触刚度和阻尼系数；θ_z 为在垂直于煤壁的平面内采煤机的振动摆角；F'_{gz1} 为前滚筒在轴向上受到的阻力（方向指向煤壁）。

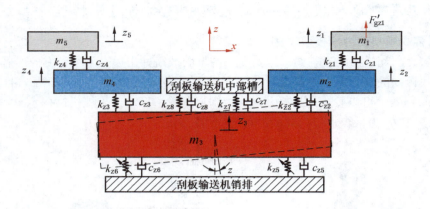

图 5 - 40　采煤机整机非线性动力学模型

$$\begin{cases} m_1\ddot{z}_1 + k_{z1}(z_1 - z_2) + c_{z1}(\dot{z}_1 - \dot{z}_2) = F'_{gz1} \\ m_2\ddot{z}_2 + k_{z1}(z_2 - z_1) + c_{z1}(\dot{z}_2 - \dot{z}_1) + k_{z2}\left(z_2 - z_3 + \dfrac{L_{ab}}{2}\theta_z\right) + c_{z2}\left(\dot{z}_2 - \dot{z}_1 + \dfrac{L_{ab}}{2}\dot{\theta}_z\right) = 0 \\ m_3\ddot{z}_3 + k_{z2}\left(z_3 - z_2 - \dfrac{L_{ab}}{2}\theta_z\right) + c_{z2}\left(\dot{z}_3 - \dot{z}_2 - \dfrac{L_{ab}}{2}\dot{\theta}_z\right) + k_{z3}\left(z_3 - z_4 + \dfrac{L_{ab}}{2}\theta_z\right) + c_{z3}\left(\dot{z}_3 - \dot{z}_4 + \dfrac{L_{ab}}{2}\dot{\theta}_z\right) + \\ \qquad k_{z7}\left(z_3 - \dfrac{L_{ab}}{2}\theta_z\right) + c_{z7}\left(\dot{z}_3 - \dfrac{L_{ab}}{2}\dot{\theta}_z\right) + k_{z8}\left(z_3 + \dfrac{L_{ab}}{2}\theta_z\right) + c_{z8}\left(\dot{z}_3 + \dfrac{L_{ab}}{2}\dot{\theta}_z\right) + F_{z5} + F_{z6} + F_{cg} = 0 \\ J_{z3}\ddot{\theta}_z + k_{z2}\left(z_3 - z_2 - \dfrac{L_{ab}}{2}\theta_z\right)\cdot\dfrac{L_{ab}}{2} + c_{z2}\left(\dot{z}_3 - \dot{z}_2 - \dfrac{L_{ab}}{2}\dot{\theta}_z\right)\cdot\dfrac{L_{ab}}{2} + k_{z7}\left(z_3 - \dfrac{L_{ab}}{2}\theta_z\right)\cdot\dfrac{L_{ab}}{2} + \\ \qquad c_{z7}\left(\dot{z}_3 - \dfrac{L_{ab}}{2}\dot{\theta}_z\right)\cdot\dfrac{L_{ab}}{2} - k_{z3}\left(z_3 - z_4 + \dfrac{L_{ab}}{2}\theta_z\right)\cdot\dfrac{L_{ab}}{2} - c_{z3}\left(\dot{z}_3 - \dot{z}_4 + \dfrac{L_{ab}}{2}\dot{\theta}_z\right)\cdot\dfrac{L_{ab}}{2} - \\ \qquad k_{z8}\left(z_3 + \dfrac{L_{ab}}{2}\theta_z\right)\cdot\dfrac{L_{ab}}{2} - c_{z8}\left(\dot{z}_3 + \dfrac{L_{ab}}{2}\dot{\theta}_z\right)\cdot\dfrac{L_{ab}}{2} - F_{z5}\cdot\dfrac{L_{ab}}{2} + F_{z6}\cdot\dfrac{L_{ab}}{2} = 0 \\ m_4\ddot{z}_4 + k_{z3}\left(z_4 - z_3 - \dfrac{L_{ab}}{2}\theta_z\right) + c_{z3}\left(\dot{z}_4 - \dot{z}3 - \dfrac{L_{ab}}{2}\dot{\theta}_z\right) + k_{z4}(z_4 - z_5) + c_{z4}(\dot{z}_4 - \dot{z}_5) = 0 \\ m_5\ddot{z}_5 + k_{z4}(z_5 - z_4) + c_{z4}(\dot{z}_5 - \dot{z}_4) = 0 \end{cases}$$

$$(5-44)$$

式中　　　F_{cg}——采煤机与刮板输送机之间的摩擦力；

　　F_{z5}、F_{z6}——采煤机导向滑靴与刮板输送机销排之间的法向弹性恢复力与阻尼力之和。

　　依据斜切工况下的采煤机实际工作情况以及几何参数，导致采煤机前后导向滑靴与刮板输送机销排之间存在间隙，并且在采煤机的侧向方向上，导向滑靴与销排之间在接触碰撞的过程中，同时存在着导向滑靴内面与销排侧面的法向刚度和阻尼，以及导向滑靴内面与销排顶面的切向刚度和阻尼，由于导向滑靴与销排之间的侧向刚度很小，对采煤机侧向振动影响不大，因此在采煤机侧向振动的分析过程中，可以视为导向滑靴与销排之间只存在法向的刚度 k_{ni} 和阻尼 c_{ni}（图 5 - 41）。其中 l_i 为采煤机前后导向滑靴的内侧宽度，w_x 为销排的宽度，$d_i = l_i - w_x$ 为前后导向滑靴与销排之间的间隙（$i=5,6$）。

基于以上的分析，并结合斜切工况下采煤机实际的工作情况，式（5-44）采煤机振动系统的微分方程中的 F_{z5} 和 F_{z6} 的数学表达式可分为以下 4 种情况：

当采煤机前后导向滑靴的内侧面与销排均未发生接触，即当 $\left| z_3 + \dfrac{L_{ab}}{2} \cdot \theta_z \right| \leqslant \dfrac{d_5}{2}$，$\left| z_3 + \dfrac{L_{ab}}{2} \cdot \theta_z \right| \leqslant \dfrac{d_6}{2}$，此时 $k_{z5}=0$，$k_{z6}=0$ 则有：

$$\begin{cases} F_{z5}=0 \\ F_{z6}=0 \end{cases} \qquad (5-45)$$

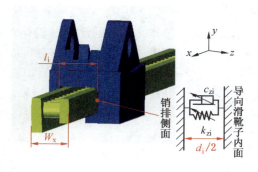

图 5-41　导向滑靴与销排之间
接触刚度和间隙示意图

当采煤机前后导向滑靴的内侧面与销排均发生接触，即当 $\left| z_3 + \dfrac{L_{ab}}{2} \cdot \theta_z \right| > \dfrac{d_5}{2}$、$\left| z_3 + \dfrac{L_{ab}}{2} \cdot \theta_z \right| > \dfrac{d_6}{2}$，此时 $k_{z5} \neq 0$，$k_{z6} \neq 0$ 则有：

$$\begin{cases} F_{z5}=k_{z5}\left(z_3 + \dfrac{L_{ab}}{2}\theta_z - \dfrac{d_5}{2} \right) + c_{z5}\left(\dot{z}_3 + \dfrac{L_{ab}}{2}\dot{\theta}_z \right) \\ F_{z6}=k_{z6}\left(z_3 - \dfrac{L_{ab}}{2}\theta_z - \dfrac{d_6}{2} \right) + c_{z6}\left(\dot{z}_3 - \dfrac{L_{ab}}{2}\dot{\theta}_z \right) \end{cases} \qquad (5-46)$$

当采煤机前导向滑靴的内侧面与销排发生接触，而后导向滑靴与销排未发生接触，即当 $\left| z_3 + \dfrac{L_{ab}}{2} \cdot \theta_z \right| > \dfrac{d_5}{2}$、$\left| z_3 + \dfrac{L_{ab}}{2} \cdot \theta_z \right| \leqslant \dfrac{d_6}{2}$，此时 $k_{z5} \neq 0$，$k_{z6}=0$ 则有：

$$\begin{cases} F_{z5}=k_{z5}\left(z_3 + \dfrac{L_{ab}}{2}\theta_z - \dfrac{d_5}{2} \right) + c_{z5}\left(\dot{z}_3 + \dfrac{L_{ab}}{2}\dot{\theta}_z \right) \\ F_{z6}=0 \end{cases} \qquad (5-47)$$

当采煤机前导向滑靴的内侧面与销排未发生接触，而后导向滑靴与销排发生接触，即当 $\left| z_3 + \dfrac{L_{ab}}{2} \cdot \theta_z \right| \leqslant \dfrac{d_5}{2}$、$\left| z_3 + \dfrac{L_{ab}}{2} \cdot \theta_z \right| > \dfrac{d_6}{2}$ 时，此时 $k_{z5}=0$，$k_{z6} \neq 0$ 则有：

$$\begin{cases} F_{z5}=0 \\ F_{z6}=k_{z6}\left(z_3 - \dfrac{L_{ab}}{2}\theta_z - \dfrac{d_6}{2} \right) + c_{z6}\left(\dot{z}_3 - \dfrac{L_{ab}}{2}\dot{\theta}_z \right) \end{cases} \qquad (5-48)$$

5.5.2　接触刚度描述

在机械结构的静、动态特性的研究过程中，通常把零件之间相互接触、工作时传递载荷的区域称为结合部，两个接触面称为结合面。机械加工的接触表面由于受到粗糙度的影响，在微观上两个接触的表面并不是理想的完全接触，与理想的光滑表面的接触特性有显著的差别，进而结合面存在着接触刚度和接触阻尼，并且对机械结构的静、动态特性产生着重要的影响。以下基于 GW 模型和 CEB 模型，并采用分形几何理论，对采煤机导向滑靴刮板输送机销排结合面的法向刚度进行了描述。

　　基于 Hertz 接触理论，在微观上并不存在理想光滑表面。因此，采煤机导向滑靴内侧与刮板输送机销排结合面的法向接触情况，可以假设为一个粗糙表面（导向滑靴内面）与一个理想光滑表面（销排）的接触问题，如图 5 – 42 所示。对于图 5 – 42b 中的等效接触区域上的单个微凸体，可以将其近似看作一个球体，其等效的曲率半径为 R_{se}。当未受载荷作用时，其接触状态如图 5 – 42c 所示。当受到法向载荷 F_{sn} 作用时，其接触状态如图 5 – 42d 所示，δ_{se} 为等效球体的法向的接触变形，r_{sn} 为法向接触圆面的半径，接触面积为 a'_{ge}。

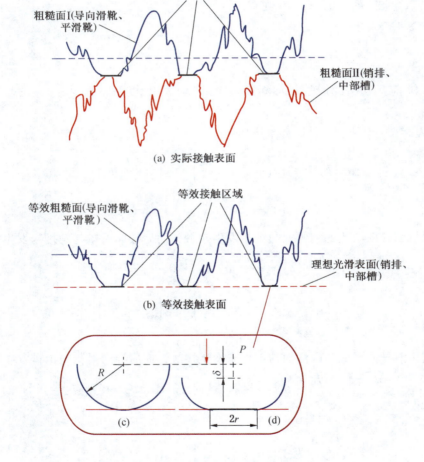

图 5 – 42　导向滑靴与销排微观接触示意图

　　依据单个微凸体的法向载荷与变形量的关系得出：

$$F_{sn} = \frac{4}{3} E_{dx} R_{se}^{\frac{1}{2}} \delta_{se}^{\frac{3}{2}} \qquad (5 - 49)$$

$$\frac{1}{E_{dx}} = \frac{1 - \mu_d^2}{E_d} + \frac{1 - \mu_x^2}{E_x} \qquad (5 - 50)$$

式中　　　E_{dx}——导向滑靴与销排的等效弹性模量；

　　　　E_d、E_x——导向滑靴与销排的弹性模量；

　　　　μ_d、μ_x——导向滑靴与销排的泊松比。

由式（5-49）可以得出导向滑靴与销排结合面的等效单个微凸体与理想平面的法向接触刚度为

$$k_n = 2E_{dx}R_{se}^{\frac{1}{2}}\delta_{se}^{\frac{1}{2}} \tag{5-51}$$

根据导向滑靴内面的微凸体变形前后的几何关系，以及文献［83］中分形粗糙度参数 R_a 的典型值，在此可以认为 $R_{se} \gg \delta_{se}$，则有导向滑靴与销排结合面等效单个微凸体的接触面积为

$$a'_{ge} = 2\pi R_{se}\delta_{se} \tag{5-52}$$

将式（5-52）代入式（5-51）中，得到导向滑靴与销排结合面的单个微凸体法向接触刚度与面积数学关系为

$$k_n = 2E_{dx}\sqrt{\frac{a'_{ge}}{2\pi}} \tag{5-53}$$

为了更准确地描述导向滑靴与销排结合面最大接触点的实际接触面积 a_1，依据文献［85］得到接触面积为 a'_{ge} 的接触点大小的分布函数：

$$n(a'_{ge}) = \frac{D_w}{2}\phi_e^{(2-D_w)/2}a'^{D_w/2}_1a'^{-(D_w+2)/2}_{ge} \quad (0 < a'_{ge} \le a'_1) \tag{5-54}$$

式中　a'_1——导向滑靴与销排结合面最大微凸体接触的截面积；

　　　ϕ_e——微凸体接触大小分布的扩展因子（$\phi_e > 1$），其值与分形维数 D_w 有关。

对导向滑靴与销排结合面的单个微凸体进行积分就可以得到采煤机导向滑靴与刮板输送机销排之间的接触刚度：

$$k_{gs} = \int_{a'_c}^{a'_1} k_n n(a'_{ge})da'_{ge} \tag{5-55}$$

式中　a'_c——单个微凸体弹性变形与塑性变形之间的临界接触截面积。

基于以上分析，将式（5-53）、式（5-54）代入式（5-55）中，并依据文献［87］$a'_{ge}=2a$，$a'_1=2a_1$，$a'_c=2a_c$ 整理得到采煤机前后导向滑靴与销排结合面的法向接触刚度为

$$\begin{cases} k_{z5} = \dfrac{2E_{dx}D_w}{\sqrt{\pi}(1-D_w)}\phi_e^{(2-D_w)/2}\left(z_3 + \dfrac{L_{ab}}{2}\theta_z - \dfrac{d_5}{2}\right)^{D_w/2}\left[\left(z_3 + \dfrac{L_{ab}}{2}\theta_z - \dfrac{d_5}{2}\right)^{(1-D_w)/2} - a_c^{(1-D_w)/2}\right] \\[4mm] k_{z6} = \dfrac{2E_{dx}D_w}{\sqrt{\pi}(1-D_w)}\phi_e^{(2-D_w)/2}\left(z_3 - \dfrac{L_{ab}}{2}\theta_z - \dfrac{d_6}{2}\right)^{D_w/2}\left[\left(z_3 - \dfrac{L_{ab}}{2}\theta_z - \dfrac{d_6}{2}\right)^{(1-D_w)/2} - a_c^{(1-D_w)/2}\right] \end{cases}$$
$$\tag{5-56}$$

5.5.3　采煤机滚筒载荷获取

采煤机滚筒载荷的确定，是对采煤机整机动态特性分析的前提。本文采用实验的方法来获取采煤机滚筒的载荷，实验地点为中煤集团张家口国家能源煤矿采掘机械装备研发（实验）中心。考虑到煤矿井下的环境复杂与采集数据的可靠性，依据相似原则，建立一个与实际煤壁在空间上满足 1∶1 比例以及物理性能参数与实际煤岩相同的模拟煤壁，模拟煤岩普式硬度 $f_s = 3$，煤壁长为 70 m，高为 3 m，如图 5-43a 所示。实验过程中，通过

粘贴在截齿齿座轴径安装孔内的三组应变片，来分别测量截齿在截割过程中的牵引阻力、截割阻力、侧向阻力，齿座的下端通过连接销轴固定在滚筒的方形孔内，如图 5 - 43b 所示。通过安装在滚筒边缘的旋转位置传感器，来测量滚筒的旋转角度。截齿三向力传感器将所采集到的信号通过无线发射模块传输到数据接收中心，传感器和发射模块的安装如图 5 - 43c 所示。采用无线加速度传感器 A301 对采煤机摇臂的振动量进行测量，一个安装在采煤机前摇臂的中间位置，该位置接近采煤机摇臂的重心，用来检测采煤机在斜切进刀工况下摇臂的振动特性；由于采煤机滚筒上无法安装加速度传感器，为检测滚筒的振动特性，将另一个安装在摇臂的前端靠近滚筒的位置，并且保证传感器测量的精度不受落煤的影响以及测量数据的准确性，将传感器进行了封装，如图 5 - 43d 所示。在进行实验之前，需要对传感器进行标定，以保证实验测量值的准确性，最终在数据接收中心的 PC 机中，利用 Matlab GUI 模块开发的采煤机测试分析软件，将由传感器测试到的 . tsp 数据转化为 . mat 格式数据作为原始数据，并采用中值滤波、均值滤波等方式进行处理，以及运用傅里叶拟合、高斯拟合、指数拟合等多种拟合方法，对检测的数据与标定数据进行拟合，其工作界面如图 5 - 43e 所示。

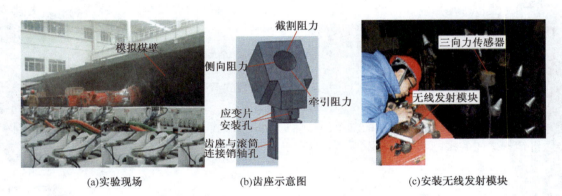

(a)实验现场　　　　　　　　(b)齿座示意图　　　　　　　　(c)安装无线发射模块

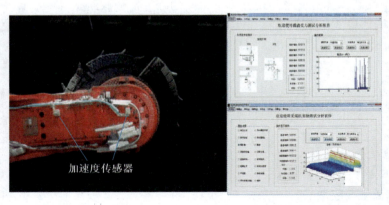

(d)安装无线加速度传感器　　　　　　　　(e)数据处理终端

图 5 - 43　实验测试

实验过程中的数据采集系统为 Beedate 无线采集系统，采煤机型号为 MG500/1180，滚筒的截割转速为 35.2 r/min，刮板输送机型号为 SGZ1000/1050，刮板输送机的俯角为 0°，刮板输送机的侧倾角为 0°。在实验过程中采集了斜切工况下采煤机的截齿载荷，采煤机的牵引速度为 2 m/min，并将采集到的截齿数据代入式（5-57）中。F_{zi} 为滚筒上第 i 个参与截割截齿的侧向阻力，N_c 为滚筒上参与截割的截齿总数，因每个滚筒上安装了 36 个截齿，在采煤机前滚筒完全进刀时，前滚筒参与截割的截割截齿数量为 18 个。由于采煤机在斜切进刀的过程中，前滚筒参与截割的截齿数量逐渐增加，滚筒的轴向载荷逐渐增大，当前滚筒达到完全进刀的情况时，随着斜切进刀工作的进行，参与截割截齿的数量达到最大，前滚筒的轴向载荷处于相对稳定状态，如图 5-44 所示。当采煤机牵引速度为 2 m/min 时，采煤机前滚筒在 50 s 达到完全进刀状态。

$$F_{gz1} = \sum_{i=1}^{N_c} F_{zi} \tag{5-57}$$

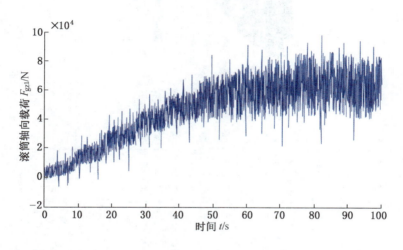

图 5-44 滚筒轴向载荷

5.5.4 模型求解与验证

应用 Workbench 有限元分析软件中 Static Structural 模块，对图 5-40 中采煤机各部分的等效连接刚度（k_{z1}、k_{z2}、k_{z3}、k_{z4}、k_{z5}、k_{z6}）进行模拟求解。如图 5-45 所示，采煤机摇臂与机身采用两个销轴连接，并且每个销轴的两端与采煤机机身固定。为提高求解速度，同时保证模拟求解的准确性，在 Pro/E 三维建模软件中将模型进行适当简化，保留了机身的连接铰耳部分、采煤机摇臂以及连接销轴。并将模型导入 Workbench 软件中，为有效地模拟出机身与摇臂实际的连接情况以及求解出机身与摇臂之间的等效连接刚度，定义采煤机材料为 Q235；摇臂为刚性体；销轴两端与机身固定；机身为全约束；并且基于以上实验在摇臂与滚筒连接的轴心处施加载荷 $F_{gz} = 6 \times 10^4$ N。最后求解得到采煤机摇臂与机身连接处的最大侧向位移为 0.027 mm。由胡克定律 $F = kx$，可得 $k_{z2} = k_{z3} = 2.22 \times 10^9$ N/m。由阻尼系数与刚度系数之间的经验公式 $c = (0.03 \sim 0.05)k$，可得 $c_{z2} = c_{z3} = 0.04 \times 2.22 \times 10^9 = 8.88 \times 10^7$ N·(m/s)$^{-1}$。采用相同方法，可以得到采煤机其他各部分之间的连接刚度和阻尼系数，见表 5-19。MG500/1180 型采煤机相关参数，见表 5-20。

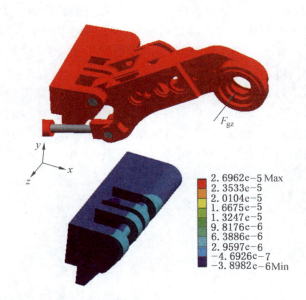

图 5 – 45　模拟分析

表 5 – 19　连接刚度和阻尼

$k_{z1}/(\mathrm{N \cdot m^{-1}})$	$k_{z2}/(\mathrm{N \cdot m^{-1}})$	$k_{z3}/(\mathrm{N \cdot m^{-1}})$	$k_{z4}/(\mathrm{N \cdot m^{-1}})$	$k_{z7}/(\mathrm{N \cdot m^{-1}})$	$k_{z8}/(\mathrm{N \cdot m^{-1}})$
1.37×10^9	2.22×10^9	2.22×10^9	1.37×10^9	2.36×10^9	2.36×10^9
$c_{z1}/(\mathrm{N \cdot s \cdot m^{-1}})$	$c_{z2}/(\mathrm{N \cdot s \cdot m^{-1}})$	$c_{z3}/(\mathrm{N \cdot s \cdot m^{-1}})$	$c_{z4}/(\mathrm{N \cdot s \cdot m^{-1}})$	$c_{z7}/(\mathrm{N \cdot s \cdot m^{-1}})$	$c_{z8}/(\mathrm{N \cdot s \cdot m^{-1}})$
5.48×10^7	8.88×10^7	8.88×10^7	5.48×10^7	9.44×10^7	9.44×10^7

表 5 – 20　MG500/1180 型采煤机相关参数　　　　　　　　　　　　kg

m_1	m_2	m_3	m_4	m_5
1.85×10^3	7.63×10^3	4.20×10^4	7.63×10^3	1.85×10^3

　　基于以上分析，采用数值分析方法将以上得到的采煤机滚筒轴向的载荷作为外激励施加到前滚筒质心处。求解得到斜切工况下采煤机各部分的振动位移曲线，如图 5 – 46 所示，在斜切进刀的过程中，采煤机各部分的振动位移大部分的时刻都为正值，说明斜切工况下的采煤机整机振动位移的方向指向煤壁侧，并且对采煤机前滚筒和前摇臂的振动特性影响最大。随着采煤机斜切进刀工作的进行，采煤机前滚筒的振动位移迅速递增，而后滚筒的较缓慢。前后摇臂在斜切进刀的过程中，振动位移变化的趋势相对前后滚筒的较小。当采煤机达到完全进刀状态时，采煤机前滚筒和前摇臂的振动位移均值分别为 5.864 mm、3.261 mm。由于采煤机机身的质量较大，惯性较大，因此采煤机机身的振动与振动摆角很小。

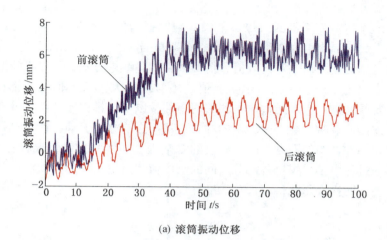

(a) 滚筒振动位移

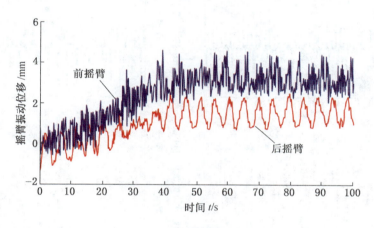

(b) 摇臂振动位移

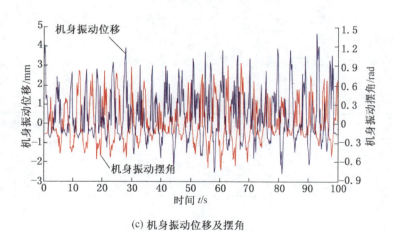

(c) 机身振动位移及摆角

图 5-46 采煤机整机振动位移

　　由以上分析可知,采煤机在 50 s 时达到完全进刀工况。在采煤机滚筒完全截割煤岩工况下,求解结果与实验测得的采煤机前滚筒与前摇臂的振动加速度曲线如图 5 - 47 所示,特征值见表 5 - 21。可以看出,采煤机在截割煤岩过程中,前滚筒受到的载荷冲击较大,并且方向时刻变化。通过对比数值分析结果和实验结果可知,采煤机前滚筒和前摇臂振动加速度的变化范围较为一致,但实验值的绝对值稍大于仿真值,且都在 15% 以内。引起误差的主要原因是:①刮板输送机相邻的中部槽以及销排连接处存在着高度差,当采煤机行走经过连接位置时,会产生一定的冲击,从而影响整机振动特性;②在采煤机动力学模型中,接触部件之间的刚度与阻尼建模的复杂程度与实际接触情况存在一定的差别;③在求解计算的过程中,采煤机各部分之间的刚度值和阻尼值均为近似值,与实验过程中存在一定的偏差,同样会影响仿真计算的准确性。

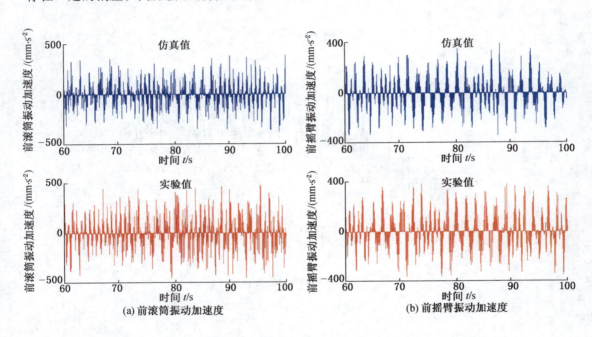

图 5 - 47　采煤机前滚筒与前摇臂的振动加速度曲线

表 5 - 21　采煤机前滚筒与前摇臂的振动加速度仿真与实验特征值　　　　mm/s²

名　称	仿　真　值			实　验　值		
	最大值	最小值	平均值	最大值	最小值	平均值
前滚筒	434.753	-431.802	-11.530	479.006	-463.589	-13.204
前摇臂	317.678	-293.417	-8.107	334.101	-321.444	-9.023

5.6　工况激励下采煤机整机三维 7 自由度动力学特性分析

5.6.1　动力学模型建立

　　根据采煤机的结构特点,采用质量块法,将采煤机简化为机身,前、后摇臂,前、后滚筒5部分，如图5-48所示。图中 m_3、y_3 为机身质量和位移，m_2、m_1 为左滚筒侧前摇臂质量和前滚筒质量，m_4、m_5 为右滚筒侧后摇臂和后滚筒质量，F_{gx1}、F_{gy1}、F_{gz1} 为前滚筒所受的三向载荷，F_{gx2}、F_{gy2}、F_{gz2} 为后滚筒所受的三向载荷，c_5、k_5 为前导向滑靴阻尼系数和刚度，c_7、k_7 为前平滑靴阻尼系数和刚度，c_6、k_6 为后导向滑靴阻尼系数和刚度，c_8、k_8 为后平滑靴阻尼系数和刚度，c_2、k_2 为前摇臂与机身之间连接阻尼与刚度，c_1、k_1 为前摇臂与前滚筒连接刚度与阻尼、c_3、k_3 为后摇臂与机身之间连接刚度、c_4、k_4 为后摇臂与后滚筒之间连接刚度，γ 为机身在 XOY 平面内俯仰角，β 为机身在 XOZ 平面内侧倾角，L_a 为前滑靴到机身中心的距离，L_b 为后滑靴到机身中心的距离，L_c 为导向滑靴到机身中心的距

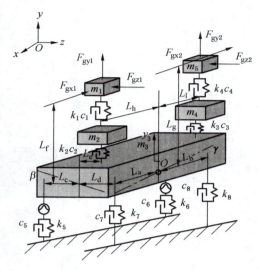

图5-48 采煤机动力学模型

离，L_d 为平滑靴到机身中心的距离，L_h 为前摇臂到机身中心距离，L_l 为后摇臂到机身中心的距离，L_f 为前滚筒中心与机身中心间距离，L_g 为后滚筒中心与机身中心距离，L_e 为摇臂距机身安装处的距离。

系统动能为

$$T = \frac{1}{2}m_1\dot{y}_1^2 + \frac{1}{2}m_2\dot{y}_2^2 + \frac{1}{2}m_3\dot{y}_3^2 + \frac{1}{2}J_1\dot{\gamma}^2 + \frac{1}{2}J_2\dot{\beta}^2 + \frac{1}{2}m_4\dot{y}_4^2 + \frac{1}{2}m_5\dot{y}_5^2 \qquad (5-58)$$

式中　$\dot{y}_3$——机身速度；

　　$\dot{y}_2$、$\dot{y}_4$——前后摇臂速度；

　　$\dot{y}_1$、$\dot{y}_5$——前后滚筒速度；

　　J_1、J_2——机身转动惯量。

系统的势能为

$$U = \frac{1}{2}k_1(y_1 - y_2)^2 + \frac{1}{2}k_2(y_2 - y_{2e})^2 + \frac{1}{2}k_3(y_4 - y_{4e})^2 + \frac{1}{2}k_4(y_5 - y_4)^2 + \frac{1}{2}k_5y_6^2 +$$

$$\frac{1}{2}k_6y_7^2 + \frac{1}{2}k_7y_8^2 + \frac{1}{2}k_8y_9^2 \qquad (5-59)$$

式中　y_6、y_7——前后导向滑靴位移；

　　y_8、y_9——前后平滑靴位移；

　　y_{2e}、y_{4e}——前后摇臂与机身安装处的位移。

由图5-48动力学模型可知：

$$\begin{cases} y_6 = y_3 - L_a\gamma + L_c\beta \\ y_7 = y_3 + L_b\gamma + L_c\beta \\ y_8 = y_3 - L_a\gamma - L_d\beta \\ y_9 = y_3 + L_b\gamma - L_d\beta \end{cases} \qquad (5-60)$$

$$y_{2e} = y_3 - L_h\gamma - L_e\beta \tag{5-61}$$

$$y_{4e} = y_3 + L_1\gamma - L_e\beta \tag{5-62}$$

系统的耗散能为

$$D = \frac{1}{2}c_5\dot{y}_6^2 + \frac{1}{2}c_6\dot{y}_7^2 + \frac{1}{2}c_7\dot{y}_8^2 + \frac{1}{2}c_8\dot{y}_9^2 + \frac{1}{2}c_2(\dot{y}_2 - \dot{y}_{2e})^2 + \frac{1}{2}c_1(\dot{y}_1 - \dot{y}_2)^2 +$$

$$\frac{1}{2}c_3(\dot{y}_4 - \dot{y}_{4e})^2 + \frac{1}{2}c_4(\dot{y}_5 - \dot{y}_4)^2 \tag{5-63}$$

将式（5-58）、式（5-59）、式（5-63）代入 Lagrange 动力学方程中：

$$\frac{\mathrm{d}}{\mathrm{d}t}\left(\frac{\partial T}{\partial \dot{y}_i}\right) - \frac{\partial T}{\partial y_i} + \frac{\partial U}{\partial y_i} + \frac{\partial D}{\partial \dot{y}_i} = F_i \quad (i = 1, 2, \cdots, n) \tag{5-64}$$

可得：

$$M\ddot{Y} + C\dot{Y} + KY = F \tag{5-65}$$

$$M = \begin{Bmatrix}
m_3 & & & \cdots & & & 0 \\
& J_1 & & & & & \\
& & J_2 & & & & \\
\vdots & & & m_2 & & & \vdots \\
& & & & m_1 & & \\
& & & & & m_4 & \\
0 & & & \cdots & & & m_5
\end{Bmatrix}$$

$$C = \begin{Bmatrix}
C_{11} & C_{12} & C_{13} & -c_2 & 0 & -c_4 & 0 \\
C_{21} & C_{22} & C_{23} & L_h c_2 & 0 & L_c c_4 & 0 \\
C_{31} & C_{32} & C_{33} & L_e c_2 & 0 & L_e c_4 & 0 \\
-c_2 & L_h c_2 & L_e c_2 & c_2 + c_1 & -c_1 & 0 & 0 \\
0 & 0 & 0 & -c_1 & c_1 & 0 & 0 \\
-c_4 & -L_1 c_4 & L_e c_4 & 0 & 0 & c_4 + c_5 & -c_5 \\
0 & 0 & 0 & 0 & 0 & -c_5 & c_5
\end{Bmatrix}$$

其中：

$$C_{11} = c_5 + c_6 + c_7 + c_8 + c_2 + c_4$$

$$C_{12} = -L_a c_5 - L_a c_7 + L_b c_6 + L_b c_8 - L_h c_2 + L_1 c_4$$

$$C_{13} = L_c c_5 + L_d c_7 + L_c c_6 - L_d c_8 - L_e c_2 - L_e c_4$$

$$C_{21} = -L_a c_5 - L_a c_7 + L_b c_6 + L_b c_8 - L_h c_2 + L_1 c_4$$

$$C_{22} = L_a^2 c_5 + L_a^2 c_7 + L_b^2 c_6 + L_b^2 c_8 + L_h^2 c_2 + L_1^2 c_4$$

$$C_{23} = -L_a L_c c_5 + L_a L_d c_7 + L_b L_c c_6 - L_b L_d c_8 + L_e L_h c_2 - L_e L_1 c_4$$

$$C_{31} = L_c c_5 - L_d c_7 + L_c c_6 - L_d c_8 - L_e c_2 - L_e c_4$$

$$C_{32} = -L_a L_c c_5 + L_a L_d c_7 + L_b L_c c_6 - L_b L_d c_8 + L_h L_e c_2 - L_1 L_e c_4$$

$$C_{33} = L_c^2 c_5 + L_d^2 c_7 + L_c^2 c_6 + L_d^2 c_8 + L_e^2 c_2 + L_e^2 c_4$$

$$K = \begin{Bmatrix} K_{11} & K_{12} & K_{13} & -k_2 & 0 & -k_4 & 0 \\ K_{21} & K_{22} & K_{23} & L_h k_2 & 0 & -L_l k_4 & 0 \\ K_{31} & K_{32} & K_{33} & L_e k_2 & 0 & L_e k_4 & 0 \\ -k_2 & L_h k_2 & L_e k_2 & k_2 + k_1 & -k_1 & 0 & 0 \\ 0 & 0 & 0 & -k_1 & k_1 & 0 & 0 \\ -k_4 & -L_l k_4 & L_e k_4 & 0 & 0 & k_4 + k_5 & -k_5 \\ 0 & 0 & 0 & 0 & 0 & -k_5 & k_5 \end{Bmatrix}$$

其中：

$$K_{11} = k_5 + k_6 + k_7 + k_8 + k_2 + k_4$$

$$K_{12} = -L_a k_5 - L_a k_7 + L_b k_6 + L_b k_8 - L_e k_2 - L_e k_4$$

$$K_{13} = L_c k_5 - L_d k_7 + L_c k_6 - L_d k_8 - L_h k_2 + L_l k_4$$

$$K_{21} = -L_a (k_5 + k_7) + L_b (k_6 + k_8) - L_h k_2 + L_l k_4$$

$$K_{22} = L_a^2 (k_5 + k_7) + L_b^2 (k_6 + k_8) + L_h^2 k_2 + L_l^2 k_4$$

$$K_{23} = -L_a L_c k_5 + L_a L_d k_7 + L_b L_c k_6 - L_b L_d k_8 + L_e L_h k_2 - L_e L_l k_4$$

$$K_{31} = L_c (k_5 + k_6) - L_d (k_7 + k_8) - L_e k_2 - L_e k_4$$

$$K_{32} = -L_a L_c k_5 + L_a L_d k_7 + L_b L_c k_6 - L_b L_d k_8 + L_e L_h k_2 - L_e L_l k_4$$

$$K_{33} = L_c^2 (k_5 + k_6) + L_b^2 (k_7 + k_8) + L_e^2 k_2 + L_e^2 k_4$$

$$F = \begin{Bmatrix} 0 \\ -F_{gx1} L_f - F_{gx2} L_g \\ -F_{gz1} L_f - F_{gx2} L_g \\ 0 \\ F_{gy1} \\ 0 \\ F_{gy2} \end{Bmatrix}$$

5.6.2 采煤机滚筒截割激励描述

单个滚筒的水平方向的牵引阻力、截割阻力、侧向力 F_{gx}、F_{gy}、F_{gz} 为

$$\begin{cases} F_{gy} = \sum_{i=1}^{N_c} \left[F_{xi} \sin(\omega_g t + \varphi_{li}) - F_{yi} \cos(\omega_g t + \varphi_{li}) \right] \\ F_{gx} = \sum_{i=1}^{N_c} \left[-F_{xi} \sin(\omega_g t + \varphi_{li}) - F_{yi} \cos(\omega_g t + \varphi_{li}) \right] \\ F_{gz} = \sum_{i=1}^{N_c} F_{zi} \end{cases} \qquad (5-66)$$

式中　F_{xi}——单个截齿瞬时牵引阻力；

F_{yi}——单个截齿瞬时截割阻力；

F_{zi}——单个截齿瞬时侧向力；

ω_g——滚筒角速度；

φ_{li}——螺旋滚筒上第 i 个截齿的位置角。

由文献［93］可知：当滚筒的结构参数确定后，其工作阻力大小取决于煤岩硬度，而综采工作面煤岩硬度具有随机分布的特性，所以滚筒的工作阻力也具有随机特性。本书以 MG500/1180 采煤机截割 3 m 厚煤层为例，其滚筒直径为 1800 mm，当煤的单轴抗压强度 σ_a 在 25 ~ 32 MPa 间随机正态分布时，则可根据式（5 – 66）计算滚筒的各向工作阻力，其有效值为 $F_{gy1} = 1.85 \times 10^5$ N、$F_{gx1} = 1.04 \times 10^5$ N、$F_{gz1} = 0.2 \times 10^5$ N、$F_{gy2} = 1.36 \times 10^5$ N、$F_{gx2} = 0.72 \times 10^5$ N、$F_{gz2} = 0.18 \times 10^5$ N。

5.6.3 采煤机支撑刚度与阻尼描述

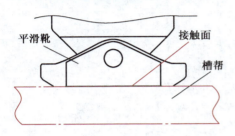

图 5 – 49　平滑靴与槽帮接触示意图

1. 平滑靴支撑刚度与阻尼

平滑靴与刮板输送机槽帮的接触状态如图 5 – 49 所示，其接触面为平面，根据 Herz 接触理论，可建立平滑靴的支撑刚度为

$$k_7 = \begin{cases} 0 & x_7 \geq 0 \\ k_{sg} a_{se} & x_7 < 0 \end{cases} \qquad (5-67)$$

$$k_8 = \begin{cases} 0 & x_8 \geq 0 \\ k_{sg} a_{se} & x_8 < 0 \end{cases} \qquad (5-68)$$

式中　k_{sg}、a_{se}——平滑靴与槽帮间的等效接触刚度、面积。

接触阻尼为

$$c_7 = c_8 = \delta_{sg} k_5 \qquad (5-69)$$

式中　δ_{sg}——平滑靴与槽帮间的阻尼系数。

2. 导向滑靴支撑刚度与阻尼

导向滑靴与销排间的接触状态如图 5 – 50 所示，因导向滑靴与销排的上表面接触，驱动齿轮与销排内的齿形肋啮合如图 5 – 51 所示，所以前导向滑靴的支撑刚度：

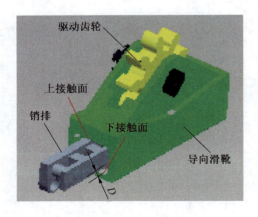

图 5 – 50　导向滑靴与销排接触状态示意图

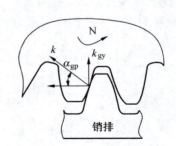

图 5 – 51　驱动轮与销排啮合示意图

$$k_{gn} = \begin{cases} k_{dg} a_{gt} & x_5 \leq 0 \\ 0 & 0 < x_5 < D \\ -k_{dg} a_{gb} & x_5 \geq D \end{cases} \qquad (5-70)$$

式中　　　k_{dg}——导向滑靴与销排间的等效接触刚度；

a_{gt}、a_{gb}——导向滑靴与销排上下表面的接触面积。

$$k_{gy} = k\sin\alpha_{gp} \tag{5-71}$$

式中　α_{gp}——驱动齿轮与销排的压力角；

k——啮合刚度等于平均啮合刚度 k_m 与时变啮合刚度之和，即：

$$k = k_m + k_a\cos(\omega\tau + \delta_i) \tag{5-72}$$

式中　k_a——时变啮合刚度幅值。

前导向滑靴支撑刚度为

$$k_5 = k_{gn} + k_{gy} \tag{5-73}$$

式中　k_{gn}——导向滑靴与销排接触表面法向刚度；

k_{gy}——驱动轮与销排的竖直方向的接触刚度。

根据齿轮啮合动态理论及文献［96-97］，前驱动轮与销排间的啮合阻尼为

$$c_{n5} = 2\xi_g\sqrt{\frac{k_m}{1/m_q + 1/m_p}} \tag{5-74}$$

式中　ξ_g——啮合阻尼比；

m_q——驱动轮等效质量；

m_p——销排等效质量。

令前后导向滑靴导向板与销排间的黏性阻力 c_{gv}。

$$c_{gv} = \beta k_{dp1} \tag{5-75}$$

$$c_5 = c_{gv} + c_{n5}\sin\alpha_{gp} \tag{5-76}$$

同理可求后导向滑靴支撑刚度 k_6 与阻尼系数 c_6。

查阅采煤机的设计资料，并根据其结构，可确定式（5-65）的中的质量、刚度、阻尼参数见表5-22~表5-24。

表5-22　质量属性

m_1	m_2	J_1	J_2	m_3	m_4	m_5
2.5 t	12 t	63.4 t·m²	23.6 t·m²	40 t	12 t	2.5 t

表5-23　弹性常数估计值　　　　　　　　　　　　　　　　kt/m

k_1	k_2	k_4	k_5
12	50	50	12

表5-24　阻尼系数　　　　　　　　　　　　　　　　N·s/m

c_1	c_2	c_4	c_5
0.36	1.5	1.5	0.36

5.6.4　仿真结果分析

由图5-52a可知：采煤机牵引速度在1~3 m/min变化时，机身的振幅随着牵引速度

略有增大，但增加幅值非常小，最大振幅均控制在 4 mm 以下；由图 5 - 52b 可知：机身的俯仰角变化相对平稳，且其俯仰角摆动值非常小；由图 5 - 52c 可知：相对俯仰角而言，其侧倾角要大得多，摆动范围在 0 ~ 0.008 rad 之间，其均值范围约为 0.0043 ~ 0.0052 rad，虽然侧倾角的振动值较小，但由于采煤机的整机结构尺寸较大，所以即使很多的摆动角度也是引起其关键部件产生较大的振动。

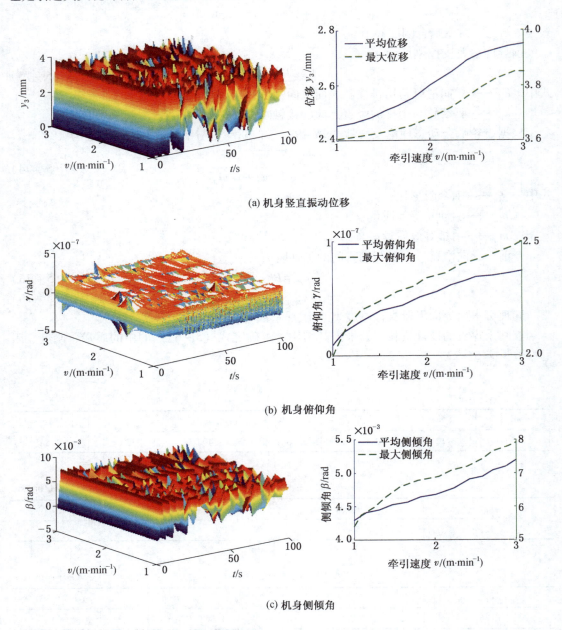

(a) 机身竖直振动位移

(b) 机身俯仰角

(c) 机身侧倾角

图 5 - 52　机身振动位移

通过以上分析可知：总体来讲，牵引速度的增加对机身振动的影响较弱，这是因为采煤机整机重量较大，约为 70 t，故其惯性较大，此外，导向滑靴、平滑靴与刮板输送机中部槽间的接触刚度较大，所以机身的振动相对较小。

不同牵引速度下，前、后滚筒的振动特性如图 5-53、图 5-54 所示，由图 5-53 可知：随着牵引速度 1~3 m/min 的增加，前滚筒振动位移均值由 2 mm 逐渐增大到 5 mm，其中当牵引速度为 1 m/min 时，振动位移值在 -3~6 mm 间波动，当牵引速度增加到 3 m/min 时，振动位移值波动区间为 -4~10 mm。

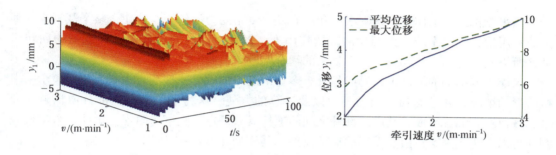

图 5-53 前滚筒振动位移

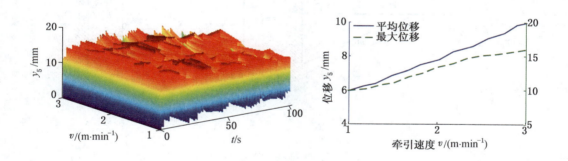

图 5-54 后滚筒振动位移

由图 5-54 可知：后滚筒的振动特性变化规律与前滚筒较为相似，随着牵引速度的由 1 m/min 增加到 3 m/min，前滚筒的平均振动位移幅值由 6 mm 增加到 10 mm，其波动范围由 2~10 mm 逐渐增大为 6~16 mm。

对比图 5-53、图 5-54 可知：前滚筒的振动位移幅值要小于后滚筒，这是由于后滚筒的截割载荷大于前滚筒引起的。

6　采煤机截割部模态特征分析

6.1　采煤机截割部振动模型的建立

当采煤机正常工作时，截割滚筒和煤岩发生复杂的力学作用，这使得整个截割部受到负载作用后，产生振动。在调高油缸的作用下，摇臂在调高的过程中做大范围的回转运动，所以截割部的振动问题是一个复杂的耦合问题。

采煤机截割部的振动可以看成是具有多自由度阻尼的受迫振动。为了形象地表示采煤机的振动情况，并考虑到模型的简化以及计算的方便，认为采煤机截割部分由摇臂、油缸、减速箱 3 部分组成，其中，部件之间的连接具有一定的刚度与阻尼。由此，采煤机截割部可以简化成为 5 自由度系统的振动模型，其模型如图 6 - 1 所示。

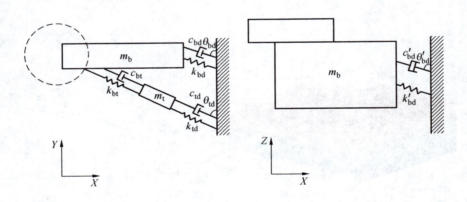

图 6 - 1　采煤机截割部振动模型

摇臂 m_b 表示摇臂的质量，m_t 表示调高油缸的质量，在 $Y - X$ 平面内，k_{bt}、c_{bt} 表示摇臂与调高油缸连接处的刚度与阻尼，k_{bd}、c_{bd} 表示摇臂与减速箱连接处的刚度与阻尼，k_{td}、c_{td} 表示油缸与减速箱连接处的刚度与阻尼，θ_{td} 表示油缸与减速箱连接处摆动的角度；θ_{bd} 表示摇臂与减速箱摆动的角度；在 $Z - X$ 平面内，k'_{bd}、c'_{bd} 表示摇臂与减速箱连接处的刚度与阻尼系数；θ_{br} 表示摇臂与减速箱扭转的角度；由于油缸在此平面内摆动和扭转幅度相对于摇臂来说变换很小，对本次模态分析研究的影响很小，所以可以忽略不计。

为了模型的简化，提高效率，将上述模型简化为如图 6 - 2 所示，将采煤机截割部分简化为 5 个自由度的系统，分别用 $y_1(t)$、$y_2(t)$、$x_1(t)$、$x_2(t)$、$z_1(t)$ 5 个广义坐标表示，其中，摇臂 m_1 在 z 方向上移动的位移表示为 $y_1(t)$，调高油缸 m_2 在 z 方向上移动的位移表示为 $y_2(t)$；同理摇臂 m_1 在 x 方向上移动的位移表示为 $x_1(t)$，调高油缸 m_2 在 x 方向上移动的位移表示为 $x_2(t)$，摇臂 m_1 在 z 方向上移动的位移表示为 $z_1(t)$。

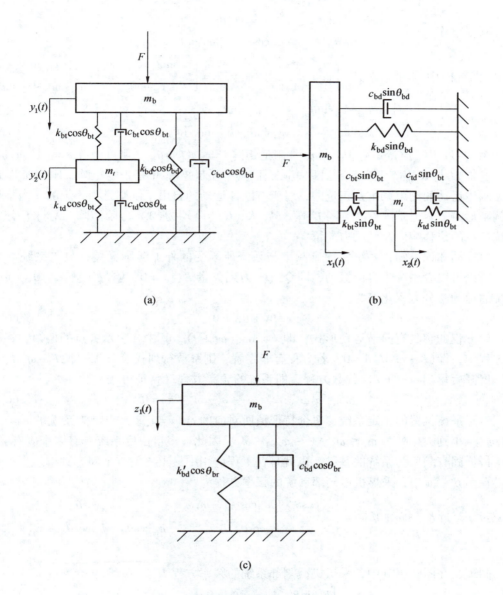

图6-2　采煤机截割部振动模型简化

6.2　截割部系统方程的建立及特性参数

　　用牛顿运动定律方法适用于具有"串联"关系的质量－弹簧系统,在选定的广义坐标下,对各质量块进行隔离分析,可以列出运动方程。多自由度有阻尼的动力学方程:

$$M\ddot{X} + C\dot{X} + KX = F \tag{6-1}$$

其中 M 为质量矩阵, C 为阻尼矩阵, K 为刚度矩阵, F 为非保守力构成的列阵。

图6-2a 中,质量矩阵 $M = \begin{bmatrix} m_b & \\ & m_t \end{bmatrix}$,阻尼矩阵 $C = \begin{bmatrix} c_{bt}\cos\theta_{td}+c_{bd}\cos\theta_{bd} & c_{bt}\cos\theta_{td} \\ c_{bt}\cos\theta_{td} & c_{bt}\cos\theta_{td}+c_{td}\cos\theta_{td} \end{bmatrix}$

刚度矩阵 $K = \begin{bmatrix} k_{bt}\cos\theta_{td}+k_{bd}\cos\theta_{bd} & k_{bt}\cos\theta_{td} \\ k_{bt}\cos\theta_{td} & k_{bt}\cos\theta_{td}+k_{td}\cos\theta_1 \end{bmatrix}$。

图 6-2b 中，质量矩阵 $M = \begin{bmatrix} m_b & \\ & m_t \end{bmatrix}$，阻尼矩阵 $C = \begin{bmatrix} c_{bt}\sin\theta_{bt}+c_{bd}\sin\theta_{bd} & c_{bt}\sin\theta_{bt} \\ c_{bt}\sin\theta_{bt} & c_{bt}\sin\theta_{bt}+c_{td}\sin\theta_{bt} \end{bmatrix}$

刚度矩阵 $K = \begin{bmatrix} k_{bt}\sin\theta_{bt}+k_{bd}\sin\theta_{bd} & k_{bt}\sin\theta_{bt} \\ k_{bt}\sin\theta_{bt} & k_{bt}\sin\theta_{bt}+k_{td}\sin\theta_{bt} \end{bmatrix}$。

图 6-2c 中，质量矩阵 $M = [m_b]$，阻尼矩阵 $C = [c'_{bd}\cos\theta'_{bd}]$，刚度矩阵 $K = [k'_{bd}\cos\theta'_{bd}]$。

通常 M 与 K 矩阵为实系数对称矩阵，而其中质量矩阵 M 是正定矩阵，刚度矩阵 K 对于无刚体运动的约束系统是正定的；对于有刚体运动的自由系统则是半正定的。当阻尼为比例阻尼时，阻尼矩阵 C 为对称矩阵，M、K、C 矩阵均为 (2×2) 阶矩阵。X 与 F 分别为系统各点的位移响应及激励力向量。

由振动知识可知，系统的固有频率与系统所承受的外加激励无关，只与系统本身有关，所以可以设系统为自由振动，即令广义力列矢量 $F(t)=0$、阻尼矩阵 $C=0$，则此时系统的运动微分方程化简为

$$M\ddot{X} + KX = 0 \tag{6-2}$$

设方程的解具有简谐运动形式，即 $x = A\sin(\omega t + \theta)$，其中 A 表示各点的振幅，将解代入方程中，即 $(K-\omega^2 M)A = 0$。若方程有非零解，则系数行列式等于 0，即 $|K-\omega^2 M| = 0$

展开后得到 ω^2 的 n 次代数方程，即系统的频率方程（特征方程）为

$$\omega^{2n} + a_1\omega^{2(n-1)} + \cdots + a_{n-1}\omega^2 + a_n = 0 \tag{6-3}$$

对于平衡位置的正定系统，每个特征值所对应的 $\omega_i(i=1,2,\cdots,n)$ 为系统的 n 个固有频率，从小到大排列为 $\omega_1 < \omega_2 < \cdots < \omega_{n-1} < \omega_n$。因此，多自由度系统具有多个固有频率，其中最低固有频率为系统的基频，也就是在工程应用中最重要的一个固有频率。

在图 6-2a 中，采煤机截割部系统的频率方程为

$$\Delta(\omega^2) = \left|[K]-\omega^2[M]\right| = \begin{vmatrix} k_{bt}\cos\theta_{td}+k_{bd}\cos\theta_{bd}-m_b\omega^2 & k_{bt}\cos\theta_{td} \\ k_{bt}\cos\theta_{td} & k_{bt}\cos\theta_{td}+k_{td}\cos\theta_{td}-m_t\omega^2 \end{vmatrix} = 0$$
$$\tag{6-4}$$

同理，在图 6-2b 中，采煤机截割部系统的频率方程为

$$\Delta(\omega^2) = \left|[K]-\omega^2[M]\right| = \begin{vmatrix} k_{bt}\sin\theta_{td}+k_{bd}\sin\theta_{bd}-m_b\omega^2 & k_{bt}\sin\theta_{td} \\ k_{bt}\sin\theta_{td} & k_{bt}\sin\theta_{td}+k_{td}\sin\theta_{td}-m_t\omega^2 \end{vmatrix} = 0$$
$$\tag{6-5}$$

在图 6-2c 中，采煤机截割部系统的频率方程为

$$\Delta(\omega^2) = \left|[K]-\omega^2[M]\right| = \left|m_b-\omega k'_{bd}\cos\theta'_{bd}\right| = 0 \tag{6-6}$$

根据 MG300/730-WD 型截割部的参数表（6-1），代入式（6-4）、式（6-5）、式（6-6）中，求得

$$\omega_1 = 34.869\ \text{Hz} \qquad \omega_2 = 48.813\ \text{Hz}$$

$$\omega_3 = 110.475\ \text{Hz} \qquad \omega_4 = 136.264\ \text{Hz}$$

$$\omega_5 = 168.365\ \text{Hz}$$

表 6-1 截割部参数表

参数	θ_{td}	θ_{bd}	θ'_{bd}	k_{bt}	k_{bd}	k'_{bd}	k_{td}	m_b	m_t
数值	15°	10°	10°	2.1e7	2.4e7	2.8e7	2.1e7	9100 kg	458 kg

将求得的频率代入方程中，并令 $A_2 = 1$，得到：

$$A_1^{(1)} = -0.2183, A_1^{(2)} = 1.5704, A_1^{(3)} = 0.3265, A_1^{(4)} = -1.0286, A_1^{(5)} = 1.8462$$

所以模态矢量为

$$A^{(1)} = \begin{bmatrix} -0.2183 \\ 1 \end{bmatrix}, A^{(2)} = \begin{bmatrix} 1.5704 \\ 1 \end{bmatrix}, A^{(3)} = \begin{bmatrix} 0.3265 \\ 1 \end{bmatrix}, A^{(4)} = \begin{bmatrix} -1.0286 \\ 1 \end{bmatrix}, A^{(5)} = \begin{bmatrix} 1.8462 \\ 1 \end{bmatrix}$$

根据模态矢量正交化原则，即假定 M 是正定矩阵，则有：

$$M_r = (A^{(r)})^T M A^{(r)} \quad (r = 1, 2, \cdots, n) \tag{6-7}$$

其中，M 为广义坐标下的质量矩阵，$A^{(r)}$ 为第 r 阶模态矢量，则 M_r 为第 r 阶模态质量。

同理，假定刚度矩阵 K 是正定矩阵，有：

$$K_r = (A^{(r)})^T K A^{(r)} \quad (r = 1, 2, \cdots, n) \tag{6-8}$$

同理，K_r 为第 r 阶模态刚度，这里，M_r、K_r 不再是一个矩阵，而是一个正实数，因此可以求出各阶模态质量为

$$M_1 = (A^{(1)})^T M A^{(1)} = 474.201 (\text{kg}) \qquad M_2 = (A^{(2)})^T M A^{(2)} = 28048.54 (\text{kg})$$

$$M_3 = (A^{(3)})^T M A^{(3)} = 569.265 (\text{kg}) \qquad M_4 = (A^{(4)})^T M A^{(4)} = 20365.49 (\text{kg})$$

$$M_5 = (A^{(5)})^T M A^{(5)} = 32596.14 (\text{kg})$$

同理，模态刚度为

$$K_1 = (A^{(1)})^T K A^{(1)} = 2.9 \times e^8 (\text{N/m}) \qquad K_2 = (A^{(2)})^T K A^{(2)} = 3.1 \times e^{11} (\text{N/m})$$

$$K_3 = (A^{(3)})^T K A^{(3)} = 6.3 \times e^8 (\text{N/m}) \qquad K_4 = (A^{(4)})^T K A^{(4)} = 1.2 \times e^{11} (\text{N/m})$$

$$K_5 = (A^{(5)})^T K A^{(5)} = 6.5 \times e^{11} (\text{N/m})$$

由于模态矢量 $A^{(r)}$ 的长度是不确定的，所以可以按照以下方法加以正则化。令：

$$A_N^{(r)} = \frac{A^{(r)}}{\sqrt{M_r}} \tag{6-9}$$

所以可以求出正则化后的模态矢量，即

$$A_N^{(1)} = \frac{1}{\sqrt{M_{(1)}}} A^{(1)} = \frac{1}{21.776} \begin{bmatrix} -0.2183 \\ 1 \end{bmatrix} \qquad A_N^{(2)} = \frac{1}{\sqrt{M_{(2)}}} A^{(2)} = \frac{1}{167.477} \begin{bmatrix} 1.5704 \\ 1 \end{bmatrix}$$

$$A_N^{(3)} = \frac{1}{\sqrt{M_{(3)}}} A^{(3)} = \frac{1}{23.859} \begin{bmatrix} 0.3265 \\ 1 \end{bmatrix} \qquad A_N^{(4)} = \frac{1}{\sqrt{M_{(4)}}} A^{(4)} = \frac{1}{142.708} \begin{bmatrix} -1.0286 \\ 1 \end{bmatrix}$$

$$A_N^{(5)} = \frac{1}{\sqrt{M_{(5)}}} A^{(5)} = \frac{1}{180.544} \begin{bmatrix} 1.8462 \\ 1 \end{bmatrix}$$

6.3 截割部的振动频率分析

截割部振动的各种频率主要包括截割电机振动频率、截割部传动系统振动频率和螺旋滚筒旋转截割振动频率。

（1）采用工频电源供电的电机，转子的旋转频率均稍低于 25 Hz。电机在正常工作时，会产生两倍电源频率的振动，所以电机的振动频率一般接近 50 Hz。

（2）截割部传动系统的振动主要由齿轮的啮合振动引起，齿轮振动频率为转轴旋转频率乘以齿轮齿数，各级啮合振动频率分别为 514.51 Hz、274.4 Hz、132.69 Hz、51.3 Hz。

（3）螺旋滚筒载荷波动主要与滚筒转速和叶片、截齿的排列布置有关。其中，由滚筒转速引起的波动频率为

$$f_r = \frac{n}{60} \tag{6-10}$$

式中　n——滚筒的转速，r/min。

由叶片头数引起的波动频率为

$$f_n = m f_r \tag{6-11}$$

式中　m——叶片头数。

叶片截齿排列对载荷波动的影响主要包括两方面，一是与截线截齿有关的波动频率：

$$f_s = N_j f_r \tag{6-12}$$

式中　N_{jx}——截线截齿数。

二是与两相邻截齿之间的夹角有关的波动频率：

$$f_a = (2\pi / \theta_a) f_r \tag{6-13}$$

式中　θ_a——两相邻截齿之间的夹角，rad。

由端面截齿的排列布置引起的波动频率为

$$f_e = N_{dm} f_r \tag{6-14}$$

式中　N_{dm}——端面截齿数。

螺旋滚筒的参数：滚筒转速 $n = 35$ r/min，叶片头数 $m = 3$，截线截齿数 $N_{jx} = 3$，两相邻截齿之间的夹角 $\theta_a = 0.22$ rad，端面截齿数 $N_{dm} = 30$ 则有 $f_r = 0.583$ Hz，$f_n = f_s = 1.75$ Hz，$f_a = 16.65$ Hz，$f_e = 17.93$ Hz。

6.4　调高油缸的纵向振动对截割部的影响

6.4.1　采煤机工作受力分析

图 6-3 所示为采煤机工作原理图，这里假设采煤机所工作的条件最为恶劣，此时只考虑采煤机受到牵引部的轴向牵引力，忽略煤壁侧的侧向轴向力作用，因此根据平衡方程可得：

$$T = (P_y + P'_y) + f(G_m \cos\alpha_s - P_x + P'_x + P_z + P'_z) - G_m \sin\alpha_s \tag{6-15}$$

此时，$P_z = P'_z = \dfrac{L_M (P_x + P'_x)}{L_N}$，当 P'_y 趋于零时，P_y 趋于极值，故当 $P_{zmax} = P'_{zmax} = \dfrac{L_M P_{xlimt}}{L_N}$。

当极限条件下，右滚筒所受的极限阻力为

$$P_{xlimt} = \frac{\{[T_{max} + G_m \sin\alpha_s - f(G_m \cos\alpha_s - P_{ymax})]\} L_N}{L_N + 2f L_M} \tag{6-16}$$

此时，摇臂及调高油缸受载荷如图 6-4 所示，由力平衡方程可得

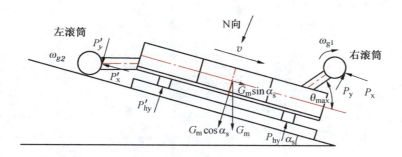

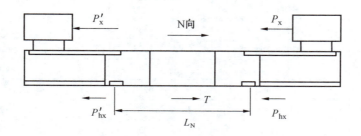

图6-3   采煤机工作原理图

$$P_{limt} = \frac{P_{xlimt}y_F + P_{xmax}x_F - W_p\cos\alpha_s x_G - W_p\sin\alpha_s y_G}{OC} \qquad (6-17)$$

其中，$OC = \dfrac{|(x_A - x_B)y_B - (y_A - y_B)x_A|}{\sqrt{(y_A - y_B)^2 + (x_A - x_B)^2}}$。

在实际的生产过程中，采煤机的牵引力并不是一直处于极限状态下，而是伴随着截割力和推进阻力的变化而变化，通常情况下，在设计调高油缸时，并不会按照极限激励 P_{limt} 来计算，因为这样计算，会使调高油缸缸径过大，增加整体质量。所以，在设计调高油缸时，实际作用在调高油缸上的激励会小于极限激励。假设采煤机整机的截割功率全部作用在右滚筒上，调高油缸受到最大的截割阻力 P_{ymax}，再根据以往的经验公式计算出最大的推进阻力 P_{xmax}，最后，根据前两项所求的数据，求得调高油缸上最大激励为

$$P_{xmax} = k_{ab}P_{ymax} = \frac{1910P_e i\eta_t k_{ab}}{nD_1} \qquad (6-18)$$

式中 P_e——电机输出的截割功率，kW；

$\quad\quad i$——截割部的总传动比；

$\quad\quad \eta_t$——截割部的总效率；

$\quad\quad k_{ab}$——截齿的磨损系数，$k_{ab} = 0.6 \sim 0.8$；

$\quad\quad n$——电机的额定转速，r/min；

$\quad\quad D_1$——滚筒直径，mm。

用 P_{max} 代替 P_{limt}，用 P_{xmax} 代替 P_{xlimt}，代入得：

$$P_{max} = \frac{k_{ab}P_{xmax}y_F + P_{ymax}x_F - W_p\cos\alpha_s x_D - W_p\sin\alpha_s y_D}{OC} \qquad (6-19)$$

截割部参数见表 6 - 2。

表 6 - 2　截割部参数表

符　号	名　称	数　值	单　位
P_e	截割功率	300	kW
i	总传动比	33	—
η_t	总效率	0.89	—
k_{ab}	磨损系数	0.7	—
n	额定转速	1475	r/min
D_1	滚筒直径	2000	mm
L_N	滑靴间距	4869	mm
L_M	滑靴间距	1205	mm
W_p	功率	730	kW
G_m	采煤机重力	3228	t
F_{max}	最大牵引力	687	kN
α_s	倾斜角	35	(°)
β_b	两臂之间夹角	120	(°)
α_{max}	大臂最大夹角	65	(°)
x_A	油缸横坐标	- 1358	mm
y_A	油缸纵坐标	286	mm
l_r	小臂长度	420	mm
L_R	大臂长度	1400	mm

根据表 6 - 2 数据，计算得：$P_{limt} = 1608.6$ kN，$P_{max} = 254.1$ kN。

6.4.2　采煤机截割部受力分析

设 AD_g 表示油缸的长度，$A'D_g$ 表示油缸受到轴向力后变化后的长度，AD_b 表示摇臂小臂的长度，D_bO_0 表示摇臂大臂的长度，这里，将油缸简化成柔性体，摇臂的小臂和大臂简化成刚性体。截割部原理图如图 6 - 4 所示。

为了求出油缸的摆动角度 ϕ_a，可以通过在两个三角形中的相减得到，即：

$$\phi_a = \arccos\sqrt{\frac{D_g D_b^2 + D_s A'^2 - D_b A'^2}{2 \cdot D_g D_b \cdot D_g A'}} - \arccos\sqrt{\frac{D_g D_b^2 + D_g A^2 - D_b A^2}{2 \cdot D_g D_b \cdot D_g A}} \quad (6-20)$$

在三角形 $D_g A'A$ 中，根据余弦定理，可求出 AA'，得：

$$AA' = \sqrt{D_g A^2 + D_g A'^2 - 2D_g AD_g A'\cos\phi_a} \quad (6-21)$$

同理，为了求出摇臂的摆动角度 α_t'，同样可以应用余弦定理求出，即：

$$\alpha_t' = \arccos\sqrt{\frac{AD_b^2 + A'D_b^2 - AA'^2}{2AD_b A'D_b}} \quad (6-22)$$

由于将摇臂看成是刚性体，所以小臂所转过的角度即大臂所转过的角度；在三角形 $O_0 D_b O_t'$ 中，可以求出滚筒摆动的振动位移，即：

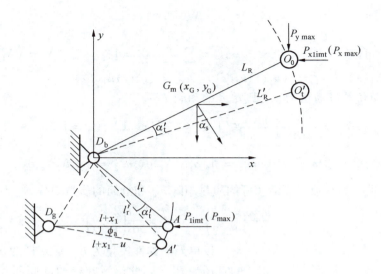

图 6-4　截割部原理图

$$O_0O_t' = \sqrt{O_0D_b^2 + O_t'D_b^2 - 2O_0D_bO_t'D_b\cos\alpha_t'} \qquad (6-23)$$

　　作为采煤机截割部的重要组成部分，调高油缸控制着截割部摇臂的上下摆动，当然，调高油缸性能的好坏决定着整机的工作效率。本书将调高油缸柔性化，利用有限元的思想将调高油缸有限元化。图 6-5 所示为调高油缸有限元化后的模型。

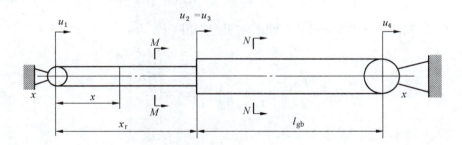

图 6-5　调高油缸有限元简化模型

　　油缸作为一个整体，可以把油缸简化为一变截面的杆，将其划分为两个单元；一个单元为由活塞杆构成，另一单元由缸筒组成，x_r 表示油缸伸长的长度，l_{gb} 表示缸壁的长度。油缸两侧均可以看成是铰接，设单元变截面的两端节点的位移 $u_1(t)$、$u_2(t)$、$u_3(t)$、$u_4(t)$ 为节点坐标，将位移的解分解为

$$u(x,t) = \sum_{k=1}^{4} N_i(x)u_i(t) \qquad (6-24)$$

　　这里，$N_1(x)$、$N_2(x)$、$N_3(x)$、$N_4(x)$ 为单元的假设模态，通常取一个节点坐标单位位移，而其余节点坐标皆为零时单元的经变形函数。其分别为

$$N_1(x) = 1 - \frac{x}{x_1} \qquad N_2(x) = \frac{x}{x_1} \qquad N_3(x) = 1 - \frac{x}{l} \qquad N_4(x) = \frac{x}{l} \qquad (6-25)$$

式(6-24)可以写成矩阵的形式 $u(x,t) = \sum\limits_{i=1}^{2} \overline{N}_i^{\mathrm{T}} u_{ei}\ (i=1,2)$，其中 $\overline{N}_1 = (N_1(x)N_2(x))^{\mathrm{T}}$，$\overline{N}_2 = (N_3(x)N_4(x))^{\mathrm{T}}$；$u_{e1} = (u_1(t)u_2(t))^{\mathrm{T}}, u_{e2} = (u_3(t)u_4(t))^{\mathrm{T}}$。

设单元的单位长度质量为 ρ_i，则单元的动能 T_{ei} 为

$$T_{ei} = \frac{1}{2}\int_0^x \rho_i \left[\frac{\partial u(x,t)}{\partial t}\right]^2 \mathrm{d}x = \frac{1}{2}\dot{u}_{ei}^{\mathrm{T}} m_{ei} \dot{u}_{ei} \quad (i=1,2) \qquad (6-26)$$

其中，m_{ei} 为单元质量矩阵，则 $m_{e1} = \int_0^{x_1} \rho_1 \overline{N}_1 \overline{N}_1^{\mathrm{T}} \mathrm{d}x$，$m_{e2} = \int_0^l \rho_2 \overline{N}_2 \overline{N}_2^{\mathrm{T}} \mathrm{d}x$。

设单元质量 ρ_i 为常数，则活塞杆的质量矩阵 m_{e1} 和缸筒的质量矩阵 m_{e2} 为

$$m_{e1} = \frac{\rho_1 x_1}{6}\begin{pmatrix} 2 & 1 \\ 1 & 2 \end{pmatrix} \qquad m_{e2} = \frac{\rho_2 l}{6}\begin{pmatrix} 2 & 1 \\ 1 & 2 \end{pmatrix} \qquad (6-27)$$

设单元的弹性模量为 E，活塞杆的直径 R_1，缸筒的直径为 R_2，因此，活塞杆的截面面积为 S_1，活塞杆的截面面积为 S_2，如图6-6所示。

则 $S_1 = \pi R_1^2$，$S_2 = \pi(R_2 - R_1)^2$。

则单元的势能 V_{ei} 为

$$V_{ei} = \frac{1}{2}\int_0^x ES_i\left[\frac{\partial u(x,t)}{\partial x}\right]^2 \mathrm{d}x = \frac{1}{2}u_{ei}^{\mathrm{T}} k_{ei} u_{ei} \qquad (6-28)$$

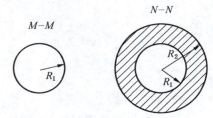

图6-6　调高油缸截面图

其中，k_{ei} 为单元刚度矩阵，则 $k_{ei} = \int_0^x ES_i \overline{N}'_i \overline{N}'^{\mathrm{T}}_i \mathrm{d}x$，

设 ES_i 为常数，则活塞杆刚度矩阵 k_{e1} 和缸筒的刚度矩阵 k_{e2} 为

$$k_{e1} = \frac{ES_1}{x_1}\begin{pmatrix} 1 & -1 \\ -1 & 1 \end{pmatrix} \qquad \varphi_r = \begin{pmatrix} \varphi_{1r} \\ \varphi_{2r} \\ \vdots \\ \vdots \\ \varphi_{Nr} \end{pmatrix} \qquad (6-29)$$

令 $U = (u_{e1}^{\mathrm{T}} \quad u_{e2}^{\mathrm{T}})^{\mathrm{T}} = [u_1(t) \quad u_2(t) \quad u_3(t) \quad u_4(t)]^{\mathrm{T}}$，组合为全部节点的坐标列阵。

定义独立的节点坐标为广义坐标，记作 $q_i\ (i=1,2,3)$，则节点坐标和广义坐标的关系为 $q_1 = u_1(t), q_2 = u_2(t) = u_3(t), q_3 = u_4(t)$。

令 $\overline{q} = (q_1 \quad q_2 \quad q_3)^{\mathrm{T}}$，则节点坐标和广义坐标之间的关系为 $U = \beta\overline{q}$，其中

$$\beta = \begin{bmatrix} 1 & 0 & 0 \\ 0 & 1 & 0 \\ 0 & 1 & 0 \\ 0 & 0 & 1 \end{bmatrix}。$$

全系统的动能：

$$T = \sum_{i=2}^{2} T_{ei} = \frac{1}{2}\sum_{i=2}^{2} \dot{u}_{ei}^{\mathrm{T}} m_{ei} \dot{u}_{ei} = \frac{1}{2}\dot{U}^{\mathrm{T}}\overline{M}\dot{U} \qquad (6-30)$$

其中 $\overline{M} = \begin{bmatrix} m_{e1} & 0 \\ 0 & m_{e2} \end{bmatrix}$，将动能变换为用广义速度表示 $T = \dfrac{1}{2}\dot{q}^{\mathrm{T}}M\dot{q}$，其中 $M = \beta^{\mathrm{T}}\overline{M}\beta$ 为全系统的质量矩阵，即：

$$M = \beta^{\mathrm{T}}\overline{M}\beta = \begin{bmatrix} 1 & 0 & 0 & 0 \\ 0 & 1 & 1 & 0 \\ 0 & 0 & 0 & 1 \end{bmatrix} \begin{bmatrix} \dfrac{\rho_1 x_1}{3} & \dfrac{\rho_1 x_1}{6} & 0 & 0 \\ \dfrac{\rho_1 x_1}{6} & \dfrac{\rho_1 x_1}{3} & 0 & 0 \\ 0 & 0 & \dfrac{\rho_2 l}{3} & \dfrac{\rho_2 l}{6} \\ 0 & 0 & \dfrac{\rho_2 l}{6} & \dfrac{\rho_2 l}{3} \end{bmatrix} \begin{bmatrix} 1 & 0 & 0 \\ 0 & 1 & 0 \\ 0 & 1 & 0 \\ 0 & 0 & 1 \end{bmatrix} \qquad (6-31)$$

类似推导，全系统的势能：

$$V = \sum_{i=2}^{2} V_{ei} = \frac{1}{2}\sum_{i=2}^{2} u_{ei}^{\mathrm{T}} k_{ei} u_{ei} = \frac{1}{2} U^{\mathrm{T}} \overline{K} U \qquad (6-32)$$

其中 $\overline{K} = \begin{bmatrix} k_{e1} & 0 \\ 0 & k_{e2} \end{bmatrix}$，将势能变换为用广义坐标表示 $V = \dfrac{1}{2}\overline{q}^{\mathrm{T}}K\overline{q}$，其中 $K = \beta^{\mathrm{T}}\overline{K}\beta$ 为全系统的刚度矩阵，即：

$$K = \beta^{\mathrm{T}}\overline{K}\beta = \begin{bmatrix} 1 & 0 & 0 & 0 \\ 0 & 1 & 1 & 0 \\ 0 & 0 & 0 & 1 \end{bmatrix} \begin{bmatrix} \dfrac{ES_1}{x_1} & -\dfrac{ES_1}{x_1} & 0 & 0 \\ -\dfrac{ES_1}{x_1} & \dfrac{ES_1}{x_1} & 0 & 0 \\ 0 & 0 & \dfrac{ES_2}{l} & -\dfrac{ES_2}{l} \\ 0 & 0 & -\dfrac{ES_2}{l} & \dfrac{ES_2}{l} \end{bmatrix} \begin{bmatrix} 1 & 0 & 0 \\ 0 & 1 & 0 \\ 0 & 1 & 0 \\ 0 & 0 & 1 \end{bmatrix} \qquad (6-33)$$

设油缸一侧受到一轴向力 $f(x,t)$ 作用，计算其对虚位移 $\delta u(x,t)$ 的虚功，化作作用于节点的集中力 $\delta W = \int_0^x f(x,t)\delta u(x,t)\mathrm{d}x = F_{ei}^{\mathrm{T}}\delta u_{ei}$，其中 F_{ei} 为与节点坐标列阵 u_{ei} 对应的单元广义力列阵 $F_{ei} = \int_0^x f(x,t)\overline{N}\mathrm{d}x$，如果轴向力 $f(x,t)$ 为常数，则有 $F_{e1} = \dfrac{fx_1}{2}(1\ \ 1)^{\mathrm{T}}$，$F_{e2} = \dfrac{fl}{2}(1\ \ 1)^{\mathrm{T}}$。设系统的广义力为 F，则 2 个杆单元的广义力组合为 $F = (F_{e1}^{\mathrm{T}}, F_{e2}^{\mathrm{T}})^{\mathrm{T}}$，其作用力的总虚功为 $\delta W = F^{\mathrm{T}}\delta U = Q^{\mathrm{T}}\delta\overline{q}$，其中 Q 为与广义坐标 $\overline{q}$ 对应的广义力 $Q = \beta^{\mathrm{T}}F = \beta^{\mathrm{T}}(F_{e1}^{\mathrm{T}}\ \ F_{e2}^{\mathrm{T}})^{\mathrm{T}}$，即：

$$Q = \beta^{\mathrm{T}}F = \begin{bmatrix} 1 & 0 & 0 & 0 \\ 0 & 1 & 1 & 0 \\ 0 & 0 & 0 & 1 \end{bmatrix} \begin{bmatrix} \dfrac{fx_1}{2} \\ \dfrac{fx_1}{2} \\ \dfrac{fl}{2} \\ \dfrac{fl}{2} \end{bmatrix} \qquad (6-34)$$

由拉格朗日方程，可得到用广义坐标表示的全系统的动力学方程：

$$M\ddot{\bar{q}} + K\bar{q} = Q \tag{6-35}$$

求出 $\bar{q}$，得

$$\bar{q} = \frac{1}{K}\left(C_2 K\sin\left(\sqrt{\frac{K}{M}}t\right) + C_1 K\cos\left(\sqrt{\frac{K}{M}}t\right) + Q\right) \tag{6-36}$$

其中 C_1、C_2 为常数，由初始条件所确定，油缸两端为铰接，所以初始条件确定为

$$u(x_1 = 0, t = 0) = 0; \dot{u}(x_1 = 0, t = 0) = 0 \tag{6-37}$$

设 $\omega^2 = \dfrac{K}{M}$，则上式简化为

$$\bar{q} = \frac{1}{K}(C_2 K\sin\omega t + C_1 K\cos\omega t + Q) \tag{6-38}$$

6.4.3　截割部主要零件的建立

采煤机截割部主要由壳体、轴齿轮、惰轮、大齿轮、内喷雾装置、行星传动装置及转向阀等组成。

动力由机头箱的轴传入摇臂齿轮，而轴齿轮由 2 个轴承 42230 和 42528 支承在摇臂壳体。装配时应保持轴承端面间隙 0.1～0.3 mm。动力经惰轮 3、4、5、6 传到大齿轮 7 及行星齿轮装置 9 来驱动滚筒。大齿轮 7 由 2 个轴承 32236 分别通过轴承套及大端盖固定在摇臂壳上，应保持 2 个轴承端间隙 0.15～0.20 mm。行星齿轮传动装置的中心轮是浮动结构，它通过中心轮花键侧隙来保证浮动。行星传动装置的内齿圈及轴承架用 16 根 M24 螺栓及 6 根 30 mm 圆柱销紧固在摇臂箱上。

本次仿真模型的建立，是在保证不影响仿真结果的基础上，尽量地提高仿真的效率，节省时间，所以对所建立的模型适当地简化。

（1）假设摇臂材料均匀连续。各向同性。

（2）忽略一些无关紧要的倒角、圆角，只保留比较重要的倒角、圆角。

（3）摇臂各个部分之间连接方式均为刚性连接。

（4）忽略一些不影响仿真结果的凸台等小结构。

（5）假设油缸活塞、缸壁等均为同一种材料，并且质量均匀，连接方式为刚性连接。

图 6-7 所示为 Pro/E 创建实体模型的流程图，利用软件本身所特有的参数化建模方

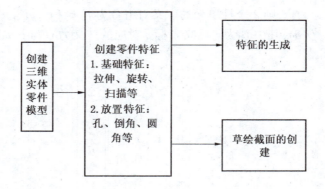

图 6-7　三维模型建立流程图

法，通过零件所具有的特征，利用特征命令来创建模型。在 Pro/E 中，实体模型的建立有很多种方法，例如创建油缸缸筒模型时，可以利用拉伸特征创建，也可以利用旋转特征来创建，所得到的模型均符合要求，如何快速、高效、省时地建立符合要求的模型，这需要长年累月的积累。在绘制三维模型时，在不影响下一步仿真分析结果的情况下，应该尽量减少倒角、圆角绘制。

　　图 6-8 和图 6-9 所示为摇臂壳体和调高油缸的三维模型，对于摇臂壳体模型，由于其结构比较复杂，所以应该选择最合适的模型建立方法，这样不仅节省时间，而且会提高工作效率，降低计算机的运算量，如果选择方法不对，那么不仅会事倍功半，有些情况下，甚至根本无法生成模型。因此在建立摇臂模型时，经过了一段时间的思考，最终应用了比较多的特征命令，例如拉伸、旋转、扫描等命令，另外对于很难壳体建立的平面，需要通过建立辅助平面来完成，最终，完成了对摇臂壳体和调高油缸模型的建立。

图 6-8　摇臂壳体模型

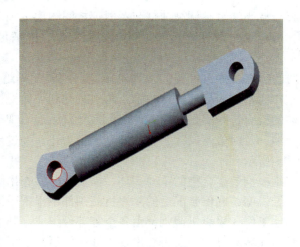

图 6-9　调高油缸模型

当截割部的各部分零件建立完成后，通过各个零件之间的约束关系建立各个零件之间的装配关系，并且，装配后的各个部分可以通过软件本身所自带的干涉功能，检查各部分装配体是否出现了干涉，一旦出现干涉，应该立即对所干涉的部分进行修改，以满足仿真的需要。在 Pro/Engineer 软件中，对于虚拟装配提供了两种最基本的装配方法，如图 6 – 10a 所示为自底向上的装配方法，图 6 – 10b 所示为自顶向下的装配方法。这两种方法各有利弊，第二种方法相对于第一种方法，应用的场合和范围要更广一些，因为在实际的设计中，都是通过对成品进行外观和功能的要求后，逐个地对各部分进行结构的细化，以达到目的，因此，这种方法在实际装配设计中应用比较广泛，但是，第一种方法也有其自身的特点与优势，对于一些比较成熟的产品，第一种方法往往在效率上要高于第二种，所以这两种方法各有利弊，面对具体问题时，设计人员应该合理地利用这两种方法。在实际中，这两种方法往往会混合着使用，以达到高效的装配过程。

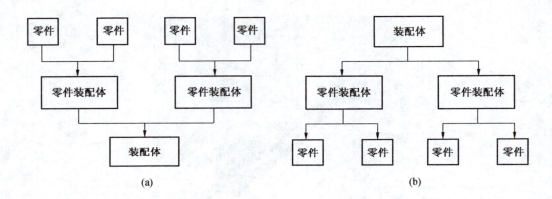

图 6 – 10　虚拟装配设计的方法原理图

对采煤机截割部的虚拟样机装配采用由底向上的装配方法，因为采煤机截割部在结构和设计上，已经趋于完善，相对来说是一个成熟的产品，通过这种由底向上的建模方法，可以很方便地观察摇臂与调高油缸、调高油缸与牵引部之间的连接关系，如果发现各部分连接出现干涉等问题，可以通过改变零件的尺寸和装配关系，来满足该工作装置的设计要求。

在 Pro/E 中创建新的组件文件，将建立采煤机截割部的装配体组件，在装配组件时，令壳体作为缺省，以它作为基准，将油缸、销轴、角块装配到壳体上，装配好后检查模型的配合，进行全局干涉的检查，观察是否有零件因为尺寸赘余而出现干涉，影响接下来的仿真分析，如果出现干涉，及时修改尺寸，直到满足要求为止，经过反复检查，其装配好后的三维模型如图 6 – 11 所示。

干涉，作为检验三维模型装配合格的重要一环，需要及时检查出干涉位置，及时修改二维图纸，重新建立三维模型，确保装配后的采煤机截割部不出现干涉，这样，才可以用模型进行仿真分析等其他工作，采煤机截割部由各个零部件组成，其中由很多转动关节组成，这就需要检验接触面在转动过程中是否会出现干涉，一旦出现干涉，应及时改正。截割部在装配过程中容易出现以下干涉问题：

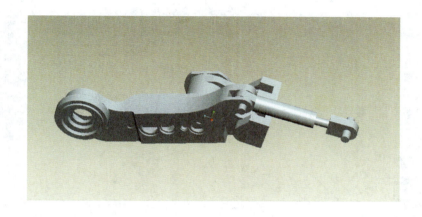

图 6 – 11 三维实体装配模型

（1）摇臂本身运动协调性。例如当摇臂本身在工作过程中由于自身的运动而引起其他零部件的运动干涉而出现的问题，摇臂沿销轴转动一定角度时，调高油缸可能会因为摇臂的摆动而出现与连接销轴的干涉。

（2）摇臂与其他构件间的干涉问题。传统的干涉检查是根据各个零部件之间的运动关系，在图纸上描绘出各个零部件之间的装配关系，可能在运动过程中会出现"死点""碰撞"等干涉，这种方法比较笨重，需要很多时间精力，并且相对误差较大，对于一些要求比较精确的传动，这种方法可能并不适合。随着计算机的发展，现在很多工程设计人员也会利用计算机编程来解决干涉问题，但是这种方法比较适合于应用二维平面进行。在Pro/E 软件中自带了全局干涉这项命令，这在很大程度上节省了时间，提高了工作效率和准确率，使得干涉问题变得更加容易。通过该命令，可以方便地检查到干涉的部位，所发生干涉的部分会出现明显的加亮。通过参数化设计检查采煤机截割部的干涉部分，在干涉检查时的重点检查部位，即连接架和摇臂之间、连接架与液压元件之间、连接架与牵引部之间的干涉是否存在，经检查，未出现干涉结果报告，证明此设计符合结构要求。

6.4.4 有限元求解过程

1. 单元的选择

本书为截割部选择的单元为 Solid 10node187，即三维 10 节点的四面体固体结构单元，其单元模型如图 6 – 12 所示。

该单元具有二次位移模式，可以更好地模拟像摇臂等一些不规则的模型。该单元由10 个节点组成，具有塑性、蠕变等特性，另外，还支持大变形和大应变。每个节点坐标都具有 3 个自由度，分别沿着各自的坐标轴平动。对于像摇臂等一些复杂的模型，可以对其进行复杂的网格划分，自适应性很好。

由于本次仿真需要在约束条件下进行，所以除了上述选择的单元 Solid 10node187 外，还要选择接触单元 Contact 8node174 和 Target 170。

2. 材料属性

对于采煤机截割部模型的分析，材料属性是必不可少的，这些属性包括了杨氏模量、

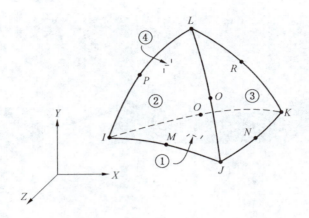

图 6 – 12　四面体固体单元

剪切模量、泊松比、摩擦因数、热膨胀系数、导热系数、密度等参数，但是在实际分析中，并不是所有的参数都是需要的，只定义分析所需要的参数即可，由于摇臂壳体和调高油缸均为实体模型，所以选择弹性模量 $E = 2.1 \times 10^5$ MPa，泊松比 $\lambda = 0.3$，密度 $\rho = 7.8 \times 10^{-9}$。

3. 网格的划分

作为 Ansys 中的重要一环，网格划分在 Ansys 中起到举足轻重的作用，它将三维软件建立的实体模型转化为以节点为单位的有限元模型，网格划分的质量决定着分析结果的好坏，当网格划分得相对于模型来说比较小时，对计算机硬件配置的要求比较高，运算时间会很长，有时结果会分析几天甚至几个月，这大大降低了工作的效率和计算进度；而当网格划分得比较大时，尽管收缩了时间，但是所计算出的结果精度会降低，影响准确度；有的网格划分得不合理甚至会导致计算结果不收敛。

Ansys 中网格的划分主要由以下 3 步完成：

（1）定义单元的属性。

（2）设定网格的尺寸。

（3）划分网格。

本次对截割部的网格划分主要是采用自动划分来完成的，主要是考虑到摇臂结构具有多处不规则的形状，比较复杂，所以没有采用映射网格的划分方法来划分截割部，在设定网格单元尺寸和单元数量时，先后尝试了将单元尺寸设置为 30、50、80，单元数量都设置为 0，通过对比分析后，当单元尺寸为 30 时，截割部中的摇臂由于模型的复杂性无法划分成功；当单元尺寸设置为 80 时，划分后的单元相比于单元尺寸为 50 时的单元尺寸过大，所以综合考量，划分单元尺寸为 50 是比较合理的。划分网格后的截割部模型如图 6 – 13 所示。

4. 创建接触对

在 Ansys 中通过接触单元来识别可能的接触匹对，接触单元是覆盖在模型可能接触面上的一层单元。Ansys 提供了 3 种接触方式：点对点接触、点对面接触、面对面接触，每

图 6-13   划分网格的实体模型

一种接触都有相适应的单元。

本次仿真所要定义的接触面为面对面接触。在定义接触对时，需要设置单元类型、实常数、材料属性等参数，在前面已经定义过，所以在这里不再复述。为了识别接触对，在 Pro/E 中建立截割部三维模型时，在接触处是严格按照完全接触所装配。

根据定义接触面和目标面的原则：凸面、细网格面、较软的面、高阶单元面、较小的面定义为接触面，与之相对应的是凹面、粗网格面、较硬的面、低阶单元面、较大的面定义为目标面。结合所建立的截割部三维装配体模型，设置了 6 个面，3 对接触对，其中，将角耳两侧、油缸连接处设置为接触面；摇臂连接处设置为目标面，如图 6-14 所示。

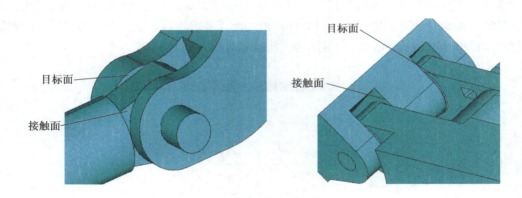

图 6-14   接触对设置

定义好接触面以后，需要设置实常数和单元，主要是为了控制面与面接触单元的接触行为。实常数主要有：法向接触刚度（FKN）、最大穿透范围（FTOLN）、初始靠近因子（ICONT）等参数。在摇臂与油缸连接处、油缸与角耳连接处、摇臂与角耳连接处设置接触对，这样，就可以很好地约束它们，使其组成一个完整的约束体。

5. 初始条件

在进行仿真之前，需要确定仿真时的初始条件。本次仿真中，将连接角耳处视为与采煤机行走部分连接处，所以可以认为是基座，故在表面施加 X、Y、Z 3 个方向的约束，将3个方向的自由度设定为0；采煤机实际工作中，销轴主要起到连接摇臂与油缸、摇臂与角耳的作用，所以设定销轴在 Y 方向上的自由度为0，如图6-15所示。

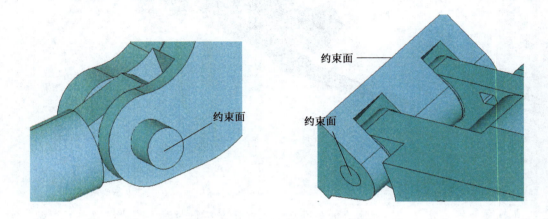

图6-15　约束面的选择

6. 求解器的设置

在 Ansys 中提供了很多关于固有频率和振型的求解方法，例如矩阵迭代法、子空间迭代法、兰索斯法等。在实际的使用中应用最多的就是矩阵迭代法，该方法用于获得大模型的少数阶模态，当计算机有充足的内存时，运算速度很快，可以节省很多时间。当需要提取大模型的多阶模态时，可以应用兰索斯法（Block Lanczos）。它相比于矩阵迭代法，在计算基频和振型时计算速度更快，但对计算机的配置要求较高。根据本次仿真需要，对截割部提取前10阶模态，所以应用矩阵迭代法最为合理（图6-16）。

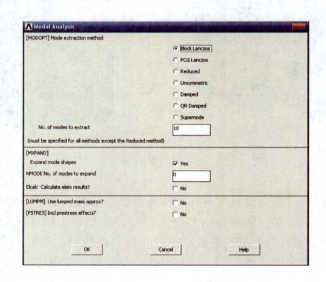

图6-16　求解器的设置

6.4.5　截割部的模态分析

1. 截割部模态分析的必要性

由于采煤机截割部在实际的生产工作中，始终处于复杂的振动过程中，因此，截割部的动态振动特性直接影响着采煤机的工作寿命和性能。模态分析是一种研究结构振动性能的迭代方法，这种方法可以很好地检测物体的动态振动特性，所以，应用模态分析的方法，对采煤机截割部进行动态检测分析，可以"找到"采煤机截割部的共振频率，为采煤机截割部的故障诊断及其振动特性提供一定的参考。本次分析主要利用在 Pro/E 中建立的三维实体模型，导入 ANSYS 有限元仿真软件中，对截割部进行模态分析（图 6 - 17、表 6 - 3）。

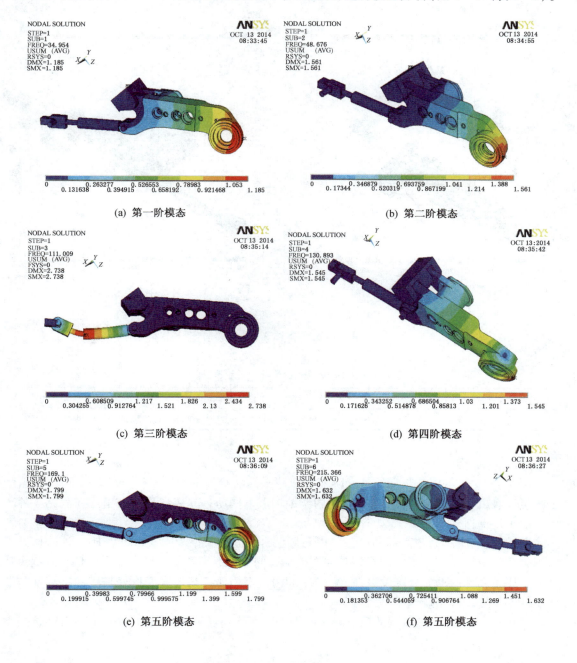

(a) 第一阶模态

(b) 第二阶模态

(c) 第三阶模态

(d) 第四阶模态

(e) 第五阶模态

(f) 第五阶模态

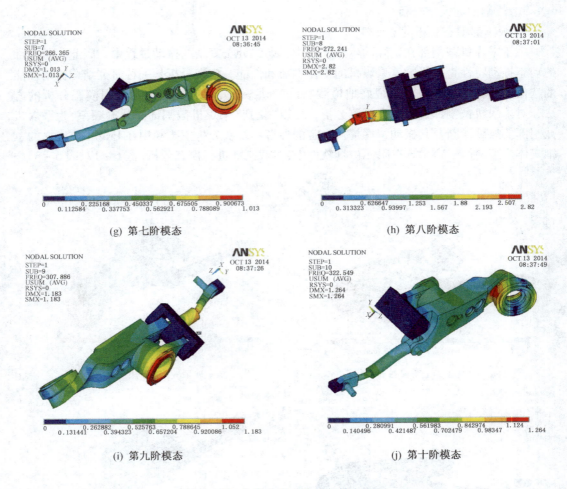

(g) 第七阶模态

(h) 第八阶模态

(i) 第九阶模态

(j) 第十阶模态

图 6-17　初始位置时截割部模态云图

表 6-3　初始位置模态频率表

阶数	1	2	3	4	5	6	7	8	9	10
频率	34.954	48.676	111.01	130.89	169.10	215.37	266.36	272.24	307.89	322.55

2. 初始位置时模态分析

图 6-17a 所示为截割部的第一阶模态振型，其固有频率为 $f_1 = 34.594\ \text{Hz}$，通过振型云图可以看出，摇臂主要在 $X-Z$ 平面内绕销轴上下摆动，其变形最大处出现在截割头外侧，属于局部振动。

图 6-17b 所示为截割部的第二阶模态振型，其固有频率为 $f_2 = 48.676\ \text{Hz}$，这阶振型云图主要显示摇臂在 Y 平面内绕销轴左右摆动，同 1 阶振型类似，最大变形处是在截割头外侧，属于局部振动。升降油缸在 $X-Z$ 平面内上下摆动，其最大变形处是在油缸缸壁与活塞杆连接处，属于局部振动。

图 6-17c 所示为截割部的第三阶模态振型，其固有频率为 $f_3 = 111.01\ \text{Hz}$，由这阶振

型云图可以看出，升降油缸在 $X-Z$ 平面内上下摆动，其最大变形处是在油缸缸壁与活塞杆连接处，属于局部振动。

图 6-17d 所示为截割部的第四阶模态振型，其固有频率为 $f_4 = 130.89$ Hz，通过这阶振型云图可知，摇臂截割滚筒在 Y 平面内绕销轴左右摆动，其最大变形处是在滚筒外侧的下部，属于局部振动。

图 6-17e 所示为截割部的第五阶模态振型，其固有频率为 $f_5 = 169.10$ Hz，由这阶振动云图可知，摇臂在 Y 平面内绕销轴左右扭转，并且升降油缸在 $X-Z$ 平面内有小范围的伸长。其最大变形处发生在截割滚筒对称的上下外沿一侧，属于局部振动。

图 6-17f 所示为截割部的第六阶模态振型，其固有频率为 $f_6 = 215.37$ Hz，通过这阶振型云图可以看出，截割部在 Y 平面内绕销轴左右扭转，并且滚筒处有微量的扭转振动，最大变形处发生在安装在内喷雾装置处的壳体外侧处，属于叠加耦合振动。

图 6-17g 所示为截割部的第七阶模态振型，其固有频率为 $f_7 = 266.36$ Hz，通过这阶振型云图看出截割部在 $X-Z$ 平面内向 X 负方向压缩振动，最大变形处发生在摇臂滚筒的外侧，属于叠加振动。

图 6-17h 所示为截割部的第八阶模态振型，其固有频率为 $f_8 = 272.24$ Hz，通过这阶振型云图可以看出截割部整体在 Y 平面内左右摆动，其中，升降油缸摆动幅度很大，摇臂只是小范围地摆动，最大变形处发生在油缸缸壁与活塞杆连接处，属于叠加耦合振动。

图 6-17i 所示为截割部的第九阶模态振型，其固有频率为 $f_9 = 307.89$ Hz，由这阶模态的振型云图可以看出，截割部整体在 Y 平面内做大范围的对称的摆动振动，其中，最大变形处有两处，分别发生在安装摇臂减速器的摇臂壳体外侧和油缸缸壁与活塞杆连接处底部处，属于叠加耦合振动。

图 6-17j 所示为截割部的第十阶模态振型，其固有频率为 $f_{10} = 322.55$ Hz，由这阶模态的振型云图看出，截割部整体在 Y 平面内做对称地摆动振动，最大变形处发生在滚筒底部。

由以上模态振型云图可以看出，截割部的振型有摇臂的纵向振动、弯曲振动，还有一定方向上的扭转振动；同样，调高油缸纵向、弯曲振动和扭转振动，特别是在后几阶模态中，更显示了摇臂和调高油缸振动的耦合叠加。从振源频率值来看，第二阶振动频率接近截割电机振动的频率、第四阶和第八阶振动频率接近传动系统第三级和第四级啮合振动频率，所以易达到共振频率范围，应力集中位置出现在截割滚筒外沿一侧，所以在设计制造中，应加强对该部位的刚度，使之满足工作要求。

3. 关键点模态

1）关键点 1，标号点为 24472

关键点 1 在 X、Y、Z 方向上的振动曲线图如图 6-18 所示，其振动变化表见表 6-4。

为了形象地观察截割部各个频率下的振动量，选取了截割头外侧一点和调高油缸活塞与缸壁连接处的一点进行观察，得到了随时间变化的各阶频率下所对应的振动量。从图 6-18 和表 6-4 中可以看出，截割头外侧一点在 $f = 215.37$ Hz 时，截割头纵向伸长振动位移量最大，为 0.829566 mm；截割头外侧一点在 $f = 266.36$ Hz 时，截割头纵向收缩振动位移量最大，为 -0.532546 mm。在 $f = 48.676$ Hz 时，截割头向上弯曲振动位移量最大，为 1.47184 mm；在 $f = 169.10$ Hz 时，截割头向下弯曲振动位移量最大，为 -0.941023 mm。

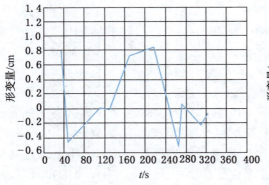

(a) X方向上的振动位移曲线

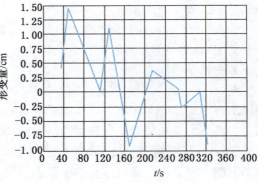

(b) Y方向上的振动位移曲线

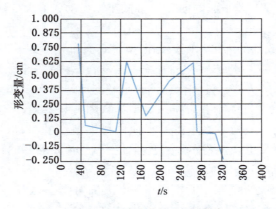

(c)Z方向上的振动位移曲线

图 6-18　关键点 1 在 X、Y、Z 方向上的振动曲线图

表 6-4　关键点 1 振动变化表

频　率	X 方向形变量	Y 方向形变量	Z 方向形变量
34. 954	0. 786081	0. 411278	0. 782154
48. 676	− 0. 470364	1. 47184	0. 0640386
111. 01	0. 00220098	0. 00842243	0. 00636645
130. 89	− 0. 0162284	1. 11493	0. 619576
169. 10	0. 721807	− 0. 941023	0. 145973
215. 37	0. 829566	0. 384986	0. 448801
266. 36	− 0. 532546	0. 0512758	0. 614784
272. 24	0. 0555606	− 0. 264377	0. 00121697
307. 89	− 0. 23067	0. 00539684	− 0. 00790409
322. 55	− 0. 0678541	− 0. 00090282	− 0. 233506

2）关键点 2，标号点为 96320

关键点 2 在 X、Y、Z 方向上的振动曲线图如图 6-19 所示，其振动变化表见表 6-5。

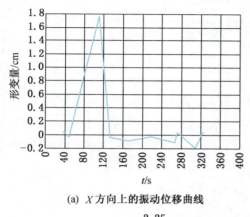

(a) X 方向上的振动位移曲线

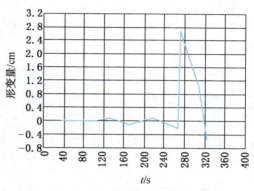

(b) Y 方向上的振动位移曲线

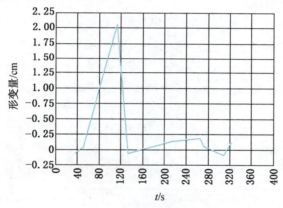

(c) Z 方向上的振动位移曲线

图 6-19　关键点 2 在 X、Y、Z 方向上的振动曲线图

表 6-5　关键点 2 振动变化表

频　率	X 方向形变量	Y 方向形变量	Z 方向形变量
34. 954	0. 0481132	− 0. 0120115	− 0. 0504199
48. 676	− 0. 0291375	− 0. 0226378	0. 0294330
111. 01	1. 78023	− 0. 00243943	2. 06743
130. 89	− 0. 0196415	0. 0692548	− 0. 0487714
169. 10	− 0. 0810070	− 0. 127074	0. 0226800
215. 37	− 0. 0250862	0. 0621441	0. 145110
266. 36	− 0. 101798	− 0. 226281	0. 192603
272. 24	0. 0370408	2. 69760	0. 0597833
307. 89	− 0. 180854	1. 03294	− 0. 0802507
322. 55	0. 0411540	− 0. 622833	0. 126682

从图 6 – 19 和表 6 – 5 中可以看出，调高油缸活塞杆与活塞缸连接处一点在 $f = 111.01$ Hz 时，截割头纵向伸长振动位移量最大，为 1.78023 mm；截割头外侧一点在 $f = 307.89$ Hz 时，截割头纵向收缩振动位移量最大，为 – 0.180854 mm。在 $f = 272.24$ Hz 时，截割头向上弯曲振动位移量最大，为 2.6976 mm；在 $f = 322.55$ Hz 时，截割头向下弯曲振动位移量最大，为 – 0.622833 mm。

6.5　油缸不同位置时对截割部模态的影响

由线性振动理论可知：当它按自身某一阶固有频率做自由谐振时，整个系统将具有确定的振型。模态是机械系统固有振型，即任何一个机械结构的模态都有自己固定的频率，模态振型等。另外，根据线性叠加原理，如果分析复杂机构的振动，可以通过叠加原理将其分解为 n 个模态的相加。

1. 单自由度系统振动

自由振动微分方程形式：

$$m\ddot{x} + c\dot{x} + kx = 0 \tag{6 – 39}$$

正则形式：

$$\ddot{x} + 2\sigma\dot{x} + \omega_0^2 x = 0 \tag{6 – 40}$$

其中，$\sigma = \dfrac{c}{2m}$ 为衰减系数；$\omega_0 = \sqrt{\dfrac{k}{m}}$ 为无阻尼固有频率。

阻尼比：

$$\zeta = \frac{\sigma}{\omega_0} = \frac{c}{2\sqrt{mk}}$$

运动微分方程可写成：

$$\ddot{x} + 2\zeta\omega_0\dot{x} + \omega_0^2 x = 0 \tag{6 – 41}$$

特解为：$x = \varphi e^{\lambda t}$，$\lambda$ 为方程的特征值，因此：$(m\lambda^2 + c\lambda + k)\varphi = 0$。

为使系统有非零解，很显然：$m\lambda^2 + c\lambda + k = 0$。

因此可得到 λ_i 的解为

$$\lambda_{1,2} = -\sigma \pm j\omega_d$$

其中，$\omega_d = \omega_0\sqrt{1 - \zeta^2}$ 为阻尼固有频率。

特征值 λ_i 实部代表系统的衰减系数；λ_i 虚部代表系统的阻尼固有频率。在振动理论中，特征值 λ_i 称为复频率。

方程的通解（自由振动响应）为

$$x = Ae^{-\sigma t}\sin(\omega_d t + \theta) \tag{6 – 42}$$

其中，A 和 θ 取决于系统的初始条件。当 $t = 0$ 时，$x = x_0$，$\dot{x} = \dot{x}_0$。

$$A = \sqrt{x_0^2 + \left(\frac{\dot{x}_0 + \sigma x_0}{\omega_d}\right)^2}$$

$$\theta = \tan^{-1}\frac{x_0\omega_d}{\dot{x}_0 + \sigma x_0} \tag{6 – 43}$$

2. 单自由度振动传递函数、频响函数

对于简谐激励：$f(t) = Fe^{j\omega t}$，其稳态响应：$x(t) = Xe^{j\omega t}$。

$h(t)$ 为单位脉冲外力下的响应函数，时域内反映系统的动态特性函数：

$$x(t) = \int_{-\infty}^{\infty} h(\tau) f(t - \tau) d\tau \qquad (6-44)$$

$H(\omega)$ 为机械导纳，反映系统对不同频率的激励的传递放大特性，反映系统易振动。频域内反映系统的动态特性传递函数：

$$H(\omega) = \frac{X(\omega)}{F(\omega)} \qquad (6-45)$$

对于单自由度黏性阻尼振动系统，通过拉氏和傅氏变换可得到：

$$(k + jc\omega - m\omega^2) X = F \qquad (6-46)$$

所以，位移频响函数为

$$H(\omega) = \frac{X(\omega)}{F(\omega)} = \frac{1}{k - m\omega^2 + jc\omega} \qquad (6-47)$$

对于具有结构阻尼特性的单自由度振动系统运动微分方程为

$$m\ddot{x} + (1 + j\eta) kx = f(t) \qquad (6-48)$$

其传递函数为

$$H(\omega) = \frac{X(\omega)}{F(\omega)} = \frac{1}{k} \left[\frac{1 - \lambda^2}{(1 - \lambda^2)^2 + (2\zeta\lambda)^2} + j \frac{-2\zeta\lambda}{(1 - \lambda^2)^2 + (2\zeta\lambda)^2} \right] \qquad (6-49)$$

其中，$\lambda = \dfrac{\omega}{\omega_0}$ 为频率比。

3. 多自由度振动系统

在实际生产过程中，机械结构多数由多个复杂的机构组成的，即有多个自由度。然而多个自由度的机械结构可以通过离散的方法将其分解为多个单自由度系统进行分析。假设某一机械结构为 n 个自由度的复杂系统，则为了描述其物理参数模型需要建立 n 个物理坐标。在线性范围内，物理坐标系的自由振动响应为 n 个主振动的线性叠加。每个主振动都是一种具有特定形态的自由振动，振动频率即为系统的固有频率，振动形态即为系统的固有振型或模态。

多自由度系统的惯性、弹性和阻尼都是耦合而成的，刚度和阻尼矩阵是非对角化的矩阵。微分方程的矩阵对角化，以及求特征值和特征向量，在结构中就是将系统转化到模态坐标，使系统解耦。

多自由度振动系统的微分形式：

$$M\ddot{X} + C\dot{X} + KX = F \qquad (6-50)$$

式中　　　　F——激励向量；

X——响应向量；

M、C、K——质量矩阵、阻尼矩阵、刚度矩阵。

通过拉氏变换：

$$(s^2 M + sC + K) X(s) = F(s) \qquad (6-51)$$

用 $j\omega$ 替代 s，进入傅氏域内处理：

$$H(\omega) = \frac{X(\omega)}{F(\omega)} = \frac{1}{K - M\omega^2 + jC\omega} \qquad (6-52)$$

$$[K - M\omega^2 + jC\omega] X(\omega) = F(\omega) \qquad (6-53)$$

对于线性不变系统，系统的任何一点的响应均可以表示成各阶模态响应的线性组合：

$$X_1(\omega) = \varphi_{l1}q_1(\omega) + \varphi_{l2}q_2(\omega) + \cdots + \varphi_{lr}q_r(\omega) + \cdots + \varphi_{lN}q_N(\omega) \qquad (6-54)$$

式中　　$q_r(\omega)$——r 阶模态坐标；

　　　　φ_{lr}——l 测点的 r 阶模态振型系数。

对于 N 个测点，各阶振型系数可组成列向量，称为 r 阶模态振型。

$$\boldsymbol{\varphi}_r = \begin{Bmatrix} \varphi_{1r} \\ \varphi_{2r} \\ \vdots \\ \vdots \\ \varphi_{Nr} \end{Bmatrix} \qquad (6-55)$$

各阶模态向量组成模态矩阵：

$$\boldsymbol{\varphi} = \begin{bmatrix} \boldsymbol{\varphi}_1, \boldsymbol{\varphi}_2, \cdots, \boldsymbol{\varphi}_N \end{bmatrix}^1 \qquad (6-56)$$

采煤机在截割煤壁的过程中，通过调高油泵调节油介质的流向来控制摇臂的工作范围，当调高摇臂时，油介质通过液压锁进入左腔，此时油缸在压力的驱使下向右滑动，这时，右腔的抗磨油排出，液压锁锁住防止其下滑；当使摇臂降落时，液压锁打开，抗磨油进到右腔，此时右腔的压力增大，推动活塞带动活塞杆向左运动，此时，左腔的抗磨油排出。

为了研究油缸伸长量对截割部整体模态的影响，本书通过有限元仿真软件 Ansys，对油缸不同的伸长长度进行了仿真，为了研究方便和运算简化，分别设定油缸处于 5 种工况下，即初始状态、油缸收缩 100 mm、伸长 100 mm、伸长 200 mm、伸长 400 mm 的振动状态，其振动云图如图 6-20 ~ 图 6-23 所示。

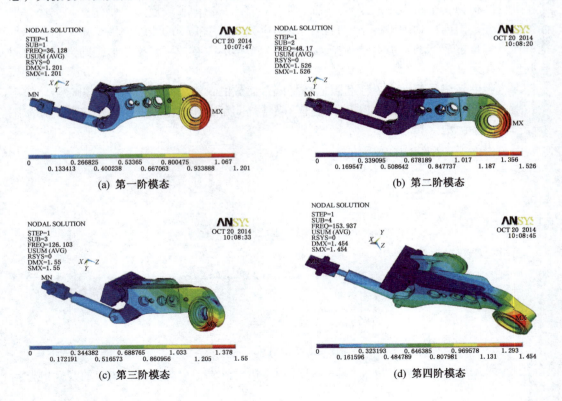

(a) 第一阶模态　　　　　　　　　　　　　(b) 第二阶模态

(c) 第三阶模态　　　　　　　　　　　　　(d) 第四阶模态

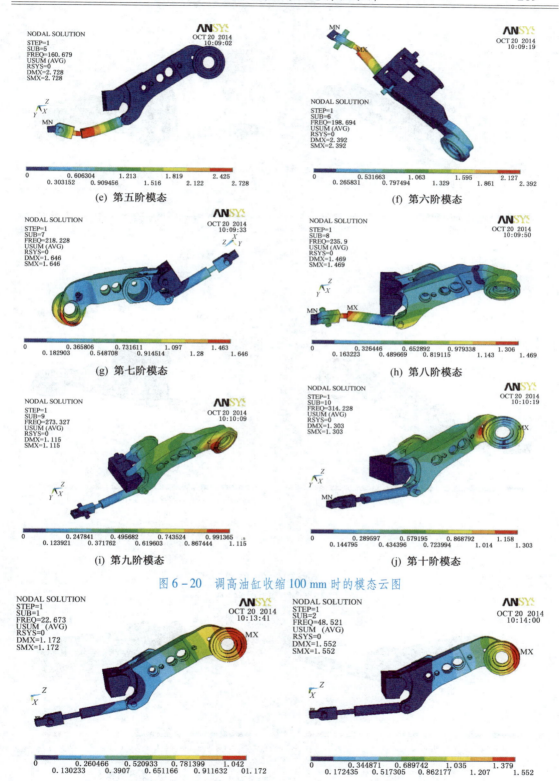

(e) 第五阶模态

(f) 第六阶模态

(g) 第七阶模态

(h) 第八阶模态

(i) 第九阶模态

(j) 第十阶模态

图 6-20 调高油缸收缩 100 mm 时的模态云图

(a) 第一阶模态

(b) 第二阶模态

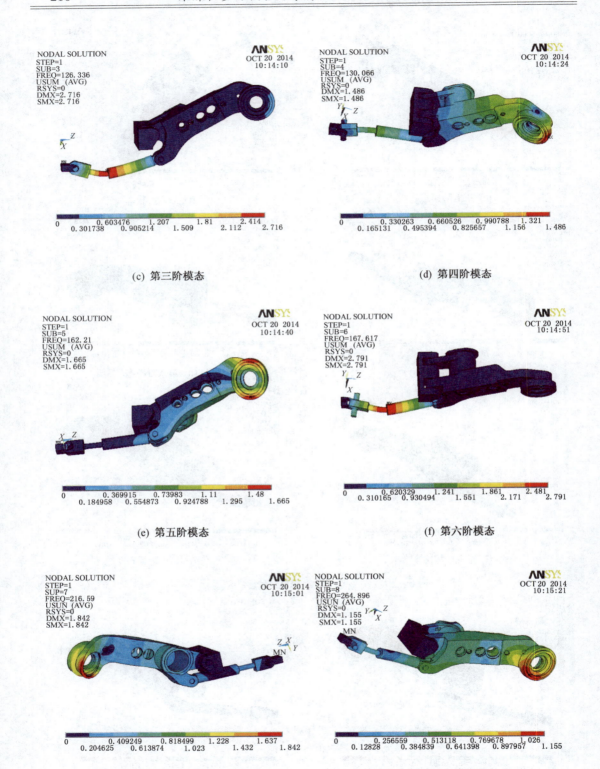

(c) 第三阶模态

(d) 第四阶模态

(e) 第五阶模态

(f) 第六阶模态

(g) 第七阶模态

(h) 第八阶模态

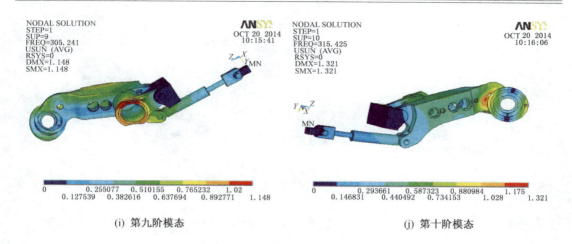

(i) 第九阶模态   (j) 第十阶模态

图 6-21 调高油缸伸长 100 mm 时的模态云图

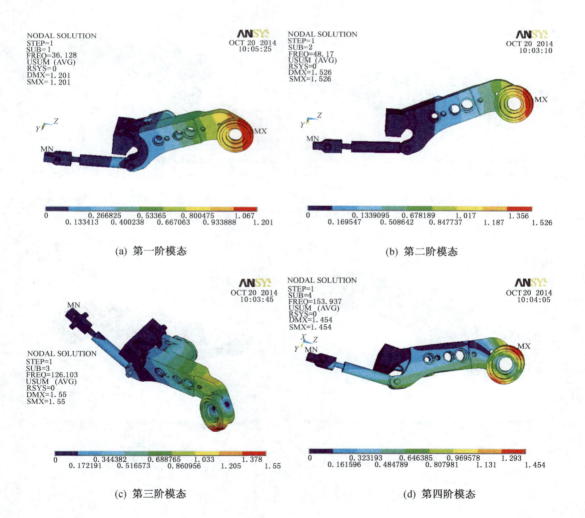

(a) 第一阶模态   (b) 第二阶模态

(c) 第三阶模态   (d) 第四阶模态

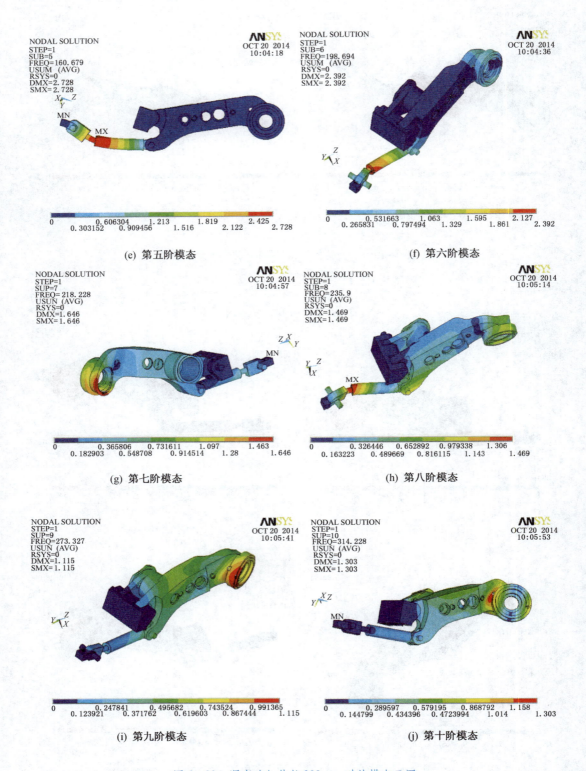

(e) 第五阶模态　　　　　　　　　　(f) 第六阶模态

(g) 第七阶模态　　　　　　　　　　(h) 第八阶模态

(i) 第九阶模态　　　　　　　　　　(j) 第十阶模态

图 6 – 22　调高油缸伸长 200 mm 时的模态云图

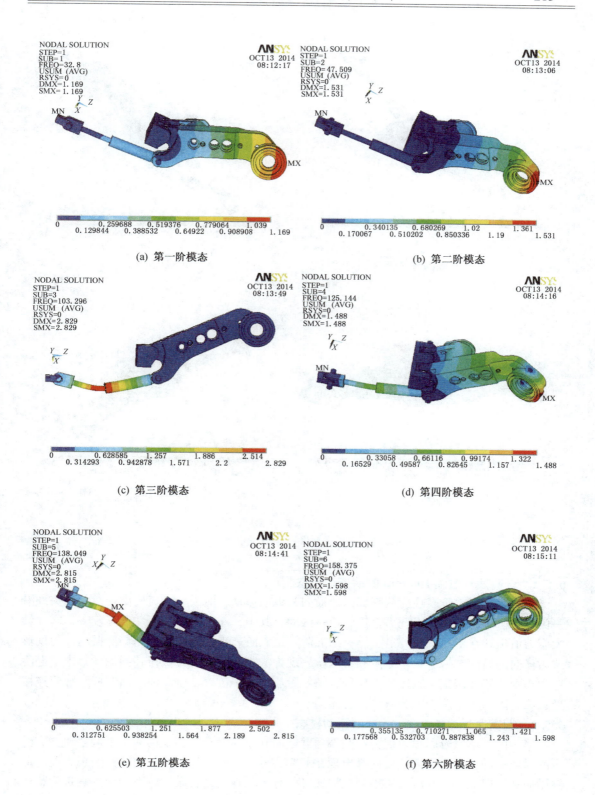

(a) 第一阶模态

(b) 第二阶模态

(c) 第三阶模态

(d) 第四阶模态

(e) 第五阶模态

(f) 第六阶模态

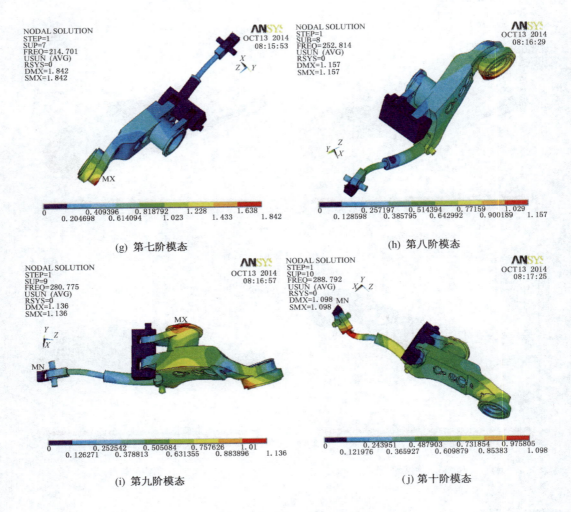

(g) 第七阶模态　　　　　　　　　　　(h) 第八阶模态

(i) 第九阶模态　　　　　　　　　　　(j) 第十阶模态

图 6 - 23　调高油缸伸长 400 mm 时的模态云图

6.5.1　调高油缸收缩 100 mm 时的振动模态

第一阶、第二阶表现为截割部摇臂横向和纵向振动，应力最大值处出现在截割头外沿一侧；第三阶、第四阶表现为整体的扭转振动，其中，摇臂的局部振动位移较大，同样最大应力值出现在了截割头外沿一侧；第五阶、第六阶表现为调高油缸的局部振动，表现形式为横向和纵向的振动；第七阶和第八阶表现为截割部整体的二次扭转振动，其中第七阶应力集中位置在截割头减速器安装处，第八阶应力集中位置在调高油缸活塞杆与缸筒连接处；第九阶、第十阶表现为整体耦合振动。

6.5.2　调高油缸伸长 100 mm 时的振动模态

第一阶、第二阶同样表现为截割部摇臂横向和纵向振动，但是第一阶中调高油缸有微量的横向振动，应力最大值处同样出现在截割头外沿一侧；第三阶、第五阶表现为调高油缸横向和纵向振动，其应力集中处在活塞杆与缸壁的连接处；第四阶振动云图表现为整体耦合振动，应力最大处出现在截割头外沿一侧；第五阶为局部扭转振动，振动位置出现在摇臂截割头部分，应力最大处为截割头上下对称处；第七阶和第八阶表现为截割部整体的二次扭转振动，其中第七阶应力集中位置在截割头减速器安装位置外侧，第八阶应力集中位置在摇臂截割头内侧；第九阶、第十阶表现为整体耦合振动，整体变形幅度较大，应力最大处出现在了电机安装处。

6.5.3　调高油缸伸长 200 mm 时的振动模态

第一阶、第二阶、第三阶主要表现为截割部摇臂横向振动、纵向振动和扭转振动，但都属于局部振动，应力最大值处同样出现在截割头外沿一侧；第四阶振动形式表现为摇臂局部振动，振动位置出现在摇臂截割头处，表现形式为截割头对称扭转，其应力集中处为截割头上下对称两侧；第五阶和第六阶振动云图表现为调高油缸的横向振动和纵向振动，应力最大处出现在活塞杆与缸筒连接处；第五阶为局部扭转振动，振动位置出现在摇臂截割头部分，应力最大处为截割头上下对称处；第七阶和第八阶表现为截割部整体的扭转和横向耦合振动，其中第七阶应力集中位置在截割头减速器安装外侧，第八阶应力集中位置在活塞杆和缸筒连接处；第九阶、第十阶表现为截割部整体的扭转和纵向耦合振动，摇臂变形幅度较大，应力最大处出现在了电机安装处。

6.5.4　调高油缸伸长 400 mm 时的振动模态

第一阶、第二阶和第四阶表现为截割部摇臂横向振动、纵向振动和扭转振动，均属于局部振动，应力最大值处同样出现在截割头外沿一侧；第三阶和第五阶振动形式表现为油缸的横向和纵向振动，同样其应力集中处在活塞杆与缸筒连接处；第六阶和第七阶振动云图表现为对称的扭转振动，其中，第六阶处应力最大处出现在截割头上下对称两侧，第七阶应力最大处为截割头减速器安装处；第八阶和第九阶表现为截割部整体的扭转和纵向耦合振动，其中第八阶应力集中位置在截割头外沿下部，第九阶应力集中位置在截割头内侧和摇臂安装电机外侧；第十阶表现为截割部整体的扭转和横向耦合振动，应力最大处出现在活塞杆与缸筒连接处。

综合以上分析，可以得出如下结论：

（1）截割部不同工况下，振动模态总体出现了横向振动、纵向振动、扭转振动以及以上 3 种局部振动的耦合叠加振动，前两阶模态和后两阶模态的振动形式基本相同，前两阶模态是截割部摇臂的横向和纵向振动模态，后两阶模态是截割部整体的耦合振动模态，其中的调高油缸振动模态和调高油缸与摇臂耦合振动的模态在不同工况下，出现的模态阶数不同，分析其原因，是由于调高油缸长度的变化造成的。

（2）从所受集中应力的角度观察来看，截割头外沿、截割头内沿、调高油缸的活塞杆与缸筒连接处、截割头行星减速器安装外侧、截割部安装电机外侧均为应力集中位置，其中，截割头外沿一侧的集中应力出现的频率最大，这表明采煤机截割部在正常作业的情况下，截割头外沿最易受到振动冲击而出现共振，破坏截割头外沿的正常工作，情况严重时可使截割头外沿损坏，以至于采煤机其他零部件的损坏，造成不可估量的经济损失。

（3）从调高油缸的集中应力来看，无论调高油缸的横向振动、纵向振动、扭转振动，还是其整体耦合振动，其应力集中处均出现在了活塞杆与缸筒连接处，当调高油缸在调节截割部摆动范围时，如果整体的振动频率接近油缸的固有频率，那么在该处容易发生失效，导致油缸工作失效，所以应避免发生此类情况发生。

6.5.5 调高油缸不同工况下关键点的振动曲线

1. 关键点 X 方向的振动位移曲线（图 6－24）

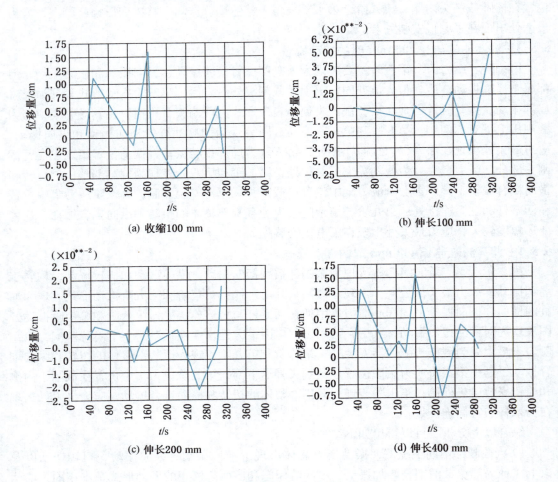

图 6－24　关键点在 X 方向的振动曲线

通过观察截割部关键点在 X 方向上的位移曲线可以得出，伴随着截割部调高油缸在不同工况下的伸长条件，摇臂截割头在 X 方向的振动位移曲线整体上呈现上下波动状态，在收缩 100 mm 的情况下，摇臂截割头在 X 方向的振动位移量最大处出现在第四阶模态；在伸长 100 mm 和伸长 200 mm 的情况下，摇臂截割头在 X 方向的振动位移量最大处出现在第十阶模态，然而，在伸长 400 mm 的情况下，X 方向的振动位移量最大处却出现在第六阶模态。整体来看，随着工作工况情况的不同，即调高油缸伸长长度的不同，X 方向上振动位移量最大值主要随着模态的不同呈现波峰到波谷再到波峰的变化形式。除了伸长 100 mm 的情况下，其他工况中振动幅值均有出现较大落差的情况，这在截割头实际工作中对截割头振动影响很大。

2. 关键点 Y 方向的振动位移曲线（图 6－25）

通过观察截割部关键点在 Y 方向上的位移曲线，可以看出截割部在 Y 方向的振动从

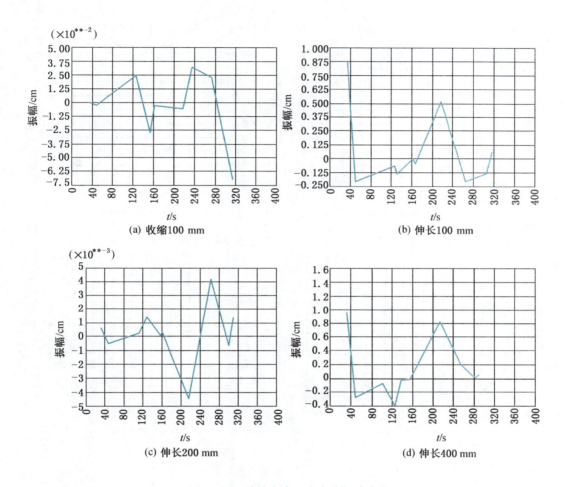

图6-25   关键点在 Y 方向的振动曲线

总体上来看还是较为规则波动的，但是同样出现了振动幅度出现突然跳动较大这种情况，调高油缸伸长收缩 100 mm 时，振幅较大处出现在后两阶模态处；伸长 100 mm 和伸长 400 mm 处时，振幅较大处出现在前两阶模态处；当调高油缸伸长 200 mm 时，振幅较大处出现在第六和第七阶模态处，所以，在采煤机截割部调高油缸不同工况下工作时，应该尽量避免在上述各阶模态处出现振动，这样就不会出现振动幅值较大，从而减小对截割部滚筒和截割头的振动冲击，造成滚动的疲劳损伤。另外，从这样的规律可以推断，振幅跳动较大处随着模态阶数的变化成周期变化。

3. 关键点 Z 方向上的振动位移曲线（图6-26）

观察截割部关键点在 Z 方向的振动曲线，当调高油缸收缩 100 mm 和伸长 200 mm 时，截割部关键点的振动曲线总体上没有出现较大的振荡，较为平稳，可是当调高油缸伸长 200 mm 和伸长 400 mm 时，截割部关键点的振荡曲线出现了较大的振荡，振动幅度很大，特别是在第三阶到第七阶中，振荡剧烈，如果外加激励的振动频率达到其中任何一阶振动频率时，容易造成截割部振动系统的共振，造成截割部剧烈的振动，影响截割部的正常工

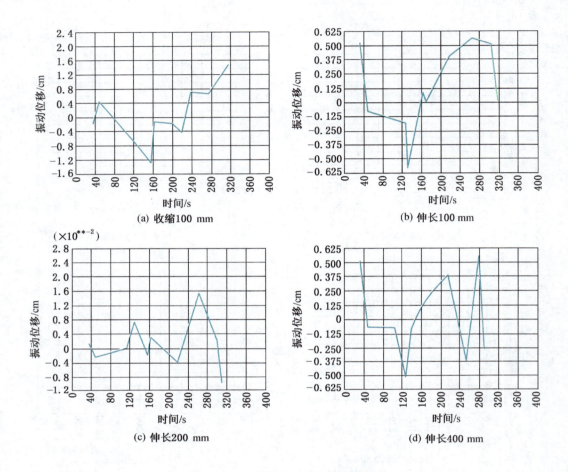

图 6-26 关键点在 Z 方向的振动曲线

作，如果情况更加严重，则极易造成截割部中某个零部件损坏，从而影响采煤机的正常工作，造成经济损失。

通过对图 6-27 的分析可知，从横向比较来看，整个曲线变化趋势为总体上升，其中第一阶至第二阶、第三阶至第十阶较为平稳，从第二阶到第三阶上升较为突然，从数据上来看，第二阶到第三阶的频率差值大概为 60~80，分析其振动云图可知，前两阶主要为采煤机截割部的摇臂局部振动，第三阶为采煤机截割部的调高油缸局部振动，两者的质量差距悬殊，在某些采煤机截割部的参数中，两者的质量相差几十倍，这是导致频率差值较大的主要原因。

从纵向比较来看，前几阶振型所对应的不同工况下，固有频率差值相差很小，但是随着阶数的增加，固有频率差值出现了较大的不同，特别是第六阶、第七阶模态，同一条件下，调高油缸在不同工作状态下，振动频率最大值相差 50 多赫兹，观察云图变化情况，截割部运动状态主要为耦合叠加振动，但是，这两阶模态对截割部影响较小，不是主要模态，所以可以忽略其影响。

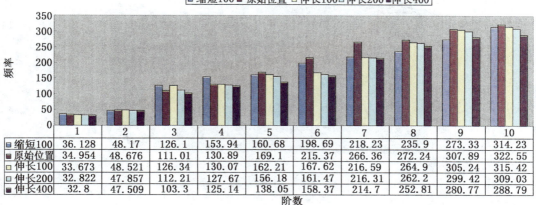

图 6-27 调高油缸不同工况下的频率表

6.6 采煤机整机模态特征分析

由于采煤机在实际的生产工作中，始终处于复杂的振动过程中，因此，采煤机的动态振动特性直接影响着采煤机的工作寿命和性能。模态分析是一种研究结构振动性能的迭代方法，这种方法可以很好地检测物体的动态振动特性，所以，应用模态分析的方法，对采煤机进行动态检测分析，可以'找到'采煤机的共振频率，为采煤机的故障诊断及研究其振动特性提供一定的参考。

6.6.1 采煤机整机虚拟模型建立

选取采煤机型号为 MG500/1180 型采煤机，采用自底向上的三维建模技术进行三维建模，并且针对本书研究的侧重点对模型进行了适当简化。先后建立采煤机机身、前滑靴组、前摇臂、前调高油缸、前滚筒与截齿以及其他附件模型。将所建立的前摇臂、前滚筒以及截齿在 Pro/E 中按照各自的位置约束关系组装为采煤机前截割部。将建立好的前滑靴组、前调高油缸、附件以及完成组装的前截割部利用 Pro/E 中的镜像功能，镜像为后滑靴组、后调高油缸以及完成组装的后截割部。最后将以上所建立的各零部件以及组件，按照各自的位置约束关系，采用自下而上的装配方式，组装成采煤机的三维实体模型，如图 6-28 所示。

同样，依据采煤机三维实体建模的流程，同样采用自底向上的三维建模技术对刮板输送机进行三维建模。先后建立中部槽模型、刮板、销轨、刮板链、哑铃等部件（本书为方便起见，不考虑输送机机头、机尾、马达等传动控制装置），然后将所建立的模型按照其位置约束进行组装，如图 6-29 所示。

最后，按照采煤机与刮板输送机之间的关系完成组装。图 6-30 所示为采煤机与输送机的总装模型。

为使以上组装模型能在有限元分析软件 ANSYS workbench 中顺利地运行，要在 Pro/E 中要对组装完的采煤机与输送机总装模型进行干涉检查。如果检查过程中出现干涉，在

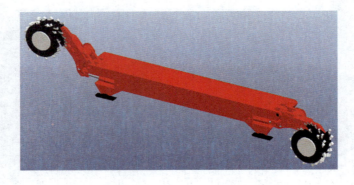

图 6 - 28　采煤机三维模型

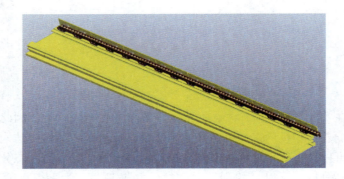

图 6 - 29　输送机三维模型

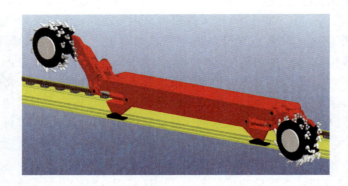

图 6 - 30　采煤机与输送机的总装模型

Pro/E 中会用红色的线框在模型上标示出来，并且会在对话框中显示存在干涉零部件的名称以及干涉体积的大小。此时，需要对采煤机以及输送机各零部件的模型进行相应的修正，修正后需再次对总装模型进行干涉检查，如依然存在干涉，需再次对模型修正，直至总装模型中不存在干涉为止（即对话框中不显示存在干涉零部件的名称以及干涉体积的大小）。

6.6.2 约束条件的设置

应用 Pro/E 三维实体建模软件与有限元分析软件 Workbench 无缝连接技术。在 Pro/E 中建立好模型后，单击菜单栏下的"ANSYS 14.5"，进入"ANSYS Workbench"中。将 Workbench 软件中 Toolbox（工具箱）下的 Modal（模态分析）模块拖拽到 Project Schematic（项目视图）下的 Geometry（几何建模工具）中，然后在 Modal 模块下的 Engineering Data（工程数据工具）中定义模型的材料，定义采煤机导向滑靴、平滑靴的材料为 ZG35CrMnSi，销轴的材料为 1Cr17Ni2，前后摇臂和机身的材料为 ZG25CrMn2，刮板输送机中部槽的材料为 ZG30CrMnSi，如图 6-31 所示。最后双击 Modal 模块下的 Modal 打开 Mechanical，对模型进行模态分析以及求解。

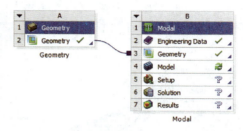

图 6-31 模型输入

由于输送机在纵向上很长，考虑到在 Workbench 软件中减小运算的难度和运算的时间。应用有限区域影响法，将与采煤机滑靴不接触并且不影响最终分析结果的部分输送机进行适当地删减，保留与采煤机滑靴组接触的输送机模型。依据采煤机在实际工作过程中的工况以及本书分析的对象，在 Mechanical 中选择 Outline 树结构图中 Modal 选项，此时会出现 Environment 工具栏，选择此工具栏中 Supports 下的 Displacement 来约束采煤机摇臂、调高油缸、机身之间连接的销轴在 X 方向的位移，然后选择工具栏中 Supports 下的 Fixed Support 将输送机定义为全约束。在 Mechanical 中选择 Outline 树结构图中的 Connections，在 Contacts 下来定义、设置采煤机各部分之间的接触特性，设置采煤机前后行走部与机身、前后滚筒与前后摇臂为一体，采煤机滑靴与输送机之间的摩擦系数为 0.2，前后摇臂与销轴之间的摩擦系数为 0.15。最后应用 Workbench 软件自动划分网格的方法，将模型进行网格划分，如图 6-32 所示。

图 6-32 采煤机与输送机有限元模型

6.6.3 整机模态特性分析

由于采煤机结构复杂，自由度较多，为能更好地反映出采煤机整机在各自由度上的振动特性，本节对采煤机整机进行 16 阶模态求解分析。在 Mechanical 中的 Outline 树结构图下的 Modal 选项单击鼠标右键，在弹出的快捷菜单中选择 Solve，对采煤机整机模态进行求解，此时会弹出模态求解的进度显示条，当显示条消失时表明求解完成。此时选择 Outline 树结构图中的 Solution，此时会出现 Solution 工具栏，选择 Solution 工具栏中 Deformation 下的 Total，添加 Total Deformation 1 ~ 16，求解查看采煤机整机的 16 阶模态振型（图 6 - 33）。采煤机固有频率表见表 6 - 6。

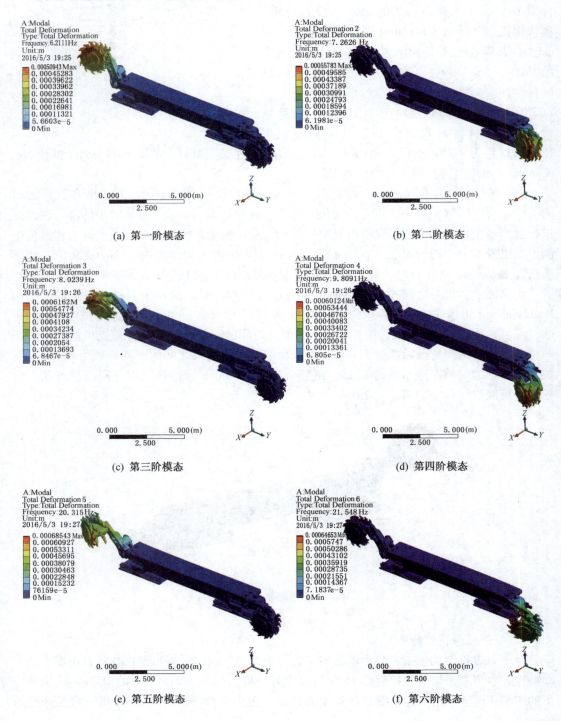

(a) 第一阶模态　　　　　　　　　　　　　　　　(b) 第二阶模态

(c) 第三阶模态　　　　　　　　　　　　　　　　(d) 第四阶模态

(e) 第五阶模态　　　　　　　　　　　　　　　　(f) 第六阶模态

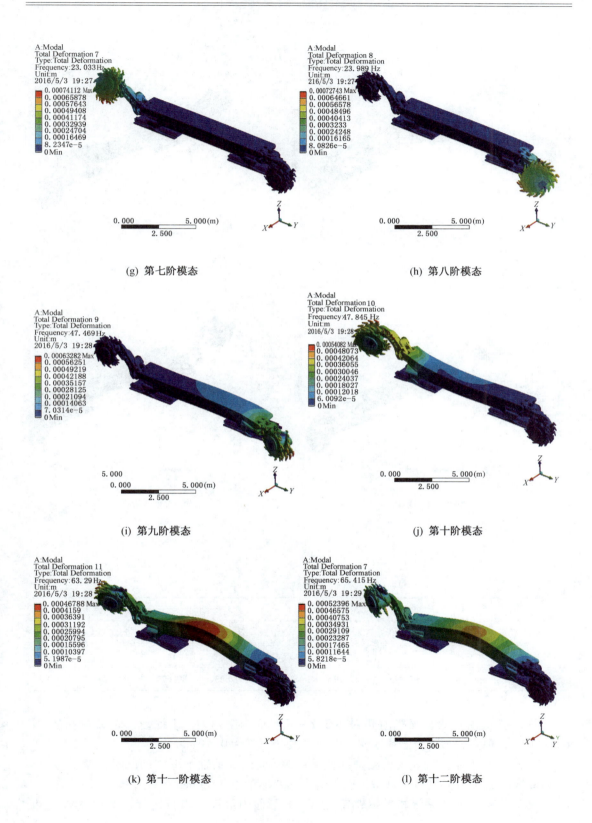

(g) 第七阶模态

(h) 第八阶模态

(i) 第九阶模态

(j) 第十阶模态

(k) 第十一阶模态

(l) 第十二阶模态

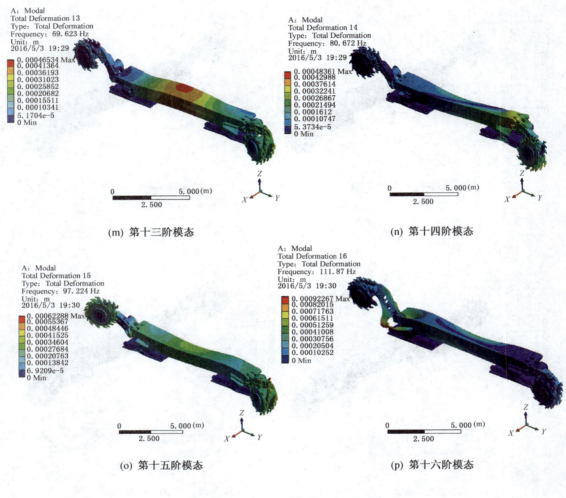

(m) 第十三阶模态 　　　　　　　　　　　(n) 第十四阶模态

(o) 第十五阶模态 　　　　　　　　　　　(p) 第十六阶模态

图 6-33 采煤机模态云图

表 6-6 采煤机固有频率表

阶　　数	1	2	3	4	5	6	7	8
固有频/Hz	6. 2111	7. 2626	8. 0239	9. 8091	20. 315	21. 548	23. 033	23. 989
阶　　数	9	10	11	12	13	14	15	16
固有频/Hz	47. 469	47. 845	63. 29	65. 415	69. 623	80. 672	97. 224	111. 87

图 6-33a 所示为采煤机前截割部在 Y-Z 平面内绕销轴上下摆动，固有频率为 $f_1 =$ 6. 2111 Hz，最大变形处位于截割头的外侧，其变形量为 0. 51 mm。

图 6-33b 所示为采煤机后截割部在 Y-Z 平面内绕销轴上下摆动，固有频率为 $f_2 =$ 7. 2626 Hz，最大变形处位于截割头的外侧，其变形量为 0. 56 mm。

图 6-33c 所示为采煤机前截割部在 X-Y 平面内绕销轴与行走部接触点左右摆动，

固有频率为 $f_3 = 8.0239$ Hz，最大变形处位于截割头的外侧，其变形量为 0.62 mm。

图 6 - 33d 所示为采煤机后截割部在 $X - Y$ 平面内绕销轴与行走部接触点左右摆动，固有频率为 $f_4 = 9.8091$ Hz，最大变形处位于截割头的外侧，其变形量为 0.60 mm。

图 6 - 33e 所示为采煤机前截割部在 $X - Y$ 平面内绕销轴与行走部接触点扭转，固有频率为 $f_5 = 20.315$ Hz，最大变形处位于截割头的外侧，其变形量为 0.69 mm。

图 6 - 33f 所示为采煤机后截割部在 $X - Y$ 平面内绕销轴与行走部接触点扭转，固有频率为 $f_6 = 21.548$ Hz，最大变形处位于截割头的外侧，其变形量为 0.65 mm。

图 6 - 33g 所示为采煤机前截割部在 $Y - Z$ 平面内绕销轴与行走部接触点扭转，固有频率为 $f_7 = 23.033$ Hz，最大变形处位于截割头的外侧，其变形量为 0.74 mm。

图 6 - 33h 所示为采煤机后截割部在 $Y - Z$ 平面内绕销轴与行走部接触点扭转，固有频率为 $f_8 = 23.989$ Hz，最大变形处位于截割头的外侧，其变形量为 0.73 mm。

图 6 - 33i 所示为采煤机后行走部在 $Y - Z$ 平面内绕采煤机滑靴与刮板输送机的触点上下摆动，固有频率为 $f_9 = 47.469$ Hz，最大变形处位于截割头的外侧，其变形量为 0.63 mm。

图 6 - 33j 所示为采煤机前行走部在 $Y - Z$ 平面内绕采煤机滑靴与刮板输送机的触点上下摆动，固有频率为 $f_{10} = 47.845$ Hz，最大变形处位于截割头的外侧，其变形量为 0.54 mm。

图 6 - 33k ～ 图 6 - 33p 所示分别为采煤机机身在三维空间内的摆动、扭转的模态振型，其固有频率分别为 $f_{11} = 63.29$ Hz、$f_{12} = 65.415$ Hz、$f_{13} = 69.623$ Hz、$f_{14} = 80.672$ Hz、$f_{15} = 97.224$ Hz、$f_{16} = 111.87$ Hz。其中第十一阶模态振型到第十四阶模态振型的最大变形处位于机身中间位置，其变形量分别为 0.47 mm、0.52 mm、0.47 mm、0.48 mm。第十五阶模态振型与第十六阶模态振型的最大变形量位于前后调高油缸，其变形量分别为 0.62 mm、0.92 mm。

7　采煤机摇臂及其传动系统非线性动力学特性研究

7.1　齿轮非线性啮合动力学模型

在动态激励的影响下，齿轮传动具有一系列的动态反应，是弹性的机械系统。研究齿轮的动力学，首先要弄清楚齿轮在相互作用下，动态激励是如何产生的，并对其动态激励的原因和性质进行阐述，这对弄明白齿轮的动力学十分关键。其动态激励分为两类：内部激励与外部激励。外部激励与其他机械机构的额外激励相差无几，但内部激励却相差很多。啮合副相互作用期间，影响动态啮合力的主要因素有：齿轮制造时的误差、齿轮的装配误差，以及齿轮与轮齿之间相互啮合、齿轮受到挤压、弹性变形影响等。若齿轮仅受到内部激励，其机构内部也会产生随机波动和其他噪声。内部激励有三种表现模式：刚度激励、误差激励、啮合冲击激励。这三种内部激励仅在齿轮相互作用期间存在，它们对齿轮的非线性有一定影响。因此，关于内部激励的研究才是研究的主要方向。

1. 刚度激励

齿轮副的啮合刚度是指各个轮齿副在啮合范围内参与相互作用的综合效应。齿轮的啮合刚度也可称作齿轮副的综合刚度。在啮合的相互作用下，其啮合刚度按照时间的进程呈现周期性变化，在此期间有刚度激励存在。但是用什么可行性函数来描述齿轮副啮合过程的刚度函数？通过查阅国内外相关文献得知，轮齿的刚度函数主要有两种形式：时不变刚度和时变刚度。在时不变刚度模型中，通常用平均值取代工作的啮合刚度，也就是说在一个完整的工作期间，用其平均啮合刚度描述，在研究齿轮传动系统除刚度外的其他因素对动力学特性作用的情况下，主要采用时不变模型，例如，采用 Kahraman 分析齿侧间隙对齿轮传动系统的影响。

一般来说，在齿轮间相互作用的情形下，同时参与啮合的个数按时间呈一定的规律变化，而且其重合度也不是整数。同时，从齿根到齿顶接触的时候，接触点的改变使啮合刚度也随之变化。通常将相互作用的齿轮看成弹性齿轮副，而且是随时间变化的弹簧，若用 $k(t)$ 表示弹簧的刚度，那么啮合力 F_{nh} 的表达式为：$F_{nh} = k(t)\Delta x$。此表达式用 Δx 表示参与啮合的齿轮在啮合线的相对移动距离。通过以上的研究可得，齿轮副在啮合过程中，随时间变化的啮合刚度对动态啮合力产生一定的影响，该力对相互作用的齿轮产生动态激励的整个过程叫作齿轮的刚度激励。

2. 误差激励

本书主要考虑综合传递误差，在齿轮啮合的过程中，由齿轮的变形与齿轮啮合误差造成的误差被称作综合传递误差（即理想齿轮接触点与实际齿轮接触点偏差造成的误差），综合传递误差通常用齿轮啮合作用线上的直线位移来表示。按照一般约定，当被动齿轮转动过程中的实际位移比理论位移靠前，传动误差的符号定义为正号。造成综合传递误差的原因有以下两个要素，一是由相互作用的齿轮受到载荷挤压而形状改变，二是由于齿轮构件的制造、匹配过程等产生的制造误差与匹配误差。第一类误差按时间进行一定循环的变化，第二类误差不是定值，而是有一定幅度的波动。综合传递误差是被动轮实质为被动轮在主动轮作用下实际位置发生一定的偏差（位移激励存在）。

3. 啮合冲击激励

齿轮之间相互作用要通过润滑油来缓解摩擦，在加工构件与装配齿轮过程中产生的误差和在相互作用的过程中有磨损使轮齿之间有侧隙。考虑以上原因，齿轮之间啮合的位置会与理想位置不同。尤其在高速轻载的情况下，使啮合的齿轮相互脱离，再接触，再脱离，这一往复过程对齿轮动载载荷以及动态特性都表现出不好的效果。即在啮合过程中，齿轮对从准备啮合到远离啮合都会有一定影响，通常将这些影响叫作啮合冲击。它们产生的激励叫作动态激励。

7.2 采煤机截割部传动系统子结构非线性建模

机械系统的构件形状各异，而且构件间的连接方式多种多样，因此，进行运动分析的首要任务是把机械系统和机械构件尽可能地简化为可以研究的力学模型。若考虑构件形状、变形复杂等其他影响因素，建立精确的机械系统进行非线性动力学分析十分困难。因此，有必要对工程机械问题进行简单化处理，用一个简单适当的力学模型和数学公式表述，此过程被称为对动力学模型的建立。机械系统由许多构件、部件和机构构成，不是简单的弹性系统，如果要描述既不简单又不间断的弹性系统的作用形态，就必须算出系统中各点的位移，那么，弹性系统将会变成无限的多自由度系统。在多种场合，若要将弹性系统看作数量很大的自由度系统，那么，对其进行分析会变得十分复杂而且冗长。因此，我们必须建立与原系统相近似的力学模型来简化问题。当然，建立近似的力学模型有多种不同思路，将数量很大的自由度系统（连续系统）离散成数量不多的自由度系统（离散系统）。若要离散化连续系统模型可以归纳成三类：集中质量法、广义坐标法和有限单元法。如果在机械系统中存在某些较大的惯性和刚度的构件，通常将这类构件的弹性忽略，看作质量块；如果存在一些质量小的部件，变形轻微，通常将这类部件忽视，看作无质量的弹簧。总体来说，对各种机构和系统的动力学模型建立，应遵循如下原则：

（1）连续的机构系统应简化为离散的机构系统。

（2）忽略相对次要及无关的因素。

本书采用集中质量法来建立采煤机截割部齿轮传动系统的振动模型。

采煤机截割部齿轮传动系统在运行中，不仅会产生振动，还会造成噪声污染。所以有必要了解关于采煤机截割部齿轮系统振动规律，掌握它们的动态特性，准确建立它们的动力学模型以及合理的振动微分方程。对于多自由度的截割部摇臂齿轮传动系统，有许多方面对其振动造成一定影响，如果对所有方面进行研究，则比较复杂，因此需要假想一定的条件，来简化齿轮系统动力学模型，所有假想条件如下：

（1）在齿轮啮合过程，用弹簧连接表示啮合线，把齿轮的齿看作弹簧，把齿轮主体假设成质量集中于一点的参数扭振系统。

（2）内齿圈固定，假设其质量无限大且忽略其波动。

（3）将齿轮系统中啮合作用的齿轮都看作直齿轮。

（4）不考虑各个轴承对各个机构的影响，把齿轮轴弯曲刚度、输入轴、输出轴刚度看作无限大。

（5）齿轮系统为刚性系统，其啮合部分的各个部分用阻尼器、刚度元件简单表示。

（6）忽略摩擦力对系统造成的结果。

（7）忽视齿轮的载荷对齿轮系统造成的惯性结果。

本节建立采煤机截割部齿轮传动系统的非线性动力学模型，其机构主要包括：电动机一台、齿轮1至齿轮8、二级行星齿轮系统。其中，第一级行星齿轮系统由一个太阳轮、一个内齿圈、一个行星架和四个在行星架上固定的行星轮，将内齿圈固定；传递到下一级的行星齿轮系统由一个太阳轮、一个内齿圈、一个行星架和三个在行星架上固定的行星轮，它的运动简图如图7－1所示。

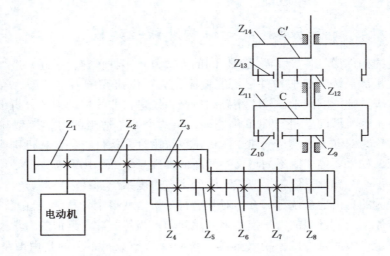

Z_1—齿轮1；Z_2—齿轮2；Z_3—齿轮3；Z_4—齿轮4；Z_5—齿轮5；Z_6—齿轮6；

Z_7—齿轮7；Z_8—齿轮8；Z_9——级太阳轮；Z_{10}——级行星轮；

Z_{11}——级内齿圈；Z_{12}—二级太阳轮；Z_{13}—二级行星轮；

Z_{14}—二级内齿圈；C——级行星架；C′—二级行星架

图7－1　采煤机截割部齿轮传动系统运动简图

采煤机截割部齿轮传动系统主要包括：齿轮 Z_i（$i = 1 \cdots 8$）表示第 i 个齿轮，太阳轮 S_j（$j = 1$、2）表示第 j 级太阳轮、行星齿轮 P_{ij} 表示第 j（$j = 1$、2）级行星架的第 i（$i = 1$、2、3）个行星轮、行星架 C_j（$j = 1$、2）表示第 j 级行星架、内齿圈 R_j（$j = 1$、2）表示第 j 级内齿圈，内齿圈固定于地面。忽略它们之间的摩擦，其截割部摇臂齿轮传动系统非线性动力学模型如图7－2所示。

齿轮 Z_i 的齿数是 z_i，它的角位移分别用 $\overline{\theta}_i$ 描述；齿轮 Z_i 基圆半径都用 r_{bi} 表示，齿轮 Z_i 和齿轮 Z_j（$j = i+1$）的啮合刚度、啮合阻尼系数、半齿侧间隙、静态啮合误差均用 k_{ij}、c_{ij}、b_{ij}、e_{ij} 描述；齿轮 Z_i 角位移与齿轮 Z_j（$j = i+1$）角位移相互作用的接触线上造成的相对位移用 x_{ij} 描述；第 j 级太阳轮、第 j 级行星架、第 j 级行星架的第 i 个行星轮的角位移用

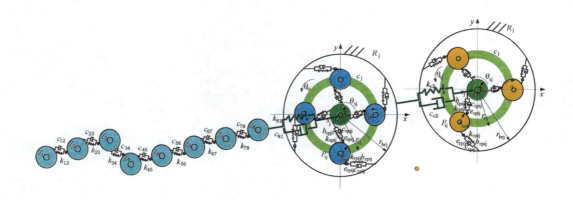

图 7-2 采煤机截割部齿轮传动系统非线性振动模型

$\overline{\theta}_{sj}$、$\overline{\theta}_{cj}$、$\overline{\theta}_{pij}$ 描述；第 j 级太阳轮、第 j 级行星架的第 i 个行星轮、第 j 级内齿圈的基圆半径都用 r_{bsj}、r_{bpij}、r_{brj} 描述；第 j 级行星架半径以 r_{cj} 描述，其计算的结果为太阳轮与行星轮的半径之和；第 j 级太阳轮与第 j 级行星架第 i 个行星轮的啮合刚度用 k_{spij} 描述，其啮合阻尼系数用 c_{spij} 描述，其半齿侧间隙用 b_{spij} 描述，其综合啮合误差用 e_{spij} 描述；第 j 级内齿圈与第 j 级行星架第 i 个行星轮组成的内啮合副的啮合刚度用 k_{rpij} 描述，其啮合阻尼系数用 c_{rpij} 描述，其半齿侧间用 b_{rpij} 描述，其综合啮合误差用 e_{rpij} 描述。第 j 级太阳轮的齿数用 z_{sj} 描述，第 i 个行星轮的齿数用 z_{pij} 描述，第 j 级内齿圈的齿数用 z_{rj} 描述。

7.2.1 齿轮啮合刚度

在齿轮系统的动力学分析中，常常把啮合刚度描述成对相互作用齿轮在其作用点 x 的关系式。由于齿轮在相互作用的过程中，单齿轮与双齿轮在相互传动的过程中会改变它们接触的位置，它们的啮合刚度也会不同。它们的刚度有一定的循环性，把啮合刚度用傅里叶级数的表达式来描述，对于直齿轮系统的啮合刚度如图 7-3 所示。

$$k_{ij}(t) = k_{mij} + k_{aij}\sin(\omega_e t + \varphi_{ij}) \tag{7-1}$$

式中　k_{mij}——第 Z_i、Z_j 齿轮的平均啮合刚度；

　　　k_{aij}——第 i、j 齿轮刚度幅度的涨幅程度；

　　　ω_e——齿轮的啮合频率；

　　　φ_{ij}——相位角。

考虑直齿齿轮相互作用的刚度变化运行轨迹简化成图 7-3 所示类似矩形波的形式。将行星系统的时变啮合刚度的运行轨迹简化为图 7-4、图 7-5 所示波形。

k_{sijmax} 为第 j 级第 i 路外啮合作用刚度改变的最大幅值，k_{sijmin} 为第 j 级第 i 路外啮合作用刚度改变的最小幅值，φ_{spij} 为第 j 级第 i 路外啮合作用中刚度改变的初相位，k_{rijmax} 为第 j 级第 i 路内啮合过程中刚度变化的最大幅值，k_{rijmin} 为第 j 级第 i 路内啮合过程中刚度变化的最小幅值，φ_{rpij} 为第 j 级第 i 路内啮合过程中刚度变化的初相位，T 为啮合周期，$T = 2\pi / \Omega$，Ω 为啮合频率（相互作用的齿轮其频率一样）。

具有类似矩形形状的波形可以用啮合频率为基频的 Fourier 函数描述，选取其中的一次谐波项描述：

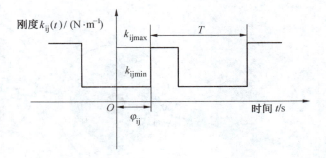

图 7 - 3　第 Z_i、Z_j 齿轮副相互作用的刚度变化的运行轨迹

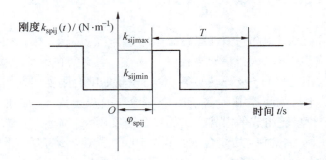

图 7 - 4　系统第 j 级第 i 路相互作用的刚度变化的运行轨迹

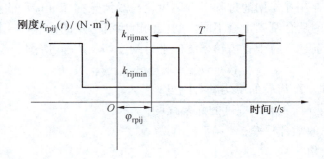

图 7 - 5　系统第 j 级第 i 路相互作用的刚度变化的运行轨迹

$$\begin{cases} k_{spij}(t) = k_{msij} + k_{asij}\sin(\omega_j t + \varphi_{spij}) \\ k_{rpij}(t) = k_{mrij} + k_{arij}\sin(\omega_j t + \varphi_{rpij}) \end{cases} \tag{7-2}$$

式中　k_{asij}——第 j 级第 i 路外啮合相互作用过程中刚度的最大幅值；

　　　k_{mrij}——第 j 级第 i 路内啮合相互作用过程中平均刚度的变化值；

　　　k_{arij}——第 j 级第 i 路内啮合相互作用过程中刚度的最大幅值；

　　　ω_j——第 j 级行星齿轮的啮合频率。

7.2.2　齿轮系统综合误差

直齿轮相互作用的综合误差 x_{ij}（反映在相互作用线上的）定义成静态传动误差。而用式（7-3）描述的误差叫作动态传动误差。相互作用齿轮的实际误差是由动态传动误差与静态传动误差两部分组成的。直齿轮 Z_i、$Z_{j=i+1}$ 在啮合过程中，假设其动态传动误差为 x_{ijd}，在没有加工、安装误差的情况下，齿轮处于理想啮合状态，动态传动误差 x_{ijd} 是由直齿轮 Z_i、$Z_{j=i+1}$ 啮合过程中的挤压变形产生的，即

$$x_{ijd} = x_i - x_j = r_{bi}\theta_i - r_{bj}\theta_j \tag{7-3}$$

在实际情况中，各直齿轮啮合副不可避免地存在各种误差，即使齿轮不受力时也已经存在。因此直齿轮的综合啮合误差描述如下：

$$x_{ij} = x_i - x_j - e_{ij}(t) = r_{bi}\theta_i - r_{bj}\theta_j - e_{ij}(t) \tag{7-4}$$

式（7-4）定义的综合传动误差也是在啮合过程中直齿轮 Z_i、$Z_{j=i+1}$ 在啮合线方向上产生的相对位移，它直接决定了齿轮啮合时的动载荷等一系列动态特性。

直齿轮 Z_i、$Z_{j=i+1}$ 在相互作用的过程中，啮合静态误差用齿轮相互作用的啮合频率为基本频率，为了便于分析，假设齿轮的啮合点都在理想的相互作用线上运动，静态误差也可以用关于啮合频率的傅里叶级数的表达式来描述：

$$e_{ij}(t) = e_m + e_{ijj}\cos(j\omega_e t + \theta_{ij}) \tag{7-5}$$

式中　e_m——齿轮误差平均幅值；

$\quad\quad e_{ijj}$——误差分量的幅值；

$\quad\quad \omega_e$——齿轮的啮合频率；

$\quad\quad \theta_{ij}$——相位角。

直齿轮传动系统的综合误差关系如图7-6所示。

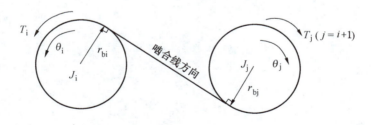

图7-6　直齿轮传动系统的综合误差

行星齿轮系综合啮合误差包括齿轮副静传递误差、太阳轮偏心误差、行星轮偏心误差以及内齿圈偏心误差等。综合啮合误差是关于存在截割部行星系统的动态激励原因之一，对于第 j 级第 i 路外、内齿轮相互作用副的静传递误差 $e'_{spij}(t)$、$e'_{rpij}(t)$ 可以用正弦函数相互作用的啮合频率来描述。

$$\begin{cases} e'_{spij}(t) = A_{spij}\sin(\omega_j t + \beta_{sij}) \\ e'_{rpij}(t) = A_{rpij}\sin(\omega_j t + \beta_{rij} + \gamma_{srj}) \end{cases} \tag{7-6}$$

式中　A_{spij}——第 j 级第 i 路外啮合相互作用副误差的最大幅值；

$\quad\quad A_{rpij}$——第 j 级第 i 路内啮合相互作用副误差的最大幅值；

β_{sij}——第 j 级第 i 路外啮合相互作用副静误差的初相位；

β_{rij}——第 j 级第 i 路内啮合相互作用副静误差的初相位；

γ_{srj}——第 j 级外齿轮啮合相互作用副的相位差。

第 j 级各路外啮合相互作用副之间的相位差 $\beta_{sij}=z_{sj}\psi_{ij}$，第 j 级各路内啮合相互作用副之间的相位差 $\beta_{rij}=z_{rj}\psi_{ij}$，这里 $\psi_{ij}=2\pi(i-1)/N$ 是第 j 级第 i 个行星齿轮对于第 j 级第一个太阳轮的位置角；γ_{srj} 其值由第 j 级行星齿数的齿数来决定。若为奇数，则为 0，若为偶数，则选取 π。

行星齿轮系每个齿轮的偏心误差和它们在相互作用线的对应关系，如图 7-7、图 7-8 所示。

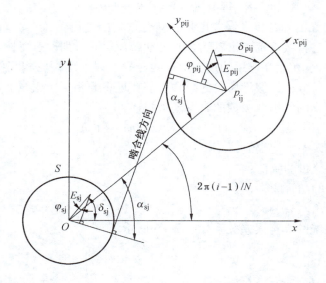

图7-7　行星系统的偏心误差与外啮合相互作用线的对应关系

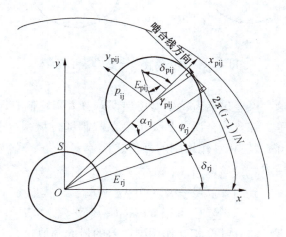

图7-8　行星系统偏心误差与内啮合相互作用线的对应关系

图 7-7、图 7-8 中，$x-y$ 坐标系选取行星架的中心作为坐标原点，坐标轴固结在行星架上，x 轴通过行星齿轮的中心；$x_{pij}-y_{pij}$ 坐标系以第 j 级第 i 个行星齿轮中心为坐标原点。在此坐标系中，第 i 个行星轮对 x 轴的角度都为 $2\pi(i-1)/N$。E_{sj} 为第 j 级太阳轮偏心误差，E_{rj} 为第 j 级内齿圈偏心误差，E_{pij} 为第 j 级第 i 个行星轮偏心误差，α_{sj} 为第 j 级太阳轮与行星轮的啮合角，α_{rj} 为第 j 级内齿圈与行星轮的啮合角，φ_{sj} 为第 j 级太阳轮的偏心误差与第 i 路外啮合相互作用线方向之间的夹角，φ_{pij} 为第 j 级第 i 个行星轮偏心误差与第 i 路外啮合相互作用线方向之间的夹角，γ_{pij} 为第 j 级第 i 个行星轮偏心误差与第 i 路内啮合相互作用线方向的夹角，φ_{yj} 为第 j 级内齿圈偏心误差与第 j 级第 i 路内啮合相互作用线方向垂直的直线之间的夹角，δ_{sj} 为第 j 级太阳轮偏心误差与 x 轴之夹角，δ_{pij} 为第 j 级第 i 个行星轮偏心误差与 x_{pij} 轴之间的夹角，δ_{rj} 为第 j 级内齿圈偏心误差与 x 轴之间的夹角。图 7-7、图 7-8 中各角度满足如下关系：

$$\begin{cases}
\delta_{pij} = (\omega_{pj} - \omega_{cj})t + \beta_{pij} \\
\delta_{rj} = (\omega_{rj} - \omega_{cj})t + \beta_{rj} \\
\varphi_{sj} = \dfrac{\pi}{2} - \left[\delta_{sj} + \alpha_{sj} - \dfrac{2\pi}{N}(i-1)\right] \\
\varphi_{pij} = \delta_{pij} + \alpha_{sj} - \dfrac{\pi}{2} \\
\varphi_{rj} = \dfrac{2\pi}{N}(i-1) - \delta_{rj} - \alpha_{rj} \\
\gamma_{pij} = \dfrac{\pi}{2} - \delta_{pij} - \alpha_{rj} \\
\delta_{sj} = (\omega_{sj} - \omega_{cj})t + \beta_{sj}
\end{cases} \tag{7-7}$$

式中　ω_{cj}——第 j 级行星架的旋转速度；

　　　ω_{pj}——第 j 级行星轮的旋转速度；

　　　ω_{rj}——第 j 级内齿圈的旋转速度；

　　　β_{sj}——第 j 级太阳轮偏心误差的初相位；

　　　β_{pij}——第 j 级第 i 个行星轮偏心误差的初相位；

　　　β_{rj}——第 j 级内齿圈偏心误差的初相位。

将第 j 级太阳轮偏心误差 E_{sj}、第 j 级第 i 个行星轮偏心误差 E_{pij} 在它们外啮合相互作用线方向上进行投影可得：

$$\begin{cases}
E_{sj}\cos\varphi_{sj} = E_{sj}\sin\left[\omega_{scj}t + \beta_{sj} - \dfrac{2\pi}{N}(i-1) + \alpha_{sj}\right] \\
E_{pij}\cos\varphi_{pij} = E_{pij}\sin(\omega_{pcj}t + \beta_{pij} + \alpha_{sj}) \\
\omega_{scj} = \omega_{sj} - \omega_{cj} \\
\omega_{pcj} = \omega_{scj}z_{pij}/z_{sj}
\end{cases} \tag{7-8}$$

式中　ω_{scj}——第 j 级太阳轮关于第 j 级行星架的相对转动速度；

　　　ω_{pcj}——第 j 级第 i 个行星轮关于第 j 级行星架的相对转动速度。

将第 j 级内齿圈偏心误差 E_{rj}、第 j 级第 i 个行星轮偏心误差 E_{pij} 在它们内啮合相互作用线方向上进行投影可得：

$$\begin{cases} E_{rj}\sin\varphi_{rj} = -E_{rj}\sin\left[\omega_{rcj}t + \beta_{rj} - \dfrac{2\pi}{N}(i-1) + \alpha_{rj}\right] \\ E_{pij}\cos\gamma_{pij} = E_{pij}\sin(\omega_{pcj}t + \beta_{pij} + \alpha_{rj}) \end{cases} \quad (7-9)$$

综合上式，可知第 j 级系统中的每个互相啮合的齿轮在相互作用线方向的误差激励为

$$\begin{cases} e_{spij}(t) = A_{spij}\sin(\omega_j t + \beta_{sij}) + E_{sj}\sin\left[\omega_{scj}t + \beta_{sj} - \dfrac{2\pi}{N}(i-1) + \alpha_{sj}\right] + E_{pij}\sin(\omega_{pcj}t + \beta_{pij} + \alpha_{rj}) \\ e_{rpij}(t) = A_{rpij}\sin(\omega_j t + \beta_{pij}) + E_{pij}\sin(\omega_{pcj}t + \beta_{pij} + \alpha_{sj}) - E_{rj}\sin\left[\omega_{rcj}t + \beta_{rj} - \dfrac{2\pi}{N}(i-1) + \alpha_{rj}\right] \end{cases}$$

$$(7-10)$$

7.2.3　齿轮啮合力及其相关函数

对于各直齿轮 Z_i、$Z_{j=i+1}$ 相互啮合副而言，它们啮合点的相对接触位置表达式为

$$x_{ij} = x_i - x_j - e_{ij}(t) = r_{bi}\theta_i - r_{bj}\theta_j - e_{ij}(t) \quad (7-11)$$

该系统中，第 i 个直齿轮与第 j $(j=i+1)$ 个直齿轮啮合的弹性恢复力（用 p 描述）可以描述成：

$$F_{ij}^p = k_{ij}(t)f[x_i - x_j - e_{ij}(t), b_{ij}] = k_{ij}(t)f(x_{ij}, b_{ij}) \quad (7-12)$$

该系统第 i 个直齿轮与第 $j(j=i+1)$ 个直齿轮啮合的阻尼力（用 d 描述）可以描述成：

$$F_{ij}^d = c_{ij}(\dot{x}_i - \dot{x}_j - \dot{e}_{ij}) = c_{ij}\dot{x}_{ij} \quad (7-13)$$

对于行星系统第 j 级第 i 路内、外啮合相互作用的齿轮副来说，它们的相对位移表达式为

$$\begin{cases} x_{rpij} = x_{pij} - x_{cj} - e_{rpij} \\ x_{spij} = x_{sj} - x_{pij} - x_{cj} - e_{spij} \end{cases} \quad (7-14)$$

其中，x_{cj} 是第 j 级行星架线位移 $r_{cj}\theta_{cj}$（方向与图 7-7、图 7-8 中动坐标 y_{pi} 描述一样）在相互作用的啮合线方向上进行投影，即 $x_{cj} = r_{cj}\theta_{cj}\cos\alpha_j$，在此过程中，把第 j 级行星架的当量半径设成 $r_{bcj} = r_{cj}\cos\alpha_j$，则 $x_{cj} = r_{bcj}\theta_{cj}$。

系统第 j 级第 i 路外、内啮合副上相互作用的弹性恢复力（用 p 描述）描述如下：

$$\begin{cases} F_{spij}^p = k_{spij}(t)f(x_{sj} - x_{pij} - x_{cj} - e_{spij}(t), b_{spij}) = k_{spij}(t)f(x_{spij}, b_{spij}) \\ F_{rpij}^p = k_{rpij}(t)f(x_{pij} - x_{cj} - e_{rpij}(t), b_{spij}) = k_{rpij}(t)f(x_{rpij}, b_{rpij}) \end{cases} \quad (7-15)$$

系统第 j 级第 i 路外、内啮合副上相互作用的阻尼力（用 d 描述）描述如下：

$$\begin{cases} F_{spij}^d = c_{spij}[\dot{x}_{sj} - \dot{x}_{pij} - \dot{x}_{cj} - \dot{e}_{spij}(t)] = c_{spij}\dot{x}_{spij} \\ F_{rpij}^d = c_{rpij}[\dot{x}_{pij} - \dot{x}_{cj} - \dot{e}_{rpij}(t)] = c_{rpij}\dot{x}_{rpij} \end{cases} \quad (7-16)$$

7.2.4　齿轮系统的啮合阻尼

关于直齿轮的啮合阻尼能用下式求得：

$$c_{ij} = 2\zeta\sqrt{\dfrac{k_{mij}}{\dfrac{1}{m_i} + \dfrac{1}{m_j}}} \quad (7-17)$$

式中　　ζ——直齿轮啮合的阻尼比；

k_{mij}——第 i、j 直齿轮啮合刚度的平均幅值；

m_i——第 i 个直齿轮的质量；

m_j——第 j 个直齿轮的质量；

对于行星齿轮的啮合阻尼。

第 j 级第 i 路齿轮外、内相互作用的啮合副阻尼系数可以用以下公式描述：

$$\begin{cases} c_{spij} = 2\zeta_1 \sqrt{\dfrac{k_{msij}}{\dfrac{1}{m_{si}} + \dfrac{1}{m_{pij}}}} \\[4mm] c_{rpij} = 2\zeta_2 \sqrt{\dfrac{k_{mrij}}{\dfrac{1}{m_{rj}} + \dfrac{1}{m_{pij}}}} \end{cases} \qquad (7-18)$$

式中　ζ_{1j}——第 j 级内啮合相互作用副的相对阻尼比；

　　　ζ_{2j}——第 j 级外啮合相互作用副的相对阻尼比；

　　　m_{sj}——第 j 级太阳轮的质量；

　　　m_{pij}——第 j 级第 i 个行星轮的质量；

　　　m_{rj}——第 j 级内齿圈的质量。

7.3　采煤机截割部传动系统子结构动力学微分方程

7.3.1　摇臂直齿轮动力学模型

第 i 个直齿轮动力学模型如图 7-9 所示。其中，T_i 为第 i 个直齿轮的输入扭矩；F_{ij}^p 为关于第 i、j $(j=i+1)$ 个直齿轮 $(i=1\cdots7)$ 相互作用产生的弹性恢复力；F_{ij}^d 为关于第 i、j $(j=i+1)$ 个直齿轮 $(i=1\cdots7)$ 相互作用产生的阻尼力。

结合公式 $\sum M = 0$，那么关于第 Z_i 个直齿轮的坐标系振动方程描述为

$$J_i \ddot{\theta}_i + F_{ij}^p r_{bi} + F_{ij}^d r_{bi} - T_i = 0 \qquad (7-19)$$

式中　r_{bi}——直齿轮的基圆半径；

　　　J_i——直齿轮的转动惯量；

　　　θ_i——直齿轮的转动角度。

7.3.2　太阳轮动力学模型

第 j 级太阳轮受力如图 7-10 所示。其中，T_D 为系统传递到太阳轮的扭矩；F_{spij}^p 为第 j 级太阳轮和第 j 级第 i 个行星轮 $(i=1、2、3、4)$ 相互传递产生的弹性恢复力；F_{spij}^d 为第 j 级太阳轮和第 j 级第 i 个行星轮 $(i=1、2、3、4)$ 相互传递产生的阻尼力。

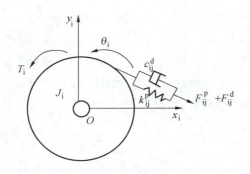
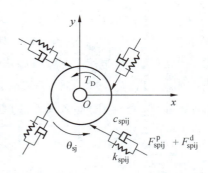

图 7-9　直齿轮动力学模型　　　　　图 7-10　关于第 j 级太阳轮的动力学模型

结合公式 $\sum M = 0$，那么关于第 j 级太阳轮的振动方程描述为

$$J_{sj}\ddot{\theta}_{sj} + \sum_{i=1}^{N}(F_{spij}^{p} + F_{spij}^{d})r_{bsj} - T_{D} = 0 \qquad (7-20)$$

式中　J_{sj}——第 j 级太阳轮的转动惯量；

　　　　r_{bsj}——第 j 级太阳轮的基圆半径。

7.3.3　行星轮动力学模型

第 j 级第 i 个行星轮受力如图 7-11 所示。其中，F_{spij}^{p} 为第 j 级太阳轮和第 j 级第 i 个行星轮（$i=1$、2、3、4）相互传递产生的弹性恢复力；F_{spij}^{d} 为第 j 级太阳轮和第 j 级第 i 个行星轮（$i=1$、2、3、4）相互传递产生的阻尼力；F_{rpij}^{p} 为第 j 级内齿圈和第 j 级第 i 个行星轮（$i=1$、2、3、4）相互传递产生的弹性恢复力；F_{rpij}^{d} 为第 j 级内齿圈和第 j 级第 i 个行星轮（$i=1$、2、3、4）相互传递产生的阻尼力；θ_{pij} 为行星轮旋转的角度。

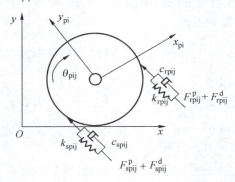

图 7-11　行星轮动力学模型

结合公式 $\sum M = 0$，那么关于行星齿轮的振动方程描述为

$$J_{pij}\ddot{\theta}_{pij} - (F_{spij}^{p} + F_{spij}^{d} - F_{rpij}^{p} - F_{rpij}^{d})r_{bpij} = 0 \qquad (7-21)$$

式中　J_{pij}——行星轮转动惯量；

　　　　r_{bpij}——行星轮基圆半径。

7.3.4　行星架动力学模型

因为行星架与行星轮同时工作，所以将它们看成一个整体来研究（简称行星架）。第 j 级行星架受力如图 7-12 所示。其中，F_{spij}^{p} 为第 j 级太阳轮与第 j 级第 i 个行星轮（$i=1$、2、3、4）相互传递产生的弹性恢复力；F_{spij}^{d} 为第 j 级太阳轮与第 j 级第 i 个行星轮（$i=1$、2、3、4）相互传递产生的阻尼力；F_{rpij}^{p} 为内齿圈与第 j 级第 i 个行星轮（$i=1$、2、3、4）相互传递产生的弹性恢复力；F_{rpij}^{d} 为内齿圈与第 j 级第 i 个行星轮（$i=1$、2、3、4）相互传递产生的阻尼力；T_{L} 为传递行星架的行星轮驱动转矩；θ_{cj} 为行星架旋转的角度。

结合公式 $\sum M = 0$，那么关于第 j 级行星架的振动列式描述为

$$\left(J_{cj} + \sum_{i=1}^{N}m_{pij}r_{cj}^{2}\right)\ddot{\theta}_{cj} - \sum_{i=1}^{N}(F_{spij}^{p} + F_{spij}^{d} + F_{rpij}^{p} + F_{rpij}^{d})r_{bcj} + T_{L} = 0 \qquad (7-22)$$

式中　J_{cj}——第 j 级行星架转动惯量；

　　　　r_{bcj}——第 j 级行星架基圆半径。

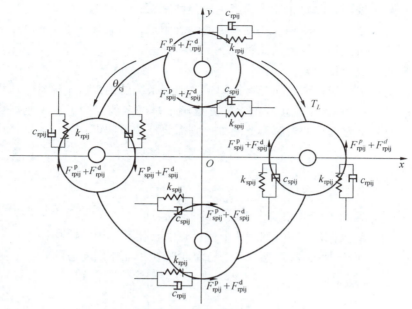

图 7 – 12 行星架动力学模型

经过以上分析，整个系统的动力学数学方程为

$$
\begin{cases}
J_1\ddot{\theta}_1 + F_{12}^p r_1 + F_{12}^d r_1 = T_1 \\[4pt]
J_2\ddot{\theta}_2 - F_{12}^p r_2 - F_{12}^d r_2 + F_{23}^p r_2 + F_{23}^d r_2 = 0 \\[4pt]
J_3\ddot{\theta}_3 - F_{23}^p r_3 - F_{23}^d r_3 + F_{43} r_3 = 0 \\[4pt]
J_4\ddot{\theta}_4 - F_{34} r_4 + F_{45}^p r_4 + F_{45}^d r_4 = 0 \\[4pt]
J_5\ddot{\theta}_5 - F_{45}^p r_5 - F_{45}^d r_5 + F_{56}^p r_5 + F_{56}^d r_5 = 0 \\[4pt]
J_6\ddot{\theta}_6 - F_{56}^p r_6 - F_{56}^d r_6 + F_{67}^p r_6 + F_{67}^d r_6 = 0 \\[4pt]
J_7\ddot{\theta}_7 - F_{67}^p r_7 - F_{67}^d r_7 + F_{78}^p r_7 + F_{78}^d r_7 = 0 \\[4pt]
J_8\ddot{\theta}_8 - F_{78}^p r_8 - F_{78}^d r_8 + T_D = 0 \\[4pt]
J_{s1}\ddot{\theta}_{s1} + \displaystyle\sum_{i=1}^{4}(F_{spi1}^p + F_{spi1}^d)r_{bs1} = T_D \\[4pt]
J_{pi1}\ddot{\theta}_{pi1} - (F_{spi1}^p + F_{spi1}^d - F_{rpi1}^p - F_{rpi1}^d)r_{bpi1} = 0 \\[4pt]
\left(J_{c1} + \displaystyle\sum_{i=1}^{4} m_{pi1} r_{c1}^2\right)\ddot{\theta}_{c1} - \displaystyle\sum_{i=1}^{4}(F_{spi1}^p + F_{spi1}^d + F_{rpi1}^p + F_{rpi1}^d)r_{bc1} + \left[k_{c2}\left(\dfrac{x_{c1}}{r_{c1}^2} - \dfrac{x_{s2}}{r_{c1}r_{s2}}\right) + \right. \\[10pt]
\left. c_{c2}\left(\dfrac{\dot{x}_{c1}}{r_{c1}^2} - \dfrac{\dot{x}_{s2}}{r_{c1}r_{s2}}\right)\right]r_{bc1} = -i_1 T_D \\[10pt]
J_{s2}\ddot{\theta}_{s2} + \displaystyle\sum_{i=1}^{3}(F_{spi2}^p + F_{spi2}^d)r_{bs2} - k_{c2}\left(\dfrac{x_{c1}}{r_{c1}r_{s2}} - \dfrac{x_{s2}}{r_{s2}^2}\right)r_{bs2} - c_{c2}\left(\dfrac{\dot{x}_{c1}}{r_{c1}^2} - \dfrac{\dot{x}_{s2}}{r_{c1}r_{s2}}\right)r_{bs2} = i_1 T_D \\[10pt]
J_{pi2}\ddot{\theta}_{pi2} - (F_{spi2}^p + F_{spi2}^d - F_{rpi2}^p - F_{rpi2}^d)r_{bpi2} = 0 \\[4pt]
\left(J_{c2} + \displaystyle\sum_{i=1}^{3} m_{pi2} r_{c2}^2\right)\ddot{\theta}_{c1} - \displaystyle\sum_{i=1}^{3}(F_{spi2}^p + F_{spi2}^d + F_{rpi2}^p + F_{rpi2}^d)r_{bc2} = -i_1 i_2 T_D
\end{cases}
\tag{7-23}
$$

式中　k_{c2}——行星架与太阳轮相互作用产生的弹性刚度；

　　　　c_{c2}——行星架与太阳轮相互作用产生的啮合阻尼；

　　　　i_1——第 1 级行星齿轮传动比；

　　　　i_2——第 2 级行星齿轮传动比。

在行星齿轮系统、齿轮副之间有齿侧间隙，那么系统的约束就不完整，所以这个系统的方程组即式（7 - 23）是半正定系统，其方程解不是确定值。为了减少刚体位移对系统造成的影响，对整个方程组的求解需要降维，则需要作如下假设：

$$\begin{cases} x_{spij} = x_{sj} - x_{pij} - x_{cj} - e_{spij}(t) \\ x_{scj} = x_{sj} - 2x_{cj} \\ x_{rpij} = x_{scj} - x_{spij} - e_{spij}(t) - e_{rpij}(t) \end{cases} \tag{7 - 24}$$

式中　x_{scj}——第 j 级内外啮合相互作用线上的位移叠加；

　　　　x_{spij}——第 j 级太阳轮与第 j 级第 i 个行星轮啮合相互作用的位移；

　　　　x_{rpij}——第 j 级内齿圈和第 j 级第 i 个行星轮啮合相互作用的位移。

式（7 - 23）方程变形为

$$\begin{cases}
\ddot{x}_{sp1} + \left(\frac{1}{m_{s1}} + \frac{1}{m_{c1}}\right)\sum_{i=1}^{4} k_{sp1}(t)f(x_{sp1}, b_{sp1}) + \left(\frac{1}{m_{s1}} + \frac{1}{m_{c1}}\right) \times \\
\quad \sum_{i=1}^{4} c_{sp1}\dot{x}_{sp1} + \frac{1}{m_{p1}}k_{sp1}(t)f(x_{sp1}, b_{sp1}) + \frac{1}{m_{p1}}c_{sp1}\dot{x}_{sp1} - \\
\quad \frac{1}{m_{p1}}k_{rp1}(t) \times f(x_{sc1} - x_{sp1} - e_{sp1} - e_{rp1}, b_{rp1}) - \\
\quad \frac{1}{m_{p1}}c_{rp1}(\dot{x}_{sc1} - \dot{x}_{sp1} - \dot{e}_{sp1} - \dot{e}_{rp1}) + \\
\quad \frac{1}{m_{c1}}\sum_{i=1}^{4} k_{rp1}(t)f(x_{sc1} - x_{sp1} - e_{sp1} - e_{rp1}, b_{rp1}) + \\
\quad \frac{1}{m_{c1}}\sum_{i=1}^{4} c_{rp1}(\dot{x}_{sc1} - \dot{x}_{sp1} - \dot{e}_{sp1} - \dot{e}_{rp1}) - \\
\quad \frac{1}{m_{c1}}\left[k_{c2}\left(\frac{x_{c1}}{r_{c1}^2} - \frac{x_{s2}}{r_{c1}r_{s2}}\right) + c_{c2}\left(\frac{\dot{x}_{c1}}{r_{c1}^2} - \frac{\dot{x}_{s2}}{r_{c1}r_{s2}}\right)\right] = \frac{T_D}{r_{bs1}m_{s1}} + \frac{i_1 T_D}{r_{bc1}m_{c1}} - \ddot{e}_{sp1}(t) \\
\ddot{x}_{sc1} + \left(\frac{1}{m_{s1}} + \frac{2}{m_{c1}}\right)\sum_{i=1}^{4} k_{sp1}(t)f(x_{sp1}, b_{sp1}) + \left(\frac{1}{m_{s1}} + \frac{2}{m_{c1}}\right) \times \\
\quad \sum_{i=1}^{4} c_{sp1}\dot{x}_{sp1} + \frac{2}{m_{c1}}\sum_{i=1}^{4} k_{rp1}(t)f(x_{sc1} - x_{sp1} - e_{sp1} - e_{rp1}, b_{rp1}) + \\
\quad \frac{2}{m_{c1}}\sum_{i=1}^{4} c_{rp1}(\dot{x}_{sc1} - \dot{x}_{sp1} - \dot{e}_{sp1} - \dot{e}_{rp1}) - \\
\quad \frac{2}{m_{c1}}\left[k_{c2}\left(\frac{x_{c1}}{r_{c1}^2} - \frac{x_{s2}}{r_{c1}r_{s2}}\right) + c_{c2}\left(\frac{\dot{x}_{c1}}{r_{c1}^2} - \frac{\dot{x}_{s2}}{r_{c1}r_{s2}}\right)\right] = \frac{T_D}{r_{bs1}m_{s1}} + \frac{2i_1 T_D}{r_{bc1}m_{c1}}
\end{cases} \tag{7 - 25}$$

$$
\begin{cases}
\ddot{x}_{\mathrm{spi2}} + \left(\dfrac{1}{m_{\mathrm{s2}}} + \dfrac{1}{m_{\mathrm{c2}}}\right)\sum_{i=1}^{3} k_{\mathrm{spi2}}(t) f(x_{\mathrm{spi2}}, b_{\mathrm{spi2}}) + \left(\dfrac{1}{m_{\mathrm{s2}}} + \dfrac{1}{m_{\mathrm{c2}}}\right) \times \\[2mm]
\sum_{i=1}^{3} c_{\mathrm{spi2}}\dot{x}_{\mathrm{spi2}} + \dfrac{1}{m_{\mathrm{pi2}}}k_{\mathrm{spi2}}(t) f(x_{\mathrm{spi2}}, b_{\mathrm{spi2}}) + \dfrac{1}{m_{\mathrm{pi2}}}c_{\mathrm{spi2}}\dot{x}_{\mathrm{spi2}} - \\[2mm]
\dfrac{1}{m_{\mathrm{pi2}}}k_{\mathrm{rpi2}}(t) \times f(x_{\mathrm{sc2}} - x_{\mathrm{spi2}} - e_{\mathrm{spi2}} - e_{\mathrm{rpi2}}, b_{\mathrm{rpi2}}) - \\[2mm]
\dfrac{1}{m_{\mathrm{pi2}}}c_{\mathrm{rpi2}}(\dot{x}_{\mathrm{sc2}} - \dot{x}_{\mathrm{spi2}} - \dot{e}_{\mathrm{spi2}} - \dot{e}_{\mathrm{rpi2}}) + \\[2mm]
\dfrac{1}{m_{\mathrm{c2}}}\sum_{i=1}^{3} k_{\mathrm{rpi2}}(t) f(x_{\mathrm{sc2}} - x_{\mathrm{spi2}} - e_{\mathrm{spi2}} - e_{\mathrm{rpi2}}, b_{\mathrm{rpi2}}) + \\[2mm]
\dfrac{1}{m_{\mathrm{c2}}}\sum_{i=1}^{3} c_{\mathrm{rpi2}}(\dot{x}_{\mathrm{sc2}} - \dot{x}_{\mathrm{spi2}} - \dot{e}_{\mathrm{spi2}} - \dot{e}_{\mathrm{rpi2}}) - \\[2mm]
\dfrac{1}{m_{\mathrm{s2}}}\left[k_{\mathrm{c2}}\left(\dfrac{x_{\mathrm{c1}}}{r_{\mathrm{c1}}r_{\mathrm{s2}}} - \dfrac{x_{\mathrm{s2}}}{r_{\mathrm{s2}}^{2}}\right) + c_{\mathrm{c2}}\left(\dfrac{\dot{x}_{\mathrm{c1}}}{r_{\mathrm{c1}}^{2}} - \dfrac{\dot{x}_{\mathrm{s2}}}{r_{\mathrm{c1}}r_{\mathrm{s2}}}\right)\right] = \dfrac{i_1 T_{\mathrm{D}}}{m_{\mathrm{s2}}r_{\mathrm{bs2}}} + \dfrac{i_1 i_2 T_{\mathrm{D}}}{m_{\mathrm{c2}}r_{\mathrm{bc2}}} - \ddot{e}_{\mathrm{spi2}}(t) \\[3mm]
\ddot{x}_{\mathrm{sc2}} + \left(\dfrac{1}{m_{\mathrm{s2}}} + \dfrac{2}{m_{\mathrm{c2}}}\right)\sum_{i=1}^{3} k_{\mathrm{spi2}}(t) f(x_{\mathrm{spi2}}, b_{\mathrm{spi2}}) + \left(\dfrac{1}{m_{\mathrm{s2}}} + \dfrac{2}{m_{\mathrm{c2}}}\right) \times \\[2mm]
\sum_{i=1}^{3} c_{\mathrm{spi2}}\dot{x}_{\mathrm{spi2}} + \dfrac{2}{m_{\mathrm{c2}}}\sum_{i=1}^{3} k_{\mathrm{rpi2}}(t) f(x_{\mathrm{sc2}} - x_{\mathrm{spi2}} - e_{\mathrm{spi2}} - e_{\mathrm{rpi2}}, b_{\mathrm{rpi2}}) + \\[2mm]
\dfrac{2}{m_{\mathrm{c2}}}\sum_{i=1}^{3} c_{\mathrm{rpi2}}(\dot{x}_{\mathrm{sc2}} - \dot{x}_{\mathrm{spi2}} - \dot{e}_{\mathrm{spi2}} - \dot{e}_{\mathrm{rpi2}}) - \\[2mm]
\dfrac{1}{m_{\mathrm{s2}}}\left[k_{\mathrm{c2}}\left(\dfrac{x_{\mathrm{c1}}}{r_{\mathrm{c1}}r_{\mathrm{s2}}} - \dfrac{x_{\mathrm{s2}}}{r_{\mathrm{s2}}^{2}}\right) + c_{\mathrm{c2}}\left(\dfrac{\dot{x}_{\mathrm{c1}}}{r_{\mathrm{c1}}^{2}} - \dfrac{\dot{x}_{\mathrm{s2}}}{r_{\mathrm{c1}}r_{\mathrm{s2}}}\right)\right] = \dfrac{i_1 T_{\mathrm{D}}}{r_{\mathrm{bs2}}m_{\mathrm{s2}}} + \dfrac{2 i_1 i_2 T_{\mathrm{D}}}{r_{\mathrm{bc2}}m_{\mathrm{c2}}}
\end{cases}
\tag{7-26}
$$

其中，$m_{\mathrm{sj}} = \dfrac{J_{\mathrm{sj}}}{r_{\mathrm{bsj}}^{2}}$，$m_{\mathrm{pij}} = \dfrac{J_{\mathrm{pij}}}{r_{\mathrm{bpij}}^{2}}$，$m_{\mathrm{cj}} = \dfrac{J_{\mathrm{c}} + \sum\limits_{i=1}^{N} m_{\mathrm{pij}} r_{\mathrm{cj}}^{2}}{r_{\mathrm{bcj}}^{2}}$。

本节各参数见表 7-1。

表 7-1　采煤机截割部齿轮参数

序　号	Z_1	Z_2	Z_3	Z_4	Z_5	Z_6	Z_7	Z_8	Z_9	Z_{10}	Z_{11}	Z_{12}	Z_{13}	Z_{14}
模数		8				9				7			10	
齿数	25	41	42	27	37	37	37	40	19	29	77	21	27	75
厚度/mm	95	119	95	148	148	148	148	148	120	120	120	180	180	180
质量/kg	23	77	64	52	98.6	98.6	98.6	114	12.3	29.2	12.3	47.5	77.5	36.3
转动惯量/ $(\mathrm{kg \cdot mm^{-2}})$	123099	869358	640220	566519	1384911	1384911	1384911	1753448	73113	215222	505326	630802	1188947	2997187
传动比		1.68				1.48				5.053			4.571	
转速/ $(\mathrm{r \cdot min^{-1}})$	1485	905	884	884	645	645	645	597	597	432	0	118	98	0

7.4 动力学特性的仿真及求解

7.4.1 系统运动方程的求解

1. 关于齿轮系统运动的周期性

齿轮传动系统是具有典型非线性特征的动力学系统。其中，关于非线性动力学的研究方向包含以下内容：分叉、混沌和孤立子在齿轮啮合传动的过程中，非线性特征的运动形式都有可能遇到。通常情况下，可以把周期运动定义为 $x_p(t)$：

$$x_p(t+T) = x_p(t), T = mT_0, t \in R \tag{7-27}$$

其中，把 T_0 看作周期，把 m 看作正整数。我们一般把具有此类特征的轨迹叫作周期轨道或 m 倍周期运动，也可叫作周期 m 运动。在本书中，统称为周期 m 运动。

2. 状态空间及相平面图

系统的状态指的是系统在时间空间内的所有运动或者所有动作的信息概况。把状态定义成：只用一组独立不相关同时数量还要最少的变量就可以确定系统时间空间里的所有行为。只要输入 t_0 时刻的变量值且每个值都是 $t \geq 0$ 的数值，那么系统的每个状态都能够完全确定。状态空间中的所有点都表示系统这个时间段里每个运动状态，在坐标系中用向量端点代表每个状态。随着时间变化，系统状态也会实时改变，此时就形成了一条曲线，我们将这条曲线叫作系统的相轨线，状态空间里所有的相轨线绘制成一幅相图。由于状态变量只能选取整数值，所以状态空间就是整数域的空间状态。把空间里每一个状态点叫作相点，状态空间可以叫作相空间。在本书中，我们把横坐标表示成齿轮啮合相互作用线上的位移，纵坐标表示啮合作用线上的速度，相平面图即为此状态空间中所有的轨迹线。

3. Poincare 截面的选取

Poincare 截面是指：设 $\sum \subset R^n$ 是某个 $n-1$ 维超曲面的一部分，假使存在任何的 $x \in \sum$，$\sum$ 的法矢量 $n(x)$ 满足与向量场 $f(x)$ 或 $f(x,t)$ 的不垂直条件：$n^T(x) \cdot f(x) \neq 0$ 或 $n^T(x) \cdot f(x,t) \neq 0$，则称 $\sum$ 是向量场 $f(x)$ 或 $f(x,t)$ 的 Poincare 截面。

关于非线性齿轮传动的动力学分析，Poincare 截面是非常有用而且很实用的工具，我们通过 Poincare 截面对系统运动进行全面的分析和研究。当然对于不同的研究内容，选取 Poincare 截面的方式也会完全不一样。

庞加莱把一条连续不间断的曲线用截面进行截割，这样可以更清楚地了解运动形态，此时观察到的图形就是庞加莱映射。庞加莱映射指的是：在图像中，把曲线每次通过截面的点 x_{n+1} 当作该曲线上次通过点 x_n 的反映，表达式为 $x_{n+1} = nf(x)$（$n = 0, 1, 2\cdots$）。这个方法将一个复杂连续不间断的曲线轨迹变换成简单明了的离散映射描述。运用这个方法表述系统运动，将相空间的不动点表示成周期运动，若要表示二倍周期运动，那么在这个截面上要有两个不动点，若要表示四倍周期的运动轨迹，那么这个截面上要有四个不动点。

用相平面对庞加莱映射进行描述，间隔一个周期时间 $T = 2\pi/\omega$ 后选取一个时间点，选取的时间点通常为 $t = 0, T, 2T$ 等完整 T 的倍数，每一时刻相应的相点记作 $P_0(x_0, y_0)$，$P_1(x_1, y_1)$，$P_2(x_2, y_2)\cdots$相平面图中不间断点绘制出一个完整的庞加莱映射。所以，齿轮传动系统是具有周期性的运动，其周期是 $T = 2\pi/\omega$，用 Poincare 截面描述具有周期激励的公式为

$$\sum = \{(x,t) \mid \mathrm{mod}(t,2\pi/\omega) = 0\} \tag{7-28}$$

式中，x 描述的是状态变量，"mod" 代表取余。

7.4.2　求解方法

在实际工程计算中，我们会碰到非常复杂的微分方程组，而且在许多情形下，无法求出具有简单表达式的解析解，只能通过近似方法来对微分方程组进行计算。运用近似解的方法计算包括两类：其中一种方法是近似解析法，我们用近似表达式来表示方程的求解结果，另外一种方法是数值方法，我们能够计算出的某些离散点的近似结果。通常情况下，我们根据实际情况来决定选取哪一种方法。若要定性、定量地研究结果，需要选取近似解析法，而数值方法运用科学计算机能够简单计算。其中，在数值方法中，常用的方法有：定步长与变步长的 Gill 方法、欧拉单步折线法、隐式法的 Runge – Kutta 法等。由于考虑到某型采煤机截割部齿轮系统的特点，即具有非线性，所以求解该系统我们选择数值方法中变步长 Runge – Kutta 法。

Runge – Kutta 方法是间接运用泰勒思想形成数值思想。

设一阶微分方程组为

$$\begin{cases} \dot{y}_1(t) = f_1(t,y_1(t),y_2(t),\cdots,y_n(t)) \\ \dot{y}_2(t) = f_2(t,y_1(t),y_2(t),\cdots,y_n(t)) \\ \qquad\cdots\cdots \\ \dot{y}_n(t) = f_n(t,y_1(t),y_2(t),\cdots,y_n(t)) \\ y_1(t_0) = y_{10}, y_2(t_0) = y_{20}, \cdots, y_n(t_0) = y_{10} \end{cases} \tag{7-29}$$

设积分步长为 h，当已知 t_j 时刻的 $y_{i,j}$（$i = 1, 2, \cdots, n$）的值，从 t_j 点积分到 t_{j+1} 点而得到 $y_{i,j+1}$ 所用到的 Runge – Kutta 公式为

$$\begin{cases} y_{i,j+1} = y_{i,j} + \dfrac{1}{6}(k_{i1} + 2k_{i2} + 2k_{i3} + k_{i4}) \\ k_{i1} = hf_1(t_j, y_{1j}, y_{2j}, \cdots, y_{nj}) \\ k_{i2} = hf_1\left(t_j + \dfrac{h}{2}, y_{1j} + \dfrac{k_{11}}{2}, y_{2j} + \dfrac{k_{21}}{2}, \cdots, y_{nj} + \dfrac{k_{n1}}{2}\right) \\ k_{i3} = hf_1\left(t_j + \dfrac{h}{2}, y_{1j} + \dfrac{k_{12}}{2}, y_{2j} + \dfrac{k_{22}}{2}, \cdots, y_{nj} + \dfrac{k_{n2}}{2}\right) \\ k_{i4} = hf_1(t_j + h, y_{1j} + k_{13}, y_{2j} + k_{23}, \cdots, y_{nj} + k_{n3}) \\ \qquad (i = 1,2,\cdots,n) \end{cases} \tag{7-30}$$

式（7 – 30）为 Runge – Kutta 公式，具体设计时，要用变步长来计算，计算步骤为：用 h 的步长由 $y_{i,j}$ 来求解 $y_{i,j+1}^{(h)}$（$i = 1,2,\cdots,n$），再用 $h/2$ 为步长由 $y_{i,j}$ 求解算得 $y_{i,j+1}^{(h/2)}$（$i = 1, 2,\cdots,n$），若 $y_{i,j+1}^{(h)}$ 与 $y_{i,j+1}^{(h/2)}$ 满足条件：$\max\limits_{1 \le i \le n} |y_{i,j+1}^{(h/2)} - y_{i,j+1}^{(h)}| < \varepsilon$，其中 ε 为计算精度，则可以进而去求 $y_{i,j+2}$；反之，如果达不到上式要求，那么需要选取其他步长来求解表达式，直至符合要求，即 $\max\limits_{1 \le i \le n} |y_{i,j+1}^{(h/2^m)} - y_{i,j+1}^{(h^{m-1})}| < \varepsilon$ 为止，最后得到的 $y_{i,j+1}^{(h)}$ 的值为 $y_{i,j+1}^{(h/2^{m-1})}$（$i = 1,2,\cdots,$ n），m 为折半计算的次数。

从动力学角度出发，综合考虑齿轮刚度激励、啮合冲击激励、误差激励来研究齿轮传动系统非线性振动特性，分析路径是准确可靠的，对采煤机截割部齿轮传动系统的研究与改进

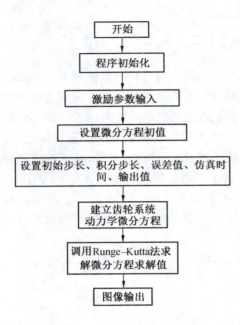

图7-13　系统程序算法直接流程图

是一种新的方法途径。我们选用 MATLAB 软件进行分析。运用 MATLAB 对采煤机截割部齿轮传动系统研究节约了大量设计时间，具有实际意义。

该主体程序结构包括五大模块，它们分别是：程序初始化模块，参数输入模块，主程序模块，程序调试模块，结果输出模块这五大部分。程序初始化模块包含内存设置，数据最初化设定等；参数输入模块包含系统的相关参数输入；主程序模块主要指调用 ode45 函数求解微分方程以及对齿轮动力学系统方程建立；结果输出描述为图像表达的模拟曲线。其中，输入参数有：直齿轮个数、行星轮个数、各齿轮质量和转动惯量、各齿轮的基圆半径、系统输入转矩、啮合刚度、啮合阻尼、内外啮合线的齿轮误差、求解时间。输出为第一级行星齿轮系统的太阳轮和第二级行星齿轮系统的太阳轮位移随时间变化曲线、相图和庞加莱截面，分析相关参数对其系统响应造成的结果。该算法的程序流程图如图7-13 所示。

7.4.3　不同阻尼比下系统的响应

对于齿轮系统的线性振动，阻尼比仅仅对振幅有一定的影响，对齿轮系统的振动形式和性质影响不大。但对于行星齿轮系统中含有非线性振动因素，分析阻尼比对系统的影响则至关重要。

本书通过对啮合阻尼比参数的变化来研究行星齿轮系统非线性特性的变化情况。首先假定其他参数保持不变，确定阻尼比取值为 $0.08 \sim 0.2$，令激振频率取得 $\Omega = 1.0$。当阻尼比逐渐减小时，第一级和第二级行星齿轮系统的太阳轮位移随时间变化曲线、相图及庞加莱截面响应的变化曲线如图7-14 ~ 图7-19 所示。当阻尼比 $\xi = 0.2$ 时，第一级行星齿轮系统的太阳轮位移的响应时间历程为一条规律的正弦曲线，相平面图仅由一个椭圆构成，而且庞加莱截面仅仅存在一个点，从而可以得知第一级行星齿轮系统的太阳轮位移响应是单频激励、简单响应，与简单的线性系统取得的结果类似。第二级齿轮系统的太阳轮位移响应也是单周期响应，其响应是一条规律正弦曲线，相平面图仅由一个椭圆构成，而且庞加莱截面仅仅存在一个点，第二级与第一级行星齿轮系统的太阳轮位移的响应一样。取 $\xi = 0.1$ 时，第一级系统太阳轮位移的响应是周期2响应，这个系统是频率为 $\Omega/2$ 的周期响应运动，相平面图仅由一个椭圆构成，而且庞加莱截面仅存在两个点，第二级行星齿轮系统的太阳轮位移的响应为周期4响应，这个系统是频率为 $\Omega/4$ 的周期响应运动，相平面图显示类似圆的一条闭合曲线，而且庞加莱截面上存在4个点。取 $\xi = 0.05$ 时，这个情况与上一级齿轮系统太阳轮位移的响应是混沌响应，随时间的变化没有周期性，而且庞加莱截面显示的点假想应该有无数个点，而实际的显示中，仅显示有限个周期的个数。第二级行星齿轮系统的太阳轮位移的响应也是混沌响应，这时随时间的轨迹不具有周期性，而且在庞加莱截面显示的点有无数个点。

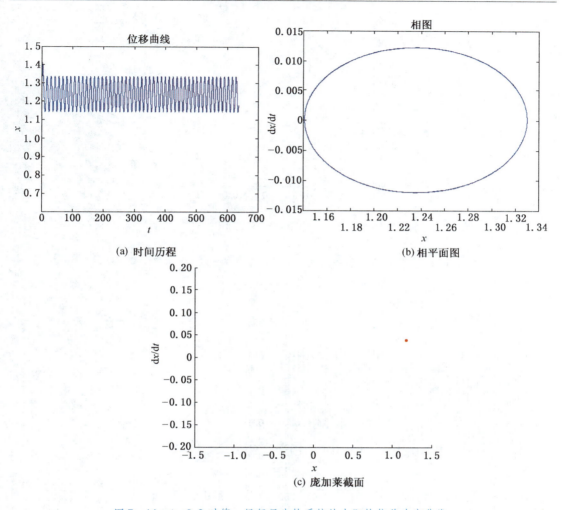

图 7-14 $\xi=0.2$ 时第一级行星齿轮系统的太阳轮位移响应曲线

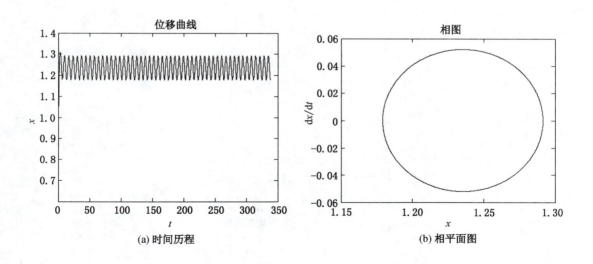

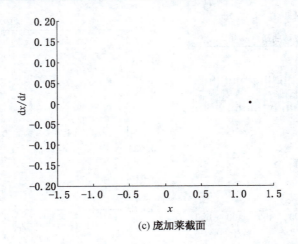

(c) 庞加莱截面

图 7 - 15　$\xi = 0.2$ 时第二级行星齿轮系统的太阳轮位移响应图像

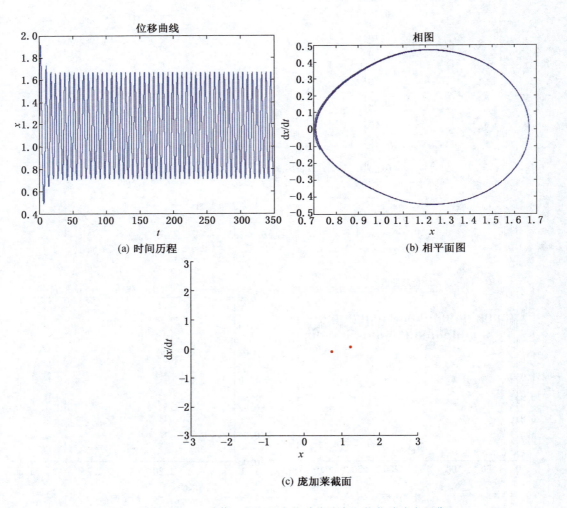

(a) 时间历程　　　　　　　　　　　　　　(b) 相平面图

(c) 庞加莱截面

图 7 - 16　$\xi = 0.1$ 时第一级行星齿轮系统的太阳轮位移响应图像

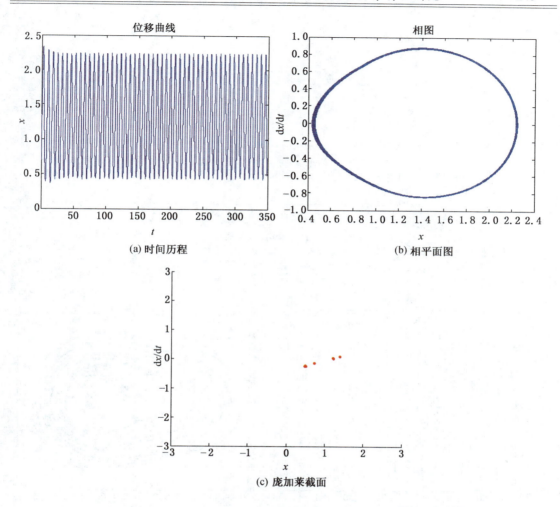

(a) 时间历程 　　(b) 相平面图

(c) 庞加莱截面

图 7–17　$\xi = 0.1$ 时第二级行星齿轮系统的太阳轮位移响应曲线

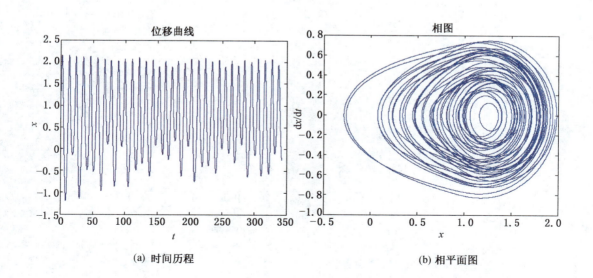

(a) 时间历程　　(b) 相平面图

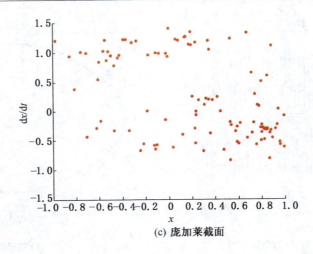

(c) 庞加莱截面

图 7-18　$\xi=0.05$ 时第一级行星齿轮系统的太阳轮位移响应图像

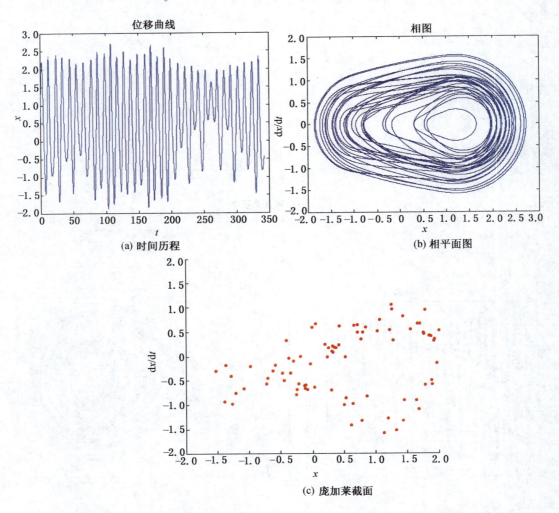

图 7-19　$\xi=0.05$ 时第二级行星齿轮系统的太阳轮位移响应图像

观察图 7-13～图 7-18，对比在不同阻尼比的第一级行星齿轮系统的太阳轮位移和第二级行星齿轮系统的太阳轮位移的响应曲线可得，随着阻尼比逐渐减小，这两级行星齿轮系统的太阳轮位移均由单周期运动变化到多周期运动，并最终变化到混沌运动。另外，通过上面的所有图像能够观察到，如果阻尼比 ζ 不断减小，二级齿轮的振动幅度都有明显变大。由此可以得出以下结论：在一定范围内，阻尼比能够对系统响应的幅值产生抑制，也就是说阻尼比越大，振动的振幅就越小。阻尼比越小，则齿轮系统的非线性现象就越明显，就很快产生混沌状态。这些总结的结果与线性结构总结的结论是一样的。

7.4.4 不同啮合刚度下系统的响应

啮合刚度 $k_{\mathrm{spij}}(t)$ 能够用傅里叶级数的表达描述，若要简单化分析时变啮合刚度造成的系统的影响，可以把啮合刚度用简谐函数的形式来描述：

$$k_{\mathrm{spij}}(t) = k_{\mathrm{msij}}\left[1 + \sigma\sin(\omega t + \varphi_{\mathrm{spij}})\right] \qquad (7-31)$$

其中，$\sigma_{\mathrm{n}} = k_{\mathrm{asij}}/k_{\mathrm{msij}}$，$k_{\mathrm{asij}}$ 为第 j 级第 i 路齿轮外啮合副上啮合刚度交变的分量，k_{msij} 为第 j 级第 i 路齿轮外啮合副上啮合刚度的变化平均值，σ_{n} 为啮合的变化系数，σ_{n} 越大，则表达出啮合刚度的浮动越明显。为了描述啮合刚度按时间的进程其幅值改变的大小，分别令 $\sigma_{\mathrm{n}} = 0.2$，$\sigma_{\mathrm{n}} = 0.5$，$\sigma_{\mathrm{n}} = 0.8$，其他参数保持不动，对这三种情况同时进行求解模拟，仿真出它们的相平面图像，仿真结果如图 7-20 所示。观察啮合波动系数变化对第一级和第二级行星齿轮系统的太阳轮位移的振动情形。取 $\sigma = 0.2$ 时，第一级行星齿轮系统的太阳轮位移响应的相平面图像是一个非圆图像，显示出第一级行星齿轮系统的太阳轮位移的响应是具有一个周期的运动。第二级行星齿轮系统的太阳轮位移响应的相平面图像是一个非圆图像，显示出第二级行星齿轮系统的太阳轮位移的响应也是具有一个周期的运动。取 $\sigma_{\mathrm{n}} = 0.5$ 时，关于第一级行星齿轮系统太阳轮位移响应的相平面图像为 6 个椭圆，显示出齿轮系统的太阳轮位移的响应是六周期谐响应。关于第二级行星齿轮系统太阳轮位移响应的相平面图像为 6 个椭圆，显示出齿轮系统的太阳轮位移的响应是六周期谐响应。取 σ_{n} 的数值变化到 0.8 的期间段，第一级行星齿轮系统的太阳轮位移响应为混沌响应。第二级行星齿轮系统的太阳轮位移响应同样也显示出混沌响应。

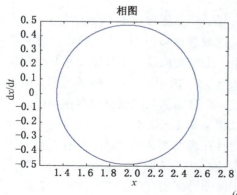 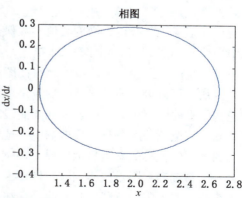

(a) $\sigma = 0.2$

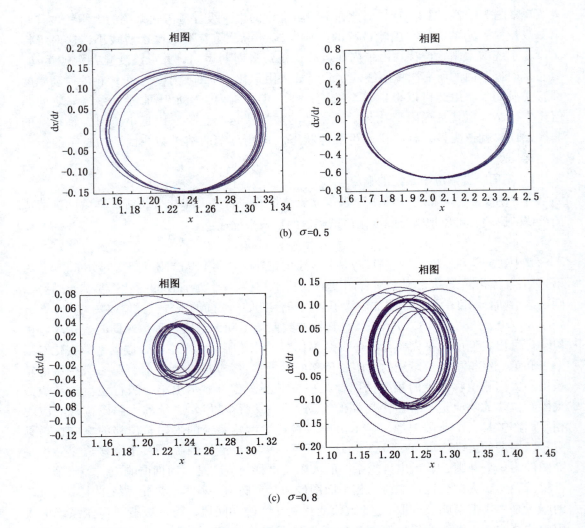

图 7-20　关于啮合刚度对二级系统的太阳轮位移响应的相平面图像

7.4.5　不同激振频率下系统的响应

我们让阻尼比、载荷、刚度其他参数保持一样，让激振频率 Ω 的数值在 $0.6 \sim 1.8$ 的区间中选取。如图 7-21～图 7-24 描述一样，选取激振频率 $\Omega = 0.6$ 的数值时，第一级行星齿轮系统的太阳轮位移响应的相平面图仅由一个椭圆构成，而且庞加莱截面仅仅存在一个点，从而可以得知该情况下的响应是单频激励、简单响应。第二级系统的太阳轮位移的响应的相平面图仅由一个闭合的椭圆曲线构成，而且庞加莱截面仅仅存在两个点，从而可以得知该情况下的响应是二周期响应。选取激振频率 $\Omega = 0.8$ 的数值时，第一级行星齿轮系统的太阳轮位移的响应显示出混沌响应，而且在庞加莱截面显示的点有无数个。第二级与第一级系统的太阳轮位移响应一样，也是混沌响应。选取激振频率 $\Omega = 1.2$ 数值，第一级齿轮系统的太阳轮位移的相平面是存在一定的非椭圆闭合曲线带，庞加莱截面上有一些离散点聚集在一起，近似具有周期运动，通常把这类轨迹叫作拟周期运动，此时把第一级齿轮系统的太阳轮位移的响应为拟周期运动；第二级齿轮系统与第一级齿轮系统的太阳轮位移的响应的相平面图形状类似，庞加莱截面上有两个离散点群，近似周期运动，第二级行星齿轮系统的太阳轮位移的响应也是拟周期运动。选取激振频率 $\Omega=1.8$ 的数值时，第一级系统的太阳轮位移的相平面图是两个椭圆，在庞加莱截面的图像中显示有两个离散点，把这时的响应叫作二周期响应。第二级行星齿轮系统的太阳轮位移的相平面图是 3 个椭圆，在庞加莱截面的图像上显示有 3 个离散点，把这时的响应叫作三周期响应。通过以上图像可以得出，在一定范围内，若激振频率不断变大，那么系统的响应图像会从具有周期响应的曲线变成具有混沌响应的曲线，接着再变回具有周期响应的曲线图像，不再是只有在高旋转速度的情形下才会出现混沌现象。

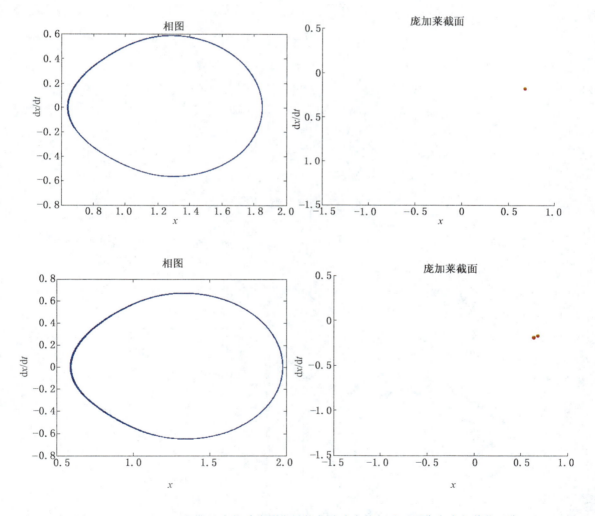

图 7-21　$\Omega=0.6$ 二级行星齿轮系统的太阳轮位移响应的相平面图像和庞加莱截面像

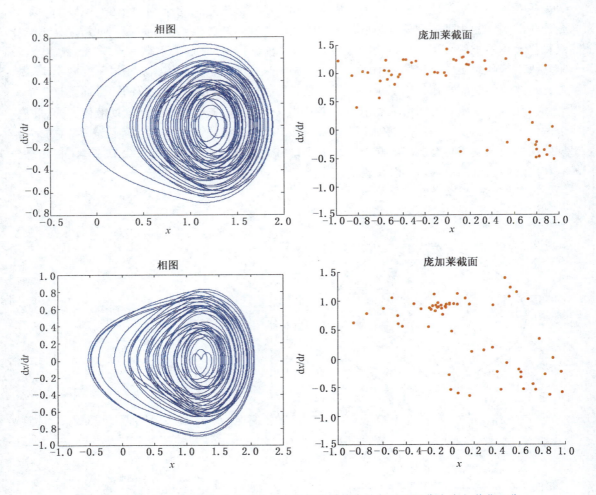

图 7 – 22　$\Omega = 0.8$ 二级行星齿轮系统的太阳轮位移响应的相平面图像和庞加莱截面像

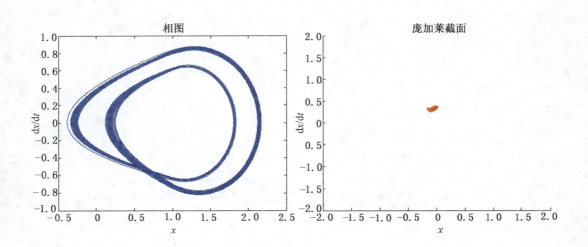

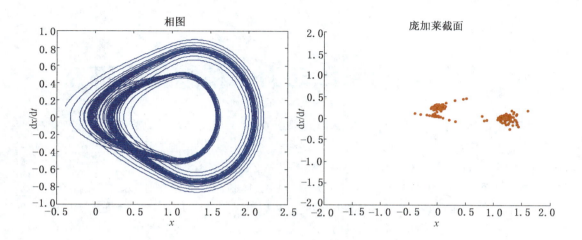

图 7-23 $\Omega=1.2$ 二级行星齿轮系统的太阳轮位移响应的相平面图像和庞加莱截面像

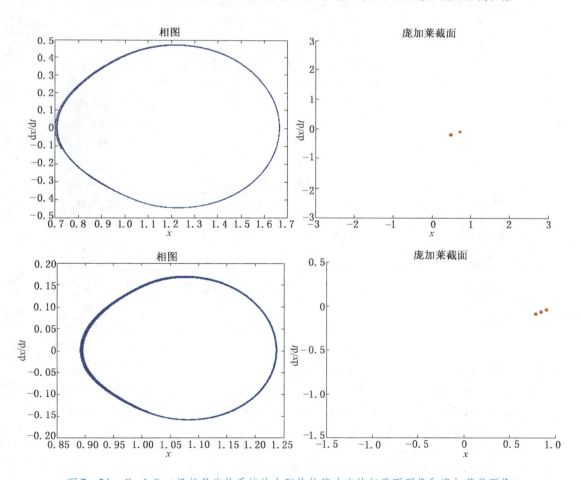

图 7-24 $\Omega=1.8$ 二级行星齿轮系统的太阳轮位移响应的相平面图像和庞加莱截面像

8　摇臂传动系统动力学精细仿真研究

随着信息技术在各领域的迅速发展，CAD/CAM/CAE 技术已经得到了广泛的应用，改变了制造业传统的设计、加工、生产、组织模式。主流的三维建模软件有 Pro/E、Solidworks、UG、CATIA 等。Pro/E 是由美国参数科技公司（PTC）成功开发，其特点在于参数设计和曲面建模方面的专长，目前在机加工和模具制造方面使用比较多，尤其在徐工、三一、柳工等国内的重工行业。Solidworks 和 CATIA 都是法国著名的公司达索的旗下产品。作为达索公司旗下 Solidworks 具有功能强大、易学易用和技术创新三大特点。在建模速度和上手度来说都是很符合市场需求。可用于复杂程度不高的零件设计。CATIA 相比于 Solidworks 属于达索公司高端产品，它主要面向更专业的应用，如汽车、航空航天、船舶制造、厂房设计（主要是钢构厂房）等领域。其曲面建模功能尤为突出。UG 是由 Siemens PLM Software 公司出品，其曲面功能也比较强大，所以在设计不规则曲面形状的产品时（例如卫浴产品），用 UG 会比较好。另外 UG 是模具数控行业最具代表性的数控编程软件，具有生成刀具轨迹合理、切削负载均匀、适合高速加工等特点。

以上软件各有优缺点，由于在 Pro/E 界面中可根据数据进行参数化建模能够加快建模速度，并为后续的结构优化设计做好准备。根据本书建立采煤机摇臂传动系统实体的参数化模型这一目标，选择 Pro/E 作为三维建模软件来完成采煤机摇臂传动系统部分功能。

另一部分滚动轴承建模，则由 RecurDyn 软件中几何建模模块来完成。RecurDyn 提供了仿真模型构件的几何建模功能。可以在工作区域创建仿真构件中所需要的实体模型。

8.1　摇臂传动系统基本参数

图 8 - 1 所示为 MG500/1180 型采煤机结构组成图，它主要由滚筒、摇臂、机身、行走部、调高油缸五大部分组成。采煤机机身包括电液控制箱、接线箱、中间箱等几个部分。

采煤机截割部是采煤机重要组成部分之一，其消耗的功率约占整个采煤机总功率的80%～90%。截割部主要包括调高油缸、摇臂和滚筒 3 个部分。截割部的作用是把电动机的动力减速后传递给截割滚筒进行割煤，再通过滚筒上的螺旋叶片将截割下来的煤装到刮板输送机上。调高油缸的设计主要是为了调整滚筒截煤高度。摇臂的主要作用则为支撑滚筒，调整滚筒高度并为电动机传送动力。滚筒的主要作用为运用装在其上的螺旋叶片和截齿进行装煤和落煤。

图 8 - 2 所示为 MG500/1180 型采煤机截割部传动系统结构示意图。总传动比为 36：1，其中行星轮系的传动比为 4：1，直齿齿轮传动部分的传动比为 9：1。采煤机截割部传动系统中直齿齿轮传动部分各齿轮基本参数见表 8 - 1，行星轮系传动部分各齿轮基本参数见表 8 - 2。

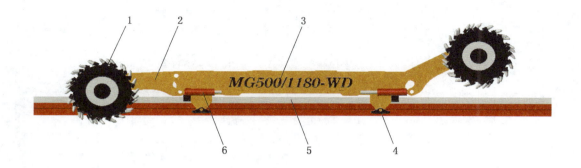

1—滚筒；2—截割部；3—机身；4—行走部；5—销轨销排；6—调高油缸

图 8-1 采煤机整机结构示意图

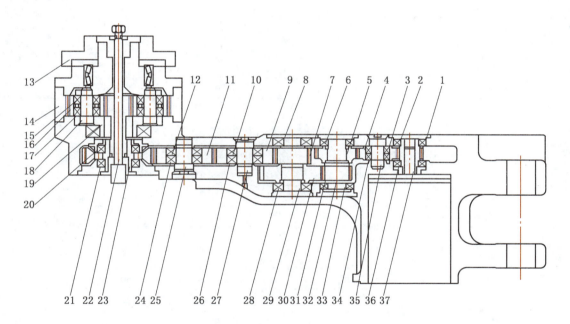

1—齿轮；2—轴承1；3—轴承3；4—齿轮2；5—齿轮3；6—轴承5；7—齿轮6；8—轴承7；9—齿轮7；
10—轴承9；11—齿轮8；12—轴承11；13—行星齿轮端盖；14—内齿圈；15—轴承15；
16—行星齿轮1；17—轴承16；18—行星轴1；19—行星架；20—轴承13；21—轴承14；
22—轴7；23—齿轮9；24—轴承12；25—轴6；26—轴承10；27—轴5；
28—轴承8；29—轴4；30—齿轮5；31—轴承6；32—齿轮4；
33—轴3；34—轴承4；35—轴2；
36—轴承2；37—轴1

图 8-2 MG500/1180 型采煤机截割部传动系统结构示意图

轴承在采煤机摇臂传动系统中，选择滚动轴承而不是滑动轴承。传动系统内部各轴上滚动轴承基本参数见表 8-3。

表 8-1　传动系统各齿轮基本参数

基本参数	齿数 z	模数 m_z	齿宽 B/mm
齿轮 1	34	4	80
齿轮 2	62	4	80
齿轮 3	63	4	80
齿轮 4	42	4	80
齿轮 5	93	4	80
齿轮 6	40	5	110
齿轮 7	74	5	110
齿轮 8	74	5	110
齿轮 9	85	5	110

表 8-2　传动系统行星轮系基本参数

基本参数	太 阳 轮	行 星 轮	内 齿 圈
齿数 z	16	25	68
模数 m_z	9	9	9
齿宽 B/mm	134	130	220

表 8-3　传动系统各轴承基本参数

基本参数	外圈/mm		内圈/mm		滚子参数/mm	
	外径	内径	外径	内径	直径	长
轴承 1/2	200	162	132	110	22	23
轴承 3/4	150	130	114	85	16	12
轴承 5/6	200	162	140	110	22	23
轴承 7/8	240	186	153	110	33	29
轴承 9/10	215	180	136	100	30	23
轴承 11/12	230	168	118	108	22	23
轴承 13/14	160	136	96	75	20	30

8.2　摇臂传动系统实体精细建模

8.2.1　三维实体精细模型

通常用 Pro/E 参数化建模的方法分为 3 个步骤：首先对零件外形结构进行整体分析；其次明确设计变量和建模顺序；最后进行建模并对模型的正确性进行验证。对于同一个零件参数化建模的方法有很多，可根据实体模型复杂程度和实际设计需要进行灵活运用。

（1）基于草绘模块建模。零件建模离不开绘制截面几何，可以通过创建草绘文件来绘制二维图形，也可以在零件建模过程中进入草绘器绘制所需的特征截面。适合用于截面形状复杂的零件。

（2）基于特征功能模块建模。特征建模包括基准特征（基准面、基准轴、基准点、基准曲线等）、基础特征（拉伸、旋转、可变剖面扫描特征等）、编辑特征（镜像、移动、合并、修剪、阵列等）、工程特征（孔、壳、筋、拔模等）、构造特征（轴、退刀槽和法兰、修饰螺纹、凹槽）、高级及扭曲特征（扫描、螺旋、边界混合、唇、耳等）等。

（3）基于装配设计模块建模。这种建模能够将参数化变量引入装配关系中，提高装配效率。能够观察产品整体外形并检查建模正确性，对零件错误特征进行改进调整。

以上3种建模方法，存在一定的先后顺序但并不绝对。3种方法并不是相互独立存在，同一个零件可以反复多次使用不同方法，因设计人员思路不同而不尽相同。

由于本书所做实验是以 RecurDyn 软件为模拟仿真平台，需要把从 Pro/E 软件建立的采煤机摇臂传动系统模型转化为中性文件，以中性文件格式 .x_t 导入 RecurDyn 软件中。图 8~3～图 8-5 所示分别为采煤机摇臂传动系统中的摇臂壳体、齿轮系统、液压缸系统建模示意图。

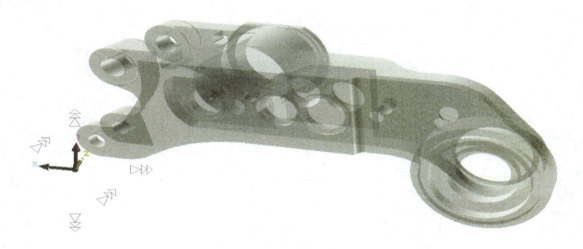

图 8-3　采煤机摇臂壳体

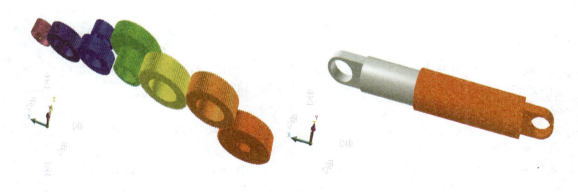

图 8-4　齿轮系统　　　　　　　　　　　图 8-5　液压油缸

8.2.2 精细动力学仿真模型

RecurDyn 提供了丰富的行业应用子系统工具包，其最大优点为基于参数化、模版化建模技术，属自动的建模过程，内置行业专业知识经验，使得建模求解过程快速便捷；但需注意一点，专业化工具包的使用前提是必须基于 RecurDyn/Professional。RecurDyn 子系统行业应用工具包有高机动性履带包、低机动性履带包、2D 媒介传输包、链条工具包、皮带滑轮工具包、齿轮工具包、发动机、曲柄连杆、配气机构、活塞、正时链、轴承模块、液力挺杆模块和轮胎特性模块。

各轴轴承建模采用 RecurDyn 中自带的轴承工具包（为支承轴和旋转平稳提供特殊的建模和分析环境）。RecurDyn/Bearing 提供了 4 种类型的轴承，即圆柱滚子轴承、球轴承、流体润滑轴承及 Bushing 轴承。可建立包含内圈、外圈及圆柱滚子或球滚子的轴承，并进行轴承连接分析及自动定义球滚子与内外圈之间的接触。滚动轴承的外圈是一些由 Beam 力连接的分离部分组成的可活动的整体。

图 8-6 所示为轴承设置对话框，根据所需确定轴承内、外圈参数及滚动体各项尺寸。图 8-7 所示为轴 1 两侧滚动轴承精细模型图。

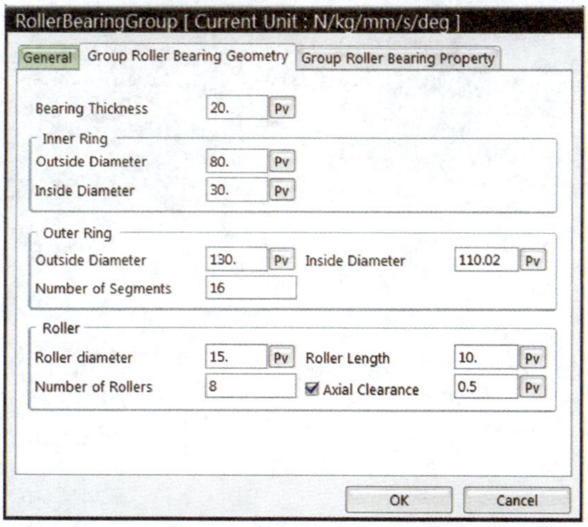

图 8-6　参数对话框

将零件设计中的某些尺寸，例如定形、定位或装配尺寸定义成变量，计算机根据一些简单公式，以修改变量值大小的方式生成零件尺寸并同时变动其他相关尺寸。这种用新的参数值自动完成零件设计过程的方法被称作参数化设计。

完成零件的造型设计之后，Pro/E 软件的组件模式为零件提供了装配环境。装配过程通常是多个零件组成一个组件，多个组件最终装配成一个产品。进入装配界面后，将基准组件放置在操控板上通过约束如固定、曲面上的边、相切和对齐等对与基准件相关的其他组件进行装配。把装配好部分模型转存为 .x_t 格式，在 RecurDyn 模型编辑模式下，单击文件选项，选择导入选项，导入上述保存的 .x_t 格式文件。并按表 8-4 要求为各零件设置材料。图 8-8 所示为全部建模工作完成后的采煤机摇臂传动系统细观模型。

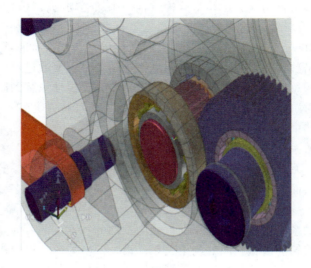

图 8-7　部分轴承细节图

表 8-4　传动系统各构件材料

构件名称	摇臂壳体	轴	齿轮	轴承
材料	ZG25Mn2 - II	40Cr	18CrMnTi	专用轴承钢

图 8-8　采煤机摇臂传动系统细观模型

8.3　不同工况参数下传动系统动力学特性分析研究

8.3.1　采煤机摇臂刚性传动系统边界条件确定

1. 采煤机摇臂刚性传动系统约束添加

采煤机摇臂传动系统是由多个构件组成的，各个构件又都是由零件组成的。通常情况下构件与构件之间都存在着约束。如同动力学方程中的各种形式的约束条件。约束条件的最本质特征则为一个构件对其他构件的运动构成限制。构件与构件间的这些运动关系被称为运动副。在多体动力学仿真和运动学分析过程中添加运动副，是对现实情况下传动系统运动关系进行抽象的总结。

通过建模导入 RecurDyn 软件中的采煤机摇臂传动系统精细模型中的各个构件之间在未添加约束之前都是独立存在的，彼此之间毫无运动关系。要通过对采煤机摇臂传动系统中各构件之间关系的总结即约束的添加才能够进一步完善传动系统的动力学计算模型。

约束的定义是对系统中各构件的一个或多个自由度的限制。在 RecurDyn 中关于运动副的建立，每一种约束关系都对应着多种约束方法。

一般约束为机械系统中常见的运动副，如固定副、旋转副、平移副、平面副、圆柱副、球铰、螺旋副、万用铰和等速度铰。基础约束则是一些更为抽象的运动副，如点重合约束、共线约束、共面约束、方向定位约束等由这些基础约束通过多种组合可以实现常见运动副的功能。

采煤机摇臂传动系统内部约束的添加可分为三部分：第一部分为其内部直齿齿轮传动系统中轴与齿轮、齿轮与齿轮之间的约束关系；第二部分为行星齿轮传动系统中轴与太阳轮、太阳轮与行星轮、行星轮与行星轴、行星轴与行星架、行星轮与内齿圈之间的约束关系。第三部分为摇臂壳体与销轴、液压缸与销轴、液压缸杠杆与液压缸筒、液压缸杠杆与销轴之间的约束关系。图 8-9 所示为采煤机摇臂传动系统中各零件之间约束关系的拓扑图。

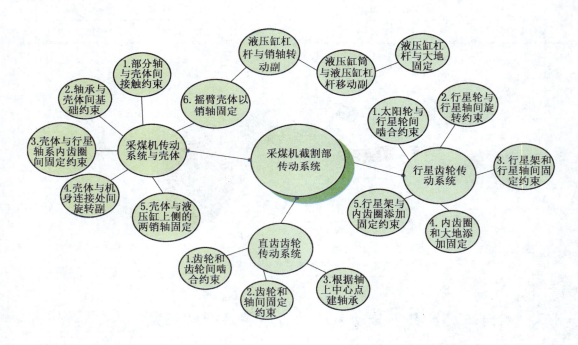

图 8-9　约束关系拓扑图

除上述约束关系外还需添加接触，如轴承外圈与摇臂壳体之间、轴承内圈与轴之间和摇臂壳体与销轴之间等。

2. 采煤机摇臂刚性传动系统中接触参数设置

接触计算是一个不断进行检测和计算的过程。通常情况下基于惩罚函数，把接触碰撞现象采用多个增量步，按照连续的动力学问题进行处理。在每个增量步，程序都要以检验几何外形的方式来判断是否发生接触行为，并根据设定的接触刚度和穿透深度来计算接触力和摩擦力。

在 RecurDyn 软件中接触力的计算是基于 Hert 接触理论，并以此作为基础进行改进。法向接触力 f_n 的公式如下：

$$f_c = k_c \delta_c^{m_1} + c_c \frac{\dot{\delta}_c}{|\dot{\delta}_c|} |\dot{\delta}_c|^{m_2} \delta_c^{m_3} \qquad (8-1)$$

式中　　　　　k_c——触刚度系数；

c_c——阻尼系数；

δ_c——接触穿透深度；

$\dot{\delta}_c$——接触穿透深度导数（接触点的相对速度）；

m_1、m_2、m_3——刚度指数、阻尼指数、凹痕指数（当穿透值较小时避免接触力出现负值情况，在默认情况下为0）。

刚性的摇臂传动系统轴承外圈与摇臂壳体之间、轴承内圈与轴之间和摇臂壳体与销轴之间接触参数设置见表8-5。

表8-5　传动系统接触参数设置

接触参数（系数）	接触刚度/（N·mm⁻¹）	黏性阻尼/[N·(mm·s⁻¹)⁻¹]	阻尼/[N·(mm·s⁻¹)⁻¹]
齿轮啮合对	100000	10	—
轴与轴承	85600	—	0.00010
轴与轴承内圈	92000	—	0.00012
销轴接触力	125000	—	0.00011

8.3.2　采煤机摇臂刚性传动系统模拟仿真方案设置

本书主要目的是对采煤机摇臂传动系统动力学特性进行分析。本次模拟仿真实验在负载方面分为两种情况：第一种情况为恒定载荷下采煤机摇臂传动系统动力学特性分析；第二种情况为采煤机在实际工作过程中摇臂传动系统动力学特性分析。上述两种情况又各自以采煤机摇臂倾角不同（10°、20°、30°、40°、45°）来进行模拟实验。图8-10所示为仿真模拟实验路线图。

MG500/1180 型采煤机总装机功率为 1080 kW，截割功率为 2×50 kW，牵引功率 2×75 kW，调高电机功率 30 kW，采用交流变频调速系统控制采煤机牵引速度。部分参数见表8-6。该采煤机主要应用于煤层厚度 2.0～4.0 m，煤层倾角小于 45°，含有夹矸硬物质层不大于4，煤层年产量为 300 万 t 高产高效综合机械化工作面。其装煤效果好，适应能力较强，并具有结构先进、运行可靠、维修方便等特点，最适合厚煤层综采工作面。

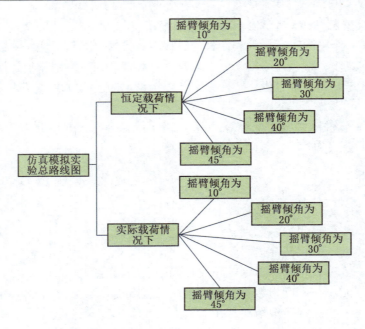

图 8 - 10　模拟实验路线图

表 8 - 6　MG500/1180 型采煤机部分参数

项　　目	单　　位	参　　数
采高范围	m	2.0 ~ 4.0
适应倾角	(°)	≤45
机面高度	mm	1537
最大采高	mm	4000（ϕ220 滚筒）
最大采高	mm	4000（ϕ220 滚筒）
下切量	mm	400（ϕ220 滚筒）
过煤高度	mm	677
最大不可拆卸尺寸	mm × mm × mm	3088 × 1330 × 1239
装机功率	mm	2 × 500 + 2 × 75 + 30
电压	V	3300
机重	t	55
截割功率	kW	2 × 500
摇臂长度		2504
摇臂摆角	(°)	- 172 ~ + 38.9
摇臂摆动中心距	mm	7982
滚筒转速	r/min	38.7
滚筒直径	mm	ϕ1600/ϕ1800/ϕ2000/ϕ2202
截深	mm	800

采煤机调高油缸设计，所受载荷重点在于调高油缸预先设计的工况。因为滚筒的转向和升降的方向不同，调高油缸所需要的载荷也不同。通常情况下滚筒的直径较小时，前滚筒采用逆转；当滚筒直径较大时，前滚筒采用顺转。充分考虑到双滚筒采煤机的前滚筒载荷较大并且调高油缸的拉力小于推力，以前滚筒顺转、向下摆动为例进行分析。图 8-11 所示为当摇臂下摆，滚筒下摆，摇臂逆时针转动时其调高机构受力计算简图。采煤机对于截煤调高的速度分析公式见式（8-2）~式（8-14），其中蕴含着液压油缸移动行程与摇臂倾角的几何关系，并为下一节驱动的添加打好基础。

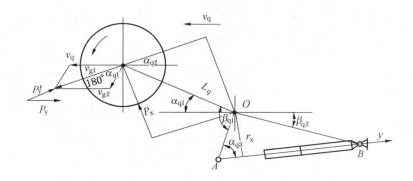

图 8-11　调高机构受力计算简图

滚筒轴心的绝对速度 v_{g1} 是采煤机牵引速度 v_q 与其滚筒下摆速度 v_{g2} 的合成，即

$$v_{g1} = \sqrt{v_q^2 + v_{g2}^2 + 2v_q v_{g2}\sin\alpha_{q1}} \tag{8-2}$$

v_{g1} 偏离牵引方向的角度为

$$\alpha_{q2} = \arcsin\left(\frac{v_{g2}}{v_{g1}}\cos\alpha_{q1}\right) \tag{8-3}$$

此时滚筒的推进阻力为

$$p_y' = \frac{p_y}{\cos\alpha_{q2}} \tag{8-4}$$

小摇臂 R_q 与油缸活塞杆 AB 的夹角 α_{q3}

$$\alpha_{q3} = \arcsin\left(\frac{L_q\sin\alpha_{q4}}{R_q^2 + L_q^2 - 2R_q L_q\cos\alpha_{q4}}\right) \tag{8-5}$$

其中，$\alpha_{q4} = 180° - \beta_{q1} + \alpha_{q1} - \beta_{q2}$（$\beta_{q1}$、$\beta_{q2}$ 均为定数）。油缸活塞杆的作用力臂 $r_q = R_q\sin\alpha_{q3}$，作用在摇臂上的力矩主要有：

（1）由推进阻力 P_y' 产生的力矩 M_{py}

$$M_{py} = \frac{P_y L_q\sin(\alpha_{q1} + \alpha_{q2})}{\cos\alpha_{q2}} \tag{8-6}$$

（2）由截割阻力 P_z 产生的力矩 M_{pz}

$$M_{pz} = P_z L_q\cos(\alpha_{q1} + \alpha_{q2}) \tag{8-7}$$

（3）由滚筒和摇臂重力 G 产生的力矩 M_Y

$$M_Y = GL_q\cos\alpha_{q1} \tag{8-8}$$

（4）滚筒和摇臂的惯性阻力矩 M_g

$$M_g = J_g \varepsilon_g \tag{8-9}$$

式中　J_g——回转部分转动惯量，$kg \cdot m^2$；

　　　ε_g——角加速度，rad/s^2。

（5）摇臂转动时摩擦阻力矩

$$M_\mu = \sum \mu_y R_z N_z \tag{8-10}$$

式中　μ_y——摩擦系数；

　　　R_z——摇臂支撑轴承的直径，m；

　　　N_z——摇臂支撑轴承支反力，N。

（6）调高油缸的驱动力矩 M_t

$$M_t = F_{g1} R_q \sin\alpha_{q3} \tag{8-11}$$

由力矩平衡方程，得：

$$M_t = M_{pz} - M_Y + M_\mu + M_y + M_{py} \tag{8-12}$$

油缸的输出力为

$$F_{g1} = \frac{M_{pz} - M_Y + M_\mu + M_y + M_{py}}{R_q \sin\alpha_{q3}} \tag{8-13}$$

若考虑油缸黏性摩擦阻力，则油缸的拉力为

$$F_{g2} = \frac{M_{pz} - M_Y + M_\mu + M_y + M_{py}}{R_q \sin\alpha_{q3}} + B_c v_{bc} \tag{8-14}$$

式中　B_c——油缸的黏性摩擦系数，$N \cdot s/m$；

　　　v_{bc}——油缸活塞的运动速度，m/s。

8.3.3　恒定载荷不同倾角摇臂传动系统动力学分析

1. 定义驱动

对于采煤机摇臂传动系统来说，虽然各部分之间加过约束关系，但也不能作为完整独立的运动系统求解，还需要添加驱动。驱动从某种意义来说也可以被称为一种约束。通过给采煤机摇臂传动系统添加驱动也可以对系统或者系统中某些构件的自由度进行一定程度的限制。

可以通过 RecurDyn 定义两种类型的驱动：第一种为铰驱动，通过定义旋转副、平移副和圆柱副等运动副中的旋转、平动，使得系统减少一个自由度；第二种则为力驱动，是指通过定义系统内部的某些构件在某些位置上所受到的力，当遇运动方程中力边界条件时，使得系统中某些位置的作用力成为已知，从而可达到减少系统未知数的目的。

本次模拟试验中为采煤机摇臂传动系统添加驱动选择第一种类型的驱动，分别为加在轴1处的转动副（截割部处电动机通过联轴器传送动力到轴1），液压缸处添加移动副。

采煤机摇臂处电动机通过联轴器传动到轴1，实现减速。电动机转速为 1440 r/min，用位移时间函数的表达式给轴1处的转动副添加驱动，step(0,0,5,432000d)。step 为阶跃函数，表示 0~7 s 转过的角度为 432000°。

液压缸推进系统的驱动添加为液压缸缸筒相对于液压缸杠杆之间的移动副。根据采煤机摇臂调高系统的受力，能够计算出采煤机摇臂达到倾角分别为 10°、20°、30°、40° 和

45°，其液压缸缸筒相对于杠杆移动距离分别为 47.23、98.95、153.18、208.08、235.26。设置移动副的驱动函数 step(time,0,0,2,47.23)、step(time,0,0,2,98.95)、step(time,0,0,2,153.18)、step(time,0,0,2,208.08)、step(time,0,0,2,235.26)。其含义为在 0 ~ 2 s 内采煤机摇臂液压缸缸筒相对于杠杆分别移动 47.23 mm、98.95 mm、153.18 mm、208.08 mm、235.26 mm。

2. 定义负载

RecurDyn 中能够提供 4 种类型的力，分别是直接外力、特殊力、柔性连接力和接触力，它们都不会增加或减少采煤机摇臂传动系统的自由度。

直接外力：定义在部件上的外载荷，定义此作用力时可以采用常值、RecurDyn/Modeler 中函数表达式。

特殊力：这种类型的力，有常见的轮胎力和重力等。

柔性连接力：它能够抵消驱动力的作用。定义该类型的力时需要指定常量系数。如场力、衬套、梁、弹簧阻尼器可以产生柔性连接力。

接触力为当整个系统运行过程中，部件与部件接触所产生的力。

在定义力这 4 种类型力的过程中，需要说明力和力矩。包括力所作用的构件，以及最重要的力的三要素即力的作用点、大小和方向。

采煤机摇臂截割部传动系统负载主要来源于采煤机滚筒截齿在截割煤壁过程中所受的力。采煤机滚筒截齿在截割煤的过程中受 3 方向的分力，分别为截割阻力、牵引阻力和侧向阻力。滚筒截煤时所受总载荷是指某一瞬时参与截煤各截齿上载荷的总和，假设有 n 个截齿同时截割，可划分为铅直阻力 F_{xi}、水平阻力 F_{yi}、轴向力 F_{zi}：

$$\begin{cases} F_{xi} = \sum_{i=1}^{n} a_i \\ F_{yi} = \sum_{i=1}^{n} b_i \\ F_{zi} = \sum_{i=1}^{n} c_i \end{cases} \qquad (8-15)$$

式中　　　　　n——参与截割的截齿个数；

　a_i、b_i、c_i——第 i 个截齿上 3 个方向的分力。

作用在右外侧螺旋滚筒上的各个力矩为

$$\begin{cases} M_b = -F_{xi}L_{ab} + F_{zi}L_{cb} \\ M_a = F_{yi}L_{ba} - F_{zi}L_{ca} \\ M_c = F_{zi}L_{ac} - F_{yi}L_{bc} \end{cases} \qquad (8-16)$$

其中，L_{ab}、L_{ca}、L_{ba}、L_{cb}、L_{bc}、L_{ac} 为各合力作用点的位置，可按下式求得

$$L_{ac} = \frac{\sum_{i=1}^{n} a_i D\sin\alpha_i}{2F_{xi}} \qquad L_{bc} = \frac{\sum_{i=1}^{n} b_i D_1\cos\alpha_i}{2F_{yi}}$$

$$L_{ab} = \frac{\sum_{i=1}^{n} a_i B_i}{F_{xi}} \qquad L_{cb} = \frac{\sum_{i=1}^{n} c_i D\cos\alpha_i}{2F_{zi}}$$

$$L_{ca} = \frac{\sum\limits_{i=1}^{n} c_i D_1 \sin\alpha_i}{2F_{zi}} L_{ba} = \frac{\sum\limits_{i=1}^{n} b_i B_i}{F_{yi}} \qquad (8-17)$$

式中　　B_i——第 i 截齿处的截深，cm；

　　　　D_1——滚筒直径，cm。

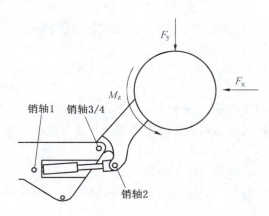

图 8 – 12　采煤机摇臂受力图

通过式（8-15）~式（8-17）转换，转换的过程中需要运用 Matlab 软件中简单计算程序，把采煤机滚筒截齿受力转换为本次实验采煤机摇臂传动系统中行星齿轮系统中的平行于 XOY 平面的转矩和 X 轴、Y 轴方向的变化力的数据。图 8 – 12 所示为采煤机摇臂传动系统受力图，包括平行 XOY 面的转矩 M_z，X 轴方向、Y 轴方向行星齿轮系统受力 F_x 和 F_y。

项目组在中煤装备集团"国家能源煤矿采掘机装备研发（实验）中心"所做实验中所得到的滚筒截齿受力随时间变化的数据，为本次模拟实验提供数据支持。

将 M_z、F_x、F_y 实验数据导入 MATLAB 软件中进行整理并求得平均值，得出如下结果：转矩的平均力矩 M_z 为 3.1426×10^4 N，X 轴方向和 Y 轴方向所受到的力分别为 2.4143×10^5 N、1.8801×10^4 N。在 RecurDyn 中力模块中以 Rotational Axial 力矩的形式，把 3.1426×10^4 添加到行星架相对内齿圈的转动副上。X 轴方向力 F_x 以及 Y 轴方向力 F_y 用 RecurDyn 中力模块中以 Tra. Force 三向力的形式添加，X 轴方向与 Y 轴方向都添加相应的数值 2.4143×10^5 N 与 1.8801×10^4 N，Z 轴方向的力设置为 0。

在完成采煤机摇臂传动系统的建模、设置材料属性、添加约束和加载荷后就完成了整个模拟仿真实验前处理，在进行仿真计算之前要对仿真类型进行选择。RecurDyn 的仿真类型一共有 7 种，分别是 Dynamic/Kinematic Analysis 动力学/运动学分析、Static Analysis 静平衡分析、Eigenvalue Analysis 特征值分析、Pre Analysis 系统的预分析、Desigen study 设计研究、Scenario 脚本仿真、Frequency Response Analysis 频率响应预分析。本次模拟仿真选择的仿真类型为 Dynamic/Kinematic Analysis 动力学/运动学分析中动力学仿真，能够通过模拟获得运动过程中动力学指标值。如仿真分析采煤机摇臂传动系统，并在计算工程中考虑系统的力、质量、惯量等外力作用，对采煤机摇臂传动系统的约束力、相对位移、速度、加速度和 Maker 点的位移、速度、加速度等动力学参数进行计算并求其微分方程和代数方程。

在 RecurDyn 软件中具体操作是选择进行动力学/运动学分析，然后进行参数设置，设置仿真时间为 7 s，仿真过程中数据采样个数为 700。其中 0 ~ 2 s 是采煤机摇臂举升到指定倾角的过程，2 ~ 7 s 是模拟仿真过程。

8.4　摇臂传动系统模拟仿真结果分析

通常情况下一个完整的分析包括前处理、仿真计算、后处理3个步骤。后处理仿真是其中非常重要的一个步骤，通过 RecurDyn/Slover 求解可得采煤机摇臂传动系统的仿真结果动画及各参数点的曲线图等。

1. 齿轮啮合力

在齿轮啮合过程中，由于啮合刚度的突越性变化导致齿轮产生剧烈的振动，分析齿轮间的啮合力非常有必要。仿真结束，就可以直接进入后处理器查看传动系统中各齿轮啮合力。在齿轮系统动力学中可以把两个齿轮相互啮合看作是两个变曲率半径柱体撞击问题。通过与 Hertz 理论结合 Recurdyn 中的求解方法，可以求取齿轮啮合力。图 8 – 13 所示为摇臂倾角为30°，齿轮1与齿轮2（称为第1对啮合对）在采煤机摇臂传动系统中啮合所产生的啮合力在 2～7 s 的时间里的变化曲线。其啮合力最小值为 0，平均值为 30534.2 N，最大值为 149428.7 N。产生啮合力最小值为 0 的原因是传动系统开始启动时，对齿轮冲击过大，齿轮没有正确啮合。图 8 – 14 所示为第 7 与第 11 啮合对齿轮啮合力随时间变化的曲线。第 7 对啮合力的最小值为 5789.6 N、平均值为 308074.6 N、最大值为 1256060.7 N；第 11 对啮合力的最小值为 14561.3 N、平均值为 278913.1 N、最大值为 1138782.8 N。

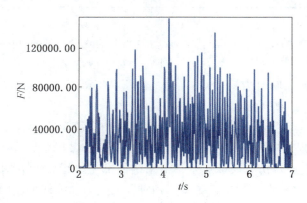

图 8 – 13　齿轮1与齿轮2啮合力

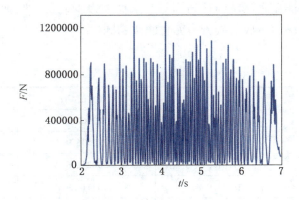

图 8 – 14　齿轮7与齿轮11啮合力

表 8-7　传动系统 14 对齿轮啮合力数据统计

啮合力	最小值/N	最大值/N	平均值/N
第 1 对	0	149428.7	30534.2
第 2 对	1569.2	267824.1	38431.4
第 3 对	1723.4	252760.2	37288.6
第 4 对	2724.6	356782.1	45786.9
第 5 对	5689.7	482763.6	56274.1
第 6 对	10023.6	832761.5	67846.1
第 7 对	5789.6	1256060.7	308074.6
第 8 对	8987.8	1302170.2	407689.4
第 9 对	7876.6	1298786.4	417527.5
第 10 对	10032.1	1527803.2	487632.4
第 11 对	14561.3	1138782.8	278913.1
第 12 对	27896.3	1782941.0	502169.3
第 13 对	78314.5	2367340.9	671276.4
第 14 对	12467.2	2598702.5	757219.5

在摇臂倾角为 30°情况下，14 对齿轮啮合对产生的啮合力随时间变化曲线的数据整理见表 8-7（齿轮 1 与齿轮 2 啮合称为第一对啮合对，依次类推）。根据表 8-7 可以看出第 14 对啮合对所产生的啮合力最大，其最大值为 2598702.5 N。

2. 传动系统中各销轴接触力

销轴 1、销轴 2、3 和轴 4 都是在采煤机摇臂传动系统运行过程重要的铰接构件。它们在整个系统运行过程中所受到的接触力极为重要。采煤机摇臂倾角分别在 10°、20°、30°、40°、45°情况下进行仿真模拟实验，把系统内部 4 个销轴受力曲线等数据进行表格式的分类整理后（表 8-8），得出销轴 1 与销轴 2 的受力曲线线形相同，大小相差 20N 以内，大体上可视为相等。产生这种现象的原因有两个，第一个是因为本小节进行模拟仿真实验的是纯刚性系统，在传递的过程中没有额外损失；第二个则是因为，销轴 1 到销轴 2 中间传递力的形式为液压缸系统的移动副，并未损失多少能量。销轴 3、4 则是因为摇臂壳体结构位置对称接触而造成的接触力变化曲线相同。

表 8-8　摇臂不同倾角销轴 3（或 4）接触力

接触力	最小值/N	最大值/N	平均值/N
摇臂倾角 10°	20919.4	322367.1	114337.9
摇臂倾角 20°	37271.4	372536.9	105677.0
摇臂倾角 30°	47261.3	590231.6	257845.1
摇臂倾角 40°	38748.9	738718.9	334962.4
摇臂倾角 45°	31072.6	811862.0	377310.3

图 8-15 所示为采煤机摇臂倾角 30°情况下，销轴 1（或销轴 2）与销轴 3（或销轴 4）接触力变化曲线图。销轴 1（或销轴 2）接触力最小值为 210042.1 N，最大值为 283127.4 N，平均值为 246584.75 N；销轴 3（或销轴 4）接触力最小值为 61064.2 N，最大值为 82563.6 N，平均值为 71813.9 N。销轴 3（或销轴 4）所受接触力大于销轴 1（或销轴 2）。

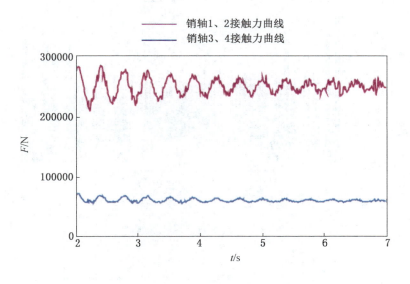

图 8-15　销轴接触力图

3. 滚动轴承接触力

图 8-16 所示为轴承 1 滚动体与内外圈接触力随时间变化的曲线。其最小值为 0、最大值为 35659.2 N，平均值为 20149.9 N。最小值为 0 的原因是在整个系统运动过程中会出现滚动体和轴承内外圈短暂的分离情况。

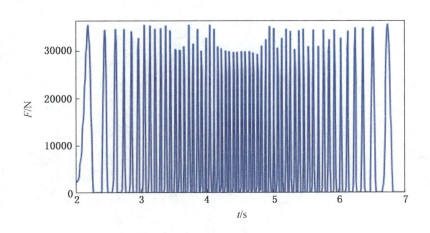

图 8-16　滚动体与内外圈接触力

图 8 - 17 所示为采煤机摇臂传动系统中轴与轴承内圈的接触力随时间变化曲线，其最小值为 92000.6 N，最大值为 94896.4 N，其平均值为 93896.5。曲线围绕均值 93896.5 N 上下波动在 2000 N 左右，变化波动相对较小，而且具有在受负载前后幅值变大的规律，产生这种现象的原因是系统负载添加与结束时对系统产生的冲击较大。

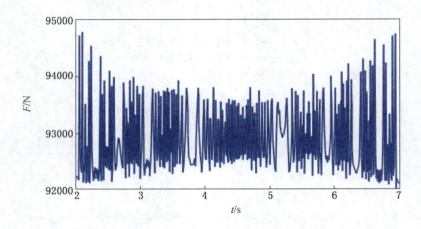

图 8 - 17　轴承内圈与轴接触力

9 采煤机摇臂传动系统可靠性分析与优化

9.1 采煤机摇臂传动系统精细建模与动力学特性研究

以 MG500/1180 型采煤机传动系统为研究对象，该传动系统由一个 3 级直齿轮减速系统和一级行星减速系统组成，采煤机摇臂各齿轮尺寸参数和啮合参数见表 9 - 1，结构简图如图 9 - 1 所示。

表 9-1 齿轮尺寸参数

齿 轮	齿 数	模数/mm	节圆直径/mm	分度圆直径/mm	齿根圆直径/mm	齿顶圆直径/mm	基圆直径/mm	齿宽/mm
Z_1	35.000	4	140.000	140.000	130.000	148.000	131.557	70.000
Z_2	60.000	4	240.000	240.000	230.000	248.000	225.526	70.000
Z_3	63.000	4	252.000	252.000	242.000	260.000	225.526	70.000
Z_4	32.000	5	160.000	160.000	147.500	170.000	150.351	80.000
Z_5	73.000	5	365.000	365.000	352.500	375.000	342.988	80.000
Z_6	33.000	6	198.000	198.000	183.000	210.000	186.059	110.000
Z_7	60.000	6	360.000	360.000	345.000	372.000	338.289	110.000
Z_8	60.000	6	360.000	360.000	345.000	372.000	338.289	110.000
Z_9	69.000	6	414.000	414.000	399.000	426.000	389.033	110.000

采用 Romax Designer 建立摇臂传动系统模型，Romax Designer 是英国 Romax 公司针对齿轮传动系统研发的 CAE 软件，主要应用于齿轮传动系统虚拟样机的设计和分析，在传动系统设计领域享有盛誉，目前已成为齿轮传动领域事实的行业标准。基于 Romax Design 模块对传动系统进行参数化建模，先依据其几何参数建立各齿轮、轴、轴承二维模型，再建立刚性齿轮箱，最后将各部件移至齿轮箱中相应位置，模型即建立完成。详细步骤如下：

（1）打开 Romax 后点击 New Design 进入建模界面，在 Components 中选择 Shaft Assembly 进行轴组件的建模，在 Shaft Design 界面输入轴段、轴肩、轴孔等轴的相关尺寸参数，点击确定后即可生成轴的二维模型。根据传动系统中各轴几何尺寸，依次建立各轴模型，并依据传动顺序从电机轴到太阳轴分别命名为 S_1、S_2、……、S_7。

（2）Romax 轴承库模型集成了世界主流轴承制造商数据库，如 SKF、FAG、TIMKEN

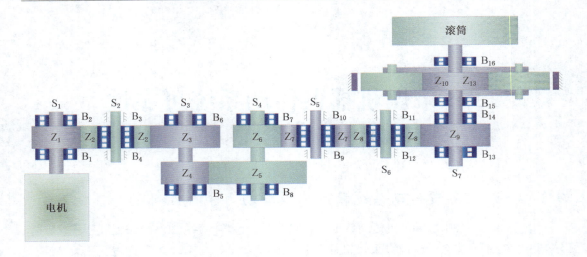

图 9-1　摇臂齿轮传动系统结构简图

和 KOYO 等，故传动系统中所需轴承从轴承库中直接选择即可，在轴模型界面点击 Add Bearing 后选择轴段上相应点作为轴承安装位置，并在 Select bearing 界面依据轴承类型、内外径尺寸及宽度选择合适的轴承，依照相应轴传动顺序依次命名为 B_1、B_2、……、B_{16}。

（3）建立好全部轴组件后返回到 New Design 建模界面，在 Components 中分别选择 Helical Gear Set 及 Planetary 对直齿轮系统和行星齿轮系统进行建立，并在 Edit Gear Meshes and Centers 中对齿轮组传动顺序进行定义，随后再次进入到轴组件模型界面点击菜单栏中 Add Gear 选择相应齿轮安装到轴上，并依据传动顺序以组划分命名为直齿轮 Z_1、Z_2、……、Z_9，行星轮及太阳轮 Z_{10}、……、Z_{13}。

（4）再次返回 New Design 建模界面，并在 Components 中选择 Gearbox Assembly 进行齿轮箱建模，由于传动系统其余部件已存在于根目录中，故齿轮箱种类选择 Migrate parts，依据传动顺序将轴组件依次移入齿轮箱中，并对各部件在齿轮箱中的详细位置以坐标形式进行定义，最终模型如图 9-2 所示。

图 9-2　摇臂齿轮传动系统模型

考虑到 Romax 不能建立实体齿轮箱，故在 Pro/E 中建立摇臂箱体三维实体模型，建模过程中对螺栓孔、加强筋、小尺寸倒角和圆角等不影响计算精度的部件进行简化。将 Pro/E 中建立的模型以 . step 格式导入 HyperMesh 进行网格划分及材料定义，应用 Nastran 求解器生成四面体网格，网格尺寸大小设置 10 mm，根据文献 [1]，将箱体材料定义为 ZG25Mn2 – Ⅱ，密度 $\rho = 7.823 \times 103$ kg/m^3，弹性模量 $E = 1.75 \times 105$ MPa，泊松比 $\mu = 0.3$。网格划分完成后导出为 . dat 格式，导入 Romax 进行刚性连接，后缩聚至壳体与传动系统各部件完全装配如图 9 – 3 所示。

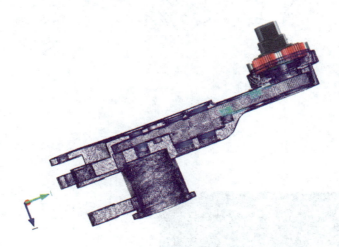

图 9 – 3 摇臂三维模型

9.2 虚拟模型的边界条件与载荷的施加

为模拟采煤机真实运行工况，在张家口"国家能源煤矿采掘机械装备研发（实验）中心"对 MG500/1180 型采煤机进行截割实验。实验中采用截齿三向力传感器对截齿截割力进行测试，传感器安装现场如图 9 – 4 所示，在测试截齿座 4 个圆凹槽内分别安置应变片及应变花，每个应变片及应变花各引出 3 根引线，共计 15 根，沿引线槽经导线孔与 A/D

图 9 – 4 三向力传感器安装

转换器相连，图 9-5 所示为应变片安装示意图。截齿三向力传感器测试数据通过无线发射模块进行传输，图 9-6 所示为无线发射装置安装，图 9-7 所示为实验载荷测试框图。实验条件：煤岩硬度为 3，煤层厚度为 3 m，截深为 0.6 m，采煤机行走速度为 2.5 m/min，滚筒直径为 1.8 m，滚筒转速为 32 r/min，采样频率为 50 Hz。

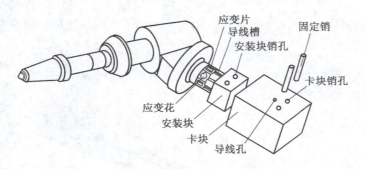

图 9-5　应变片安装示意图

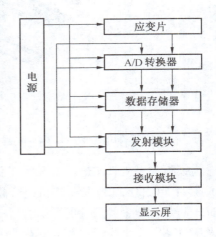

图 9-6　无线发射装置安装　　　　　图 9-7　实验载荷测试框图

设 F_x、F_y、F_z、M 分别为滚筒在行走方向的阻力、竖直方向的阻力、轴向的阻力、截割扭矩，则截割三向力和扭矩计算公式如下：

$$
\begin{cases}
F_x = \sum_{i=1}^{N_c} (Z_i \cos\varphi_i + Y_i \sin\varphi_i) \\
F_y = \sum_{i=1}^{N_c} (-Z_i \sin\varphi_i + Y_i \cos\varphi_i) \\
F_z = \sum_{i=1}^{N_c} (X_i) \\
M = \sum_{i=1}^{N_c} \left(Z_i \dfrac{d}{2} \right)
\end{cases}
\quad (9-1)
$$

式中 X_i、Y_i、Z_i——第 i 个参与截齿的侧向阻力、牵引阻力、截割的截割阻力；

N_c——参与截割截齿数；

φ_i——第 i 个截齿与滚筒竖直方向的夹角。

将所截取截齿载荷数据代入式（9-1）中得到滚筒截割扭矩如图9-8所示，截齿三向力如图9-9所示。

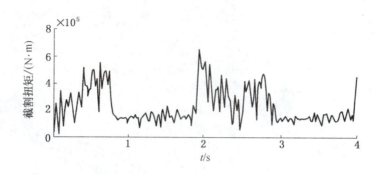

图9-8 截割扭矩

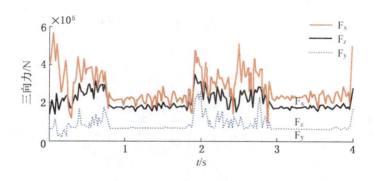

图9-9 截齿三向力

9.3 仿真结果分析

1. 摇臂传动系统仿真结果分析

由于采煤机滚筒旋转一周的一个周期内，前半个周期与后半个周期振动特性较为相似，故截取截割煤岩过程中滚筒旋转半个周期偏移量幅值变化如图9-10所示。

从图9-10中可以看出：连接电机输入轴处壳体偏移量幅值最大，最大可达到18577.33 μm；其次为摇臂壳体调高油缸支撑耳处，最大偏移量幅值可达15481.11 μm；摇臂头部行星传动部位壳体变形较其他区域稍大，最大偏移量幅值可至12384.88 μm。从电机轴到行星轴扭矩逐渐增大，各部件速度见表9-2。

摇臂传动系统功率载荷见表9-3。

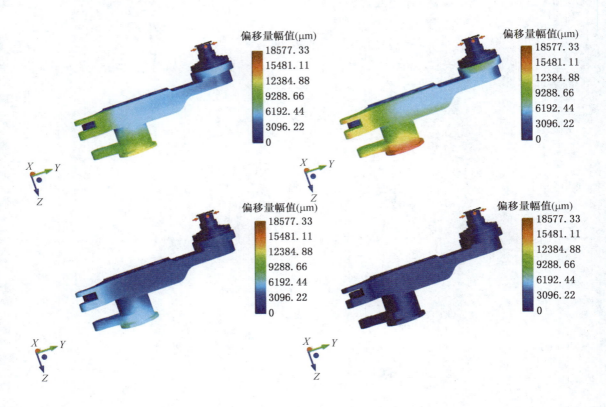

图 9-10　摇臂传动系统偏移量幅值

表 9-2　摇 臂 各 部 件 速 度

轴 装 备 件	速度/(r · min⁻¹)	轴 装 备 件	速度/(r · min⁻¹)
轴 1 装配件	1450	轴 5 装配件	194
轴 2 装配件	− 846	轴 6 装配件	− 194
轴 3 装配件	806	行星轴装配件	32
轴 4 装配件	− 353	太阳轴装配件	169

表 9-3　功 率 载 荷 总 结

速度/ (r · min⁻¹)	输入扭矩/ (N · m)	功率/ kW	速度/ (r · min⁻¹)	输出扭矩/ (N · m)	功率/ kW	总功率
1450	1957.716	300	32	− 9.047 × 10⁴	− 300	1

2. 齿轮结果分析

齿轮啮合参数见表 9-4，齿轮闪点温度胶合报告见表 9-5。

表9-4　齿轮啮合参数

参　数　名　称		$Z_1 - Z_2$		$Z_2 - Z_3$		$Z_4 - Z_5$	
		Z_1	Z_2	Z_2	Z_3	Z_4	Z_5
接触几何尺寸	重合度	1.7357		1.7885		1.7406	
	接触长度/mm	20.496		21.119		25.692	
	啮合线长度/mm	64.984		84.137		89.780	
	端面基节/mm	11.809		11.809		14.761	
滚动距离	有效齿廓起点/mm	13.404	31.084	30.461	32.557	13.977	50.111
	单齿接触最低点/mm	22.091	39.771	39.771	41.868	24.909	61.042
	节点/mm	23.941	41.042	41.042	43.095	27.362	62.419
	单齿接触最高点/mm	25.213	42.893	42.269	44.366	28.738	64.872
	有效齿廓终点/mm	33.900	51.580	51.580	53.676	39.669	75.803
滚动角	有效齿廓起点/(°)	11.675	15.794	15.477	15.755	10.653	16.742
	单齿接触最低点/(°)	19.242	20.208	20.208	20.260	18.984	20.394
	节点/(°)	20.854	20.854	20.854	20.854	20.854	20.854
	单齿接触最高点/(°)	21.961	21.794	21.477	21.469	21.903	21.673
	有效齿廓终点/(°)	29.528	26.208	26.208	25.975	30.234	25.326

参　数　名　称		$Z_6 - Z_7$		$Z_7 - Z_8$		$Z_8 - Z_9$	
		Z_6	Z_7	Z_7	Z_8	Z_8	Z_9
接触几何尺寸	重合度	1.7295		1.7847		1.7952	
	接触长度/mm	30.634		31.612		31.797	
	啮合线长度/mm	95.424		123.127		132.260	
	端面基节/mm	17.713		17.713		17.713	
滚动距离	有效齿廓起点/mm	18.054	46.736	45.757	45.757	45.573	54.992
	单齿接触最低点/mm	30.975	59.657	59.657	59.657	59.657	69.077
	节点/mm	33.860	61.564	61.564	61.564	61.564	70.798
	单齿接触最高点/mm	35.767	64.449	63.470	63.470	63.285	72.705
	有效齿廓终点/mm	48.688	77.370	77.370	77.370	77.370	86.789
滚动角	有效齿廓起点/(°)	11.119	15.831	15.500	15.500	15.437	16.198
	单齿接触最低点/(°)	19.077	20.208	20.208	20.208	20.208	20.347
	节点/(°)	20.854	20.854	20.854	20.854	20.854	20.854
	单齿接触最高点/(°)	22.028	21.831	21.500	21.500	21.437	21.416

表9-5　齿轮闪点温度胶合报告

齿　轮　啮　合	$Z_2 - Z_3$	$Z_1 - Z_2$	$Z_4 - Z_5$	$Z_8 - Z_9$	$Z_7 - Z_8$	$Z_6 - Z_7$
润滑油温度	60	60	60	60	60	60
小齿轮齿块温度	63.676	64.600	64.022	62.862	63.283	64.512
大齿轮齿块温度	62.451	66.900	64.022	61.908	63.283	66.769

表 9-5（续）

齿 轮 啮 合	$Z_2 - Z_3$	$Z_1 - Z_2$	$Z_4 - Z_5$	$Z_8 - Z_9$	$Z_7 - Z_8$	$Z_6 - Z_7$
最大闪点温度	34.678	58.060	60.498	29.365	28.854	59.209
临界本体温度	63.064	65.750	64.022	62.385	63.283	65.641
最大接触温度	97.741	123.780	124.520	91.750	92.138	124.850
小齿轮胶合温度	319.528	319.825	319.825	319.825	319.825	319.825
大齿轮胶合温度	319.528	319.825	319.825	319.825	319.825	319.825
胶合安全系数	6.876	4.069	4.022	8.174	8.076	4.002
小齿轮滚动高度	116.820	67.123	76.474	175.190	175.261	94.787
角系数	0.978	0.978	0.978	0.978	0.978	0.978
热弹性系数	50.465	50.465	50.465	50.465	50.465	50.465
加载共享系数	0.335	0.334	0.335	0.335	0.337	0.336
几何尺寸系数	0.186	0.299	0.326	0.182	0.188	0.316
油温下的动力黏度	35.665	35.665	35.665	35.665	35.665	35.665
摩擦系数	0.086	0.090	0.098	0.104	0.106	0.113
润滑系数	1	1	1	1	1	1
参数	-0.256	-0.440	-0.487	-0.259	-0.255	-0.464
节线速度	10.629	10.629	6.749	3.661	3.661	3.661
名义转矩	3386.943	1975.717	3556.290	1.475×10^4	1.475×10^4	8112.786
使用系数	1	1	1	1	1	1
动载荷系数	1.394	1.276	1.134	1.092	1.086	1.059
端面单位载荷	566.071	514.333	629.889	813.229	808.933	788.565
法向单位载荷	602.400	547.342	670.314	865.420	860.848	839.173
小齿轮结构系数	1	1	1	1	1	1
大齿轮结构系数	1	1	1	1	1	1
支撑系数	1	1	1	1	1	1
名义切向载荷	1961.6	1975.7	3556.3	9014.2	9014.2	9014.2
中心距	246.0	190.0	262.5	387.0	360.0	279.0
有效齿宽	69.5	70.0	80.0	110.0	110.0	110.0
端面相对曲率半径	21.022	15.121	19.023	32.929	30.782	21.845
小齿轮切向速度	2.703	2.037	1.184	0.928	0.933	0.672
大齿轮切向速度	4.523	4.568	2.801	1.534	1.571	1.571
小齿轮热接触系数	432.756	432.756	432.756	432.756	432.756	432.756
大齿轮热接触系数	432.756	432.756	432.756	432.756	432.756	432.756
赫兹接触区域半宽度	0.210	0.148	0.173	0.311	0.306	0.216
最佳齿顶修缘	0.019	0.020	0.027	0.034	0.035	0.037

1）齿轮副 $Z_1 - Z_2$ 结果分析

齿轮副 $Z_1 - Z_2$ 各项参数见表9-6～表9-9，模拟结果如图9-11～图9-16所示。

表9-6 $Z_1 - Z_2$ 详细几何尺寸

名　称	数　值	名　称	数　值
40 ℃时润滑剂黏度	160	啮合刚度	21.625
应用系数	1	基节误差	13
加载共享系数	1	齿廓形状偏差	16
载荷循环系数	8.7×10^4	基节跑合余量	2.77
动态系数	1.276	初始啮合齿向误差	0
单对啮合刚度	13.936	齿向跑合余量	0

表9-7 $Z_1 - Z_2$ 轮齿弯曲系数

齿　轮	Z_1	Z_2	齿　轮	Z_1	Z_2
齿形系数	1.306	1.23	尺寸系数	1	1
缺口系数	2.164	2.497	齿根弦长度	2.103	2.208
应力修正系数	2.094	2.236	弯曲力臂	0.954	0.996
螺旋角系数	1	1	齿根圆半径	0.486	0.442
寿命系数	1.766	1.348	载荷方向角	18.536	19.440
灵敏度系数	0.991	0.999	载荷中心角	2.436	1.386
表面条件系数	0.876	0.876			

表9-8 $Z_1 - Z_2$ 轮齿接触系数

齿　轮	Z_1	Z_2	齿　轮	Z_1	Z_2
区域系数	2.495	2.495	粗糙度系数	0.780	0.780
弹性系数	190.3	190.3	速度系数	1.004	1.004
端面重合度系数	0.869	0.869	工作硬化系数	1	1
螺旋角系数	1	1	尺寸系数	1	1
寿命系数	1.6	1.6	单对齿接触系数	1.018	1
润滑剂系数	0.994	0.994			

表9-9 $Z_1 - Z_2$ 应力分析

齿　轮		Z_1	Z_2
弯曲应力	弯曲疲劳极限	310	310
	容许弯曲应力	950.630	732.138
	标称弯曲应力	275.590	277.258
	实际弯曲应力	351.54	353.672
	安全系数	2.704	2.070

表9-9（续）

齿　　轮		Z_1	Z_2
接触应力	接触应力数	750	750
	容许接触应力	933.969	933.969
	标称接触应力	880.575	880.575
	实际接触应力	1012.779	994.544
	安全系数	0.922	0.939

由图9-11可以看出，轮齿齿面距离在0~60 mm区间内，轮齿载荷较小，齿面距离在60~70 mm区间，轮齿载荷呈涟漪状逐渐增加，滚动角由11.675°变化至19.242°，轮齿载荷随齿面距离增加而增大，最大可至3800.946 N/mm；当滚动角变化至19.242°，齿轮进入单齿啮合状态，单位长度载荷由单对齿分担，故有明显增加，最高值达5555.220 N/mm；该变化持续至滚动角变为21.961°，逐渐退出单齿啮合，进入双齿啮合，滚动角由21.961°变化至29.528°区间内轮齿单位长度载荷变化与滚动角由11.675°变化至19.242°区间内轮齿单位长度载荷变化相似，最高可达3800.946 N/mm。

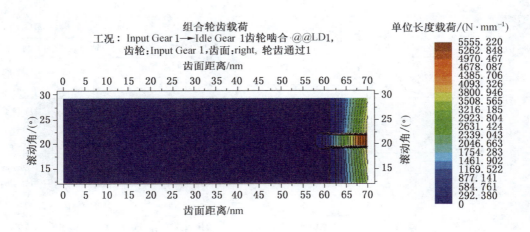

图9-11　Z_1-Z_2组合轮齿载荷

由图9-12可以看出，当滚动角为11.675°时两轮齿进入啮合，存在啮合冲击，此时两轮齿的相对滑动速度较大为2.404 m/s，随着两轮齿逐渐进入啮合，相对滑动速度逐渐减小至滚动角为20.854°，此时处于两轮齿啮合节点位置，相对滑动速度达最小为0.037 m/s，随后两轮齿逐渐退出啮合，由于啮合冲击的存在两轮齿相对滑动速度逐渐增大至2.007 m/s，图中正负号代表方向。

图9-13所示为轮齿从进入啮合至退出啮合一个啮合周期内的接触应力分布情况，轮齿接触应力沿齿宽方向从60~70 mm逐渐增加，0~60 mm区间内轮齿最大接触应力较小且沿齿面分布均匀，滚动角为11.675°~19.242°区间内接触应力沿齿面方向呈波纹状扩散，到19.242°时接触应力突然增至1045.77 MPa，过程一直持续至滚动角变为21.961°，

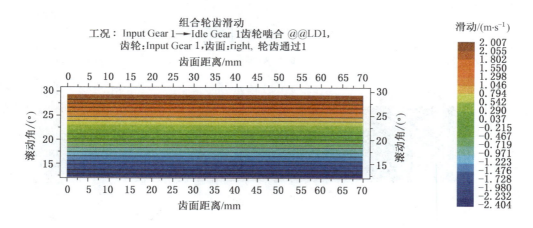

图 9-12　Z_1-Z_2 组合轮齿滑动速度

滚动角为 21.961°～29.528°区间内接触应力沿齿面方向呈梯度变化。在 19.242°～21.961°区域较大接触应力的反复作用下，会在接触表面的局部区域产生小块金属剥落，使其产生损伤，导致齿轮运转噪声增大，振动加剧，温度升高，磨损加快，最后致使齿轮失效。

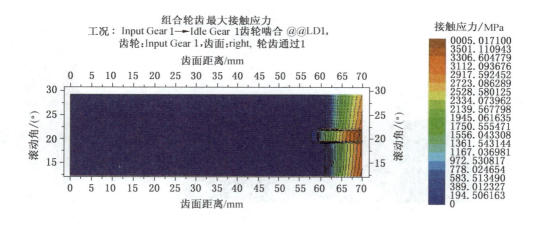

图 9-13　Z_1-Z_2 最大接触应力云图

图 9-14 所示为轮齿从进入啮合至退出啮合一个啮合周期内的剪应力分布情况，0～60 mm 区间内轮齿最大接触应力较小且沿齿面分布均匀，轮齿接触应力沿齿宽方向从60～70 mm 逐渐增加，且该区域内轮齿最大剪应力沿滚动角分布规律与轮齿最大接触应力沿滚动角分布规律相同，其中在滚动角由 19.242°变化至 21.961°区域内，轮齿表面下最大剪应力最高值可至 1112.300 MPa。

图 9-15 所示为轮齿从进入啮合至退出啮合一个啮合周期内的最大剪应力深度云图，其沿齿面分布规律与轮齿最大剪应力分布规律相同，在滚动角由 11.675°变化至 19.242°区间内，轮齿最大剪应力深度随滚动角增加逐渐增大，与轮齿剪应力分布规律相反，但二

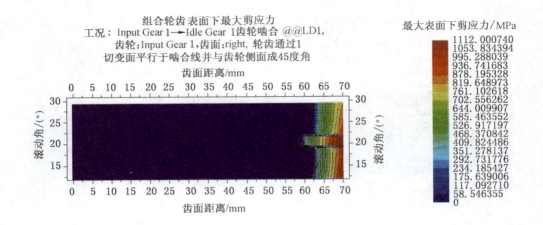

图 9 – 14　Z_1 – Z_2 最大剪应力云图

者沿齿面分布规律基本相同；滚动角由 19.242° 变化至 21.961° 区间内，剪应力深度与剪应力分布规律相同，最深可至 700.70 μm；滚动角由 21.961° 变化至 29.528° 过程中轮齿最大剪应力深度随滚动角变化与该区间内剪应力变化规律相反，但二者沿齿面分布规律基本一致。

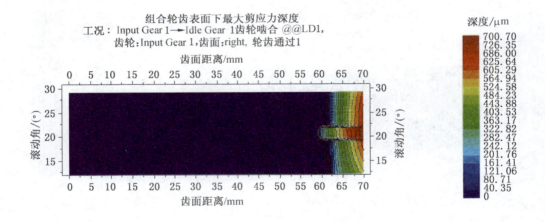

图 9 – 15　Z_1 – Z_2 最大剪应力深度云图

　　根据图 9 – 16，滚动角在 11.675° ~ 19.242° 区域内变化时，油膜沿齿面分布均匀但有沿齿面逐渐变薄趋势；滚动角为 19.242° 时处于单齿啮合最低点，此时由双齿啮合转为单齿啮合，齿面载荷由一对齿承担，此时齿轮右齿面油膜厚度逐渐变小；当滚动角在 19.242° ~ 21.961° 区域内为单齿啮合阶段，故在齿面 57 ~ 62 mm 区间油膜厚度逐渐减小；当滚动角变为 21.961° 时，为单齿啮合最高点，此时由单齿啮合变为双齿啮合，齿面载荷由两对齿承担，故齿面油膜厚度逐渐变大；其中最小油膜厚度处相关参数见表 9 – 10。

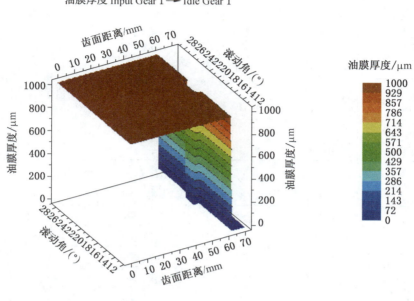

图 9-16　Z_1 左齿面油膜厚度

表 9-10　最小油膜厚度相关参数

最小油膜厚度/μm	0.139	最小油膜厚度处相对载荷参数	$1.785 \times e^{-4}$
平均粗糙度/μm	3.00	最小油膜厚度处滑动参数	$9.187 \times e^{-3}$
最小油膜厚度处相对半径曲率/mm	10.759	散齿温度/℃	79.968
压力速度参数	5004.3956	最小油膜厚度处局部表面温度/℃	1051.126
最小油膜厚度处速度参数	$4.821 \times e^{-11}$		

2）齿轮副 $Z_2 - Z_3$ 结果分析

齿轮副 $Z_2 - Z_3$ 各项参数见表 9-11 ~ 表 9-14，模拟结果如图 9-17 ~ 图 9-28 所示。

表 9-11　$Z_2 - Z_3$ 详细几何尺寸

40 ℃时润滑剂黏度	160	啮合刚度	23.022
应用系数	1	基节误差	13
加载共享系数	1	齿廓形状偏差	16
载荷循环系数	5.075×10^4	基节跑合余量	2.77
动态系数	1.394	初始啮合齿向误差	0
单对啮合刚度	14.467	齿向跑合余量	0

表 9 - 12　Z$_2$ - Z$_3$ 轮齿弯曲系数

齿　　轮	Z$_2$	Z$_3$	齿　　轮	Z$_2$	Z$_3$
齿形系数	1. 161	1. 157	尺寸系数	1	1
缺口系数	2. 497	2. 529	齿根弦长度	2. 208	2. 216
应力修正系数	2. 288	2. 301	弯曲力臂	0. 9384	0. 9419
螺旋角系数	1	1	齿根圆半径	0. 4421	0. 4381
寿命系数	1. 348	1. 941	载荷方向角	19. 123	19. 187
灵敏度系数	0. 999	1. 001	载荷中心角	1. 425	1. 355
表面条件系数	0. 876	0. 876			

表 9 - 13　Z$_2$ - Z$_3$ 轮齿接触系数

齿　　轮	Z$_2$	Z$_3$	齿　　轮	Z$_2$	Z$_3$
区域系数	2. 495	2. 495	粗糙度系数	0. 7933	0. 7933
弹性系数	190. 3	190. 3	速度系数	1. 004	1. 004
端面重合度系数	0. 8586	0. 8586	工作硬化系数	1	1
螺旋角系数	1	1	尺寸系数	1	1
寿命系数	1. 6	1. 6	单对齿接触系数	1. 001	1
润滑剂系数	0. 9938	0. 9938			

表 9 - 14　Z$_2$ - Z$_3$ 应力分析

齿　　轮		Z$_2$	Z$_3$
弯曲应力	弯曲疲劳极限	310	310
	容许弯曲应力	723. 138	1054. 988
	标称弯曲应力	267. 790	268. 367
	实际弯曲应力	373. 270	374. 060
	安全系数	1. 961	2. 82
接触应力	接触应力数	750	750
	容许接触应力	949. 483	949. 483
	标称接触应力	740. 721	740. 721
	实际接触应力	875. 565	874. 519
	安全系数	1. 084	1. 086

　　由图 9 - 17 可以看出，轮齿齿面距离在 0 ~ 60 mm 区间内，轮齿载荷较小，齿面距离在 60 ~ 70 mm 区间，轮齿载荷呈涟漪状逐渐增加，滚动角由 15. 477°变化至 20. 208°，轮齿载荷随齿面距离增加而逐渐增大，最大可至 3285. 985 N/mm；当滚动角变化至 20. 208°，齿轮进入单齿啮合状态，单位长度载荷由单对齿分担，故有明显增加，最高值达 4002. 503 N/mm；该变化持续至滚动角变为 21. 477°，逐渐退出单齿啮合，进入双齿啮合，滚动角由 21. 477°变化至 26. 208°区间内轮齿单位长度载荷变化与滚动角由 15. 477°变

化至 20.208°区间内轮齿单位长度载荷变化相似，最高可达 3285.985 N/mm。

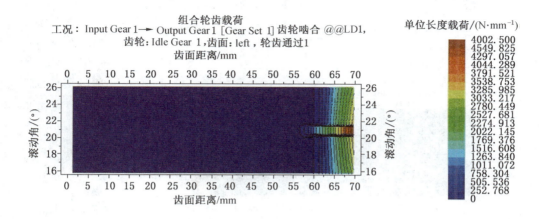

图 9 – 17　$Z_2 - Z_3$ 组合轮齿载荷

由图 9 – 18 可知，当滚动角为 15.477°时，两轮齿进入啮合，存在啮合冲击，此时两轮齿的相对滑动速度较大，为 1.707 m/s，随着两轮齿逐渐进入啮合，相对滑动速度逐渐减小，至滚动角为 20.854°时，处于两轮齿啮合节点位置，相对滑动速度达最小为 0.094 m/s，随后两轮齿逐渐退出啮合，由于啮合冲击的存在，两轮齿相对滑动速度逐渐增大至 1.707 m/s，图中正负号代表方向。

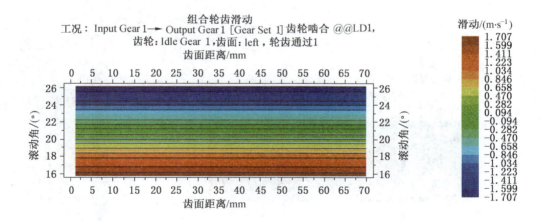

图 9 – 18　$Z_2 - Z_3$ 组合轮齿滑动

图 9 – 19 所示为轮齿从进入啮合至退出啮合一个啮合周期内的接触应力分布情况，轮齿接触应力沿齿宽方向从 60 ~ 70 mm 逐渐增加，0 ~ 60 mm 区间内轮齿最大接触应力较小且沿齿面分布均匀，滚动角为 15.477° ~ 20.208°区间内接触应力沿齿面方向呈波纹状扩散，到 20.208°时接触应力突然增至 2077 MPa，过程一直持续至滚动角变为 21.477°，滚动角在 21.477° ~ 26.208°区间内接触应力沿齿面方向呈梯度变化。在 20.208° ~ 21.477°区

域较大接触应力的反复作用下，会在接触表面的局部区域产生小块金属剥落，使其产生损伤，导致齿轮运转噪声增大，振动加剧，温度升高，磨损加快，最后致使齿轮失效。

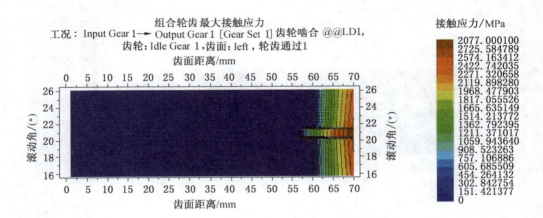

图 9 – 19　$Z_2 - Z_3$ 最大接触应力云图

　　图 9 – 20 所示为轮齿从进入啮合至退出啮合一个啮合周期内的剪应力分布情况，0 ~ 60 mm 区间内轮齿最大接触应力较小且沿齿面分布均匀，轮齿接触应力沿齿宽方向从 60 ~ 70 mm 逐渐增加，且该区域内轮齿最大剪应力沿滚动角分布规律与轮齿最大接触应力沿滚动角分布规律相同，其中在滚动角由 20.208° 变化至 21.477° 区域内，轮齿表面下最大剪应力最高值可至 885.070 MPa。

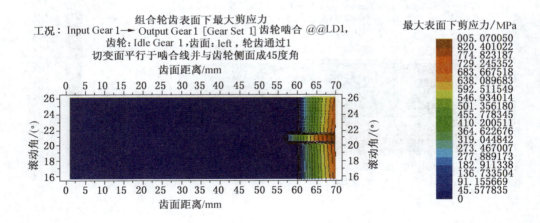

图 9 – 20　$Z_2 - Z_3$ 最大剪应力云图

　　图 9 – 21 所示为轮齿从进入啮合至退出啮合一个啮合周期内的最大剪应力深度云图，其沿齿面分布规律与轮齿最大剪应力分布规律相同，在滚动角由 15.477° 变化至 20.208° 区间内，轮齿最大剪应力深度随滚动角增加逐渐增大，与轮齿剪应力分布规律相反，但二者沿齿面分布规律基本相同；滚动角由 20.208° 变化至 21.477° 区间内，剪应力深度与剪

应力分布规律相同，最深可至 805.07 μm；滚动角由 21.477°变化至 26.208°过程中轮齿最大剪应力深度随滚动角变化规律与该区间内剪应力变化规律相反，但二者沿齿面分布规律基本一致。

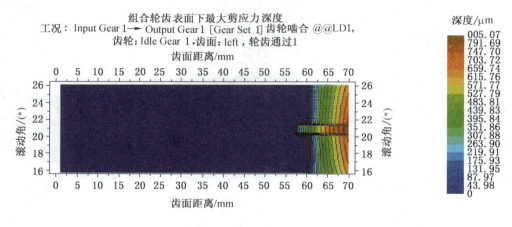

图 9 - 21　Z_2 - Z_3 最大剪应力云图

根据图 9 - 22，滚动角从 15.477°至 20.208°变化时，油膜沿齿面分布均匀但有沿齿面逐渐变薄趋势；滚动角为 20.208°时处于单齿啮合最低点，此时由双齿啮合转为单齿啮合，齿面载荷由一对齿承担，此时齿轮右齿面油膜厚度逐渐变小；当滚动角在 20.208°至 21.477°区域内为单齿啮合阶段，故在齿面 57 ~ 60 mm 区间油膜厚度逐渐变小；当滚动角变为 21.477°时，为单齿啮合最高点，此时由单齿啮合变为双齿啮合，齿面载荷由两对齿承担，故齿面油膜厚度逐渐变大；其中最小油膜厚度处相关参数见表 9 - 15。

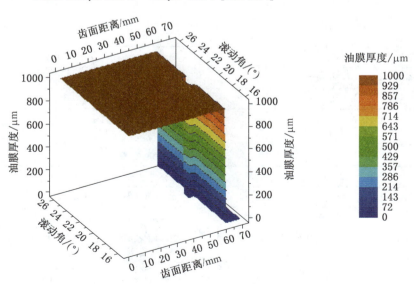

图 9 - 22　Z_2 右齿面油膜厚度

表 9 - 15　最小油膜厚度相关参数

最小油膜厚度/μm	0.2099	最小油膜厚度处相对载荷参数	$9.211 \times e^{-4}$
平均粗糙度/μm	3.00	最小油膜厚度处滑动参数	0.014
最小油膜厚度处相对半径曲率/mm	19.501	散齿温度/℃	73.657
压力速度参数	5004.396	最小油膜厚度处局部表面温度/℃	575.385
最小油膜厚度处速度参数	$2.905 \times e^{-11}$		

3) 齿轮副 $Z_4 - Z_5$ 结果分析

齿轮副 $Z_4 - Z_5$ 各项参数见表 9 - 16 ~ 表 9 - 19，模拟结果如图 9 - 23 ~ 图 9 - 28 所示。

表 9 - 16　$Z_4 - Z_5$ 详细几何尺寸

40 ℃时润滑剂黏度	160	啮合刚度	21.812
应用系数	1	基节误差	15
加载共享系数	1	齿廓形状偏差	18
载荷循环系数	4.833×10^4	基节跑合余量	3.20
动态系数	1.134	初始啮合齿向误差	0
单对啮合刚度	14.023	齿向跑合余量	0

表 9 - 17　$Z_4 - Z_5$ 轮齿弯曲系数

齿　　轮	Z_4	Z_5	齿　　轮	Z_4	Z_5
齿形系数	1.32	1.209	尺寸系数	1	1
缺口系数	2.11	2.623	齿根弦长度	2.08	2.236
应力修正系数	2.072	2.289	弯曲力臂	0.9417	1.005
螺旋角系数	1	1	齿根圆半径	0.4929	0.4263
寿命系数	1.941	2.216	载荷方向角	18.237	19.587
灵敏度系数	0.989	1.003	载荷中心角	2.684	1.134
表面条件系数	0.876	0.876			

表 9 - 18　$Z_4 - Z_5$ 轮齿接触系数

齿　　轮	Z_4	Z_5	齿　　轮	Z_4	Z_5
区域系数	2.495	2.495	粗糙度系数	0.7893	0.7893
弹性系数	190.3	190.3	速度系数	0.9774	0.9774
端面重合度系数	0.8678	0.8678	工作硬化系数	1	1
螺旋角系数	1	1	尺寸系数	1	1
寿命系数	1.6	1.6	单对齿接触系数	1.028	1
润滑剂系数	0.9938	0.9938			

表 9-19 Z_4-Z_5 应力分析

齿	轮	Z_4	Z_5
弯曲应力	弯曲疲劳极限	310	310
	容许弯曲应力	1043.222	1207.346
	标称弯曲应力	303.897	307.500
	实际弯曲应力	373.270	374.060
	安全系数	1.961	2.82
接触应力	接触应力数	750	750
	容许接触应力	949.483	949.483
	标称接触应力	740.721	740.721
	实际接触应力	344.488	348.574
	安全系数	3.028	3.464

由图 9-23 可以看出，齿面距离从 0~25 mm 区间，轮齿载荷呈涟漪状逐渐减小，滚动角由 10.653°变化至 18.984°区间内，轮齿载荷最大可至 2184.735 N/mm；当滚动角变化至 18.984°，齿轮进入单齿啮合状态，单位长度载荷由单对齿分担，故有明显增加，最高值达 2004.007 N/mm；该变化持续至滚动角变为 21.903°，逐渐退出单齿啮合，进入双齿啮合，滚动角由 21.903°变化至 30.234°区间内轮齿单位长度载荷变化与滚动角由 10.653°变化至 18.984°区间内轮齿单位长度载荷变化相似，最高可达 2004.007 N/mm。轮齿齿面距离在 25~80 mm 区间内，轮齿载荷较小，逐渐减小为零。

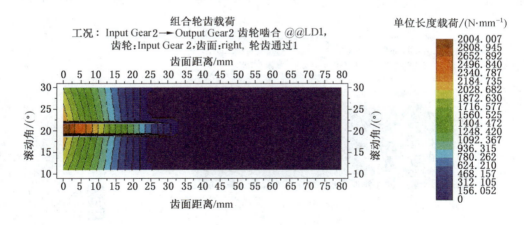

图 9-23 Z_4-Z_5 组合轮齿载荷

由图 9-24 可知，当滚动角为 15.477°时两轮齿进入啮合，存在啮合冲击，此时两轮齿的相对滑动速度较大，为 1.507 m/s，随着两轮齿逐渐进入啮合，相对滑动速度逐渐减小，至滚动角为 20.854°时，处于两轮齿啮合节点位置，相对滑动速度达最小为 0.024 m/s，随后两轮齿逐渐退出啮合，由于啮合冲击的存在，两轮齿相对滑动速度逐渐增大至 1.455 m/s，图中正负号代表方向。

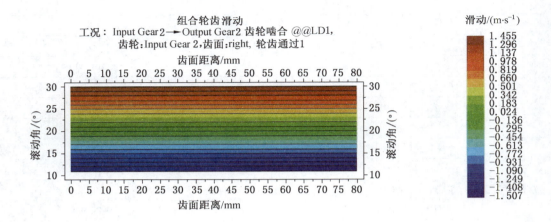

图9-24　Z_4-Z_5 组合轮齿滑动

　　图9-25所示为轮齿从进入啮合至退出啮合一个啮合周期内的接触应力分布情况，轮齿接触应力沿齿宽方向从0~25 mm逐渐减小，25~80 mm区间内轮齿最大接触应力较小且沿齿面分布均匀，滚动角为10.653°~18.984°区间内接触应力沿齿面方向呈波纹状扩散，到18.984°时接触应力突然增至2422.008 MPa，过程一直持续至滚动角变为21.903°，滚动角在21.903°~30.234°区间内接触应力沿齿面方向呈梯度变化。在18.984°~21.903°区域较大接触应力的反复作用下，会在接触表面的局部区域产生小块金属剥落，使其产生损伤，导致齿轮运转噪声增大，振动加剧，温度升高，磨损加快，最后致使齿轮失效。

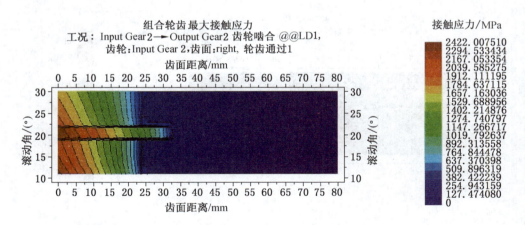

图9-25　Z_4-Z_5 最大接触应力云图

　　图9-26所示为轮齿从进入啮合至退出啮合一个啮合周期内的剪应力分布情况，轮齿接触应力沿齿宽方向从0~25 mm逐渐增加，且该区域内轮齿最大剪应力沿滚动角分布规律与轮齿最大接触应力沿滚动角分布规律相同，其中在滚动角由18.984°变化至21.903°区域内，轮齿表面下最大剪应力最高值可至720.024 MPa，在25~80 mm区间内轮齿最大

接触应力较小且沿齿面分布均匀。

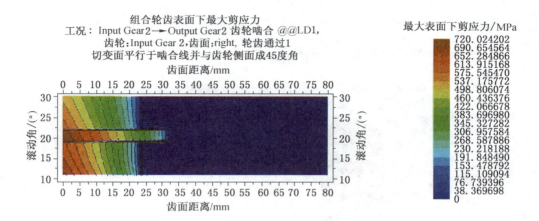

图9-26　$Z_4 - Z_5$最大剪应力云图

图9-27所示为轮齿从进入啮合至退出啮合一个啮合周期内的最大剪应力深度云图，其沿齿面分布规律与轮齿最大剪应力分布规律相同，在滚动角由10.653°变化至18.984°区间内，轮齿最大剪应力深度随滚动角增加逐渐增大，与轮齿剪应力分布规律相反，但二者沿齿面分布规律基本相同；滚动角由18.984°变化至21.903°区间内，剪应力深度与剪应力分布规律相同，最深可至680.10μm；滚动角由21.903°变化至30.234°过程中轮齿最大剪应力深度随滚动角变化规律与该区间内剪应力变化规律相反，但二者沿齿面分布规律基本一致。

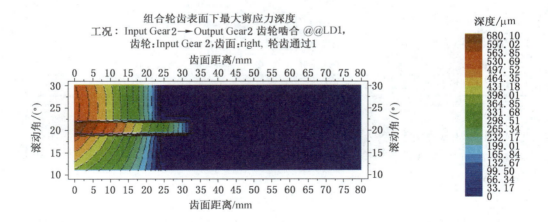

图9-27　$Z_4 - Z_5$最大剪应力深度云图

根据图9-28，滚动角在10.653°~18.984°区域内变化时，油膜沿齿面分布均匀但有沿齿面逐渐变薄趋势；滚动角为18.984°时处于单齿啮合最低点，此时由双齿啮合转为单齿啮合，齿面载荷由一对齿承担，此时齿轮右齿面油膜厚度逐渐变小；当滚动角在

18.984°～21.903°区域内为单齿啮合阶段，故在齿面 0～25 mm 区间油膜厚度逐渐变大；当滚动角变为 21.903°时，为单齿啮合最高点，此时由单齿啮合变为双齿啮合，齿面载荷由两对齿承担，故齿面油膜厚度逐渐变大；其中最小油膜厚度处相关参数见表 9－20。

油膜厚度 Input Gear 2 → Output Gear 2

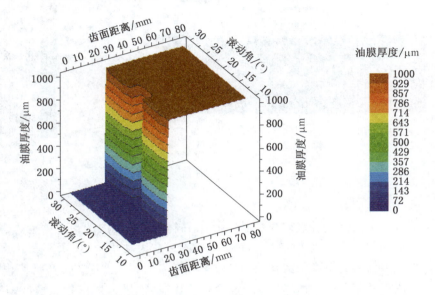

图 9－28　Z_4 右齿面油膜厚度

表 9－20　最小油膜厚度相关参数

最小油膜厚度/μm	0.1323	最小油膜厚度处相对载荷	$7.558 \times e^{-4}$
平均粗糙度/μm	3.00	最小油膜厚度处滑动参数	0.019
最小油膜厚度处相对半径曲率/mm	12.122	散齿温度/℃	74.954
压力速度参数	5004.3956	最小油膜厚度处局部表面温度/℃	471.004
最小油膜厚度处速度参数	$2.590 \times e^{-11}$		

4）齿轮副 $Z_6 - Z_7$ 结果分析

齿轮副 $Z_6 - Z_7$ 各项参数见表 9－21～表 9－24，模拟结果如图 9－28～图 9－33 所示。

表 9－21　$Z_6 - Z_7$ 详细几何尺寸

40 ℃时润滑剂黏度	160	啮合刚度	21.457
应用系数	1	基节误差	15
加载共享系数	1	齿廓形状偏差	18
载荷循环系数	2.119×10^4	基节跑合余量	3.2
动态系数	1.059	初始啮合齿向误差	0
单对啮合刚度	13.869	齿向跑合余量	0

表9-22　Z_6-Z_7轮齿弯曲系数

齿　轮	Z_6	Z_7	齿　轮	Z_6	Z_7
齿形系数	1.327	1.238	尺寸系数	0.994	0.994
缺口系数	2.129	2.497	齿根弦长度	2.088	2.208
应力修正系数	2.072	2.23	弯曲力臂	0.9555	1.003
螺旋角系数	1	1	齿根圆半径	0.4905	0.4421
寿命系数	2.216	1.708	载荷方向角	18.447	19.477
灵敏度系数	0.9901	0.9999	载荷中心角	2.583	1.381
表面条件系数	0.876	0.876			

表9-23　Z_6-Z_7轮齿接触系数

齿　轮	Z_6	Z_7	齿　轮	Z_6	Z_7
区域系数	2.495	2.495	粗糙度系数	0.7948	0.7948
弹性系数	190.3	190.3	速度系数	0.9471	0.9471
端面重合度系数	0.87	0.87	工作硬化系数	1	1
螺旋角系数	1	1	尺寸系数	1	1
寿命系数	1.6	1.6	单对齿接触系数	1.002	1
润滑剂系数	0.9938	0.9938			

表9-24　Z_6-Z_7应力分析

齿　轮		Z_6	Z_7
弯曲应力	弯曲疲劳极限	310	310
	容许弯曲应力	1184.468	921.790
	标称弯曲应力	341.508	342.886
	实际弯曲应力	361.490	362.948
	安全系数	3.277	2.54
接触应力	接触应力数	750	750
	容许接触应力	897.701	897.701
	标称接触应力	997.188	997.188
	实际接触应力	1048.378	1025.947
	安全系数	0.8563	0.875

由图9-29可以看出，齿面距离在0~35mm区间，轮齿载荷呈涟漪状逐渐减小，滚动角由11.119°变化至19.077°区间内，轮齿载荷最大可至2863.769 N/mm；当滚动角变化至19.077°，齿轮进入单齿啮合状态，单位长度载荷由单对齿分担，故有明显增加，最高值达3000.544 N/mm；该变化持续至滚动角变为22.028°，逐渐退出单齿啮合，进入双齿啮合，滚动角由22.028°变化至29.986°区间轮齿单位长度载荷变化与滚动角由11.119°变化至19.077°区间内轮齿单位长度载荷变化相似，最高可达2863.769 N/mm。轮齿齿面

距离从 35 mm 至 110 mm 区间内，轮齿载荷较小，逐渐减小为零。

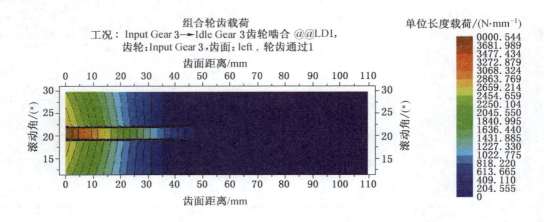

图 9 - 29　Z_6 - Z_7 组合轮齿载荷

由图 9 - 30 可知，当滚动角为 11.119° 时两轮齿进入啮合，存在啮合冲击，此时两轮齿的相对滑动速度较大，为 0.798 m/s，随着两轮齿逐渐进入啮合，相对滑动速度逐渐减小，至滚动角为 20.854° 时，处于两轮齿啮合节点位置，相对滑动速度达最小值，为 0.013 m/s，随后两轮齿逐渐退出啮合。由于啮合冲击的存在，两轮齿相对滑动速度逐渐增大至 0.025 m/s，图中正负号代表方向。

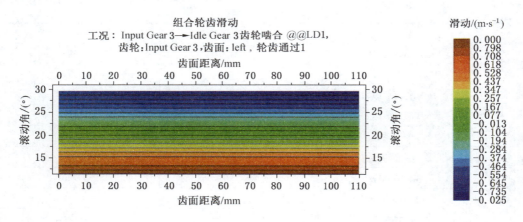

图 9 - 30　Z_6 - Z_7 组合轮齿滑动

图 9 - 31 所示为轮齿从进入啮合至退出啮合一个啮合周期内的接触应力分布情况，轮齿接触应力沿齿宽方向从 0 ~ 35 mm 逐渐减小，35 ~ 110 mm 区间内轮齿最大接触应力较小且沿齿面分布均匀，滚动角为 11.119° ~ 19.077° 区间内接触应力沿齿面方向呈波纹状扩散，到 19.077° 时接触应力突然增至 2570.004 MPa，过程一直持续至滚动角变为 22.028°，滚动角在 22.028° ~ 29.986° 区间内接触应力沿齿面方向呈梯度变化。在 19.077° ~ 22.028° 区域较大接触应力的反复作用下，会在接触表面的局部区域产生小块金属剥落，使其产生

损伤，导致齿轮运转噪声增大，振动加剧，温度升高，磨损加快，最后致使齿轮失效。

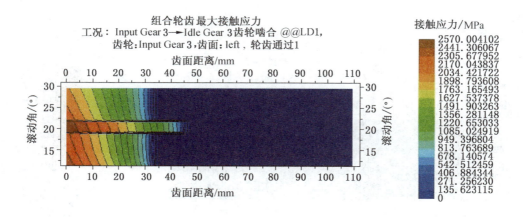

图 9-31 Z_6-Z_7 最大接触应力云图

图 9-32 所示为轮齿从进入啮合至退出啮合一个啮合周期内的剪应力分布情况，轮齿接触应力沿齿宽方向从 0~35 mm 逐渐增加，且该区域内轮齿最大剪应力沿滚动角分布规律与轮齿最大接触应力沿滚动角分布规律相同，其中在滚动角由 19.077°变化至 22.028°区域内，轮齿表面下最大剪应力最高值可至 775.057 MPa，35~110 mm 区间内轮齿最大接触应力较小且沿齿面分布均匀。

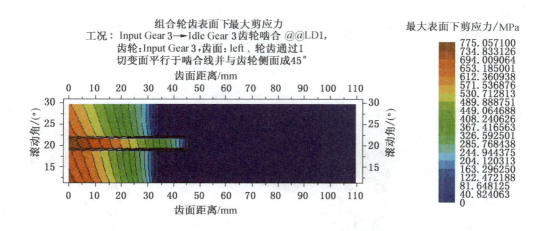

图 9-32 Z_6-Z_7 最大剪应力云图

图 9-33 所示为轮齿从进入啮合至退出啮合一个啮合周期内的最大剪应力深度云图，其沿齿面分布规律与轮齿最大剪应力分布规律相同，在滚动角由 11.119°变化至 19.077°区间内，轮齿最大剪应力深度随滚动角增加逐渐增大，与轮齿剪应力分布规律相反，但二者沿齿面分布规律基本相同；滚动角由 19.077°变化至 22.028°区间内，剪应力深度与剪应力分布规律相同，最深可至 771.52 μm；滚动角由 22.028°变化至 29.986°过程中轮齿最

大剪应力深度随滚动角变化与该区间内剪应力变化规律相反，但二者沿齿面分布规律基本一致。

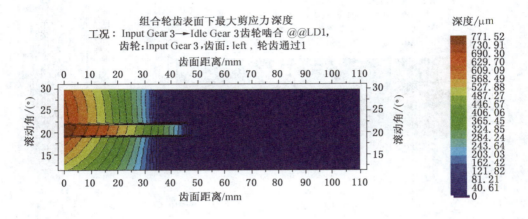

图 9 – 33　Z_6 – Z_7 最大剪应力深度云图

　　根据图 9 – 34，滚动角在 11.119° ~ 19.077° 区域内变化时，油膜沿齿面分布均匀但有沿齿面逐渐变厚趋势；滚动角为 19.077° 时处于单齿啮合最低点，此时由双齿啮合转为单齿啮合，齿面载荷由一对齿承担，此时齿轮左齿面油膜厚度逐渐变小；当滚动角在 19.077° ~ 22.028° 区域内为单齿啮合阶段，故在齿面 33 ~ 46 mm 区间油膜厚度逐渐变大；当滚动角变为 22.028° 时，为单齿啮合最高点，此时由单齿啮合变为双齿啮合，齿面载荷由两对齿承担，故齿面油膜厚度逐渐变大；其中最小油膜厚度处相关参数见表 9 – 25。

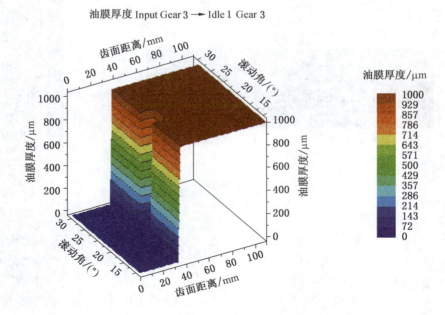

图 9 – 34　Z_6 左齿面油膜厚度

表9-25　最小油膜厚度相关参数

最小油膜厚度/μm	0.0973	最小油膜厚度处相对载荷	$7.5468 \times e^{-4}$
平均粗糙度/μm	3	最小油膜厚度处滑动参数	$2.2014 \times e^{-2}$
最小油膜厚度处相对半径曲率/mm	14.828	散齿温度/℃	78.971
压力速度参数	5004.3956	最小油膜厚度处局部表面温度/℃	458.205
最小油膜厚度处速度参数	$1.1876 \times e^{-11}$		

5）齿轮副 $Z_7 - Z_8$ 结果分析

齿轮副 $Z_7 - Z_8$ 各项参数见表9-26~表9-29，模拟结果如图9-35~图9-40所示。

表9-26　$Z_7 - Z_8$ 详细几何尺寸

40℃时润滑剂黏度	160	啮合刚度	22.895
应用系数	1	基节误差	15
加载共享系数	1	齿廓形状偏差	18
载荷循环系数	1.165×10^4	基节跑合余量	3.2
动态系数	1.086	初始啮合齿向误差	0
单对啮合刚度	14.412	齿向跑合余量	0

表9-27　$Z_7 - Z_8$ 轮齿弯曲系数

齿　轮	Z_7	Z_8	齿　轮	Z_7	Z_8
齿形系数	1.166	1.166	尺寸系数	0.994	0.994
缺口系数	2.497	2.497	齿根弦长度	2.208	2.208
应力修正系数	2.284	2.284	弯曲力臂	0.9425	0.9425
螺旋角系数	1	1	齿根圆半径	0.4421	0.4421
寿命系数	1.708	1.708	载荷方向角	19.146	19.146
灵敏度系数	0.9999	0.9999	载荷中心角	1.422	1.422
表面条件系数	0.876	0.876			

表9-28　$Z_7 - Z_8$ 轮齿接触系数

齿　轮	Z_7	Z_8	齿　轮	Z_7	Z_8
区域系数	2.495	2.495	粗糙度系数	0.8085	0.8085
弹性系数	190.3	190.3	速度系数	0.9471	0.9471
端面重合度系数	0.8593	0.8593	工作硬化系数	1	1
螺旋角系数	1	1	尺寸系数	1	1
寿命系数	1.6	1.6	单对齿接触系数	1	1
润滑剂系数	0.9938	0.9938			

表9-29 Z_7-Z_8 应力分析

齿轮		Z_7	Z_8
弯曲应力	弯曲疲劳极限	310	310
	容许弯曲应力	921.790	921.790
	标称弯曲应力	330.676	330.676
	实际弯曲应力	359.065	359.065
	安全系数	2.567	2.567
接触应力	接触应力数	750	750
	容许接触应力	913.227	913.227
	标称接触应力	829.774	829.774
	实际接触应力	865.074	865.074
	安全系数	1.056	1.056

由图 9-35 可以看出，齿面距离在 0~35 mm 区间，轮齿载荷呈涟漪状逐渐减小，滚动角由 15.500°变化至 20.208°区间内，轮齿载荷最大可至 2677.523 N/mm；当滚动角变化至 20.208°，齿轮进入单齿啮合状态，单位长度载荷由单对齿分担，故有明显增加，最高值达 3800.701 N/mm；该变化持续至滚动角变为 21.500°，逐渐退出单齿啮合，进入双齿啮合，滚动角由 21.500°变化至 26.208°区间轮齿单位长度载荷变化与滚动角由 15.500°变化至 20.208°区间内轮齿单位长度载荷变化相似，最高可达 2677.523 N/mm。轮齿齿面距离在 35~110 mm 区间内，轮齿载荷较小，逐渐减小为零。

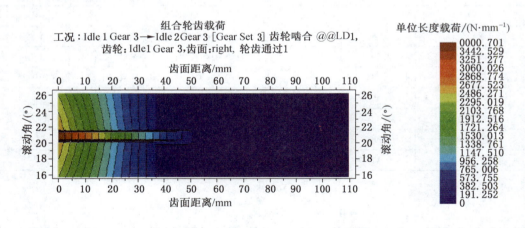

图 9-35 Z_7-Z_8 组合轮齿载荷

由图 9-36 可知，当滚动角为 15.500°时两轮齿进入啮合，存在啮合冲击，此时两轮齿的相对滑动速度较大为 0.630 m/s，随着两轮齿逐渐进入啮合，相对滑动速度逐渐减小，至滚动角为 20.854°时，两轮齿处于啮合节点位置，相对滑动速度达最小值，为 0.033 m/s，随后两轮齿逐渐退出啮合，由于啮合冲击的存在，两轮齿相对滑动速度逐渐增大至 0.635 m/s，图中正负号代表方向。

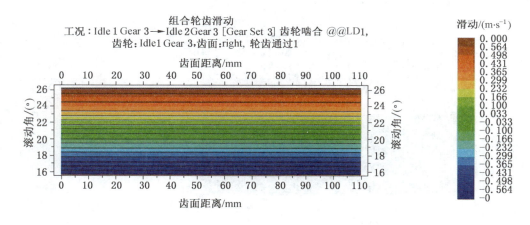

图 9 - 36 $Z_7 - Z_8$ 组合轮齿滑动

图 9 - 37 所示为轮齿从进入啮合至退出啮合一个啮合周期内的接触应力分布情况，轮齿接触应力沿齿宽方向从 0 ~ 35 mm 逐渐减小，35 ~ 110 mm 区间内轮齿最大接触应力较小且沿齿面分布均匀，滚动角为 15.500° ~ 20.208° 区间内接触应力沿齿面方向呈波纹状扩散，到 20.208° 时接触应力突然增至 2007.315 MPa，过程一直持续至滚动角变为 21.500°，滚动角在 21.500° ~ 26.208° 区间内接触应力沿齿面方向呈梯度变化。在 20.208° ~ 21.500° 区域较大接触应力的反复作用下，会在接触表面的局部区域产生小块金属剥落，使其产生损伤，导致齿轮运转噪声增大，振动加剧，温度升高，磨损加快，最后致使齿轮失效。

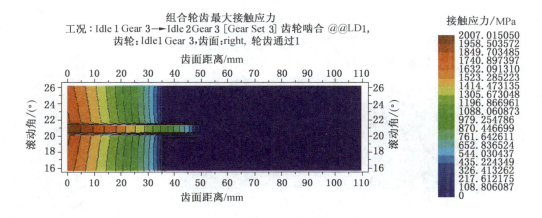

图 9 - 37 $Z_7 - Z_8$ 最大接触应力云图

图 9 - 38 所示为轮齿从进入啮合至退出啮合一个啮合周期内的剪应力分布情况，轮齿接触应力沿齿宽方向从 0 ~ 35 mm 逐渐增加，且该区域内轮齿最大剪应力沿滚动角分布规律与轮齿最大接触应力沿滚动角分布规律相同，其中在滚动角由 20.208° 变化至 21.500° 区域内，轮齿表面下最大剪应力最高值可至 822.202 MPa，35 ~ 110 mm 区间内轮齿最大接

触应力较小且沿齿面分布均匀。

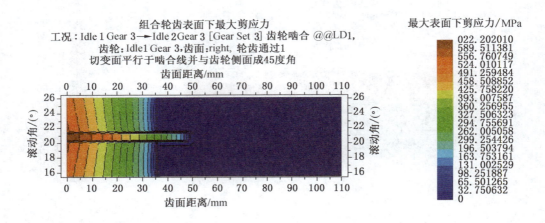

图 9-38　$Z_7 - Z_8$ 最大剪应力云图

图 9-39 所示为轮齿从进入啮合至退出啮合一个啮合周期内的最大剪应力深度云图，其沿齿面分布规律与轮齿最大剪应力分布规律相同，在滚动角由 15.500° 变化至 20.208° 区间内，轮齿最大剪应力深度随滚动角增加逐渐增大，与轮齿剪应力分布规律相反，但二者沿齿面分布规律基本相同；滚动角由 20.208° 变化至 21.500° 区间内，剪应力深度变化规律与剪应力分布规律相同，最深可至 870.54 μm；滚动角由 21.500° 变化至 26.208° 过程中，轮齿最大剪应力深度随滚动角变化规律与该区间内剪应力变化规律相反，但二者沿齿面分布规律基本一致。

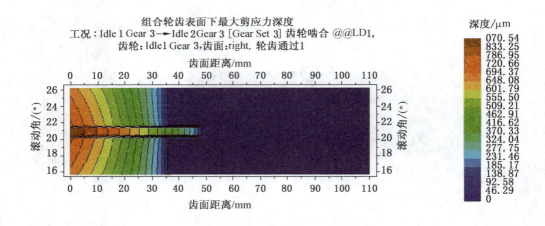

图 9-39　$Z_7 - Z_8$ 最大剪应力深度云图

根据图 9-40，滚动角在 15.500° ~ 20.208° 区间变化时，油膜沿齿面分布均匀但有沿齿面逐渐变厚趋势；滚动角为 20.208° 时处于单齿啮合最低点，此时由双齿啮合转为单齿啮合，齿面载荷由一对齿承担，此时齿轮左齿面油膜厚度逐渐变小；当滚动角在 20.208° ~

21.500°区域内为单齿啮合阶段，故在齿面35~50 mm区间油膜厚度逐渐变大；当滚动角变为21.500°时，为单齿啮合最高点，此时由单齿啮合变为双齿啮合，齿面载荷由两对齿承担，故齿面油膜厚度逐渐变大；其中最小油膜厚度处相关参数见表9-30。

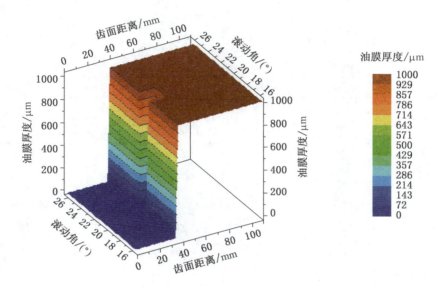

图9-40　Z_7左齿面油膜厚度

表9-30　最小油膜厚度相关参数

最小油膜厚度/μm	0.166	最小油膜厚度处相对载荷	$3.7563 \times e^{-4}$
平均粗糙度/μm	3	最小油膜厚度处滑动参数	$4.7102 \times e^{-2}$
最小油膜厚度处相对半径曲率/mm	28.831	散齿温度/℃	73.868
压力速度参数	5004.3956	最小油膜厚度处局部表面温度/℃	266.429
最小油膜厚度处速度参数	$6.8092 \times e^{-12}$		

6）齿轮副$Z_8 - Z_9$结果分析

齿轮副$Z_8 - Z_9$各项参数见表9-31~表9-34，模拟结果如图9-41~图9-47所示。

表9-31　$Z_8 - Z_9$详细几何尺寸

40℃时润滑剂黏度	160	啮合刚度	23.248
应用系数	1	基节误差	15
加载共享系数	1	齿廓形状偏差	18
载荷循环系数	1.165×10^4	基节跑合余量	3.2
动态系数	1.092	初始啮合齿向误差	0
单对啮合刚度	14.563	齿向跑合余量	0

表 9 – 32　Z_8 – Z_9 轮齿弯曲系数

齿　　轮	Z_8	Z_9	齿　　轮	Z_8	Z_9
齿形系数	1.152	1.142	尺寸系数	0.994	0.994
缺口系数	2.497	2.587	齿根弦长度	2.208	2.229
应力修正系数	2.295	2.332	弯曲力臂	0.9312	0.9409
螺旋角系数	1		齿根圆半径	0.4421	0.4308
寿命系数	1.708	2.495	载荷方向角	19.083	19.257
灵敏度系数	0.9999	1.002	载荷中心角	1.430	1.237
表面条件系数	0.876	0.876			

表 9 – 33　Z_8 – Z_9 轮齿接触系数

齿　　轮	Z_8	Z_9	齿　　轮	Z_8	Z_9
区域系数	2.495	2.495	粗糙度系数	0.8113	0.8113
弹性系数	190.3	190.3	速度系数	0.9471	0.9471
端面重合度系数	0.8573	0.8573	工作硬化系数	1	1
螺旋角系数	1	1	尺寸系数	1	1
寿命系数	1.6	1.6	单对齿接触系数	1.002	1
润滑剂系数	0.9938	0.9938			

表 9 – 34　Z_8 – Z_9 应力分析

齿　　轮		Z_8	Z_9
弯曲应力	弯曲疲劳极限	310	310
	容许弯曲应力	921.790	1349.835
	标称弯曲应力	328.376	330.520
	实际弯曲应力	358.461	360.802
	安全系数	2.572	3.741
接触应力	接触应力数	750	750
	容许接触应力	916.312	916.312
	标称接触应力	800.367	800.367
	实际接触应力	838.273	836.273
	安全系数	1.093	1.096

图 9 – 41 所示为 Z_8 左齿面组合轮齿载荷，由图可以看出，齿面距离从 87 ~ 110 mm 区间，轮齿载荷呈涟漪状逐渐减小，滚动角由 15.437°变化至 20.208°区间内，轮齿载荷最大可至 4211.158 N/mm；当滚动角变化至 20.208°，齿轮进入单齿啮合状态，单位长度载荷由单对齿分担，故有明显增加，最高值达 6154.770 N/mm；该变化持续至滚动角变为 21.437°，逐渐退出单齿啮合，进入双齿啮合，滚动角由 21.437°变化至 26.208°区间轮齿单位长度载荷变化与滚动角由 15.437°变化至 20.208°区间内轮齿单位长度载荷变化相似，

最高可达 4211.158 N/mm。轮齿齿面距离在 0～87 mm 区间内，轮齿载荷较小，逐渐减小为零。

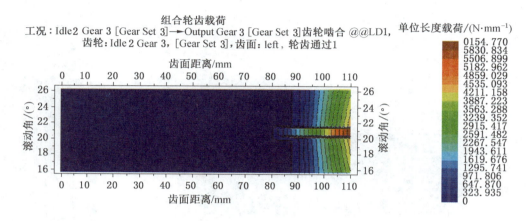

图 9-41　Z_8 左齿面组合轮齿载荷

由图 9-42 可知，当滚动角为 15.437°时两轮齿进入啮合，存在啮合冲击，此时两轮齿的相对滑动速度较大，为 0.500 m/s，随着两轮齿逐渐进入啮合，相对滑动速度逐渐减小，至滚动角为 20.854°时，两轮齿处于啮合节点位置，相对滑动速度达最小值，为 0.031 m/s，随后两轮齿逐渐退出啮合，由于啮合冲击的存在两轮齿相对滑动速度逐渐增大至 0.500 m/s，图中正负号代表方向。

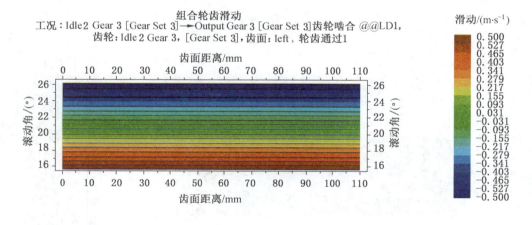

图 9-42　Z_8-Z_9 组合轮齿滑动

图 9-43 所示为 Z_8-Z_9 最大接触应力云图，即轮齿从进入啮合至退出啮合一个啮合周期内 Z_8 左齿面的接触应力分布情况，0～87 mm 区间内轮齿最大接触应力较小且沿齿面分布均匀，轮齿接触应力沿齿宽方向从 87～110 mm 逐渐减小，滚动角为 15.437°～20.208°区间内接触应力沿齿面方向呈波纹状扩散，到 20.208°时接触应力突然增至

2804.151 MPa，过程一直持续至滚动角变为21.437°，滚动角在21.437°~26.208°区间内接触应力沿齿面方向呈梯度变化。在20.208°~21.437°区域较大接触应力的反复作用下，会在接触表面的局部区域产生小块金属剥落，使其产生损伤，导致齿轮运转噪声增大，振动加剧，温度升高，磨损加快，最后致使齿轮失效。

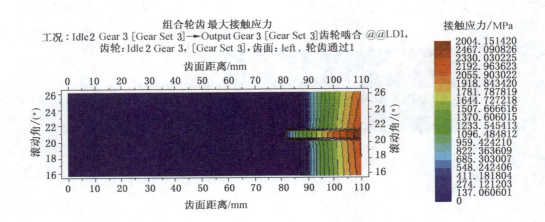

图9-43　Z_8-Z_9最大接触应力云图

图9-44所示为Z_8-Z_9最大剪应力云图，即轮齿从进入啮合至退出啮合一个啮合周期内Z_8左齿面的剪应力分布情况，轮齿接触应力沿齿宽方向从87~110 mm逐渐增加，且该区域内轮齿最大剪应力沿滚动角分布规律与轮齿最大接触应力沿滚动角分布规律相同，其中在滚动角由20.208°变化至21.437°区域内，轮齿表面下最大剪应力最高值可至780.041 MPa，0~87 mm区间内轮齿最大接触应力较小且沿齿面分布均匀。

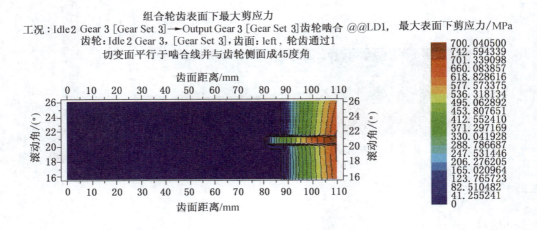

图9-44　Z_8-Z_9最大剪应力云图

图9-45所示为Z_8-Z_9最大剪应力深度云图，即轮齿从进入啮合至退出啮合一个啮合周期内Z_8左齿面最大剪应力深度云图，其沿齿面分布规律与轮齿最大剪应力分布规律

相同，在滚动角由 15.437°变化至 20.208°区间内，轮齿最大剪应力深度随滚动角增加逐渐增大，与轮齿剪应力分布规律相反，但二者沿齿面分布规律基本相同；滚动角由 20.208°变化至 21.437°区间内，剪应力深度与剪应力分布规律相同，最深可至 1104.04 μm；滚动角由 21.437°变化至 26.208°过程中轮齿最大剪应力深度随滚动角变化与该区间内剪应力变化规律相反，但二者沿齿面分布规律基本一致。

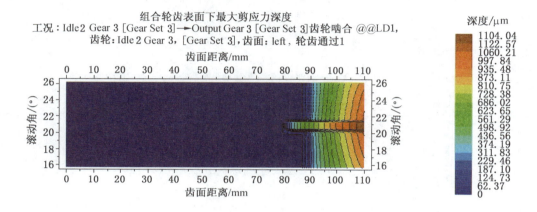

图 9-45　Z_8-Z_9 最大剪应力深度云图

根据图 9-46，滚动角从 15.437°至 20.208°变化时，油膜沿齿面分布均匀但有沿齿面逐渐变薄趋势；滚动角为 20.208°时处于单齿啮合最低点，此时由双齿啮合转为单齿啮合，齿面载荷由一对齿承担，此时齿轮左齿面油膜厚度逐渐变小；当滚动角在 20.208° ~

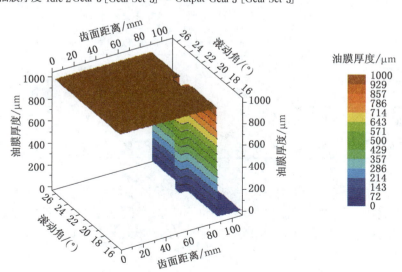

图 9-46　Z_8 左齿面油膜厚度

21.437°区域内为单齿啮合阶段，故在齿面距离为 80~87 mm 区间油膜厚度逐渐变大；当滚动角变为 21.437°时，为单齿啮合最高点，此时由单齿啮合变为双齿啮合，齿面载荷由两对齿承担，故齿面油膜厚度逐渐变大；其中最小油膜厚度处相关参数见表 9-35。

表 9-35　最小油膜厚度相关参数

最小油膜厚度/μm	0.1349	最小油膜厚度处相对载荷	$6.0544 \times e^{-4}$
平均粗糙度/μm	3	最小油膜厚度处滑动参数	$2.2489 \times e^{-2}$
最小油膜厚度处相对半径曲率/mm	30.033	散齿温度/℃	70.841
压力速度参数	5004.3956	最小油膜厚度处局部表面温度/℃	361.415
最小油膜厚度处速度参数	$6.4292 \times e^{-12}$		

3. 轴承结果分析

1）轴承 B_1 结果分析

轴承 B_1 细节参数见表 9-36。

表 9-36　轴承 B_1 细节参数

外　部　细　节		内　部　细　节	
类型	滚针轴承	滚子数	29
型号	NA4922	滚子节圆直径/mm	135
外径/mm	150	滚子偏移中心量/mm	0
孔径/mm	110	滚子直径/mm	8.5
宽度/mm	40	滚子总长度/mm	30
额定动载荷/N	$1.3 \times e^5$	外圈滚道挡肩直径/mm	139.25
额定静载荷/N	$3.0 \times e^5$	制造径向游隙/μm	67.5
油润滑速度/(r·min⁻¹)	3200	滚子倒角宽度/mm	0.4
脂润滑速度/(r·min⁻¹)	2000	滚子轮廓类型	对数
质量/kg	2.1	滚子设计载荷/N	$2.06 \times e^4$

内外圈最大接触应力分布如图 9-47 所示，由图 9-47 可知，当处于非承载区时应力为零，进入承载区后，随着与之相接触滚动体位置的不同，脉动变化的接触应力逐渐增加，当转至最低点且恰与滚动体接触时接触应力最大，分别为 1121 MPa、1033 MPa，随后逐渐减至零。

2）轴承 B_2 结果分析

轴承 B_2 细节参数见表 9-37。

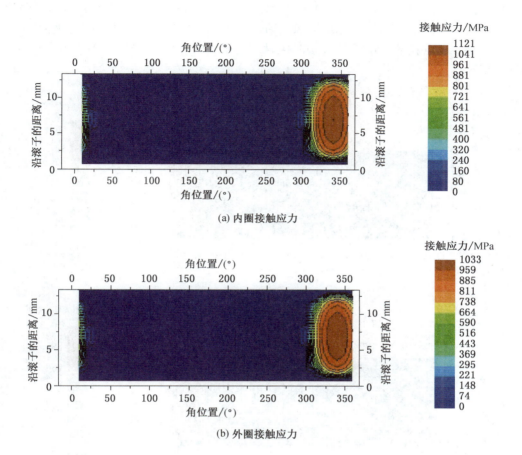

(a) 内圈接触应力

(b) 外圈接触应力

图9-47　B_1最大接触应力云图

表9-37　轴承B_2细节参数

外 部 细 节		内 部 细 节	
类型	圆柱滚子	滚子数	37
型号	NNC4922V	滚子节圆直径/mm	131
外径/mm	150	滚子偏移中心量/mm	0
孔径/mm	110	滚子直径/mm	11
宽度/mm	40	滚子总长度/mm	14
额定动载荷/N	$2.01 \times e^5$	内圈滚道挡肩直径/mm	124.40
额定静载荷/N	$4.3 \times e^5$	外圈滚道挡肩直径/mm	138.04
油润滑速度/$(r \cdot min^{-1})$	1900	制造径向游隙/μm	65.5
脂润滑速度/$(r \cdot min^{-1})$	900	滚子倒角宽度/mm	0.5
质量/kg	2.15	滚子轮廓类型	对数
		滚子设计载荷/N	$1.12 \times e^4$

内外圈最大接触应力分布如图9-48所示，由图9-48可知，当处于非承载区时应力为零，进入承载区后，随着与之相接触滚动体位置的不同，脉动变化的接触应力逐渐增加，当转至最低点且恰与滚动体接触时接触应力最大，分别为1121 MPa、1033 MPa，随后逐渐减至零。

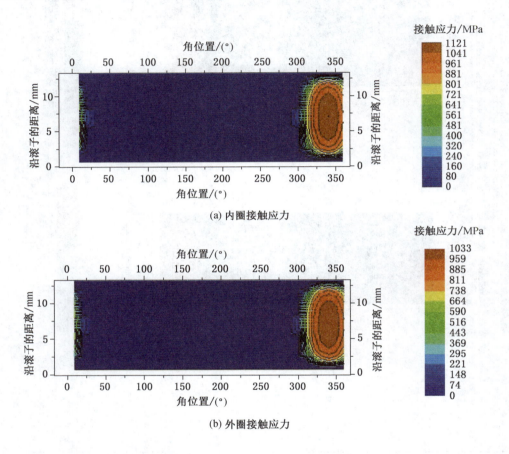

(a) 内圈接触应力

(b) 外圈接触应力

图9-48　B_2 最大接触应力云图

3）轴承 B_3 结果分析

轴承 B_3 细节参数见表9-38。

表9-38　轴承 B_3 细节参数

外　部　细　节		内　部　细　节	
类型	球面滚子	滚子数	14
型号	21317CCK	滚子节圆直径/mm	132.5
外径/mm	180	滚子偏移中心量/mm	0
孔径/mm	85	滚子直径/mm	23.750
宽度/mm	41	滚子总长度/mm	14.350

表 9 - 38（续）

外　部　细　节		内　部　细　节	
额定动载荷/N	$2.93 \times e^5$	制造径向游隙/μm	66.25
额定静载荷/N	$3.75 \times e^5$	滚子倒角宽度/mm	0.8968
油润滑速度/（r·min⁻¹）	2800	滚子圆弧半径/mm	76.546
脂润滑速度/（r·min⁻¹）	2000	外圈滚道的圆弧半径/mm	−78.913
质量/kg	4.517	内圈滚道的圆弧半径/mm	−78.913

　　内外圈最大接触应力分布如图 9 - 49 所示，由图 9 - 49 可知，当处于非承载区时应力为零，进入承载区后，随着与之相接触滚动体位置的不同，脉动变化的接触应力逐渐增加，当转至最低点且恰与滚动体接触时接触应力最大，分别为 1475 MPa、1244 MPa，随后逐渐减至零。

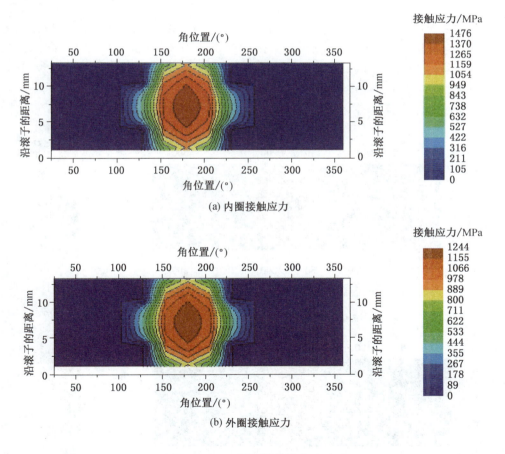

图 9 - 49　B_3 最大接触应力云图

　　4）轴承 B_4 结果分析

　　轴承 B_4 细节参数见表 9 - 39。

表9-39 轴承 B₄ 细节参数

外 部 细 节		内 部 细 节	
类型	球面滚子	滚子数	14
型号	21317CCK	滚子节圆直径/mm	132.5
外径/mm	180	滚子偏移中心量/mm	0
孔径/mm	85	滚子直径/mm	23.750
宽度/mm	41	滚子总长度/mm	14.350
额定动载荷/N	$2.93 \times e^5$	制造径向游隙/μm	66.25
额定静载荷/N	$3.75 \times e^5$	滚子倒角宽度/mm	0.8968
油润滑速度/(r·min⁻¹)	2800	滚子圆弧半径/mm	76.546
脂润滑速度/(r·min⁻¹)	2000	外圈滚道的圆弧半径/mm	-78.913
质量/kg	4.517	内圈滚道的圆弧半径/mm	-78.913

内外圈最大接触应力分布如图9-50所示，由图9-50可知，当处于非承载区时应力为零，进入承载区后，随着与之相接触滚动体位置的不同，脉动变化的接触应力逐渐增加，当转至最低点且恰与滚动体接触时接触应力最大，分别为1493 MPa、1259 MPa，随后逐渐减至零。

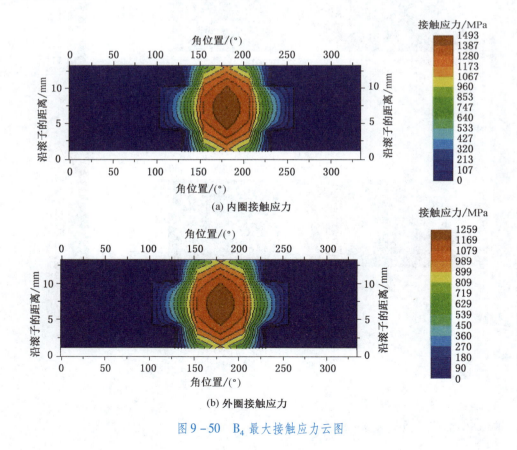

(a) 内圈接触应力

(b) 外圈接触应力

图9-50 B₄最大接触应力云图

5）轴承 B_5 结果分析

轴承 B_5 细节参数见表9-40。

表9-40 轴承 B_5 细节参数

外部细节		内部细节	
类型	圆柱滚子	滚子数	18
型号	NJ2222EC	滚子节圆直径/mm	158
外径/mm	200	滚子偏移中心量/mm	0
孔径/mm	110	滚子直径/mm	24
宽度/mm	53	滚子总长度/mm	34
额定动载荷/N	$3.8 \times e^5$	内圈滚道挡肩直径/mm	143.6
额定静载荷/N	$5.2 \times e^5$	外圈滚道挡肩直径/mm	173.36
油润滑速度/(r·min^{-1})	3400	制造径向游隙/μm	79
脂润滑速度/(r·min^{-1})	2800	滚子倒角宽度/mm	0.9
质量/kg	6.850	滚子轮廓类型	对数
		滚子设计载荷/N	$8.684 \times e^4$

内外圈最大接触应力分布如图9-51所示，由图9-51可知，当处于非承载区时应力为零，进入承载区后，随着与之相接触滚动体位置的不同，脉动变化的接触应力逐渐增加，当转至最低点且恰与滚动体接触时接触应力最大，分别为1378 MPa、1187 MPa，随后逐渐减至零。

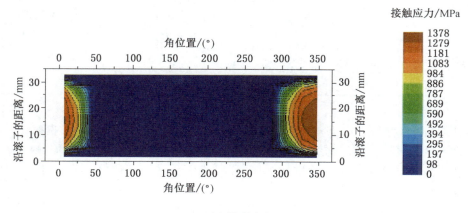

(a) 内圈接触应力

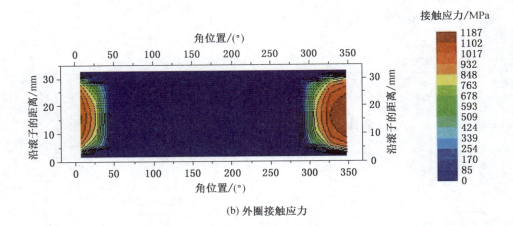

(b) 外圈接触应力

图 9 - 51　B_5 最大接触应力云图

6）轴承 B_6 结果分析

轴承 B_6 细节参数见表 9 - 41。

表 9 - 41　轴 承 B_6 细 节 参 数

外 部 细 节		内 部 细 节	
类型	圆柱滚子	滚子数	17
型号	N222EC	滚子节圆直径/mm	156
外径/mm	200	滚子偏移中心量/mm	0
孔径/mm	110	滚子直径/mm	25
宽度/mm	38	滚子总长度/mm	25
额定动载荷/N	$2.92 \times e^5$	内圈滚道挡肩直径/mm	141
额定静载荷/N	$3.65 \times e^5$	制造径向游隙/μm	78
油润滑速度/(r·min^{-1})	3400	滚子倒角宽度/mm	0.9
脂润滑速度/(r·min^{-1})	2800	滚子轮廓类型	对数
质量/kg	4.8	滚子设计载荷/N	$7.153 \times e^4$

内外圈最大接触应力分布如图 9 - 52 所示，由图 9 - 52 可知，当处于非承载区时应力为零，进入承载区后，随着与之相接触滚动体位置的不同，脉动变化的接触应力逐渐增加，当转至最低点且恰与滚动体接触时接触应力最大，分别为 1512 MPa、1292 MPa，随后逐渐减至零。

7）轴承 B_7 结果分析

轴承 B_7 细节参数见表 9 - 42。

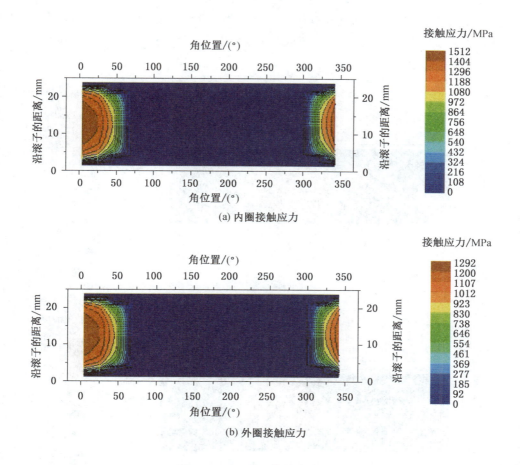

(a) 内圈接触应力

(b) 外圈接触应力

图 9-52　B_6 最大接触应力云图

表 9-42　轴承 B_7 细节参数

外　部　细　节		内　部　细　节	
类型	圆柱滚子	滚子数	15
型号	N322EC	滚子节圆直径/mm	180
外径/mm	240	滚子偏移中心量/mm	0
孔径/mm	110	滚子直径/mm	34
宽度/mm	50	滚子总长度/mm	32
额定动载荷/N	$4.68 \times e^5$	外圈滚道挡肩直径/mm	159.6
额定静载荷/N	$5.4 \times e^5$	制造径向游隙/μm	90
油润滑速度/$(r \cdot min^{-1})$	2600	滚子倒角宽度/mm	1.1
脂润滑速度/$(r \cdot min^{-1})$	2000	滚子轮廓类型	对数
质量/kg	10.5	滚子设计载荷/N	$1.252 \times e^5$

内外圈最大接触应力分布如图 9-53 所示，由图 9-53 可知，当处于非承载区时应力

为零，进入承载区后，随着与之相接触滚动体位置的不同，脉动变化的接触应力逐渐增加，当转至最低点且恰与滚动体接触时接触应力最大，分别为 1668 MPa、1385 MPa，随后逐渐减至零。

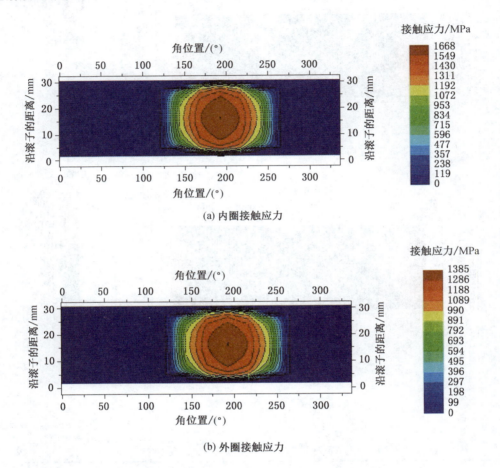

(a) 内圈接触应力

(b) 外圈接触应力

图 9-53 B_7 最大接触应力云图

8）轴承 B_8 结果分析

轴承 B_8 细节参数见表 9-43。

表 9-43 轴承 B_8 细节参数

外　部　细　节		内　部　细　节	
类型	圆柱滚子	滚子数	18
型号	NJ2222EC	滚子节圆直径/mm	158
外径/mm	200	滚子偏移中心量/mm	0
孔径/mm	110	滚子直径/mm	24
宽度/mm	53	滚子总长度/mm	34

表9-43（续）

外 部 细 节		内 部 细 节	
额定动载荷/N	$3.8 \times e^5$	内圈滚道挡肩直径/mm	143.6
额定静载荷/N	$5.2 \times e^5$	外圈滚道挡肩直径/mm	173.36
油润滑速度/(r·min⁻¹)	3400	制造径向游隙/μm	79
脂润滑速度/(r·min⁻¹)	2800	滚子倒角宽度/mm	0.9
质量/kg	6.85	滚子轮廓类型	对数
		滚子设计载荷/N	$8.684 \times e^4$

内外圈最大接触应力分布如图9-54所示，由图9-54可知，当处于非承载区时应力为零，进入承载区后，随着与之相接触滚动体位置的不同，脉动变化的接触应力逐渐增加，当转至最低点且恰与滚动体接触时接触应力最大，分别为1563 MPa、1346 MPa，随后逐渐减至零。

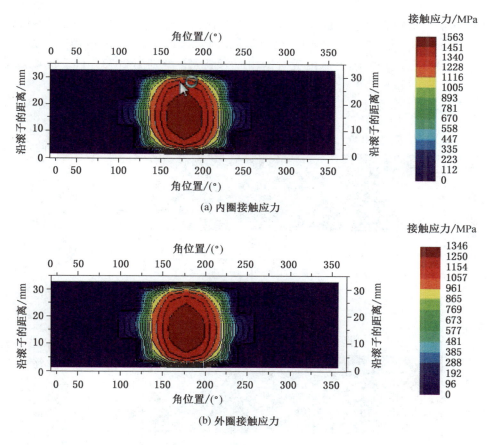

图9-54　B_8最大接触应力云图

9）轴承B_9结果分析

轴承B_9细节参数见表9-44。

表 9-44　轴承 B_9 细节参数

外　部　细　节		内　部　细　节	
类型	角接触球轴承	滚子数	17
型号	7320BE	滚子节圆直径/mm	172
外径/mm	215	滚子偏移中心量/mm	0
孔径/mm	100	滚子直径/mm	30
宽度/mm	47	内圈滚道挡肩直径（左）/mm	160
额定动载荷/N	$2.03 \times e^5$	外圈滚道挡肩直径（左）/mm	202
额定静载荷/N	$1.9 \times e^5$	内圈滚道挡肩直径（右）/mm	160
油润滑速度/(r·min^{-1})	3600	外圈滚道挡肩直径（右）/mm	184
脂润滑速度/(r·min^{-1})	2600		
质量/kg	6.367		

内外圈最大接触应力分布如图 9-55 所示，由图 9-55 可知，当处于非承载区时应力为零，进入承载区后，随着与之相接触滚动体位置的不同，脉动变化的接触应力逐渐增加，当转至最低点且恰与滚动体接触时接触应力最大，分别为 2073 MPa、1743 MPa，随

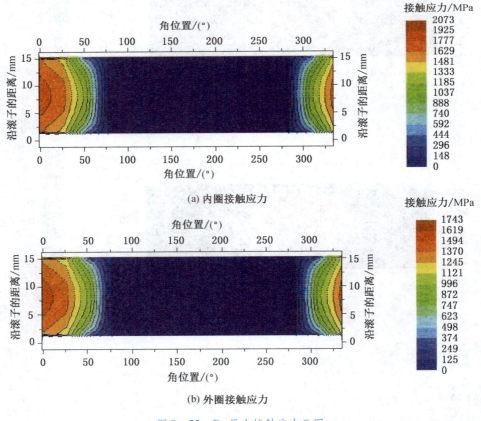

(a) 内圈接触应力

(b) 外圈接触应力

图 9-55　B_9 最大接触应力云图

后逐渐减至零。

10）轴承 B_{10} 结果分析

轴承 B_{10} 细节参数见表 9-45。

表 9-45　轴承 B_{10} 细节参数

外　部　细　节		内　部　细　节	
类型	球面滚子	滚子数	14
型号	21320CCK	滚子节圆直径/mm	157.5
外径/mm	215	滚子偏移中心量/mm	0
孔径/mm	100	滚子直径/mm	28.75
宽度/mm	47	滚子总长度/mm	16.450
额定动载荷/N	$3.85 \times e^5$	制造径向游隙/μm	78.75
额定静载荷/N	$5.3 \times e^5$	滚子倒角宽度/mm	1.033
油润滑速度/(r·min⁻¹)	2200	滚子圆弧半径/mm	91.177
脂润滑速度/(r·min⁻¹)	1700	内圈滚道的圆弧半径/mm	-93.997
质量/kg	7.496	内圈滚道的圆弧半径/mm	-93.997

内外圈最大接触应力分布如图 9-56 所示，由图 9-56 可知，当处于非承载区时应力为零，进入承载区后，随着与之相接触滚动体位置的不同，脉动变化的接触应力逐渐增加，当转至最低点且恰与滚动体接触时接触应力最大，分别为 2073 MPa、1743 MPa，随后逐渐减至零。

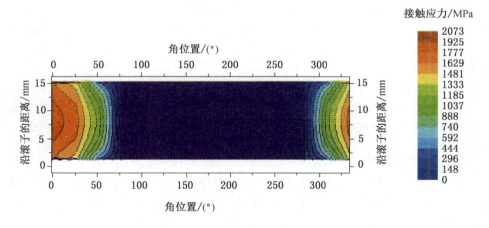

(a) 内圈接触应力

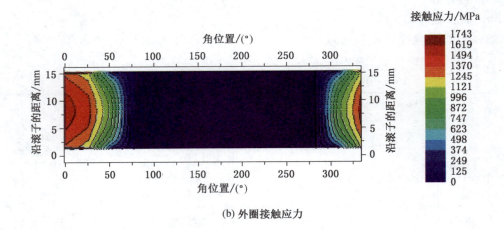

(b) 外圈接触应力

图 9 – 56 B_{10} 最大接触应力云图

11）轴承 B_{11} 结果分析

轴承 B_{11} 细节参数见表 9 – 46。

表 9 – 46 轴 承 B_{11} 细 节 参 数

外 部 细 节		内 部 细 节	
类型	角接触球轴承	滚子数	17
型号	7320BE	滚子节圆直径/mm	172
外径/mm	215	滚子偏移中心量/mm	0
孔径/mm	100	滚子直径/mm	30
宽度/mm	47	内圈滚道挡肩直径（左）/mm	160
额定动载荷/N	$2.03 \times e^5$	外圈滚道挡肩直径（左）/mm	202
额定静载荷/N	$1.9 \times e^5$	内圈滚道挡肩直径（右）/mm	160
油润滑速度/$(r \cdot min^{-1})$	3600	外圈滚道挡肩直径（右）/mm	184
脂润滑速度/$(r \cdot min^{-1})$	2600	内圈滚道半径/mm	15.6
质量/kg	6.367	外圈滚道半径/mm	15.6

内外圈最大接触应力分布如图 9 – 57 所示，由图 9 – 57 可知，当处于非承载区时应力为零，进入承载区后，随着与之相接触滚动体位置的不同，脉动变化的接触应力逐渐增加，当转至最低点且恰与滚动体接触时接触应力最大，分别为 2073 MPa、1743 MPa，随后逐渐减至零。

12）轴承 B_{12} 结果分析

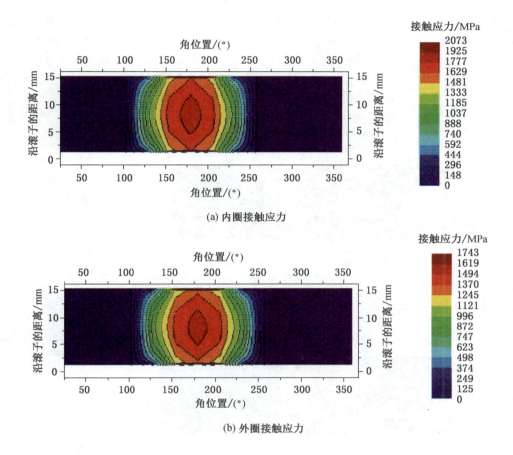

(a) 内圈接触应力

(b) 外圈接触应力

图 9-57 B₁₁ 最大接触应力云图

轴承 B₁₂ 细节参数见表 9-47。

表 9-47 轴承 B₁₂ 细节参数

外 部 细 节		内 部 细 节	
类型	角接触球轴承	滚子数	17
型号	7320BE	滚子节圆直径/mm	172
外径/mm	215	滚子偏移中心量/mm	0
孔径/mm	100	滚子直径/mm	30
宽度/mm	47	内圈滚道挡肩直径(左)/mm	160
额定动载荷/N	$2.03 \times e^5$	外圈滚道挡肩直径(左)/mm	202
额定静载荷/N	$1.9 \times e^5$	内圈滚道挡肩直径(右)/mm	160
油润滑速度/(r·min⁻¹)	3600	外圈滚道挡肩直径(右)/mm	184
脂润滑速度/(r·min⁻¹)	2600	内圈滚道半径/mm	15.6
质量/kg	6.367	外圈滚道半径/mm	15.6

　　内外圈最大接触应力分布如图 9 – 58 所示，由图 9 – 58 可知，当处于非承载区时应力为零，进入承载区后，随着与之相接触滚动体位置的不同，脉动变化的接触应力逐渐增加，当转至最低点且恰与滚动体接触时接触应力最大，分别为 2073 MPa、1743 MPa，随后逐渐减至零。

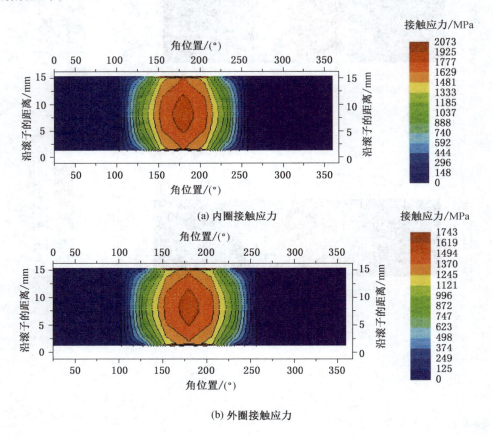

图 9 – 58　B_{12} 最大接触应力云图

4. 轴结果分析

1）轴 S_1 结果分析

图 9 – 59 所示为轴 1 的拉伸应力，图 9 – 60 所示为轴 1 的扭转应力，图 9 – 61 所示为

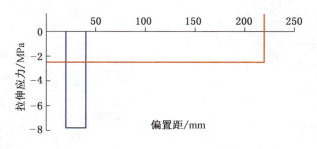

图 9 – 59　轴 1 的拉伸应力

轴 1 的弯曲应力，图中红色线条描述的是轴的外形，蓝色的线条代表的是每一轴段所对应的应力，由图可知，轴 1 的最大拉伸应力为 7.9 MPa，最大扭转应力为 7.9 MPa，最大弯曲应力为 57.8 MPa。轴材料为中碳钢，上述最大应力均在许用应力范围内。

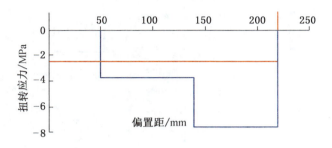

图 9 - 60　轴 1 的扭转应力

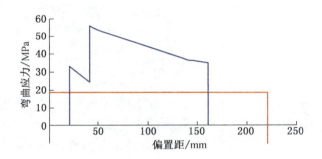

图 9 - 61　轴 1 的弯曲应力

2）轴 S_2 结果分析

图 9 - 62 所示为轴 2 的拉伸应力，图 9 - 63 所示为轴 2 的扭转应力，图 9 - 64 所示为轴 2 的弯曲应力，由图可知，轴 2 的最大拉伸应力为 7.2 MPa，最大扭转应力为 0.75 Pa，最大弯曲应力为 36.5 MPa。轴材料为中碳钢，上述最大应力均在许用应力范围内。

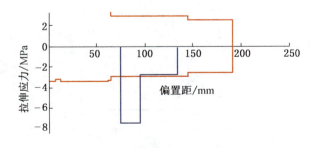

图 9 - 62　轴 2 的拉伸应力

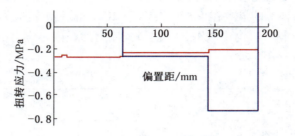

图 9 – 63　轴 2 的扭转应力

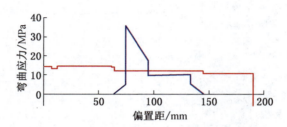

图 9 – 64　轴 2 的弯曲应力

3）轴 S_3 结果分析

图 9 – 65 所示为轴 3 的拉伸应力，图 9 – 66 所示为轴 3 的扭转应力，图 9 – 67 所示为轴 3 的弯曲应力，由图可知，轴 3 的最大拉伸应力为 3.9 MPa，最大扭转应力为 13.5 MPa，最大弯曲应力为 17 MPa。轴材料为中碳钢，上述最大应力均在许用应力范围内。

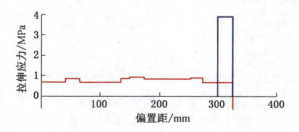

图 9 – 65　轴 3 的拉伸应力

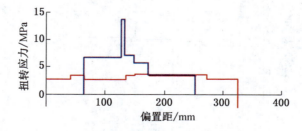

图 9 – 66　轴 3 的扭转应力

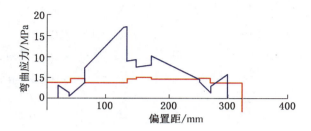

图 9 - 67　轴 3 的弯曲应力

4）轴 S_4 结果分析

图 9 - 68 所示为轴 4 的拉伸应力，图 9 - 69 所示为轴 4 的扭转应力，图 9 - 70 所示为轴 4 的弯曲应力，由图可知，轴 4 的最大拉伸应力为 0.62 Pa，最大扭转应力为 12.3 MPa，最大弯曲应力为 24 MPa。轴材料为中碳钢，上述最大应力均在许用应力范围内。

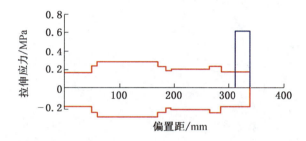

图 9 - 68　轴 4 的拉伸应力

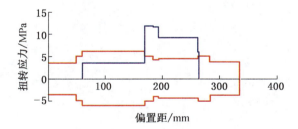

图 9 - 69　轴 4 的扭转应力

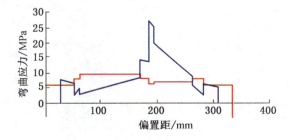

图 9 - 70　轴 4 的弯曲应力

5) 轴 S_5 结果分析

图 9-71 所示为轴 5 的拉伸应力，图 9-72 所示为轴 5 的扭转应力，图 9-73 所示为轴 5 的弯曲应力，由图可知，轴 5 的最大拉伸应力为 6.9 MPa，最大扭转应力为 0.049 MPa，最大弯曲应力为 64 MPa。轴材料为中碳钢，上述最大应力均在许用应力范围内。

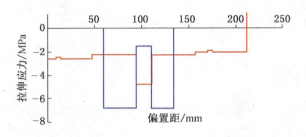

图 9-71   轴 5 的拉伸应力

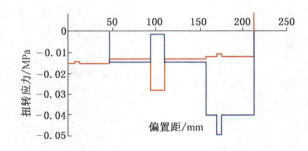

图 9-72   轴 5 的扭转应力

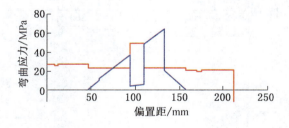

图 9-73   轴 5 的弯曲应力

6) 轴 S_6 结果分析

图 9-74 所示为轴 6 的拉伸应力，图 9-75 所示为轴 6 的扭转应力，图 9-76 所示为轴 6 的弯曲应力，由图可知，轴 6 的最大拉伸应力为 4.9 MPa，最大扭转应力为 0.074 MPa，最大弯曲应力为 95 MPa。轴材料为中碳钢，上述最大应力均在许用应力范围内。

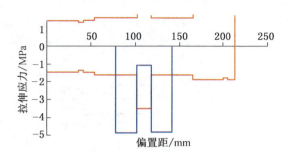

图9－74　轴6的拉伸应力

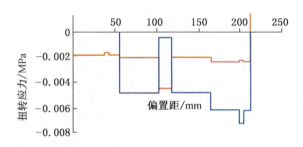

图9－75　轴6的扭转应力

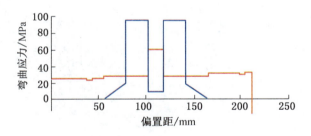

图9－76　轴6的弯曲应力

7）轴S_7结果分析

图9－77所示为轴7的拉伸应力，图9－78所示为轴7的扭转应力，图9－79所示为

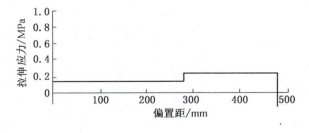

图9－77　轴7的拉伸应力

轴 7 的弯曲应力，由图可知，轴 7 的最大拉伸应力为 0 MPa，最大扭转应力为 93 MPa，最大弯曲应力为 18.5 MPa。轴材料为中碳钢，上述最大应力均在许用应力范围内。

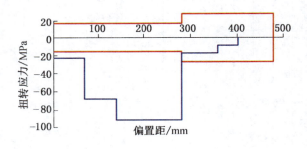

图 9 - 78　轴 7 的扭转应力

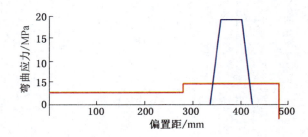

图 9 - 79　轴 7 的弯曲应力

10 摇臂传动系统可靠性分析与传动齿轮齿形优化

10.1 工况载荷下传动系统的齿轮、轴承的寿命分析与预测

Romax 在考虑齿轮表面加工质量及载荷特性的基础上对齿轮寿命进行预测分析，摇臂传动系统齿轮寿命见表 10-1，据表可知 Z_1 的寿命最短为 1.003×10^5 h。

表 10-1 齿 轮 寿 命

齿 轮	寿命/h	齿 轮	寿命/h
Z_1	1.003×10^5	Z_6	1.860×10^5
Z_2	2.335×10^6	Z_7	2.473×10^6
Z_3	4.346×10^6	Z_8	8.122×10^6
Z_4	1.337×10^5	Z_9	2.138×10^7
Z_5	3.051×10^5		

系统仿真所得各轴承寿命和损伤如图 10-1 所示，ISO 281 为国际标准，主要采用 Hertz 接触理论对次表层失效进行分析；Adjusted 在国标基础之上考虑了轴承间隙、表面质量、位置对准误差及滚子上载荷分布等因素，以 Adjusted 为主对轴承寿命进行分析。由图 10-1 可知，B_5 寿命最短为 1.5×10^4 h，损伤为 0.01%。

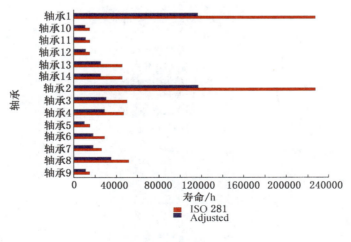

(a) 疲劳寿命

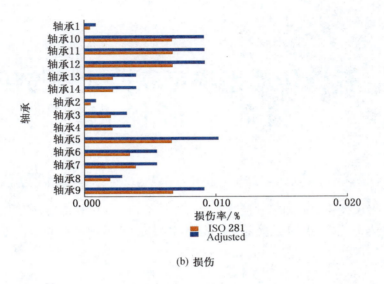

(b) 损伤

图 10 - 1　优化前轴承结果

10.2　齿轮齿形的优化设计

10.2.1　齿廓修形数学模型

齿廓修形参数包括：修形量、修形曲线、修形长度，齿廓修形示意图如图 10 - 2 所示，图中 $\Delta_{\max}$ 为最大修形量；L 为修形长度；定义修形起始点为点 g，终止点为点 k，经修形，点 $k(x,y)$ 变化至点 $k'(x',y')$。

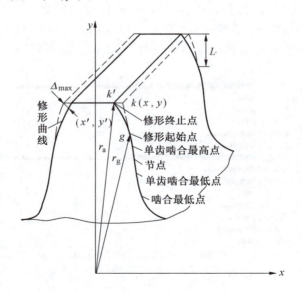

图 10 - 2　齿廓修形示意图

1. 修形量的确定

修形量即为齿顶和齿根沿法向去除材料的厚度，其取值对齿轮性能有很大影响，若取值过小达不到理想的效果，取值过大则会使重合度变小从而引起误差，根据文献［122］，理想最大修形量 $\Delta_{\max}$ 可表达为

$$\Delta_{\max} = |\vec{\delta}_{\mathrm{j}} + \vec{\delta}_{\mathrm{T}} + \vec{\delta}_{\mathrm{m}}| \qquad (10-1)$$

式中　δ_{j}——齿轮受载产生的弹性变形量；

δ_{m}——齿轮制造、安装误差；

δ_{T}——传动过程中温度场作用引起的热变形，δ_{T} 的表达式为

$$|\vec{\delta}_{\mathrm{T}}| = \pi m_{\mathrm{n}}\cos\alpha\Delta T\gamma \times 10^3 \qquad (10-2)$$

式中　ΔT——齿轮传动时的温度差，取值为 8 ~ 15 ℃；

γ——齿轮材料的线膨胀系数，其中钢材取值为 $12 \times 10^{-6}℃^{-1}$。

2. 修形长度的确定

修形长度表示修形曲线在齿廓上起始点之间的垂直距离，齿廓修形长度可分为长修形和短修形，短修形是长修形长度的 1/2，其中齿顶修形起点位于单齿啮合区最高点，齿根修形起点位于单齿啮合区最低点。根据图 10 - 2 中几何关系可得修形长度公式如下：

$$L = r_{\mathrm{a}} - r_{\mathrm{g}}\cos\theta_{\mathrm{g}} \qquad (10-3)$$

式中　r_{a}——齿顶圆半径；

r_{g}——齿廓修形起始点 g 点处矢径；

θ_{g}——g 点处矢径与 y 轴夹角，θ_{g} 的计算公式为

$$\theta_{\mathrm{g}} = \frac{\pi}{2z\cos\alpha_{\mathrm{g}}} \qquad (10-4)$$

式中　α_{g}——g 点对应压力角；

z——齿轮齿数。

3. 修形曲线的确定

修形曲线表示齿廓上任意位置沿法向去除材料的厚度与对应修形量之间关系，表达式如下：

$$\Delta = \Delta_{\max}\left(\frac{s}{L}\right)^e \qquad (10-5)$$

式中　s——修形区任意点 p 与修形起始点 g 之间的垂直距离；

Δ——距离为 s 时对应齿廓修形量；

$\Delta_{\max}$——最大修形量。

根据文献［126］，采用直线修形曲线时指数 e 取值为 1，采用抛物线修形曲线时指数 e 取值为 2。s 的表达式为

$$s = r_{\mathrm{b}}(\tan\alpha_{\mathrm{p}} - \tan\alpha_{\mathrm{g}}) \qquad (10-6)$$

式中　r_{b}——基圆半径；

α_{p}——齿廓上任意点 p 处的压力角；

α_{g}——g 点对应的压力角。

10.2.2　齿廓修形有限元模型

为提高传动系统可靠性、增加齿轮寿命，以寿命最短齿轮组 $Z_1 - Z_2$ 为例，采用微观

几何优化方法，基于鲁棒性的结构优化理论对齿廓进行修正。运用 Romax 齿轮几何尺寸优化器，以寿命为目标，接触应力和损伤为变量寻求最优解，优化结果如图 10 – 3 所示。

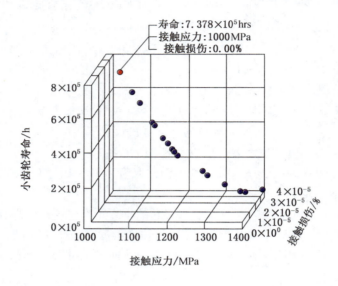

图 10 – 3　优化结果

图 10 – 3 共给出了 16 种优化方案，当 Z_1 接触应力为 1000 MPa，且无损伤时齿轮寿命最大，为 7.378×10^5 h，以此为最优解进行齿廓修形，对比修形前后 Z_1 – Z_2 啮合平面图如图 10 – 4 所示，修形后 Z_1 – Z_2 啮合参数见表 10 – 2。

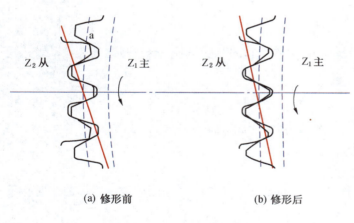

（a）修形前　　　　　　　　（b）修形后

图 10 – 4　Z_1 – Z_2 啮合平面图

表 10 – 2　优化后齿轮啮合参数

齿　　轮	Z_1
有效齿廓起点/(°)	20.061
单齿接触最低点/(°)	26.030
节点/(°)	29.792
单齿接触最高点/(°)	35.713
有效齿廓终点/(°)	41.682

10.3　齿形对传动系统静、动力学特性影响

修形后 Z_1 – Z_2 啮合最大接触应力分布如图 10 – 5 所示。

从图 10 – 4a 中可以看出，在齿轮啮合过程中，a 处即齿顶与齿根接触部位法向压力

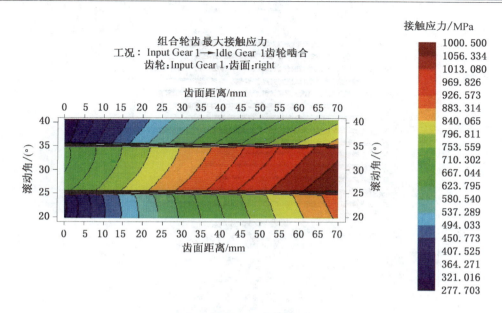

图 10-5 修形后 Z_1 最大接触应力云图

大，接触面积小，长时间易产生疲劳损伤导致齿轮变形失效。修形后图 10-4b 从进入啮合到退出啮合，轮齿过渡较为自然，减小了应力集中点对齿面损伤的影响。由图 10-5 可知，沿齿宽方向从 0~70 mm 接触应力逐渐增加，靠近滚筒一侧依然存在边缘接触现象，齿轮为弹性体，在啮合过程中会产生弹性变形导致接触应力分布不均，单齿啮合区（滚动角为 26.030°~35.716°）接触应力较其他区域稍大，但与修形前相比仍有所减小。经过轮齿修形，最大接触应力由 1045.77 MPa 减至 1000.50 MPa，寿命由 1.003×10^5 h 增至 7.378×10^5 h，齿轮的动态性能得到改善。修形后轴承寿命损伤如图 10-6 所示，B_5 内外圈最大接触应力分布如图 10-7 所示。由图 10-6、图 10-7 可以看出，适当的齿轮修形不会影响轴承寿命，且会使内外圈接触应力有所降低。

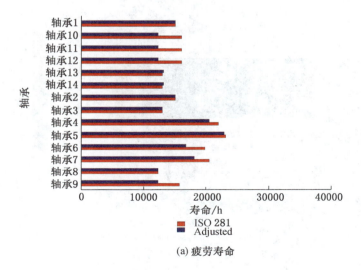

(a) 疲劳寿命

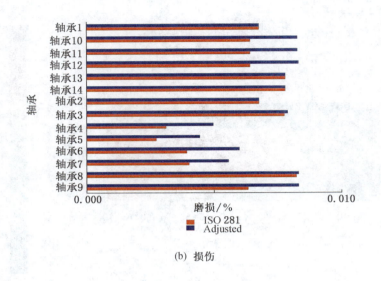

(b) 损伤

图 10-6　修形后轴承结果

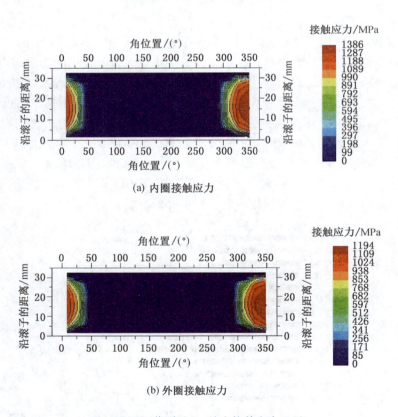

(a) 内圈接触应力

(b) 外圈接触应力

图 10-7　修形后 B_5 最大接触应力云图

11　固热耦合分析与齿廓优化

11.1　齿轮温度场分析模型

11.1.1　齿轮啮合滚动距离、滚动角计算

齿轮啮合时渐开线形成过程如图 10−1 所示，由图可知 A 为渐开线在基圆上起点，K 为渐开线上任意点，其矢径为 r_k；r_b 为基圆半径；r_s 为滚动距离；β 为滚动角；θ_k 为渐开线在 K 点展成角；α_k 为渐开线在 K 点压力角。由图可得各参数之间关系如下：

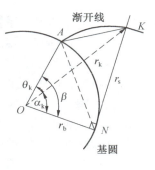

$$\begin{cases} r_s = \sqrt{r_k^2 - r_b^2} \\ \beta = \theta_k + \alpha_k = \dfrac{r_s}{r_b} \times \dfrac{180}{\pi} \\ \theta_k = \tan\alpha_k - \alpha_k \end{cases} \qquad (11-1)$$

图 11−1　渐开线形成图

根据文献［127］可知 r_k 计算公式如下：

$$\begin{cases} r_{kz}(\tau) = \sqrt{\left[(r_{bz}+r_{bc})\sin\alpha - \sqrt{r_{ac}^2 - r_{bc}^2\cos^2\alpha} + r_{bz}\theta_k\right]^2 + r_{bz}^2} \\ r_{kc}(\tau) = \sqrt{\left(\sqrt{r_{ac}^2 - r_{bc}^2\cos^2\alpha} - r_{bz}\theta_k\cos\alpha\right)^2 + r_{bz}^2\cos^2\alpha} \end{cases} \qquad (11-2)$$

式中　r_{kz}、r_{kc}——主、从动轮啮合点到轮心距离；

r_{ac}——从动轮齿顶圆半径；

α——分度圆压力角。

已知时间 τ，角速度 ω_0，有 $\theta_k = \omega_0\tau$，代入式（11−1）、式（11−2）可求得压力角 α_k 随时间变化规律、滚动距离 r_s 随时间变化规律、滚动角 β 随时间变化规律，计算公式如下：

$$\mathrm{inv}\alpha_k = \omega_0\tau \qquad (11-3)$$

$$\begin{cases} r_{sz}(\tau) = \sqrt{\left[(r_{bz}+r_{bc})\sin\alpha - \sqrt{r_{ac}^2 - r_{bc}^2\cos^2\alpha} + r_{bz}\omega_0\tau\right]^2} \\ r_{sc}(\tau) = \sqrt{\left(\sqrt{r_{ac}^2 - r_{bc}^2\cos^2\alpha} - r_{bz}\omega_0\tau\cos\alpha\right)^2 + r_{bz}^2\cos^2\alpha - r_{bc}^2} \end{cases} \qquad (11-4)$$

式中　z——主动轮；

c——从动轮。

$$\begin{cases} \beta_z(\tau) = \dfrac{180}{r_{bz}\pi}\sqrt{\left[(r_{bz}+r_{bc})\sin\alpha - \sqrt{r_{ac}^2 - r_{bc}^2\cos^2\alpha} + r_{bz}\omega_0\tau\right]^2} \\ \beta_c(\tau) = \dfrac{180}{r_{bc}\pi}\sqrt{\left(\sqrt{r_{ac}^2 - r_{bc}^2\cos^2\alpha} - r_{bz}\omega_0\tau\cos\alpha\right)^2 + r_{bz}^2\cos^2\alpha - r_{bc}^2} \end{cases} \qquad (11-5)$$

11. 1. 2　齿轮热平衡计算

齿轮啮合过程中齿面相互摩擦产生热量，轮齿啮入时齿面温度升高，随后通过润滑油和空气进行热传递，啮合传动一段时间后逐渐呈现热平衡状态，此时齿轮温度即为齿轮本体温度，本体温度为恒定温度场，不随时间发生变化。

1. 对流换热计算

根据牛顿冷却定律：当物体表面与周围存在温度差时，单位时间内从单位面积散失的热量与温度差成正比，有牛顿冷却方程：

$$q = \varepsilon (T_\mathrm{S} - T_\mathrm{B}) \tag{11 - 6}$$

式中　　q——热流密度；

ε——对流换热系数；

T_S——固体表面温度；

T_B——润滑油表面温度。

采煤机摇臂齿轮置于齿轮箱中，忽略齿轮上各点之间热传递，齿轮箱中的热传递包括：齿轮和润滑油对流换热、润滑油和箱体内壁对流换热、箱体外壁与外界空气热交换。

2. 齿轮与润滑油对流换热

齿轮与润滑油之间对流换热包括轮齿齿面、轮齿端面和轮齿顶面3个部分，轮齿端面与润滑油接触可近似看作圆盘的对流换热，依据雷诺数可分为层流、过渡层以及湍流3个状态。轮齿端面对流换热系数传统计算公式、轮齿齿面对流换热系数计算公式、轮齿顶面对流换热（轮齿齿顶面和润滑油之间可视为润滑油流过细长形平板的对流换热），系数计算公式如下：

$$\varepsilon_\mathrm{s} = \begin{cases} 0.308\lambda_\mathrm{f}(m+2)^{0.5}P_\mathrm{r}^{0.5}\left(\dfrac{\omega}{v_\mathrm{f}}\right)^{0.5} & Re \leqslant 2 \times 10^5 \\[2mm] 10 \times 10^{-20}\lambda_\mathrm{f}\left(\dfrac{\omega}{v_\mathrm{f}}\right)^4 r_\mathrm{c}^7 & 2 \times 10^5 \leqslant Re \leqslant 2.5 \times 10^5 \\[2mm] 0.0197\lambda_\mathrm{f}(m+2.6)^{0.2}P_\mathrm{r}^{0.6}\left(\dfrac{\omega}{v_\mathrm{f}}\right)^{0.8}r_\mathrm{c}^{0.6} & Re \leqslant 2 \times 10^5 \end{cases} \tag{11 - 7}$$

$$\varepsilon_\mathrm{m} = 0.228 Re^{0.731} P_\mathrm{r}^{0.333} \frac{\lambda_\mathrm{f}}{r_\mathrm{J}} \tag{11 - 8}$$

$$\varepsilon_\mathrm{d} = \lambda_\mathrm{f} \frac{N_\mathrm{u}}{r_\mathrm{a}} = 0.664\lambda_\mathrm{f} P_\mathrm{r}^{0.333}\left(\frac{\omega}{v_\mathrm{f}}\right)^{0.5} \tag{11 - 9}$$

式中　　v_f——润滑油运动黏度；

λ_f——润滑油导热率；

P_r——润滑油普朗特数；

N_u——润滑油努塞尔数；

Re——雷诺数；

m——常数；

r_c——圆盘表面半径。

3. 润滑油与箱体内壁对流换热

润滑油与箱体内壁对流换热系数如下，式中 l 为接触长度：

$$\varepsilon_{o} = 0.664 Re^{1/2} P_{r}^{1/3} \left(\frac{\lambda_{f}}{l} \right) \tag{11-10}$$

式（11-7）~式（11-10）均为对流换热系数传统计算公式，根据文献［132］，齿轮与润滑油、润滑油与箱体内壁的对流换热属于双流体流动，应考虑空气流动的影响，故对部分参数修正如下：

$$\begin{cases} v_{f}^{*} = (1 - \phi h) v_{o} + \phi v_{f} \\ \lambda_{f}^{*} = (1 - \phi h) \lambda_{o} + \phi \lambda_{f} \\ P_{r}^{*} = (1 - \phi h) P_{o} + \phi P_{r} \end{cases} \tag{11-11}$$

式中　　h——修正系数；

$\qquad v_{0}$——空气运动黏度；

$\qquad \lambda_{0}$——空气导热率；

$\qquad P_{0}$——空气普朗特数；

$\qquad \phi$——空气与润滑油比例，$\phi = r_{J}/r_{a}$；

$\qquad r_{J}$——节圆半径；

$\qquad r_{a}$——齿顶圆半径。

4. 箱体外壁与空气热交换

忽略箱体内外壁温差，根据傅里叶定律：单位时间内通过给定截面的热量，正比于垂直于该界面方向上的温度变化率和截面面积。三维空间下傅里叶定律为

$$q = - \lambda \frac{\partial \tau}{\partial n} \tag{11-12}$$

箱体外壁与外界空气热交换可分为水平方向和竖直方向两个部分，水平方向 $\zeta = 0.2$，竖直方向 $\zeta = 0.28$，热交换系数计算公式如下：

$$\varepsilon_{v} = \frac{\zeta \lambda}{l (\gamma g l^{3} \Delta \tau \eta C_{p}/v_{0}^{2} \lambda)^{0.32}} \tag{11-13}$$

式中　　γ——空气热膨胀系数；

$\qquad \eta$——空气动力黏度；

$\qquad C_{p}$——空气定压比热容。

5. 摩擦热流量计算

齿轮啮合点位于点 K 时摩擦热流量计算公式如下：

$$\begin{cases} Q_{z}^{*} = \dfrac{\chi b_{0} n f F_{nk} u}{60 J v} \\ Q_{c}^{*} = \dfrac{(1 - \chi) b_{0} n f F_{nk} u}{60 J v} \end{cases} \tag{11-14}$$

$$\chi = \frac{\sqrt{\lambda_{z} \rho_{z} c_{z} v_{z}}}{\sqrt{\lambda_{z} \rho_{z} c_{z} v_{z}} + \sqrt{\lambda_{c} \rho_{c} c_{c} v_{c}}} \tag{11-15}$$

$$b_{0} = \sqrt{\frac{4 F_{n}}{\pi L} \left(\frac{1 - \mu_{z}^{2}}{E_{z}} + \frac{1 - \mu_{c}^{2}}{E_{c}} \right) \frac{1}{r_{sz}^{-1} + r_{sc}^{-1}}} \tag{11-16}$$

$$F_{n} = \frac{2 K_{0} T_{z}}{r \cos \alpha} \tag{11-17}$$

式中　z、c——主、从动轮；

　　　　n——转速；

　　　　f——摩擦系数；

　　　F_{nk}——接触点处于 K 点时接触压力；

　　　　u——滑移速度；

　　　　v——线速度；

　　　　J——热功当量；

　　　　λ——齿轮导热率；

　　　　ρ——齿轮密度；

　　　　c——比热容；

　　　　χ——热流分配系数；

　　　b_0——赫兹接触半径；

　　　　L——接触线长度；

　　　　μ——泊松比；

　　　　E——弹性模量；

　　　F_n——外载荷；

　　　K_0——载荷系数；

　　　T_z——主动轮转矩；

　　　　r——主动轮分度圆半径。

6. 热平衡边界条件

根据能量守恒原理建立齿轮热平衡方程如下：

$$\frac{\partial T}{\partial \tau} = \frac{\lambda}{\rho c}\left(\frac{\partial^2 T}{\partial x^2} + \frac{\partial^2 T}{\partial y^2} + \frac{\partial^2 T}{\partial z^2}\right) = 0 \tag{11-18}$$

边界条件为

非啮合齿面：$-\lambda_f\dfrac{\partial T}{\partial n}\bigg|_s = \varepsilon_s\Delta T + Q^*$；啮合齿面：$-\lambda_f\dfrac{\partial T}{\partial n}\bigg|_m = \varepsilon_m\Delta T$；轮齿端面：$-\lambda_f\dfrac{\partial T}{\partial n}\bigg|_o = \varepsilon_o\Delta T$。

7. 齿轮表面闪温计算

闪温是齿轮啮合过程中接触点产生的瞬时高温，存在于齿轮表面，极易在瞬间对齿轮表面产生损伤，以 Blok 理论为基础，假设各对齿轮正确啮合、齿轮箱内部环境温度恒定，摇臂齿轮传动系统接触点闪温模型如下：

$$T_f = 0.7858 \frac{fF_n|u_z - u_c|}{(\sqrt{\lambda_z\rho_z c_z u_z} + \sqrt{\lambda_c\rho_c c_c u_c})\sqrt{b_0}} \tag{11-19}$$

与式（11-2）、式（11-3）联立可求得闪温随滚动距离及滚动角变化规律，式中滑移速度 u 表达如下：

$$u(\tau) = \omega_0 r_k(\tau)\sin\left[\arccos r\cos\alpha / r_k(\tau)\right] \tag{11-20}$$

8. 齿轮啮合接触温度计算

齿轮啮合区接触温度是齿轮本体温度与闪温之和，表达式如下：

$$T = T_f + T_b \tag{11-21}$$

将式（11 - 21）与式（11 - 2）、式（11 - 3）联立可求得齿轮表面接触温度随滚动距离和滚动角的变化规律。

11.2　齿轮固热耦合仿真分析

采煤机摇臂齿轮传动系统中间惰轮轴齿轮传递较大转矩，易发生故障导致采煤工作无法顺利进行，造成经济损失，故以从电机方向起第一根惰轮轴上齿轮副为例分析齿轮啮合接触应力、接触温度和闪温变化规律。齿轮材料参数见表 11 - 1，尺寸参数见表 11 - 2，啮合参数见表 11 - 3，其中 Z_z 为主动轮，Z_c 为从动轮。

表11-1　齿轮材料参数

弹性模量/MPa	屈服强度/MPa	抗拉强度/MPa	比热容/(J·kgC^{-1})	密度/(kg·m^{-3})	泊松比	热导性/(W·mC^{-1})
2.07×10^5	314.000	950.000	490.000	7800.000	0.300	49.000

表11-2　齿轮尺寸参数

齿轮	齿数	节圆直径/mm	分度圆直径/mm	齿根圆直径/mm	齿顶圆直径/mm	基圆直径/mm	齿宽/mm
Z_z	35	140.000	140.000	130.000	148.000	131.557	70.000
Z_c	60	240.000	240.000	230.000	248.000	225.526	70.000

表11-3　齿轮啮合参数

齿 轮		Z_z	Z_c
接触几何尺寸	重合度	1.7357	
	接触长度/mm	20.496	
	啮合线长度/mm	64.984	
	端面基节/mm	11.809	
滚动距离	有效齿廓起点/mm	13.404	31.084
	单齿接触最低点/mm	22.091	39.771
	节点/mm	23.941	41.042
	单齿接触最高点/mm	25.213	42.893
	有效齿廓终点/mm	33.900	51.580
滚动角	有效齿廓起点/(°)	11.675	15.794
	单齿接触最低点/(°)	19.242	20.208
	节点/(°)	20.954	20.854
	单齿接触最高点/(°)	21.961	21.794
	有效齿廓终点/(°)	29.528	26.208

图 11 - 2、图 11 - 3 和图 11 - 4 所示分别为 Z_z 右齿面赫兹接触应力、接触温度和闪温随滚动角、滚动距离的变化规律。由图 11 - 2 可知，在滚动距离 13.4 ～ 22.1 mm，滚动角 11.7° ～ 19.2° 阶段，赫兹接触应力由 600 MPa 呈线性增加至 900 MPa，滚动距离为 22.1 mm 时处于单齿接触最低点，此时由双对齿啮合变为单对齿啮合，载荷由单对轮齿承

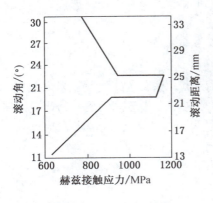

图 11 - 2　赫兹接触应力

担,接触应力直线上升至 1125 MPa,接触应力瞬间增大易导致齿面产生一定程度的损伤;滚动距离在 22.1 ~ 25.2 mm, 滚动角在 19.2° ~ 22°区域为单齿啮合区,滚动距离为 25.2 mm 时处于单齿接触最高点,此时由单对齿啮合过渡到双对齿啮合,此时接触应力达最大值,为 1172 MPa, 随后直线下降至 931 MPa;在滚动距离为 25.2 ~ 33.9 mm, 滚动角为 22° ~ 29.5°阶段,接触应力呈线性缓慢降至 787 MPa。图 11 - 3、图 11 - 4 中温度变化规律一致,只在数值上相差一个本体温度,从图中可以看出温度沿齿宽方向分布均匀,当滚动距离由 13.4 mm 增至 16 mm, 滚动角由 11.7°增至 14°时两轮齿逐渐进入啮合,两轮齿相对滑动速度较大且存在啮合冲击,此时接触温度达最高为 134.8 ℃,闪温为 74.8 ℃;随后啮合区域逐渐进入齿廓中部,相对滑动速度减小且啮合逐渐趋于平稳,故齿面温度逐渐下降,当滚动距离为 24 mm, 滚动角为 21°时齿面接触温度达最低, 为 60.0 ℃,此时闪温为 0 ℃;随着滚动距离由 24 mm 变化至 33.9 mm, 滚动角由 21°变化至 29.5°, 两轮齿逐渐脱离啮合,相对滑动速度增大,此阶段接触温度逐渐增至 110 ℃,闪温逐渐增至 50 ℃。

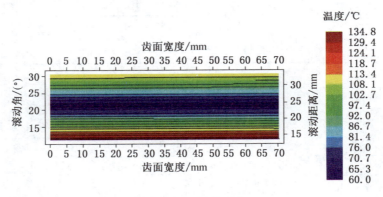

图 11 - 3　接触温度

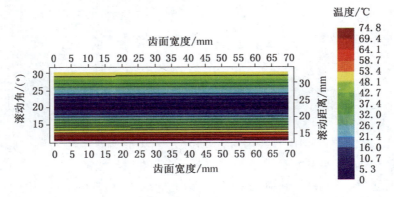

图 11 - 4　闪温

11.3　基于固热耦合特性的齿廓修形

11.3.1　轮齿热变形分析

齿轮受热体积膨胀，会对齿轮啮合状态产生影响。假设齿轮内各点温度一致，且温度改变引起的变形沿齿厚方向分布均匀，则齿轮处于热平衡状态时齿根圆热变形为

$$u_{\mathrm{b}} = \lambda r_{\mathrm{b}} T_{\mathrm{d}} + \frac{1 + \mu}{1 - \mu} \frac{\lambda r_{\mathrm{b}}}{(r_{\mathrm{b}}^2 - r_{\mathrm{d}}^2) r_{\mathrm{a}}} [r_{\mathrm{b}}^2 (1 - 2\mu) - r_{\mathrm{d}}^2] (T_{\mathrm{b}} - T_{\mathrm{d}}) \qquad (11-22)$$

式中　T_{d}——轴孔温度；

　　　　r_{d}——轴孔半径；

　　　　T_{b}——齿根圆温度；

　　　　r_{b}——齿根圆半径。

齿轮温度升高会导致齿廓形状偏离理论值，啮合点热变形如图 11-5 所示。

热变形前齿廓上 K 点参数方程如下：

$$\begin{cases} x = r_{\mathrm{k}} \cos\theta_{\mathrm{k}} \\ y = r_{\mathrm{k}} \sin\theta_{\mathrm{k}} \\ z = 0 \end{cases} \qquad (11-23)$$

由图 11-5 可知：齿轮受热后啮合线上 K 点变形到 K'，N 点变形到 N'，变形后齿轮中心到啮合点距离 r_{k} 变长，展角 θ_{k} 变小，K 点沿 z 方向移动 Δd 距离，热变形后齿廓 K 点参数方程如下：

$$\begin{cases} x' = (r_{\mathrm{k}} + \Delta r_{\mathrm{k}}) \cos(\theta_{\mathrm{k}} - \Delta\theta_{\mathrm{k}}) \\ y' = (r_{\mathrm{k}} + \Delta r_{\mathrm{k}}) \sin(\theta_{\mathrm{k}} - \Delta\theta_{\mathrm{k}}) \\ z' = \Delta d \end{cases} \qquad (11-24)$$

基于热膨胀原理可求得展角改变量、啮合点到轮心距离改变量、轴向改变量计算公式如下：

$$\Delta\theta_{\mathrm{k}} = \frac{\Delta T \lambda S_{\mathrm{k}}}{2(1 + \Delta T \lambda) r_{\mathrm{k}}} \qquad (11-25)$$

$$\Delta r_{\mathrm{k}} = \Delta T \lambda r_{\mathrm{k}} \qquad (11-26)$$

$$\Delta d = \frac{2\delta \left(\frac{\pi}{4} r_{\mathrm{f}}^2 B - \frac{\pi}{4} r_{\mathrm{b}}^2 B \right) \Delta T}{(x - x')(y - y')} \qquad (11-27)$$

式中　ΔT——温度改变量；

　　　　λ——导热系数；

　　　　r_{f}——分度圆半径；

　　　　r_{b}——齿根圆半径；

　　　　B——齿宽；

　　　　δ——热膨胀系数。

热变形前后齿廓形状对比如图 11-6 所示。

由以上计算可知齿廓热变形量，依据热变形量，利用 Romax 中的 Micro-Geometric 模块对齿廓进行修形，使得热膨胀后恰好可以达到理论齿廓形状，以减小热变形对齿轮啮合

的影响。渐开线齿廓修形曲线如图 11 – 7 所示，从图中可以看出修形起始点为滚动角 11.675°至 17.097°即滚动距离 13.404 mm 至 19.629 mm、滚动角 24.107°至 29.528°即滚动距离 27.676 mm 至 33.900 mm。11.675°至 17.097°区间修形量从 16.42 μm 至 0 μm 呈线性变化，24.107°至 29.528°区间修形量从 0 μm 至 16.42 μm 呈线性变化。

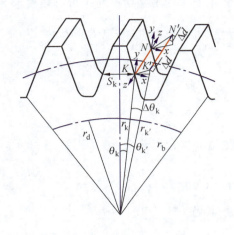

图 11 – 5　啮合点热变形

图 11 – 6　齿廓热变形前后对比

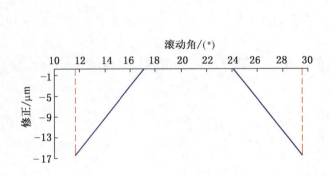

图 11 – 7　渐开线齿廓修形曲线

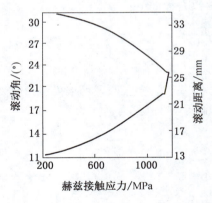

图 11 – 8　修形后赫兹接触应力

11.3.2　齿廓修形对温度场的影响

齿廓修形导致啮合点位置发生改变，进而影响齿轮赫兹接触应力、闪温和接触温度。图 11 – 8 ~ 图 11 – 10 所示分别为修形后赫兹接触应力、接触温度和闪温随滚动角、滚动距离变化规律。

由图 11 – 8 可以看出，修形后赫兹接触应力分布规律与修形前大致相同，但消除了应力瞬增现象，且最大接触应力有所减小，修形后最大接触应力为 1100 MPa，较修形前减小 78 MPa；根据图 11 – 9、图 11 – 10，当滚动距离为 17 ~ 20 mm，滚动角为 15° ~ 17.5°区域内时温度达到最大值，此时接触温度为 103.4 ℃，闪温为 43.4 ℃，从滚动距离为 20 mm

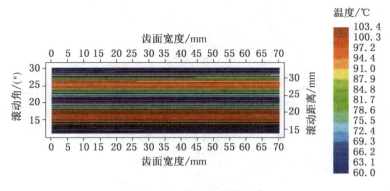

图 11 - 9　修形后接触温度

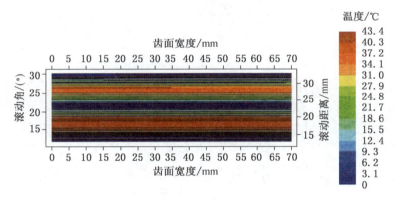

图 11 - 10　修形后闪温

处开始逐渐减小至接触温度为 60 ℃，此时闪温为 0 ℃，当滚动距离由 28.7 mm 向
30.2 mm 变化时，滚动角由 25.4 ℃变为 26.5 ℃，此时接触温度上升至 95 ℃，对应闪温为
35 ℃，由以上分析可以看出修形后高温区域由齿顶和齿根向齿廓中部移动，齿廓中部相
对滑动速度较小且啮合平稳，不易发生胶合，最高接触温度由 134.8 ℃降至 103.4 ℃，最
高闪温由 74.8 ℃降至 43.4 ℃，总体温度均有所减小，且较修形前分布均匀。

11.4　齿廓修形对齿轮设计传递误差的影响

11.4.1　齿轮设计传递误差模型

1. 轮齿弹性变形计算

以弹性变形为理论基础，将轮齿简化为变截面悬臂梁，认为啮合齿轮的综合弹性变形
由悬臂梁的弯曲变形和剪切变形、附加变形（由基础的弹性变形引起）、齿面啮合的接触
变形等三部分组成。

1）弯曲变形和剪切变形计算

假设轮齿为刚性支撑的悬臂梁，将轮齿分成若干部分，图 11 - 11 中阴影部分 i 为其
中一小段，点 j 为轮齿啮合点。当啮合点位于 j 点时，在载荷 F_j 作用下的轮齿弯曲和剪切
变形如下：

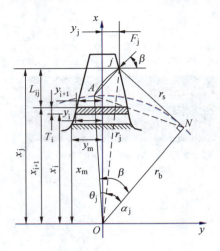

图 11 – 11 轮齿变形

$$|\vec{\delta}_{Bj}| = \sum_{i=1}^{n} \frac{F_j}{E_e}\left\{\cos^2\beta\left[\frac{(T_i^3 + 3T_i^2 L_{ij} + 3T_i L_{ij}^2)}{3I_i}\right] - \cos\beta\sin\beta\left[\frac{(T_i^2 y_j + 2T_i y_j L_{ij})}{2I_i}\right] + \right.$$

$$\left. \cos^2\beta\left[\frac{12(1+\mu)T_i}{5A_i}\right] + \sin^2\beta\left(\frac{T_i}{A_i}\right)\right\} \tag{11-28}$$

$$\begin{cases} E_e = E & B/H_p \leqslant 5 \\ E_e = \dfrac{E}{1-\mu^2} & B/H_p > 5 \end{cases} \tag{11-29}$$

式中 T_i——厚度；

$\quad A_i$——面积；

$\quad I_i$——截面模量；

$\quad L_{ij}$——小段 i 与点 j 之间沿 x 方向位移；

$\quad y_j$——啮合点半齿厚；

$\quad \mu$——泊松比；

$\quad E_e$——等效弹性模量，其大小与齿宽 B 和节圆齿厚 H_p 有关；

$\quad E$——材料弹性模量；

$\quad F_j$——啮合点载荷；

$\quad \beta$——载荷 F_j 与 y 轴之间夹角；

$\quad \alpha_j$—— j 点压力角。

2）齿根弹性引起附加变形计算

在计算齿轮弯曲变形和剪切变形时把轮齿假想成刚性支撑悬臂梁，实际上齿轮为弹性体，齿根部分为弹性轮缘，所以在变形量的计算中需要考虑齿根边缘弹性导致的啮合点附加变形。

当轮齿为窄齿（$B/H_p \leqslant 5$）时变形如下：

$$|\vec{\delta}_{Mj}| = \frac{\cos^2\beta}{BE}\left\{5.306\left(\frac{L_f}{H_f}\right)^2 + 2(1-\mu)\left(\frac{L_f}{H_f}\right) + 1.534\left(1 + \frac{0.4167\tan^2\beta}{1+\mu}\right)\right\} \tag{11-30}$$

当轮齿为宽齿（$B/H_p > 5$）时变形如下：

$$|\vec{\delta}_{Mj}| = \frac{\cos^2\beta}{FE}(1-\mu^2)\left\{5.306\left(\frac{L_f}{H_f}\right)^2 + 2\left(\frac{1-\mu-2\mu^2}{1-\mu^2}\right)\times\left(\frac{L_f}{H_f}\right) + 1.534\left(1+\frac{0.4167\tan^2\beta}{1+\mu}\right)\right\}$$

$$(11-31)$$

其中，$L_f = x_j - x_m - y_j\tan\beta_j$，$H_f = 2y_m$，其中 x_j、y_j、x_m、y_m 含义如图 11−11 所示。

3）啮合点接触变形计算

依据文献［137］推导，齿面啮合接触变形表达式如下：

$$|\vec{\delta}_{Cj}| = \frac{1.275}{E^{0.9}B^{0.8}F_j^{0.1}}$$

$$(11-32)$$

4）总变形计算

总变形为齿轮啮合弯曲变形和剪切变形、齿根弹性引起的附加变形以及啮合点接触变形三部分矢量叠加而成，表达式如下：

$$\delta_j = \delta_{Bj} + \delta_{Mj} + \delta_{Cj}$$

$$(11-33)$$

2. 齿轮啮合刚度计算

当齿轮啮合的重合度不为整数时，啮合过程中参与啮合的齿轮对数不断发生变化，导致齿轮啮合综合刚度随之改变，在参与啮合齿轮对数稳定的情况下，齿轮形状变化也会对啮合刚度产生一定影响。轮齿啮合综合刚度指在整个啮合区中参与啮合的各对轮齿的综合效应，其中单对齿综合刚度表达式如下：

$$k_s = \frac{1}{\delta_s} = \frac{k_z k_c}{k_z + k_c}$$

$$(11-34)$$

$$\delta_s = \delta_z + \delta_c$$

$$(11-35)$$

$$\begin{cases} k_z = 1/\delta_z \\ k_c = 1/\delta_c \end{cases}$$

$$(11-36)$$

式中　k_z、k_c——主、从动轮单齿啮合刚度；

　　　　δ_s——单对齿综合弹性变形；

　　δ_z、δ_c——主、从动轮单对齿弹性变形。

图 11−12 所示为齿轮啮合区弹性变形及刚度大致变化规律，从图中可以看出：啮合起始点 A 处，主动轮于齿根处啮合弹性变形较小，被动轮于齿顶处啮合变形较大；啮合终止点 D 处，主动轮于齿顶处啮合变形较大，被动轮于齿根处啮合变形较小，且双齿啮合区综合啮合刚度明显大于单齿啮合区，刚度曲线是两对轮齿各自综合啮合刚度的数值叠加，表达式为 $k_m = k_{s1} + k_{s2}$，其中 k_{s1} 为第一对齿综合啮合刚度，k_{s2} 为第二对齿综合啮合刚度。

由以上分析可知，齿轮综合啮合刚度表达式如下：

$$k_m = \begin{cases} k_{s1} & \tau_1 \leqslant \tau \leqslant \tau_2 \\ k_{s1} + k_{s2} & \tau < \tau_1, \tau > \tau_2 \end{cases}$$

$$(11-37)$$

图 11−13 所示为一对渐开线直齿圆柱齿轮啮合过程，初始啮合状态为双对齿啮合，啮合起始点为点 A，对应时间 $\tau = 0$，初始滚动角为 β；单齿接触最低点为点 M，对应时间为 τ_M，滚动角为 β_M；单齿接触最高点为点 N，对应时间为 τ_N，滚动角为 β_N；终止啮合状态为双对齿啮合，啮合终止点为点 D，对应时间为 τ_D，初始滚动角为 β_D。图中下脚标 z、 c 分别代表主、从动轮，r_b 为基圆半径；r_A、r_M、r_N、r_D 分别为当啮合点位于 A、M、N、D 点时圆心到啮合点矢径；图中 $\overline{AD}$ 为理论啮合长度，$\overline{MN}$ 为单齿啮合区，$\overline{AM}$ 和 $\overline{ND}$ 为双齿啮合区，其表达式如下：

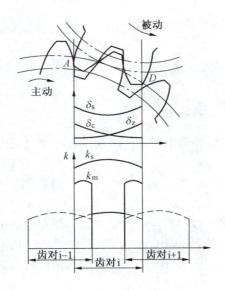

图 11 - 12　齿轮啮合区刚度变化　　　　　　图 11 - 13　齿轮啮合过程

$$\overline{AD} = \varepsilon p_b \qquad (11 - 38)$$

$$\overline{MN} = (2 - \varepsilon) p_b \qquad (11 - 39)$$

$$\overline{AM} = \overline{ND} = (\varepsilon - 1) p_b \qquad (11 - 40)$$

式中　ε——齿轮传动重合度；

　　　p_b——法向齿距，基于三角函数理论有：

$$\overline{AM} = \sqrt{r_A^2 + r_M^2 - 2 r_A r_M \cos(\beta_M - \beta_A)} \qquad (11 - 41)$$

$$\overline{AN} = \sqrt{r_A^2 + r_N^2 - 2 r_A r_N \cos(\beta_N - \beta_A)} \qquad (11 - 42)$$

$$\begin{cases} r_z(\tau) = \sqrt{\left[(r_{bz} + r_{bc}) \sin\alpha - \sqrt{r_{ac}^2 - r_{bc}^2 \cos^2\alpha} + r_{bz} \omega_0 \tau \right]^2 + r_{bz}^2} \\ r_c(\tau) = \sqrt{\left(\sqrt{r_{ac}^2 - r_{bc}^2 \cos^2\alpha} - r_{bz} \omega_0 \tau \cos\alpha \right)^2 + r_{bz}^2 \cos^2\alpha} \end{cases} \qquad (11 - 43)$$

$$\begin{cases} \beta_z(\tau) = \dfrac{180}{r_{bz} \pi} \sqrt{\left[(r_{bz} + r_{bc}) \sin\alpha - \sqrt{r_{ac}^2 - r_{bc}^2 \cos^2\alpha} + r_{bz} \omega_0 \tau \right]^2} \\ \beta_c(\tau) = \dfrac{180}{r_{bc} \pi} \sqrt{\left(\sqrt{r_{ac}^2 - r_{bc}^2 \cos^2\alpha} - r_{bz} \omega_0 \tau \cos\alpha \right)^2 + r_{bz}^2 \cos^2\alpha - r_{bc}^2} \end{cases} \qquad (11 - 44)$$

式中　r_a——齿顶圆半径；

　　　α——分度圆压力角；

　　　ω_0——角速度。

以主动轮为例，将相应啮合点的矢径和滚动角代入式（11 - 40）后再结合式（11 - 41）可求得时间节点 τ_M［即式（11 - 37）中 τ_1］表达式：

$$\lambda_1 \tau_{\mathrm{M}}^4 + \lambda_2 \tau_{\mathrm{M}}^3 + (\lambda_3 - \lambda_3 \cos^2 \tau_{\mathrm{M}}) \tau_{\mathrm{M}}^2 + (\lambda_5 - \lambda_6 \cos^2 \tau_{\mathrm{M}}) \tau_{\mathrm{M}} + \lambda_7 + \lambda_8 \cos^2 \tau_{\mathrm{M}} = \zeta$$

$$(11-45)$$

其中，$\cos \tau_{\mathrm{M}} = \cos(180 \omega_0 \tau_{\mathrm{M}} / \pi)$，$\lambda_1 \sim \lambda_8$、$\zeta$ 均为常数项。

τ_2 的计算与 τ_1 一致，结果代入式（11-37）可知单、双齿啮合变化区间。

3. 齿轮设计传递误差模型构建

齿轮啮合过程中啮合线上实际啮合位置与理论啮合位置之间的位移差为传递误差，主要包括制造、装配误差，轮齿受载后弹性变形等因素。不考虑制造和装配误差，传递误差可表示为

$$x = \theta r_{\mathrm{b2}} = \frac{w}{k_{\mathrm{m}}}$$

$$(11-46)$$

式中　θ——被动齿轮实际转角滞后于理论转角之值；

r_{b2}——被动轮基圆半径；

k_{m}——综合啮合刚度；

w——齿轮传动单位线载荷，$w = w_1 + w_2$，w_1、w_2 分别为第一对、第二对轮齿啮合单位线载荷，其表达式如下：

$$\begin{cases} w_1 = \dfrac{w k_{\mathrm{s1}}}{k_{\mathrm{s1}} + k_{\mathrm{s2}}} \\ w_2 = \dfrac{w k_{\mathrm{s2}}}{k_{\mathrm{s1}} + k_{\mathrm{s2}}} \end{cases}$$

$$(11-47)$$

式中　k_{s1}、k_{s2}——第一对、第二对轮齿综合啮合刚度。

将式（11-46）代入式（11-47）可得齿轮设计传递误差表达式如下：

$$x = \begin{cases} \dfrac{w}{k_{\mathrm{s1}}} & \tau_1 \leqslant \tau \leqslant \tau_2 \\ \dfrac{w}{k_{\mathrm{s1}} + k_{\mathrm{s2}}} & \tau < \tau_1, \tau > \tau_2 \end{cases}$$

$$(11-48)$$

11.4.2　齿轮齿廓修形对传递误差的影响

点 p 为齿廓上任意点，修形后齿廓数学模型如下：

（1）当 p 点位于 g 和 k 之间时，数学模型如下：

$$\Delta = \Delta_{\max} \left(\frac{r_{\mathrm{b}} (\tan \alpha_p - \tan \alpha_g)}{r_a - r_g \cos \theta_g} \right)^e$$

$$(11-49)$$

（2）当 p 点位于修形区间之外时，数学模型下：

$$\begin{cases} r_z(\tau) = \sqrt{[(r_{\mathrm{bz}} + r_{\mathrm{bc}}) \sin \alpha - \sqrt{r_{\mathrm{ac}}^2 - r_{\mathrm{bc}}^2 \cos^2 \alpha} + r_{\mathrm{bz}} \omega_0 \tau]^2 + r_{\mathrm{bz}}^2} \\ r_c(\tau) = \sqrt{(\sqrt{r_{\mathrm{ac}}^2 - r_{\mathrm{bc}}^2 \cos^2 \alpha} - r_{\mathrm{bz}} \omega_0 \tau \cos \alpha)^2 + r_{\mathrm{bz}}^2 \cos^2 \alpha} \end{cases}$$

$$(11-50)$$

图 11-14 所示为修形后齿廓变形示意图，由图可知，修形后载荷 F_j 与 y 轴之间夹角 β 减小 $\Delta \beta$ 变为 β'，修形量 Δ 在 x、y 方向分量如下：

$$\begin{cases} \Delta x = \Delta \cdot \sin \Delta \beta \\ \Delta y = \Delta \cdot \cos \Delta \beta \end{cases}$$

$$(11-51)$$

修形后单双齿啮合节点发生变化，τ_1 变为 τ_1'，τ_2 变为 τ_2'，其中 $\Delta \beta$ 表达式如下：

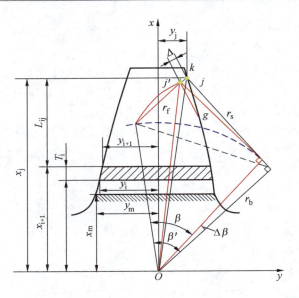

图 11 – 14　修形后齿廓变形

$$\Delta\beta = \arccos\left(\frac{r_j'^2 + r_j^2 - \Delta^2}{2r_j' r_j}\right) \tag{11 – 52}$$

修形后轮齿弯曲和剪切变形如下：

$$|\vec{\delta}_{Bj}'| = \sum_{i=1}^{n} \frac{F_j}{E_e}\left\{\cos^2\beta'\left[\frac{(T_i^3 + 3T_i^2(L_{ij} - \Delta x) + 3T_i(L_{ij} - \Delta x)^2)}{3I_i'}\right] - \right.$$

$$\cos\beta'\sin\beta'\left[\frac{(T_i^2(y_j - \Delta y) + 2T_i(y_j - \Delta y)(L_{ij} - \Delta x))}{2I_i}\right] +$$

$$\left.\cos^2\beta'\left[\frac{12(1 + \mu)T_i}{5A_i'}\right] + \sin^2\beta'\left(\frac{T_i}{A_i'}\right)\right\} \tag{11 – 53}$$

式中　I_i'、A_i'——修形后第 i 段对应截面模量和面积。

修形后，考虑齿根边缘弹性导致的啮合点的附加变形公式为

$$\begin{cases} |\vec{\delta}_{Mj}'| = \dfrac{\cos^2\beta'}{BE}\left\{5.306\left(\dfrac{L_f'}{H_f}\right)^2 + 2(1 - \mu)\left(\dfrac{L_f'}{H_f}\right) + 1.534\left(1 + \dfrac{0.4167\tan^2\beta'}{1 + \mu}\right)\right\} & B/H_p \leqslant 5 \\[3mm] |\vec{\delta}_{Mj}'| = \dfrac{\cos^2\beta'}{FE}(1 - \mu^2)\left\{5.306\left(\dfrac{L_f'}{H_f}\right)^2 + 2\left(\dfrac{1 - \mu - 2\mu^2}{1 - \mu^2}\right) \times \left(\dfrac{L_f'}{H_f}\right) + 1.534\left(1 + \dfrac{0.4167\tan^2\beta'}{1 + \mu}\right)\right\} & B/H_p > 5 \end{cases}$$

$$\tag{11 – 54}$$

其中 $H_f = 2y_m$，$L_f' = (x_j - \Delta x) - x_m - (y_j - \Delta y)\tan\beta_j'$。

齿面啮合接触变形如下：

$$\delta_{Cj}' = \frac{1.275}{E^{0.9}(B')^{0.8}F_j^{0.1}} \tag{11 – 55}$$

总变形为

$$\delta_j' = \delta_{Bj}' + \delta_{Mj}' + \delta_{Cj}' \tag{11 – 56}$$

啮合刚度为

$$k_{\mathrm{m}}' = \begin{cases} k_{\mathrm{s}1}' & \tau_1' \leqslant \tau \leqslant \tau_2' \\ k_{\mathrm{s}1}' + k_{\mathrm{s}2}' & \tau < \tau_1', \tau > \tau_2' \end{cases} \qquad (11-57)$$

设计传递误差为

$$x' = \begin{cases} \dfrac{w}{k_{\mathrm{s}1}'} & \tau_1' \leqslant \tau \leqslant \tau_2' \\ \dfrac{w}{k_{\mathrm{s}1}' + k_{\mathrm{s}2}'} & \tau < \tau_1', \tau > \tau_2' \end{cases} \qquad (11-58)$$

11.4.3　齿廓修形优化模型

1. 目标函数

为改善齿轮啮合刚度激励，以齿轮设计传递误差波动幅值及其峰值为优化目标，目标函数如下：

$$\begin{cases} f(1) = \max(x') \\ f(2) = |\max(x') - \min(x')| \end{cases} \qquad (11-59)$$

2. 设计变量

齿廓修形过程中，确定修形参数和修形方法为主要任务，选择最大修形量 $\Delta_{\max}$、表示不同修形曲线的指数 e 和表示不同修形起始点的修形长度 L 作为优化模型的独立设计变量。

$$x' = [\Delta_{\max}, e, L] \qquad (11-60)$$

3. 约束条件

齿廓修形优化的约束条件为：修形量取值不超过 1/2 齿厚，修形起始点不超过单齿啮合最低点，即修形长度不超过齿顶高 h_{f}。

s. t. $\Delta_{\max} \leqslant B/2, L \leqslant h_{\mathrm{f}}, e = 1, 2$ (11-61)

综合目标函数，设计变量和约束条件可得齿廓修形优化数学模型如下：

$$\min_{x \in R^n} [f(1), f(2)]$$

s. t. $\Delta_{\max} \leqslant B/2, L \leqslant h_{\mathrm{f}}, e = 1, 2$ (11-62)

4. 优化流程

NSGA-Ⅱ 是一种基于 pareto 最优解，以传统遗传算法为基础的多目标遗传算法，由 Deb 等人在非支配排序遗传算法的基础上，针对其存在缺点进行改进而提出。引入精英保留制，定义拥挤度取代适应值共享，并提出快速非支配排序方法，使得 NSGA-Ⅱ算法复杂度下降且有效保证了其种群多样性，提高了计算效率，其流程如图 11-15 所示。

先随机初始化一个父代种群 P_0，并按非支配关系将所有个体排序，同时确定适应度值，通过选择、交叉、变异，产生子代种群 Q_0

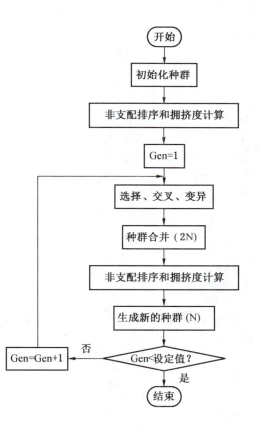

图 11-15　NSGA-Ⅱ算法流程

（大小为 N），再将 Q_0 与 P_0 合并组成种群 R_0，对 R_0 进行非支配排序产生非支配集 F_0 并计算拥挤度，然后，将 F_0 放入新的父代种群 P_1，若 F_0 个体数量小于 N，则向 P_1 中填充 F_1、F_2 直至种群数量大于 N，对 F_2 中个体进行拥挤度排序，取前 $N - |P_1|$ 个体，使 P_1 数量达到 N，再通过选择、交叉、变异产生下一代种群 Q_1。

11.5　齿形优化分析

1. 采煤机摇臂传动齿轮参数

以采煤机齿轮传动系统为例，齿轮副相关参数见表 11 - 4，齿轮啮合参数见表 11 - 5，齿轮材料相关参数见表 11 - 6。以在张家口"国家能源煤矿采掘机械装备研发（实验）中心"对 MG500/1180 型采煤机进行截割实验测的扭矩作为输入条件，如图 11 - 16 所示，将测量扭矩进行换算，可获取啮合载荷 F_j。

表 11-4　齿 轮 几 何 参 数

参　　　数		主 动 轮	从 动 轮
齿数		35	60
齿顶高/mm		4	4
齿根高/mm		5	5
齿宽/mm		70	70
齿厚/mm	成品齿顶倒角直径处	3.002	3.143
	实际节圆处	6.283	6.283
	分度圆处	6.283	6.283
齿顶圆直径/mm		148	248
齿根圆直径/mm		130	230
分度圆直径/mm		140	240
节圆直径/mm		140	240
基圆直径/mm		131.557	225.526
重合度		1.736	
压力角/(°)		20	
输入力矩/(N·m)		1975.717	
模数		4	

表 11-5　齿 轮 啮 合 参 数

齿　　　轮		Z_z	Z_c
接触几何尺寸/mm	接触长度	20.496	
	啮合线长度	64.984	
	端面基节	11.809	

表 11 -5（续）

齿　　轮		Z_z	Z_c
滚动角/(°)	有效齿廓起点	11.675	15.794
	单齿接触最低点	19.242	20.208
	节点	20.854	20.854
	单齿接触最高点	21.961	21.794
	有效齿廓终点	29.528	26.208
滚动距离/mm	有效齿廓起点	13.404	31.084
	单齿接触最低点	22.091	39.771
	节点	23.941	41.042
	单齿接触最高点	25.213	42.893
	有效齿廓终点	33.900	51.580

表 11 -6　齿轮材料参数

弹性模量/MPa	$2.07e^5$	泊松比	0.300
屈服强度/MPa	314	热膨胀系数/$(\mu m \cdot m^{-1} ℃^{-1})$	12
抗拉强度/MPa	950	热导性/$(W \cdot m^{-1} ℃^{-1})$	49
密度/$(kg \cdot m^{-3})$	7800	比热容/$(J \cdot kg^{-1} ℃^{-1})$	490

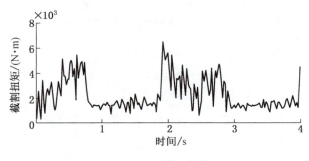

图 11 -16　输入扭矩

2. 修形量对设计传递误差的影响

　　经齿廓修形优化确定修形方案见表 11 -7，对比方案 A、B、C、D、E、F 研究齿廓修形量对设计传递误差的影响，计算得到齿轮设计传递误差如图 11 -17 所示。图 11 -17 所示为齿轮转过任意 3 个齿的传递误差曲线，当主动轮滚动角为 83.20°时进入啮合，其中滚动角在 83.20°～91.56°、93.49°～101.85°、103.78°～112.14°区间内为双齿啮合，在 91.56°～93.49°、101.85°～103.78°、112.14°～113.43°区间内为单齿啮合。从图中可以看出：未进行齿廓修形时（方案 A），单双齿交替啮合区间传递误差变化陡峭，最大值达 15.27 μm，最小值至 8.22 μm；修形量为 3 μm 时（方案 B）传递误差波动相对平稳，但仍存在明显的阶跃型突变，最大值没有发生改变，仍为 15.27 μm，最小值增至 9.71 μm；随着修形量不断增加，传递误差最小值也随之增大，修形量为 9 μm（方案 C）和 16 μm

（方案 D）时，传递误差波动较为平稳，其中当修形量为 9 μm 时误差峰值没有明显变化，但当修形量为 16 μm 时传递误差峰值增加到 15.89 μm；随着修形量继续增加到 21 μm 时（方案 E），传递误差峰值增加到 18.51 μm，且波动越加明显。由以上分析可知，齿廓修形量对啮合区间长度没有影响，适当的齿廓修形量可以减小单双齿交替啮合冲击，但过大的修形量会增加齿轮设计传递误差，进而影响齿轮传动平稳性。

表 11-7　齿轮修形参数

参　　数	修　形　方　案							
	A	B	C	D	E	F	G	H
修形量/μm	0	3	9	16	21	9	9	9
修形起始点/mm	—	25.213	25.213	25.213	25.213	23.941	22.091	25.213
修形曲线指数 e	—	1	1	1	1	1	1	2

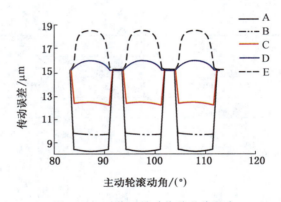

图 11-17　修形量对传递误差影响

齿轮传递误差啮合频率分量是衡量齿轮啮合性能的关键指标，齿轮设计传递误差在频域内的表达式如下：

$$x(\tau) = a_0 + \sum_{n=1}^{\infty} A_n \cos(n\omega_0 \tau + \varphi_n) \qquad (11-63)$$

其中，A_n 为基频谐波幅值，计算公式如下：

$$A_n = \sqrt{a_n^2 + b_n^2} \qquad (11-64)$$

$$a_0 = \frac{1}{T} \int_{-T/2}^{T/2} x(\tau) \mathrm{d}\tau \qquad (11-65)$$

$$a_n = \frac{2}{T} \int_{-T/2}^{T/2} x(\tau) \cos n\omega_0 \tau \mathrm{d}\tau \qquad (11-66)$$

$$b_n = \frac{2}{T} \int_{-T/2}^{T/2} x(\tau) \sin n\omega_0 \tau \mathrm{d}\tau \qquad (11-67)$$

图 11-18 所示为修形前齿轮传递误差傅里叶谱图，图 11-19 所示为按方案 C 修形后齿轮傅里叶谱图。从图 11-18、图 11-19 中可以看出：修形后各阶基频幅值明显减少，齿轮啮合刚度激励得到一定程度的改善。

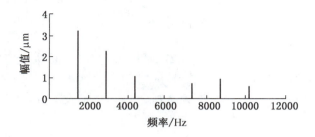

图 11-18　修形前齿轮傅里叶谱图

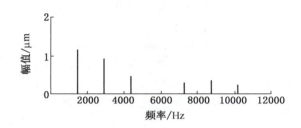

图 11-19　修形后齿轮傅里叶谱图

3. 修形起始点对设计传递误差的影响

对比方案 A、C、F、G 研究修形起始点对设计传递误差的影响。图 11-20 所示为各方案对应设计传递误差。从表 11-7 和图 11-20 可以看出：当修形起始点位于 25.213 mm 时（方案 C），齿轮传递误差波动较小，轮齿啮入啮出较为平缓，传递误差峰值较修形前没有改变，仍为 15.27 μm；随着修形起始点延长至 23.941 mm（方案 F），单齿啮合区间长度稍有增加，传递误差最大值增加至 16.54 μm，传递误差变为两个尖峰，轮齿啮入啮出瞬间存在明显冲击；当修形起始点延长至单齿啮合最低点，修形起始点为 22.091 mm（方案 G），单齿啮合区间长度仍有小幅度增加，齿轮传递误差存在明显的阶

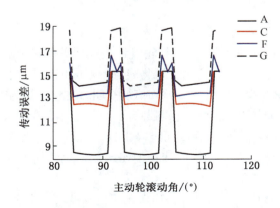

图 11-20　修形起始点对传递误差的影响

跃型突变，传递误差平均值增大，其中误差峰值增至 18.7 μm。从以上结果可以看出：在修形量和修形曲线一定的情况下，修形起始点位置越远，设计传递误差波动越加明显，峰值不断增加且曲线更为复杂。

方案 F 对应齿轮傅里叶谱图如图 11 – 21 所示，方案 G 对应齿轮傅里叶谱图如图 11 – 22 所示，对比方案 C 对应齿轮傅里叶谱图可以看出，当修形起始点位于节点处时，基频幅值较修形起始点位于单齿啮合最高点时略有减小，波动更为平缓，但随着起始点延长至单齿啮合最低点，基频幅值明显增加，波动幅度较大。

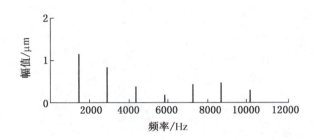

图 11 – 21　方案 F 对应齿轮傅里叶谱图

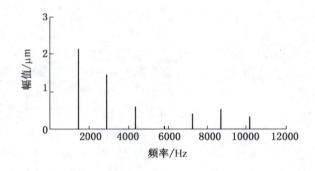

图 11 – 22　方案 G 对应齿轮傅里叶谱图

4. 修形曲线对设计传递误差的影响

对比方案 A、C、H 研究修形曲线对齿轮设计传递误差的影响。各方案对应传递误差曲线如图 11 – 23 所示，图 11 – 24 所示为抛物线修形对应传递误差傅里叶幅值。从图 11 – 23 可以看出：两种修形曲线对应传递误差峰值没有明显变化，均为 15.3 μm，其中抛物线修形（方案 H）对应传递误差波动较直线修形（方案 C）略有增大，但抛物线修形轮齿啮入啮出较为平缓，单双齿交替啮合区间过渡平稳，对区间长度没有影响。将图 11 – 24（方案 H）对比图 11 – 19（方案 C）可知：传递误差傅里叶谱图第一阶基频幅值有明显增加。

由以上分析可知，修形齿轮的设计传递误差幅值及波动均小于未修形齿轮，且在齿轮设计传递误差峰值不变的基础上，方案 C 为最优修形。其中无修形齿轮设计传递误差波动幅值为 7.05 μm；初修形方案 B 修形齿轮设计传递误差波动幅值为 5.56 μm，较修形前降低了 21.13%；最优修形方案 C 修形齿轮设计传递误差波动幅值为 3.20 μm，较修形前降低了 54.61%。由此可见，优化后齿轮设计传递误差波动明显趋于平稳。

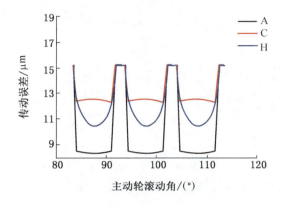

图 11 – 23　修形曲线对传递误差影响

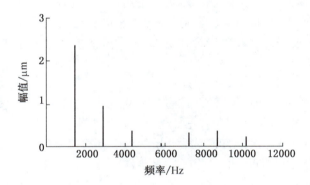

图 11 – 24　方案 H 齿轮傅里叶谱图

12　　滚筒落煤轨迹离散元仿真研究

12.1　基于颗粒粒子力学的滚筒与围岩耦合截割模型建立

12.1.1　煤岩颗粒模型及参数设定

1. EDEM 简介

1）离散元法

离散元法（Distinct Element Method，简称 DEM）是美国学者 Cundall P. A. 教授在 1971 年研究基于分子动力学原理首次提出的一种针对复杂非连续系统的动力学问题的新型数值方法。该方法适用于在准动、静力条件下的块状集合或节理系统的力学问题的研究，最初用来分析岩石边坡的运动。1980 年开始，Cundall P. A. 等人把离散元法的思想运用到颗粒状物质的微破裂、破裂扩展和颗粒流动等问题的研究上。此后，离散元法在理论研究及应用方面均取得了许多进展，逐步运用到化工、土木、农业、矿业等领域中。

EDEM 是英国 DEM – Solution 公司的产品之一，同时也是全球领先的基于离散单元法模拟和分析颗粒系统过程处理和生产操作的 CAE 软件。该软件的主要功能是仿真、分析和观察粒子流的运动规律。

2）EDEM 原理

EDEM 利用离散单元法进行计算，其基本思想是把介质看作由一系列离散的独立运动的单元（粒子）所组成，单元的尺寸是细观的。利用牛顿第二定律，建立每个单元的运动方程，并用显示中心差分法求解，整个介质的变形和演化由各单元的运动和相互位置来描述。在解决连续介质力学问题时，除了边界条件以外，还必须满足本构方程、平衡方程和变形协调方程 3 个条件。进行离散元数值计算时，往往通过循环计算的方法，跟踪计算材料颗粒的移动状况。

每一次循环包括两个主要的计算步骤：

（1）由作用力、反作用力原理和相邻颗粒间的接触本构关系，确定颗粒间的接触作用力和相对位移。

（2）由牛顿第二定律确定由相对位移在相邻颗粒间产生的新的不平衡力，直至要求的循环次数或颗粒移动趋于稳定或颗粒受力趋于平衡，并且计算过程按照时步迭代遍历整个颗粒体，计算时间的长度可以根据需要自行设定，如图 12 – 1 所示。

3）EDEM 功能特点

EDEM 为粒子流的运动、动力、热量和能量传递提供了解决途径，它能够与现有的其他 CAE 工具结合应用，快速简洁地进行设计分析，因此应用 EDEM 能够减少开发成本和时间。

EDEM 的粒子工厂（EDEM's particle factory™）技术提供了一个高效生产粒子集合的独特方法。该技术与从 CAD 或 CAE 系统导入的实体或网络的机械几何模型相结合，用户

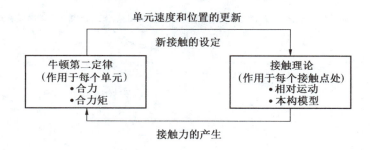

图 12 - 1   内部计算关系示意图

可以将机械零件组合起来，并且可以对每个机械的组合部分的运动学过程进行具体定义。EDEM 为后处理过程提供了数据分析工具和粒子流的三维可视化工具。利用 EDEM 强大的后处理工具，用户可以观察、绘制任何变量的图形。通过鉴别重要的系统行为，可以轻松地更改模型以得到更为准确的仿真结果，并且可以根据用户的需要重新生成。

EDEM 的分析能够获得大量有价值的数据，包括：粒子与机器表面相作用的内在行为；系统元件之间碰撞的数量、频数和分布情况；每个粒子的速度与位置，在一个大的体积内部，伴随着粒子的碰撞、磨损、凝聚和解离过程的能量状况；有关粒子链结构的力序列和结构的整体性。EDEM 目前已广泛应用于采矿、工程机械、能源电力、冶金、农业、制药及航天等诸多领域。

EDEM 软件操作界面如图 12 - 2 所示，主要由三部分组成：Creator、Simulator 和 Analyst。Creator 是前处理工具，完成几何结构导入和颗粒模型建立等；Simulator 是求解器，用于模拟颗粒体系的运动过程；Analyst 是后处理模块，提供了丰富的工具对计算结果进行分析。

（1）利用前处理器 Creator 进行建模。

① 定义颗粒。颗粒的几何形状及物理性质等，可以是任意形状的颗粒。通过导入真实颗粒的 CAD 模型，准确描述它们的形状。通过添加力学性质、物料性质和其他物理性质来建立颗粒模型，并且在模拟过程中，把生成的数据储存到相应的数据库中。

② 定义颗粒所在的环境。创建几何、导入机械几何的 CAD 模型、定义几何的动力学性质、用 Particle Factory 工具定义颗粒的生成工厂等，都可以根据机械形状来高效生成颗粒集合，其中机械形状可以作为固体模型或表面网格从 CAD 或 CAE 软件中导入。机械组成部分是可以集成的，并且可以对每个部分单独地设定动力学特性。

（2）利用 DEM 求解器 Simulator 进行动态模拟。

动态模拟不仅能够快速、有效地监测离散颗粒间的碰撞，还能够选用动态时间步长。软件既可以在单个处理器上运行，也可以在 Windows、Linux 和 Unix 环境下的多处理平台上运行，并提供一系列接触力学模型。用户自定义模型也可通过应用界面很简单地植入，同时，通过模型参数的可视化图表分析模拟结果，从而快速地识别其趋向和修正结果。

（3）利用后处理器 Analyst 进行数据的分析和处理。

EDEM 中的数据分析和可视化工具，使我们可以详细地研究 3D 视频动画及剖面图、生成初始数据及用户自定义参数数据的图表、瞬态分析、基于粒子群的空间分析、颗粒跟

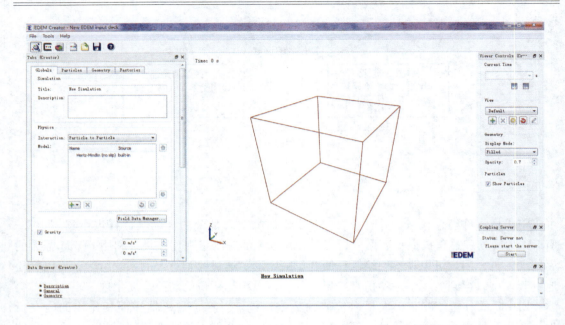

图 12 - 2　EDEM 主功能界面

踪及向量图、接触和结构的可视化等模型结果。

利用 EDEM 可以得出如下数据：与机器表面相互作用的颗粒集合内部行为，系统组分间碰撞的强度、频率和分布，每个颗粒的速度、位置和一个颗粒集合中颗粒碰撞、磨损、聚合和松解相关的能量，亚颗粒结构的结构完整性和力链。利用 EDEM 强有力的后处理工具，可以确定颗粒的系统行为，从而修改模型，以便更好地进行模拟，并朝我们所希望的解迭代。

EDEM 结构框架及功能如图 12 - 3 所示，仿真过程框图如图 12 - 4 所示。

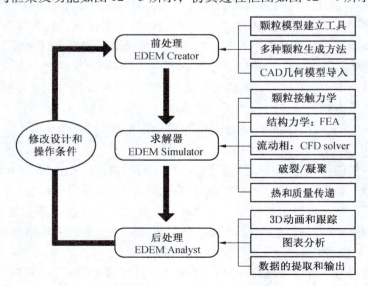

图 12 - 3　EDEM 结构框架及功能

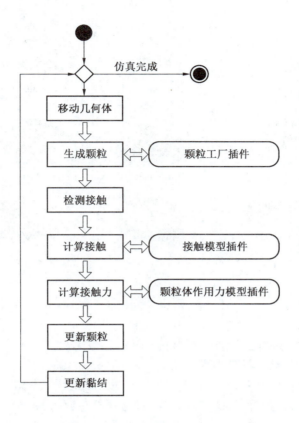

图 12 - 4　EDEM 仿真过程框图

2. 颗粒模型创建

利用 EDEM 可以快速、简便地建立粒子固体系统的参数化模型，通过导入真实颗粒的 CAD 模型来准确描述其形状，添加机械、材料和其他的物理属性来形成所需的粒子模型。

EDEM 软件中自带的物料颗粒是球颗粒，然而在仿真中需要的物料通常并不是理想的球体，而是不规则形状的几何体，为了更加准确地描述实际物料的状态和运动过程，需要用户自定义颗粒模型。本节根据实际工况下的煤岩块度将煤岩模型简化成特定形状、尺寸的颗粒，通过导入颗粒模板来模拟煤岩的不规则形状。参考文献 [150] 采用 Creo3.0 在 0 ~ 50 mm 范围内创建 9 种不规则形状的几何体，作为煤岩颗粒模板。颗粒模板只是该颗粒模型的几何外形线框，需要通过创建多个球面来定义颗粒的几何特征，并对颗粒模板进行填充，拟合真实的颗粒外形，得到不同形状、尺寸的颗粒模型，如图 12 - 5 所示，颗粒尺寸为模型的最大直径。

仿真计算过程中，颗粒之间以及颗粒与几何面之间的相互关系判断均是依靠球颗粒接触判断的，填充球体拟合自定义外形越精确，仿真计算的数据准确性越高。在填充颗粒模型时，球颗粒的粒径大小要选择适中，在保证填充精确的前提下，不要使用过小粒径的颗粒进行填充，如果粒径过小，会缩小仿真的时步，增加仿真计算的时间。

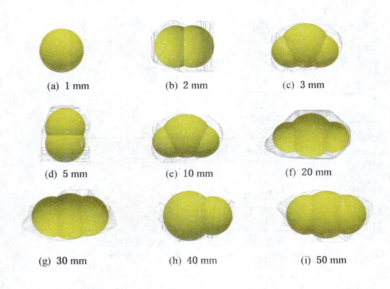

图 12 - 5　颗粒模型

在 EDEM 软件中添加煤、岩石两种材料，材料参数见表 12 - 1。设置颗粒（a）材料为岩石，颗粒（b）~（i）的材料为煤，颗粒（b）~（d）为细骨料，颗粒（e）~（i）为粗骨料。采用正态分布法在给定范围内随机生成不同大小的煤岩颗粒，设置均值为颗粒尺寸，粗骨料方差为 0.8，细骨料方差为 0.15，设置颗粒总数为 30 万。参照文献 [150] 设置粗细骨料比为 2 : 3，通过颗粒工厂将不同尺寸、材料的颗粒进行随机混合，形成煤与岩石的复合体如图 12 - 6 所示。

表 12 - 1　材 料 参 数

参　　数	煤	岩　石
泊松比	0.5	0.2
剪切模量/MPa	1.0×10^2	5.0×10^7
密度/(kg · m^{-3})	1400	2600
恢复系数	0.5	0.5
静摩擦系数	0.5	0.45
滚动摩擦系数	0.01	0.01

3. 接触模型

接触模型是离散单元法的重要基础，其实质就是准静态下颗粒固体的接触力学弹塑性分析结果。离散元方法模拟运动在颗粒集合中传播的过程，颗粒运动必然会引起颗粒之间的相互碰撞，颗粒之间也必然有力产生，离散单元法描述碰撞的过程就是接触的产生和发生作用的过程。颗粒接触模型的分析计算直接决定了粒子所受的力和力矩的大小。

根据接触方式的不同，在离散元中有硬颗粒接触、软颗粒接触两种。硬颗粒接触是假

图 12-6 煤岩模型

定当颗粒表面承受的应力较低时，颗粒之间不发生显著的塑性变形，同时认为颗粒之间的碰撞是瞬时的。其主要缺点是只考虑两个颗粒之间的同时碰撞，因此只能用于稀疏快速颗粒流。软颗粒接触允许颗粒碰撞能够持续一定的时间，可以同时考虑多个颗粒的碰撞。由于软颗粒接触模型可以吸纳众多的接触模型，并且在模拟庞大数目颗粒系统时，其执行时间也有优势，因此具有较广的使用范围。

软接触方式是离散单元法中的接触事件常用的描述，也就是说在一对接触点处允许出现重叠部分，一个接触模型就是将接触点处的重叠量、接触粒子的物理属性、相关的冲击速度以及之前时步的接触信息通过一对大小相等、方向相反的力联系起来。计算出作用于粒子上的合力（包括粒子力与接触力），然后通过牛顿第二定律计算出加速度，并更新粒子的速度与位移。

对于不同的仿真对象，必需建立不同的接触模型。常用的接触模型有以下6种：无滑动接触模型、Hertz - Mindlin 黏结接触模型、线性结合接触模型、运动表面接触模型、线弹性接触模型、摩擦电荷接触模型。尽管接触关系是非线性的，仍近似采用叠加原理。离散单元法的接触模型有多种，接触力的计算方法也各不相同，但是整体计算的原理是相同的。

4. 黏结参数的设定

根据煤岩特性，选取 Hertz - Mindlin 黏结模型模拟煤岩的物理状态。Hertz - Mindlin 黏结接触模型，采用有限尺度的黏合剂黏结颗粒模型，这种黏结可以阻止切向和法向的相对运动，当达到最大法向和切向应力时这种结合被破坏，此后颗粒作为硬球对彼此产生作用。这种模型特别适合于混凝土和岩石结构。

颗粒在某一时刻 t 被黏结起来，在此之前，颗粒通过默认的 Hertz - Mindlin 无滑动接触模型 ［Hertz - Mindlin(no slip)］产生相互作用。

在 Hertz - Mindlin 无滑动接触模型中，设半径分别为 R_A、R_B 的两球形颗粒发生弹性接触，其法向重叠量为 u；切向重叠量为 δ。则颗粒间法向力 F_n、切向力 F_t、法向刚度 S_n、切向刚度 S_t 分别为

$$\begin{cases} F_n = \dfrac{4}{3} E^* (R^*) 1/2 u^{3/2} \\ F_t = -S_t \delta \end{cases} \tag{12-1}$$

$$\begin{cases} S_n = 2E^* \sqrt{R^* u} \\ S_t = 8G^* \sqrt{R^* u} \end{cases} \tag{12-2}$$

$$u = R_1 + R_2 - |r_1 - r_2| \tag{12-3}$$

$$R^* = \frac{R_A R_B}{R_A + R_B} \tag{12-4}$$

$$\frac{1}{E^*} = \frac{1 - v_A^2}{E_A} + \frac{1 - v_B^2}{E_B} \tag{12-5}$$

$$G^* = \frac{2 - v_A^2}{G_A} + \frac{2 - v_B^2}{G_B} \tag{12-6}$$

式中　　　　R^*——等效粒子半径，mm；

　　　　　　E^*——等效弹性模量；

　　　　E_A、E_B——两颗粒的弹性模量；

　　　　ν_A、ν_B——两颗粒的泊松比；

　　　　　　G^*——等效剪切模量；

　　　　G_A、G_B——两颗粒的剪切模量；

　　　　R_A、R_B——两颗粒球心位置矢量。

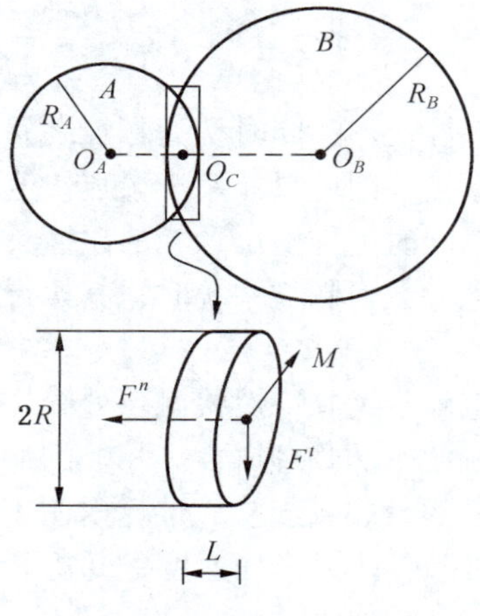

颗粒黏结模型如图 12-7 所示，以 O_c 为中心，R 为半径的圆盘上分布着一系列常刚度的平行弹簧，黏结模型可以在相互接触的颗粒间传递力（F^n、F^t）和力矩 M，并承受一定切向、法向方向的运动。

随着仿真时步的增加，颗粒间的黏结力、力矩会不断更新，随时步变化的数学表达式如下：

图 12-7　颗粒黏结模型

$$\begin{cases} \delta F_n = -v_n S_n A \delta_t \\ \delta F_t = -v_t S_t A \delta_t \\ \delta T_n = -\omega_n S_t J \delta_t \\ \delta T_t = -\omega_t S_n \dfrac{J}{2} \delta_t \end{cases} \tag{12-7}$$

式中　δF_n、δF_t——相应时间点颗粒的法向、切向力，N；

　　　δT_n、δT_t——相应时间点颗粒的法向、切向力矩，N·m；

　　　　　δ_t——时间步长，s；

　　　v_n、v_t——颗粒的法向、切向速度，m/s；

　　　ω_n、ω_t——颗粒的法向、切向角速度，rad/s；

　　　S_n、S_t——颗粒的法向、切向接触刚度，N/m。

通过设置颗粒间的法向、切向黏结强度使颗粒能够承受一定的拉伸、剪切作用，当颗粒间的作用力超过黏结强度时黏结发生破坏。定义法向和切向应力的最大值如下：

$$\begin{cases} \sigma_{max} < \dfrac{-F_n}{A} + \dfrac{2T_t}{J}R \\ \tau_{max} < \dfrac{-F_t}{A} + \dfrac{T_n}{J}R \end{cases} \tag{12-8}$$

$$A = \pi R^2 \tag{12-9}$$

$$J = \frac{1}{2}\pi R^4 \tag{12-10}$$

$$\begin{cases} T_n = -\mu_s F_n R^* w_n \\ T_t = -\mu_s F_t R^* w_t \end{cases} \tag{12-11}$$

式中　　σ_{max}、τ_{max}——颗粒间的法向、切向应力最大值，MPa；

R——颗粒黏结半径，mm；

F_n、F_t——颗粒的法向、切向力，N；

T_t、T_n——颗粒的法向、切向力矩，N·m；

μ_s——静摩擦系数；

A——单位接触面积，mm^2；

J——极惯性矩，mm^4。

这些黏结力和力矩是在标准的 Hertz – Mindlin 力之外又增加的。当模型中引入了这种黏结，颗粒间不再是自然接触，接触半径应该设置得比这些球形粒子的实际接触半径大。

参考试验中测得的不同矿区煤岩的抗压强度，通过计算确定颗粒间的黏结参数，使得煤岩抗压强度达到 18 MPa，煤岩硬度 f 近似为 3。黏结参数见表 12 – 2。

表 12 – 2　颗粒黏结参数

颗粒黏结参数	数　值
单位面积法向刚度/($N \cdot m^{-3}$)	5.0×10^7
单位面积切向刚度/($N \cdot m^{-3}$)	3.0×10^7
单位面积法向应力/Pa	2.0×10^7
单位面积切向应力/Pa	6.0×10^6
颗粒黏结半径/mm	20

12.1.2　离散元仿真模型的建立

采煤机类型很多，但基本上以双滚筒采煤机为主，其组成部分也大体相同。采煤机按各部分用途可分为牵引部、截割部、行走部、电气控制系统、液压泵站系统及辅助装置。采煤机结构示意图如图 12 – 8 所示。

截割滚筒通过截齿和叶片进行截煤、落煤和装煤；牵引部通过牵引电机的动力使采煤机按照要求沿着工作面移动，从而使截割机构切入煤壁；电器系统为采煤机工作提供动力和过载保护；液压系统、辅助装置使采煤机的结构更加完善，保证采煤机能够安全、高效地进行采煤作业。

采煤机骑跨在刮板输送机上，沿工作面移行。当滚筒采煤机工作时，前进方向的滚筒在调高油缸作用下抬起，实现对工作面上部煤层的截割；后滚筒被放下，从而完成对下部煤层的截割，采煤机沿工作面牵引一次，就完成一次进刀。

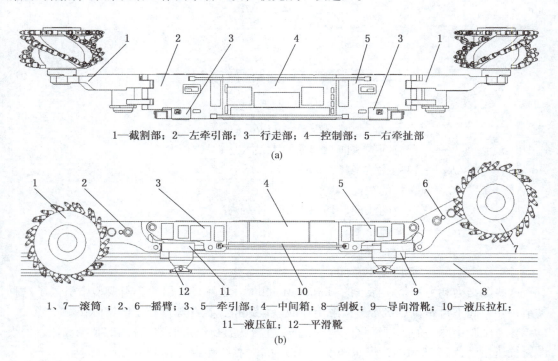

1—截割部；2—左牵引部；3—行走部；4—控制部；5—右牵扯部

(a)

1、7—滚筒 ；2、6—摇臂；3、5—牵引部；4—中间箱；8—刮板；9—导向滑靴；10—液压拉杆；

11—液压缸；12—平滑靴

(b)

图 12 - 8　采煤机结构示意图

螺旋滚筒是采煤机落煤和装煤的机构，对采煤机工作起决定性作用，消耗装机总功率的 80% ~90%。能适应煤层的地质条件和先进的采煤方法及采煤工艺的要求，具有落煤、装煤、自开工作面切口的功能。

采煤机螺旋滚筒结构复杂，零件繁多，主要包括端盘、螺旋叶片、齿座、筒毂、截齿、喷雾系统六大部分，如图 12 -9 所示，叶片与端盘焊在筒毂上，筒毂与滚筒轴连接，齿座焊在叶片和端盘上，齿座中固定有用来落煤的截齿，同时为防止筒毂与煤壁直接接触，保护截齿免受磨损，叶片上焊接有耐磨板。螺旋叶片是滚筒排运煤的构件，用来将破落下的煤装入刮板输送机。滚筒上通常焊有 2 ~4 条螺旋叶片。螺旋叶片通常由低碳碳素钢或低合金钢的钢板压制而成。叶片上装有进行内喷雾用的喷嘴，以降低粉尘含量。喷雾水由喷雾泵站通过

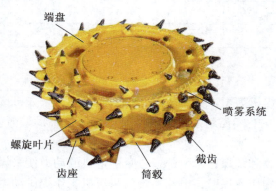

端盘

喷雾系统

螺旋叶片

齿座　　筒毂

截齿

图 12 -9　滚筒结构示意图

回转接头及滚筒空心轴引入。

　　为了清晰地描述滚筒截割煤岩过程及滚筒的装煤效果，建立包含滚筒、刮板输送机中部槽和煤层在内的虚拟仿真模型。由于 EDEM 软件自带的三维绘图工具功能比较简单，对于复杂的机械构件建模来说，很难满足需要。因此，通过 EDEM 耦合接口将在其他的三维绘图软件中建立的三维实体模型以一定的格式导入 EDEM 软件中。本书采用 Creo 3.0 结合采煤机、滚筒结构示意图，建立采煤机整机三维模型，如图 12 - 10 所示。建模时忽略其内部复杂的几何结构，并进行适当的简化。为反映截割过程的真实情况，以及试验验证的可靠性，采煤机整机建模尺寸与实际工况下采煤机装备尺寸一致。参考 MG500/1180 - WD 型号采煤机技术参数（表 12 - 3），确定滚筒的主要结构参数（表 12 - 4）。其中截齿采用顺序式的排列方式，螺旋叶片上的截线距为 80 mm，截齿安装角为 50°，截齿锥角为 80°。除了煤岩特性，刮板与滚筒之间的位置配合关系同样影响采煤机的截割性能。选取煤壁与刮板输送机中部槽的距离 $L = 250$ mm，滚筒底端距中部槽的高度 $S = 800$ mm。

图 12 - 10　采煤机整机三维模型

表 12 - 3　MG500/1180 - WD 采煤机技术参数

技术特征采煤机型号	MG500/1180 - WD（矮型）	MG500/1180 - WD（基本型）	MG500/1180 - WD（高型）
采高/m	1.9 ~ 4.15	2.1 ~ 4.6	2.8 ~ 5.0
截深/m		0.8、1.0	
适应倾角/(°)		≤35°	
滚筒直径/m		1.8、2.0、2.24、2.5	
滚筒转速/(r · min⁻¹)		29；35；40	
摇臂长度/mm	2587（弯摇臂）	2879（直摇臂）	2879（直摇臂）
摇臂摆动中心距/mm	8205	8245	8245
牵引力/kN		975、800、667	
牵引速度/(m · min⁻¹)		0 ~ 8.3、0 ~ 10.1、0 ~ 12.5	
牵引型式		电牵引（交）无链 销轨 链轨	
灭尘方式		内外喷雾	
装机功率/kW		2 × 500 + 2 × 75 + 30	
电压/V		3300	
机重/t	60	62	63

表12-4　滚筒主要结构参数

滚筒参数	滚筒宽度/mm	筒毂直径/mm	滚筒直径/mm	螺旋升角/(°)	螺旋叶片头数/个
数值	1000	650	1800	25	3

将建立的采煤机整机模型导入 EDEM 离散元仿真软件中,合并各主要零部件,分为机身,刮板,前、后滚筒四部分,设置几何体材料为钢,材料参数见表12-5。

表12-5　材料参数

材料参数	泊松比 v	剪切模量 $G/$ MPa	密度 $\rho/$ $(kg \cdot m^{-3})$	恢复系数	摩擦系数 静	摩擦系数 滚动
钢	0.3	7.0×10^{10}	7800	0.5	0.5	0.01

采煤机截割模型如图12-11所示,图中 X 向为滚筒轴向方向,Y 向为滚筒牵引方向,Z 向为竖直方向,在截割煤岩过程中滚筒进行直线往复和旋转运动。各部分运动参数见表12-6。

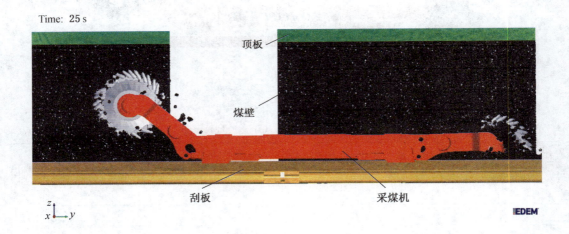

图12-11　采煤机整机动态截割模型

表12-6　几何体运动参数

结构	运动方向	速度/$(m \cdot min^{-1})$	旋转轴	旋转速度/$(r \cdot min^{-1})$
(前后)滚筒		3		30
刮板	-Y	5	X	0
机身		3		0

EDEM 软件中生成大量的颗粒会加大仿真计算量,减慢计算速度,因此在不影响仿真结果的情况下,应尽量减少生成的颗粒数目。本书建立 2 个尺寸为 3.0 m×2.0 m×2.2 m

的箱体作为颗粒工厂，生成的煤岩颗粒只用来填充被截割部分的煤层，其余部分的煤层则通过建立适当大小的箱体来进行模拟，模拟采高为 3 m 的煤层。煤层上方创建一定质量的箱体模拟煤壁受到的顶板压力，单位面积上的顶板压力计算式如下：

$$P_{c} = \gamma_{Z} h' k_{2} + \frac{D \gamma_{L} L_{0} k_{1}}{2 L_{K}} \qquad (12-12)$$

式中 k_{1}——动压系数；

k_{2}——悬顶片帮系数；

γ_{Z}、γ_{L}——直接顶、基本顶岩石容重，kg/m^{3}；

L_{K}——控顶距，m；

L_{0}——基本顶初次来压步距，m；

h'、D'——直接顶、基本顶岩层厚度，m。

根据仿真所模拟的煤壁条件，设置顶板压力值为 1.2×10^{7} N。

随着科学技术的不断发展，计算机的运算能力也得到了长足的提高，计算机仿真模型也逐步完善和改变。合理的时步选择是仿真能否成功的重要原因，时步越小，计算所需要的时间越长；时步越大，颗粒的行为越不规律。时步计算公式如下：

$$T_{R} = \pi R \left(\frac{\rho}{G} \right)^{\frac{1}{2}} / (0.1631 v + 0.8766) \qquad (12-13)$$

式中 R——粒子半径；

ρ——材料密度；

G——剪切模量；

ν——泊松比。

实际应用的都是其最大值的百分数，高接触数粒子集合的典型时步选用 $0.2T_{R}(20\%)$ 比较合适。在接触数较低时，选用 $0.3T_{R}(30\%)$ 比较合适。

由于仿真模型中的颗粒接触数较高，为确保仿真的稳定性，本书设置固定时间步长为 20%。在不影响仿真结果的前提下，尽量减少实际仿真时间，设定目标存储时间间隔为 0.05 s，网格尺寸为最小颗粒半径的 3 倍，即 $3R_{min}$。

12.2 不同工况参数对滚筒落煤轨迹的影响

采煤机工作过程中装煤、截割的主体是滚筒，其结构复杂，参数众多。除滚筒自身的结构参数外，煤体的物理性质、滚筒的工作参数以及环境参数等都对其工作性能有很大影响。采煤机截割煤体主要参数及其性质见表 12-7。

采煤机滚筒截割煤体的各参数中，滚筒直径决定着采煤机的型号和采高；滚筒宽度决定截割工作效率；叶片头数和螺旋升角主要影响截割滚筒的排屑效果；最佳叶片螺旋升角与滚筒尺寸和工作方式有关；截线距的大小直接影响破煤效果、截齿受力大小、截割效率和功率消耗；截齿安装角使截齿处于最优位置截割煤体，对减小摩擦、提高截割效率有重要影响；截齿倾斜角不但影响滚筒是否较容易自开切口截割，而且影响各截齿间是否能够抵消滚筒产生的部分轴向力，使滚筒载荷波动平稳。滚筒的运动参数和煤岩性质参数同样影响着截割比能耗、生产效率。

表 12 - 7　采煤机截割主要参数及参数性质

项　　目	变　　量	符　　号	量　　纲
滚筒 （几何参数）	滚筒直径	D	L
	滚筒叶片外径	$D_外$	L
	筒毂直径	$D_内$	L
	滚筒宽度	H	L
	叶片螺旋升角	α_c	
	叶片头数	m	
	截线距	t	
煤岩特性 （性质参数）	煤比重	γ	
	煤块度	d	L
	煤与叶片间的摩擦系数	f_s	$M \times L^{-2} \times T^{-2}$
运动参数	滚筒转速	n	T^{-1}
	牵引速度	ν_q	LT^{-1}
	进刀方式		
煤层倾角 （环境参数）	工作倾角	α	
	走向倾角	β	

本节分三部分，采用单因素试验法，利用已建立的滚筒采煤机离散元仿真模型，以前滚筒为研究对象，分别对影响采煤机工作性能的几何、性质、运动以及环境参数进行离散元仿真分析，以截割过程中煤岩颗粒的运动轨迹、滚筒装煤率、截割阻力、截割比能耗以及块煤度作为主要评价标准。

12. 2. 1　煤岩特性对滚筒工作性能的影响

1. 煤的结构特性

煤是远古地质时代的沉积物，是在与空气隔绝、高温、高压条件下，经过漫长的碳化变质过程形成的。原始沉积物的不同，碳化变质程度的差异，使煤的物理机械性质和煤的结构在不同地域有很大差异。煤在沉积过程中形成的分层面称为层理，地质力使煤破碎形成的断裂面称为节理，使煤各处的性质不同，即煤是一种各向异性非均质性的脆性材料。煤的结构特点主要有以下两个方面。

1）原生性构造特点

原生性构造特点由煤生成时的条件所致，如生成煤的材料、当时的自然条件和环境条件等。人们用下面几个概念描述原生性构造特点，即层理、节理和非均质性等。原生性构造特点中的层理、节理属于潜伏性的，是指在煤层整体中固有的结构面，这是一种非连续性弱结合面。通常肉眼不易发现它们，仅能在煤层破碎过程中显现出来，这时我们能看到的是光滑而规则的离层面。

2）次生性构造特点

次生性构造特点是由于地质动力形成的煤特征，通常用断裂和裂隙这两个概念来描述。断裂是指在煤层内明显的分离面；裂隙则是煤层内张开着的明显的大裂缝。煤层中存在着弱结合面，使煤层强度大为降低。在煤的开采过程中，为降低能耗和延长采煤机械寿命，采煤过程中应充分利用弱结合面处煤层强度降低这一特点。煤层的裂缝主要有以下几种形态特性：

（1）多缝性：几条长短不一的裂缝同时存在。

（2）不规则性：裂缝走向呈不规则的曲线或折线状。

（3）易窜性：一般情况下，煤层厚度较小，裂缝不可能总是在煤层中延伸，极易窜至顶、底板或更远。

（4）复杂性：水平缝、垂直缝、斜交缝同时存在的可能性大。

煤的结构是复杂的，有时在煤层小分层之间有整层的比煤炭强度高的其他矿物成分，即岩石夹层，称之为夹矸。岩石夹层有黏土质、炭质、泥板岩或粉砂岩，很少有砂岩或石灰岩。坚硬的矿物成分有碳酸盐类、硫化物类和硅化物类。为评价工作面煤层中含有岩石夹层的含量及其性质，需要测量出整层厚度、纯煤层厚度和矸石小分层的厚度，以确定岩石夹层的岩石学类别及其抗切削强度。

2. 煤的物理机械特性

煤的物理机械性质对采煤机滚筒、截齿种类的选择及其截割载荷的大小和波动性均有极大的影响，因此必须充分了解与采煤机截割破煤过程密切相关的煤的物理机械性质。

煤的物理性质是由其成分、形成过程的环境及其构造等因素决定的，主要包括容重、湿度、孔隙率、导电性和传热性等，其中与煤开采密切相关的是容重和湿度。

煤的机械性质是煤体受到机械施加的外力时所表现出来的性质和抵抗外力的能力，比如强度、硬度、接触强度、摩擦与磨蚀性、弹性与塑性、截割阻抗及坚硬度等。在破煤时可借助煤的机械性质选择截齿对煤体作用力的形式以及截齿的形状和种类等。因此，了解煤的机械性质对机械化采煤非常重要。对采煤机截割破煤过程存在重要影响的煤的物理机械性质主要有以下几项。

1）煤的容重

煤的容重是指单位体积煤在干燥状态下的重量。根据煤的种类不同，其容重在 1300~1450 kg/m³ 范围内变化。大多数情况下，煤的容重越小，所在煤层的节理、层理越发达，其强度越小，截割起来较容易。

2）湿度

煤的湿度即含水量，指煤的缝隙中存留水的重量与煤固体重量之比。含水量高的煤体，结构被弱化，其强度明显降低。开采湿度较大的煤层时，功率消耗较低，产尘量小。

3）强度

煤的强度是指煤在外力作用方向抵抗破坏的能力，通常用抗压强度 σ_y、抗拉强度 σ_b 和抗剪强度 τ 来衡量。试验研究表明，在单轴试验条件下，煤的抗压强度最大，抗剪强度次之，抗拉强度最小，其比值关系大致为

$$\sigma_y : \tau : \sigma_b = 1 : (0.1 \sim 0.4) : (0.03 \sim 0.1) \qquad (12-14)$$

煤作为非均质各向异性的脆性材料，其单轴抗压强度为 4.9~49 MPa，抗剪强度为 2.0~16.2 MPa，抗拉强度为 1.1~4.9 MPa。同时，由于煤的各向异性，不仅不同地区、不同矿层的煤岩强度不同，即使同一煤体不同方向的强度也不尽相同。比如，对于煤的单

轴抗压强度，苏联学者和英国学者通过试验研究表明，对垂直于层理方向加载与平行于层理方向加载相比较，前者的抗压强度比后者大 30% ~ 50%，甚至可能大 3 倍以上。

4）截割阻抗

从大量的实践中人们发现：对于一种煤炭而言，用结构参数固定的截齿进行截割时，单位截割深度的截割阻力大致为常数；而对于不同矿区甚至不同煤层的工作面，用同一截齿进行截割时，测定的单位截割深度的截割阻力是不同的。因此，苏联学者便设计了一种专用设备，用标准截齿（截割宽度为 20 mm，截角为 40°，后角为 10°）对煤岩体进行截割试验，测得单位切削厚度煤体作用于截齿上的截割阻力值，定义该截割阻力值为截割阻抗，其表达式为

$$A_z = \frac{F_j}{h} \qquad (12-15)$$

式中 A_z——截割阻抗，N/mm；

F_j——截齿所受截割阻力，N；

h——切削厚度，mm。

煤的截割阻抗可用于计算截割机构受力和采煤机械选型，能全面反映矿井条件的影响，是表征煤的截割性能的一个常用指标，同时也是对截齿及截割机构进行工程计算、优化设计的基础。煤的截割阻抗介于 30 ~ 420 N/mm，从有效使用采煤机的角度，可将煤层按截割阻抗分为三大类：

① $A_z = 30 ~ 180$ N/mm 的煤称为软煤，在设计采煤机滚筒时可以选择较小截割功率，并且截线距可以相对较大。

② $A_z = 180 ~ 240$ N/mm 的煤称为中硬煤，需根据煤层是韧性煤还是脆性煤合理设计采煤机滚筒及其截齿布置，选择合适的截割功率。

③ $A_z = 240 ~ 420$ N/mm 的煤称为硬煤，截割此种煤层时，必须采用较大截割功率的采煤机，并且截齿间距适当减小，以提高滚筒的破岩能力。

5）坚固性系数

煤的坚固性系数 f 又称煤的坚硬度，是苏联学者普罗托季雅柯诺夫于 1926 年提出，因此又称作普氏系数，主要用作衡量煤破碎难易程度的指标。它综合反映了煤的强度、硬度和弹塑性等因素。我国通常根据煤的坚固性系数 f 来划分各种采煤机械的适用煤层，并依据该系数对煤炭进行分类，规定 $f < 1.5$ 的煤为软煤，$f = 1.5 ~ 3$ 的煤为中硬煤，$f = 3 ~ 4$ 的煤为硬煤。从理论上分析，坚固性系数、抗压强度和截割阻抗是不能换算的，但根据大量实际应用证明，可以用坚固性系数 f 来确定煤岩的单向抗压强度和截割阻抗，其近似关系为

$$\sigma_y = 10f \qquad (12-16)$$
$$A_z \approx 120f \qquad (12-17)$$

6）破碎特性指数

采煤机所采煤的块度，既与采煤机的结构类型和结构参数有关，也取决于被截割煤的破碎特性。苏联学者通过实验研究证明，在碎煤总量中，块度分布服从的统计分布规律如下：

$$W = 1 - \exp(-\lambda_p d_s^{m_p}) \qquad (12-18)$$

式中　　W——透过筛孔 d_s（mm）的碎煤量在截落煤岩总量中的比重，%；

　　　　λ_p——由所采用截割方法和参数决定的破碎程度参数，其值越小，破碎越严重；

　　　　m_p——破碎特性指数，对于具体煤层为一常数，一般为 0.4～1.3，与截割工况无关，其值越大，煤破碎越严重，块度越小。

破碎特性指数 m_p 的计算公式可通过对式（12-18）两边取对数获得：

$$m_p = \frac{\ln\ln\left(\dfrac{1}{1-W}\right) - \ln\lambda_p}{\ln d_s} \qquad (12-19)$$

破碎特性指数是确定煤炭脆性程度指数的基础，也是煤层煤尘生成能力分级的基础，并可根据此指数预测开采块煤率的大小。

7）脆性程度指数

脆性对煤炭破碎过程的影响很大，苏联学者通过实验确定了脆性程度指数 B_w 与截槽崩裂角 φ_j 和切削厚度 h 之间的关系：

$$\tan\varphi_j = B_w h^{-0.5} \qquad (12-20)$$

因此，截齿截割时的截槽横断面面积为

$$\overline{S}_j = h(b_p + h\tan\varphi_j) = h(b_p + B_w h^{0.5}) \qquad (12-21)$$

式中　　$\overline{S}_j$——截槽的横断面面积，mm^2；

　　　　b_p——截齿的计算宽度，mm。

根据截割比能耗 $H_w = \dfrac{K_z A_z}{\overline{S}_j}$ 可得其计算公式为

$$H_w = \frac{K_z A_z}{b_p + B_w h^{0.5}} \qquad (12-22)$$

式中　　H_w——截割比能耗，$kW \cdot h \cdot mm^{-3}$；

　　　　K_z——综合考虑煤的压张情况、脆塑性、截齿几何参数、截割条件、截齿布置等参数的系数。

在参数 b_p、h、A_z 一定的条件下，截割比能耗与煤的脆性程度指数 B_w 有关，B_w 值越大煤质越脆，截割比能耗越小。因此，在一定程度上，脆性程度指数 B_w 可用于描述煤炭的截割比能耗。

同时，根据苏联学者的实验研究，以脆性程度指数和煤的破碎性能指数 m_p 的相互关系为基础，得到了确定煤炭脆性程度指数的工程计算公式：

$$B_w = \frac{\exp(2.3m_p)}{m_p^2} - 8.4 \qquad (12-23)$$

一般情况下，煤的脆性程度指数 B_w 在 1.3～8 之间，$B_w < 2.1$ 为韧性煤；$B_w = 2.1$～3.5 为脆性煤；$B_w > 3.5$ 为极脆性煤。

8）摩擦磨蚀性

采煤机械的截割机构在截割煤体时，受到摩擦阻力的作用，截齿与煤体间的摩擦作用将引起如下后果：截割机构是运动主体，摩擦作用将消耗其有用功；截割机构表面受到磨损，特别是截齿磨损后表面形貌恶化，增加截割阻力；摩擦作用使截齿发热，而截齿齿尖硬质合金材料为 WC，其热敏性较强，当温度较高时其硬度降低较大，加剧磨损。煤体对金属的摩擦作用大小用摩擦系数 μ_f 表示，μ_f 值大小因相互摩擦的材料种类而异，也因做相对运动的二者之间压力大小和相对速度大小而不同。煤与钢、煤与煤的摩擦系数见表12 – 8。

表12 – 8　煤与钢、煤与煤的摩擦系数

材料	无烟煤		褐 煤		末 煤		焦油煤		一般煤
	静	动	静	动	静	动	静	动	—
钢	0.84	0.29	1	0.58	0.84	0.32	0.84	0.32	—
煤	—	—	—	—	—	—	—	—	~0.39

苏联学者对煤与钢的摩擦系数的研究结果表明，当煤与钢相对滑动速度增加时，μ_f 值下降；当法向压力增加时，μ_f 值减少。煤炭对金属、硬质合金和其他固体的磨蚀能力称为煤的磨蚀性（或研磨性）。煤炭对截齿的磨蚀性主要是由截齿与煤岩的摩擦引起的。苏联学者研究表明，煤炭的磨蚀性与其石英含量、石英核直径和抗拉强度有关。表征煤岩磨蚀性的方法很多，可以用标准金属试件在一定压力下与被测煤岩材料接触，并作相对移动。设压力为 $P_m(N)$，摩擦路程为 $L_m(m)$，金属试件磨损体积为 $V_m(m^3)$，则磨蚀性系数 f_m 为

$$f_m = \frac{V_m}{P_m L_m} \tag{12 – 24}$$

3. 离散元仿真分析

结合对煤岩特性的分析可知，煤层组织中含有成分不同的岩石和硬夹杂物，它们的含量、形状和物理、机械性质各异，加上煤层结构中存在层理、节理等裂隙，导致煤层各处的性质不同。这些自然因素使采煤机械的截割机构在破煤过程中承受动载荷并受载荷随机性的影响。本书将抗压强度作为配置模拟煤壁的主要依据并充分考虑煤岩的节理、层理等特性，通过改变煤岩颗粒间的黏结参数、骨料配比，获得不同的煤岩硬度，通过改变材料参数获得不同的摩擦系数，利用 EDEM 离散元仿真软件分析摩擦系数及煤岩硬度对滚筒工作性能的影响。

1) 煤岩模型改进

层理是岩石沉积过程中，由于物质成分、结构、颗粒等变化而形成的层状构造，层理一般在空间上延伸较远，同一层中物质组成变化很小；而节理多是由于构造运动中受应力挤压或者拉张在岩石中形成的裂隙，也就是没有发生明显位移的断层，节理面连续性、稳定性没有层理面好，且节理受应力控制与成分变化无关，节理形成过程中易产生一系列脉体，层理是一层一层的，如板状、槽状，而节理是岩石表面的裂缝。

离散元法把节理岩体视为由离散的岩块和岩块间的节理面所组成，允许岩块平移、转动和变形，而节理面可被压缩、分离或滑动。因此，岩体被看作一种不连续的离散介质。其内部可存在大位移、旋转和滑动乃至块体的分离，从而可以较真实地模拟节理岩体中的非线性大变形特征。

在12.1.1基础上，充分考虑层理、节理特性创建煤壁模型如图12 – 12所示，自下至上依次为1、2、3、4层，通过人为选取生成节理。

图 12 - 12   改进煤壁模型

2）煤岩硬度对滚筒工作性能的影响

通过计算确定颗粒间的黏结参数，使得煤岩抗压强度达到 12 MPa、18 MPa、24 MPa、30 MPa，煤岩硬度 f 近似为 1、2、3、4。黏结参数见表 12 - 9。层理间黏结参数的差别。

表 12 - 9   各煤岩硬度颗粒黏结参数

煤 岩 硬 度	1	2	3	4
单位面积法向刚度/(N·m^{-3})	—	—	5.0×10^7	—
单位面积切向刚度/(N·m^{-3})	—	—	3.0×10^7	—
单位面积法向应力/Pa	—	—	2.0×10^7	—
单位面积切向应力/Pa	—	—	6.0×10^6	—
颗粒黏结半径/mm	—	—	20	—

表中所示为层 1 煤岩硬度，由层 1 ~ 4 煤岩硬度各参数依次增加 0.1 倍。

对比均质煤层截割载荷与含界面煤层截割载荷，说明界面的存在对煤层段载荷的影响较明显，且界面层的存在降低了煤层段载荷，从而增大了煤层段与岩层段载荷的差值，差值越大，煤层段到岩层段过渡过程中的载荷变化越剧烈，冲击越明显，从而降低截齿截割性能和使用寿命。

同时，采用截割单位能耗、块煤率和截齿磨损量等指标研究截割材料参数对截齿截割性能的影响，结果发现截割载荷、截割单位能耗均随截割材料抗压强度的增大而增大，变化规律基本一致，表明单齿截割载荷是影响单齿截割单位能耗的主要因素。块煤率随煤层抗压强度递增，且含煤岩界面煤层中界面层位置对截割载荷和截齿磨损量影响比较显著。

3）摩擦系数对滚筒工作性能的影响

滚筒进行截割工作时，需要考虑工作层材料对滚筒的摩擦，即工作层的摩擦系数对滚筒工作性能的影响，详见表 12 – 10。

表 12 – 10　材 料 参 数

摩 擦 系 数	煤			岩 石			结 构 钢		
	1	2	3	1	2	3	1	2	3
恢复系数	0.5			0.5					
静摩摩擦系数	0.5			0.45					
滚动摩擦系数	0.01			0.01					

12.2.2　滚筒转速对滚筒落煤轨迹的影响

为研究不同转速情况下煤岩颗粒的运动轨迹，利用已建立的滚筒模型，对同一滚筒在不同转速的情况下进行仿真研究，在滚筒牵引速度为 3 m/min，截深为 1000 mm 的条件下，分别模拟转速为 20 r/min、30 r/min、40 r/min、50 r/min 时滚筒的截割过程（表 12 – 11），通过对比某一时刻煤岩颗粒的运动轨迹、滚筒包络范围内颗粒的平均速度、采煤机装煤率曲线、滚筒截割阻力及截割比能耗均值以及块煤度，分析转速对采煤机工作性能的影响。

表 12 – 11　仿 真 参 数 的 设 定

截深/mm	牵引速度/(m·min^{-1})	滚筒转速/(r·min^{-1})
1000	3	20
		30
		40
		50

1. 煤岩颗粒运动轨迹

在 EDEM 后处理中采用矢量形式表示煤岩颗粒，箭头方向表示颗粒的速度方向，用颜色区分颗粒的运动速度，速度由低到高分别设置为黑、绿、红三色。在仿真 25 s 时刻，不同转速下煤岩颗粒的运动轨迹如图 12 – 13 所示。

由图 12 – 13 可知，滚筒转速越大，颗粒运动速度越大，抛射距离越远，说明此时滚筒的输出能力越强。转速为 20 r/min 时，由于转速过低，颗粒堆积在螺旋叶片中不能及时排出，出现滚筒堵塞的现象，降低了采煤机的装煤率。相反转速为 50 r/min 时，大量的颗粒飞出筒毂，被抛到采空区，还有一部分颗粒被带到滚筒前端，形成环流煤，说明此时滚筒转速过大。转速为 30 r/min、40 r/min 时大部分的颗粒能沿着螺旋滚筒抛落到刮板上，落煤轨迹相对较好。

根据滚筒宽度设置滚筒包络范围参数，半径为 900 mm，边缘为 100 mm，圆柱形包络范围从 X：–420 始到 X：580 止，且跟随滚筒一起运动。滚筒包络范围如图 12 – 14、图

12 - 15 所示。

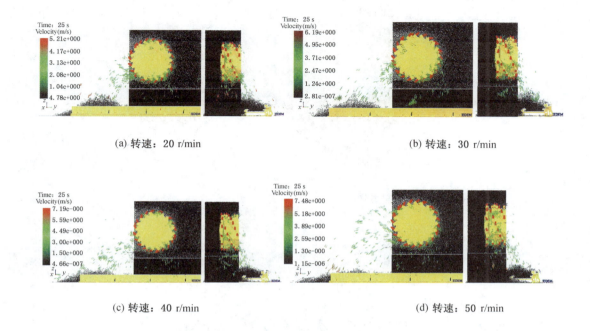

(a) 转速：20 r/min (b) 转速：30 r/min

(c) 转速：40 r/min (d) 转速：50 r/min

图 12 - 13   不同转速下颗粒的运动轨迹

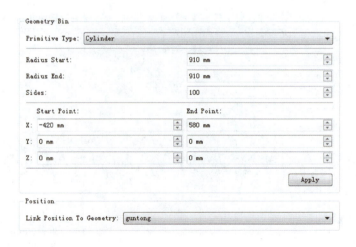

图 12 - 14   滚筒包络范围参数设置

　　利用 EDEM 后处理功能导出滚筒包络范围内颗粒在不同转速下 X、Y、Z 方向上的平均速度，研究颗粒在滚筒作用下切向、轴向、竖直方向速度的变化情况，利用 MATLAB 绘制曲线如图 12 - 16 所示。

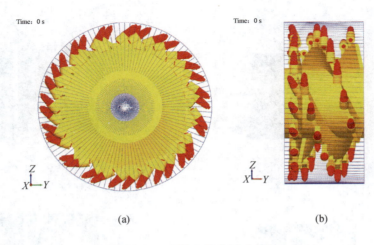

(a)　　　　　　　　　　　　　(b)

图 12 – 15　滚筒包络范围示意图

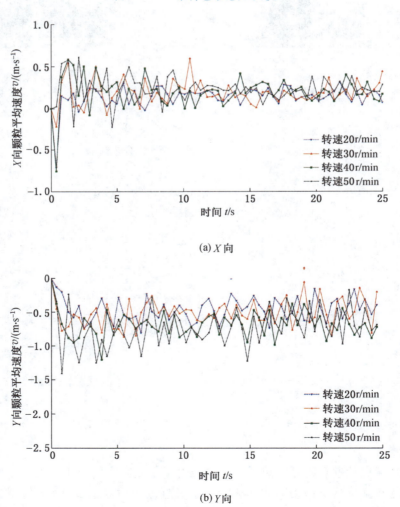

(a) X 向

(b) Y 向

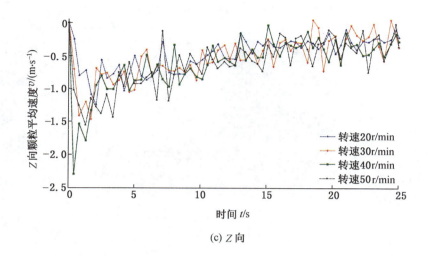

(c) Z 向

图 12 – 16　不同转速下的颗粒速度

通过对仿真结果进行分析可知，滚筒包络范围内颗粒的平均速度在初始时刻波动较大，当截割过程稳定后速度值逐渐趋于稳定，并有适当减小。Y 向颗粒平均速度最大，Z 向速度其次，X 向速度最小，且颗粒平均速度随转速增大而增大。这主要是由于转速的增大，使得颗粒的运输能力增强。

煤岩颗粒在离心力的作用下，沿着螺旋叶片进行滑移运动，结合表 12 – 12 可知，随着转速增大，颗粒的轴向速度增大，但是增长幅度减小，这主要是由于选定的滚筒包络范围相对较大，统计区域内存在一部分颗粒并没有被截割获得速度，或者速度较小可以忽略。当滚筒转速较小时，由于颗粒堆积在螺旋叶片中不能及时排出，使得叶片内的颗粒数量增加，增大了颗粒的整体平均速度，随着转速的增大，叶片内的颗粒数量减少，虽然颗粒轴向速度增大，但使得平均速度的增加幅度减小。随着转速增大，颗粒的 Y 向速度增大，被带到后侧采空区的颗粒数量也随之增加，在滚筒工作过程中，大量被截落的颗粒堆积在滚筒下方，随着滚筒截割被反复破碎，影响颗粒 Y 向的平均速度。颗粒 Z 向速度随转速增大而增大，Z 向速度主要是在截齿的冲击作用下破碎煤岩颗粒的下落速度，螺旋叶片对颗粒的 Z 向速度几乎没有影响。当滚筒转速较大时，产生大量的环流煤，这在一定情况下减小了滚筒包络范围内的颗粒在 Y、Z 方向上的平均速度。

2. 装煤率

为分析不同转速下采煤机的装煤率，在仿真模型中划分统计区。图 12 – 17 所示为统计区域示意图，统计区 I 为滚筒后侧采空区，统计区 II 为刮板所在区域，且随刮板移动。图 12 – 18 所示为不同转速下统计区 II 内的颗粒累积质量，由于截割量基本一致，通过观察刮板上的颗粒累积质量，可间接获得颗粒的装煤率变化规律。仿真统计结果见表 12 – 12。其中颗粒的平均速度与装载率均为仿真稳定后（约 15 s 后）的数据平均值。

$$Q_z = \frac{m_{II}}{m_I + m_{II}} \qquad (12-25)$$

式中　Q_z——滚筒装煤效率，%；

m_I、m_{II}——统计区 I、II 内颗粒累计质量，kg。

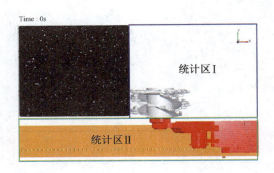

图 12 - 17　统计区域示意图

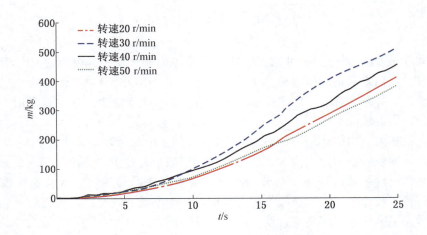

图 12 - 18　统计区 I 内的颗粒累积质量

表 12 - 12　不同转速下仿真结果统计

滚筒转速/	颗粒累积质量/kg		截落颗粒	装煤率/	平均速度/(m·s⁻¹)		
(r·min⁻¹)	统计区 I	统计区 II	总质量/kg	%	X 方向	Y 方向	Z 方向
20	402.28	296.16	698.44	57.6	0.1580	0.4588	0.3014
30	539.14	176.90	716.04	75.3	0.2056	0.5001	0.3323
40	478.18	234.43	712.58	67.1	0.2392	0.5803	0.3615
50	393.29	311.53	704.83	55.8	0.2611	0.6235	0.3998

转速对滚筒的装煤性能影响十分显著，颗粒累积质量随时间增大而增大，通过对比不同转速下的颗粒累积质量曲线可知，同一时刻，随转速增大，统计区 I 内的颗粒累积质量先增后减。结合表 12 - 12 可知，转速为 30 r/min 时采煤机装煤率最高，约为转速为 50 r/min 时的 1.35 倍。

3. 滚筒三向载荷

滚筒载荷是参与截割过程的所有截齿载荷的矢量和。

$$
\begin{cases}
F_x = \displaystyle\sum_{i=1}^{k} X_i \\[2mm]
F_y = \displaystyle\sum_{i=1}^{k} (Z_i\cos\varphi_i + Y_i\sin\varphi_i\cos\alpha_m) \\[2mm]
F_z = \displaystyle\sum_{i=1}^{k} (Z_i\sin\varphi_i - Y_i\cos\varphi_i\cos\alpha_m)
\end{cases}
\tag{12-26}
$$

式中　F_x——滚筒侧向力，N；

F_y——滚筒牵引阻力，N；

F_z——滚筒截割阻力，N；

X_i——处于 φ_i 位置的第 i 个截齿轴向力；

Y_i——处于 φ_i 位置的第 i 个截齿进给阻力；

Z_i——处于 φ_i 位置的第 i 个截齿所受的截割阻力，N；

φ_i——第 i 个截齿的位置角；

α_m——截齿的安装角，（°）；

k——瞬间参与截割的截齿数。

1）EDEM 滚筒载荷

利用 EDEM 后处理功能，导出不同转速下 x、y、z 方向上的滚筒载荷数据。图12-19所示为牵引速度为 3 m/min、滚筒转速为 30 r/min、截深为 1000 mm 时滚筒的三向载荷曲线。由图12-19可知，滚筒载荷并不是一个定值，而是随时间在一定范围内呈不规则波动。这是由于参与截割的截齿位置、数量及其偏角都在随时间不断变化，且煤岩崩落没有规律，因此其所受各向阻力并不随滚筒转动而具有周期性。为了定量描述滚筒载荷波动的大小，引入载荷波动系数，通常滚筒载荷的波动系数不超过 5%，波动系数表达式如下：

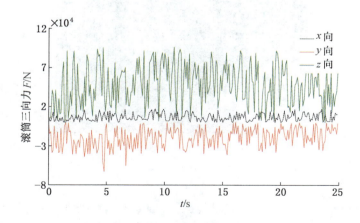

图 12-19　滚筒三向载荷数值曲线

$$K = \frac{1}{\overline{F}} \sqrt{\frac{\sum\limits_{i=1}^{c}(F_i - \overline{F})^2}{c}} \qquad (12-27)$$

$$\overline{F} = \frac{1}{c}\sum\limits_{i=1}^{c} F_i \qquad (12-28)$$

式中　F_i——滚筒瞬时载荷，N；

$\overline{F}$——滚筒载荷均值，N；

i——记录滚筒载荷的时刻点（$i=0,0.1,0.2\cdots r$）；

c——记录滚筒载荷的时间点总数（$c=250$）。

牵引速度为 3 m/min、滚筒转速为 30 r/min、截深为 1000 mm 时滚筒的三向载荷均值及其波动系数见表 12-13。

表 12-13　滚筒三向载荷均值及波动系数

方　向	载荷均值 F/N	波动系数
x	1.8800×10^3	0.0496
y	2.6591×10^4	0.0487
z	5.1868×10^4	0.0278

2）实验载荷验证

通过测试实验载荷，与 EDEM 仿真结果对比，验证离散元仿真模型可靠性。采煤机截割实验在中煤集团"国家能源煤矿采掘机械装备研发（实验）中心"进行。实验条件：煤岩硬度 $f=3$，煤壁高 3 m，长 70 m，滚筒直径 $D=1800$ mm，牵引速度 $v_q=3$ m/min，滚筒转速 $n=30$ r/min，截深 $H=0.8$ m。实验现场如图 12-20 所示。

图 12-20　实验现场

截齿座轴径安装孔内安放有三组应变片，分别用于测量截割过程中截齿的轴向力、牵引阻力及截割阻力，安装于滚筒边缘的旋转位置传感器用于测定截齿的旋转角度（图 12-

21）。截齿截割煤岩时受力，应变片变形产生电信号，经放大、变换等处理，通过位于滚筒后端的无线发射模块将三向力传感器采集的信号发射到数据接收中心。

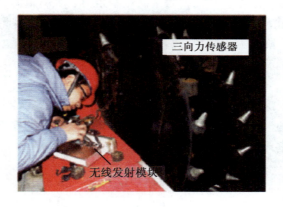

图 12 – 21 传感器安装位置

滚筒上安装有 36 个截齿，前滚筒参与截割的齿数为 18 个，将截齿载荷数据代入式（12 –26），计算获得滚筒三向载荷，选取 20 组载荷数据点计算获得滚筒载荷均值，F_x = 4.23 kN，F_y = 28.19 kN，F_z = 54.72 kN。实验载荷曲线如图 12 – 22 所示，红、绿、蓝三线分别代表滚筒截割阻力、牵引阻力、轴向力。通过对比表 12 – 13 可知，实验载荷略大于仿真值，且均满足截割阻力＞牵引阻力＞轴向力（即：$F_z > F_y > F_x$），考虑误差和相关随机因素的影响，载荷均值及其变化规律与仿真结果基本一致，验证了离散元仿真的可行性，并为后面的仿真分析提供了试验验证依据。

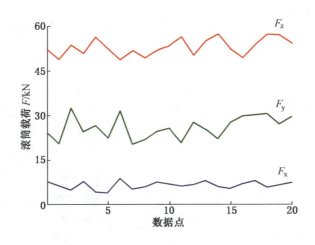

图 12 – 22 实验载荷曲线

由表 12 – 13 可知，X 向侧向力最小，载荷均值约为 2000 N，其次为 Y 向牵引阻力，载荷均值约为 30000 N，Z 向截割阻力最大，载荷均值约为 50000 N。截割阻力、牵引阻力值远大于滚筒侧向力。结合表 12 – 14 可知，随着转速增大，滚筒三向载荷均值都不同程度地减小，其中侧向力变化范围相对较小。这是由于在牵引速度不变的情况下，滚筒转速的增大使截齿的切削厚度减小，从而使得滚筒截割阻力、牵引阻力减小。不同工况下滚筒载荷的波动系数均小于 5%，说明此时载荷波动在允许范围内。因此适当增大滚筒转速能够减小滚筒三向载荷，降低截齿磨损量。随着转速增大截割比能耗增大。因此选择低转速的滚筒在一定程度上能够减小损耗，提高截割效率。

4. 截割比能耗

截割比能耗反映了滚筒截割单位体积煤岩时所消耗的能量大小，利用 EDEM 后处理功能导出不同转速下的滚筒转矩，结合不同时刻截落煤岩颗粒的累积质量，根据下式得到不同参数下滚筒的截割比能耗，见表 12 – 14。

$$H_w = \frac{\rho_m t n \overline{T}_m}{9550 \times 3600 M_m} \tag{12 – 29}$$

$$H_w = \frac{K A_z n m}{n m b_p + 1000 v_q \tan\varphi} \times 10^{-3} \tag{12 – 30}$$

式中　　H_w——截割比能耗，$kW \cdot h/m^3$；

　　　　t——截割时间，s；

　　　　ρ_m——煤岩密度，kg/m^3；

　　　　$\overline{T}_m$——滚筒转矩均值，$N \cdot m$；

　　　　M_m——截落的煤岩质量，kg；

　　　　K——修正系数；

　　　　φ——煤岩崩落角；

　　　　b_p——截齿计算宽度，mm；

　　　　A_z——煤的平均截割阻抗，N/mm。

由表 12 – 14 可知，随着转速增大截割比能耗增大，因此选择低转速的滚筒在一定程度上能够减小损耗，提高截割效率。

表 12 – 14　不同转速下仿真统计结果

转速/ (r · min⁻¹)	截割比能耗/ (kW · h · m⁻³)	方向	滚筒三向载荷	
			载荷均值/N	波动系数
20	0.7296	X	2.3220×10^3	0.0177
		Y	3.3112×10^4	0.0337
		Z	5.8880×10^4	0.0398
30	0.8998	X	1.8800×10^3	0.0496
		Y	2.6591×10^4	0.0487
		Z	5.1868×10^4	0.0278
40	0.9181	X	1.6553×10^3	0.0250
		Y	2.2366×10^4	0.0541
		Z	4.8369×10^4	0.0273

表12-14（续）

转速/ (r·min⁻¹)	截割比能耗/ (kW·h·m⁻³)	方向	滚筒三向载荷	
			载荷均值/N	波动系数
50	1.0796	X	1.5390×10^3	0.0353
		Y	2.0880×10^4	0.0365
		Z	4.7162×10^4	0.0103

5. 块煤度

基于离散元素法理论结合三自由度往复式振动筛的运动方式和振动学参数的特点，利用 EDEM 软件进行模拟仿真，通过筛分研究不同工况下截割煤岩块度情况。

1）振动筛模型建立

为直观分析采煤机截割的煤岩块度，利用 Creo 3.0 三维建模软件建立振动筛模型，由筛框、筛面两部分构成，如图12-23所示，振动筛筛面尺寸为：5000 mm×2000 mm，筛孔形状为方孔，筛孔间距为15 mm，根据实际截割效果及煤岩颗粒尺寸，设定振动筛网尺寸见表12-15，将四组振动筛模型组装成四级振动筛如图12-24所示。

图12-23　振动筛模型

表12-15　振动筛网尺寸

振 动 筛	筛眼尺寸 x/mm	振 动 筛	筛眼尺寸 x/mm
1	200	3	50
2	100	4	30

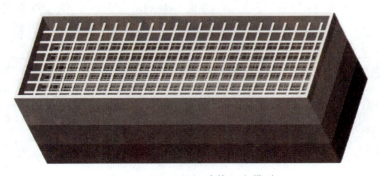

图12-24　四级振动筛组合模型

2）筛分过程 EDEM 仿真试验设计

通过 EDEM 软件模拟人工筛选过程，在振动筛的筛分过程中，影响筛分效果的主要因素有物料性质、振动筛的结构参数和振动特性参数等，振动特性参数包括振幅、振动频率等，通过合理设置上述参数（表 12 – 16），可有效地提高振动筛的工作效率。

表 12 – 16　振动筛运动参数

激 振 模 式	振　幅	频　率
X/Y/Z	5	10

振幅、振动频率增大，颗粒在筛面上的跳动幅度也随之增大，此时物料容易松散、分层，方便筛分，能显著提高筛分效果，但振幅、频率过大时，颗粒在筛面上的跳动幅度越来越剧烈，造成大量颗粒被抛起，减少颗粒与筛网接触的机会，降低筛分效率。煤岩颗粒尺寸筛选示意图如图 12 – 25 所示。

螺旋滚筒最主要的优点是简单可靠。主要缺点是煤过于破碎（大于 50 mm 的块煤占 10% 左右），产生的煤尘较大，比能耗较高。各尺寸煤岩块度统计结果见表 12 – 17。

表 12 – 17　各尺寸煤岩块度统计结果

振 动 筛	煤岩颗粒质量/kg	振 动 筛	煤岩颗粒质量/kg
1	804	3	5714
2	5616	4	3426

12.2.3　牵引速度对滚筒工作性能的影响

滚筒牵引速度是影响采煤机开采效率的重要因素之一，不属于滚筒本身的固有参数，它是随采煤机运行时滚筒获得的一种牵连运动，但其大小却影响滚筒的截割性能，还影响滚筒内煤体的填充量，从而影响滚筒装煤性能。本节利用图 12 – 10 所示的采煤机整机动态截割模型，在截深、滚筒转速一定的条件下，观察不同牵引速度对采煤机工作性能的影响。为探究不同牵引速度对采煤机工作性能影响时的仿真参数设定情况见表 12 – 18。

表 12 – 18　仿真参数的设定

截深/mm	滚筒转速/(r·min⁻¹)	牵引速度/(m·min⁻¹)
1000	30	2
		3
		4
		5

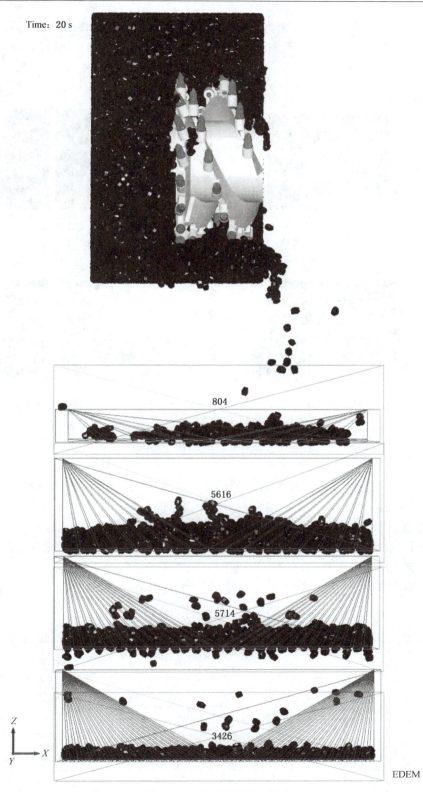

图 12 - 25 煤岩颗粒尺寸筛选

在滚筒截深为 1000 mm，转速为 30 r/min 的条件下，分别模拟牵引速度为 2 m/min、3 m/min、4 m/min、5 m/min 时滚筒的截割过程，不同牵引速度下颗粒的运动轨迹如图 12 – 26 所示。

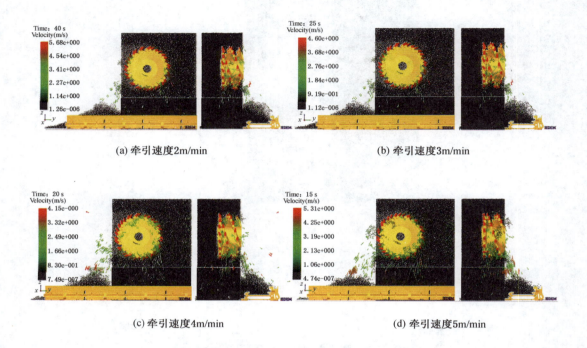

(a) 牵引速度2m/min   (b) 牵引速度3m/min

(c) 牵引速度4m/min   (d) 牵引速度5m/min

图 12 – 26　不同牵引速度下颗粒的运动轨迹

由图 12 – 26 可知，牵引速度越大，颗粒运动速度越大，抛射距离越远，说明此时滚筒的输出能力越强。相同时间内，滚筒截割的距离不同，40 s 仿真时间内，图 12 – 26a 中滚筒刚刚截进一个滚筒距离，而图 12 – 26b ～ 图 12 – 26d 中滚筒已截入较长一段距离，部分截落的煤堆积在下方，无法排出，随着滚筒截割被反复破碎，降低了滚筒装煤效率，同时增加了滚筒扭矩。三方向的颗粒平均速度见表 12 – 19，随牵引速度增大，颗粒在三方向的速度也随之增大，且牵引速度越小，速度波动越明显（图 12 – 27）。

表 12 – 19　牵引速度对采煤机工作性能的影响

滚筒转速/ (r · min⁻¹)	装煤率/ %	平均速度/(m · s⁻¹)			截割比能耗/ (kW · h · m⁻³)	截割阻力/ N
		X 方向	Y 方向	Z 方向		
2	59.89	0.1580	0.4588	0.3014	0.7247	13526.07
3	71.57	0.2056	0.5001	0.3323	0.8677	21290.24
4	67.15	0.2392	0.5803	0.3615	0.8516	29010.56
5	63.38	0.2611	0.6235	0.3998	0.9357	34980.46

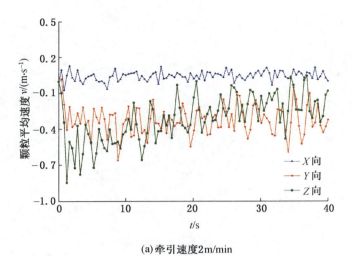

(a) 牵引速度2m/min

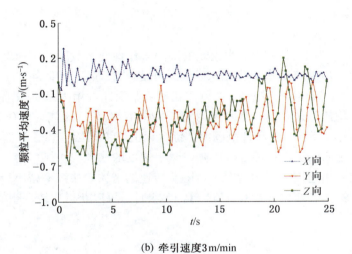

(b) 牵引速度3m/min

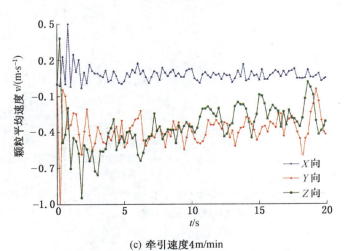

(c) 牵引速度4m/min

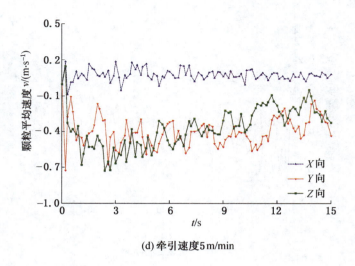

(d)牵引速度5m/min

图 12 - 27　不同牵引速度下的颗粒速度

　　图 12 - 28 所示为根据表 12 - 19 绘制的滚筒工作性能参数随牵引速度的变化曲线。随着牵引速度增大，滚筒装煤率呈先增大后减小的趋势，牵引速度为 3 m/min 时装煤率最高，达到 71.57%。滚筒截割阻力、截割比能耗随牵引速度增大基本呈增大趋势，牵引速度为 2 m/min 时均达到最小值，截割阻力为 13526.07 N，截割比能耗为 0.7247 kW·h/m³。载荷波动系数均小于 5%，在允许范围内，综合以上三方面因素，在试验条件下，牵引速度为 3 m/min 时滚筒的工作性能最好。随着牵引速度的增大，块煤率增大；反之，块煤率减小。而当滚筒牵引速度一定的情况下，随着转速的增大，块煤率减小；反之，块煤率增大。牵引速度与滚筒转速之比在 0.0762 ~ 0.1524 时，可以获得比较理想的煤块度。

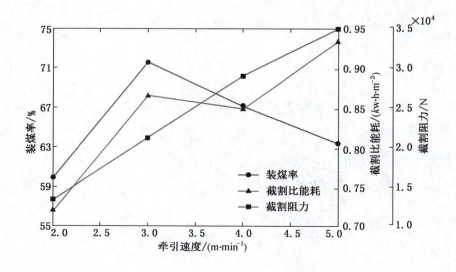

图 12 - 28　工作性能参数与牵引速度关系曲线

12.2.4　煤层倾角对滚筒工作性能的影响

在实际煤矿开采工作中，由于地壳运动等自然因素的影响，工作平面与水平面之间常常存在一定角度即采煤机煤层倾角，包含走向倾角和工作倾角，如图 12 - 29 所示。采煤机滚筒轴向方向与水平面夹角为走向倾角；行走方向与水平面夹角为工作倾角。

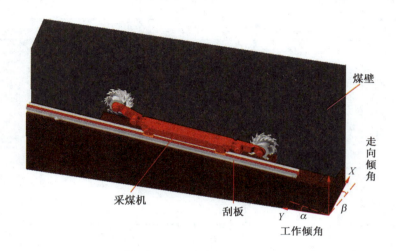

图 12 - 29　煤层倾角示意图

本节主要针对缓倾斜煤层（≤20°）和倾斜煤层（25°~45°）倾角对采煤机工作性能的影响进行分析，不考虑大倾角或急倾角（≥45°）等极端工作条件。确定工作面倾角适用范围为：走向倾角 -20°~20°，工作倾角为 -40°~40°。在该范围内，均匀选取 25 个采样数据点进行仿真分析。通过改变重力参数来模拟不同煤层倾角下采煤机的截割过程。煤岩颗粒的重力参数设定见表 12 -20。不同工况条件下 X、Y、Z 方向的重力分量值的计算公式如下：

$$\begin{cases} x = g \times \sin\beta \\ y = -g \times \sin\alpha \\ z = -g \times \cos\alpha \times \cos\beta \end{cases} \qquad (12-31)$$

式中　　　　g——重力加速度，m/s^2；

　　x、y、z——X、Y、Z 三方向的重力加速度分量，m/s^2；

　　　　α——工作倾角，(°)；

　　　　β——走向倾角，(°)。

表 12 -20　重力参数的设定

工作倾角 α/ (°)	走向倾角 β/ (°)	重力加速度 g/(m·s^{-2})		
		X 向	Y 向	Z 向
0	-20	3.352	0	-9.209
	-10	1.702		-9.651
	0	0		-9.806

表 12 - 20（续）

工作倾角 α/ (°)	走向倾角 β/ (°)	重力加速度 g/(m·s⁻²)		
		X 向	Y 向	Z 向
0	10	− 1.702	0	− 9.651
	20	− 3.352		− 9.209
±20	− 20	3.352	∓3.352	− 8.654
	− 10	1.702		− 9.069
	0	0		− 9.209
	10	− 1.702		− 9.069
	20	− 3.352		− 8.654
±40	− 20	3.352	∓6.299	− 7.054
	− 10	1.702		− 7.393
	0	0		− 7.507
	10	− 1.702		− 7.393
	20	− 3.352		− 7.054

　　书中以 5 种极限煤层倾角为例，分析采煤机动态截割过程中煤岩颗粒的运动轨迹，如图 12 - 30 所示。

　　破碎的煤岩颗粒沿螺旋叶片做复杂的空间复合运动，由图可知其中大部分煤岩颗粒沿螺旋叶片被抛射到刮板输送机上，其余部分被抛射到采空区。

　　工作倾角为正值时，重力在 Y 方向分力为负值，指向滚筒后侧，但受螺旋叶片和滚筒阻碍，大部分颗粒难以送出，形成堆积，工作倾角为负值时，重力分量方向指向滚筒前端，虽然有部分颗粒随滚筒旋转被带到滚筒前侧，形成循环煤，但大部分颗粒由于重力作

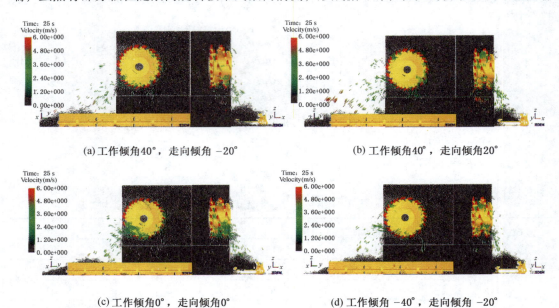

(a) 工作倾角 40°，走向倾角 −20°　　　　　　　(b) 工作倾角 40°，走向倾角 20°

(c) 工作倾角 0°，走向倾角 0°　　　　　　　(d) 工作倾角 −40°，走向倾角 −20°

(e)工作倾角 -40°，走向倾角20°

图12-30   不同煤层倾角下颗粒的运动轨迹

用，通过螺旋叶片被抛射到刮板机上。

当走向倾角为正值时，被截落的颗粒沿工作面，向刮板输送机方向运动，增加了煤岩颗粒的输出量；走向倾角为负值时，颗粒向煤壁方向运动。内侧的颗粒很难随螺旋叶片抛出，导致大量煤岩颗粒堆积或随滚筒输送到采空区。综合考虑，工作倾角为负值，走向倾角为正值时，落煤轨迹较理想，大部分颗粒随螺旋叶片抛射到刮板输送机上(图12-31)。

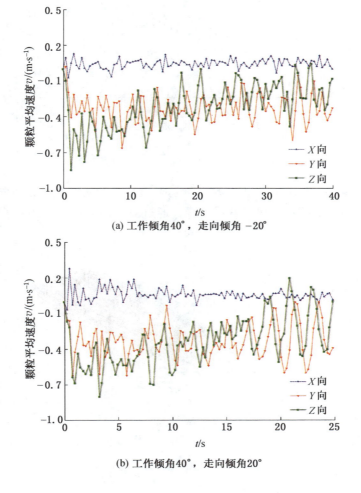

(a)工作倾角40°，走向倾角 -20°

(b)工作倾角40°，走向倾角20°

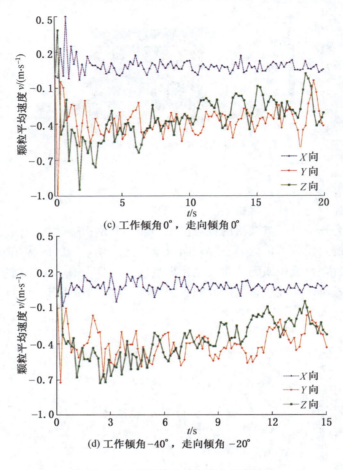

图 12-31　不同煤层倾角下的颗粒速度

　　通过对不同煤层倾角下滚筒装煤率、截割阻力及截割比能耗等仿真结果进行统计分析，得到各参数与煤层倾角之间的关系曲线，通过对三维曲面进行拟合得到图 12-32 ~

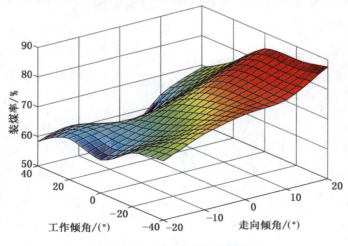

图 12-32　不同煤层倾角装煤率

图 12 – 34。仿真统计结果见表 12 – 21。

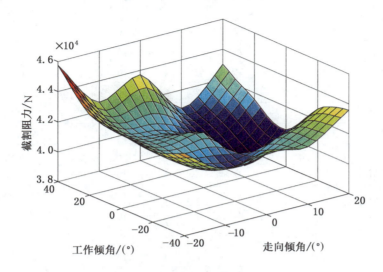

图 12 – 33　不同煤层倾角截割阻力

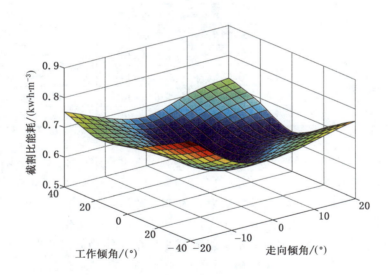

图 12 – 34　不同煤层倾角截割比能耗

表 12 – 21　不同煤层倾角下仿真结果统计

工作倾角 $\alpha/(°)$	走向倾角 $\beta/(°)$	装煤率 $Q/\%$	截割阻力 F_z/N	截割比能耗 $H_w/(\mathrm{kW\cdot h\cdot m^{-3}})$
	-20	70.12	4.3541×10^4	0.8355
	-10	75.72	4.1780×10^4	0.7314
-40	0	78.75	4.2334×10^4	0.7043
	10	82.12	4.1855×10^4	0.7282
	20	87.69	4.3594×10^4	0.7593

表 12 – 21（续）

工作倾角 α/(°)	走向倾角 β/(°)	装煤率 Q/%	截割阻力 F_z/N	截割比能耗 H_w/(kW·h·m^{-3})
-20	-20	68.24	4.2670×10^4	0.7753
	-10	70.42	4.0985×10^4	0.6632
	0	75.96	4.0332×10^4	0.6309
	10	80.32	4.1528×10^4	0.6741
	20	85.56	4.2755×10^4	0.6902
0	-20	61.28	4.2997×10^4	0.7255
	-10	66.14	4.049×10^4	0.6579
	0	72.84	4.1698×10^4	0.5886
	10	79.28	3.8792×10^4	0.6317
	20	84.66	4.0466×10^4	0.6325
20	-20	63.82	4.3412×10^4	0.7113
	-10	65.20	4.1385×10^4	0.6724
	0	66.03	4.0850×10^4	0.6166
	10	70.60	3.9680×10^4	0.6572
	20	75.67	4.1556×10^4	0.6834
40	-20	58.25	4.5765×10^4	0.7526
	-10	60.38	4.2574×10^4	0.6951
	0	52.62	4.3698×10^4	0.6642
	10	63.40	4.0758×10^4	0.7025
	20	69.16	4.2984×10^4	0.7234

结合图 12 – 32 ~ 图 12 – 35 可知，滚筒装煤率随走向倾角增大而增大，随工作倾角增大而减小，走向倾角在 5° ~ 20°，工作倾角在 -40° ~ 10° 范围内，采煤机装煤率较大；走向倾角为 0°，工作倾角为 40° 时装煤率最小，为 52.62%；走向倾角为 20°，工作倾角为 -40° 时装煤率达到最大值，为 87.69%。约为最小装煤率的 1.67 倍。

滚筒截割阻力随工作倾角绝对值增大呈先减小后增大的趋势，随走向倾角增大而减小，走向倾角在 5° ~ 20°，工作倾角在 -10° ~ 20° 范围内截割阻力值较小；工作倾角为 0°，走向倾角为 10° 时截割阻力最小，为 38792 N；工作倾角为 40°，走向倾角为 -20° 时截割阻力最大，为 45765 N，约为最小截割阻力的 1.18 倍。

工作倾角、走向倾角绝对值越大截割比能耗越大，工作倾角在 -30° ~ 30°，走向倾角在 -10° ~ 10° 范围内截割比能耗较小，煤层倾角为 0° 时，截割比能耗最小为 0.5886 kW·h/m^3，工作倾角为 -40°，走向倾角为 -20° 时，截割比能耗最大为 0.8355 kW·h/m^3，约为最小截割比能耗的 1.42 倍。

综合考虑可知，走向倾角由负到正逐渐增大，滚筒装煤率呈增大趋势，这是由于走向倾角不同导致采煤机滚筒沿其轴向方向倾斜程度不同。当走向倾角为正值时，被截落的颗粒沿工作面，向刮板输送机方向运动，增加了煤岩颗粒的输出量；负值时，颗粒向煤壁方向运

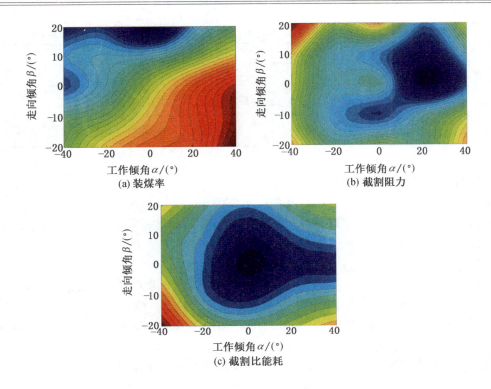

图 12-35　滚筒工作性能参数等高线图

动。内侧的颗粒很难随螺旋叶片抛出，导致大量煤岩颗粒堆积或随滚筒输送到采空区，降低了滚筒的装煤率。同样由于颗粒的大量堆积，加大了截割过程中滚筒的截割阻力和截割比能耗。但走向倾角为正值时，角度过大会导致大量颗粒被远抛到机身侧，造成伤人事故。

　　工作倾角由负到正逐渐增大，滚筒装煤率呈减小趋势，虽然工作倾角为正值时重力在 Y 方向分力为负值，指向滚筒后侧，但受螺旋叶片和滚筒阻碍，大部分颗粒难以送出，形成堆积，使得滚筒装煤率降低，当工作倾角为负值时，重力分量方向指向滚筒前端，虽然有部分颗粒随滚筒旋转被带到滚筒前侧，形成循环煤，但大部分颗粒由于重力作用，通过螺旋叶片被抛射到刮板输送机上，从而增加滚筒的装煤率。由此可以看出，负向工作倾角的存在在一定范围内可以提高滚筒的装煤率，减小截割阻力。

　　综合考虑，当工作倾角在 -10°~10° 范围内，走向倾角在 5°~10° 范围内，采煤机工作性能相对较好。但当工作倾角绝对值较大，走向倾角为负值或绝对值较大时，其截割性能及装煤性能均有不同程度降低。块煤率统计结果见表 12-22。

表 12-22　块煤率统计结果

工 作 倾 角	走 向 倾 角				
	-20°	-10°	0°	10°	20°
-40°	49.4%	49.2%	47.4%	53.9%	46.6%
-20°	68.8%	71.7%	72.6%	68.3%	63.9

表 12 - 22（续）

工作倾角	走向倾角				
	−20°	−10°	0°	10°	20°
0	76.9%	70.4%	74.1%	73.4%	72.7%
20°	69.5%	70.5%	66.2%	66.4%	67.1%
40°	54.7%	49.3%	51.1%	46.9%	51.7%

12.2.5　斜切工况对滚筒工作性能的影响

采煤机在工作面截割煤岩时，每次截完工作面全长，就要将工作面向前推进一个截深。在采煤机准备进入下一个截深时，首先要使滚筒截入煤壁，使滚筒推进一个截深，这一过程称为进刀。目前井下采用的进刀方式主要有斜切进刀和正切进刀两种，其中应用最广泛的是斜切进刀。

斜切进刀是采煤机沿刮板输送机弯曲段逐渐截入煤壁的进刀方式，以此减少工作面人工开缺口的工作量和作业强度，且缺口处顶板悬露面积较小，便于维护。

采煤机斜切进刀时的工作原理如图 12 - 36 所示，图 12 - 36a 中采煤机沿刮板输送机 S 形弯向左前进，前滚筒逐渐斜切截割煤壁，并达到所需的截深，直到图 12 - 36b 所示位置，后滚筒达到满足要求的截深，同时刮板输送机逐渐被支架推成图 12 - 36c 所示直线，采煤机沿直线采煤至最右侧。开始下一次斜切进刀时，重复上述过程。

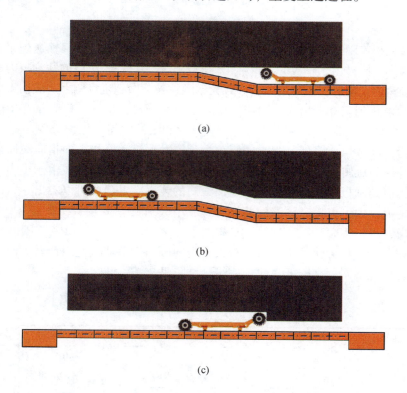

(a)

(b)

(c)

图 12 - 36　采煤机斜切进刀时的工作原理

采煤机斜切进刀下，刮板输送机 S 形弯的相关工艺参数由弯曲段中部槽数量、中部槽横量、偏角等决定。结合煤矿行业相关标准：中部槽允许水平弯曲角 $\alpha = \pm 1°$；又由于《SGZ1000/1050 型刮板输送机使用手册》中规定弯曲段必须大于 12 节，由此 MG400/930 - WD 型采煤机及与之配套使用的 SGZ1000/1050 型刮板输送机基本参数为例，最终确定斜切工况下颗粒的运动轨迹示意图，如图 12 - 37 所示。

图 12 - 37　斜切工况下颗粒的运动轨迹

斜切进刀时"S 弯"对割煤状态有重要的影响。斜切进刀时，端盘大角度齿不仅在前半圆周参与割煤，而且在后半圆周也参与截割一定厚度的煤壁。采煤机截深越大，采煤机的机身长度越长，端盘的角度较大的截齿在后半圆所截割的煤壁厚度越大。

滚筒斜切时，轴向力大小取决于端面截齿每旋转一周所割掉的煤岩体积。在端头斜切条件下，采煤机滚筒的轴向力载荷增加较大，这与实际工况也较为接近。

在斜切状态，滚筒出现轴向进刀量，显然此时的滚筒轴向载荷比正常截煤时的轴向力要大，当采煤机处于斜切状态时，对于具有端面截齿的滚筒而言，轴向力与正常截煤状态相比，增加 10% ~12%。具体斜切工况对颗粒速度、装煤率、块煤率以及采煤工作性能等的影响见表 12 - 23，如图 12 - 38、图 12 - 39 所示。

表 12 - 23　斜切工况下对采煤机工作性能的影响

进刀方式	块煤率 $K/$ %	装煤率 $Q/$ %	平均速度 $v/(\mathrm{m \cdot s^{-1}})$			截割比能耗 $H_w/$ $[(\mathrm{kW \cdot h}) \cdot \mathrm{m^{-3}}]$	滚筒三项载荷 F/N		
			X 向	Y 向	Z 向		X	Y	Z
斜切	67	62.9	0.3543	0.5356	0.3302	1.2247	7235	28447	49873
正常	61	75.3	0.2056	0.5001	0.3323	0.8998	1880	26591	51868

12.2.6　滚筒结构参数对滚筒工作性能的影响

1. 螺旋滚筒的主要结构参数

煤层的赋存情况和煤的物理力学性质多种多样，滚筒的结构参数必须与之相适应。影响滚筒工作性能的主要结构参数包括：滚筒直径、滚筒宽度、螺旋叶片参数、截齿排列方式以及截齿安装参数。

1) 滚筒直径

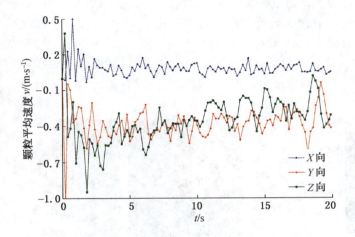

图 12 - 38　斜切工况下的颗粒速度

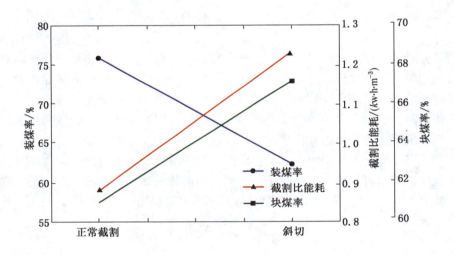

图 12 - 39　工作性能参数与斜切曲线

　　滚筒直径由煤层厚度决定，在截深确定后，滚筒的直径越大，其装煤性能越高。螺旋叶片外缘直径通常是指叶片最外端的直径，但在一些滚筒中，为了增加叶片与煤的接触面积、保护齿座，在不影响滚筒截割性能的前提下加附了一层耐磨板，因此，实际中的叶片直径应该是耐磨板最外端直径。叶片外缘直径与滚筒直径差值越小，叶片与未截割煤壁间的间隙越小，颗粒从该间隙滑落或流出的概率越小。滚筒的装煤空间由叶片直径和筒毂直径的差值决定，筒毂直径越大，叶片的深度越小，滚筒内容纳碎落煤的空间越小，碎落煤在滚筒内循环和被重复破碎的可能性则越大，为此，一般希望筒毂直径越小越好。

　　选择直径大一些的滚筒，有利于降低临界转速，提高装煤效果，但直径过大时，会增加能耗，减小煤的块度。当滚筒直径减小时，装煤效率会降低。因此应根据需要合理地选择滚筒直径。

筒体直径大小决定于叶片高度，筒体直径越大，叶片高度就越小，叶片间的煤流有效空间就越小，容易出现煤流饱和，发生堵塞现象。因此，为提高滚筒装煤能力，在保证叶片与筒体的焊接强度，满足摇臂头传动装置安装空间的前提下，滚筒的筒体直径应取小一些。

2）滚筒宽度

滚筒截深略小于滚筒宽度，滚筒宽度是指滚筒边缘到端盘最外侧截齿齿尖的距离。在采煤机滚筒的设计中，滚筒宽度的确定除了要考虑煤层的厚度、装煤情况、机器功率以及与之相配合的支架步距外，还要充分利用煤壁的压酥效应来降低采煤机截煤时的能耗。对于薄煤层来说，由于所用采煤机滚筒直径较小，出煤空间太小，为了保证采煤机的生产能力，减少回采循环次数，提高单刀产量，一般采用较大的截深。滚筒截深的增大，不利于利用煤体的自然堆积特性装煤，但英国采矿研究所的实验指出：若滚筒本身具有良好的装煤性能，增加其长度后，对其装煤性能影响很少；相反，若一个装煤能力和装煤效率都较差的滚筒，增加其长度后，其装煤性能将更差。

3）螺旋叶片参数

螺旋叶片是滚筒负责装煤的主要结构，其结构参数对滚筒的装煤效率影响最为关键。螺旋叶片的几何参数主要包括螺旋升角、螺距、叶片头数以及叶片在筒毂上的包角。螺旋升角是指螺旋线的切线与垂直螺旋轴心平面的交角，滚筒叶片螺旋升角的方向有左旋和右旋之分，叶片螺旋升角有内螺旋升角、外螺旋升角和平均螺旋升角之分，螺旋叶片升角与滚筒直径、滚筒宽度（螺距）、叶片包角、头数等有关，而且在不同的叶片直径上，升角由内向外逐渐减小，任意直径处的升角 α 为：$\alpha_g > \alpha_c > \alpha_y$。图 12-40 所示为螺旋叶片展开示意图。其中，α_g 为内螺旋升角，α_c 为平均螺旋升角，α_y 为外螺旋升角，D 为滚筒直径，D_y 为滚筒外直径，D_g 为筒毂直径。螺旋升角、螺距、叶片头数和包角满足以下关系：

$$\alpha = \tan^{-1} \frac{L}{\pi D_i} \tag{12-32}$$

$$L = ms = \frac{B360}{\theta} \tag{12-33}$$

式中　　m——螺旋叶片头数，个；

L——叶片导程；

s——叶片螺距；

B——布有螺旋叶片的滚筒长度，mm；

D_i——滚筒平均直径，mm；

θ——叶片包角，（°）。

（1）叶片头数。设叶片头数为 m，应该使叶片间距 $s = L/m$ 与叶片高度 $(D_y - D_g)/2$ 保持适当的比例 k，即：

$$k = \frac{2L}{m(D_y - D_g)} \geq k_y \tag{12-34}$$

式中　　D_g——筒毂直径，mm；

D_y——滚筒外直径，mm。

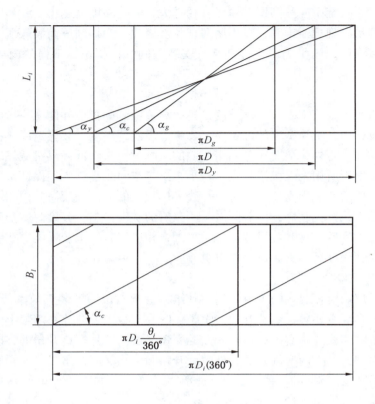

图 12 - 40　螺旋升角展开示意图

为防止块煤被挤在两叶片中间而形成循环煤，叶片间距不宜过小。通常，小直径滚筒 k_y 取 1.4、大直径滚筒 k_y 取 0.8。同时，受 k_y 值限制，滚筒的螺旋叶片头数不宜太多，通常采用双头、三头或四头。如果头数过多，叶片的间距 s 减小，煤流空间狭窄，将增加截割阻力和能耗，且头数过多也不利于加工。滚筒的螺旋叶片，直径较小时采用双头，直径较大时采用三头，在直径大、俯采角度大时采用四头。

（2）螺旋升角。螺旋升角是影响滚筒装煤的决定性因素。一般来说，螺旋升角越大排煤能力越强，但同时形成的循环煤量也增多，产生的煤尘也越多。螺旋升角小，叶片的排煤能力也小，螺旋叶片间的煤在被反复循环，易造成煤的重复破碎，使能量消耗增大。螺旋滚筒上任意直径 D_i 上螺旋叶片的升角为 $\alpha_i = \arctan(L/\pi D_i)$。如图 12 - 41 所示，当螺旋滚筒转过角 φ 时，所对应的圆弧长为 $D_i\varphi/2$，叶片的轴向推移量 $h_y = 0.5D_i\varphi\tan\alpha_i$，则紧贴叶片表面的微层煤相应的轴向位移 h_m 为

$$h_m = 0.5D_i\varphi\frac{\sin\alpha_i\cos(\alpha_i + \varphi_m)}{\cos\varphi_m} \qquad (12 - 35)$$

式中　φ_m——煤与叶片的摩擦角，$\varphi_m = \arctan f_s$；

　　　f_s——煤与叶片的摩擦系数。

对式（12 - 35）求导 $dh_m/d\alpha_i$，并令其为零，解得叶片的最佳升角为

$$\alpha_{opt} = \frac{\pi}{4} - \frac{\varphi_m}{2} \qquad (12 - 36)$$

由此可见，叶片升角仅与摩擦系数有关，即与实际工作中煤层构造相关。

（3）叶片围包角。围包角是指螺旋叶片在螺旋滚筒圆周方向上的展开角度，如图12－42所示，两相邻叶片首尾之间应有适当的重合，否则，当相邻两叶片交替时，螺旋滚筒上载荷可能产生突变，影响采煤机工作的稳定性。一般叶片在滚筒上的围包角为：双头螺旋滚筒叶片围包角应不小于210°，三头叶片时围包角应不小于140°，四头叶片时围包角应不小于105°。

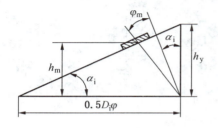

图12－41　叶片螺旋升角的确定

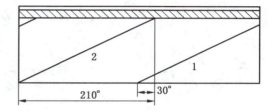

图12－42　双头螺旋叶片围包角

4）截齿排列方式

螺旋滚筒是采煤机截煤和装煤的工作机构，其截齿排列方式直接影响采煤机的截割性能和工作质量。

（1）端盘截齿排列。端盘截齿的作用是平衡轴向力与自开缺口，工作条件接近为半封闭，截齿负荷大，端盘截齿消耗占滚筒截齿消耗的一半左右，故其截距要缩小，每条截线上安装的截齿数要增多。端盘截齿的布置方式对滚筒的载荷波动起主导作用，端盘截齿的分布应尽可能做到均匀对称。应遵守如下原则：

①掏槽宽度：端盘的负角度齿或零角度齿与最大正倾角截齿尖之间的轴向距离为端盘的掏槽宽度，一般取80～120 mm，该尺寸过大会使粉尘增加；最大正角度截齿尖到端盘侧面距离一般为45～65 mm，大滚筒取大值，小滚筒取小值。最大正角度一般取值范围为35°～50°，脆煤取小值；韧性或有夹矸石取大值；减小截齿磨损及受力。

②端盘布齿：截割阻抗较大时，布齿应尽量多，以减小每个截齿受力和磨损；端盘截线在4～6条，截线距分配向煤壁侧逐渐减小，每条截线上至少有2～3个截齿；当叶片的头数分别为2、3、4时，对应端盘截齿形成螺旋线数为4、6、8适宜，与叶片螺旋线形成人字形，有利于平衡叶片轴向力；取最大倾角的截齿数4、6、8以上，大直径滚筒取大值，小直径滚筒取小值；每条截线上截齿均布于圆周。

同时为使采煤机能自行开切口，采煤机在斜切时，端盘侧面布齿截割，常见的有"Y"形、"一"形、"S"形3种排列方式，如图12－43所示。为有利于排煤和减小截齿受力，采煤机截割滚筒按图12－42c顺时针转动，端盘侧面截齿呈螺旋线形排列，截线距尽量小，截齿呈0°，平时不参加截割。端盘最大正角度截齿尖到端盘侧面距离一般为45～65 mm（图12－44）。

（2）叶片截齿排列。叶片上截齿配置一般可分为顺序配置、棋盘式配置两类，排列方式示意图如图12－45所示。

顺序配置的截齿都是一个紧接着一个进行截割的，因而每个截齿受到朝向煤壁方向作用的侧向力，而且切屑断面较小。由于截齿只能顺着叶片排列，故只能从压张程度较轻的地方开始截割。若以 n_t 和 m 分别表示每条截线上安装的截齿数和滚筒叶片的螺旋头数，则顺序配置的特点是：$n_t/m=1$，截齿受到的侧向力可以部分抵消端盘的轴向力。

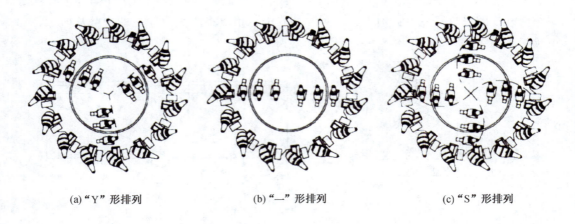

(a)"Y"形排列   (b)"一"形排列   (c)"S"形排列

图 12-43　端盘侧面截齿排列方式

图 12-44　端盘截齿排列图

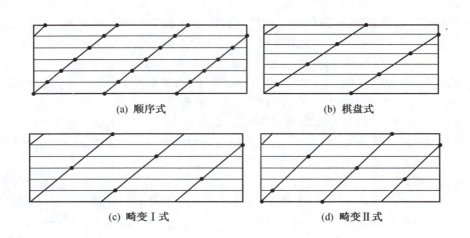

(a) 顺序式   (b) 棋盘式

(c) 畸变 I 式   (d) 畸变 II 式

图 12-45　截齿排列方式

棋盘式配置分为正常棋盘式配置和畸形棋盘式配置，正常棋盘式配置截齿是按一个跳一个的次序进行截割的，每个截齿两侧的受力基本是平衡的，切屑断面较大，形状接近对称，所以有利于降低截割比能耗和截齿的侧向力。其特点是：$n_t/m = 1/2$。畸形棋盘式配置是不同叶片上的截齿齿尖排列成一条螺旋线，与叶片螺旋线的方向正好相反。这样配置既可使切屑断面形状接近正常棋盘配置，因而保持了后者的特点，同时又可以避免从压张程度较轻的地方开始截割。但是当滚筒叶片的螺旋头数比较多，而截齿数量较少时，只有采用大型截齿，才能实现这样的配置。

采用一线一齿的排列方式（即：每条截线上只安装一个截齿）的优点在于，在切削厚度较小时，由于截线间距小，截距与切削厚度比值保持着通常所说的合理值，切槽断面较合理；当切削厚度增大时，它又类似于普通的一线三齿（或一线二齿）的大截距排列，能使不同的切削厚度产生合理的切槽断面形状。从而克服了滚筒工作机构由于切削厚度变化所带来的弊端。煤在工作过程中，被破碎得越厉害，所做的功越多，而这种排列方式减少了煤的破碎程度，也就减少了切削过程中能量的消耗，达到了降低比能的目的。通常当煤质较软、脆，牵引速度较低，滚筒转速较快时，采用棋盘式排列；煤质较硬、韧，牵引速度较快，采用顺序式排列。

（3）最佳截线距 t_{opt}。硬煤和韧性大的煤，截线距取小值；软和脆的煤，应取较大值。在煤壁深部应取小值，接近煤壁表面取大值，且以截槽间无煤脊为准。图 12-46a 所示为刀型截齿的截割情形，由于截线距 t' 过大，煤壁上必然存在棱条。如果煤层确定了，其崩落角大小也就相应地确定了，则必然存在临界截线距 t' 为

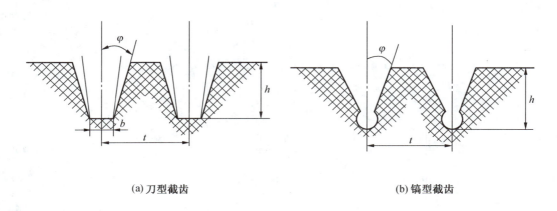

(a) 刀型截齿　　　　　　　　　　　　　(b) 镐型截齿

图 12-46　截齿截割时形成的脊梁

$$t'_i = b + 2h\tan\varphi \qquad (12-37)$$

为了不留下煤脊，截线距 t' 应满足 $t' < t'_i$。

对于镐型截齿而言，如果截线距 t' 过大，同样会有棱条，如图 12-46b 所示，其临界截线距 t'_i 为

$$t'_i = (2h - r')\tan\varphi \approx 2h\tan\varphi \qquad (12-38)$$

由于镐型截齿齿尖半径 r' 与切削厚度 h 相比甚小，故可以忽略。

另外，还可以直接根据煤的脆性确定最佳平均切削宽度，即：

$$t' = \left(\frac{5\overline{h}}{0.5\overline{h} + 4.5 \times 10^{-2}} + 0.7\overline{h}\right)\frac{1.47B_w}{B_w + 1.2} + b \qquad (12-39)$$

式中　　$\bar{h}$——平均切屑厚度，mm；

　　　　b——截齿宽度，mm；

　　　　B_w——煤脆性程度指数，在相同截割条件下，B_w 值越大（韧性煤 $B_w < 2.1$，脆性煤 $2.1 < B_w < 3.5$，极脆性煤 $B_w > 3.5$），煤质越脆，则截割比能耗越低。

　　上述截线距的确定方法多是在理想条件下给出的，即截槽与截槽处于同一平面，并没有考虑截齿形式。然而实际螺旋滚筒在截煤过程中，截槽交错形成。因此，确定截线距必须在特定的截齿排列下进行。合理的截线距应是既能充分利用煤岩体的崩落效应，又不留下中间煤脊，即相邻截槽顶点的连接处崩落面重合。由于滚筒的结构不同、煤的物理特性也不同，截割量多少也不一样。因此，在综合考虑上述的影响因素后，确定出合理的截线距。

　　图 12 - 47 所示为四种不同排列形式的切屑图及其有关参数，根据图示切屑图的几何关系和给定的采煤机工作参数来确定合理的截线距。

　　当滚筒转过一周时，滚筒的进给量为 H_m，任意截齿走过的圆周距离为 πD；截齿 1 和截齿 2 的相对切屑厚度为 h_1，截齿 2 和截齿 3 的相对切屑厚度为 h_2。

　　对于图 12 - 47a 所示的顺序式排列方式：可得截线距为

$$h_{\max} = \frac{H_m}{n_m} \tag{12-40}$$

$$t' = \frac{h_{\max}}{\dfrac{1}{\tan\varphi} + \dfrac{H_m}{\pi D\tan\alpha_c}} \tag{12-41}$$

对于图 12 - 47b 所示的棋盘式排列方式，可得截线距为

$$h_{\max} = \frac{2H_m}{m\left(1 + \dfrac{H_m\tan\varphi}{\pi D\tan\alpha_c}\right)} \tag{12-42}$$

$$t' = \frac{h_{\max}}{2}\tan\varphi \tag{12-43}$$

对于图 12 - 47c 所示畸变 I 式排列方式，可得截线距为

$$h_{\max} = \frac{H_m}{m-1} \tag{12-44}$$

$$t' = \frac{h_{\max}}{m\left[\dfrac{1}{\tan\varphi} - \dfrac{(m-1)h_{\max}}{\pi D\tan\alpha_c}\right]} \tag{12-45}$$

对于图 12 - 47d 所示的畸变 II 排列方式，可得截线距为

$$h_{\max} = \frac{H_m}{m-1} \tag{12-46}$$

$$t' = \frac{h_{\max}}{m\left[\dfrac{1}{\tan\varphi} + \dfrac{(m-1)h_{\max}}{\pi D\tan\alpha_c}\right]} \tag{12-47}$$

式中　　H_m——滚筒每转一周的进给量，$H_m = 1000v_q/n$，mm；

　　　　n_m——同一截线上的截齿数目。

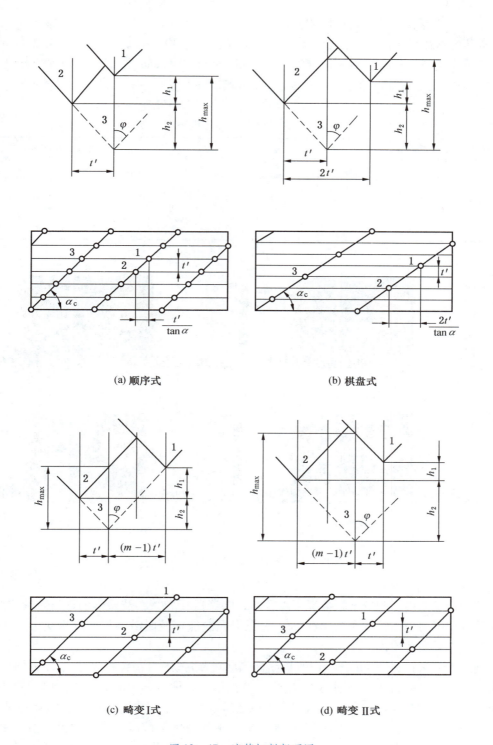

图 12-47　滚筒切削断面图

2. 截深对滚筒工作性能的影响

为研究截深对滚筒工作性能的影响，在滚筒转速为 30 r/min、牵引速度为 3 m/min 的情况下分别模拟截深为 400 mm、600 mm、800 m 和 1000 mm 情况下采煤机的截割过程（仿真参数设定见表 12 - 24），煤岩颗粒的运动轨迹如图 12 - 48 所示。

表 12 - 24 仿真参数的设定

滚筒转速/(r·min⁻¹)	牵引速度/(m·min⁻¹)	截深/mm
		400
30	3	600
		800
		1000

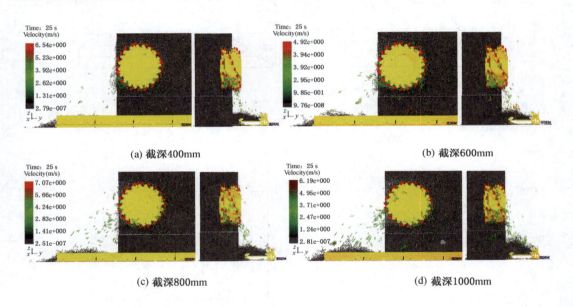

(a) 截深400mm　　　(b) 截深600mm
(c) 截深800mm　　　(d) 截深1000mm

图 12 - 48 不同截深下颗粒的运动轨迹

从颗粒在滚筒后侧的堆积情况可以看出，随着截深增大，被截落的煤岩颗粒也越多，滚筒的输出能力越强。截深为 1000 mm 时煤岩颗粒能够及时沿螺旋叶片抛出，说明此时滚筒截深在适当范围内。

利用 EDEM 后处理功能导出不同转速下滚筒包络范围内颗粒在 X、Y、Z 方向上的平均速度，通过 MATLAB 绘制曲线如图 12 - 49 所示。由图可知，滚筒包络范围内颗粒的平均速度在初始时刻波动较大，当截割过程稳定后速度值趋于稳定，并适当减小，且截深越小速度波动越明显。结合表 12 - 25 可知，颗粒平均速度随截深增大而增大，但变化并不明显。这是由于随着滚筒工作，颗粒在离心力的作用下获得轴向速度在叶片上滑移；Z 向速度主要是在截齿的冲击作用下破碎煤岩颗粒的下落速度，螺旋叶片对颗粒的 Z 向速度几乎没有影响，但随着截深增大，参与截割的截齿数量增加，叶片内的颗粒数量也随之增加，由于选定的滚筒包络范围相对较大，统计区域内存在一部分颗粒并没有被截割获得速度，或者速度较小可以忽略，叶片内颗粒数量增加，使得颗粒速度均值在一定程度上有所增大。由于截深越小螺旋叶片中的空余空间越大，颗粒之间的碰撞越大，因此颗粒速度波动越明显。

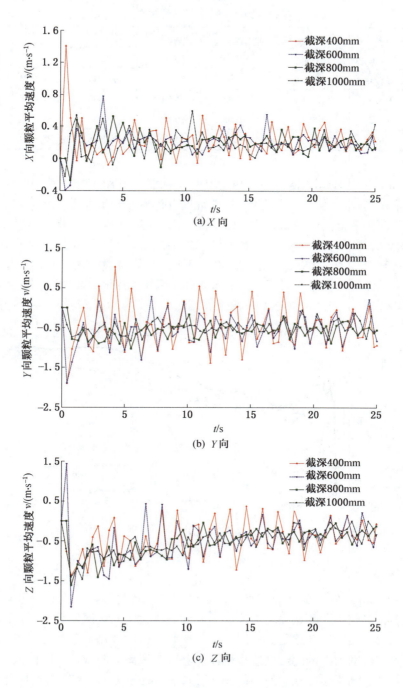

(a) X 向

(b) Y 向

(c) Z 向

图 12-49　滚筒包络范围内的颗粒平均速度

通过分析统计区 II 内的颗粒累积质量占滚筒截煤总量的比例，间接获得煤岩颗粒的装煤率。仿真统计结果见表 12 – 25。其中颗粒的平均速度与装载率均为仿真稳定后（约 15 s 后）的数据平均值。

表12 – 25　不同截深下的仿真结果

滚筒截深/ mm	颗粒累积质量/kg		截落颗粒总质量/kg	装煤率/ %	平均速度（m·s⁻¹）		
	统计区 I	统计区 II			X 方向	Y 方向	Z 方向
400	268.14	158.84	426.98	62.8	0.1922	0.4821	0.3141
600	336.82	176.63	513.45	65.6	0.1970	0.4856	0.3207
800	464.28	189.64	653.92	70.7	0.2020	0.4963	0.3263
1000	539.14	176.90	716.04	75.3	0.2056	0.5001	0.3323

图 12 – 50 所示为不同截深下采煤机的装煤率曲线，由图可知，不同截深下的装煤率曲线走势基本相同，1 s 前装煤率为 0，说明此时并没有颗粒落在刮板上，1～5 s 时装煤率开始上升，并在一定范围内波动，这是由于滚筒刚刚截割煤岩，只有一小部分截齿与煤层接触，大量的颗粒并没有通过螺旋叶片被抛射到刮板输送机上，而是落到采空区，截割过程并不稳定。5 s 后装煤率随时间逐渐增大，15 s 左右装煤率曲线开始趋于稳定值。通过对比四种不同截深的装煤率曲线可知，采煤机装煤率随截深增大而增大。结合表 12 – 25 可知，截深为 1000 mm 时采煤机的装煤率最大，同时增大截深也提高了采煤机的开采效率。

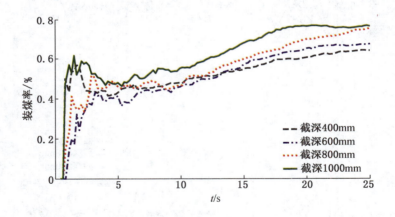

图 12 – 50　不同截深下采煤机装煤率曲线

结合表 12 – 26 可知，随着截深增大，滚筒三向载荷均值都不同程度地增大，其中侧向力变化范围相对较小；随截深增大滚筒三向载荷增大。当截深增大时，切削面积也随之增大，从而增大了滚筒三向载荷。不同工况下滚筒载荷的波动系数均小于 5%，说明此时载荷波动在允许范围内。因此适当减小截深能够减小滚筒三向载荷，降低截齿磨损量。随截深增大截割比能耗增大，选择小截深的滚筒在一定程度上能够减小损耗，提高截割效率。

表 12 - 26　不同截深下仿真统计结果

| 截深/mm | 截割比能耗/
(kW·h·m⁻³) | 方向 | 滚筒三向载荷 | |
			载荷均值/N	波动系数
400	0.6119	X	1.0929×10^3	0.1247
		Y	1.9075×10^4	0.0396
		Z	4.5276×10^4	0.0222
600	0.6938	X	1.4238×10^3	0.0489
		Y	2.1007×10^4	0.0229
		Z	4.9191×10^4	0.0268
800	0.7719	X	1.7429×10^3	0.0310
		Y	2.3276×10^4	0.0486
		Z	5.2659×10^4	0.0502
1000	0.8998	X	1.8800×10^3	0.0296
		Y	2.6591×10^4	0.0487
		Z	5.6868×10^4	0.0278

3. 叶片螺旋升角对滚筒工作性能的影响

叶片螺旋升角通常指叶片外径处的螺旋升角，螺旋升角是影响滚筒装煤的决定性因素。一般来说，螺旋升角越大，排煤的能力也越大，但螺旋升角过大时，容易引起煤尘粉碎。螺旋升角过小，叶片的排煤能力小，煤在螺旋叶片内循环，造成煤的重复破碎，使块煤率降低。实践证明，螺旋升角在 10°～30°比较适宜。本节选取螺旋升角分别为 10°、15°、20°、25°进行仿真分析（图 12 - 51、图 12 - 52）。

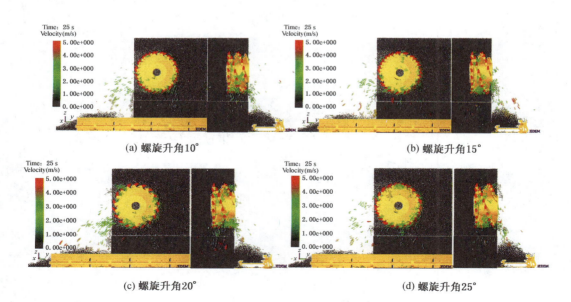

(a) 螺旋升角10°　　　　　　　　　　(b) 螺旋升角15°

(c) 螺旋升角20°　　　　　　　　　　(d) 螺旋升角25°

图 12 - 51　不同螺旋升角下颗粒的运动轨迹

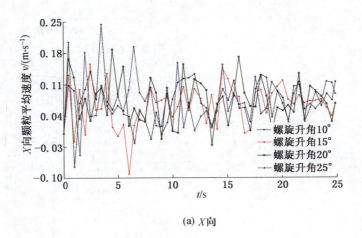

(a) X向

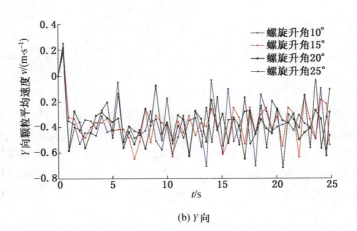

(b) Y向

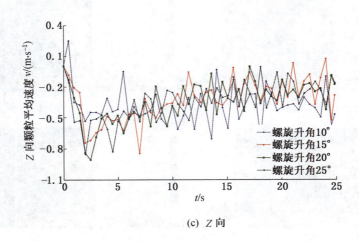

(c) Z向

图 12 - 52　不同螺旋升角下的颗粒速度

结合表 12 - 27 分析可知，煤体轴向速度、滚筒装煤量随螺旋升角的增大呈增大趋势，结果表明，随着螺旋升角的增大，装煤效率大幅度提高，增大到 20°～25° 时，装煤效率基本相同，且装煤效果达到最好；截割阻力呈先减小后增大的趋势，截割比能耗及块煤率随螺旋升角增大而增大。这是由于不同螺旋升角情况下，位于同一叶片紧邻的两条截线上的截齿周向距离不同，导致滚筒对应叶片截齿的切削条件大不相同，从而使截割阻力存在差异。螺旋升角越小，叶片的排煤能力越差，煤岩在螺旋叶片内循环，导致煤岩重复破碎，块煤率降低。螺旋升角越大，出煤口面积越大，煤流能够顺利输出，同时随着升角增大颗粒获得足够大的轴向速度，可以将煤岩颗粒直接抛送至中部槽内，使装煤效果达到最佳。但升角过大时，同样易造成煤岩粉碎，降低煤岩块度。

表 12 - 27　螺旋升角对采煤机工作性能的影响

螺旋升角/ (°)	截割比能耗/ (kW·h·m⁻³)	装煤率/ %	截割阻力/ N	平均磨损深度/ μm	平均磨损速率/ (μm·s⁻¹)
10	0.6461	71.48	4.4824×10^4	0.1139	0.0091
15	0.6271	74.44	3.8519×10^4	0.1386	0.0111
20	0.6645	74.10	4.2188×10^4	0.1343	0.0110
25	0.6777	78.35	4.1596×10^4	0.1245	0.0099

4. 截齿排列方式对滚筒工作性能的影响

不同截齿排列方式滚筒三维模型如图 12 - 53 所示，其落煤轨迹如图 12 - 54 所示，滚筒包络范围内的颗粒平均速度如图 12 - 55 所示，截齿排列方式对采煤机工作性能的影响见表表 12 - 28。

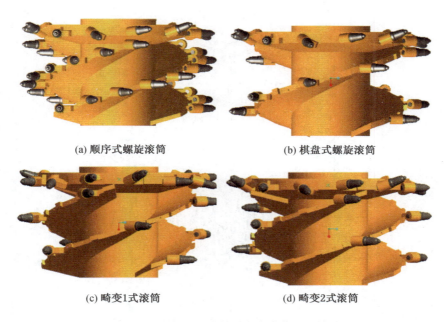

(a) 顺序式螺旋滚筒　　　　　　　　　　(b) 棋盘式螺旋滚筒

(c) 畸变1式滚筒　　　　　　　　　　(d) 畸变2式滚筒

图 12 - 53　不同截齿排列方式滚筒三维模型

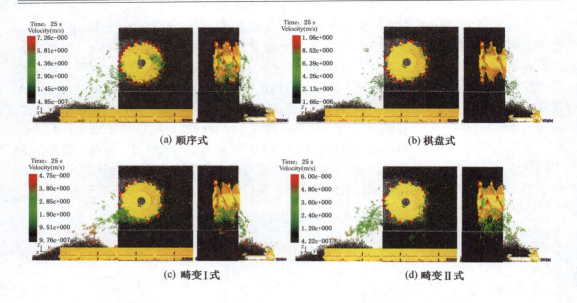

(a) 顺序式　　　　　　　　　　　　　　(b) 棋盘式

(c) 畸变 I 式　　　　　　　　　　　　　(d) 畸变 II 式

图 12 – 54　不同截齿排列下滚筒落煤轨迹

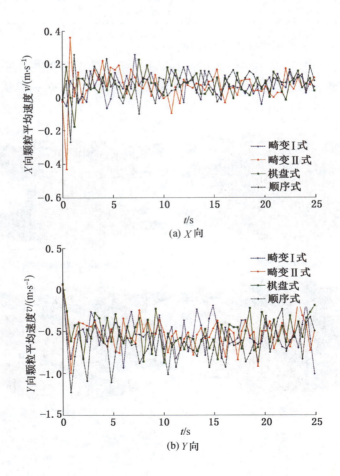

(a) X 向

(b) Y 向

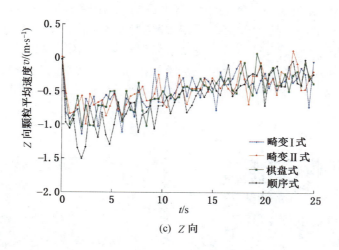

(c) Z 向

图 12-55 滚筒包络范围内的颗粒平均速度

表 12-28 截齿排列方式对采煤机工作性能的影响

截齿排列方式	截割比能耗/ (kW·h·m^{-3})	装煤率/ %	截割阻力/ N	平均磨损深度/ μm	平均磨损速率/ μm/s	循环次数
顺序式	0.6740	63.67	4.2468×10^4	0.1451	0.0126	1.212×10^6
棋盘式	0.5437	59.15	3.5878×10^4	0.2870	0.0245	2.202×10^5
畸变 I 式	0.4293	58.34	3.8170×10^4	0.3186	0.0266	2.322×10^5
畸变 II 式	0.4312	59.59	3.6488×10^4	0.2837	0.0234	2.438×10^5

5. 截齿安装角对滚筒截割性能的影响

截齿安装参数主要是指截齿在滚筒螺旋叶片、端盘上的安装角度（图 12-56），包括安装角、倾斜角以及二次旋转角。安装角是指截齿轴线与齿尖运动轨迹切线方向的夹角，目前国内采煤机滚筒上的截齿安装角通常为 30°～50°，倾斜角、二次旋转角通常只存在于端盘截齿上，而对于叶片截齿而言，倾斜角、二次旋转角通常为 0°。本书主要研究螺

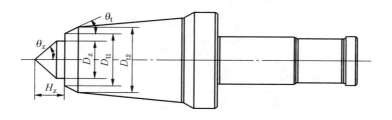

图 12-56 截齿结构参数

旋叶片上不同截齿安装角度对滚筒截割性能的影响，利用图 12 - 10 所示的仿真模型，分别对截齿安装角为 30°、35°、40°、50°、55°时采煤机的工作性能进行分析，主要对截割过程中的截割比能耗、滚筒载荷、载荷波动系数、装煤率等因素进行分析。

截割过程中滚筒的落煤轨迹如图 12 - 57 所示，仿真统计结果见表 12 - 29。其中装煤率为仿真稳定后（约 15 s 后）的数据平均值。不同安装角下的颗粒速度图像如图 12 - 58 所示。

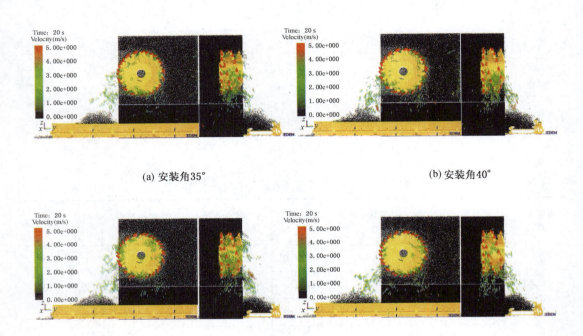

(a) 安装角35°   (b) 安装角40°

(c) 安装角45°   (d) 安装角50°

图 12 - 57 不同螺旋升角下颗粒的运动轨迹

表 12 - 29 仿 真 结 果 统 计

截齿安装角/(°)	颗粒累积质量/kg		截落颗粒总质量/kg	装煤率/%	滚筒截割阻力		截割比能耗/(kW·h·m⁻³)	
	统计区 I	统计区 II			均值/N	波动系数	均值	标准差
30	494.55	211.48	706.03	69.5	6.5674×10^4	0.0425	1.3322	0.4650
35	526.09	205.61	731.70	71.9	$6.2430e+04$	0.0363	1.1670	0.4418
40	611.23	152.81	764.04	80.4	$5.5172e+04$	0.0271	1.0461	0.3757
45	623.42	173.79	797.21	78.2	$5.1729e+04$	0.0329	0.8900	0.3131
50	542.44	170.91	774.91	70.5	$6.0100e+04$	0.0404	0.9246	0.4446

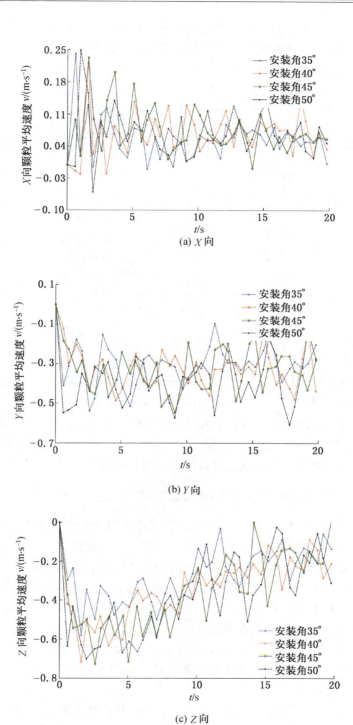

(a) X 向

(b) Y 向

(c) Z 向

图 12−58 不同安装角下的颗粒速度

通过对不同截齿安装角条件下得到的装煤率、截割阻力以及截割比能耗等仿真结果进行统计，得到各参数与截齿安装角之间的关系曲线，如图 12 - 59 所示。

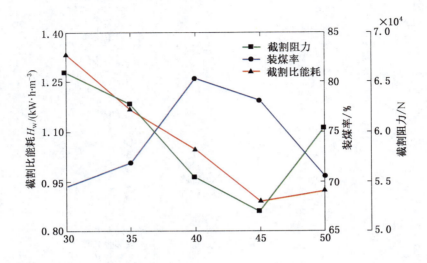

图 12 - 59　截割性能参数与截齿安装角关系曲线

由图 12 - 59 可以清晰地看出，随着截齿安装角增大，滚筒装煤率呈先增大后减小的趋势，截齿安装角为 40° 时装煤率最高，达到 80.4%。滚筒截割阻力、截割比能耗随安装角增大呈先减小后增大的趋势，截齿安装角为 45° 时均达到最小值，截割阻力为 51729 N，截割比能耗为 $0.8900(\mathrm{kW} \cdot \mathrm{h})/\mathrm{m}^{-3}$。载荷波动系数均小于 5%，在允许范围内，综合以上三方面因素，在试验条件下，截齿安装角为 45° 时滚筒的工作效率最高。

12.3　采用正交试验分析不同工况下滚筒的工作性能

根据 12.2 节分析可知，滚筒的结构参数和工作参数之间相互影响、相互制约。合理的结构参数和工作参数对提高滚筒的装煤效率具有重要的意义。

螺旋滚筒高效截割、破落煤岩是一个复杂的，具有非平衡、非线性、时变性和强耦合特点的演化过程，是多因素耦合作用的结果。而影响采煤机装煤性能的因素众多，若进行全面试验，包含的水平组合数较多，工作量较大，消耗时间长。而正交试验法可用部分试验来代替全面试验，通过部分试验结果的分析了解全面试验的情况，从而找出最优的水平组合，可节省大量时间、降低开发成本。因此，本节采用正交试验设计的方法科学地安排和分析多因素试验，研究上述各因素对滚筒工作性能影响的重要程度和影响规律。

12.3.1　正交试验法概念介绍

在生产和科研中，我们常常会遇到从多方案中选择最佳方案的问题，即优化设计。优化设计时，指标是指根据试验目的确定的用以评定或衡量试验效果的特性值，因素是指直接影响试验指标的不同原因或要素，一般用 A、B、C 来表示；水平是指所选因素在试验中由于状态或者条件变化所取的不同数值，一般用 1、2、3 来表示。在优化设计中，如果因素和水平较少，我们可对不同因素的所有水平组合做全面试验，但是当因素和水平较多时，全面试验的可操作性和经济性都变得很差。为了解决多因素多水平的优化设计问题，人们开始应用正交试验法。正交试验法产生于 20 世纪 20 年代，此方法首先被英国的罗隆姆斯特农业试验站用来合理地安排农田试验。此后，正交试验法在英国得到了运用和推广，二战后此法相继传到世界各地。20 世纪 50 年代左右，日本的田口玄一带头研究和应用正交试验法，并根据试验的优化规律首次提出了正交表。正交试验法在我国普及使用始于 20 世纪 60 年代末期，并很快就得到了工农业生产部口和科研院所的重视。正交试验法依据数学原理，根据正交性从大量的试验因素中选择出具有正交性质的因素和水平进行试验，在显著减少试验次数的同时又能取得良好的试验效果，是研究和处理多因子试验的一种科学有效的方法，该法在工程中的应用极为广泛。

正交试验设计的一般定义：一个有 m 个因素和 n 次试验的设计，若它对任意两个因子构成完全重复的试验，则认为是正交的。

要想构造正交试验应满足以下两个条件：每一因子的不同水平在试验中出现的次数相同；任意两因子的不同水平结合在试验中出现的次数相同。

正交试验表的设计一般可以分为以下 3 个步骤：

（1）确定试验因素。进行正交试验之前，要先对试验进行分析，对照前期施工数据制定出合适的试验方案，选取出参与正交试验的因素，并确定不同因素的不同水平。

（2）选用正交表。根据已经确定的正交试验的因素和水平来选择正交表。确定使用的正交表行数为选取试验因素的水平数，列数大于或等于选取的试验因素数。标准的正交表均可以在常用正交表中查询得到，对号入座即可。

（3）表头设计。假设所选取的试验因素之间都没有相互的交互作用，那么直接将确定的因素安排在正交表列的位置、每一个因素水平在正交表行的位置就完成了正交试验表的设计。若因素之间存在交互作用，那么交互作用所占的列是一定的，不能任意安排，可通过查表的方式确定交互作用的列位置所在，从而确定正交试验表。

每一个具体的试验都会由于试验目的的不同以及试验条件的局限性，不能将对结果有影响的每一个因素都用来进行试验，这就要求我们在进行试验时，选取出对结果影响较大的因素来。这样不仅可以保证试验的简化，还能保证试验结论的可靠性。另外，某些因素之间还存在一定程度的交互作用，此时影响较大的因素还应包括那些单独变化水平时效果不显著但与其他因素同时变化水平时交互效果显著的因素，这样在处理具有交互作用的试验时，结论才更具有说服力。若在选取试验因素时疏忽漏掉影响较大的因素，那么只要这些因素变化，试验结果也将受到很大程度的改变。所以为了保证试验的意义，在设计试验时就应当考虑全面，将所有影响较大的因素都选入试验，进行全组合试验。当然，由于试验的差别性，并不是在设计试验的过程中选取越多的因素对试验结果的可靠性就越有帮助，因素的多少还要决定于客观事物的本身和试验目的的要求，依据实际情况来酌情定论。水平的选取同样也是试验设计的主要内容。试验水平的决定是从量的角度来对试验进行定夺，水平数越多，试验次数就越多。所以为了保证正交试验相比于全面试验的优越性，在水平数的选取上，要慎重决定。同时，应当注意的一点是，水平靠近时，试验结果的变化较小，尤其是那些相对影响较小的因素，水平太靠近，就几乎检测不到指标的变化，也就无法考察水平变化的影响。最后，无论是因素还是水平的确定，都要考虑的重要问题是现实可行性。如在寻找最佳工况的试验中，影响最大的因素和最佳水平都应当被设计在试验范围内，新工艺测评中必须有其在实际工程中的应用价值等。有时，在特殊工况下进行试验时，安全问题也要摆在首位去考虑，保证参与试验的人员安全才可以进行下一步的具体试验。

12.3.2 正交试验的优势

正交试验相对于全面试验，在减少了试验次数的前提下，也取得了良好的试验效果。下面就以三因素三水平的试验为例，来直观解释一下其优势所在。如果有 3 个试验因素，每个因素选取 3 个水平，每一种组合只进行一次试验的全面试验次数为：$3^3 = 27$ 次，而使用正交试验法进行 3 因素 3 水平的试验设计时，只需要进行 9 次试验，可见试验次数大大减少。两种试验方案见表 12 − 30。如果上述情况变为 5 因素 4 水平，则全面试验的次数为 $5^4 = 625$ 次，正交试验的次数为 16 次，因素和水平的数量越多则对比就越明显。

表 12 − 30　两种试验方法的对比表

全面试验			C_1	C_2	C_3	正交试验	
	A_1	B_1	$A_1B_1C_1$	$A_1B_1C_2$	$A_1B_1C_3$		$A_1B_1C_1$
		B_2	$A_1B_2C_1$	$A_1B_2C_2$	$A_1B_2C_3$		$A_1B_2C_2$
		B_3	$A_1B_3C_1$	$A_1B_3C_2$	$A_1B_3C_3$		$A_1B_3C_3$
	A_2	B_1	$A_2B_1C_1$	$A_2B_1C_2$	$A_2B_1C_3$		$A_2B_1C_2$
		B_2	$A_2B_2C_1$	$A_2B_2C_2$	$A_2B_2C_3$		$A_2B_2C_3$
		B_3	$A_2B_3C_1$	$A_2B_3C_2$	$A_2B_3C_3$		$A_2B_3C_1$
	A_3	B_1	$A_3B_1C_1$	$A_3B_1C_2$	$A_3B_1C_3$		$A_3B_1C_3$
		B_2	$A_3B_2C_1$	$A_3B_2C_2$	$A_3B_2C_3$		$A_3B_2C_1$
		B_3	$A_3B_3C_1$	$A_3B_3C_2$	$A_3B_3C_3$		$A_3B_3C_2$

图 12 − 60 所示为全面试验和正交试验的对比图，在图中将一个立方体的每一个方向都用三个平行并且等距的平面去切割，这样在空间上就形成了 27 个交点，如果每一个点都安排试验就构成了全面试验，如图 12 − 60a 所示；如果在每一个平面的每一行各安排一个试验点，并且每一个平面上的这些试验点还在不同的列上面，这样在一个平面上就形成了 3 个试验点，在空间上共形成了 9 个试验点，这种试验方法即正交试验，如图 12 − 60b 所示。

12.3.3 正交试验设计

正交试验设计一般通过正交表进行安排，正交表是一整套规则的设计表格，一般用 $L_n(t^c)$ 来表示，其中 n 代表总共需要的试验次数，c 为此正交试验可以分析的因素个数，t 为此正交试验的水平个数。对优化工艺参数的问题，利用正交表安排试验，应首先确定试验指标、设计变量以及约束条件，再根据试验参数个数和试验水平的个数，采用正交表拟定正交试验方案及模拟结果。

基于 MG500/1180 − WD 型采煤机，在单因素试验条件下，通过仿真分析可知，截割过程中，影响采煤机工作性能的因素有很多，其中滚筒转速、采煤机牵引速度、滚筒截深、叶片螺旋升角以及截齿安装角对采煤机截煤、装煤效果会产生直接的影响，而且在截

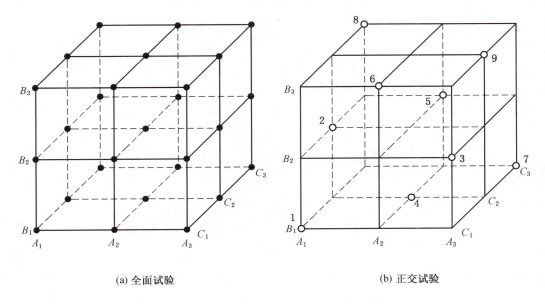

(a) 全面试验   (b) 正交试验

图 12 - 60   两种试验方对比图

割过程中可控性强，选择这 5 个因素作为优化的研究因素进行实验设计。将滚筒转速 n、牵引速度 v_q、截深 H、螺旋升角 α_c 及截齿安装角 α_m 分别设为 A、B、C、D、E。根据前文采用单因素变量法对各个影响因素进行的模拟分析，确定研究因素的取值范围，通过后处理查看其装煤效率 Q、截割阻力 F_z 及截割比能耗 H_w 情况，初步得出滚筒转速的取值范围为 20 ~ 50 r/min、牵引速度为 2 ~ 5 m/min、截深为 400 ~ 1000 mm、螺旋升角为 10° ~ 30°、截齿安装角为 30° ~ 50°。每个因素分为 4 个水平，从而得出正交实验因数水平表见表 12 - 31。

表 12 - 31   因 素 水 平 表

水平因素	A 转速 n/ ($r \cdot min^{-1}$)	B 牵引速度 v_q/ ($m \cdot min^{-1}$)	C 截深 H/ mm	D 螺旋升角 α_c/ (°)	E 截齿安装角 α_m/ (°)
1	20	2	400	15	35
2	30	3	600	20	40
3	40	4	800	25	45
4	50	5	1000	30	50

12.3.4   试验结果分析

以滚筒转速 n、牵引速度 v_q、截深 H、螺旋升角 α_c 及截齿安装角 α_m 作为研究因素，采煤机装煤效率 Q、截割阻力 F_z 及截割比能耗 H_w 作为优化目标，进行正交实验设计，得到表 12 - 32 中 16 组不同的实验参数组合。分别按各组成参数进行设置和仿真模拟，通过查看 EDEM 后处理结果，并借助 MATLAB 数据分析软件对试验所得到的数据进行处理，获得每组试验相应的装煤率、截割阻力及截割比能耗，并通过计算获得各因素各水平下试验指标的和 K、均值 k、极差 R 以及方差 S，正交试验结果见表 12 - 32。

表12-32 正交试验结果

试验号	因素					装煤率 Q/%	截割阻力 F_z/N	截割比能耗 H_w/($kW \cdot h \cdot m^{-3}$)
	A 转速	B 牵引速度	C 截深	D 螺旋升角	E 截齿安装角			
1	20	2	400	15	35	58.26	55276	0.4796
2	20	3	600	20	40	62.57	59191	0.5376
3	20	4	800	25	45	67.36	65659	0.5097
4	20	5	1000	30	50	64.91	66328	0.5832
5	30	2	600	25	50	76.36	58357	0.7098
6	30	3	400	30	45	70.25	50274	0.6854
7	30	4	1000	15	40	80.12	51876	0.6625
8	30	5	800	20	35	72.24	49231	0.7241
9	40	2	800	30	40	77.65	51302	0.8481
10	40	3	1000	25	35	71.49	57468	0.7937
11	40	4	400	20	50	67.20	61339	0.7005
12	40	5	600	15	45	69.06	58246	0.9420
13	50	2	1000	20	45	64.22	47702	1.0796
14	50	3	800	15	50	58.17	49362	0.8834
15	50	4	600	30	35	60.25	51245	0.8153
16	50	5	400	25	40	52.99	45220	0.7749
K_1	253.10	276.49	248.70	265.61	262.24	装煤率		
K_2	298.97	262.48	268.24	266.23	273.33			
K_3	285.40	274.93	275.42	268.20	270.89			
K_4	235.63	259.20	280.74	273.06	266.64			
R	63.34	17.29	32.04	7.45	11.09			
优方案	A_2	B_1	C_4	D_4	E_2			
K_1	246454	212637	212109	214760	213220	截割阻力		
K_2	209738	216295	227039	217463	207589			
K_3	228355	230119	215554	226704	221881			
K_4	193529	219025	223374	219149	235386			
R	52925	17482	14930	11944	27797			
优方案	A_4	B_1	C_1	D_1	E_2			
K_1	2.1101	3.1171	2.6404	2.9675	2.8127	截割比能耗		
K_2	2.7818	2.9001	3.0047	3.0418	2.8231			
K_3	3.2843	2.6880	2.9653	2.7881	3.2167			
K_4	3.5532	3.0242	3.1190	2.9320	2.8769			
R	1.4431	0.4291	0.4786	0.2537	0.4040			
优方案	A_1	B_3	C_1	D_3	E_1			

通过对表 12-32 试验结果的直观分析可知，对于装煤率来说，最优方案是 $A_2B_1C_4D_1E_2$（$A=30$ r/min；$B=2$ m/min；$C=1000$ mm；$D=30°$；$E=40°$），影响装煤率大小的因素主次顺序是 A>C>B>E>D；对于截割阻力来说，最优方案是 $A_4B_1C_1D_1E_2$（$A=50$ r/min；$B=2$ m/min；$C=400$ mm；$D=30°$；$E=40°$）影响截割阻力大小的因素主次顺序是 A>E>B>C>D；对于截割比能耗来说，最优方案是 $A_1B_3C_1D_3E_1$（$A=20$ r/min；$B=4$ m/min；$C=400$ mm；$D=25°$；$E=35°$），影响截割比能耗大小的因素主次顺序是 A>C>B>E>D，这三种方案选哪一种，通常情况下需要采用综合平衡法、综合评分法以及画图法求解，如果采用矩阵分析法，分别计算出影响试验结果的三个考察指标的权矩阵，可以快速得出最优方案。

在正交试验矩阵分析模型中，若正交试验中有 l 个因素，每个因素有 m 个水平，因素 A_i 第 j 个水平上的试验指标的平均值为 k_{ij}，如果试验结果的考察指标是越大越好，则令 $K_{ij}=k_{ij}$，如果试验结果的考察指标是越小越好，则令 $K_{ij}=1/k_{ij}$，建立矩阵如下：

$$M=\begin{bmatrix} K_{11} & 0 & 0 & \cdots & 0 \\ K_{12} & 0 & 0 & \cdots & 0 \\ \vdots & \vdots & \vdots & \vdots & \vdots \\ K_{1m} & 0 & 0 & \cdots & 0 \\ 0 & K_{21} & 0 & \cdots & 0 \\ 0 & K_{22} & 0 & \cdots & 0 \\ \vdots & \vdots & \vdots & \vdots & \vdots \\ 0 & K_{2m} & 0 & \cdots & 0 \\ \vdots & \vdots & \vdots & \vdots & \vdots \\ 0 & 0 & 0 & \cdots & K_{l1} \\ 0 & 0 & 0 & \cdots & K_{l2} \\ \vdots & \vdots & \vdots & \vdots & \vdots \\ 0 & 0 & 0 & \cdots & K_{lm} \end{bmatrix} \qquad (12-48)$$

因素层矩阵：令 $T_i=1\big/\sum\limits_{j=1}^{m}K_{ij}$ 建立矩阵如下：

$$T=\begin{bmatrix} T_1 & 0 & 0 & 0 \\ 0 & T_2 & 0 & 0 \\ \vdots & \vdots & \vdots & \vdots \\ 0 & 0 & 0 & T_l \end{bmatrix} \qquad (12-49)$$

水平层矩阵：正交试验中因素 A_i 的极差为 s_i，令 $S_i=s_i\big/\sum\limits_{i=1}^{l}s_i$，建立矩阵如下：

$$S=\begin{bmatrix} S_1 \\ S_2 \\ \vdots \\ S_l \end{bmatrix} \qquad (12-50)$$

$$\omega=MTS \qquad (12-51)$$

$$\boldsymbol{\omega}^{\mathrm{T}} = \begin{bmatrix} \omega_1 & \omega_2 & \cdots & \omega_m \end{bmatrix} \tag{12-52}$$

在试验工作中，当遇到影响因素较多的试验时，如果要进行全面分析，其工作量很大。正交试验是合理安排多因素试验方案、解决多因素试验问题的一种有效方法。通过正交试验设计，既可大大减少试验次数，又可以达到全面试验分析的目的，即找出各因素对试验考核指标（即试验观测数据）的影响规律。

第一个考察指标为装煤率（越大越好），第二个考察指标为截割阻力（越小越好），第三个考察指标为截割比能耗（越小越好），采用矩阵分析法，其权矩阵 ω_1、ω_2、ω_3 的计算过程如下：

$$\omega = \frac{\omega_1 + \omega_2 + \omega_3}{3} \tag{12-53}$$

$$\omega_1 = \begin{bmatrix}
253.10 & 0 & 0 & 0 & 0 \\
298.97 & 0 & 0 & 0 & 0 \\
285.40 & 0 & 0 & 0 & 0 \\
235.63 & 0 & 0 & 0 & 0 \\
0 & 276.49 & 0 & 0 & 0 \\
0 & 262.48 & 0 & 0 & 0 \\
0 & 274.93 & 0 & 0 & 0 \\
0 & 259.20 & 0 & 0 & 0 \\
0 & 0 & 248.70 & 0 & 0 \\
0 & 0 & 268.24 & 0 & 0 \\
0 & 0 & 275.42 & 0 & 0 \\
0 & 0 & 280.74 & 0 & 0 \\
0 & 0 & 0 & 265.61 & 0 \\
0 & 0 & 0 & 266.23 & 0 \\
0 & 0 & 0 & 268.20 & 0 \\
0 & 0 & 0 & 273.06 & 0 \\
0 & 0 & 0 & 0 & 262.24 \\
0 & 0 & 0 & 0 & 273.33 \\
0 & 0 & 0 & 0 & 270.89 \\
0 & 0 & 0 & 0 & 266.64
\end{bmatrix} \times$$

$$\begin{bmatrix}
\dfrac{1}{1073.1} & 0 & 0 & 0 & 0 \\
0 & \dfrac{1}{1073.1} & 0 & 0 & 0 \\
0 & 0 & \dfrac{1}{1073.1} & 0 & 0 \\
0 & 0 & 0 & \dfrac{1}{1073.1} & 0 \\
0 & 0 & 0 & 0 & \dfrac{1}{1073.1}
\end{bmatrix} \times \begin{bmatrix}
\dfrac{63.34}{120.12} \\[2mm]
\dfrac{17.29}{120.12} \\[2mm]
\dfrac{32.04}{120.12} \\[2mm]
\dfrac{7.45}{120.12} \\[2mm]
\dfrac{11.09}{120.12}
\end{bmatrix}$$

$$\omega_1 = \begin{bmatrix} 0.124370 \\ 0.146910 \\ 0.140241 \\ 0.115785 \\ 0.037087 \\ 0.035208 \\ 0.036878 \\ 0.034768 \\ 0.061818 \\ 0.066675 \\ 0.068459 \\ 0.069782 \\ 0.015351 \\ 0.015387 \\ 0.015501 \\ 0.015782 \\ 0.022562 \\ 0.023516 \\ 0.023306 \\ 0.022940 \end{bmatrix} \quad \omega_2 = \begin{bmatrix} 0.093453 \\ 0.109812 \\ 0.100860 \\ 0.119010 \\ 0.036042 \\ 0.035432 \\ 0.033304 \\ 0.034991 \\ 0.030861 \\ 0.028832 \\ 0.030368 \\ 0.029305 \\ 0.024392 \\ 0.024089 \\ 0.023107 \\ 0.023904 \\ 0.057073 \\ 0.058621 \\ 0.054835 \\ 0.051698 \end{bmatrix} \quad \omega_3 = \begin{bmatrix} 0.160164 \\ 0.121491 \\ 0.102903 \\ 0.095115 \\ 0.033440 \\ 0.035943 \\ 0.038779 \\ 0.034468 \\ 0.043997 \\ 0.038663 \\ 0.039177 \\ 0.037246 \\ 0.020811 \\ 0.022150 \\ 0.020303 \\ 0.021063 \\ 0.034894 \\ 0.034765 \\ 0.030511 \\ 0.034115 \end{bmatrix} \quad \omega = \begin{bmatrix} 0.125996 \\ 0.126071 \\ 0.114668 \\ 0.109970 \\ 0.035523 \\ 0.035528 \\ 0.036320 \\ 0.034742 \\ 0.045559 \\ 0.044723 \\ 0.046001 \\ 0.045444 \\ 0.020185 \\ 0.020542 \\ 0.019637 \\ 0.020250 \\ 0.038176 \\ 0.038967 \\ 0.036217 \\ 0.036251 \end{bmatrix} = \begin{bmatrix} A_1 \\ A_2 \\ A_3 \\ A_4 \\ B_1 \\ B_2 \\ B_3 \\ B_4 \\ C_1 \\ C_2 \\ C_3 \\ C_4 \\ D_1 \\ D_2 \\ D_3 \\ D_4 \\ E_1 \\ E_2 \\ E_3 \\ E_4 \end{bmatrix}$$

由以上计算可得各个因素对正交试验的指标值影响的主次顺序(主→次)为 ACEBD;因素 A_2、B_3、C_3、D_2、E_2 的权重最大,正交试验的最优方案为 $A_2B_3C_3D_2E_2$,即转速:30 r/min;牵引速度:4 m/min;截深:800 mm;螺旋升角:20°;截齿安装角:40°时,采煤机滚筒工作性能最好。具体各影响因素与性能对比如图 12-61 所示。

1. 主次因素分析

极差 R 反映了该因素的水平波动性,因此根据极差大小,可判断因素的主次影响顺序。R 越大,表示该因素对采煤机装煤率影响越大。由图 12-62 可知,$R(A) > R(C) > R(B) > R(D)$,因此采煤机装煤率的因素影响主次顺序为 A、C、B、D,即滚筒截深对采煤机装煤率影响最大,其次是滚筒转速及牵引速度,影响最小的因素是叶片螺旋升角。

2. 显著程度分析

极差分析只确定了因素影响的主次顺序,而方差分析可确定各因素影响作用是否显著,即均方值 S 越大,对采煤机装煤效果影响越显著,因素越重要。由图 12-62 可知,$S(A) > S(C) > S(B) > S(D)$,则对采煤机装煤率的影响因素中,A 高度显著,B 和 C 显著,D 显著程度最小。

3. 因素趋势分析

以各因素水平为横坐标,装煤率均值 k 为纵坐标,利用 MATLAB 软件绘制各因素与装煤率的趋势图。如图 12-62 所示。由图 12-62 可知,装煤率随着滚筒截深及牵引速度的

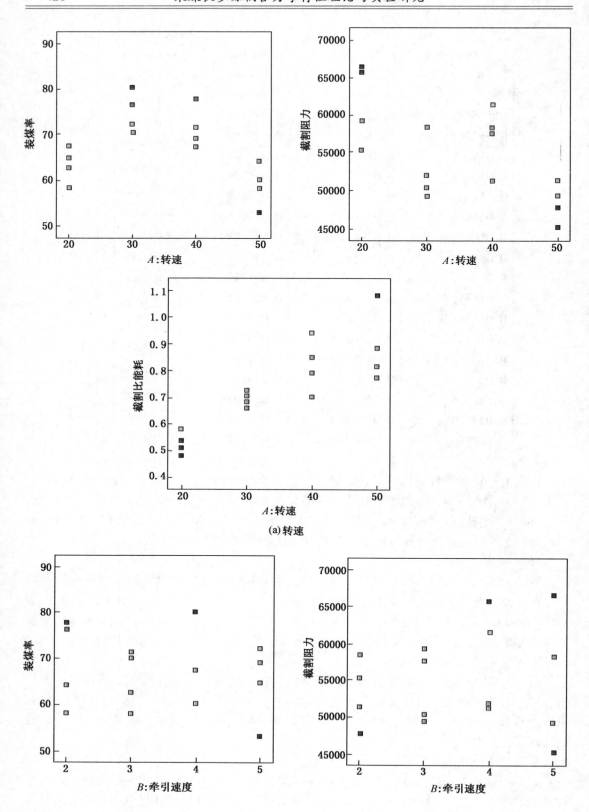

(a) 转速

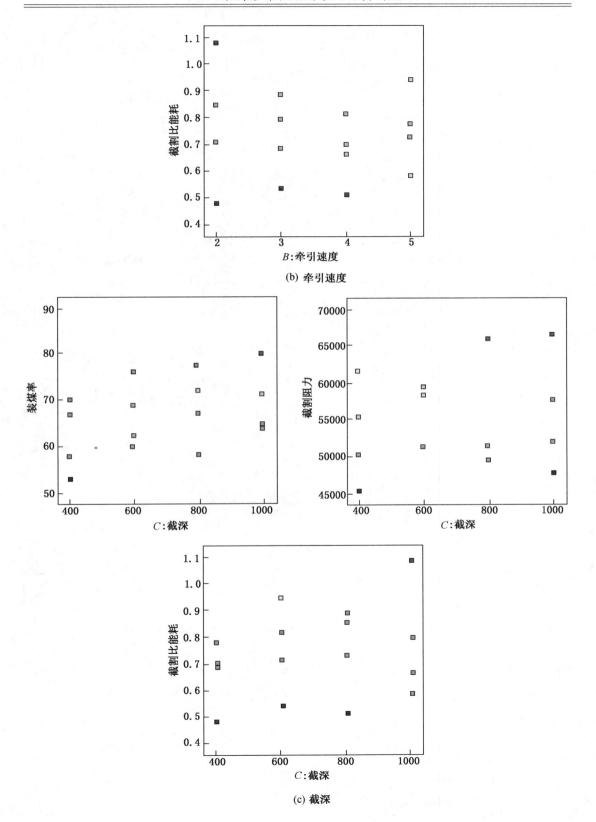

(b) 牵引速度

(c) 截深

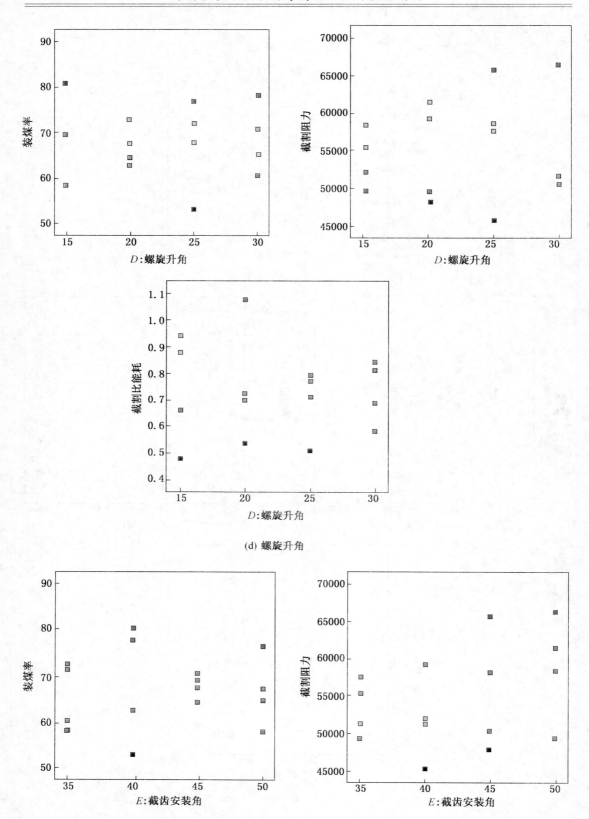

(d) 螺旋升角

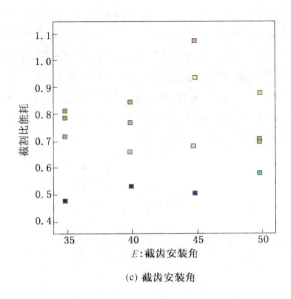

(e) 截齿安装角

图 12-61　各影响因素与性能对比图

增加而增大，但所增加的趋势有所不同。滚筒截深增加，装煤率呈现急速上升的趋势，而牵引速度增加，装煤率则呈现平缓上升的趋势。随着滚筒转速的增加，装煤率随之先增大后减小，且在 2 水平处出现极大值。随着叶片螺旋升角的增加，装煤率随之线性减小，但变化不大。

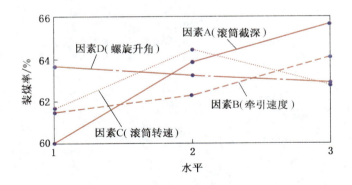

图 12-62　因素趋势分析

4. 最优水平分析

根据图 12-61 中各因素的 k 值可得出各因素的最优水平，因素 A、B、C、D 的最优水平分别为 A_3、B_3、C_2、D_1。根据采煤机的实际工作条件，可对其最优方案进行调整。由于因素 A（截深）对采煤机影响最显著，则可直接选择其最优水平 A_3（截深为 800 mm）作为采煤机的最优参数。在确保采煤机滚筒不发生堵塞的情况下，应尽可能增大采煤机牵引速度来提高煤体的填充率，因此因素 B（牵引速度）的最优水平选为 B_3（牵引速度为 10 m/min）。

综合考虑截割电机功率及采煤机牵引速度与滚筒转速的匹配情况，确定滚筒转速的最优水平为 C_2（滚筒转速为 58 r/min）。滚筒截深较大时，应尽量减小叶片螺旋升角以提高煤体的轴向速度，因此选用 D_2（螺旋升角为 13°）作为该型采煤机的最优参数。则 MG400/951 - WD 新型薄煤层采煤机截割坚固性系数为 1.95 的煤层时，其参数的最优设计方案为：滚筒截深为 800 mm，牵引速度为 10 m/min，滚筒转速为 58 r/min，螺旋升角为 13°。

以此优化结果设计的采煤机的装煤率较优化前提高了 26%，大大提高了企业的经济效益，具有较好的理论意义和广阔的应用前景。

13　采煤机截齿可靠性分析与排列参数优化

13.1　工况载荷下截齿寿命分析与预测

　　截齿是采煤机截割煤岩的关键零件，其性能的优劣对于采煤机整机性能、安全可靠性、工作寿命、经济性等都会产生影响，而在实际工作中通常被忽略。因此，研究分析滚筒截齿失效工况对采煤机性能造成的影响及探讨对策措施具有重要意义。

　　采煤机截齿在工作过程中受到三向力的作用，截齿在截割煤岩时承受较高的压应力、剪应力以及冲击负荷，截割坚硬的矿料时还伴有高温。综合来看，截齿主要失效形式有：磨损（包括合金刀头、齿体、齿座磨损），合金刀头脱落，刀头碎裂及崩刃，齿体断裂、折断、弯曲变形及截齿丢失等。据统计，截齿的主要失效形式是磨损失效，占失效形式的 75% ~ 90%，而齿体断裂失效仅占 5% ~ 10%。本书利用 EDEM 离散元分析软件模拟不同工况下采煤机的截割过程，综合上文分析结果，结合 n – code 疲劳寿命分析软件及 EDEM 后处理模块对不同工况载荷下的截齿疲劳寿命、磨损寿命进行分析与预测，防止截齿在工作过程中失效。

13.1.1　疲劳寿命基础理论

　　疲劳是引起工程结构和构件失效的最主要的原因，在常温工作环境中根据外载荷的大小可将疲劳分为应力疲劳（高周疲劳）与应变疲劳（低周疲劳），应力疲劳主要表现为：循环应力水平较低，最大循环应力小于屈服应力，弹性应变起主要作用，寿命循环次数较高，疲劳寿命一般大于 10^4；应变疲劳主要表现为：循环应力水平较高，最大循环应力应达到或超过屈服应力，塑性应变起主要作用，寿命循环次数较低，疲劳寿命一般小于 10^4。

　　疲劳可靠性分析的高周疲劳可采用应力疲劳计算法进行分析，载荷与疲劳失效的关系可用应力 – 寿命曲线（S – N 曲线）表示。n – code design – life 可结合 Ansys Workbench 对试件进行疲劳可靠性仿真分析，通过导入试件的有限元静态分析结果和载荷时间历程文件，同时设置试件所对应的 S – N 曲线，即可得到试件在循环载荷作用下的疲劳寿命图，从而大大简化了设计与分析过程。

　　疲劳曲线是指金属承受交变应力和断裂循环周次之间的关系曲线。各种材料对变应力的抵抗能力，是以在一定循环作用次数 N 下，不产生破坏的最大应力 σ_N 来表示的。

13.1.2　采煤机截割工况的确定

　　影响采煤机滚筒工作性能的主要因素除其自身结构参数外，还包括煤岩的物理性质、工作环境、滚筒的工作参数等。本书针对采煤机的 5 种主要工作参数（滚筒转速、采煤机牵引速度、截深、走向倾角、滚筒进刀方式），利用正交试验法确定滚筒的 16 种截割工况见表 13 - 1。各项工作参数的取值范围如下：转速为 20 ~ 50 r/min，牵引速度为 2 ~ 5 m/min，走向倾角为 -10° ~ 10°，滚筒截深为 400 ~ 1000 mm。正交试验法不仅可以在一定程度上减小试验数量，且具有一定的代表性，能够反映不同试验因素对仿真结果的影响。本书通过改变滚筒的运动参数、位置参数、EDEM 中滚筒截割模型的重力坐标，来实现采煤机的 16 种不同截割工况。不同走向倾角下 EDEM 仿真模型重力参数的设定同 12.2.4 节。利用 EDEM 离散元分析软件对采煤机截割过程进行模拟，获得不同工况下截齿的三向载荷数据。

表 13 - 1　滚筒的 16 种不同截割工况

工况	牵引速度/($m \cdot min^{-1}$)	转速/($r \cdot min^{-1}$)	截深/mm	走向倾角/(°)	进刀方式
1	2	20	400	-20	正常
2	2	30	600	-10	正常
3	2	40	800	10	斜切
4	2	50	1000	20	斜切
5	3	20	600	10	斜切
6	3	30	400	10	斜切
7	3	40	1000	-20	正常
8	3	50	800	-10	正常
9	4	20	800	20	正常
10	4	30	1000	20	正常
11	4	40	400	-10	斜切
12	4	50	600	-20	斜切
13	5	20	1000	-10	斜切
14	5	30	800	-20	斜切
15	5	40	600	20	正常
16	5	50	400	10	正常

13.1.3　不同工况下截齿的疲劳寿命分析及预测

采煤机工作过程中，截齿间歇性冲击煤岩，受到大小方向时刻变化的动态载荷作用，形成交变应力，零件在交变应力作用下极易发生疲劳破坏。由前文分析可知，滚筒载荷并不是一个定值，而是随时间在一定范围内呈不规则波动。

为更加清晰地描述截齿的疲劳破坏情况，选取螺旋叶片上某一截齿为研究对象，根据截齿不同部位产生的疲劳机理，利用 Ansys Workbench 寿命分析软件，对不同工况下截齿的疲劳寿命进行预测，项目分析工程图如图 13 - 1 所示。

利用 Ansys Workbench 进行疲劳寿命分析的基本步骤：创建分析项目、添加定义材料数据、添加几何模型、定义零件行为、划分网格、施加载荷与约束、求解与后处理。本书以表 13 - 1 中工况 10 为例对截齿疲劳寿命进行分析。

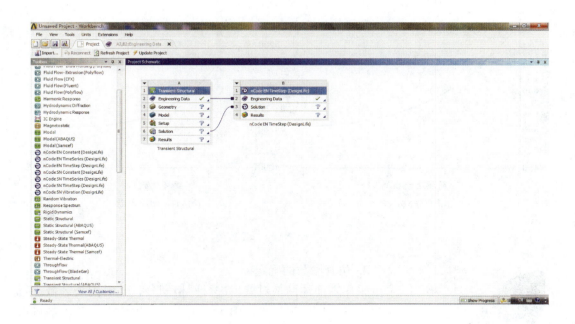

图 13-1　项目分析工程图

1. 材料参数的确定

图 13-2 所示为镐型截齿结构示意图，包括齿座、齿身、合金刀头三部分，图中红色箭头表示截齿所受三向力方向。截割过程中，截齿除受到较高的压应力、剪切应力及冲击载荷作用外，还和煤层中的腐蚀介质发生复杂的化学反应，因此要求截齿材料既要有良好的耐磨性、抗冲击性，还要存在一定的耐腐蚀性。参考文献 [200—204] 确定截齿齿身、齿座材料为 42CrMo，齿头材料为 YG8 钨钴类硬质合金。查询材料手册得到截齿材料力学性能参数见表 13-2。在 Workbench 材料库中手动添加上述两种材料，参考经验公式及实验数据对上述材料的 S-N 曲线进行估算，如图 13-3 所示。

表 13-2　截齿材料性能参数

截齿结构	齿　身	齿　头
材料	42CrMo	YG8
密度 $\rho/(kg \cdot m^{-3})$	7850	14500
弹性模量 E/GPa	212	600
泊松比 υ	0.28	0.23
抗拉强度 σ_b/MPa	1080	1500
屈服强度 σ_s/MPa	930	400
许用应力 $[\sigma]/MPa$	550	980

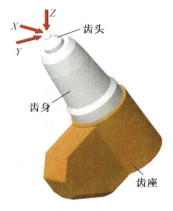

图 13-2　镐型截齿结构模型

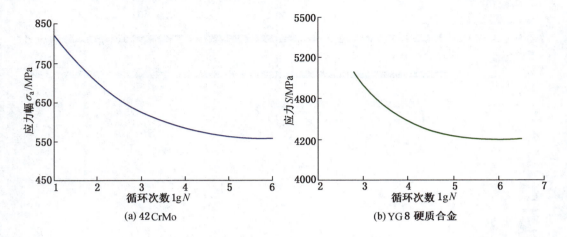

(a) 42CrMo　　　　　　　　　　　　(b) YG 8 硬质合金

图 13 - 3　材料的 S - N 曲线

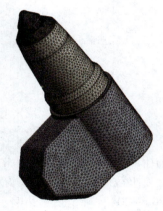

图 13 - 4　截齿网格划分

2. 仿真参数的确定

采用六面体网格对截齿进行网格划分，并对齿头区域进行细化。划分后网格模型如图 13 - 4 所示。理论上，在截割过程中截齿可以在齿座中自由转动，但由于锈蚀、煤粉等因素导致许多截齿不能转动，本书不考虑截齿的自转，默认各零件粘接在一起，在 Workbench 中设置各零件间的接触类型为键合。在齿座底部施加固定约束，将通过 EDEM 后处理导出的不同截割工况下单个截齿的三向载荷（X 向侧向力、Y 向牵引阻力、Z 向截割阻力）施加到截齿齿头尖部，对镐型截齿进行瞬态分析，设置仿真总时间为 25 s，时间间隔为 0.1 s。图 13 - 5 所示为螺旋叶片上单个截齿的瞬态三向载荷曲线。

通过瞬态分析，得到应力时间历程曲线，利用累计损害法估算截齿的疲劳寿命，获得寿命及损伤云图及危险节点的分布规律，以最低循环次数为评价标准，对不同工况下截齿的疲劳寿命进行分析预测。

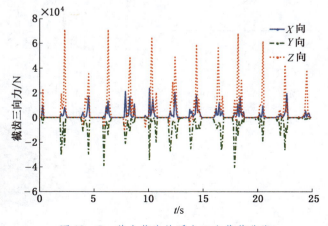

图 13 - 5　单个截齿的瞬态三向载荷曲线

图 13 - 6 所示为截齿的等效应力时间历程曲线，图 13 - 7、图 13 - 8 所示为应力、位移分布云图，由图可知 22.8 s 时，截齿所受到的应力最大，应力主要集中在齿头和齿身部位，最大值出现在硬质合金刀头根部，与实际情况相符，达到 277.147 MPa，小于材料的许用应力；截齿刀头处变形最大，最大位移量为 0.0238 mm，与截齿的结构尺寸相比，变形较小。总的来说，镐型截齿在截割复杂煤层时，其强度、刚度能够满足使用要求。将分析得到的应力数据关联到 n - code 软件中，对截齿进行疲劳寿命预测。在 n - code 软件中设置新的分析流程，如图 13 - 9 所示，运行分析得到截齿的疲劳寿命云图。

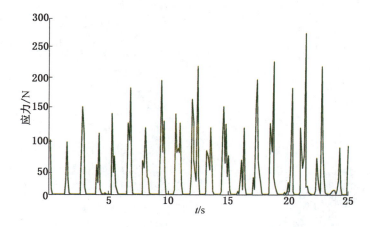

图 13 - 6　截齿的等效应力时间历程曲线

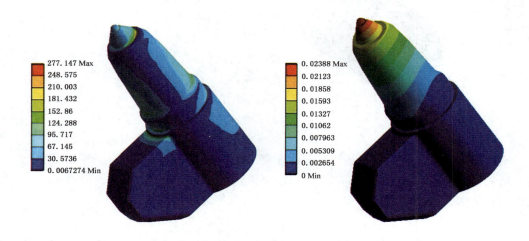

图 13 - 7　截齿瞬态分析应力分布云图　　　　图 13 - 8　截齿瞬态分析位移分布云图

查看截齿节点寿命列表，包含了循环次数最小的 10 个节点，其中 53544 节点循环次数最少为 2.195×10^5，符合安全寿命（10^5）要求，结合图 13 - 10 分析截齿各部位的疲劳损伤程度，红色区域为截齿薄弱区域，主要集中在截齿合金刀头根部，易产生裂纹和破坏。

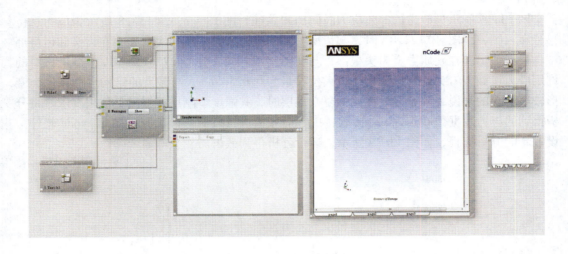

图 13-9　N-code 寿命预测流程图

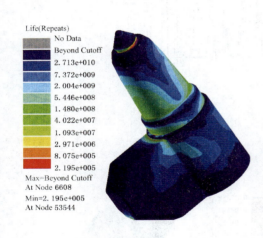

Life(Repeats)
No Data
Beyond Cutoff
2.713e+010
7.372e+009
2.004e+009
5.446e+008
1.480e+008
4.022e+007
1.093e+007
2.971e+006
8.075e+005
2.195e+005
Max=Beyond Cutoff
At Node 6608
Min=2.195e+005
At Node 53544

图 13-10　截齿疲劳寿命云图

不同工况下的截齿疲劳寿命仿真结果见表 13-3，分析可知工况 5、9、13、14 条件下截齿寿命循环次数较低，不能满足截齿材料的寿命要求，出现静态失效。

综合考虑，在增大采煤机牵引速度，减小滚筒转速的条件下，截齿寿命的最低循环次数减小，这是由于截齿的切削厚度增大，从而提高了滚筒的截割阻力；走向倾角由负到正增大，截割阻力随之减小，这是由于走向倾角不同导致采煤机滚筒沿其轴向方向倾斜程度不同，当走向倾角为负值时，颗粒向煤壁方向运动，内侧的颗粒很难随螺旋叶片抛出，导致大量煤岩颗粒堆积或随滚筒输送到采空区，加大了截割过程中滚筒的截割阻力，斜切较正常切割条件下，截齿受到的载荷大，相比之下截深对滚筒三向载荷的影响相对较小，随截深增大截齿寿命增大，这是由于截深增大，切削面积增大，从而增大滚筒三向载荷，但对于单个截齿来说，载荷变化较小。

表 13-3　不同工况下的截齿寿命仿真结果

工况	滚筒三向载荷/N			最大应力/MPa	最大变形量/mm	最低循环次数
1	3510.88	-10811.50	24167.18	203.12	0.0214	6.791×10^5
2	2615.18	-12663.10	24026.37	221.32	0.0268	5.386×10^5
3	4150.39	-24654.45	35841.08	178.96	0.0176	8.764×10^5
4	2814.85	-19891.38	30107.03	185.32	0.0198	8.451×10^5

表 13 - 3（续）

工况	滚筒三向载荷/N			最大应力/MPa	最大变形量/mm	最低循环次数
5	7528.03	-25436.64	62245.09	292.35	0.0301	9.414×10^4
6	5914.09	-10727.29	38038.25	169.86	0.0188	9.112×10^5
7	3989.12	-30007.46	47567.77	278.90	0.0287	1.945×10^5
8	3654.29	-21436.63	34349.86	170.03	0.0193	9.634×10^5
9	11270.09	27437.94	84391.44	340.58	0.0324	7.958×10^4
10	8139.21	-27974.20	53064.66	277.14	0.0238	2.195×10^5
11	7632.58	-28523.97	55243.71	263.35	0.0212	2.967×10^5
12	5756.88	-21532.39	43141.04	252.46	0.0206	3.153×10^5
13	13472.46	-31692.71	61208.30	430.21	0.0402	7.452×10^3
14	9440.58	-34444.73	74947.71	394.57	0.0372	3.525×10^4
15	7648.02	-18913.09	45192.07	240.32	0.0245	4.237×10^5
16	4818.69	-15698.10	26349.89	199.67	0.0219	7.892×10^5

　　3. 截齿磨损情况分析

　　采煤机截齿在工作过程中直接与煤岩接触，工作条件恶劣，磨损情况严重。截齿的过度磨损不仅会影响其截割效率，严重时还会产生断裂。磨损具有缓慢的渐进性特点，对机械系统性能的影响也是一个渐进性缓慢失效过程，与突发性失效相比往往容易被忽视，但其危害性却很大。

　　关于机械材料的磨损计算公式很多，Meng 和 Ludema 在文章中曾对此进行过总结，但是绝大部分模型都仅适用于具体对象和具体问题，从模型的广义上讲，目前应用最广泛的磨损计算公式是 Archard 磨损模型，Archard 磨损模型是由实验获得的，主要考虑了接触力、滑移速度、材料硬度等因素的影响。

　　本书针对截齿工作过程中的磨损采用 Archard 磨损模型进行计算。Archard 磨损模型的表达式为

$$\frac{W'}{s'} = \frac{k' F_n}{H'} \tag{13-1}$$

式中　W'——体积磨损量；

　　　s'——滑移距离；

　　　k'——无量纲的磨损系数；

　　　F_n——法向接触力；

　　　H'——材料的硬度。

　　1）磨损阈值确定

　　进行截齿磨损寿命预测，首先需要确定截齿的磨损阈值，所谓的磨损阈值即为截齿不足以传递预定动力或传动精度达不到要求时的极限磨损量，截齿的磨损寿命可由下式

确定：

$$S_{1i} + S_{2i} \geqslant S \tag{13-2}$$

其中，S_{1i}、S_{2i} 分别表示主、从动轮在接触点 i 处的磨损量，S 为齿轮的磨损阈值即最大组合磨损量，当截齿任意接触点的磨损量之和大于磨损阈值时，则认为达到了截齿的磨损寿命。磨损阈值的确定可由物理实验或通过计算机对截齿进行运动/动力学仿真分析求得。

2）磨损寿命预测

截齿磨损寿命预测即是根据截齿当前的工作状况，分析其磨损规律，预示将来的磨损情况，从而预测截齿磨损量达到磨损阈值时的工作时间即磨损寿命。

通过 EDEM 软件利用 Achard wear 模型分析截齿磨损规律，参考文献［219 – 221］确定截齿的磨损系数为 2×10^{-8}，滚筒主要部分的磨损分布如图 13 – 11 所示，由图可知，采煤机截割过程中磨损最严重的位置发生在齿尖处。

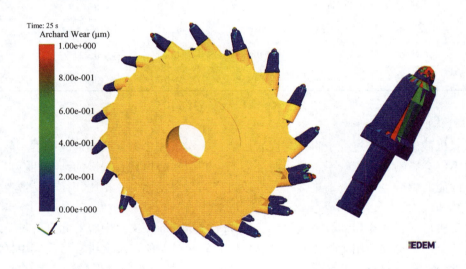

图 13 – 11　截齿磨损分布

在截割煤壁的过程中，齿尖部位通常受集中力的作用，而发生应力集中，因此，镐型截齿的磨损，一般也是从齿尖部位开始的。

通过 EDEM 后处理导出前、后滚筒的正向累积接触能量、切向累积接触能量以及磨损深度的曲线来对截齿磨损发生的部位进行预测，如图 13 – 12 所示。

将滚筒的平均磨损深度作为滚筒磨损情况的衡量标准，通过 EDEM 后处理导出仿真数据，分析可知，滚筒的磨损速率随时间先增大后减小，20 s 左右开始逐渐趋于稳定，14.4 s 时滚筒的磨损速率达到最大值，为 3.716×10^{-3} μm/s。这主要是因为在初始截割过程中大部分截齿并未受力，14 s 左右截割大概半个滚筒，截割过程趋于稳定，磨损速率达到最大值，开始逐渐减小并趋于稳定。不同工况下截齿磨损情况统计见表 13 – 4，其中磨损速率为截割趋于稳定后，即 20 ~ 25 s 时间段内截齿的平均磨损速率。结合表 13 – 4、图 13 – 13 可知，截齿磨损速率随工作面角度绝对值增大呈先减小后增大趋势。

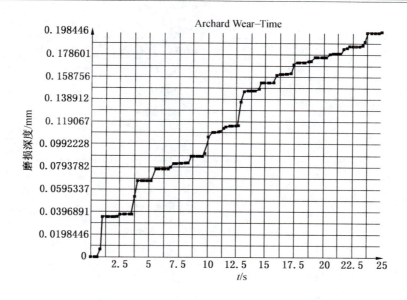

图 13 - 12　截齿的平均磨损深度

表 13 - 4　截齿磨损情况统计结果

工作倾角/(°)	走向倾角/(°)	平均磨损深度/μm	磨损速率/(μm · s⁻¹)
-40	-20	0.1454	5.416
	-10	0.1035	4.040
	0	0.1152	4.208
	10	0.1127	4.506
	20	0.1327	5.302
-20	-20	0.1134	4.536
	-10	0.0893	3.572
	0	0.1077	4.008
	10	0.0953	3.812
	20	0.1094	4.376
0	-20	0.1278	4.962
	-10	0.1137	4.225
	0	0.1129	4.716
	10	0.1067	4.086
	20	0.1143	4.677
20	-20	0.1161	4.341
	-10	0.0906	3.656
	0	0.1056	4.224
	10	0.0874	3.890
	20	0.1235	4.407

表 13 – 4（续）

工作倾角/(°)	走向倾角/(°)	平均磨损深度/μm	磨损速率/(μm·s⁻¹)
	−20	0.1248	4.972
	−10	0.0975	3.798
40	0	0.1165	4.662
	10	0.1045	4.380
	20	0.1572	5.803

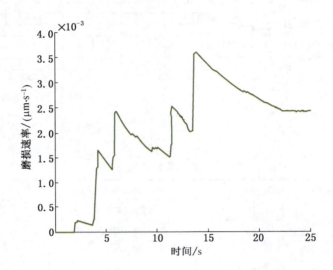

图 13 – 13　截齿磨损速率曲线

13.2　给定工况下滚筒排列参数优化

在进行采煤机的优化设计时，应该从采煤机的综合经济效益出发来提高其性能，应该使螺旋滚筒具有较小的载荷波动、较大的煤岩块度、较小的截割比能耗以及较高的生产效率。根据该原则建立采煤机螺旋滚筒排列参数的优化模型。

影响采煤机的工作性能的因素很多，而且各因素之间往往相互制约。因此，确定螺旋滚筒参数优化模型时应考虑各因素之间的综合影响。

优化设计的数学模型主要包含设计变量、目标函数、约束条件 3 个部分。具体模型如下：

求设计变量　　　　　　　　$X = [x_1, x_2, \cdots, x_n]^T$

使目标函数　　　　　　　　$f(X) \rightarrow \min / \max f(X)$

同时满足约束条件　　　　　$g_u(X) \leqslant 0 (u = 1, 2, \cdots, m)$

　　　　　　　　　　　　　$h_v(X) = 0 (v = 1, 2, \cdots, p)$

13.2.1　设计变量

设计变量的选择通常影响着优化结果。因此，选择设计变量时，考虑到影响目标函数的因素较多，如果把这些因素都作为设计变量考虑，虽然能够全面地反映实际情况，但也因此使得优化的过程变得复杂化，有时还难以解出全局的最优解。因此，在满足设计要求的前提下，选择对目标函数影响显著且相互独立的因素作为设计变量，而把其他因素作为约束条件或设计常量来处理。

根据目前已有的研究成果和现场的试验分析，选择以下 6 个参数作为设计变量，可以比较全面地反映模型特征。将螺旋滚筒外径 D_y，筒毂直径 D_g，截线距 t'，叶片头数 m 和螺旋升角 α_c 等结构参数和排列参数作为设计变量，即：

$$X = \left[x_1, x_2, x_3, x_4, x_5 \right]^T = \left[D_y, D_g, t', m, \alpha_c \right]^T$$

13.2.2　目标函数

目标函数的选择是评价设计方案优劣的一项重要标准，一般根据煤矿生产要求和经济性要求来确定。为保证高的生产效率、好的煤炭品质和低的生产成本，通常选择截割比能耗、煤炭品质、载荷波动、生产率和装煤效率作为目标函数，从而可以提高煤矿企业的综合经济效益。

在分析一个问题或者系统时，一般很难直接分析，通常要把这个系统简化或抽象化为一些简单的关系或者符号，也就是完成数学模型的建立，采煤机的工作性能通常从综合的经济指标来考虑，一般要求截割比能耗低、载荷波动小、煤岩体块度大、生产效率高、装煤能力强。因此，将以上五项指标作为目标函数建立优化模型。

1. 截割比能耗模型

截割比能耗是采煤机的关键经济指标，可以体现采煤机的截割效率，截割比能耗越低越好，相应的数学模型可以表示为

$$H_w = \frac{2\pi n M_R}{S v_q} \tag{13-3}$$

式中　　S——滚筒的纵截面面积，mm^2；

　　　　M_R——螺旋滚筒所受到的扭矩，$kN \cdot m$。

$$M_R = \frac{D_g}{2} \sum_{j=1}^{n_j} Z_j \tag{13-4}$$

式中　　Z_j——瞬时截齿的截割阻力，N；

　　　　n_j——瞬时参与截割的截齿数。

2. 载荷波动系数模型

任意瞬时参与截割的截齿数量、受力状态都将发生变化，因而，螺旋滚筒在一转内受到的载荷是变化的，载荷的这种变化通常用载荷波动系数来表示。建立载荷波动系数模型时，将螺旋滚筒的连续截割过程离散化，即将滚筒一周截齿的工作位置划分成 360 等分，从而得到的载荷波动系数模型为

$$K(X) = \xi_1 K_x(X) + \xi_2 K_y(X) + \xi_3 K_z(X) \tag{13-5}$$

其中，ξ_1、ξ_2、ξ_3 为影响载荷波动系数的加权因子，分别取 0.3，0.3，0.4；$K_x(X)$、$K_y(X)$、$K_z(X)$ 为滚筒上 3 个方向载荷的波动系数，即：

$$K_x(X) = \frac{\sqrt{\dfrac{\sum_{j=1}^{360} (F_{xj} - \overline{F}_x)^2}{360}}}{\overline{F}_x} \qquad K_y(X) = \frac{\sqrt{\dfrac{\sum_{j=1}^{360} (F_{yj} - \overline{F}_y)^2}{360}}}{\overline{F}_y} \qquad K_z(X) = \frac{\sqrt{\dfrac{\sum_{j=1}^{360} (F_{zj} - \overline{F}_z)^2}{360}}}{\overline{F}_z}$$

其中，F_{xj}、F_{yj}、F_{zj} 为离散后滚筒 3 个方向上在第 j 等份处螺旋滚筒的实际作用力，$(j=1,2,3\cdots,360)$，N；$\overline{F}_x$、$\overline{F}_y$、$\overline{F}_z$ 为滚筒旋转一周 3 个方向上的平均作用力，N。即：

$$\overline{F}_x = \frac{\sum\limits_{j=1}^{360} F_{xj}}{360} \qquad \overline{F}_y = \frac{\sum\limits_{j=1}^{360} F_{yj}}{360} \qquad \overline{F}_z = \frac{\sum\limits_{j=1}^{360} F_{zj}}{360}$$

3. 煤炭品质模型

经验证明，切屑图的形状与煤炭的截割品质有直接的关系。切屑断面面积越大、形状越方正，煤的块度就越大，煤炭品质就越好。影响切屑图的主要因素有滚筒上截齿的排列、叶片的头数、截线距以及滚筒转速和牵引速度等。切屑图的切屑断面面积大小为

$$S(X) = l_1 l_2 \sin\varphi \tag{13-6}$$

式中　l_1、l_2——切屑断面的两有效邻边长度，m；

　　　　φ——煤岩崩落角。

截齿排列方式为顺序式时，l_1 和 l_2 可用下式表示为

$$\begin{cases} l_1 = \dfrac{(\tau_1 + \tau_3)v_q}{2}\sec\varphi \\[3mm] l_2 = \dfrac{\sqrt{(\tau_3 v_q + t'\cot\varphi)^2 + (2t' + \tau_3 v_q \tan\varphi)^2}}{2} \end{cases} \tag{13-7}$$

两头的棋盘式时，有：

$$\begin{cases} l_1 = \dfrac{\sqrt{[\tau_2 v_q + (m-1)t'\cot\varphi]^2 + (\tau_2 v_q \tan\varphi)^2}}{2} \\[3mm] l_2 = \dfrac{\sqrt{[(\tau_2 - \tau_1)v_q]^2 \sec^2\varphi + 4t'^2\csc^2\varphi + 8t'(\tau_2 - \tau_1)v_q\csc(2\varphi)}}{2} \end{cases} \tag{13-8}$$

三头的棋盘式时，有：

$$\begin{cases} l_1 = \dfrac{\sqrt{[(\tau_1 + \tau_2)v_q\sec\varphi]^2 + t'^2\sec^2\varphi + 2(\tau_1 + \tau_2)v_q t'(\tan\varphi + \cot\varphi)}}{2} \\[3mm] l_2 = \dfrac{\sqrt{(\tau_2 v_q\sec\varphi)^2 + [(m-1)t'\csc\varphi]^2 + 2\tau_2 v_q t'(m-1)(\tan\varphi + \cot\varphi)}}{2} \end{cases} \tag{13-9}$$

其中：

$$\tau_1 = \frac{mt'}{n\pi D\tan\alpha_c} \tag{13-10}$$

$$\tau_2 = \frac{1}{mn} - \frac{(m-1)t'}{n\pi D\tan\alpha_c} \tag{13-11}$$

$$\tau_3 = \frac{1}{mn} - \frac{t'}{n\pi D\tan\alpha_c} \tag{13-12}$$

4. 生产率模型

截割效率和经济效益是衡量生产率的重要指标，下式为实际生产率的数学模型：

$$Q_s(X) = \xi W'B'v_q\rho_m \tag{13-13}$$

式中　　ξ——采煤机在具体工作条件下实际连续工作系数，包括辅助作业时间、生产协

调时间及其他原因影响的时间；

W'——工作机构的宽度，mm；

B'——采煤机截割深度，mm；

ρ_m——煤岩密度，kg/m^3。

5. 采煤机装煤率模型

装煤率是衡量滚筒采煤机工作性能的关键指标。如图 13-14 所示，为了能正确地描述螺旋滚筒的极限装煤能力，用 $H = H_1$ 的截面 A—A 去截螺旋叶片，与螺旋叶片内、外径的相交点分别为 a、b、c、d，得到螺旋滚筒的煤流断面面积，然后对煤流断面面积积分得到：

$$S_{d0} = \frac{\pi}{4}(D_y^2 - D_g^2)\left(1 - \frac{m\delta'}{L\cos\alpha_c}\right) \quad (13-14)$$

由于煤流充满系数 K_c 的存在，则实际煤流断面面积 $S_d = K_c S_{d0}$。因此，螺旋滚筒的装煤率为

$$Q_z = v_n \cdot S_d = \frac{\pi}{4}(D_y^2 - D_g^2)\left(1 - \frac{m\delta'}{L\cos\alpha_c}\right)K_c Ln$$

$$(13-15)$$

$$v_n = \pi D n \sin\alpha_c \quad (13-16)$$

式中　　　Q_z——在单位时间内螺旋滚筒输送体积；

D_y、D_g——叶片外径及内径，mm；

L——叶片导程，$L = \pi D \tan\alpha_c$，mm；

m——叶片头数；

δ'——叶片厚度，mm；

α_c——叶片螺旋升角，（°）。

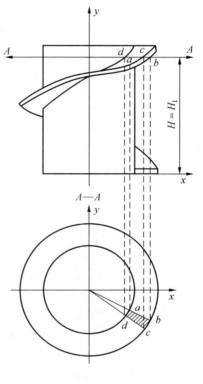

图 13-14　螺旋叶片截面

13.2.3　约束条件

为了使滚筒设计更合理，滚筒叶片结构应具有以下的约束条件：

（1）合理抛煤距离的约束条件：

$$1 \leqslant \frac{2\pi D \tan\alpha_y}{Z_r(D - D_g - 2H)} \leqslant 4.4 \quad (13-17)$$

（2）保证合理叶片间距的约束条件：

$$\frac{Zt}{2\tan\alpha_y} \leqslant \frac{B}{\tan\alpha_y} - \frac{\pi D}{Z} \leqslant \frac{Zt}{\tan\alpha_y} \quad (13-18)$$

装煤能力 Q、截割比能耗 H_w 和载荷波动 Δ 都是影响滚筒性能的重要指标，因此本书同时选取这三个性能指标作为优化目标函数。滚筒变量参数众多，螺旋滚筒直径 D、叶片直径 D_y 及筒毂直径 D_g 等滚筒结构变量可由工况条件、煤岩性质选定，并由行业规范限制，不适宜作为优化变量，而叶片厚度 δ、叶片螺旋升角 α_y、叶片头数 Z_y、同一截线上的齿数 m、截齿安装角（端盘）β 这五个变量具有一定调节范围，并且对滚筒的性能有很大的影响，因此选用这五个变量作为优化变量，并选用叶片结构约束作为约束条件，得到完

整优化模型如下：

$$\begin{cases} \min f_1(x) = 1/Q(x) \\ \min f_2(x) = H_w(x) \\ \min f_3(x) = \Delta(x) \end{cases}$$ 　　（13 – 19）

$$\text{s. t. :}$$

$$g_1 = x_{min} - x \leq 0;$$

$$g_2 = x - x_{max} \leq 0;$$

$$g_3 = 1 - \frac{2\pi D \tan\alpha_y}{Z_r(D - D_g - 2H)} \leq 0;$$

$$g_4 = \frac{2\pi D \tan\alpha_y}{Z_r(D - D_g - 2H)} - 4.4 \leq 0;$$

$$g_5 = \frac{Zt}{2\tan\alpha_y} - \frac{B}{\tan\alpha_y} + \frac{\pi D}{Z} \leq 0;$$

$$g_6 \leq \frac{B}{\tan\alpha_y} - \frac{\pi D}{Z} - \frac{Zt}{\tan\alpha_y} \leq 0;$$

其中，$x \in [\delta, \alpha_y, Z_y, m, \beta]$。

13.2.4　优化的模型

针对上述有约束多目标优化问题，采用 NSGA – Ⅲ算法（基于参考点的非支配排序遗传算法）进行求解。NSGA – Ⅲ算法是在 NSGA、NSGA – Ⅱ基础之上构建的，但在选择机制上发生了重大变化，为了解决 NSGA – Ⅱ算法在多目标函数计算效率低、非支配占主导地位等问题，NSGA – Ⅲ算法在原有算法之上添加了目标函数归一化，关联参考点等新特性，NSGA – Ⅲ算法的流程图如图 13 – 15 所示。

目标函数归一化具体步骤为：首先计算 M 个目标函数中每一个函数的最小值，其中第 i 个目标函数对应的最小值记为 z_i^{min}，之后采用 ASF 函数计算极端点，ASF 函数公式为

$$ASF(x, w) = \max_{i=1}^{M} \frac{f_i'(x)}{w_i}$$ 　　（13 – 20）

其中，M 表示目标函数的个数；w_i 为权重，设置其中一个维度 j 的权重 $w_j = 1$，其余权重赋值为 $w_i = 10^{-6}$；

$f_i'(x) = f_i(x) - z^{min}, f_i(x)$ 为第 i 个目标函数。

选取 ASF 数值中最小的解作为该维度的极端点，所有维度的极端点可以确定一个超平面，超平面与各坐标轴（坐标轴的数量等于目标函数的个数）的截距记为 a_i，则目标函数归一化公式为

$$f_i^*(x) = \frac{f_i'(x)}{a_i - z_i^{min}} = \frac{f_i(x) - z_i^{min}}{a_i - z_i^{min}}$$ 　　（13 – 21）

13.2.5　优化结果及分析

为了使本书提出的采煤机滚筒优化设计方法具有更直观的表达形式，在 Matlab GUI 编写采煤机滚筒优化设计系统，该系统主要由三大部分组成，分别为：参数预设模块、滚筒参数优化模块和结果显示模块。

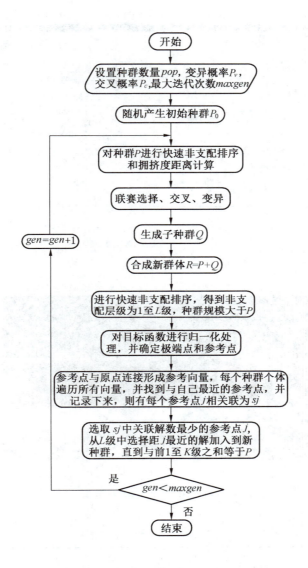

图 13 - 15 NSGA - Ⅲ算法流程图

图 13 - 16 所示为预设参数界面，界面左侧由基本参数模块、截齿参数模块和煤岩参数模块三部分组成。针对在中煤装备张煤机"国家能源煤矿采掘机械装备研发（实验）中心"截割煤壁实验，选用采煤机型号为 MG500/1130WD（图 13 - 17），实验现场的煤岩参数、工况条件以及采煤机滚筒基本选型参数见表 13 - 5。选取部分参数向采煤机优化设计系统输入，经过计算得到采煤机滚筒初选主参数，即：螺旋滚筒直径 $D = 1800$ mm，叶片直径 $D_y = 1650$ mm，筒毂直径 $D_g = 1000$ mm，滚筒宽度 $B = 880$ mm，并确定可优化参数的取值范围，即：叶片厚度 $\delta = 50 \sim 80$ mm，叶片螺旋升角 $\alpha_y = 15° \sim 30°$，叶片头数 $Z = 2 \sim 4$，截齿安装角（端盘）$\beta = 40° \sim 50°$，同一截线上的齿数 $m = 1 \sim 4$，为滚筒进一步结构优化作基础。

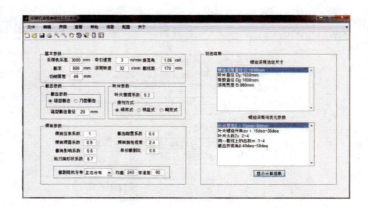

图 13-16　参数设置界面

图 13-17　MG500/1130WD 型采煤机

表 13-5　参　数　列　表

参　数　名　称	取　值	参　数　名　称	取　值
采高/mm	3000	截割阻抗/(N·mm^{-1})	240
截深/mm	800	煤岩压张系数	1
滚筒转速/(r·min^{-1})	32	煤岩裸露系数	0.9
牵引速度/(m·min^{-1})	3	截角影响系数	0.6
崩落角/(°)	61	前刃面形状系数	0.7
截线距/mm	170	截齿配置系数	0.5
截齿直径/mm	20	煤岩脆性程度	2.4
叶片摩擦系数	0.3	牵引截割比	0.6
切削厚度/mm	48		

　　图 13 - 18 所示为滚筒参数优化界面,以装煤效率、截割比能耗和载荷波动 3 个指标同时作为优化目标,设置优化变量叶片厚度 δ,叶片螺旋升角 α_y,叶片头数 Z_y,同一截线上的齿数 m 和截齿安装角 β 的取值范围以及叶片结构约束条件,采用 NSGA - Ⅲ算法进行多目标优化,设置种群数量为 1000、进化次数为 200、交叉概率为 85% 和变异概率为 15%,经过求解得到 Pareto 解集如图 13 - 18 左上部分所示,并给装煤能力 Q、截割比能耗 H_w 和载荷波动 Δ 赋予权重值,通过权重值可在 Pareto 解集中筛选出唯一的最优解,最后生成螺旋滚筒完整的尺寸参数及滚筒性能参数,其中最佳的优化变量分别为:叶片厚度 $\delta = 50$ mm,叶片螺旋升角 $\alpha_y = 18.3°$,叶片头数 $Z_y = 4$,同一截线上的齿数 $m = 2$,截齿安装角(端盘) $\beta = 45°$,滚筒性能参数装煤能力 Q、截割比能耗 H_w 和载荷波动 Δ 分别为:9.01 m^3/min、0.57(kW·h)/t、0.16。而截割假煤壁实验所用的 MG500/1130WD 型采煤机螺旋滚筒的滚筒直径为 1.6 m,叶片头数为 3,其滚筒性能参数装煤能力、截割比能耗和载荷波动分别为:8.12 m^3/min、0.62(kW·h)/t、0.20。优化结果相对于原滚筒:装煤能力提高了 12.7%、截割比能耗降低了 8.0%、载荷波动降低了 20%。

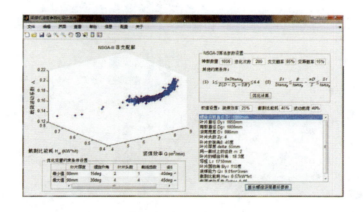

图 13 - 18　滚筒参数优化界面

　　图 13 - 19 所示为结果显示界面,依据最终生成的螺旋滚筒尺寸参数和用户输入的煤

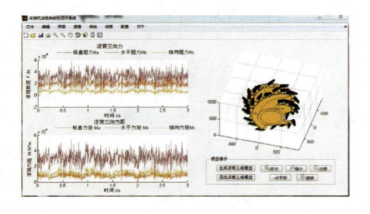

图 13 - 19　结果显示界面

岩参数，得到滚筒三向力及滚筒三向力矩仿真图像。其中，铅直阻力 R_a 的平均值为 31.9 kN，水平阻力 R_b 的平均值为 19.2 kN，轴向阻力 R_c 的平均值为 7.06 kN；铅直力矩 R_a 的平均值为 3.07×10^4 N·m，水平力矩 R_b 的平均值为 8.0×10^3 N·m，轴向力矩 R_c 的平均值为 1.15×10^4 N·m，并在右端显示滚筒三维图像，利用采煤机滚筒优化设计系统可以导出 IGES 文件，得到完整采煤机滚筒三维模型如图 13 – 20 所示。

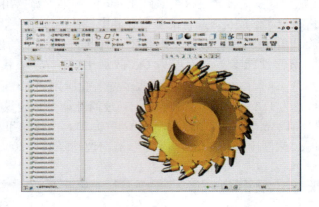

图 13 – 20　采煤机滚筒三维模型

14　采煤机行走机构有限元分析

采煤机行走机构是采煤机关键零件之一，承担着采煤机沿刮板输送机中部槽导向行走的任务，其具有持续工作时间长、低速重载、各零件之间产生较大冲击载荷等特点，故常产生行走轮与销轨啮合部分的轮齿疲劳断裂，轮齿变形、裂纹；导向滑靴易产生裂纹，裂纹扩展发生断裂失效等问题。因此为了进一步研究采煤机行走机构各个零件之间的运行状态，例如行走轮与销排的啮合特性，销排与导向滑靴摩擦特性等动力学特性，建立采煤机行走机构的动力学有限元分析模型，对改善采煤机行走机构的动态传动性能具有重要意义。

14.1　采煤机行走部的构成要素及存在问题

采煤机牵引机构即行走部主要由以下部件构成：传动轮、左行走传动箱、销轨、导向滑靴、齿轨轮等。行走部总体结构各部分对应名称如图 14 - 1 所示。

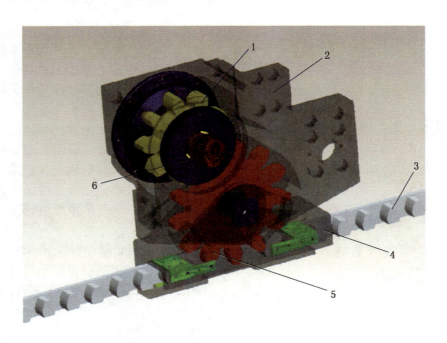

1—传动轮；2—左行走传动箱；3—销轨；4—导向滑靴；5—齿轨轮；6—电机连接轴

图 14 - 1　采煤机行走部结构图

采煤机空采区的前后端各有一个行走传动箱体，每个传动箱中的传动轮都与主机架相连，为整个过程提供转矩。每个传动箱中的传动轮都啮合着一个负责驱动的齿轨轮。在接触面上，齿轨轮各轮齿与销轨上各销排的销齿啮合，达到使采煤机在销轨上行走的目的。如图 14 – 2 所示导向滑靴的作用是保证齿轨轮与输送机上销轨的正确啮合。

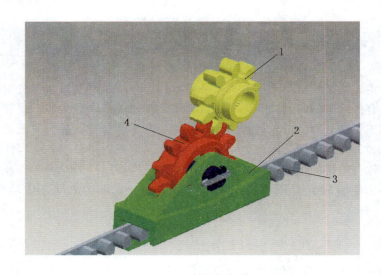

1—传动轮；2—导向滑靴；3—销排；4—齿轨轮

图 14 – 2　传动轮、销轨轮、导向滑靴和销排四者关系图

1—齿轨轮；2—销排

图 14 – 3　齿轨轮与销排

采煤机行走部中的齿轨轮在与输送机构上的销轨中各个销排上的啮合行走过程与齿轮和齿条的传动过程非常类似，齿轮是通过自身的旋转将齿轮的圆周运动转化成了在齿条上的水平直线运动，而齿轨轮与销轨的运动是通过齿轨轮的旋转将自身圆周运动转变为在销轨上各销排间的直线运动，使得采煤机能够在输送机构上行走工作。图 14 – 3 所示为齿轨轮与销排的啮合状态。

采煤机行走部存在以下问题：

（1）导向滑靴磨损。采煤机在工作过程中，行走部的导向滑靴与销轨外壁接触，通过接触面抵消采煤机整机所受到的弯矩，导向滑靴与销轨外壁存在很强的接触力。采煤机行走部工作中，导向滑靴不只受到很大的轴向力，还由于导向滑靴和销轨间隙中存在的煤炭颗粒，这都会加剧导向滑靴的磨损，磨损会使其接触面间缝隙变大。导致导向滑靴的功能逐渐减弱，最后由于间隙过大，使得齿轨轮出现严重轴向偏载，使采煤机行走部齿轨轮与销轨中销排的磨损加剧，造成严重影响。

（2）输送机轨道水平弯曲。采煤机行走部在与销轨啮合工作过程中，销轨的安装可以存在±1°的水平弯曲，各节销排存在不超过许用±1°的弯曲，齿轨轮从前一节无弯曲销排到下一节存在弯曲的销排啮合时，轮齿后方的啮合角度偏转，使齿轨轮的轮齿与销齿的啮合方式由标准状况下的线接触方式变成了点接触啮合方式，导致齿轨轮受到偏载，使齿轨轮磨损加剧。

（3）输送机轨道的竖直起伏。由于复杂多变的煤层地质条件导致相邻销排间会出现上下起伏的情况，因此采煤机行走部在与销轨啮合工作过程中，销轨的安装可以存在±3°的竖直起伏，但是这个起伏角度不能超过±3°。在经过存在起伏角度的相邻销排时，由于后一节起伏的销排对齿轨轮有一个与其运动相反的力的作用，使得齿轨轮的速度变化出现负值情况。

（4）齿轨轮的几种失效形式。齿轨轮是采煤机行走的重要部件，就是通过齿轨轮－销轨系统的传动方式使得采煤机在销轨上行走工作的，所以齿轨轮的寿命直接影响了采煤机的工作进度，所谓齿轨轮其实就是一个大齿轮，但并非一般简单的渐开线齿轮，所以齿轨轮－销轨系统可以类似于齿轮－齿条传动系统。

齿轨轮所处的恶劣工作环境导致其失效形式主要有 3 种：①由于属于开式齿轮传动，避免不了地受到煤炭颗粒的影响导致齿面磨损的加剧；②在采煤机工作过程中常会出现低速重载的情况，这就导致了齿轨轮轮齿面上受到很大的啮合力，其强度远超齿轨轮所用材料的疲劳强度而产生塑性流动；③由于采煤机一般重达几十吨，其所受重力加上开采过程中所受到的阻力，导致齿轨轮的负荷往往能达到上百吨，在这样的情况下工作，当遭遇过载或大冲击时，齿轨轮的轮齿就很容易发生突然断裂，这是齿轮传动中极其严重的失效形式。

14.2　行走机构动力学模型建立

通过三维软件 Pro/E 完成采煤机行走机构主要零件的建模与虚拟装配。应用 Pro/E 分析功能完成所装配模型的静态干涉检查后，通过 Pro/E 将模型保存成". igs"格式，导入 ANSYS LS－DYNA 中。销排、驱动轮、行走轮采用 18Cr2Ni4WA。其弹性模量为 2.8×10^{11} Pa，屈服强度为 835 MPa，泊松比为 0.3；导向滑靴材料为 ZG25 MnCrNiMo，其弹性模量为 2.02×10^{11} Pa，抗拉强度和屈服强度分别为 980 MPa 和为 835 MPa，泊松比为 0.3，将它们设定为非线性同向硬化材料（Bilinear Isotropic），其余零件定义成刚体，并对各零件进行网格划分，划分好网格后，在销排两端连接角耳处施加完全约束，对驱动轮、行走轮施加 YZ 向平移约束，XY 向旋转约束，箱体施加 Z 向平移约束及三向旋转约束。驱动轮与行走轮、行走轮与销排、导向滑靴与销排之间定义为自动面面接触，钢材料发生接触时，静摩擦系数通常定义为 0.3，动摩擦系数为 0.15。

根据上述销排与导向滑靴受力计算结果对采煤机行走机构进行动力学分析，建立动力学仿真模型，在其导向滑靴上施加上述整机的仿真结果，即在采煤机工作过程中，导向滑靴与销排在不同接触面上产生的接触力。在分析结果中取 500 个接触力组成接触力图谱，将其加载在采煤机行走机构模型中，如图 14－4 所示。一方面分析行走轮与销排啮合时的动态特性，应力最大值及应力集中点；另一方面，分析导向滑靴在采煤机运行过程中受到的应力、应变大小以及滑靴与销排、滑靴与销轴产生的接触力随时间的变化规律。基于对采煤机行走机构的动态特性的分析结果，为下文对行走机构的疲劳寿命研究提供了理论基础。

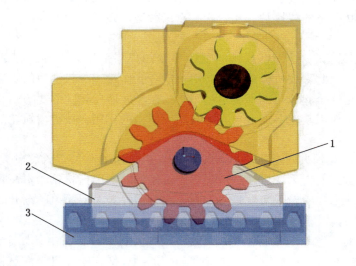

1—行走轮；2—导向滑靴；3—销排

图 14 – 4　采煤机行走机构模型图

　　首先定义材料和接触，选择单元之后划分网格，在销排两端连接角耳处施加完全约束，对驱动轮、行走轮施加 YZ 向平移约束，XY 向旋转约束，箱体施加 Z 向平移约束及三向旋转约束。各零件之间设置为自动面面接触，在导向滑靴上施加由采煤机整机的动态仿真计算出的 Y 向支撑载荷，以及由采煤机截割煤壁产生的 X 向动态牵引阻力。最后在行走轮上施加转速并开始动态仿真分析计算。

14.3　行走轮齿根弯曲强度分析

　　行走轮是采煤机行走机构中非常重要的零件之一，为采煤机运行移动提供动力，通过与刮板输送机上的销排的销齿啮合，将自身圆周运动转化为直线运动来驱动采煤机。采煤机行走轮主要受力为两种：承担采煤机一部分的重力以及行走轮与销齿啮合产生的反向牵引力。由于采煤机行走轮暴露在外部工作且工况恶劣多变，易发生齿面磨损、齿面胶合以及轮齿折断等现象。行走轮一旦失效，更换十分不方便，不仅影响矿区采煤效率，而且将会造成很大经济损失，因此对行走轮进行有限元分析十分必要。

14.3.1　行走轮的受力分析

　　一般行走轮在正常工作情况下，载荷是沿接触线均匀分布的，分析时可用集中力来代替。如图 14 – 5 所示，在行走轮的分

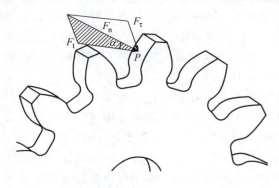

图 14 – 5　行走轮轮齿受力示意图

度圆上，法向力 F_n 沿啮合线分布并垂直于齿面，切向力 F_t 与径向力 F_τ 为 F_n 的两个分力，其中 F_t 为行走轮的驱动力，F_τ 为向上支撑力，三者计算公式如下：

$$\begin{cases} F_t = \dfrac{2T_n}{d} \\ F_\tau = F_t \tan\alpha \\ F_n = \dfrac{F_t}{\cos\alpha} \end{cases} \qquad (14-1)$$

式中　T_n——作用在行走轮上的有效转矩，N·mm；

　　　d——分度圆直径，mm；

　　　α——行走轮的压力角/啮合角。

14.3.2　行走轮弯曲强度计算分析

齿轮的失效形式主要有两种，弯曲失效与接触失效。其中弯曲失效主要是指行走轮轮齿折断，轮齿折断发生的原因有齿根应力集中、齿根强度不够以及非正常啮合等。轮齿折断是行走轮失效的主要原因之一，因此对行走轮齿根部强度计算十分重要。

计算齿轮的弯曲强度通常利用悬臂梁计算理论，悬臂梁计算理论由路易斯在 19 世纪末提出，这一理论将轮齿视为有一定宽度的悬臂梁来进行受力计算，当轮齿位于齿顶处啮合时受力最大。理论上齿轮在齿顶啮合时应为多齿啮合状态，载荷由多对齿同时分担，一般为了简化计算，通常假设为一对齿啮合。忽略两齿之间的摩擦力，作用于齿顶的法向力 F_n 可分解为 $F_n\cos\alpha_F$ 和 $F_n\sin\alpha_F$，$F_n\cos\alpha_F$ 引起拉应力，$F_n\sin\alpha_F$ 引起压应力，实际工况下，齿轮齿根断裂常因拉应力过大引起，且 $F_n\sin\alpha_F$ 相对较小，齿根弯曲强度校核公式如下：

$$\sigma_F = \frac{M}{W} = \frac{2F_n\cos\alpha_F h_F}{\dfrac{Bs_F^2}{6}} = \frac{F_t}{Bm}\frac{6\left(\dfrac{h_F}{m}\right)\cos\alpha_F}{\left(\dfrac{s_F}{m}\right)^2\cos\alpha_F} = \frac{F_t}{Bm}Y_{Fa} \leqslant [\sigma_F] \qquad (14-2)$$

式中　　m——齿轮模数；

　　　　B——齿宽，mm；

　　　　Y_{Fa}——齿形系数；它与齿廓有关与模数 m 无关，查取行走轮齿形系数 $Y_{Fa}=$ 3.21；

　　　　Y_{Sa}——应力修正系数；用其修正由压应力与过度圆角引起的应力集中 $Y_{Sa}=$ 1.48；

　　　　Y_ε——重合度系数；重合度系数一般为 1；

　　　　M——齿根弯矩，N·mm；

　　　　σ_F——齿根弯曲应力，MPa；

　　　　$[\sigma_F]$——齿根许用弯曲应力，MPa；

　　　　α_F——法向力与水平面夹角。

14.3.3　齿根弯曲应力的有限元分析计算

本书选用三一重工的 MG500/1180-WD 型电牵引采煤机为研究对象，其总功率为 1180 kW，单机牵引功率为 75 kW，输出转矩为 48.7 kN·m，牵引速度 0～10～12 m/min，总重量约为 66 t。假设行走轮所受载荷均匀分配，则由式（4-1）可知普通采煤机行走轮

最大法向力 $F_n = 408.4 \text{ kN}$，行走轮上的切向力 $F_t = 353.7 \text{ kN}$。因此求得齿根弯曲应力 $\sigma_F = 706.9 \text{ MPa}$，考虑磨损影响，将许用应力降低一些，取安全系数为 1.4，则许用应力 $[\sigma_F] = 504.9 \text{ MPa}$。

　　基于 ANSYS Ls – dyna 软件，对采煤机渐开线行走轮进行动力学分析，得到轮齿根部位的弯曲应力、形变大小以及危险截面，经过计算得到齿根部的应力分布与齿顶应变结果如图 14 – 6、图 14 – 7 所示。

　　由图 14 – 6、图 14 – 7 可知，渐开线行走轮最大应力集中在齿根右侧，最大应力值为 311.8 MPa，小于许用应力 $[\sigma_F]$。实际工况下，采煤机行走轮受拉应力一侧易产生裂纹，裂纹扩展易造成断裂失效。由于行走轮与销排销齿啮合近似于齿轮齿条啮合，最大应变发生在接近齿顶的齿面啮合位置，应变最大为 8.302×10^{-5}。

图 14 – 6　采煤机行走轮齿根处应力示意图

图 14 – 7　采煤机行走轮齿根处应变示意图

14.4　行走轮与销排啮合动态特性分析

14.4.1　啮合冲击力理论模型

　　轨轮与销轨啮合类似于齿轮齿条啮合，行走轮转动的同时沿销排平动，由于采煤机工况复杂恶劣，行走机构在运动过程中常发生冲击碰撞，因此在啮合点 P 处产生冲击不可避免。在啮合的一瞬间，轮齿之间冲击力的大小和变化规律与冲击速度、轮齿刚度以及载荷等有密切关联，实际啮合点的冲击力模型如图 14 – 8 所示。

　　此时冲击动能为 E_k：

$$E_k = \frac{1}{2} m_{red} v_s^2 \qquad\qquad (14 - 3)$$

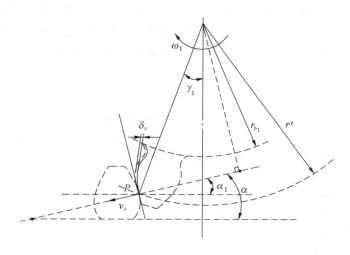

图 14 - 8　啮合冲击力模型

其中，E_k 为啮合冲击动能；m_{red} 为转动惯量转化时啮合线上单位齿宽的诱导质量，$m_{red} = J/br_{b_1}^2$；J 为系统转动惯量，$J = J_1 + J_s$，J_1 为齿轨轮转动惯量，J_s 为平动系统的转动惯量，$J^s = m_m r'^2/g$，m_m 为平动系统质量，包括采煤机系统质量；g 为重力加速度，r' 为行走轮节圆半径；b 为啮合齿宽；r_{b1} 为齿轨轮基圆半径。v_s 为啮入点齿轨轮与销轨的冲击速度，有 $v_s = \omega_1 r_{b1}[1 - \cos(\alpha_1 + \gamma_1)/\cos\alpha]$。其中 ω_1 为行走轮的回转角速度；α_1 为行走轮齿廓任意点的压力角，γ_1 为回转中心与该点连线以及行走轮到销轨垂线的夹角，α 为啮合角。

由于冲击作用，齿轨轮与销轨之间产生最大变形量为 δ_s，与 δ_s 对应的最大冲击力 F_s，根据冲击力学理论，计算冲击力的方程如下：

$$
\begin{cases}
E_k = \dfrac{\delta_s^2}{2q_s} \\[2mm]
\delta_s = \dfrac{F_s q_s}{b}
\end{cases}
\tag{14-4}
$$

式中　q_s——啮合冲击点轮齿与销轨的综合柔度。

经整理得到啮合时最大接触冲击力为

$$
F_s = \frac{v_s}{r_{b1}}\sqrt{\frac{b(J_1 g + mr^2)}{gq_s}}
\tag{14-5}
$$

14.4.2　单齿啮合特性分析

本书以一个完整啮合周期为研究对象，研究采煤机行走过程中，行走轮与销排的一对轮齿从开始啮合到退出啮合的过程中，齿面之间接触冲击力、齿轮应力应变大小与分布规律等。

接触冲击力属于一种局部应力，在啮合接触部位出现应力集中，且沿啮合线呈带状分布状态。采煤机行走机构在工作过程中由于运行不平稳，行进速度发生阶跃性变化。当行走轮突然变速时行走轮与销排之间的接触可视为弹性体间的冲击碰撞，由于销排各个齿之间间距较大，考虑线内啮合时由于间隙引起的反复冲击。行走轮与销排在啮合过程中接触区应力较大且出现应力集中。根据分析结果截取行走轮与销排的一对轮齿从开始啮合到退出啮合的过程中的动态接触力变化曲线，一对轮齿完整啮合过程的啮合时间约为 1.5 s（图 14 - 9）。

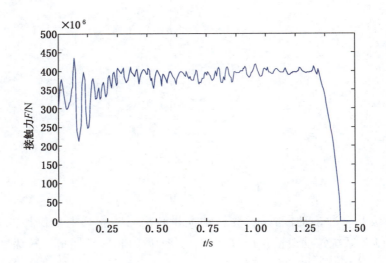

图 14 - 9　单齿啮合接触力变化曲线图

由图 14 - 9 可知：在啮入过程的初始阶段行走轮与销排轮齿之间发生冲击碰撞，啮合接触力冲击波动最明显。啮合稳定后，轮齿之间的接触力基本恒定，但随着啮合位置变化发生一定波动。退出啮合时，齿面分离，啮合接触力变为 0。

14.4.3　行走轮与销排啮合接触力分析

若行走轮与销排啮合属于线啮合，取行走轮与销排啮合一个轮齿的完整过程为分析对象，分别介绍了初始啮合、稳定啮合和退出啮合 3 个瞬时行走轮与销排的应力、应变大小与分布情况。

如图 14 - 10 所示：初始啮合时，由于上一对轮齿尚未退出啮合，行走轮上轮齿受到由于啮合不平稳产生的冲击载荷，应力集中在齿根，与实际受力情况相符。销排齿面由于发生弹性变形，啮合节线上的点已经开始参与啮合，应力集中在齿面节线附近。如图 14 - 11 所示：稳定啮合时，行走轮与销排啮合点接近节线，随着上一对轮齿逐渐脱离啮合，且下一对齿尚未接触之时，此时行走轮与销排为单齿啮合。轮齿的啮合面上受到的应力增大，应力集中在行走轮齿面节线附近且呈带状分布，在接触齿面中间部位应力集中较大，两侧应力集中较小。此时销排受到采煤机的重力与导向滑靴运动过程中施加的摩擦阻力影响，在啮合过程中，行走轮向下挤压销排齿，使销排啮合齿齿面产生极大应力集中，稳定啮合时销排齿面啮合节线处应力最大。当啮合点越过节线后，下一对轮齿开始啮合，行走轮齿面节线附近受力减小，齿根受应力持续增加，当啮合点到达齿顶时，齿根部位受力最大。如图 14 - 12 所示：在当行走轮退出啮合过程中，齿根处受到应力逐渐减小，直至行走轮完全脱离啮合，齿根应力变为 0。

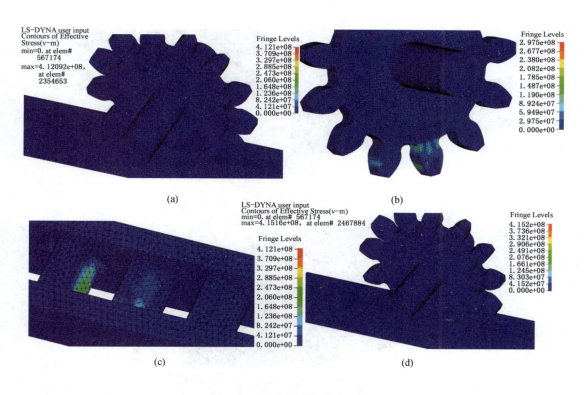

图 14 - 10   初始啮合应力云图

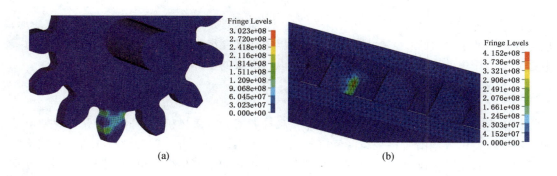

图 14 - 11   稳定啮合应力云图

行走轮材料为 18Cr2Ni4WA，屈服应力 σ_{b1} = 970 MPa，根据设计要求，安全系数取 2，则许用应力为 $[\sigma_{b1}]$ = 485 MPa。销排材料采用 42CrMo，屈服应力 σ_{b2} = 930 MPa，则许用应力为 $[\sigma_{b2}]$ = 465 MPa。如图 14 - 6 所示，行走轮最大接触应力为 302.2 MPa。

由上述分析可知，稳定啮合时行走轮与销排接触应力达最大值，在啮合过程中，行走轮的应力集中主要发生在齿面与齿根处。与行走轮齿根弯曲应力相比，齿面接触应力较小，然而，行走轮与销排啮合时产生的接触应力仍是行走轮失效的重要原因之一。销齿最

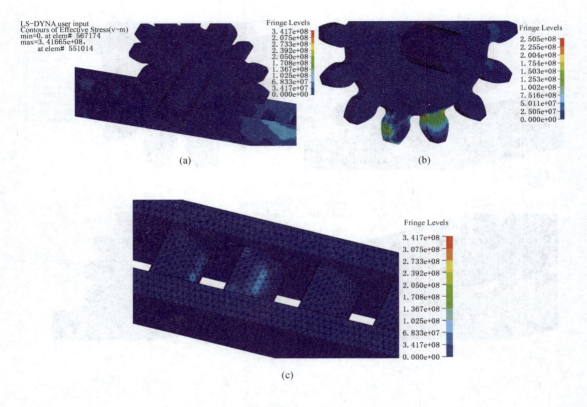

图 14 – 12   退出啮合应力云图

大接触应力为 415.2 MPa，由分析结果可知，销排比行走轮承受更大的接触应力与变形，在与行走轮的啮合过程中，销排的应力主要集中在啮合齿面与齿根部位，销齿齿根应力集中更大，销排失效形式主要包括齿面的磨损以及齿根的塑性变形。

14.5   导向滑靴动态特性分析

双滚筒采煤机上的滑靴有两种：平滑靴和导向滑靴。采煤机运行时平滑靴在煤壁侧的输送机上滑行，导向滑靴在采空区一侧控制行走轮沿销排运行。平滑靴与导向滑靴结构区别很大，导致受力情况有很大差别，通过上文中建立的采煤机行走机构有限元模型，分别对前后两个导向滑靴进行动力学分析，得到前、后导向滑靴在采煤机运行过程中受到接触力与应变的大小及分布特点。

1. 导向滑靴失效分析

采煤机中的导向滑靴属于易损零件，由于工作情况恶劣，导向滑靴在工作时常产生较大冲击载荷，其中部槽之间的连接部位会产生磨损，进而使其弯曲角度加大。当采煤机通过的两节销排上下弯曲角度较大时，为了使行走轮能顺利行进，导向滑靴将会挣顺销排，此时导钩会承受很大的作用力，严重时导向滑靴会产生裂纹，裂纹扩展造成导钩断裂失效。导向滑靴的可靠性直接影响采煤机的产煤效率，因此，对导向滑靴进行动力学特性研究具有重要意义，有助于下文对导向滑靴进行疲劳分析与寿命预测。

2. 仿真结果分析

采煤机的发展，向着大功率、高效率持续迈进，由于采煤机工作现场的情况多变且恶劣，因此采煤机在实际工作过程中会出现各种破坏与失效等问题。采煤机导向滑靴在正常截割煤壁且无倾角时受力状况最恶劣，因为在这种截割状态下滚筒可以满齿截割，导向滑靴在这种工况下只有两个平面处于受力状态，因此取此工况下采煤机前后导向滑靴受到应力、应变大小与分布情况进行分析研究。

根据计算结果分析可知：在正常截割工况下，导向滑靴与销排接触的上表面受向上的支持力和向后的摩擦力，同时侧表面受压力和向后的摩擦力。导向滑靴材料为ZG25CrMnNiMo，是一种不含镍的低合金高强度铸造结构钢，具有良好的塑性和韧性、较高的断裂韧度及很好的抗裂纹扩展能力。屈服应力 $\sigma_{b3} = 1170$ MPa。根据设计要求，安全系数取 2，则许用应力为 $[\sigma_{b3}] = 585$ MPa。由图 14-13 可知，导向滑靴应力集中主要发生在滑靴销轴轴孔下部以及滑靴与销排接触面拐角处，最高应力发生在导向滑靴销轴孔下侧面，达到 405.2 MPa，此时导向滑靴所受应力接近材料的许用应力，其余大部分结构的应力都较小，一般低于 100 MPa，远小于材料的屈服极限；如图 14-14 所示，导向滑靴最大应变发生在导向滑靴内侧拐角处，应变值约为 0.0044 mm。

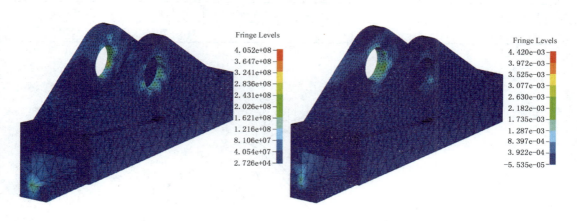

图 14-13 导向滑靴应力云图   图 14-14 导向滑靴应变云图

14.6 采煤机行走机构主要零件疲劳寿命预测

疲劳破坏不同于静力学破坏，它不是短期内发生的，在没有达到屈服极限的情况下发生，而且疲劳破坏由于不会发生大变形，不易察觉且往往具有隐蔽性。采煤机行走机构是综采工作得以实现的重要组成部分，行走机构的疲劳破坏会带来很大的经济损失。因此，对采煤机行走机构的各个易损零件做疲劳寿命分析与预测是十分重要的。根据采煤机行走机构动力学分析结果，结合疲劳累计损伤，对行走轮、销排以及导向滑靴的疲劳寿命进行分析研究。

14.6.1 疲劳寿命预测理论

零件在受到交变载荷作用时，即使应力没有达到材料的强度极限，甚至低于材料的强度极限时，零件依旧会发生破坏，这种现象叫作疲劳破坏。疲劳破坏分为 3 个阶段，首先出现疲劳裂纹，疲劳裂纹是当某一交变应力循环作用在零件危险部位次数 n 超过零件材料的疲劳总次数 N 时，疲劳裂纹就会产生。疲劳裂纹通常产生在零件表面，零件产生裂纹后若持续受到交变载荷作用，裂纹会逐渐扩散，最后断裂失效。

疲劳分析是通过应力或应变的时间关系曲线，利用累计损害的方法估算零件结构的疲劳寿命。本书用 ANSYS n – code 疲劳寿命分析软件，利用整机动力学仿真结果，对行走轮，销排及导向滑靴进行瞬时动力学分析，然后将分析结果导入 n – code 疲劳分析软件，得到 3 个零件的疲劳寿命计算结果。分析时需要了解材料的疲劳特性、载荷谱的施加来进行计算，得到零件疲劳循环的周期与应力较大的危险截面、危险节点的分布规律。最后，将疲劳分析结果中的寿命分布云图与最低循环次数作为疲劳评估信息，结合实际工况下行走机构零件的循环工作次数，来衡量采煤机行走轮、销排与导向滑靴的使用寿命。

准确地建立行走机构的模型是保证行走机构疲劳寿命分析结果准确的必要条件，因此，MG 500/1180 – WD 采煤机行走机构行走轮的几何参数见表 14 – 1，导向滑靴与销排的几何参数如图 14 – 15、图 14 – 16 所示。

表 14 – 1　MG 500/1180 – WD 型采煤机行走轮几何参数

行走轮类型	模数	齿数	节距/mm	齿宽/mm	压力角/(°)	分度圆直径/mm
渐开线齿轮	40	13	126	55	20	520

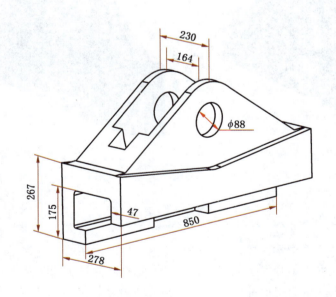

图 14 – 15　MG 500/1180 – WD 型采煤机导向滑靴几何参数

行走轮的材料为 18Cr2Ni4WA，属于高强度中合金渗碳钢，具有极好的强韧性配合，渗透性良好，常用于制造强度高的大型齿轮锻件。采煤机销排材料采用 42CrMo，强度高，淬硬性大，一般用作截面较大、载荷较高的重要零件。导向滑靴采用 ZG25CrMnNiMo 钢，ZG25CrMnNiMo 是一种不含镍的低合金高强度铸造结构钢，具有良好的塑性、韧性，较高

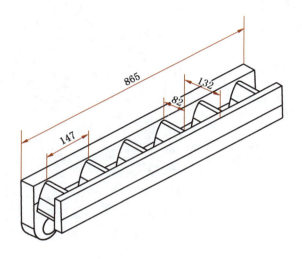

图 14 – 16 MG 500/1180 – WD 型采煤机销排几何参数

的断裂韧度及很好的抗裂纹扩展能力。这三种材料的疲劳特性见表 14 – 2。

表 14 – 2 材料的疲劳特性

名　称	抗拉强度/MPa	屈服强度/MPa	弹性模量/Pa	泊松比
行走轮 18Cr2Ni4WA	1270	970	2.02×10^{11}	0.3
销排 42CrMo	1080	930	2.02×10^{11}	0.3
导向滑靴 ZG25CrMnNiMo	1470	1170	2.02×10^{11}	0.3

由齿轮疲劳试验结果可知，齿轮的疲劳曲线方程为

$$\sigma_H^m \cdot N_L = C \tag{14 – 6}$$

方程两边取对数：

$$m \cdot \lg\sigma_H + \lg N_L = \lg C \tag{14 – 7}$$

式中　N_L——应力循环次数；

　　　σ_H——对应于 N_L 的条件疲劳极限；

　　　m——由试验确定的指数；

　　　C——由试验确定的常数。

由资料可知销排的 S – N 曲线如图 14 – 17 所示，销排材料的 S – N 曲线，如图 14 – 18 所示。

导向滑靴材料为 ZG25CrMnSiMo，ZG25CrMnSiMo 在低周疲劳条件下循环应力 – 寿命曲线（图 14 – 19）的关系式如下：

$$\Delta\sigma/2 = \sigma_f' (2N_f)^b \tag{14 – 7}$$

其中，应力幅 $\Delta\sigma/2$ 与反向循环数 $2N_f$ 的关系为 $\lg(\Delta\sigma/2) - \lg 2N_f$。曲线的斜率为疲劳强度指数 b，曲线上 $2N_f = 1$ 处的纵坐标截距就是疲劳强度系数 σ_f'。$\Delta\sigma/2$ 为应力幅，

MPa；N_f 为失效循环数。

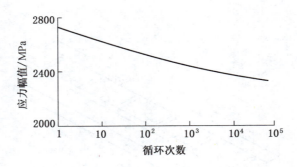

图 14 – 17　18Cr2Ni4WA 的 S – N 曲线图

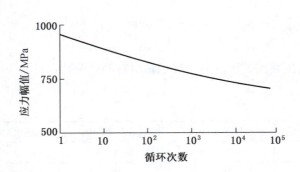

图 14 – 18　42CrMo 的 S – N 曲线图

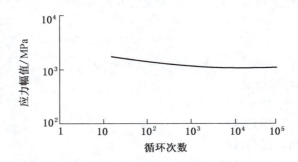

图 14 – 19　ZG25CrMnNiMo 的 S – N 曲线图

14.6.2　疲劳寿命载荷的获取

　　根据采煤机行走机构零件的材料属性，在 n – code Analysis 中建立材料的 S – N 曲线，以 LS – DYNA 中导出的应力结果以及时变载荷文件，作为疲劳分析材料，将动力学分析结果中的行走轮，销排与导向滑靴最大应力点处载荷谱，进行雨流计数并外推强化，然后作为疲劳寿命分析的外部载荷谱，对采煤机行走机构的重要零件进行疲劳寿命预测（图14-20）。

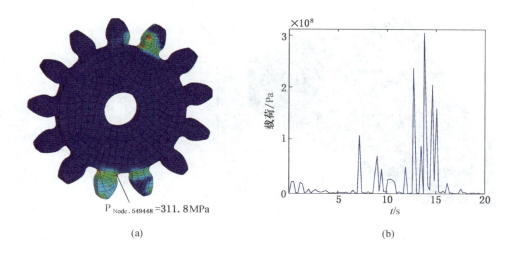

$P_{Node.549448} = 311.8MPa$

(a) (b)

图 14-20 行走轮应力云图与最大应力节点载荷-时间历程曲线

采煤机行走轮主要受载是与销排啮合行走时产生的啮合力，啮合应力主要集中在齿根与齿面啮合线附近，在 14.7 s 时刻行走轮最大等效应力产生在齿根节点 Node.549448 处，最大应力为 311.8 MPa。节点 Node.549448 处啮合应力曲线图如图 14-21b 所示。

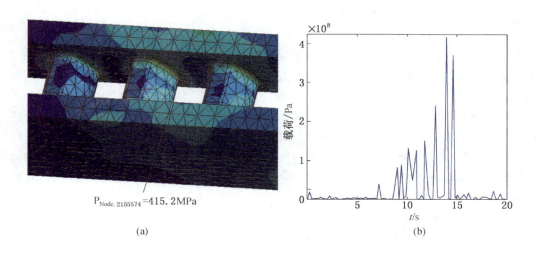

$P_{Node.2155574} = 415.2MPa$

(a) (b)

图 14-21 销排应力云图与最大应力节点载荷-时间历程曲线

销排主要承受由导向滑靴施加的重力、行走轮运行时产生的啮合力，销排两端固定不发生平移，因此在受到由重力引起的载荷过大时，销排会在采煤机运行的垂直方向发生纵向变形，图 14-22 所示为销排在工作过程中应力的分布规律，以及最大应力点的应力大小与变化曲线。由图 14 −22b 可知，销排在 14.9 s 时刻的等效应力值最大，发生在齿根的节点 Node. 2155574 处，其值为 415.2 MPa。

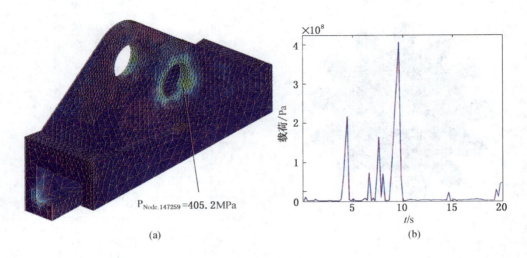

(a)

(b)

图 14 −22　销排应力云图与最大应力节点载荷 −时间历程曲线

采煤机运行过程中由于工况恶劣，行驶状态不平稳导致销轴与滑靴不断发生冲击碰撞，因此导向滑靴在销轴轴孔处与滑靴内侧拐角处均存在应力集中，在导向滑靴内侧拐角处应力集中值约为 307 MPa，最大值可以达到 405.2 MPa，图 14 −22 销轴孔受到应力最大节点的应力变化曲线图，最大应力在 9.8 s 集中在节点 No. 147259 处。导向滑靴最大应力值低于材料的屈服强度，因此当行走轮与销排正常啮合的工况下，导向滑靴销轴孔部位一般不会产生过大应力从而发生失效。

由图 14 −20 ~ 图 14 −22 所示的行走机构各个零件载荷谱，可以得到载荷的最大值、最小值，载荷均值及均方差，这些值对后续疲劳分析有重要影响。进行疲劳寿命分析需要知道各个零件的全寿命载荷谱，而本书的动力学分析只对行走轮旋转一周时长进行了计算，载荷谱时长约为 20 s，因此根据最大应力节点的应力 −时间历程，利用雨流计数法处理，再进行外推叠加产生目标载荷谱如图 14 −23 所示。图 14 −23a、图 14 −23b、图 14 −23c 分别代表了销排销齿根部应力最大节点、齿根处应力最大节点以及导向滑靴销轴轴孔处最大应力节点的载荷谱外推结果。由图可知，行走机构各个零件的载荷谱经过 20 次外推后，外推结果在幅值范围内分布均匀，具有一定可信度，基于此载荷谱对采煤机行走机构各个零件进行疲劳寿命分析。

14.6.3　采煤机行走机构疲劳寿命分析

行走轮节点寿命与损伤分析结果见表 14 −3。表 14 −3 中记录了疲劳寿命分析结果中，行走轮疲劳循环次数最少的 10 个点，其中 No. 549448 节点处循环次数最少为 5.106×10^5 次，损伤为 1.479×10^{-6}，节点 No. 525066 与节点 No. 521096 疲劳循环系数相近，约为 5.3×10^5 次。应力循环次数最小的节点出现在齿轮齿根处，由此进一步证明了行走轮危险节点分布在齿根部位，从而导致了齿根部位的疲劳损伤过大，如图 14 −24 所示。

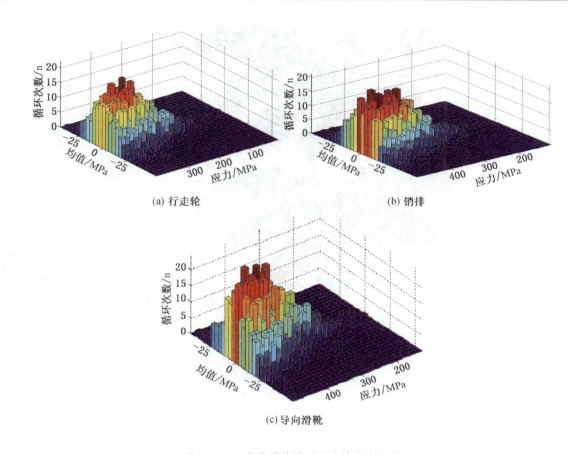

图 14-23　载荷谱外推后雨流计数直方图

表 14-3　行走轮节点寿命与损伤

行走机构	节　点	寿命/循环次数	疲　劳　损　伤
	549448	5.106×10^5	1.479×10^{-6}
	525066	5.360×10^5	1.866×10^{-6}
	521096	5.397×10^5	1.853×10^{-6}
	523623	5.562×10^5	1.798×10^{-6}
	525205	5.690×10^5	1.757×10^{-6}
行走轮	541112	5.863×10^5	1.706×10^{-6}
	535160	5.887×10^5	1.699×10^{-6}
	551094	5.928×10^5	1.687×10^{-6}
	545832	5.952×10^5	1.680×10^{-6}
	531637	5.967×10^5	1.676×10^{-6}

　　取销排上应力循环次数最小的 10 个节点，记录销排的疲劳损伤见表 14-4。销排最低循环次数发生在节点 Node.2155574，最低循环次数为 5.524×10^5 次，此时疲劳损伤最

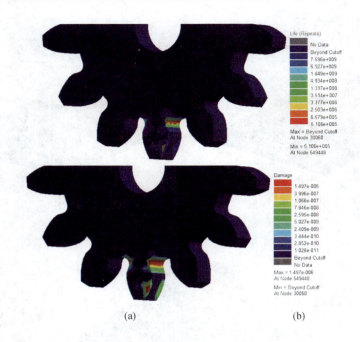

(a)   (b)

图 14 - 24 行走轮疲劳寿命云图

大，数值为 2.838×10^{-6}，如图 14 - 25 所示。从图 14 - 25 以及表 14 - 4 中可以看出，销排的应力集中发生在销齿与行走轮啮合面的齿根处。在采煤机运行时，销排销齿的齿根处承担较大应力，导致齿根处疲劳损伤最大且循环次数最小，寿命最低。

表 14 - 4 销排节点寿命与损伤

行 走 机 构	节　　点	寿命/循环次数	疲 劳 损 伤
销排	2155574	5.524×10^5	2.838×10^{-6}
	2519926	5.803×10^5	2.629×10^{-6}
	2125201	6.043×10^5	2.473×10^{-6}
	2519934	6.112×10^5	2.432×10^{-6}
	2519928	6.299×10^5	2.326×10^{-6}
	1220458	6.326×10^5	2.312×10^{-6}
	2316371	7.737×10^5	1.293×10^{-6}
	2115834	8.397×10^5	1.191×10^{-6}
	2225219	1.139×10^6	8.783×10^{-7}
	1218652	1.326×10^6	7.539×10^{-7}

导向滑靴在运行时，要承受很大的纵向载荷，因此滑靴销轴对导向滑靴轴孔的过大压力，导致导向滑靴轴孔处出现损伤极值，大小为 4.769×10^{-7}。记录导向滑靴上应力疲劳损伤最大的 10 个节点，以及这 10 个节点的疲劳循环次数见表 14 - 5。导向滑靴最低循环

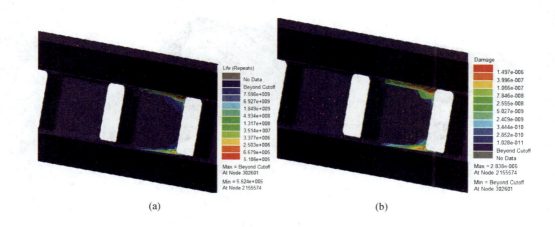

图 14 - 25　销排疲劳寿命云图

次数发生在节点 Node. 147259，最低循环次数为 2.097×10^6 次，如图 14 - 26 所示。从中可以看出，导向滑靴的应力集中在滑靴销轴的轴孔处。在采煤机运行时，导向滑靴轴孔断裂失效，是影响采煤机正常工作的重要原因之一。

表 14 - 5　导向滑靴节点寿命与损伤

行 走 机 构	节　　点	寿命/循环次数	疲 劳 损 伤
导向滑靴	147259	9.097×10^6	1.769×10^{-7}
	115172	9.401×10^6	1.565×10^{-7}
	116873	9.436×10^6	1.405×10^{-7}
	120792	9.438×10^6	1.301×10^{-7}
	119929	9.537×10^6	1.142×10^{-7}
	120500	9.552×10^6	1.018×10^{-7}
	116374	9.570×10^6	9.890×10^{-8}
	118567	9.993×10^6	9.341×10^{-8}
	116346	1.026×10^7	7.305×10^{-8}
	116346	1.026×10^7	8.305×10^{-8}

14.6.4　采煤机行走机构主要零件的寿命预测

通过仿真结果可知：行走轮最低循环次数为 5.106×10^5 次，导向滑靴寿命最低循环次数为 9.097×10^6 次，销排寿命最低循环次数为 5.524×10^5 次。若采煤机工作面长度为 300 m，牵引速度为 $v = 5$ m/min，行走轮节圆半径为 $r = 520$ mm，平均每天工作 18 h。行走轮转动一周计每个轮齿啮合一次，则采煤机行走轮转动一周的时间 $t = 2\pi \cdot r/v = 0.65$ min，按最低循环次数计算，采煤机行走轮有效工作时间为 5531.5 h，换算得到行走轮疲劳寿命约为 307 天；导向滑靴销轴孔处受力与行走轮与销排啮合运行相关，因此导向滑靴的循环

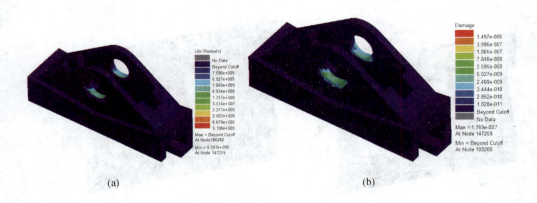

图 14 - 26　销排疲劳寿命云图

次数按行走轮轮齿与销排完整啮合一次来计算，行走轮运行一周，计导向滑靴循环次数为 13 次，因此导向滑靴的有效工作时间时 4.548×10^3 h，导向滑靴疲劳寿命约为 421 天；采煤机往返运行一次计销排销齿循环两次，耗时 2 h，则销排有效工作时间为 5814.0 h，销排疲劳寿命约为 323 天。

由于采煤机行走机构工况复杂，行走轮除啮合力之外，还受到整机重力与导向滑靴摩擦力等较大载荷，若出现行走机构导向滑靴受损严重、行走机构单侧运行等情况时，轮齿有可能受到非正常损坏。本书就轮齿点蚀、磨损和断齿等常见的失效现象进行寿命预测。国内外对采煤机整机、主要部件、零件提出不同的大修周期和设计寿命，一般以截割煤量为计算单位。MG500 - 1180 型号采煤机行走轮在截割煤量达到 225 万 t 时达到大修周期，由鸡西煤矿施工案例可知，MG500 - 1180 型号采煤机日产量约为 8000 t，由本书行走轮寿命计算结果得出：当行走轮截割煤量达到 245.6 万 t 时损坏，与实际工况下采煤机使用寿命接近。

15　采煤机系统力学特性测试实验

15.1　采煤机系统测试平台建设

15.1.1　综采成套装备测试平台硬件总体设计与布局

综采成套装备测试平台为国家能源局研发（实验）中心建设项目，中国煤矿机械装备有限责任公司承担建设，建设地点在中煤张家口煤矿机械装备有限责任公司，占地面积 6700 m²，主要由 1：1 模拟煤矿井下真实环境的煤壁、综采成套实验设备、自动化集中控制系统和数据采集与显示系统以及相关配套设备等组成，测试平台如图 15 - 1 所示。

图 15 - 1　综采成套装备测试平台

实验室设置了自动化集控中心，是综采成套装备模拟试验台自动化、测试系统可视化中心，如图 15 - 2 所示。

根据综采成套装备模拟试验台成套设备选型情况，对设备进行了配套，主要设备硬件包括：煤壁、采煤机、刮板输送机、液压支架，辅助设备有转载机。综采成套装备测试平台布局如图 15 - 3 所示。

15.1.2　液压拉杆拉力测试方法

采煤机主机身由左、右牵引部，连接框架三段组成，为保证采煤机工作过程中，机身与两侧牵引部连接的稳定性和可靠性，采用超长液压螺栓保证整机刚度。目前，主流采煤机的机身与牵引部间主要采用 4 根液压拉杆和高强度螺栓连接为一个刚性整体，无底托架。

图 15 - 2   自动化集控中心

液压拉杠是采煤机机身连接的主要零件，为测试采煤机液压拉杠工作过程中螺栓杆受力情况，采用压力环传感器测量拉杠拉力，采煤机机身段液压拉杠布置方式如图 15 - 4 所示。

测试实验中用压力环传感器替换设备原有的"固定垫片"，如图 15 - 5 所示，安装在 4 根液压拉杠的锁紧螺母旁边，在线测量采煤机工作过程中拉杠的动载荷。

数据采集与无线发射系统说明：

用磁力座将无线应变采集模块统一安装在采煤机机身的指定空间内；将安装在 4 根液压拉杠上的压力环传感器通过导线接入无线应变采集模块；整个系统开始采集后，无线应变采集模块存储数据，并通过无线传输的方式，将数据传输至无线网关，并统一在采集终端接收信号，与其他被测量一起显示在显示屏上；事后可将无线应变采集模块中存储的数据导出，并进行分析。

15.1.3   摇臂关键截面应力应变测试方法

采煤机摇臂变形会引起内部齿轮传动系统产生剧烈的冲击，降低传动系统的使用寿命，当工况条件更为恶劣时，还会引起摇臂壳体产生开裂等事故，所以测试摇臂关键截面的应力、应变对齿轮传动系统、摇臂壳体的寿命分析，以及预测滚筒载荷具有重要价值和意义。

在摇臂较大的受力点布置应变片和应变花来测量摇臂关键截面的应力应变，将应变信号接入无线应变采集模块，通过无线通信方式传输至数据采集终端，再通过采煤机工作状态、不同截深、不同行走速度等数据分析采煤机摇臂关键截面应力应变情况，采煤机摇臂模型如图 15 - 6 所示。

在摇臂较大的受力点布置应变片和应变花来测量摇臂关键截面的应力应变，将应变信号接入无线应变采集模块，所有机身表面都在一个固定安装空间（1500 mm × 300 mm）安装测试仪器，其测试系统安装示意图如图 15 - 7 所示。

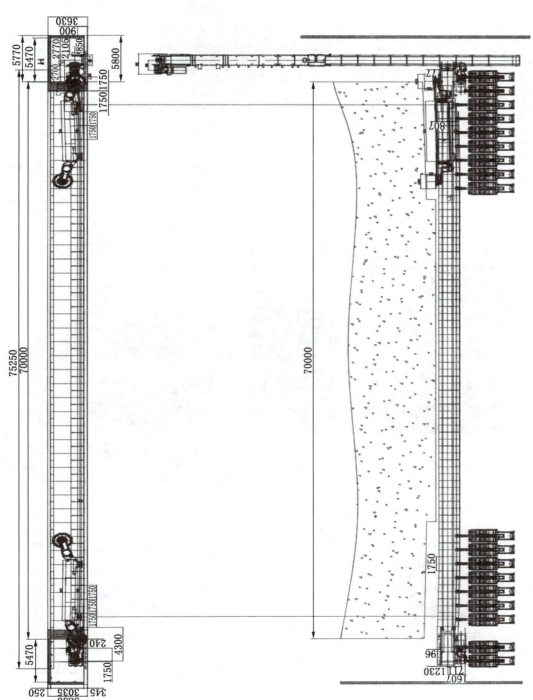

图15-3 综采成套装备测试平台布局图

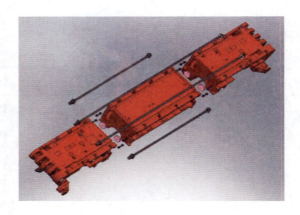

图 15 - 4 采煤机机身段液压拉杠布置方式

(a) 压力环传感器安装图　　　　　　　　(b) 压力环传感器实物图

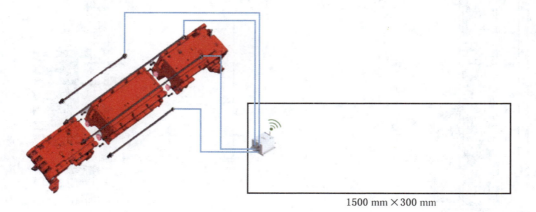

1500 mm × 300 mm

(c) 测试系统示意图

图 15 - 5 液压拉杠拉力测试系统

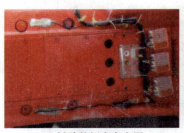

(a) 摇臂外侧应变布置　　　　　　(b) 摇臂内侧应变布置

图 15 – 6　采煤机摇臂模型

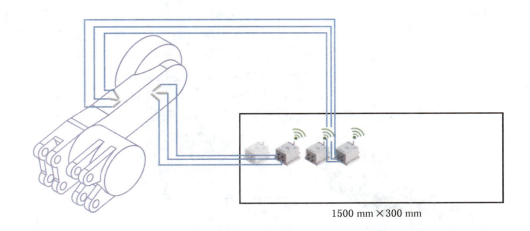

1500 mm×300 mm

图 15 – 7　摇臂关键截面测试系统安装示意图

　　系统测试说明：在测试现场，确定摇臂关键截面处，采用焊接式应变计和由 3 个焊接式应变计组成的三片直角应变花，进行电焊安装并做防护处理；采用焊接式应变计组成桥路，并接入无线应变采集模块；无线应变采集模块统一安装在采煤机机身的指定空间内；整个系统开始采集后，无线应变采集模块存储数据，并通过无线传输的方式，将数据传输至无线网关，并统一在采集终端接收信号，与其他被测量一起显示在显示屏上；事后可将无线应变采集模块中存储的数据导出，并进行分析。

15. 1. 4　摇臂与机身连接销轴受力测试方法

　　采煤机摇臂与机身之间通过连接架连接在一起，所以销轴受力测试包含两个部分：摇臂与连接架间的销轴测试，连接架与机身间销轴受力测试。

　　1. 摇臂与连接架销轴受力测试

　　摇臂与连接架耳板处的销轴主要受 2 个方向的力，包括径向力和轴向力，如图 15 – 8 所示。

　　销轴径向力测试：通过在摇臂与连接架铰接处安装销轴传感器来测试销轴 2 个方向的

径向力，采用2个桥路输出型的销轴传感器，将销轴传感器接入无线应变采集模块，通过无线通信方式传输至数据采集终端，并将销轴的径向受力情况存储和显示。

销轴轴向力测试：通过在销轴与端盖间加装压力环传感器来测销轴的轴向力，将压力环传感器接入无线应变采集模块，通过无线通信方式传输至数据采集终端，并将销轴的轴向受力情况存储和显示。

摇臂与连接架销轴受力测试通过销轴传感器和压力环传感器将测试数据经过连接线缆发送到无线应变采集模块，再经无线通信方式传输至数据采集终端，最终获得销轴受力，其测试系统安装示意图如图15-9所示。

系统连接说明：用磁力座将无线应变采集模块统一安装在采煤机机身的指定空间内；将安装在销孔内的销轴传感器和压力环传感器通过导线接入无线应变采集模块；整个系统开始采集后，无线应变采集模块存储数据，并通过无线传输的方式，将数据传输至无线网关，并统一在采集终端接收信号，与其他被测量一起显示在显示

图15-8 摇臂与连接架销轴径向力与轴向力测试

屏上；事后可将无线应变采集模块中存储的数据导出，并进行分析。

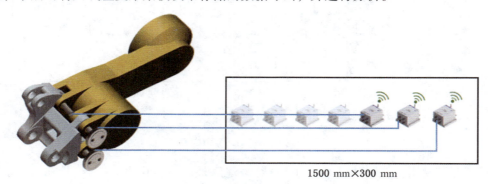

1500 mm×300 mm

图15-9 摇臂与连接架销轴受力测试系统安装示意图

（1）摇臂与连接架销轴径向力传感器具体包含外形相似的两种尺寸的销轴传感器，销轴传感器实物如图15-10所示。

销轴传感器主要性能：

精度：0.02% Fs 以上；

安全过载：150% Fs；

使用温度：-20~65 ℃；

零点温漂：<0.05% Fs/10 ℃；

灵敏度温漂：<0.03% Fs/10 ℃；

传感器材料：40CrNiMo4；

受力方向：径向力；

桥路方式：全桥；

输出方式：两路输出，应变信号输出；

出线方式：采用六芯电缆，六线制航插出线，在销轴轴向中心连接架内侧出线；

导线长度：4 根，每根长 8.5 m。

（2）摇臂与连接架销轴轴向传感器是一种压力环传感器，其实物图如图 15 - 11 所示。

图 15 - 10　销轴传感器实物图　　　　图 15 - 11　摇臂与连接架压力环传感器

压力环传感器主要性能：

精度：0.02% Fs 以上；

安全过载：150% Fs；

使用温度：- 20 ~ 65 ℃；

零点温漂：< 0.05% Fs/10 ℃；

灵敏度温漂：< 0.03% Fs/10 ℃；

传感器材料：40CrNiMo4，调质 HB240 ~ 280；

导线长度：8.5 m；

输出方式：单路输出，应变信号输出；

出线方式：航插径向中心连接架内侧出线，应变信号输出。

2. 连接架与机身销轴受力测试

连接架与机身销轴主要受轴向力，如图 15 - 12 所示。同时需要考虑耳板销轴边缘受力的情况，因此，本测试方案中也包含耳板销轴边缘受力测试。

销轴轴向力测试：通过在机身与连接架铰接处安装压力环传感器来测试销轴的轴向力，压力环传感器安装在销轴压盖侧的螺栓垫片处。将压力环传感器接入无线应变采集模块，通过无线通信方式传输至数据采集终端，并将销轴的轴向受力情况存储和显示。

耳板销轴边缘受力：耳板销轴边缘受力采用安装应

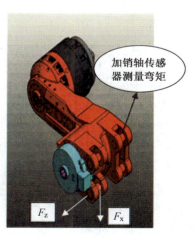

图 15 - 12　采煤机摇臂
三维模型图

变计的方式来测试受力，将应变计的连接导线接入无线应变采集模块，通过无线通信方式传输至数据采集终端，并将耳板销轴边缘受力情况存储和显示。

3. 机身与连接架销轴受力测试系统

机身与连接架销轴受力测试通过压力环传感器和焊接式应变计将测试数据经过连接线缆发送到无线应变采集模块，再经无线通信方式传输至数据采集终端，最终获得销轴受力，其测试系统安装示意图如图 15 - 13 所示。

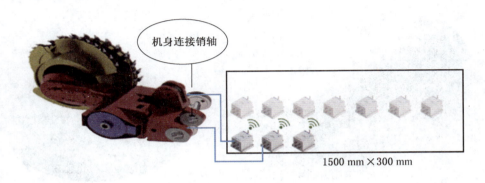

机身连接销轴

1500 mm × 300 mm

图 15 - 13　机身与连接架销轴受力测试示意图

系统连接说明：用磁力座将无线应变采集模块安装在采煤机机身的指定所开空间内；将安装好的压力环传感器及焊接式应变计通过导线接入无线应变采集模块；整个系统开始采集后，无线应变采集模块存储数据，并通过无线传输的方式，将数据传输至无线网关，并统一在采集终端接收信号，与其他被测量一起显示在显示屏上；事后可将无线应变采集模块中存储的数据导出，并进行分析。

（1）压力环传感器主要性能：

量程：15 T；

精度：0.02% Fs 以上；

安全过载：150% Fs；

使用温度：−20 ~ 65 ℃；

零点温漂：<0.05% Fs/10 ℃；

灵敏度温漂：<0.03% Fs/10 ℃；

传感器材料：40CrNiMo4；

导线长度：8.5 m；

输出方式：单路输出，应变信号输出；

出线方式：四线制航插出线，径向中心连接架内侧出线，应变信号输出。

（2）耳板销轴边缘受力测试所采用的焊接式应变计实物如图 15 - 14 所示。

焊接式应变计主要技术参数：

电阻值：120 Ω；

灵敏系数：2.00 ~ 2.20；

灵敏系数分散：≤ ±1%；

图 15-14 焊接式应变计实物图

使用温度：-30~80 ℃；

安装方式：点焊安装。

15.1.5 滚筒扭矩测试方案

采煤机滚筒是采煤机的关键部件，主要完成截煤和装煤任务，工作过程中承受很大载荷。采煤机在作业过程中经常遇到不同硬度的煤岩，尤其遇到硬度较高的煤炭、岩石时，机械传动系统受到外部负荷冲击作用处于严重超载工况，这时传动系统的扭矩会突然增大，如不及时调整扭矩和转速，极易使零部件受到损坏。通过测量采煤机滚筒的瞬态输出扭矩和转速，可以实时监测滚筒式采煤机的扭矩信息，一旦出现扭矩发生异常情况，就可以迅速调整工作状态，对于提高滚筒式采煤机运转可靠性和保护主传动系统具有重要意义。

测试过程中，采煤机滚筒加减速过程中，惯性力矩可以不予考虑。由于惰性轮轴及齿轮的惯性矩相对整个截割滚筒传动系统的惯性矩较小，可以忽略不计。因此，采用销轴传感器替代惰轮轴，通过测量惰性轮销轴受力，求出合力，进而获得截割滚筒扭矩。

滚筒扭矩测量采取的方案是对摇臂 3 个惰轮中的 6 号惰轮轴的径向力进行测量，如图 15-14 所示。由于 6 号惰轮轴是固定不发生旋转的，通过定制和 6 号惰轮轴外形一样的销轴传感器，通过测量销轴受力并结合惰轮转速来计算滚筒扭矩，再根据滚筒的不同状态分析扭矩与滚筒截深、转速、位置的对应关系。惰轮轴安装传感器示意图如图 15-15 所示。

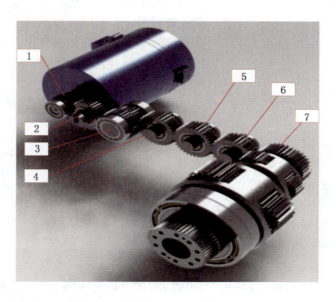

1、2、3、7—传动轮；4、5、6—惰轮

图 15 – 15　惰轮轴安装传感器示意图

滚筒扭矩测试通过销轴传感器将测试数据经过连接线缆发送到 DH5905Z – 4 无线应变采集模块，再经无线通信方式传输至数据采集终端，最终获得销轴受力。

图 15 – 16　销轴传感器实物图

系统连接说明：在摇臂靠近电机侧开窗口安装无线应变采集模块，并采用盖板进行密封处理，预留充电、数据下载接口，并保证防水、无线通信；将安装在惰轮轴上的销轴传感器通过导线接入无线应变采集模块；整个系统开始采集后，无线应变采集模块存储数据，并通过无线传输的方式，将数据传输至无线网关，并统一在采集终端接收信号，与其他被测量一起显示在显示屏上；事后可将无线应变采集模块中存储的数据导出，并进行分析。滚筒扭矩测试中所使用的销轴传感器实物如图 15 – 16 所示。

传感器主要性能：

精度：0.02% Fs 以上；

安全过载：150% Fs；

使用温度：–20 ~ 120 ℃；

零点温漂：<0.05% Fs/10 ℃；

灵敏度温漂：<0.03% Fs/10 ℃；

传感器受力：径向力；

传感器材料：40CrNiMo4；

引线长度：2 m；

出线方式：航插（弯头）轴向靠上出线（右侧），采用两个六芯电缆，两个六线制航插出线；

输出方式：四路输出，应变信号输出；

工作温度：不超过 120 ℃。

无线应变采集模块主要应用于有线传输信号距离远、受干扰严重、布线烦琐等实验现场动态应变测量，在实验过程中实验人员可以远离实验现场，保证了实验的高效安全。在摇臂靠近电机侧开窗口安装的无线应变采集模块为定制的无线应变采集模块，其安装示意图如图 5 – 17、图 5 – 18 所示。

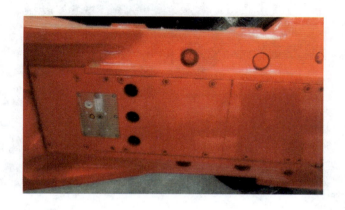

图 15 – 17　无线应变采集模块安装示意图（整体）

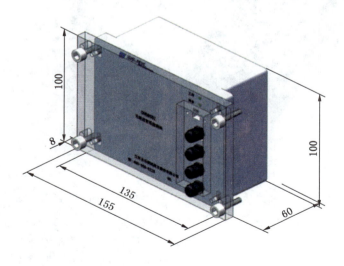

图 15 – 18　无线应变采集模块安装示意图（局部）

15.1.6　截齿三向力测试方案

现有截齿和滚筒如图 15 – 19 所示，改装后的截齿、齿座受力分析如图 15 – 20 所示。

1. 测试方案

图 15 – 19　截齿和滚筒

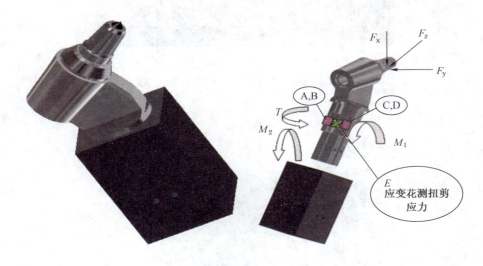

图 15 – 20　改装截齿和齿座受力分析

　　通过改装原截齿，并在滚筒截齿齿座安装应变片，应变片输出线接到无线数据采集模块上，通过无线通信方式将应变值传输到数据采集终端，在数据采集终端将事先标定好的系数与采集的应变量对应计算后，得出滚筒截齿三向力，再根据滚筒的转速、位置、高度等数据分析滚筒截齿与其对应关系，建立数据库模型，便于后续进行数据分析处理。

　　如图 15 – 21 所示，滚筒截齿测试位置在轴段Ⅰ上，轴段Ⅰ可以认为是弹性轴，轴段Ⅰ在扭矩作用下发生扭转，会产生一个转角。在轴段Ⅰ上沿轴线 45°或 135°方向将应变片粘贴上及在图示位置安装应变花，当轴段Ⅰ发生扭转时，应变片将产生应变量 ε 与扭矩 T 呈线性关系，测试前先对图 15 – 20 中 A、B、C、D 四个位置的应变片进行标定，这样就可以得到其扭力 F_z，然后通过类似的方法也可以得到另外两个方向上的力 F_x 和 F_y。

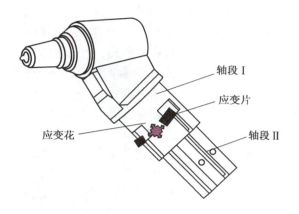

图 15 - 21　滚动截齿三向力测试示意图

2. 测试系统描述

在滚筒螺旋叶片端部开无线应变采集模块安装空间安装无线应变采集模块，如图 15 - 22 所示。

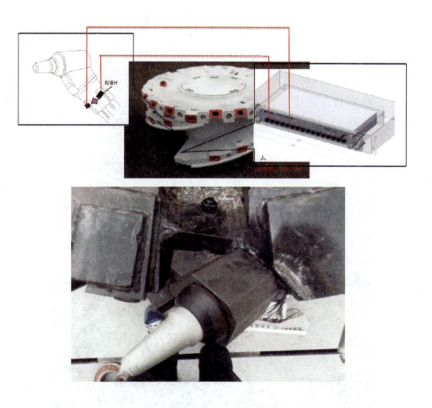

图 15 - 22　滚筒截齿三向力测试系统安装图

在滚筒螺旋叶片端部（尾部靠近摇臂侧）开无线应变采集模块安装空间，安装无线应变采集模块，位置：3 个；在截齿端安装焊接式应变计，并通过导线接入邻近的无线应变采集模块，导线的走线根据现场安装情况确定；整个系统开始采集后，无线应变采集模块存储数据，并通过无线传输的方式，将数据传输至无线网关，并统一在采集终端接收信号，与其他被测量一起显示在显示屏上；事后可将无线应变采集模块中存储的数据导出，并进行分析。

图 15 – 23　焊接式应变计实物图

滚筒截齿三向力测试所采用的焊接式应变计实物如图 15 – 23 所示。

焊接式应变计主要技术参数：

敏感栅材料：康铜；

基础体材料：不锈钢；

典型电阻值(Ω)：120；

电阻值公差：≤ ±0.1%；

典型灵敏系数：1.80 ~ 2.2；

灵敏系数分散：≤ ±2%；

使用温度范围：– 30 ~ + 60 ℃；

安装方式：点焊安装，现场安装；

防护方式：硅胶防护。

无线应变采集模块主要适用于有线传输信号距离远、受干扰严重、布线烦琐等实验现场动态应变测量，在实验过程中实验人员可以远离实验现场，保证了实验的高效安全。

在滚筒螺旋叶片端部（尾部靠近摇臂侧）开空间，安装定制的无线应变采集模块，实物图如图 15 – 24 所示。

图 15 – 24　无线应变采集模块实物图

无线应变采集模块主要参数：

通道数：16 通道/台；

天线：采用短天线，天线开孔处采用灌胶进行防水处理；

尺寸：300 mm×42 mm×140 mm；

防水防尘设计，接线处采用防水接头，充电接口采用防水橡胶塞。

无线应变采集模块的安装方式：

在滚筒螺旋叶片端部（尾部靠近摇臂侧）开无线应变采集模块安装空间，安装无线应变采集模块，空间尺寸为：305 mm×45 mm×150 mm。

位置：3 处；

安装模块数量每个位置 1 台（16 通道/台）。

由应变模块供应商根据开窗口尺寸设计并加工合适的盖板。

盖板留有充电和数据下载孔，保证防水、无线通信、数据读取。

滚筒上截齿传感器位置定位检测传感器安装如图 15－25 所示，采用在滚筒筒圈端部加装磁铁，在摇臂对应筒圈处安装霍尔传感器实现对滚筒的定位。

图 15－25　定位检测传感器安装图

15.1.7　导向滑靴受力测试

1. 导向滑靴销轴受力测试分析

采用销轴传感器替换导向滑靴销轴来测试链轮、齿轮和导向滑靴同时加给销轴的径向力和圆周力，将销轴传感器接入无线应变采集模块，进行数据采集、存储和显示，导向滑靴销轴如图 15－26 所示。

1）导向滑靴销轴受力测试

导向滑靴销轴受力测试如图 15－26 所示。

2）导向滑靴销轴内螺杆拉力测试

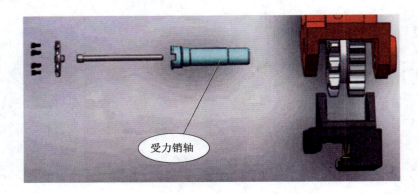

图 15 - 26　导向滑靴销轴

通过采用拉力传感器，来测试导向滑靴销轴内螺杆的拉力，并将信号接入无线应变采集模块，进行数据采集、存储和显示，导向滑靴销轴内螺杆如图 15 - 27 所示。

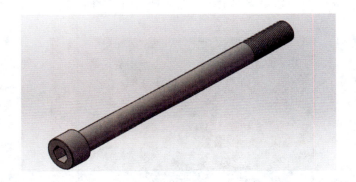

图 15 - 27　导向滑靴销轴内螺杆

3）耳板受力测试

将导向滑靴两端进行改进，在导向滑靴两个耳板的里外侧安装应变片，通过将应变桥路接入无线应变采集模块，对耳板的受力进行数据采集、存储和显示，导向滑靴耳板及焊接实物图如图 15 - 28 所示。

2. 测试系统配置

基于上述测试方案，导向滑靴测试系统配置见表 15 - 1。

表 15 - 1　导向滑靴测试系统配置

名　　称	数量	备　　注
销轴传感器	2	每个传感器 8 个桥路输出
焊接式应变计	16	采用焊接式应变计（2 个导向滑靴，每个 2 个耳板，每个耳板两侧，实际共 8 个 1/4 桥路输出）
拉力传感器	2	每个传感器 1 个桥路输出
无线应变采集模块	7	4 通道/台

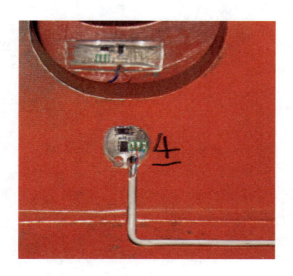

图 15 - 28　导向滑靴耳板及焊接实物图

3. 测试系统描述

导向滑靴拉力传感器、销轴传感器和焊接式应变计分别与采集仪器连接，采集仪器放置在预先设定的空腔内，如图 15 - 29 所示。

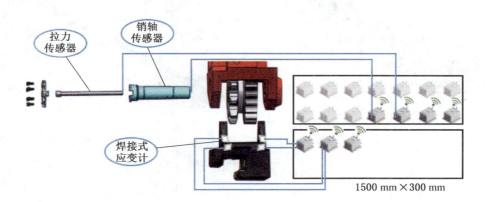

图 15 - 29　导向滑靴传感器安装示意图

系统连接说明：用磁力座将无线应变采集模块安装在采煤机机身的指定所开空间内；将安装在销孔内的销轴传感器通过导线接入无线应变采集模块；将焊接式应变计安装在两个耳板的里外侧，并将导线接入无线应变采集模块；将螺杆拉力传感器装入销轴内，并将导线接入无线应变采集模块；整个系统开始采集后，无线应变采集模块存储数据，并通过无线传输的方式，将数据传输至无线网关，并统一在采集终端接收信号，与其他被测量一起显示在显示屏上；事后可将 DH5905Z - 4 无线应变采集模块中存储的数据导出，并进行分析。

（1）导向滑靴销轴传感器实物如图 15 - 30 所示。

销轴传感器主要性能：

精度：0.02% Fs 以上；

安全过载：150% Fs；

使用温度：- 20 ~ 65 ℃；

零点温漂：< 0.05% Fs/10 ℃；

灵敏度温漂：< 0.03% Fs/10 ℃；

传感器输出：4 个结合面，测 8 个弯矩，共 8 路应变信号输出（4 个 x，4 个 y 方向的弯矩，测 8 个力）；

传感器出线方式：六线制航插轴向出线；

传感器材料：40CrNiMo4；

线缆长度：8 m；

数量：2 个；

安装方式及地点：张家口煤机厂安装（辽工大及传感器供应商派人到安装现场辅助安装）。

（2）导向滑靴螺杆拉力传感器实物如图 15 - 31 所示。

图 15 - 30　导向滑靴销轴　　　　　　图 15 - 31　导向滑靴螺杆拉力
　　　　传感器实物图　　　　　　　　　　　传感器实物图

拉力传感器主要性能：

精度：0.02% Fs 以上；

安全过载：150% Fs；

使用温度：- 20 ~ 65 ℃；

零点温漂：< 0.05% Fs/10 ℃；

灵敏度温漂：< 0.03% Fs/10 ℃；

输出方式：单路输出，应变信号输出；

传感器出线方式：六线制航插（弯头）出线；

线缆长度：8 m；

数量：2 个。

待安装的导向滑靴焊接式应变计实物如图 15 – 32 所示。

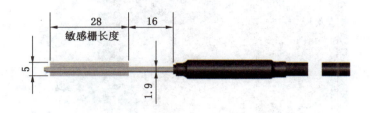

图 15 – 32 导向滑靴焊接式应变计实物图

焊接式应变计主要技术参数：

电阻值：120 Ω；

灵敏系数：2.00 ~ 2.20；

灵敏系数分散：≤ ±1%；

使用温度：– 30 ~ 80 ℃；

安装方式：点焊安装；

导线长度：6 m。

15.1.8 平滑靴力学测试

平滑靴采用销轴传感器测试径向力，西煤机提供销轴尺寸给辽工大，辽工大对其进行改造并委托厂家制造（外形尺寸与原有尺寸一致）作为测试元件，销轴传感器引线从销轴煤壁侧引出，无线发射盒安装在机身上面，销轴至发射盒间所有引线带有金属保护套，在采煤机机身上固定，安装线路现场确定。平滑靴销轴如图 15 – 33 所示。

图 15 – 33 平滑靴销轴

1. 测试方案

平滑靴与平滑靴销轴如图 15 – 34 所示。平滑靴力学性能测试主要是通过销轴传感器测试径向力，通过采用销轴传感器替换原来的销轴，并将销轴传感器接入无线应变采集模块，进行数据采集、存储和显示。

2. 测试系统配置

基于上述测试方案，平滑靴测试系统配置见表 15 – 2。

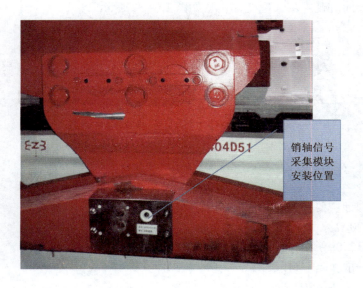

图 15 - 34　平滑靴与平滑靴销轴

表 15 - 2　平 滑 靴 测 试 系 统 配 置

名　称	数　量	备　注
销轴传感器	2（双侧）	每个销轴传感器 2 路全桥输出
无线应变采集模块	2	2 通道/台，每个位置 1 台，共两个位置

3. 测试系统描述

平滑靴测试需在内部加装增板，增板开空间安装无线应变采集模块，如图 15 - 35 所示。

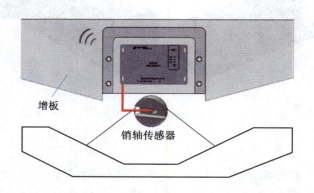

图 15 - 35　平滑靴采集模块安装示意图

系统连接说明：平滑靴销轴测试无线应变节点的安装，在平滑靴加装增板，增板开空间安装无线应变采集模块，位置：2个；将安装在平滑靴轴孔的销轴传感器通过导线接入 DH5905Z-2 无线应变采集模块；整个系统开始采集后，DH5905Z-2 无线应变采集模块存储数据，并通过无线传输的方式，将数据传输至无线网关，并统一在采集终端接收信号，与其他被测量一起显示在显示屏上；事后可将 DH5905Z-2 无线应变采集模块中存储的数据导出，并进行分析。

（1）平滑靴销轴传感器实物图如图 15-36 所示。

销轴传感器主要参数：

精度：0.02% Fs 以上；

安全过载：150% Fs；

使用温度：-20~65 ℃；

零点温漂：<0.05% Fs/10 ℃；

灵敏度温漂：<0.03% Fs/10 ℃；

传感器材料：40CrNiMo4；

测力方向：两个方向（水平方向，垂直方向）；

图 15-36 平滑靴销轴传感器实物图

数量：2个；

输出方式：2路输出，应变信号输出；

传感器出线方式：六芯航插轴向出线，单个传感器采用六芯电缆。

（2）无线应变采集模块主要应用于有线传输信号距离远、受干扰严重、布线烦琐等实验现场动态应变测量，在实验过程中实验人员可以远离实验现场，保证了实验的高效安全。

无线应变采集模块参数：

通道数：2通道/台；

天线：采用内置天线；

尺寸：130 mm×36 mm×80 mm；

防水防尘设计：接线处采用防水接头，充电接口采用防水橡胶塞；

无线应变采集模块的安装与防护方式：平滑靴销轴测试无线应变节点的安装，在平滑靴加装增板，增板开空间安装无线应变采集模块，空间尺寸：160 mm×60 mm×114 mm；

位置：2处；

安装模块数量每个位置1台。

由应变模块厂家加工合适的盖板，如图 15-37、图 5-38 所示，并且留有充电和数据下载孔，保证防水、无线通信、数据读取。

15.1.9 采煤机电参量

1. 测试方案

电参模块直接读取采煤机牵引电机、截割电机的电压、电流、功率等信号，采用无线通信网关直接与电参模块连接，然后通过有线通信的方式传输到数据采集终端。

2. 测试系统配置

基于上述测试方案，采煤机电参量测试系统配置见表 15-3。

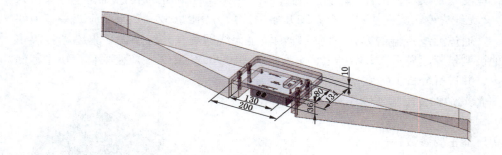

图 15 - 37　平滑靴无线应变采集模块安装示意图（整体）

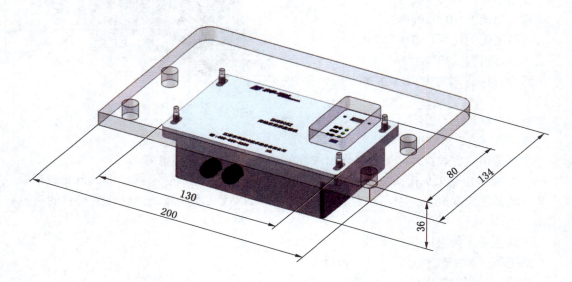

图 15 - 38　平滑靴无线应变采集模块安装示意图（局部）

表 15 - 3　采煤机电参量测试系统配置

名　称	数　量	备　注
无线通信网关	2	牵引电机、截割电机各配一个

3. 测试系统描述

如图 15 - 39 所示，牵引电机和截割电机各有一个电参模块，通过分别配置的无线通信网关，将测试数据传输至计算机。

在牵引电机和截割电机处，将电机的电参量信号接入电参模块；将电参模块接入无线网关，由无线网关的 RS485 数字量接口直接接收电参模块输出的数字信号；整个系统开始采集后，无线网关将电参量信号进行数据存储，并将数据传输至采集终端，与其他被测量一起显示在显示屏上；事后还可将无线网关中存储的数据导出，并进行分析。

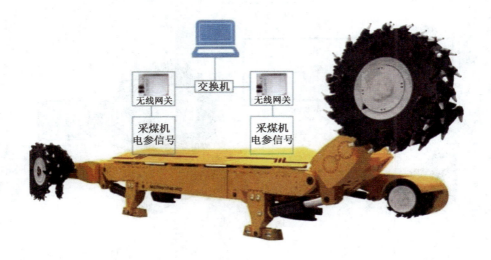

图 15 – 39　采煤机电参量测试安装示意图

采煤机电参量测试需要配置的无线网关示意图如图 15 – 40 所示。

无线网关主要功能：无线网关配置有 922；无线网关可作为各测试点的接收终端，也具备 RS485、CAN 总线接口，MODBUS 协议接口；无线网关可直接用于各种数字信号、CAN 总线信号、MODBUS 协议信号的接收。

图 15 – 40　采煤机电参量无线网关示意图

15.1.10　举升油缸压力测试

1. 测试方案

油缸压力测量采用压力变送器，压力变送器与无线电压采集模块连接，然后通过无线通信的方式传输到数据采集终端。

2. 测试系统配置

基于上述测试方案，油缸压力测试系统配置见表 15 – 4。

表 15 – 4　油缸压力测试系统配置

名　称	型　号	数　量	备　注
压力变送器	BYD60	4	每个油缸 2 个，共 4 个
无线电压采集模块	DH5905Z – V	3	4 通道/台，备用 2 台

3. 测试系统描述

油缸压力测试经压力变送器接入无线电压采集模块，并通过无线传输的方式将数据传至计算机，如图 15 – 41 所示。

压力变送器的供电由采煤机的电控箱给出 24 V 电源；将压力变送器安装在液压油缸处，并通过导线接入无线电压采集模块，导线的走线根据现场安装情况确定，无线电压采集模块安装在采煤机指定所开安装空间内；整个系统开始采集后，无线电压采集模块存储

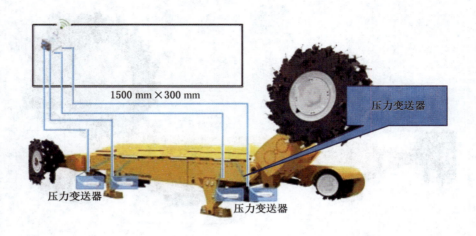

图 15 – 41　油缸压力测试安装示意图

数据，并通过无线传输的方式，将数据传输至无线网关，并统一在采集终端接收信号，与其他被测量一起显示在显示屏上；事后可将无线电压采集模块中存储的数据导出，并进行分析。

图 15 – 42　压力变送器实物图

（1）压力变送器如图 15 – 42 所示。

压力变送器主要参数：

传感器连接尺寸：M20 × 1.5；

变送输出：0 ~ 5 V；

工作电压：24VDC；

工作温度（油温）：– 40 ~ 85 ℃；

导线长度：4 根，每根 7 m；

量程范围：0 ~ 40 MPa；

数量：4 个；

压力变送器的供电方式：线缆引至采煤机电控箱，经电控箱供电（24 V）后，输出信号线引至采煤机机身上无线发射盒。

（2）无线电压采集模块主要应用于有线传输信号距离远、受干扰严重、布线烦琐等实验现场模拟输出电压量信号的测量，在实验过程中实验人员可以远离实验现场，保证了实验的高效安全。

无线电压采集模块主要参数：

通道：4 通道/台；

尺寸：100 mm × 102 mm × 72. 5 mm；

防水防尘设计：接线处采用防水接头，充电接口采用防水橡胶塞；

无线电压采集模块安装方式：采用磁力座安装在机身指定的所开空间内，空间尺寸为 1500 mm × 300 mm。

15. 1. 11　采煤机 CAN 参数

1. 测试方案

采用无线通信网关与西安煤机厂－采煤机 CANOPEN 总线数据接口通过有线的方式进行连接，然后通过有线通信的方式传输到数据采集终端。

2. 测试系统配置

基于上述测试方案，采煤机 CAN 参数测试系统配置见表 15－5。

表 15－5 采煤机 CAN 参数测试系统配置

名　　称	数　　量	备　　注
无线通信网关	1	采煤机 CAN 参数采集

3. 测试系统描述

如图 15－43 所示，采煤机 CANOPEN 总线数据接口通过有线的方式进行连接，然后通过无线网关将测试数据传输至计算机。

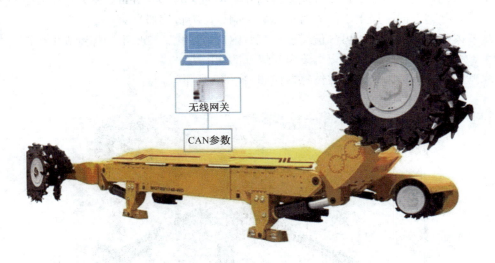

图 15－43 采煤机 CAN 参数测试安装示意图

将变频电机转速、滚筒转速、工作面倾角等 CAN 参数信号接入无线通信网关的 CAN 接口；由无线网关的 CAN 接口直接接收 CAN 参数；整个系统开始采集后，无线网关将 CAN 参数进行数据存储，并将数据传输至采集终端，与其他被测量一起显示在显示屏上；事后还可将无线网关中存储的数据导出，并进行分析。

采煤机电参量测试需要配置的无线通信网关示意图如图 15－44 所示。

每个无线网关具有同时连接最多 32 个测试点的能力；无线网关既可作为各测试点的接收终端，也具备 RS485、CAN 总线接口，MODBUS 协议接口，可直接用于各种数字信号、

图 15－44 采煤机 CAN 参数无线通信 网关示意图

CAN 总线信号、MODBUS 协议信号的接收。

15.1.12　模拟煤壁验证

煤壁材料配比、力学性能分析与模拟、浇注过程控制。

煤壁材料主要以煤炭为主，采用两种硬度进行浇筑，其中 35 m 硬度为 F3，另外 35 m 硬度为 F4。

1. 顶板压力模拟系统设计、控制方式、煤壁内压测量

采用预理压力块的方式进行内压力测量，采煤机工作面和刨煤机工作面分别预布置 28 个点，传感器是 150 mm × 150 mm × 150 mm 的三向测力传感器，布置图如图 15 – 45 所示，考虑煤壁浇筑时每 300 mm 浇筑一层，高度方向上采煤机工作面分别在 0.9 m、2.1 m 水平面上布置，采煤机工作面分别在 0.6 m、1.2 m 水平面上布置，具体布置形式如图 15 – 46 所示（整个采煤机试验煤层长度×宽度×高度＝70 m×4 m×3 m，充分考虑采煤机滚筒直径在 1.8 m 以上，截割在 0.8 m，单一截割在同一层上不能同时破坏两个测试压力块；而刨煤机实验煤层长度×宽度×高度＝70 m×2 m×1.5 m，充分考虑刨煤机刨削深度，单一截割在同一层上不能同时破坏两个测试压力传感器）。

煤壁内应力测试目的：可测量煤壁浇筑后内应力变化，测量不同煤壁硬度内应力的对应关系，在截割过程中测量采煤机滚筒对煤壁的冲击力。

煤壁内压力测量采用三向力传感器如图 15 – 45 所示。

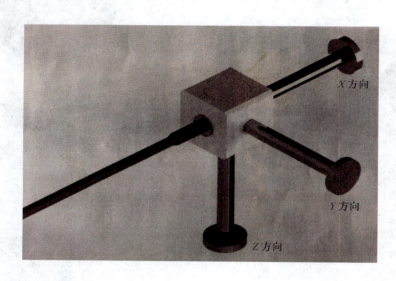

X 方向
Y 方向
Z 方向

图 15 – 45　煤壁内压力测量采用三向力传感器

2. 煤壁中测试传感器设计与标定

刨煤机工作面第一层传感器布置见表 15 – 6。

采用预理压力块的方式进行内压力测量，预布置 32 个点，压力块是边长为 150 mm 的立方体，在长度方向上布置在中心 30 m 上，高度方向上分别在 1 m、2 m 水平面上布置，在截深方向上布置在 0.5 m、1.5 m、2.5 m、3.5 m 垂直面上。具体布置形式见设计图（图 15 – 46）。（整个试验煤层长度×宽度×高度＝7000 mm×400 mm×300 mm。充分考虑采煤机滚筒直径在 1.8 m 以上，截割在 0.8 m，单一截割不能同时破坏两个测试压力块；而刨煤机截深较浅，建议考虑截深情况下在刨煤机工作面侧增加 8 到 16 个压力测试块）采煤机工作面第二层传感器布置见表 15 – 7。

表 15 – 6　刨煤机工作面第一层传感器布置

刨煤机工作面第一层传感器布置（$m \times n \times a$　m：层，n：列，a：个）			
$1 \times 1 \times 1$（9518—028）	$1 \times 2 \times 1$（9591—052）	$1 \times 3 \times 1$（8180—058）	$1 \times 4 \times 1$（8898—031）
$1 \times 1 \times 2$（9570—056）	$1 \times 2 \times 2$（9515—007）	$1 \times 3 \times 2$（8694—008）	$1 \times 4 \times 2$（8153—036）
$1 \times 1 \times 3$（8166—057）	$1 \times 2 \times 3$（9094—019）	$1 \times 3 \times 3$（8175—027）	$1 \times 4 \times 3$（9572—024）
$1 \times 1 \times 4$（8911—034）			$1 \times 4 \times 4$（9555—032）

表 15 – 7　采煤机工作面第二层传感器布置

采煤机工作面第二层传感器布置（$m \times n \times a$　m：层，n：列，a：个）			
$2 \times 1 \times 1$（10375—053）	$2 \times 2 \times 1$（10378—015）	$2 \times 3 \times 1$（10397—059）	$2 \times 4 \times 1$（8166—004）
$2 \times 1 \times 2$（10384—023）	$2 \times 2 \times 2$（10377—016）	$2 \times 3 \times 2$（10399—021）	$2 \times 4 \times 2$（10392—011）
$2 \times 1 \times 3$（10385—046）	$2 \times 2 \times 3$（10288—005）	$2 \times 3 \times 3$（10395—033）	$2 \times 4 \times 3$（10389—029）
$2 \times 1 \times 4$（10380—009）			$2 \times 4 \times 4$（9570—038）

备注：1. 层高说明，0.9 m 高布置第一层传感器，2.1 m 高布置第二层传感器。

　　　2. 传感器布置误差为 200 mm。

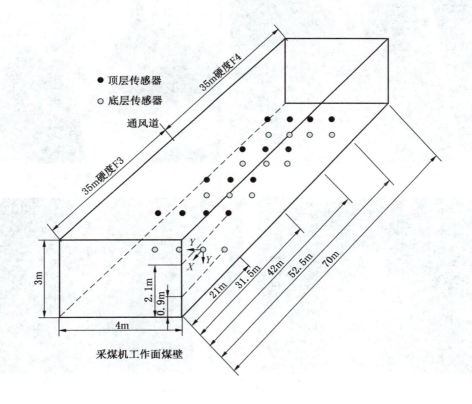

采煤机工作面煤壁

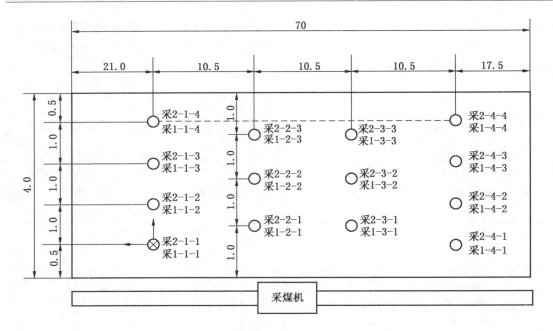

图 15 – 46　采煤机工作面传感器布置形式设计图

煤壁浇筑及传感器安装的过程如图 15 – 47 所示。

(a) 煤壁浇筑　　　　　　　　　　　(b) 煤壁传感器测试

(c) 煤壁传感器安装

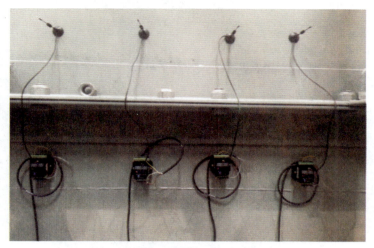

(d) 煤壁传感器初始数据采集

图 15 –47 煤壁浇筑及传感器安装

15.2 采煤机系统力学特性测试与数据分析

15.2.1 液压拉杠力学性能测试分析

液压拉杠受力曲线如图 15 –48 所示。

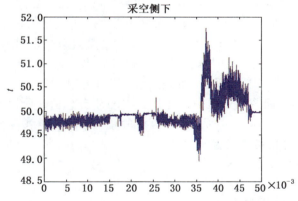

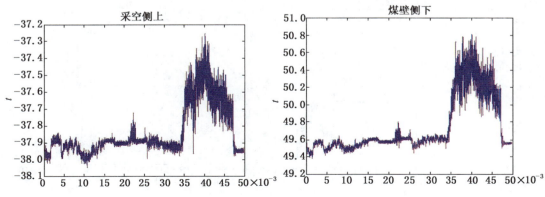

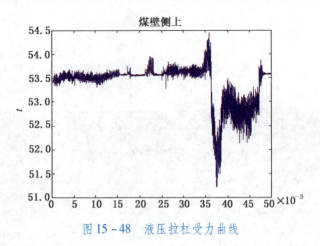

图 15 - 48   液压拉杠受力曲线

实验中采煤机在安装行走部与机身时，四个液压拉杠的初始预紧力均为 50 t，当安装完两侧摇臂、滚筒后，受摇臂、滚筒重量的影响，拉杠的拉力发生改变，由图 15 - 47 可知：在起始阶段，采煤机为停机状态，四个液压拉杠的受力分别为 49.8、37.9、49.5、53.4 t，煤壁侧上方拉杠受力最大，采空侧下方拉杠受力最小，这是因为在摇臂和滚筒的重力所产生的弯矩的作用下，机身上方液压拉杠受拉作用，拉杠伸长载荷增大；机身下方液压拉杠受压作用，拉杠缩回载荷减小。当采煤机启动，开始行走时，受刮板输送机中部槽波动不平的影响，机身、摇臂产生一定的振动，从而引起四个液压拉杠的载荷发生变化，其变化范围均控制在 0.4 t 范围内，说明采煤机行走过程中的振动对液压拉杠的动载荷影响相对较弱；当采煤机进入斜切工况时，四个拉杠受力发生较大的变化，其中，机身下方的两个拉杠受力变大，而机身上侧的两个拉杠受力减小，当采煤机完成斜切时，滚筒的截深不再发生较大变化，这时采空侧下侧拉杠受力均值为 50.2734 t，采空侧上侧拉杠受力均值为 -37.6678 t、煤壁侧下侧拉杠受力均值为 50.1287 t、煤壁侧上侧拉杠受力均值为 52.9741 t，因滚筒截割过程中，受到较大的冲击载荷，所以液压拉杠的载荷也随之产生较大的变化，如图 15 - 48 所示，采煤机静止状态相比，载荷波动幅值最大约为 3 t。

15.2.2   摇臂关键截面应力应变测试分析

摇臂应变测量如图 15 - 49 所示。

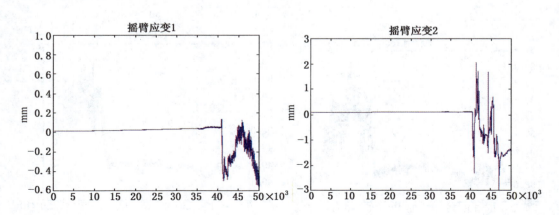

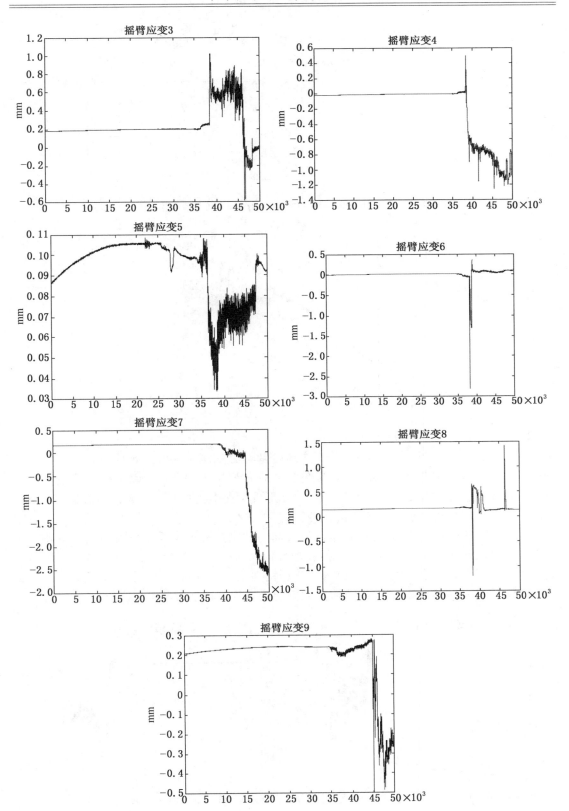

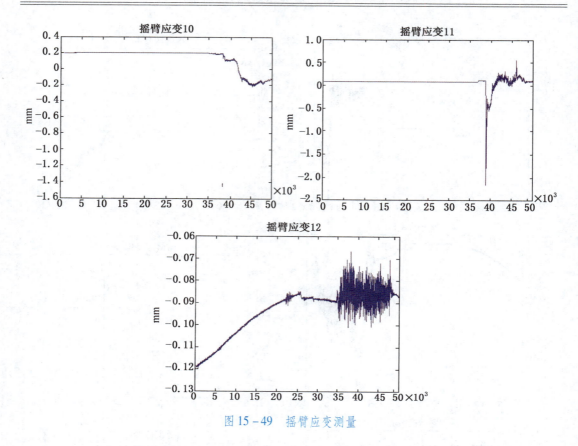

图 15 – 49　摇臂应变测量

实验中，在摇臂两侧分别粘贴了 12 个应变片，分别测量摇臂上不同位置、不同方向的应变情况，其中摇臂在临近销轴侧的变形量最大约为 2.71 mm，说明在滚筒载荷作用下，摇臂承受较大的弯矩作用；摇臂的最小变形发生在电机耳蜗处，大小约为 0.05 mm。

15. 2. 3　摇臂与机身连接销轴受力测试分析

如图 15 – 50 所示，当采煤机行走，但滚筒为截割过程中，受采煤机振动的影响，摇臂上各销轴的受力发生一定的波动，但波动幅值相对较小，为超过 0.5 t；当采煤机进入斜切工况时，各销轴受力发生了急剧的变化，特别是在 Y 方向上，销轴 1 的受力大小达到了 102 t；与 Y 方向受力相比，各销轴在 Z 方向受力相对较小，最大值控制在 20 t 以内。

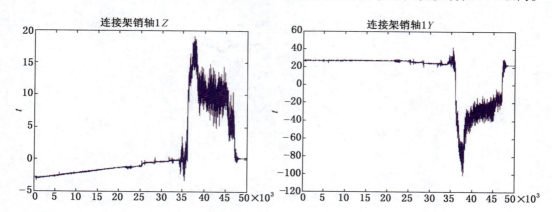

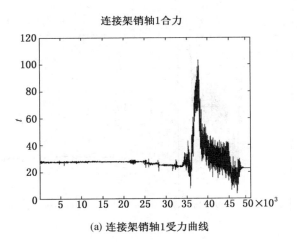

(a) 连接架销轴1受力曲线

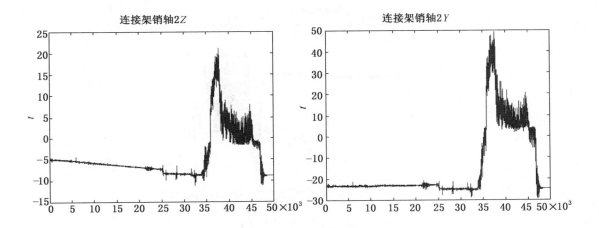

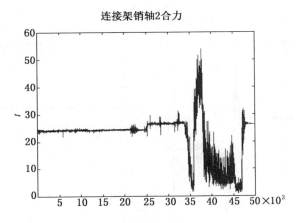

(b) 连接架销轴2受力曲线

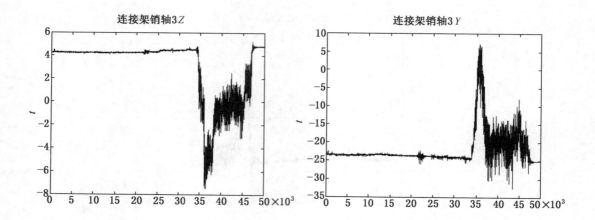

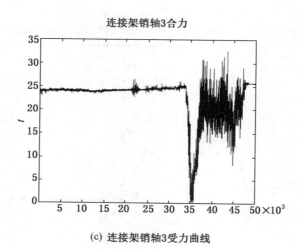

(c) 连接架销轴3受力曲线

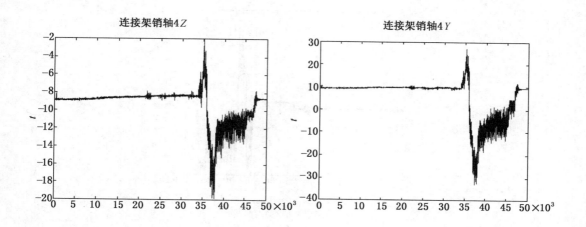

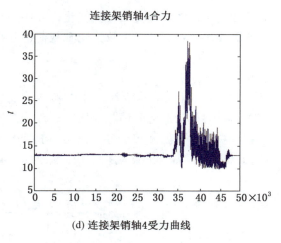

(d) 连接架销轴4受力曲线

图 15 - 50　连接架销轴受力测试结果

15. 2. 4　滚筒扭矩测试结果分析

采煤机滚筒截割工作中，滚筒承受截割煤岩产生的负载扭矩，该负载由齿轮传动系统传递给电机，齿轮在传动扭矩过程中，会将扭矩以力的形式作用在惰轮轴上，所以惰轮轴的受力规律能够等效为滚筒扭矩变化特性。

如图 15 - 51 所示，随着采煤机滚筒的启动，惰轮轴在 Y、Z 两个方向的受力逐渐增

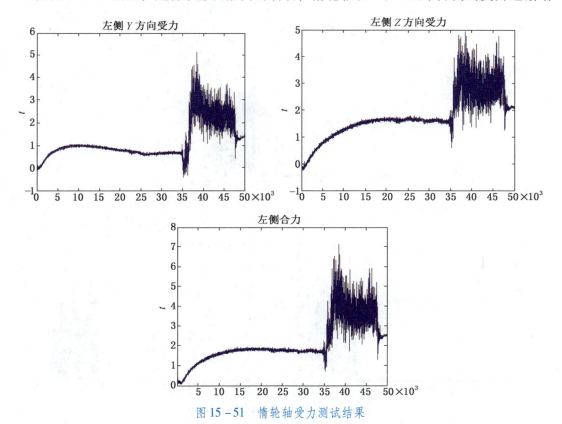

图 15 - 51　惰轮轴受力测试结果

加，当采煤机开始进行斜切截割时，惰轮轴受力发生变化，并伴随有较大的波动，当滚筒完全进入正常截割时，因滚筒载荷存在着冲击，故惰轮轴载荷也存在着冲击，最大波动幅值约为 2.5 t。

15.2.5 截齿载荷三向力测试结果分析

如图 15 – 52 知：当采煤机启动时，虽然滚筒并未截割煤岩，但受截齿惯性的影响，截齿三向力传感器仍然获取到了力载荷，但数值相对较小；当滚筒进入截割工况时，截齿三向力急剧增加，其中截齿 1 – 1（端盘截齿）的三向力均值分别约为 0.14 t、0.06 t、0.42 t，三个力的合力达到了 0.52 t，截齿的截割扭矩均值约为 0.18 t·m。

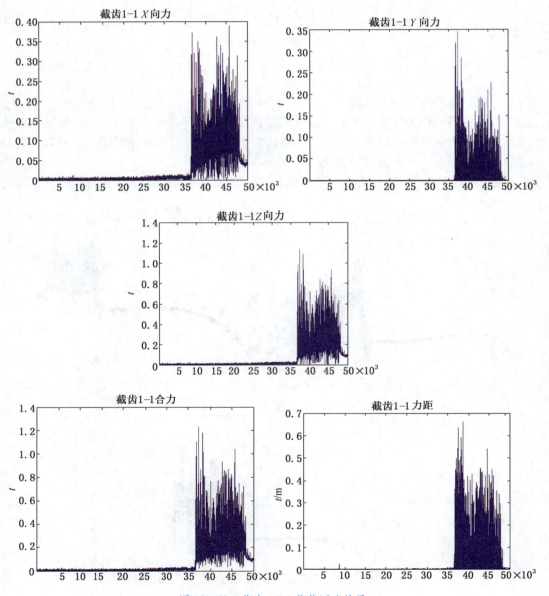

图 15 – 52　截齿 1 – 1 载荷测试结果

图 15 - 53 所示为截齿 1 - 2（靠近端盘处的螺旋线上的截齿）的测试结果，其三向力变化趋势与截齿 1 - 1 相同，但其值却与端盘截齿相差较大，三向力均值约为 0.16、0.09、0.85 t，合力均值达到了 0.84 t，截齿的截割扭矩均值约为 0.21 t·m。

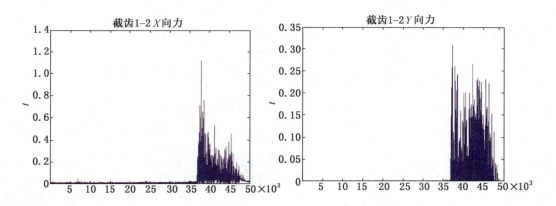

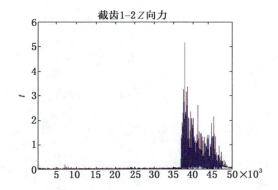

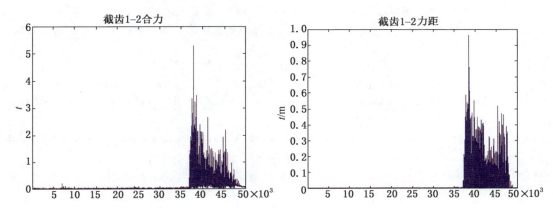

图 15 - 53　截齿 1 - 2 载荷测试结果

参 考 文 献

[1] Zadeh L A. Fuzzy sets [J]. Information & Control, 1965, 8 (3): 338 – 353.

[2] 王柏生. 模糊数学应用中几个问题的探讨 [J]. 浙江大学学报（自然科学版）, 1995, (6): 674 – 679.

[3] Duhnn J C, Some recent investigation of a new fuzzy partitioning algorithm and its application to pattern classification problems [J]. Gybernet, 1974, 4, 310 – 313.

[4] Hsuan – Shilh Lee. An optimal algorithm for computing the max – min transitive closure of a fuzzy similaritymatrix [J]. FSS, 2001, 123, 129 – 136.

[5] 庞珊, 赖媛媛. 平面机构中过约束问题探讨 [J]. 内江科技, 2011, 8: 38.

[6] 姜峣, 李铁民, 王立平. 过约束并联机构动力学建模方法 [J]. 机械工程学报, 2013, (17): 123 – 129.

[7] 李萍, 刘春生, 李晓豁. 采煤机调高机构的动力学分析 [J]. 黑龙江矿业学院学报, 2000, 10 (4): 18 – 20.

[8] 李晓豁, 刘春生, 李萍. 滚筒采煤机的动力学模型 [J]. 黑龙江矿业学院学报, 2000, 10 (2): 1 – 4.

[9] 廉自生, 刘楷安. 采煤机摇臂虚拟样机及其动力学分析 [J]. 煤炭学报, 2005, 30 (6): 801 – 804.

[10] 纪玉祥. 基于虚拟样机技术的采煤机动力学仿真 [D]. 太原: 太原理工大学, 2005.

[11] 李铁军. 采煤机牵引部传动系统动态特性研究 [D]. 太原: 太原理工大学, 2005.

[12] 焦丽, 李晓豁, 姚继权. 双滚筒采煤机动力学分析及力学模型建立 [J]. 辽宁工程技术大学学报, 2007, 26 (4): 602 – 603.

[13] 王振乾. 滚筒式采煤机行走机构运动学分析及强度研究 [D]. 上海: 煤炭科学研究总院上海分院, 2007.

[14] 赵丽娟, 屈岳雷, 谢波. 薄煤层采煤机摇臂壳体的瞬态动力学分析 [J]. 现代制造技术与装备, 2008, (6): 58 – 61.

[15] 王峥荣. 采煤机截齿截割过程的动力学仿真 [D]. 太原: 太原理工大学, 2009.

[16] 刘楷安, 李秋菊, 姜学寿. 基于刚柔耦合的采煤机摇臂动态特性仿真研究 [J]. 煤矿机械, 2010. 31 (11): 47 – 49.

[17] 田震. 薄煤层采煤机振动特性研究 [D]. 阜新: 辽宁工程技术大学, 2012.

[18] 贾天舒. 采煤机四行走轮无链牵引机构的研究 [D]. 西安: 西安科技大学, 2013.

[19] Evans I. Line spacing of picks for effective cutting [J]. International Journal of Rock Mechanics and Mining Science, 1972, 9: 355 – 361.

[20] Hurt K G, Mac Andrew K M. Cutting efficiency and life of rock – cutting picks [J]. Mining Science & Technology, 1985, 2 (2): 139 – 151.

[21] Hou – Lun Warren Shen. Acoustic emission potential formonitoring cutting and breakage characteristics of coal [D]. USA: Pennsylvania State University, 1996.

[22] Muro T, Takegaki Y, Yoshikawa K. Impact cutting property of rockmaterial using a point attack bit [J]. Journal of Terramechanics, 1997, 34 (2): 83 – 108.

[23] Achanti V B, Khair A W. Cutting efficiency through optimized bit configuration – an experimental study using a simulated continuousminer [J]. Mineral Resources Engineering, 2001, 4: 427 – 434.

[24] John P Loui, Rao Karanam U M. Heat transfer simulation in drag – pick cutting of rocks [J]. Tunnelling and Underground Space Technology, 2005, 20: 263 – 270.

[25] Tiryaki B, Cagatay Dikmen A. Effects of rock properties on specific cutting energy in linear cutting of sandstones by picks [J]. Rock Mechanics and Rock Engineering, 2006, 39 (2): 89 – 120.

[26] Balci C, Bilgin N. Correlative study of linear small and full – scale rock cutting tests to selectmechanized excavationmachines [J]. International Journal of Rock Mechanics & Mining Sciences. 2007, 44: 468 – 476.

[27] Gunes Yilmaz N, Yurdakul M, Goktan R M. Prediction of radial bit cutting force in high – strength rocks usingmultiple linear regression analysis [J]. International Journal of Rock Mechanics & Mining Sciences. 2007, 44: 962 – 970.

[28] Brijes Mishra. Analysis of cutting parameters and heat generation on bits of a continuousminer – using numerical and experimental approach [D]. USA: College of Engineering and Mineral Resources at West Virginia University, 2007.

[29] 陈渠, 高天林. 楔形截齿最佳截槽间距的研究 [J]. 重庆大学学报, 1989, 12 (4): 100 – 105.

[30] 刘本立, 江涛. 铣削式扁截齿运动学分析 [J]. 淮南矿业学院学报, 1990, 10 (1): 80 – 86.

[31] 李晓豁. 镐型截齿的截割试验研究 [J]. 辽宁工程技术大学学报, 1999, 18 (6): 649 – 652.

[32] 王春华, 李贵轩, 姚宝恒. 刀型截齿截割煤岩的实验研究 [J]. 辽宁工程技术大学学报, 2001, 20 (4): 487 – 488.

[33] 姚宝恒, 李贵轩, 丁飞. 镐型截齿破煤截割力的计算及影响因素分析 [J]. 煤炭科学技术, 2002, 30 (3): 35 – 37.

[34] 刘春生. 采煤机镐型截齿安装角的研究 [J]. 辽宁工程技术大学学报, 2002, 21 (5): 661 – 663.

[35] 刘春生. 采煤机截齿截割阻力曲线分形特征研究 [J]. 煤炭学报, 2004, 29 (1): 115 – 118.

[36] 宁仲良, 朱华双. 镐型截齿应力分布规律研究 [J]. 西安科技学院学报, 2003, 23 (3): 325 – 327.

[37] 姬国强, 廉自生, 卢绰. 基于 LS – DYNA 的镐型截齿截割力模拟 [J]. 科学之友, 2008, 4: 131 – 132.

[38] 樊淑趁. 基于模式识别的煤岩分界辨识方法研究 [J]. 煤矿机械, 1993, 6: 9 – 12.

[39] 廉自生. 基于采煤机截割力响应的煤岩界面识别技术研究 [D]. 北京: 中国矿业大学, 1995.

[40] 秦剑秋, 郑建荣, 朱旬. 自然 γ 射线煤岩界面识别传感器的理论建模及实验验证 [J]. 煤炭学报, 1996, 21 (5): 513 – 516.

[41] Ren Fang, Yang Zaojian, Xiong Shibo. Application of wavelet packet decomposition and its energy spectrum on the coal – rock interface identification [J]. Journal of Coal Science & Engineering (China), 1997, 1: 113 – 117.

[42] 梁义维, 熊诗波. 基于神经网络和 Dempster – Shafter 信息融合的煤岩界面预测 [J]. 煤炭学报, 2003, 28 (1): 86 – 90.

[43] Tian Muqin, Xiong Shibo. Previewing control systems of automatic heights adjustment for coal excavator based onmemory cutting [C]. Proceedings of the International Conference on Active Media Technology, 2003, 1: 396 – 401.

[44] 刘春生, 杨秋, 李春华. 采煤机滚筒记忆程控截割的模糊控制系统仿真 [J]. 煤炭学报, 2008, 33 (7): 822 – 825.

[45] 张伟. 基于采煤机 DSP 主控平台的自动调高预测控制 [D]. 上海: 上海交通大学, 2007.

[46] 王冬. 采煤机记忆调高试验模型控制系统研究 [D]. 西安: 西安科技大学, 2009.

[47] 张丽丽, 谭超, 王忠宾. 基于微粒群算法的采煤机记忆截割路径优化 [J]. 煤炭科学技术, 2011, 38 (4): 69 – 71.

[48] 徐志鹏, 王忠宾. 基于粒子滤波的采煤机截割负载特性分析 [J]. 煤炭学报, 2011, 36 (4):

696 – 700.

[49] 樊启高，李威，王禹桥，等．一种采用灰色马尔科夫组合模型的采煤机记忆截割算法［J］．中南大学学报（自然科学版），2011，10（42）：2913 – 2918.

[50] 杨丽伟．滚筒式采煤机整机力学模型理论和分析方法的研究［D］．北京：煤炭科学研究总院，2006.

[51] 尹钊，贾尚晖．Moore. Penrose 广义逆矩阵与线性方程组的解［J］．数学的实践与认识，2009（9）：239 – 244.

[52] 李宏年．不相容线性方程组的最小二乘解［J］．青海大学学报：自然科学版，2002，20（1）：49 – 50.

[53] 潮兰萍．不相容矩阵方程 $AX = B$ 的最小二乘解［J］．华东冶金学院学报，2000，（2）：173 – 175.

[54] 魏木生．广义最小二乘问题的理论和计算［M］．北京：科学出版社，2006.

[55] 程云鹏，张凯院，徐仲．矩阵论［M］．西安：西北工业大学出版社，2006.

[56] 范迎明，林大钧，楚文斌，等．基于 AutoCAD 用索多边形法图解静力学问题［J］．东华大学学报（自然科学版），2013，（4）：495 – 499.

[57] 韩继业，修乃华，戚厚铎．非线性互补理论与算法［M］．上海：上海科技出版社，2006.

[58] 黄正海．一个求解水平线性互补问题的高阶可行内点算法的多项式复杂性［J］．系统科学与数学，2000，（4）：432 – 438.

[59] 房亮．半定规划问题的若干算法研究［D］．青岛：山东科技大学，2004.

[60] 王栩晨．大规模凸规划问题的预测校正算法［D］．上海：复旦大学，2014.

[61] 屈彪．非线性最优化问题中若干重要算法的理论研究［D］．大连：大连理工大学，2002.

[62] 黄正，陈凡，刘海涛，等．大电网充裕度评估的蒙特卡洛方法实现及比较［J］．南京工程学院学报（自然科学版），2015，（1）：58 – 64.

[63] 雍龙泉．绝对值函数的一致光滑逼近函数［J］．数学的实践与认识，2015，（20）：250 – 255.

[64] 陈为雄．一个全局收敛的近似牛顿法［J］．工程数学学报，1984，（1）：146 – 150.

[65] 杨健健，符世琛，姜海，等．基于模糊判据的煤岩性状截割硬度识别［J］．煤炭学报，2015，40（S4）：540 – 545.

[66] 刘俊利，赵豪杰，李长有．基于采煤机滚筒截割振动特性的煤岩识别方法［J］．煤炭科学技术，2013，41（10）：93 – 95.

[67] 杨健健，姜海，吉晓东，等．基于小波包特征提取的煤岩硬度振动识别方法［J］．煤炭科学技术，2015，43（12）：114 – 117，179.

[68] 周娟利．采煤机截割部动力学仿真［D］．西安：西安科技大学，2009.

[69] 屈中华．滚筒采煤机螺旋滚筒的参数优化设计研究［D］．沈阳：东北大学，2008.

[70] 李贵轩，李晓豁．采煤机械设计［M］．沈阳：辽宁大学出版社，1994：123 – 129.

[71] 蔡承文，陈春澄．关于结构动力学中 $\beta = 1/2$ 的 Newmark 法的精度阶［J］．浙江大学学报，1992，3：118 – 124.

[72] 王宇楠，邢誉峰．变质量梁的自适应 Newmark 法［J］．北京航空航天大学学报，2014，40（6）：829 – 834.

[73] 邢誉峰，李敏．计算固体力学原理与方法［M］．北京：北京航空航天大学出版社，2011：51 – 59，218 – 223.

[74] 方秦，陈志龙．显式 Newmark 法求解波动问题精度的探讨［J］．岩土工程学报，1993，15（1）：10 – 16.

[75] 孟金锁．高档普采采煤机进刀方式研究［J］．煤炭科学技术．1992，（11）：31 – 35.

[76] 王春红，马海涛．滚筒式采煤机斜切问题探讨［J］．煤矿机械．2013，34（11）：87 – 88.

[77] 王永建. 采煤进刀方式对缩短循环时间的影响分析 [J]. 煤炭工程. 2007，(7)：63 – 65.

[78] 李晓豁，沙永东. 采掘机械 [M]. 北京：冶金工业出版社，2011.

[79] 刘建功，吴淼. 中国现代采煤机械 [M]. 北京：煤炭工业出版社，2011.

[80] GREENWOOD J A, WILLIAMSON J P B. Contact of nominally flat surfaces [J]. Proceedings of the Royal Society, 1966, A952：300 – 319.

[81] 赵永武，吕彦明，蒋建忠. 新的粗糙表面弹塑性接触力学模型 [J]. 机械工程学报，2007，43 (3)：95 – 101.

[82] 张学良. 机械结合面动态特性及应用 [M]. 北京：中国科学技术出版社，2002.

[83] Wang S, Komvopoulos K. A fractal theory of the interfacial temperature distribution in the slow sliding regime：partⅡ – multiple domains, elastoplastic contacts and applications [J]. Journal of Tribology, Transcations of ASME, 1994, 116 (4)：824 – 832.

[84] 刘春生. 滚筒式采煤机理论设计基础 [M]. 徐州：中国矿业大学出版社，2003.

[85] 张义民. 机械振动 [M]. 北京：清华大学出版社，2007.

[86] Y Pandya, A Parey. Simulation of crack propagation in spur gear tooth for different gear parameter and its influence onmesh stiffness [J]. Engineering Failure Analysis, 2013, 30 (7)：124 – 137.

[87] 毛君，李晓婧，陈洪月，等. 带式输送机输送带的刚柔耦合动力学特性研究 [J]. 机械传动，2015，4：19 – 23.

[88] 陈思雨，唐进元. 间隙对含摩擦和时变刚度的齿轮系统动力学响应的影响 [J]. 机械工程学报，2009，45 (8)：119 – 124.

[89] 刘灿昌，柴山，王利民. 非周期激励作用下振动系统的谐响应分析 [J]. 机械强度，2010，32 (6)：878 – 883.

[90] R Guilbault, S Lalonde, M Thomas. Nonlinear damping calculation in cylindrical gear dynamicmodeling [J]. Journal of Sound and Vibration, 2012, 331 (9)：2110 – 2128.

[91] 赵丽娟，王乘云. 采煤机截割部建模与动力学仿真研究 [J]. 工程设计学报，2010 (2)：120 – 121.

[92] 韩军，李祥君，姜艳华. MG400/985 – WD 电牵引采煤机油缸的设计计算 [J]. 煤矿机械，2003，24 (1)：31 – 32.

[93] 朱延松，杨礼. MG920 – WD 型采煤机调高油缸的故障分析与改进 [J]. 矿山机械，2009，17 (37)．28 – 30.

[94] 宋相坤. 采煤机调高油缸的设计 [M]. 北京：煤矿机械，2013.

[95] 刘鸿文. 材料力学 [M]. 北京：高等教育出版社，2004：85 – 89.

[96] 黄圣杰，张益三，洪立群. Pro/Engineer2001 高级开发实例 [M]. 北京：电子工业出版社，2002.

[97] 张学军. Pro/Engineer 机械设计与应用 [M]. 北京：国防工业出版社，2006.

[98] 王雅萍，陈建文，李俊明. 多电机横向布置采煤机截割部传动系统的动态仿真 [J]. 煤矿机电，2007 (1)：24 – 26.

[99] 吴卫东，安兴伟. 基于 ANSYS 的采煤机摇臂的有限元分析 [J]. 煤矿机械，2009，30 (3)：77 – 79.

[100] 吴彦. 国产大功率采煤机摇臂 CAE 分析 [J]. 煤矿机电. 2003，5：105 – 108.

[101] 赵汝嘉. 机械结构有限元分析 [M]，陕西：西安交通大学出版社，2009.

[102] 林杭. 采煤机摇臂虚拟样机模型及模态分析 [J]. 煤矿机电，2012，3：69 – 71.

[103] 谢贵君，杨兆建，王义亮. 大采高电牵引采煤机摇臂结构模态分析 [J]. 机械工程与自动化，2011，2 (1)：12 – 14.

[104] WPederson C B. Topology optimization design of crushed frames for desired energy absorption [J]. Struc-

tural and Multidisciplinary Optimization, 2003, 5 (25): 368 – 382.

[105] Yang R J, Chahande A I. Automotive applications of topology optimization [J]. Structural and Multidisciplinary Optimization, 2005, 3 (9): 245 – 249.

[106] 赵丽娟, 孙影. 采煤机截割部的刚柔耦合动力学分析 [J]. 机械传动, 2011, 35 (6): 68 – 71.

[107] 杨军, 吕露, 王凯, 等. 基于 ANSYS 的装配体的模态分析 [J]. 开发研究. 2011, 5: 24 – 26.

[108] 凡增辉, 赵熙雍, 晏红文. 基于 ANSYS 的斜齿轮接触有限元分析 [J]. 机械传动, 2010, 4 (12): 68 – 70.

[109] 赵丽娟, 李佳, 田震, 等. 新型薄煤层采煤机截割部建模与仿真研究 [J]. 2013, 37 (1): 47 – 50.

[110] 赵丽娟, 刘旭楠, 吕铁亮. 基于虚拟样机技术的采煤机截割部可靠性研究 [J]. 广西大学学报: 自然科学版, 2010, 35 (5): 738 – 746.

[111] 刘晓辉, 谭长均, 陈俊锋. 采煤机截割部壳体振动特性分析 [J]. 制造业自动化. 2012, 7 (34): 1 – 3.

[112] Ma B, A Hr J F. Finite element analysis of application [J]. Joumal of Analysis and Vibration, 2002, 152 (1): 107 – 109.

[113] Yang R J, Chen C J. Stress – based topology optimization. Structural and Multidisciplinary Optimization, 2005, 12: 98 – 105.

[114] 李德葆, 陆秋海. 实验模态分析及其应用 [M]. 北京: 科学出版社, 2010.

[115] 杨瑞锋, 李玉标, 周海峰, 等. 采煤机导向滑靴的材料研究 [J]. 煤矿机械, 2014, 35 (4): 71 – 72.

[116] 申磊, 徐明昱, 周海峰, 等. 采煤机摇臂壳体材料分析与研究 [J]. 煤矿机械, 2011, 32 (10): 64 – 65.

[117] 翟国强, 杨兆建, 王义亮, 等. 采煤机破碎装置锥销轴优化分析 [J]. 煤矿机械, 2011, 32 (5): 80 – 82.

[118] 王淑平, 杨兆建. 大型采煤机滑靴磨损机理分析 [J]. 煤矿机械, 2010, 31 (9): 71 – 73.

[119] 赵丽娟, 李明昊. 基于多场耦合的采煤机摇臂壳体分析 [J]. 工程设计学报, 2014, 21 (3): 235 – 239, 250.

[120] 薛建华. 高速重载齿轮系统热行为分析及修形设计 [D]. 北京: 北京科技大学, 2015.

[121] 尚振国. 风力发电机增速器齿轮修形技术研究 [D]. 大连: 大连理工大学, 2010.

[122] Li X Y, Wang N N, Lv Y G, et al. Tooth profilemodification and simulation analysis of involute spur gear [J]. Int J Simul Model, 2016 (15): 649 – 662.

[123] Zhang Yong, Fei Yetai, Liu Shanlin. Thermal deformation of helical gears [J]. Proceedings of SPIE, 2010: 7544.

[124] 杨艳. 修形齿轮数字化设计方法与技术 [D]. 长沙: 中南大学, 2011.

[125] Hu Zehua, Tang Jinyuan, Zhong Jue, et al. Effects of tooth profilemodification on dynamic responses of a high speed gear – rotor – bearing system [J]. Mechanical Systems and Signal Processing, 2016 (76 – 77): 294 – 318.

[126] 机械设计手册编委会. 机械设计手册: 单行本, 齿轮传动 [M]. 北京: 机械工业出版社, 2007.

[127] 苟向锋, 祁常君, 陈代林. 考虑齿面接触温度的齿轮系统非线性动力学建模及分析 [J]. 机械工程学报, 2015, 11: 71 – 77.

[128] 薛建华, 李威. 斜齿圆柱齿轮副热机耦合三维有限元分析 [J]. 华中科技大学学报 (自然科学版), 2013, 10: 54 – 58.

[129] 薛建华, 张振华, 刘宠誉. 螺旋锥齿轮副疲劳承载能力优化 [J]. 汽车实用技术, 2020 (10):

122 – 125.

[130] 徐卫鹏,汪崇建,周常飞,等.电牵引采煤机摆动式齿轮传动箱热平衡研究 [J].煤矿机械,2009,10:36 – 39.

[131] 徐卫鹏.采煤机摇臂齿轮温度场分析 [J].煤矿机械,2015,36 (2):117 – 119.

[132] Patir N, Cheng H S. Prediction of the Bulk Temperature in Spur Gears Based on Finite Element Temperature Analysis [J]. ASLE Transactions, 1979, 22 (1): 25 – 36.

[133] 石莹,江亲瑜,李宝良.基于虚拟样机技术的渐开线齿轮啮合摩擦动力学研究 [J].润滑与密封,2011,36 (7):32 – 35.

[134] 石莹.基于摩擦学的机车牵引齿轮力学性能研究 [D].大连交通大学,2013.

[135] Blok H. Theoretical study on temperature rise at surface of actual contact under oiliness lubrication conditions [J]. Proceeding of the General Discussion on Lubrication& Lubricants, 1973, 2: 222 – 235.

[136] Shi Jialian, Ma Xiaogang, Xu Changliang, et al. Meshing Stiffness Analysis of Gear Using the Ishikawa Method [J]. Applied Mechanics and Materials, 2013, 2668 (401): 23 – 25.

[137] Wen Fang, Cai Ganwei, Wang Huqi, et al. Study on Dynamic Characteristic of Internal Parallel Moving Gears Transmission with Balance Structure [J]. Advanced Materials Research, 2013, 2300 (655): 55 – 61.

[138] Zhan Jiaxing, Fard Mohammad, Jazar Reza. A CAD – FEM – QSA integration techniquefor determining the time – varyingmeshing stiffness of gear pairs [J]. Measurement, 2017, (100): 139 – 149.

[139] Welbourn D B. Fundamental knowledge of gear noise – A survey [J]. Proc. Noise&Vib. of Eng. and Trans, 1979, (7): 9 – 14.

[140] Ph. Velex, M Chapron, H Fakhfakh J, et al. On transmission errors and profilemodificationsminimizing dynamic tooth loads inmulti – mesh gears [J]. Journal of Sound and Vibration, 2016, (379): 28 – 52.

[141] 付学中,方宗德,侯祥颖,等.变位面齿轮副承载特性分析及变位系数优化 [J].华中科技大学学报 (自然科学版),2017,45 (6):57 – 62.

[142] 高媛.非支配排序遗传算法 (NSGA) 的研究与应用 [D].杭州:浙江大学,2006.

[143] 张辉,张永震.颗粒力学仿真软件 EDEM 简要介绍 [J]. CAD/CAM 与制造业信息化,2008 (12):48 – 49.

[144] 颗粒系统的离散元素法分析仿真 [M].武汉理工大学出版社,胡国明,2010.

[145] 王雪,何立,周开发.EDEM 及其应用研究与最新进展 [J].科学咨询 (科技·管理),2016 (3):52 – 54.

[146] 海基科技.基于离散元技术的 EDEM 软件详解 [J]. CAD/CAM 与制造业信息化,2012,1 (5):36 – 40.

[147] 王东,杨溢.大型离散元软件 EDEM 的功能特点 [J].科技成果纵横,2009 (3):75 – 76.

[148] 刘送永.采煤机滚筒截割性能及截割系统动力学研究 [D].徐州:中国矿业大学,2009.

[149] Mechtcherine V, Gram A, Krenzer K, et al. Simulation of fresh concrete flow using Discrete Element Method (DEM): theory and applications [J]. Materials and Structures, 2013, 34 (10): 1 – 16.

[150] 张建军,郑杨,崔正龙.刨煤机刨削试验用模拟煤壁配比及结构层研究 [J].煤矿机电,2016 (1):16 – 18.

[151] 王卫华,李夕兵.离散元法及其在岩土工程中的应用综述 [J].岩土工程技术,2005,19 (4):177 – 181.

[152] Su O, Ali Akcin N. Numerical simulation of rock cutting using the discrete elementmethod [J]. International Journal of Rock Mechanics and Mining Sciences, 2011, 48 (3): 434 – 442.

[153] 徐泳,孙其诚,张凌,等.颗粒离散元法研究进展 [J].力学进展,2003,33 (2):251 – 260.

[154] 徐宝鑫. 截割头截齿安装参数的离散元仿真分析 [D]. 沈阳：沈阳理工大学，2015.

[155] Zhanfu Li. A study of particles penetration in sieving process on a linear vibration screen [J]. International Journal of Coal Science & Technology, 2015, 2 (4): 299 – 305

[156] 王国强，赫万军，王继新. 离散单元法及其在 EDEM 上的实践 [M]. 西安：西北工业大学出版社，2010.

[157] 李玉伟. 割理煤岩力学特性与压裂起裂机理研究 [D]. 大庆：东北石油大学，2014.

[158] 杨健健，符世琛，姜海，等. 基于模糊判据的煤岩性状截割硬度识别 [J]. 煤炭学报，2015, 40 (S2): 540 – 545.

[159] 孙广义，潘启新，黄占龙. 单体支柱工作面顶板压力计算的探讨 [J]. 黑龙江矿业学院学报，1998, 8 (1): 6 – 9, 29.

[160] 孙广义，马云东，李东. 顶板压力计算的盲数辨识研究 [J]. 辽宁工程技术大学学报，2003, 22 (S1): 7 – 8.

[161] Wang Jinhua. Development and prospect on fullymechanizedmining in Chinese coalmines [J]. International Journal of Coal Science & Technology, 2014, 1 (3): 153 – 260.

[162] Wang Jinhua, Yu Bin, Kang Hongpu, et al. Key technologies and equipment for a fullymechanized top – coal caving operation with a largemining height at ultra – thick coal seams [J]. International Journal of Coal Science & Technology, 2015, 2 (2): 97 – 161.

[163] 保晋 E3. 采煤机破煤理论 [M]. 王庆康，译. 北京：煤炭工业出版社，1992.

[164] 谢贵君. 采煤机镐型截齿截割力模拟 [J]. 煤矿机械，2009, 30 (3): 43 – 44.

[165] 薛佳鹏. 采煤机滚筒截割过程运动参数匹配研究 [D]. 太原：太原理工大学，2014.

[166] 王成军，贺鑫，章天雨，等. 基于离散元素法的杨木颗粒筛分效率研究 [J]. 林产工业，2017, 44 (4): 16 – 19 + 30.

[167] 吴永兴. 组合振动筛的参数优化及筛面颗粒运动仿真分析 [D]. 江西理工大学，2015.

[168] 李洪昌，李耀明，唐忠，等. 基于 EDEM 的振动筛分数值模拟与分析 [J]. 农业工程学报，2011, 27 (5): 117 – 121.

[169] 王桂锋. 振动筛筛分研究及优化设计 [D]. 泉州：华侨大学，2011.

[170] 张勇. 振动筛分过程的 DEM 仿真研究 [D]. 沈阳：东北大学，2010.

[171] 杨晋. 基于煤样筛分的筛上物料动态特性研究 [D]. 太原：中北大学，2017.

[172] 李乔非，沈大东，吴书琴，等. 煤矿镐形截齿的失效形式与对策 [J]. 佳木斯大学学报 （自然科学版），2011, (5): 710 – 712.

[173] 吴虎城，黄孝龙. 采煤机截齿的失效分析及改进措施 [J]. 煤矿机械，2013, (5): 200 – 201.

[174] 许世文，董满生，胡宗军，等. 42CrMo 钢疲劳试验研究 [J]. 合肥工业大学学报 （自然科学版），2008, (9): 1506 – 1508.

[175] 姚卫星. 结构疲劳寿命分析 [M]. 北京：国防工业出版社，2003: 34 – 73.

[176] 张真源. 结构钢超高周疲劳性能研究 [D]. 成都：西南交通大学，2007.

[177] 陈振华，姜勇，樊恋，等. 深冷处理对 WC – Co 硬质合金组织和性能的影响 [J]. 材料热处理学报，2011, (7): 26 – 30.

[178] 邬黔凤，刘英林，陈财. 基于 Workbench 的采煤机镐形截齿结构优化设计 [J]. 煤矿机械，2014, (11): 177 – 179.

[179] 赵丽娟，赵名扬. 相似理论在采煤机螺旋滚筒结构设计中的应用 [J]. 机械科学与技术：1 – 6.

[180] 黄田. 悬臂式掘进机截割头截齿排列的优化设计 [D]. 太原：太原理工大学，2015.

[181] 周洋. 采煤机螺旋滚筒设计系统的开发研究 [D]. 阜新：辽宁工程技术大学，2015.

[182] 刘旭南. 掘进机动态可靠性及其关键技术研究 [D]. 阜新：辽宁工程技术大学，2014.

［183］ 魏春梅．采煤机截割滚筒（φ1.6 m）截齿的合理布置研究［D］．太原：太原理工大学，2012.

［184］ 吕明．等螺旋升角截齿排列截割头截割性能研究［D］．阜新：辽宁工程技术大学，2010.

［185］ 张鑫，杨梅．掘进机截割头截齿排列研究［J］．煤矿机电，2005（4）：33－34＋36.

［186］ 张鑫，曾庆良．掘进机截割头多目标优化设计研究［J］．煤矿机械，2005（6）：1－3.

［187］ 张鑫，张建武，杨梅．基于载荷波动最小的掘进机截割头截齿排列参数优化设计［J］．机械设计与研究，2005（1）：64－67.

［188］ 侯亮．采煤机滚筒和截齿受力分析及优化［D］．太原：太原理工大学，2017.

［189］ 赵丽娟，赵名扬，马强，等．采煤机滚筒辅助设计软件的开发与应用［J］．机械强度，2017，39（2）：380－385.

［190］ 王镇．基于记忆截割的采煤机自适应截割控制研究［D］．重庆：重庆大学，2016.

［191］ 秦大同，王镇，胡明辉，等．基于多目标优化的采煤机滚筒最优运动参数的动态匹配［J］．煤炭学报，2015，40（S2）：532－539.

［192］ 邬黔凤．采煤机截割滚筒结构参数的优化［D］．太原：太原理工大学，2015.

［193］ 李晓豁，周洋，刘士君，等．滚筒式采煤机截齿排列参数化设计系统的研究［J］．工程设计学报，2014，21（6）：550－554，577.

［194］ 周信．综采装备协同控制关键技术研究［D］．徐州：中国矿业大学，2014.

［195］ 董瑞春．采煤机螺旋滚筒煤岩石截割的数值模拟技术研究［D］．阜新：辽宁工程技术大学，2012.

［196］ 施平，赵友军，苟苛．提高采煤机滚筒综合性能的研究［J］．煤矿机械，2011，32（6）：100－102.

［197］ 庞秀琴．采煤机螺旋滚筒的优化设计［J］．煤，2009，18（12）：39－41.

［198］ 马正兰．变速截割采煤机关键技术研究［D］．徐州：中国矿业大学，2009.

［199］ 于信伟，麻晓红，李晓豁．基于遗传算法的连续采煤机滚筒参数优化设计［J］．辽宁工程技术大学学报（自然科学版），2008（5）：748－750.

［200］ 李晓豁，杨丽华．基于Pro/E的连续采煤机滚筒的参数化设计［J］．黑龙江科技学院学报，2007（6）：437－439.

［201］ 于信伟，麻晓红，李晓豁．连续采煤机工作机构的优化模型［J］．辽宁工程技术大学学报，2005（S2）：185－187.

［202］ 金全，赵晓斌．采煤机滚筒参数优化设计［J］．煤矿机械，2003（1）：17－18.

［203］ 王子牛．采煤机螺旋滚筒参数的优化设计［J］．贵州工学院学报，1993（2）：55－63.

［204］ 郭迎福．螺旋滚筒截齿排列配合的参数优化［J］．湘潭矿业学院学报，1990（1）：33－37.

［205］ 张敬东．矿井采煤机多工况下的机械性能分析［J］．煤炭技术，2013（11）：37－39.

［206］ 刘春生，戴淑芝．双滚筒式采煤机整机力学模型与解算方法［J］．黑龙江科技学院学报，2012（1）：33－38.

［207］ 赵永生，杨怀东，赵庆禹．大倾角煤层综采工作面采煤机可靠性分析［J］．煤矿机械，2013，（8）：103－104.

［208］ Das A J, Mandal P K, Bhattacharjee R, et al. Evaluation of stability of underground workings for exploitation of an inclined coal seam by the ubiquitous jointmodel［J］. International Journal of Rock Mechanics & Mining Sciences, 2017（93）：101－114.

［209］ 毛君，刘歆妍，陈洪月，等．基于EDEM的采煤机滚筒工作性能的仿真研究［J］．煤炭学报，2017（4）：1069－1077.

［210］ 路占元，贺永亮，郝鑫．利用模糊数学探究煤层大倾角范围［J］．煤炭技术，2014（5）：292－293.

[211] 伍永平，刘孔智，负东风，等．大倾角煤层安全高效开采技术研究进展［J］．煤炭学报，2014，(8)：1611 - 1618．

[212] 郝志勇，张佩，闫闯，等．采煤机端盘截齿载荷特性研究［J］．机械强度，2017，39（2）：360 - 366．

[213] 尚慧岭．采煤机滚筒截齿失效工况的影响分析及对策［J］．煤炭科学技术，2012，(8)：75 - 77，31．

[214] 曾庆良，王新超，王汝汝．随机动载荷下掘进机镐型截齿的疲劳寿命预测［J］．中国工程机械学报，2016，(3)：259 - 262．

[215] 王跃辉，花军，王凤林．提高截齿寿命的措施［J］．机械工程师，2005，(4)：79 - 80．

[216] 陆辉，王义亮，杨兆建．采煤机镐形截齿疲劳寿命分析及优化［J］．煤炭科学技术，2013，(7)：100 - 102，106．

[217] 周海龙．采煤机破碎截齿的等寿命优化研究［D］．西安：西安科技大学，2015．

[218] 刘浩，邱大龙，田冬林，等．基于 ANSYS 采煤机截齿结构改进设计及应力分析［J］．煤矿机械，2013，(10)：167 - 169．

[219] 穆永成．采煤机装煤性能的研究［D］．阜新：辽宁工程技术大学，2013．

[220] 陈晓飞，李彦强，韩芳．基于混沌粒子群算法的采煤机优化设计［J］．煤矿机械，2012，33(10)：7 - 9．

图书在版编目（CIP）数据

采煤机多源耦合力学特性理论与实验研究／毛君，
陈洪月著．－－北京：应急管理出版社，2020
ISBN 978－7－5020－7378－7

Ⅰ．①采…　Ⅱ．①毛…　②陈…　Ⅲ．①采煤机—机械
动力学—研究　Ⅳ．①TD421.6

中国版本图书馆 CIP 数据核字（2020）第 019780 号

采煤机多源耦合力学特性理论与实验研究

著　　者	毛　君　陈洪月
责任编辑	成联君　尹燕华
责任校对	李新荣
封面设计	于春颖

出版发行　应急管理出版社（北京市朝阳区芍药居 35 号　100029）
电　　话　010－84657898（总编室）　010－84657880（读者服务部）
网　　址　www. cciph. com. cn
印　　刷　海森印刷（天津）有限公司
经　　销　全国新华书店

开　　本　787mm×1092mm$\frac{1}{16}$　印张　32$\frac{1}{2}$　字数　792 千字
版　　次　2020 年 11 月第 1 版　2020 年 11 月第 1 次印刷
社内编号　20193552　　　　定价　198.00 元